Power Query 从入门到精通

徐　鹏◎著

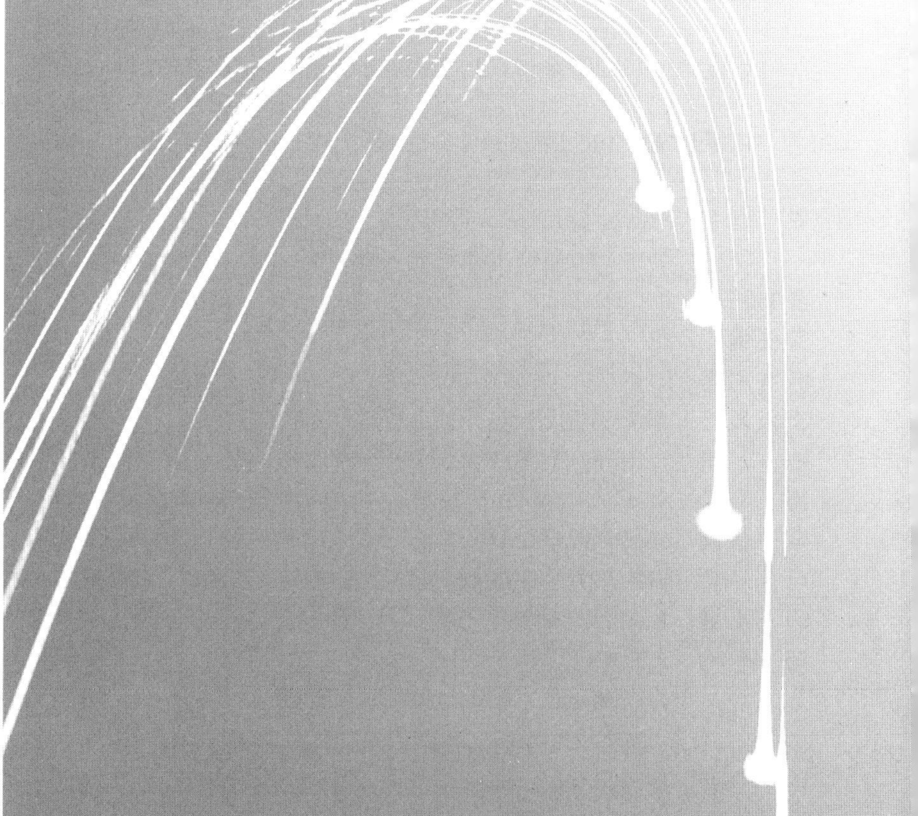

北京大学出版社
PEKING UNIVERSITY PRESS

内 容 提 要

本书从Excel处理大型数据的缺点开始讲起，逐步讲解了Excel和Power BI中的Power Query组件，并重点介绍了Power Query的底层M语言的应用知识。

本书分为10章，主要讲解了Power Query的入门知识和数据集成、Power Query的M语法规则系列知识，针对Power Query如何实现数据清洗和重构系列知识做了详细的讲解，还重点介绍了目前Power Query的各类内置函数的功能，最后介绍了如何利用自定义函数实现复杂的数据处理和重构过程。

本书内容通俗易懂，案例丰富，实用性强，特别适合入门级数据分析人员学习，也适合进阶阅读，相信通过阅读本书，读者对数据分析过程中的清洗和重构会有一个新的认识。

图书在版编目(CIP)数据

Power Query从入门到精通 / 徐鹏著. — 北京 : 北京大学出版社，2022.12
ISBN 978-7-301-33304-4

Ⅰ. ①P… Ⅱ. ①徐… Ⅲ. ①表处理软件 Ⅳ. ①TP391.13

中国版本图书馆CIP数据核字(2022)第165765号

书　　名　Power Query从入门到精通
Power Query CONG RUMEN DAO JINGTONG
著作责任者　徐　鹏　著
责任编辑　刘　云
标准书号　ISBN 978-7-301-33304-4
出版发行　北京大学出版社
地　　址　北京市海淀区成府路205号　100871
网　　址　http://www. pup. cn　　新浪微博：@ 北京大学出版社
电子信箱　pup7@ pup. cn
电　　话　邮购部 010-62752015　发行部 010-62750672　编辑部 010-62570390
印 刷 者　北京溢漾印刷有限公司
经 销 者　新华书店
787毫米×1092毫米　16开本　25印张　608千字
2022年12月第1版　2022年12月第1次印刷
印　　数　1-3000册
定　　价　99.00元

前言

Preface

其实编写本书是一件非常偶然的事情，人到中年开始思考人生，总得给自己的前半生来一个总结，况且写作也是我小时候的梦想之一。当然这并不是我的第一本书，第一本书现在已经在交付出版的路上。为什么会决定第二本以 Power Query 为主题呢？其实有偶然，也有必然。最近几年，我依然践行在转型的路上，选择的方向和产品以微软为主，这几年也深入地学习了微软的 Power 组件。“一入 Power 深似海，Excel 从此是路人”，Power 系列组件提供的功能让我看到未来数据分析的方向，而且它强大的功能让我对转型数据分析这条路充满信心。如今两年过去了，需要对自己这一阶段的学习做一个总结，也就有了本书的成型。

Power Query 的功能是进行数据的集成和清洗。在来源各异的数据中，没有进行清洗和重构的数据，我们称为 RAW 数据。RAW 数据不进行清洗和重构则没有意义，让人无所适从。基于这两年对 Excel 和 Power BI 的研究，我将个人经验进行总结和优化，形成了本书。读者朋友可以跟随我的学习路径进行 Excel 或 Power BI 的深度学习，完成从基础入门阶段的几百条记录到几万条记录的处理和分析，从基本的数据从业者向最终的数据分析师迈进。由于 Excel 和 Power BI 中的 Power Query 组件略有不同，因此本书将通过两个方向分享 Power Query 组件在 Excel 和 Power BI 中适用的功能。如果大家只是希望了解 Power Query 在相应程序中的功能，可以跳跃性阅读。

这个技术有什么前途

大家谈到 Excel 的自动化处理，就一定会想到 VBS 脚本或 Python，但是不管是 VBS 还是 Python，对于普通的分析人员来说都是会有一些难度的。为了降低自动化数据分析和处理的门槛，微软针对 Excel 推出了 Power 系列组件，包括 Power Query、Power Pivot、Power Map、Power View。

Power Query 组件提供了海量数据的清洗和处理功能，将数据的处理范围扩大了多个量级。同时也针对 Oracle 和 MySQL 这样的关系型数据库提供了数据的访问和处理功能。随着数据分析理论和工具的发展，相信 Power Query 也会迎来快速的发展周期。

Power Query 拥有强大的数据处理功能，基于数据清洗语言 M 实现复杂化数据的导入、清洗和重构，这是 Excel 本身所不具备的功能。

通过 Power Query 的自定义函数，我们可以实现多个数据源数据的提取。例如，针对多个请假表单的数据提取和合并都是 Power Query 的标准功能，Power Query 的自定义函数还能够提供针对 Web API 的 JSON 数据获取，这些功能都非常强大。

Power Query 大大扩展了 Excel 的使用场景，将 Excel 从传统的数据处理和存储变成桌面型海量数据清洗和重构的工具，同时能与 Power BI 的产品组件实现互联互通。相信通过 Power Query 的学习，你一定会成为一个轻量级工具使用的数据分析师。

本书特色

- 视频教学：本书提供相关的视频教程，可以更好地辅助 Power Query 的学习。
- 从零开始：不管你处于数据处理的哪个阶段，通过本书的学习都能学到相应知识，从而受益匪浅。
- 经验总结：全面总结了数据分析和数据清洗方面的经验。
- 内容实用：针对复杂的知识点都有相对应的案例辅助讲解。

本书读者对象

- Excel 数据处理人员。
- Excel 数据分析师。
- Power BI 数据分析师。
- 高等学校数据分析相关专业学生。
- 对 Excel 有兴趣的人员。
- 对 Power BI 有兴趣的人员。
- 有志于数据分析的人员。

资源下载

本书所涉及的视频已上传至百度网盘，供读者下载。请读者关注封底“博雅读书社”微信公众号，找到“资源下载”栏目，输入图书 77 页的资源下载码，根据提示获取。

在学习过程中，制订学习计划是必须的，否则书很快就会被我们遗忘在某个角落。为了让大家在看书过程中能够获得答疑服务，我建立了一个微信群，帮助读者能够在阅读过程中快速地互助和得到我的答疑。如果对书中的内容有疑问或者希望了解更多有关数据分析的内容，欢迎与我直接讨论。

徐鹏

目录

Contents

第1章 走入 Power Query 的世界

第2章 Power Query 的数据集成

第3章 Power Query 和 M 语言

第4章 Power Query 实现数据的清洗和重构

第5章 Power Query 实现数据合并操作

第6章 Power Query 查询连接的分享与刷新

第7章 Power Query 的函数

第8章 Power Query 的自定义函数

第9章 Power Query 与 Python

第10章 Power Query 数据综合应用案例

第 1 章

走入 Power Query 的世界

Power Query 是 Excel 和 Power BI 中的数据集成与分析组件，很多人在应用 Excel 或 Power BI 进行数据分析和展现的过程中，不太理解 Power Query 组件和 Excel、Power BI 的关系。我们将在本章给大家分享 Power Query 组件在 Power 系列组件中所处的位置。

什么是Power Query，
能吃吗？

Power Query不能吃，
但是很有用。

1.1 Excel 处理数据的缺点

对于大多数人来说，使用 Excel 已经能够处理工作中 95% 以上的问题，那么有什么问题是 Excel 处理不了的呢？ Excel 能够实现数据存储和编辑、函数应用和图表展现，这些都是 Excel 作为桌面数据处理软件最为强大的证明，但 Excel 在处理数据时也有缺点。

Excel 在 Office 家族中是功能强大的产品，在桌面数据处理和分析与展现工具中，市场占有率很高，评价也非常好。但是随着数据量的增加，Excel 在处理大量数据的时候也会存在一些瓶颈。Excel 初级入门用户可能不会碰到这些问题，但是一旦上升到中级或高级应用，涉及函数和复杂计算的条件，Excel 的处理效率明显会降低很多。都存在一些什么样的效率问题呢？下面我们来看一看。

1. 基于当前工作表的大表模式处理

Excel 在多个工作簿和工作表中进行数据处理的时候，存在一定的缺陷，如果数据来源是多个表，并且希望基于多个表进行数据的整合和处理，必须将所有的表数据全部整合之后，才能进行数据的计算和处理。如果数据量比较大，则会存在严重的性能方面的问题。

2. 数据保存和处理限制

Excel 支持的最大行和最大列都是有限制的，无法突破 1048576 行，同时也无法突破 65536 列。这也意味着使用 Excel 处理是有数据存储方面的限制，如果超出了这个限制，将无法使用 Excel 进行数据存储和处理。而在实际的业务处理过程中，如果面对的数据是几百万条甚至是几千万条，使用 Excel 会存在一定的局限性，当数据的行列上限突破 Excel 支持的行列上限，则无法进行数据存储和处理。

3. 数据的交互特性限制

在 Excel 进行数据交互的过程中，存在比较大的局限性。用户只能通过编写 VBA 脚本的方式进行数据的交互和处理，而脚本编写进行数据处理存在一定的门槛，这个门槛就会让大部分人放弃使用 Excel 进行数据分析和处理，转而使用 SQL 管理工具进行数据结果的处理，再将结果导入 Excel 中。

4. 缺乏多类型数据源支持

在默认情况下，Excel 进行数据导入是非常有限的，除了支持标准的文件和数据库外，其他类型的数据基本不支持。如果数据源是 MySQL 或 Oracle 这样的数据库，通过 Excel 是无法进行连接的，怎么办呢？如果我们需要获取一个文件夹中的相应的数据，除了编写 VBA 脚本之外，似乎也没有太好的办法。

5. 数据处理的性能问题

在 Excel 中如果存在公式，处理数据的效率将会降低。公式越多，Excel 处理的效率将会越低。当数据量大于 10 万行后，整个 Excel 进行数据处理的效率将会非常低。

这些是中级和高级数据分析人员在使用 Excel 处理数据的过程中碰到的比较多的问题。如果我们的数据来源于不同的数据源，例如，处理的数据来源于网站、表格、Oracle，这时候使用 Excel

进行数据的保存和处理就存在瓶颈了。

1.2 Excel 的 Power 数据处理组件

随着技术的发展，Python 逐渐走入了普通分析师的视野，虽然与 VBA 相比门槛低了很多，但是还是有一定的技术门槛。有没有更加简单的方法呢？

当数据量达到几十万、上百万或几千万，传统的 Excel 处理方法已经完全没有办法处理这些数据，这时候我们就不得不借助一些重量级 BI 产品来帮助实现数据分析。随着技术的发展，桌面级别的轻 BI 产品慢慢走到数据处理平台的中心，TableAu 凭借入场早和功能强大占领了大量的轻 BI 应用市场。

微软以行动证明，它不会将这个桌面级别的轻 BI 应用市场拱手送给竞争对手。微软推出了自己的轻 BI 产品 Power BI 来对抗 TableAu 数据分析行业的霸主地位。

在最初的版本中，Power BI 功能相对有限，但是随着技术发展和策略的改变，Power BI 的功能越来越强大，而且价格相比 TableAu 便宜很多。按照微软的产品发展计划，Office 产品中的 Excel 也开始集成了 Power BI 的组件，那么在 Excel 中都有一些什么组件呢？

在 Excel 2016 及以后的版本中包含如下的 Power 组件。

- Power Query：数据集成与清洗组件。
- Power Pivot：数据建模组件。
- Power View：数据展现组件，目前已经被微软抛弃。
- Power Map：以数字地图的方式进行数据展现。

1. Power Query 集成与清洗组件

Power Query 组件不同于 Excel 的标准数据导入功能，在 Power Query 中可以对各类不同的海量数据进行集成和清洗，同时可以直接进行数据连接，而不需要将数据导入 Excel 中。Power Query 能够集成来自各种不同来源的数据，包含网页、SQL Server 数据库、Oracle 数据库等，都可以实现深度的数据集成和数据清洗。图 1.1 显示了在整个 Power 组件中 Power Query 组件在数据分析和展现领域所处的位置。

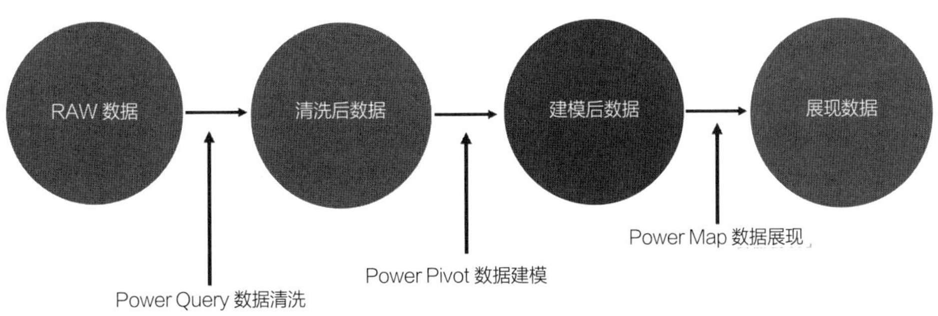

图 1.1　Power Query 组件在数据处理领域所处的位置

2. Power Pivot 建模组件

在 Power Query 中完成集成和清洗之后的数据需要进行数据维度建模，简单来说就是需要基于不同的数据维度进行统计分析。当利用 Power Pivot 完成建模后，就可以引用这些数据作为展示依据了。数据建模过程中需要了解清楚数据之间的关系，建立好完整的数据模型之后，就可以将统计后的数据提供到数据展示组件，图 1.2 显示了 Excel 中 Power Pivot 的数据建模功能。

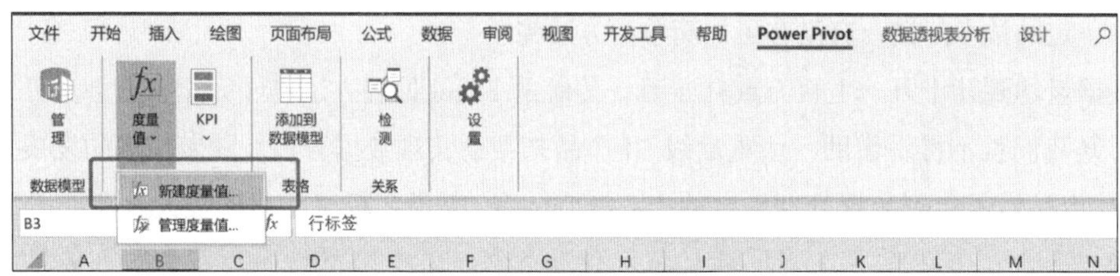

图 1.2　在 Power Pivot 中新建度量值

3. Power View 显示组件

Power View 是微软针对数据建模之后的数据进行展示的组件。通过 Power View 组件，我们可以在一个相对比较干净的报表页面中展现通过 Power Pivot 建模之后的数据。但是随着 Siverlight 的版本升级而不再受到后续版本操作系统支持的原因，Power View 在 Office 2016/2019/365 中不再受到支持。后续的版本将不会主动提供在 Excel 相关的组件中，互联网上有针对 Power View 组件支持的注册表修改方法，当然这是不推荐的。

Tips

Power View 组件在新版本的系统中不受到支持，我们可以直接将数据放在Excel的工作表中。

4. Power Map 显示组件

如果希望在 Excel 中进行数据展现的内容是基于地图展现的，就可以使用 Power Map 组件来完成数据的最终展示。Power View 和 Power Map 都是数据内容输出的展现端，如果希望数据是随着时间周期变化的动画，Power Map 组件提供的功能将满足以地图方式进行数据展示的要求，图 1.3 显示了利用 Power Map 组件显示数据的最终结果。

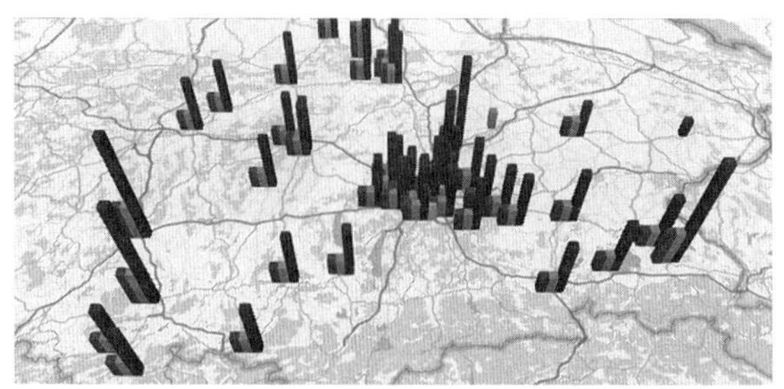

图 1.3　Excel 中的 Power Map 组件

在实际应用中，这些被引入 Excel 的 Power 组件将大大提高数据处理的效率和能力。活学活用 Excel 中的 Power 组件，将会发现之前需要花费非常大的代价，甚至需要去了解 SQL 或 VBA 实现的数据分析的功能，现在利用 Excel 的 Power 组件就可以非常简单地实现，接下来就跟随我们进入 Power Query 的世界吧！

1.3 Power Query 组件

在 Power Query 组件中，进行数据清洗和集成主要有四大组件作用，四大组件可以分工协作，帮助我们高效完成数据的集成和清洗。

（1）数据获取组件

数据获取组件是对接各种不同的数据来源，使用 Power Query 支持各个不同的业务数据或各类不同的在线 API 数据的获取，目前数据非常多，Excel 和 Power BI 提供的数据种类大概有 100 多种，包含文件夹、文本数据、XML 数据和 JSON 数据，都可以通过数据获取进行数据的导入。

（2）数据清洗组件

数据清洗组件主要负责获取各类数据后，通过数据清洗组件进行数据的清洗和重构，保证 RAW 数据经过清洗和重构后变成相对比较可靠和有用的数据，这个过程是使用数据清洗组件完成的。

（3）数据合并组件

数据合并组件是为了完成多个不同数据来源数据内容的合并，通常来说，数据合并组件用来查询和合并多个不同文件中的数据，通常来说，合并分为横向合并和纵向合并两种，横向合并类似于数据库中的外键合并，而纵向合并是基于相同的数据字段进行的合并。合并的最终目的是将所有的相关数据整合到一起。

（4）数据分享组件

数据分享组件是在 Excel 中进行数据访问连接的分享，在 Power BI 中没有相应的数据分享组件。在 Excel 中如果希望将目前的 Power Query 连接分享到其他同事 Excel 中进行数据访问集成并且重复使用，这时 Power Query 数据分享组件将帮助我们完成数据连接分享功能。

在实际的应用过程中，数据集成组件是 Power Query 的必选组件。而其他的组件在实际应用过程中有不同的场景，具体有哪些组合场景呢？

（1）数据集成

我们需要实现多个不同数据来源的数据集成，为后期数据的使用提供标准数据。

（2）数据集成 + 数据清洗

我们需要对复杂数据进行集成和清洗的时候，除了通过数据集成方式将数据导入，根据其他的需求，还要将数据进行重构和重新定义，例如，我们导入了一些会员身份证号码，需要基于身份证号码进行出生年月日的提取，这时就需要进行数据清洗和集成。

（3）数据集成 + 数据清洗 + 数据合并

当然，也可能会有一些特殊的应用场景，例如，数据的内容包含在一个文件夹中，文件夹中包含了需要合并的 1—12 月的销售业绩。当我们进行数据集成后要完成必要的数据清洗，再进行多个数据表合并。

在 Excel 中开启 Power Query 组件和在 Power BI 中开启相应的组件方法略有不同，这里我们基于 Excel 和 Power BI 分享如何开启相应的 Power Query 功能组件。

1. Excel 的 Power Query 组件注册与开启

Excel 从 2010 版本开始提供了 Power Query 组件进行数据的集成，不同的 Excel 版本使用 Power Query 的方法略有不同，以下版本的 Excel 均可主动或被动支持 Power Query。

- Office 2010 和 Office 2013：以加载项方式实现 Power Query 组件。
- Office 2016 版本：默认集成 Power Query 组件。
- Office 365 版本：默认集成 Power Query 组件。

目前 Office 2010 和 Office 2013 版本的 Power Query 插件提供的功能和函数不再更新，如果需要使用最新的函数，需要将 Excel 更新到 Office 2016 或更新的版本。

Office 2010 和 Office 2013 需要通过 COM 加载项的方式启用 Power Query 加载项，如在图 1.4 所示的对话框中选中 Power Query for Excel 复选框。

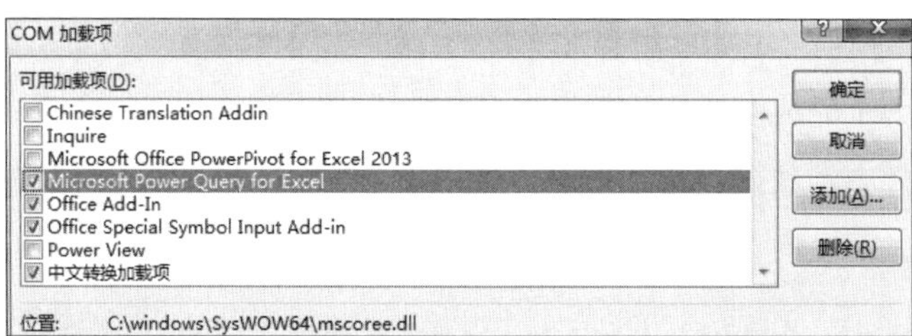

图 1.4　启用 Power Query for Excel 加载项

在 Excel 2016 版本中 Power Query 不再以加载项的方式提供服务，而是集成在 Excel 的数据标签中。在 Excel 2016 版本中，Excel 数据导入和 Power Query 功能都存在，但这两个功能是完全不同的，如图 1.5 所示，左边框中内容为 Excel 的数据导入功能，即将外部数据导入 Excel 中；右边框中为 Power Query 获取外部数据功能，即通过 Power Query 建立外部查询功能。

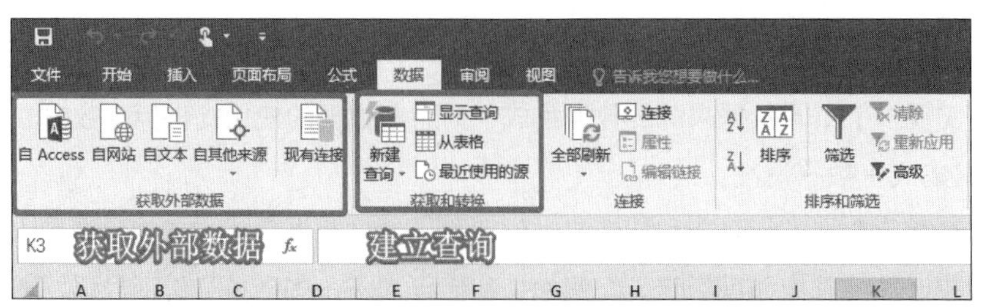

图 1.5　Power Query 查询方式和 Excel 获取外部数据

Excel 数据导入与 Power Query 看起来功能相同，实际上差别很大，两者的功能差别在哪里呢?

（1）支持数据来源类型

Excel 获取外部数据支持的数据源类型比较少，目前仅支持文本文件、SQL Server 及 Web 等类型数据。而建立查询方式支持非常广泛的数据源类型，包含文本文件、Excel 文件、SQL Server、MySQL 和网页的 API 连接，都是标准支持的数据类型。

（2）导入数据处理

获取外部数据方式仅仅支持将所有的数据导入 Excel 后再进行数据的处理，通过导入操作支持的数据量是有限的，目前仅仅支持 1048576 行数据。而建立查询方式支持数据导入的方式相当灵活，我们可以将数据导入 Excel 中，也可以建立到数据源连接，选择建立连接后的所有数据处理将没有上限，几千万、上亿行的数据处理都可以在 Excel 处理过程中得到支持。

（3）数据导入后操作与处理

通过获取外部数据方式导入的数据只能在 Excel 中进行再处理，所有的数据将保存在 Excel 中。而通过查询方式导入后的数据支持 Power Query 的 M 函数处理，处理完成后可以保存在 Excel 文件中，也可以为千万级的数据进行建模操作。

2. Office 365 版本的 Excel 支持

接下来我们看看 Office 365 版本的 Excel 对 Power Query 的支持。在 Office 365 版本中已经完全替代了获取外部数据，获取外部数据的功能选项已经从数据标签消失了，只有“获取和转换数据”组，如图 1.6 所示。

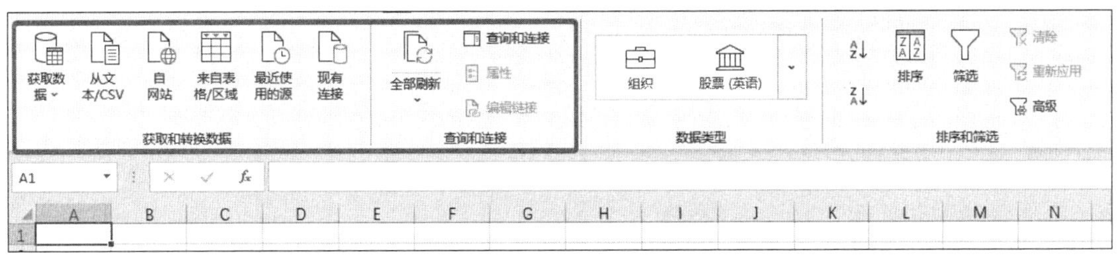

图 1.6 Office 365 选项组

Office 各个版本的 Power Query 有什么不同呢?

（1）函数数量不同

目前各个版本中 Excel 提供的 Power Query 函数都有所不同，函数功能和数量会随着 Office 的更新而更新。

（2）智能提示功能

在 Office 365 版本中的 Power Query 提供了智能提示功能，而在非 Office 365 版本的 Power Query 中将不包含智能提示功能，图 1.7 所示的界面为 Office 365 版本的 Power Query 启用智能提示功能的效果，即依据输入的字符提供智能提示。

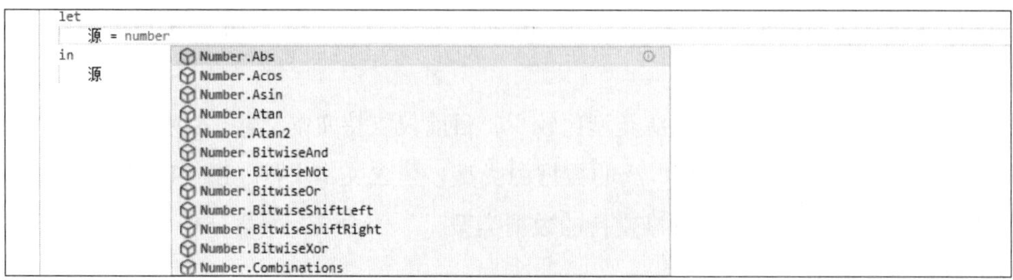

图 1.7　Power Query 函数的智能提示

1.3.1　Excel 的 Power Query 组件

在 Excel 早期版本中，我们必须在 COM 组件加载后才能载入 Power Query，而在 Office 2016 版本之后，默认就存在 Power Query 组件，从而帮助我们进行数据的导入和处理。通过快速导入命令可以实现常规类型的快速导入，包含但不仅限于：CSV 数据格式，Excel 数据格式，WEB 数据格式。

图 1.8 就是 Excel 中的快速导入命令，快速导入命令位于“数据”选项卡中，利用快速导入命令能够实现常用的数据导入。

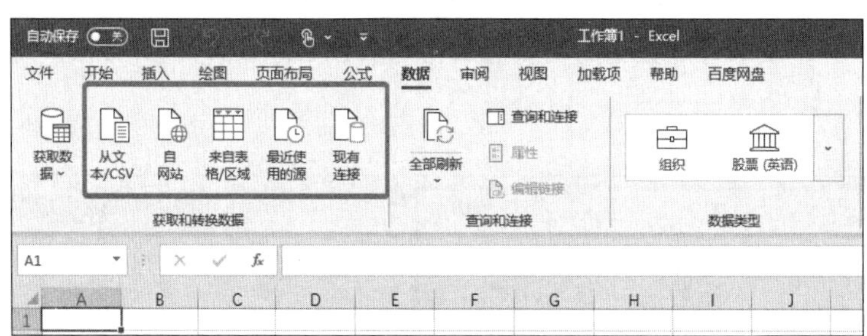

图 1.8　Excel 中的 Power Query 组件

在实际的操作过程中，快速导入命令不能完成所有数据的导入操作，当需要对文件夹、MySQL 数据库等进行导入操作，这些在快速导入命令中是无法完成的，这时就需要通过标准的导入界面来实现数据的导入操作，而在 Excel 和 Power BI 的标准界面中进行的操作略有不同。

在 Excel 中的 Power Query 导入数据操作，导入数据窗口支持在获取数据和 Power Query 编辑器窗口这两个不同的入口进行数据导入，目前 Excel 支持如下数据内容和格式的导入。

1. 来自文件

- 工作簿：支持 Excel 工作簿数据导入。
- CSV/TXT 文件：支持 CSV/TXT 文本数据导入。
- XML：支持 XML 格式数据导入。
- JSON：支持 JSON 格式数据导入。

- PDF：支持 PDF 格式数据导入。
- 文件夹：支持文件夹内多个不同文件数据导入。
- SharePoint：支持 SharePoint 服务器列表数据和内容数据导入。

2. 来自数据库

- SQL Server：支持来自 SQL Server 数据库的数据导入。
- MySQL：支持来自 MySQL 数据库的数据导入。
- Mongo DB：支持来自 Mongo DB 数据库的数据导入。
- Oracle：支持来自 Oracle 数据库的数据导入。

3. 来自 Azure

- Azure Database：支持来自 Azure 数据库的数据导入。
- Azure HDinsight：支持来自 HDinsight 的数据导入。

4. 来自在线源

- SharePoint 在线服务：支持在线的 SharePoint 数据和列表获取。
- Dynamic 365：支持 Dynamic 365 数据获取。
- Sales Force：支持 Sales Force 数据获取。

5. 来自其他来源

- 空查询：支持自定义的数据内容获取。
- Web：支持来自网站的数据内容提取。
- OleDB：支持以 OleDB 驱动连接的数据内容。
- ODBC：支持以 ODBC 驱动方式连接的数据源。

Excel 的 Power Query 支持导入的数据类型会随着 Office 补丁的更新逐渐增加，图 1.9 是当前 Power Query 导入数据能够支持的数据类型。

图 1.9　Excel 的 Power Query 支持的数据导入类型

1.3.2 Power BI 的 Power Query 数据导入界面

Power BI 中的各个 Power 组件已经被深度集成到 Power BI 中，不再作为像 Excel 一样的独立组件而存在。在 Power BI 的界面中为了快速导入这些常用的数据，也有相应的快速导入命令。Power BI 的快速导入命令位于主页面中，图 1.10 就是 Power BI 的快速导入命令。

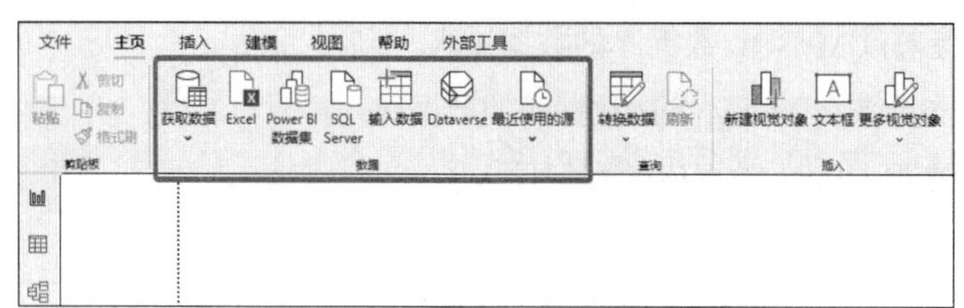

图 1.10　Power BI 快速导入命令

在 Power BI 的数据导入界面中，提供了更多类型的数据导入，支持常用的数据导入类型如下。

1. 文件类型

- CSV/TXT 文件：支持 CSV/TXT 文本数据导入。
- Excel 文件：支持 Excel 工作簿数据导入。
- XML 文件：支持 XML 格式数据导入。
- JSON 文件：支持 JSON 格式数据导入。
- PDF 文件：支持 PDF 格式数据导入。
- 文件夹数据：支持文件夹内多个不同文件数据导入。
- SharePoint：支持 SharePoint 数据内容获取。

2. 数据库

- SQL Server：支持 SQL Server 数据库访问。
- MySQL：支持 MySQL 数据库访问。
- Oracle：支持 Oracle 数据库访问。
- PostSQL：支持 PostSQL 数据库访问。

3. Power Platform

- Power BI 数据集：支持 Power BI 数据集访问。
- Power BI 数据流：支持 Power BI 数据流访问。
- Common Data Service：支持 CDS 数据访问。

4. Azure 服务

- Azure SQL 数据库服务：支持 Azure SQL 数据库访问。
- Azure Blog 存储：支持 Azure Blog 数据存储访问。
- Azure 表存储：支持 Azure 表存储的数据库访问。

- Azure HDinsight：支持 Azure HDinsight 的数据库访问。

5. 联机服务

- SharePoint Online 列表：支持 SharePoint Online 的列表访问。
- Exchange Online 服务：支持 Exchange Online 的数据内容访问。
- Dynamics 365：支持 Dynamics 365 数据访问。
- SalesForce：支持 SalesForce 数据访问。
- Zendesk：支持 Zendesk 数据访问。
- Zoho CRM：支持 Zoho CRM 数据访问。

6. 其他系列服务

- Web：支持网页及网页 API 访问和获取。
- 空语句：支持自定义数据的访问。
- Python 脚本：支持 Python 脚本的数据内容。
- R 语言脚本：支持 R 语言脚本的数据内容。

1.4 Power Query 编辑器

在 Power Query 标准界面中，除了进行数据的导入之外，也可以实现很多其他的功能，这些功能的使用和调用需要进入 Power Query 编辑器界面才能完成。

在 Excel 中进入 Power Query 编辑器界面，需要在“数据”选项卡中选择“获取数据”→“启动 Power Query 编辑器”命令，如图 1.11 所示。

图 1.11　Excel 进入 Power Query 编辑器的方法

Power BI 中的 Power Query 已经深度集成入产品，在 Power BI 中进入 Power Query 的方式与 Excel 会有很大的不同，直接在 Power BI“主页”选项卡中单击“转换数据”按钮即可进入 Power Query 编辑器界面，如图 1.12 所示。

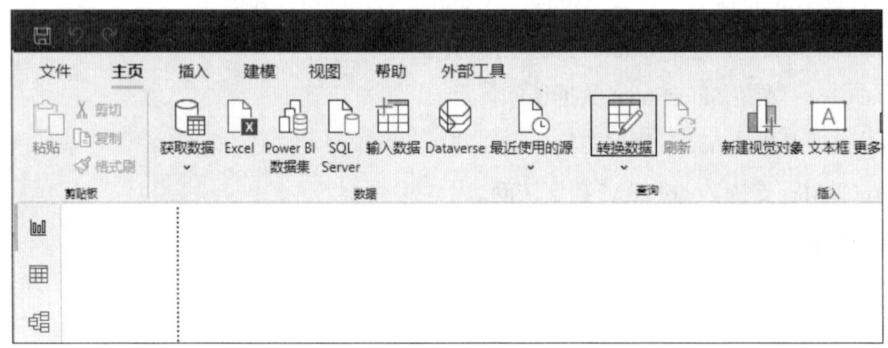

图 1.12　Power BI 界面进入 Power Query 编辑器的方法

1.4.1　Excel 的 Power Query 编辑器界面

在 Excel 中的 Power Query 编辑器界面中，可以进行所有的数据集成和清洗的操作。

1. 选项卡

在 Power Query 中有多个不同的选项卡，目前通过 Excel 的 Power Query 选项卡可以执行如下的任务：列的内容和功能转换、新建列、视图设置等。

2. 快捷菜单栏

快捷菜单栏将随着选项卡的变化而发生变化，它是不同选项卡下的快捷菜单。

（1）“主页”选项卡

在“主页”选项卡中包含了常规的执行操作，可以在“主页”选项卡中实现以下管理任务。

- 行操作：针对当前数据表的行进行筛选或删除等操作。
- 列操作：针对当前数据表的列进行添加、删除或新建等操作。
- 排序操作：针对当前数据表进行数据列的排序操作。
- 合并操作：针对当前的多个数据表进行数据合并操作。

（2）“转换”选项卡

“转换”选项卡是基于当前的数据表进行操作，目前 Power Query 提供的格式转换非常多，下面是部分操作任务。

- 表格设置：基于当前的表进行各类不同的操作。
- 列设置：基于当前数据表的列进行添加、重构操作。
- 日期与时间设置：构建符合要求的时间表。

（3）“添加列”选项卡

“添加列”选项卡是在当前的表格中添加额外的列，能够添加的内容如下。

- 自定义列：基于需求构建自定义的列。
- 自定义函数：基于实际需求引用自定义函数。
- 文本提取：基于当前行的文本进行数据提取。

（4）“视图”选项卡

- 布局设定：基于当前的 Power Query 界面进行全局布局的设定。
- 参数：设定当前 Power Query 中可用的参数设定。
- 高级编辑器：用 M 语言来实现更复杂的功能。

3. 编辑栏

在编辑栏中可以使用 M 语言或 Power Query 语句对当前步骤进行操作，如图 1.13 所示的框线位置。

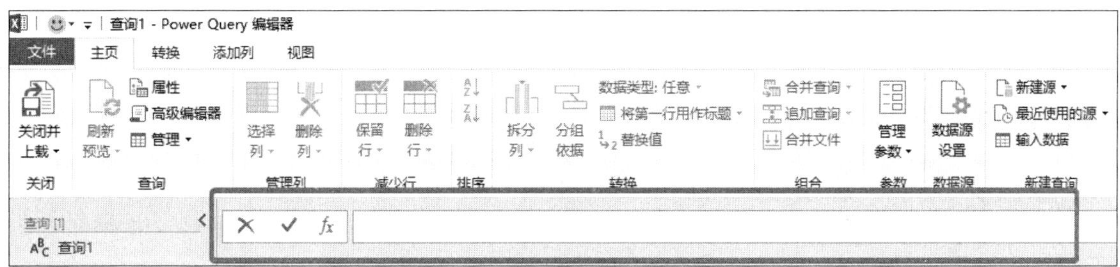

图 1.13　Power Query 编辑栏

4. 设置窗格

在 Power Query 中，所有的操作步骤将依次排列在右侧设置窗格中，方便我们快速调用相应的步骤变量，如图 1.14 所示。

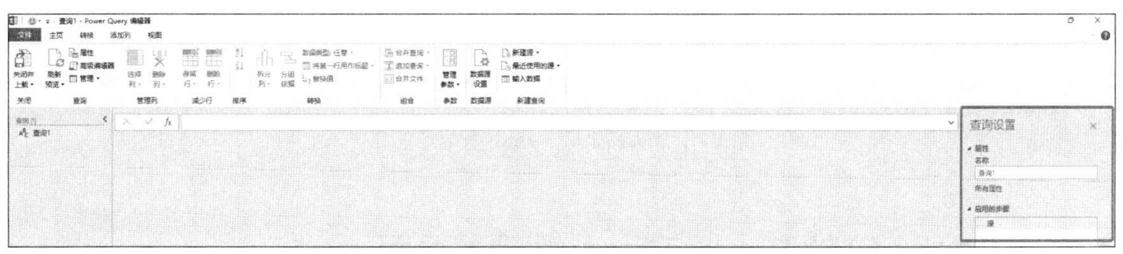

图 1.14　Power Query 的设置窗格

5. 查询列表

在 Power Query 中，要想了解目前的数据连接，可以通过数据源的查询列表来获取，这个查询列表在界面的左侧显示，如图 1.15 所示的框就是 Power Query 的查询列表。

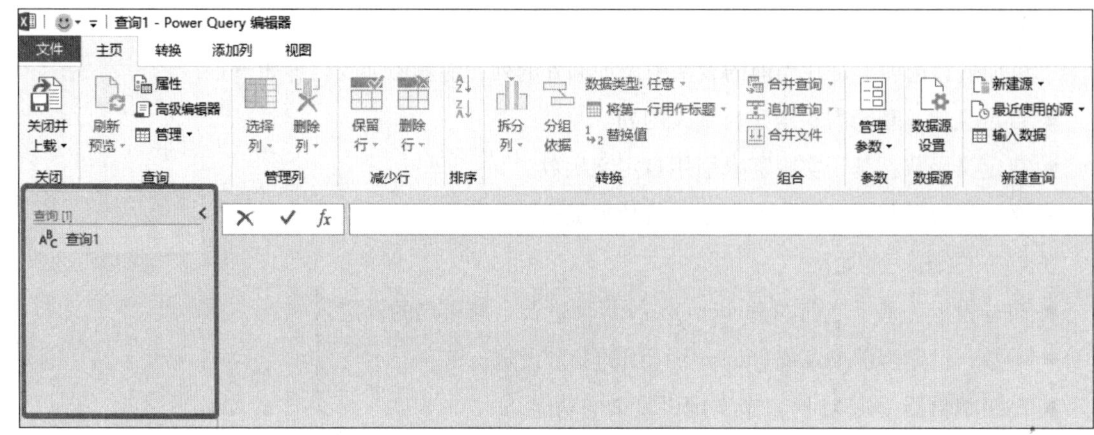

图 1.15　Power Query 的查询列表

6. 数据显示区域

Power Query 完成相应的数据处理之后，所有数据的内容将显示在数据显示区域，图 1.16 所示为数据显示区域。

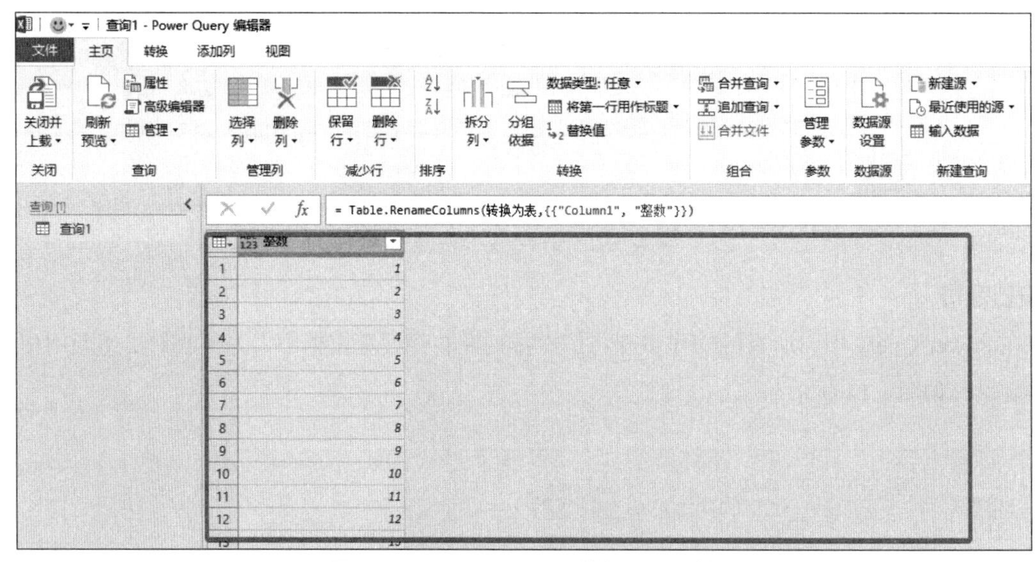

图 1.16　Power Query 数据显示区域

1.4.2　Power BI 的 Power Query 编辑器界面

在 Power BI 中，Power Query 编辑器的界面与 Excel 中的差别不大，但也有些许不同。Power BI 提供的导入和操作比 Excel 更多，在 Power BI 中，Power Query 编辑器界面包含了如下的布局。

1. 选项卡

在 Power BI 选项卡中提供了更多的选项卡来执行不同的任务和功能，如主页、转换、添加列、视图、工具、帮助等。

2. 快捷菜单栏

快捷菜单栏将随着选项卡的选择而发生变化，目前上下文菜单包含了如下的选项卡区域和功能。

（1）“主页”选项卡

在“主页”选项卡中包含了常规的执行操作，可以在“主页”选项卡中实现以下管理任务。

- 行操作：基于当前数据表的行进行操作。
- 列操作：基于当前数据表的列进行操作。
- 排序操作：基于当前数据表进行排序操作。
- 合并操作：实现多个表的合并操作。
- 转换操作：将当前表的数据实现列的转换操作。
- Python 脚本：基于 Python 脚本实现数据源获取或数据处理操作。
- Azure 机器学习：调用 Azure 机器进行数据处理。
- 机器视觉：调用 Azure 机器视觉对象进行数据处理。
- 文本分析：调用 Azure 进行文本数据分析。

（2）“转换”选项卡

“转换”选项卡是基于当前数据表进行数据格式和内容的操作，目前 Power Query 提供的格式转换非常多，下面部分操作任务。

- 表格操作：实现数据表操作。
- 列的格式设置：为当前数据列进行格式设置。
- 运行 R 脚本：基于当前表数据运行 R 语言脚本，进行数据再分析。
- 运行 Python 脚本：基于当前表数据运行 Python 语言脚本，进行数据处理。
- 日期与时间设置：完成当前数据表中时间和日期的设置。

（3）“添加列”选项卡

“添加列”选项卡是在当前表中添加额外的列，能够添加的内容如下。

- 自定义列：基于当前数据表的列进行列的计算。
- 自定义函数：引用当前可用的自定义函数进行计算。
- 文本提取：基于当前的数据行对相关的文本进行各类数据提取。
- AI 见解：Power BI 提供了基于 Azure 的机器学习进行见解构建。

（4）“视图”选项卡

“视图”选项卡是在当前的 Power Query 界面中进行布局的设定，通常包含如下设定。

- 布局设定：当前 Power Query 编辑器的具体布局设定。
- 参数：当前 Power Query 编辑器的参数设置。

■ 高级编辑器：M 语言代码编辑界面。

（5）“工具”选项卡

当执行的 Power Query 编辑器出现性能方面的问题，我们需要进行整体过程的判断，可以通过“工具”选项卡来处理。

■ 步骤诊断：Power Query 基于当前步骤的诊断。

■ 会话诊断：Power Query 基于会话部分的诊断。

（6）“帮助”选项卡

■ 功能性帮助：微软提供的 Power Query 的帮助功能。

■ 社区与帮助：微软提供的 Power Query 的社区功能。

3. 编辑栏

与 Excel 的 Power Query 编辑器界面一样，Power BI 也提供了标准的 Power Query 的 M 语言编辑栏，如图 1.17 所示的框中位置。

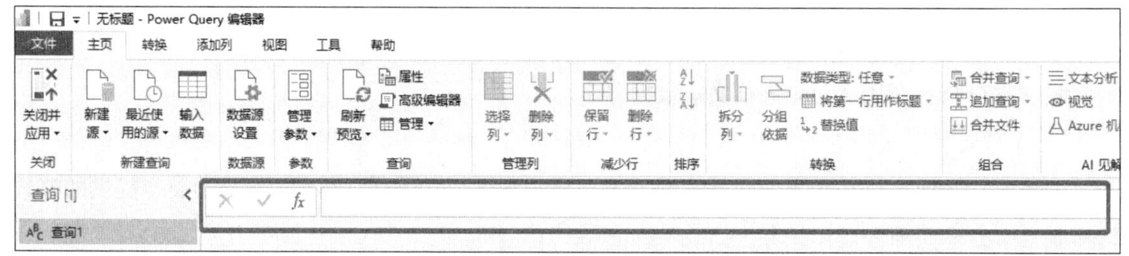

图 1.17　Power Query 编辑栏

4. 设置窗格

Power BI 中 Power Query 的设置窗格和 Excel 中所处的位置相同，都在界面的右侧，如图 1.18 中框线显示的位置。

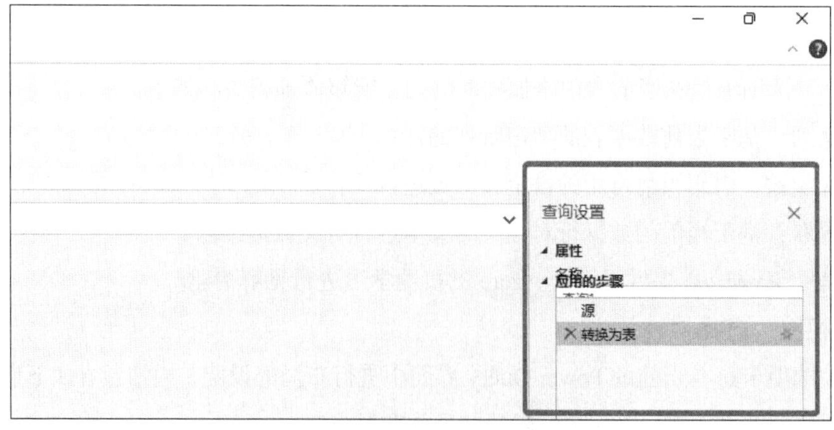

图 1.18　Power Query 的设置窗格

5. 查询列表

Power BI 中 Power Query 编辑器的数据源查询列表同样在界面的左侧，当需要切换数据源进行步骤处理时，应该在数据源的查询列表中进行数据源的切换，如图 1.19 所示为数据源的切换方式。

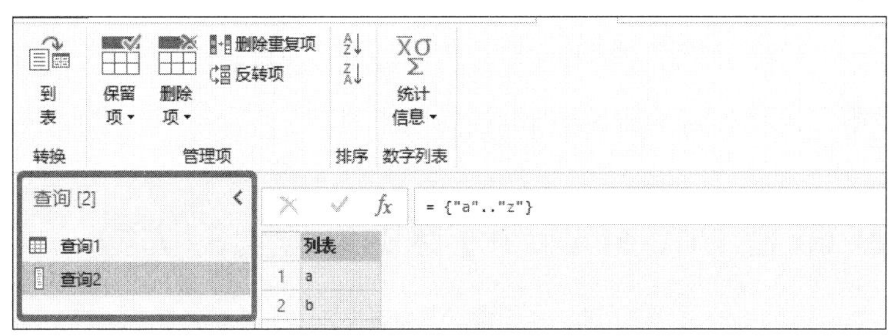

图 1.19　数据源及切换

6. 数据显示区域

在 Power BI 中 Power Query 的数据显示区域，可以浏览经过 M 语言处理之后的数据，数据是以 Grid 方式呈现，图 1.20 为数据显示区域。

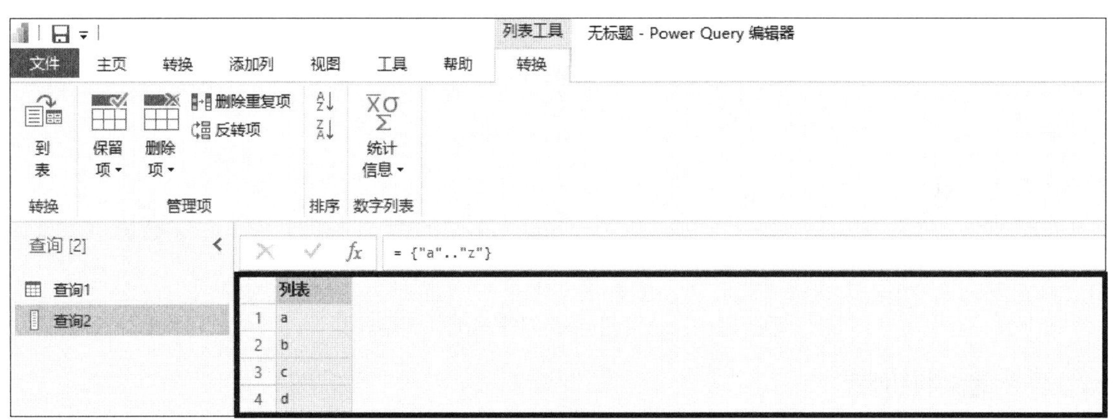

图 1.20　数据显示区域

1.4.3　Excel 在 Power Query 数据处理中的优势

Excel 在数据存储和数据处理方面的功能相对更加强大，在获取完数据之后能够将其保存在当前的 Excel 中，Excel 在使用 Power Query 进行数据处理时有如下的优势。

1. Excel 当前表数据导入

在 Excel 中，可以将 Excel 自身的文件导入 Power Query 中，而不用从外部进行 Excel 表格数据的引用。

2. Excel 数据可以作为自定义函数数据源

在 Excel 中，可以调用单元格的数据作为自定义的数据源执行自定义函数，Power BI 目前不支持这样的功能。

3. Excel 支持数据的导入和再处理

如果希望当前导入的数据与源数据断开连接，可以执行保存并导入的方式进行数据导入，如果最终处理的数据量不大，可以实现最终数据的再处理。

1.4.4 Power BI 在 Power Query 数据处理上的优势

虽然 Excel 在 Power Query 处理上有一定的优势，但 Power BI 在 Power Query 数据处理方面也有优势。

1. 支持 Python 中间处理

Power BI 支持在 Power Query 中调用 Python 语言进行中间过程处理，生成的数据再由 Power BI 进行数据调用生成 Power BI 视觉对象，图 1.21 所示为 Power Query 的 Python 调用界面。

图 1.21 Power Query 的 Python 调用界面

2. 支持 R 语言中间处理

Power BI 支持在 Power Query 中调用 R 语言进行数据的中间处理，处理完毕后的数据利用 Power BI 进行视觉展现。图 1.22 所示为 R 语言调用界面。

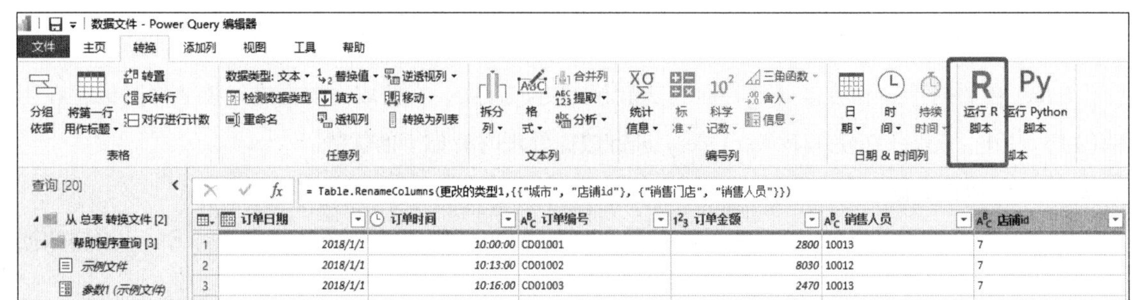

图 1.22 Power Query 的 R 语言调用界面

3. 支持 SQL 实时报表（Direct Query）

在 Power BI 中进行 SQL Server 数据库的连接过程中，除了数据导入之外，它同时能够进行实时数据查询，这是 Power BI 和 Excel 在实时数据处理时最大的差别，图 1.23 所示为 Power BI 利用 Direct Query 进行数据查询。

图 1.23 Power BI 利用 Direct Query 进行数据查询

4. 支持 Azure 文本分析

在 Power BI 中，支持调用 Azure 的机器学习功能进行文本分析，文本分析完成后结果导出到 Power Query 中。图 1.24 所示为使用 Azure 的文本分析功能，文本分析功能属于微软 Azure 云服务，需要有相应账户才能使用。

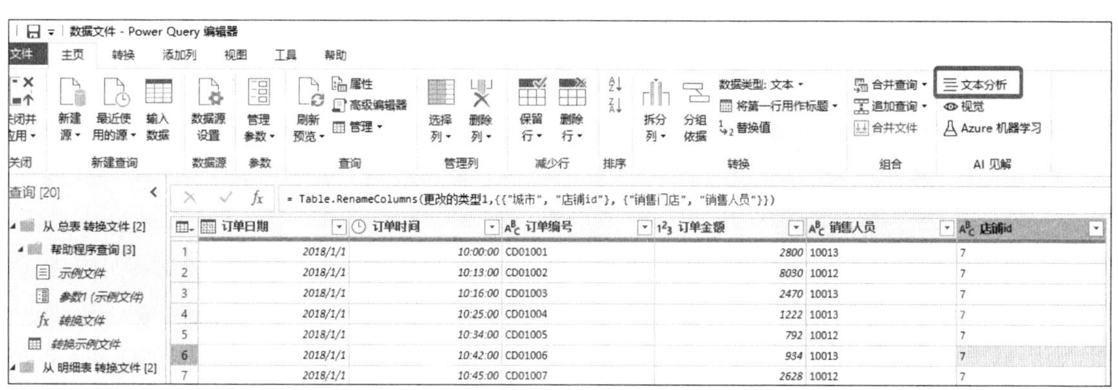

图 1.24 Power Query Azure 文本分析

5. 支持 Azure 机器视觉

在 Power BI 的 Power Query 中进行视觉对象处理，处理的结果同样导出到 Power Query 进行再处理。图 1.25 所示为 Power Query 机器视觉对象处理。Azure 机器视觉对象属于微软 Azure 提供的智能服务之一，必须拥有 Azure 的账户才可以进行相应的操作。

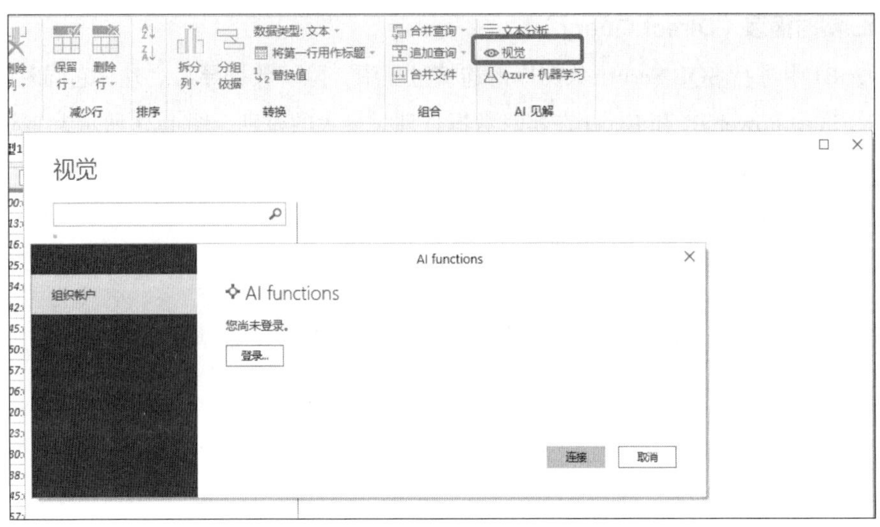

图 1.25　Power Query 机器视觉对象处理

6. 支持 Azure 机器学习

在 Power BI 中，Power Query 可以调用 Azure 机器学习处理当前的数据，处理的数据结果导出到 Power Query 进行数据再处理。图 1.26 所示为 Azure 机器学习处理对象。由于隶属于 Azure 功能，因此需要开启一个 Azure AD 账户进行登录。

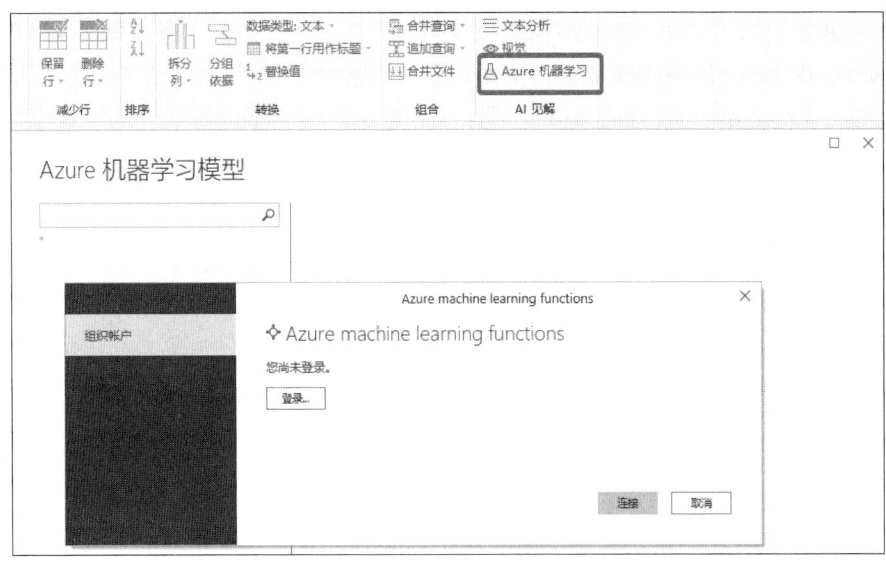

图 1.26　Power Query 中机器学习界面

7. 支持 Power Query 的步骤诊断

在 Power Query 中，支持在步骤过程进行分析和诊断，判断整个过程的性能问题出现在哪里，诊断 Power Query 过程中执行效率相对比较低的地方，提升整个 Power Query 执行的效率，如图 1.27 所示为 Power Query 的诊断界面。

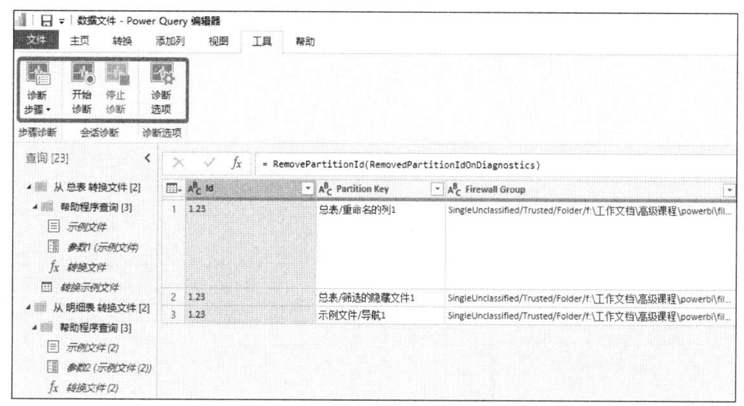

图 1.27　Power Query 的步骤诊断界面

1.5 Power Query 的底层语言——M 语言

很多人在第一次接触 Power Query 时，觉得非常难以下手。由于它的执行语言 M 语言的底层语法和我们所学习的 Excel 函数的语法规则完全不同，很多人在学习一段时间都放弃了。那么，什么是 Power Query 的 M 语言呢？

M 语言是 Power Query 的底层应用语言，Power Query GUI 界面的操作都将会转换为 M 语言。通过界面能够完成 80% 的工作，另外 20% 我们不能通过界面完成，只能通过编写相应的 M 语言处理过程来实现数据的处理，一个非常明显的案例就是自定义函数的使用。在默认的界面下并不会显示整个 M 语言的处理过程，需要单击“高级编辑器”按钮才能看到当前处理过程的 M 语言执行步骤。不管是 Excel 还是 Power BI，M 语言开启高级编辑器都是一样的操作，在“数据”选项卡中选择“获取数据”→“启动 Power Query 编辑器”命令进入 Power Query 编辑器界面，如图 1.28 所示。

图 1.28　进入 Power Query 编辑器

在 Excel 的 Power Query 编辑器界面中，直接单击如图 1.29 所示的“高级编辑器”按钮即可进入高级编辑器界面。

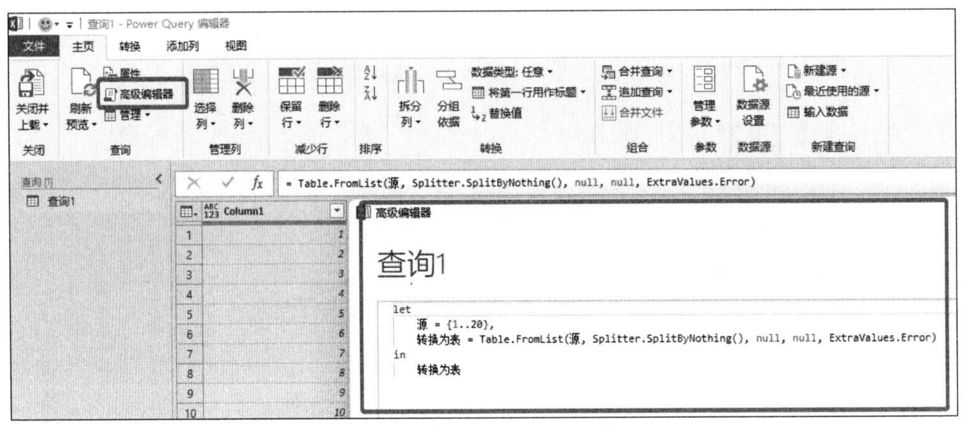

图 1.29　Excel 中的 Power Query 高级编辑器

Power BI 进入高级编辑器的方法和 Excel 略有不同。在 Power BI 中调用 Power Query，首先通过“编辑”按钮进入 Power Query 编辑器界面，在 Power Query 编辑器中进入高级编辑器界面的方法相较于 Excel 更加简单，毕竟 Power Query 已经深度集成到 Power BI 中。在 Power BI 的界面中单击“转换数据”按钮，进入 Power Query 编辑器的主界面后单击“高级编辑器”按钮即可进入高级编辑器界面，如图 1.30 所示。

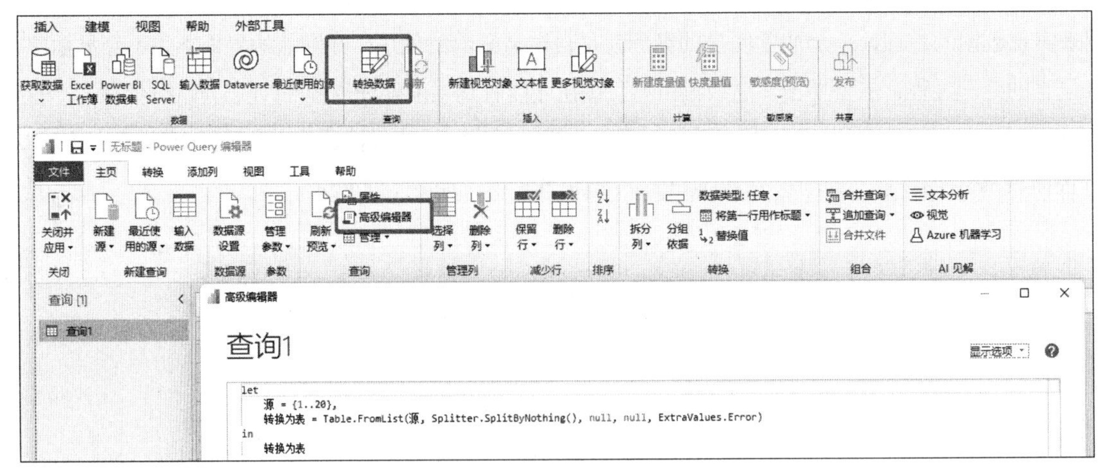

图 1.30　Power BI 中的高级编辑器

在实际的使用过程中，Power Query 的所有操作步骤将通过 Power Query 翻译成 M 语言进行数据的再处理，图 1.31 展示了当前高级编辑器的功能。

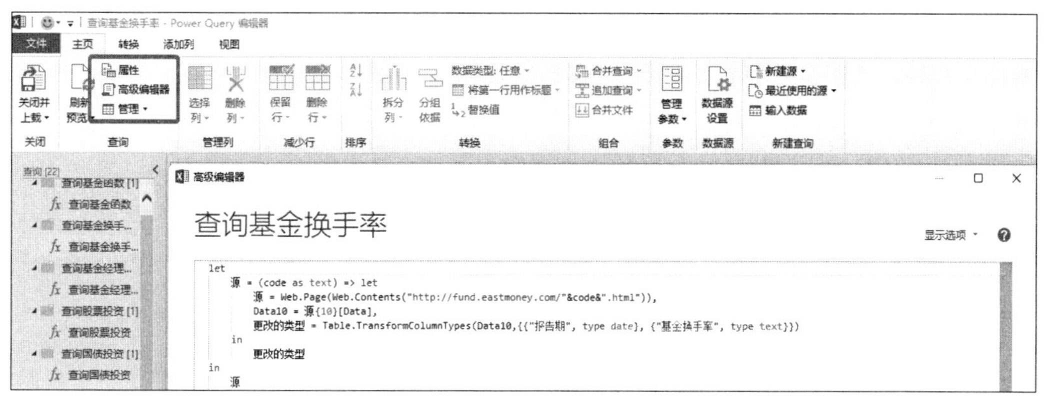

图 1.31　高级编辑器提供的功能

Tips

关于Power Query的M语言，我们将在第3章详细讨论它的语法规则和使用方法。

1. M 语言的使用场景

当然，Power Query 的 M 语言应用场景不只是应用在 Power BI 和 Excel 中，它还具有其他广泛的应用场景，目前我们可以在以下产品的使用场景中应用到 M 语言。

- SSAS 分析服务。
- Office 365 的 Flow。
- SSIS 数据集成服务。
- Azure Data Factory 服务。

相信随着微软数据类产品分类的增多和增强，Power Query 的应用场景将会越来越广泛。

在微软的最新各个产品中，Power Query 的产品集成度越来越高，究竟是什么原因让微软选择 Power Query？主要源于 Power Query 的以下特性。

- 简单易用。
- 集成性佳。
- 快速处理各类数据。

2. Power Query 的学习路径

Power Query 这么多优点，该怎么去学习呢？很多人迫切希望了解 Power Query 全景知识和它提供的相应功能，但对于 Power Query 的底层 M 语言来说，一开始就进行自定义函数的构建当然也是不可能的，这里有相应的学习路径来进行由浅入深的学习，帮助读者更好地理解 Power Query 的整体脉络，同时也可以更深入地理解 Power Query 提供的各类数据集成和清洗功能。

图 1.32 是一张 Power Query 的学习成长路径图，通过该图可以很轻松地理解 Power Query 整体的知识结构。

Power Query 从简单到复杂可以分成两个部分，大部分简单的操作可以通过 UI 界面完成，如下所示。

- 数据连接：实现各类不同的数据源导入。
- 数据删除：按照实际需求实现行列数据的删除。
- 数据排序：根据需求进行数据行的排序。
- 数据转换：依据实际需求完成数据格式的转换。

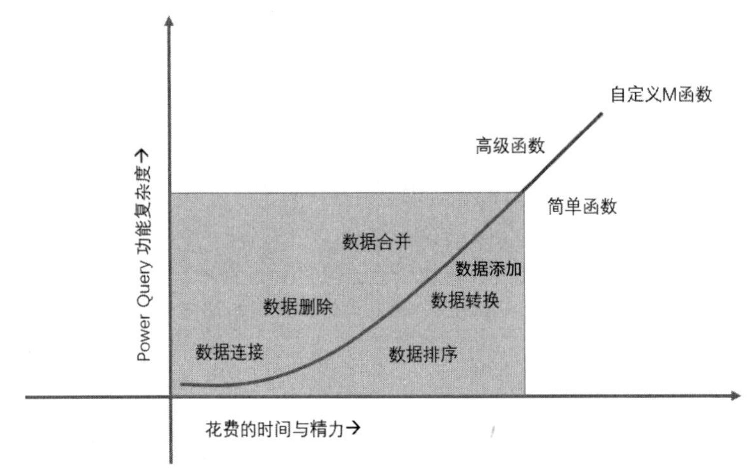

图 1.32　Power Query 的学习成长路径图

- 数据添加：按照实际需求完成数据内容的添加。
- 合并数据：合并两个或多个表数据。

有一部分比较复杂的任务没有办法通过 UI 界面完成，相对来说学习难度会稍微大一点，这些内容如下所示。

- 简单函数：利用现有的 Power Query 简单函数进行简单应用。
- 高级函数：使用复杂的 Power Query 函数实现数据的计算。
- 自定义 M 语言函数：建立可以重用的自定义函数实现函数的重用。

从图 1.32 能够看出，难度最高的依然是自定义 M 函数，如果能够非常自如地使用自定义 M 函数来实现各类不同的 Power Query 场景，也就可以顺利地完成整个 Power Query 从低到高的学习。

1.6 本章总结

在学完本章之后，读者能对 Power Query 有了一些基本的了解，Power Query 是微软推出的针对不同数据来源的相对比较优秀的数据查询和清洗工具，通过 Power Query 可以集成和清洗来自各类不同业务的数据。相比 Excel 本身的功能来说，它能处理和清洗的数据将突破 Excel 本身的 1048576 行的限制。让我们在处理大量数据的时候不再依赖于各类专业的工具，将数据分析门槛降低的同时，大大简化了数据的统计和分析操作。

第 2 章 Power Query 的数据集成

Excel 中的 Power Query 支持多种不同数据来源的整合，Power BI 中的 Power Query 支持 100 多种不同的数据源连接，同时突破了 Excel 进行数据导入的 1048576 行数据的限制，从而可以进行千万和亿级数据的统计与计算。

Power Query可以导入Oracle数据吗?

Power Query不仅能导入Oracle数据，还可以导入100多种其他数据源。

2.1 Power Query 的 CSV/TXT 数据集成

目前在数据分析行业内 CSV（逗号分隔值文件格式）数据是最简单的数据保存方式，不同于其他的 Excel 或数据库类型的数据保存形式。CSV 是基于逗号实现数据分隔的一类数据，是不需要通过任何其他的数据驱动加载就可以使用的数据，它的数据格式如图 2.1 所示。

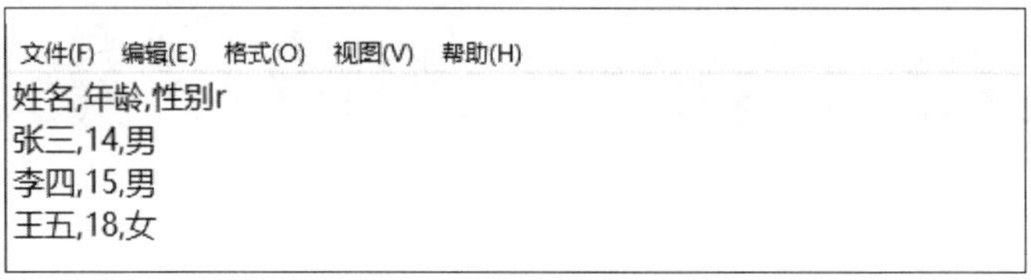

```
文件(F)  编辑(E)  格式(O)  视图(V)  帮助(H)
姓名,年龄,性别r
张三,14,男
李四,15,男
王五,18,女
```

图 2.1　CSV 数据格式

如图 2.1 所示的数据之间以“,”作为分隔符，但是在实际场景的数据导入过程中有可能不是以“,”作为分隔符，在这种场景下，也可以使用与 CSV 格式相近的数据类型 TSV 导入。TSV 是以制表符作为分隔符的一种数据保存形式，如图 2.2 所示。

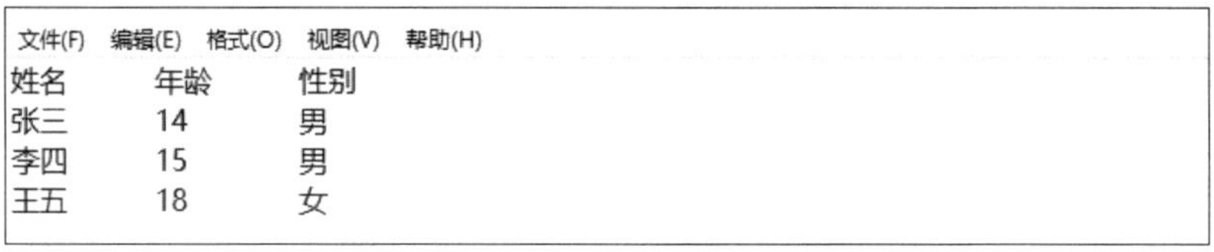

```
文件(F)  编辑(E)  格式(O)  视图(V)  帮助(H)
姓名	年龄	性别
张三	14	男
李四	15	男
王五	18	女
```

图 2.2　TSV 格式的制表位分隔符

除此之外，文件的格式可能不是 CSV，也不是 TSV，而是 TXT 文本格式。这些 TXT 格式的数据也是以各类不同的分隔符进行分隔，与 CSV 格式类似，如图 2.3 和图 2.4 所示分别是以分号和冒号作为分隔符。

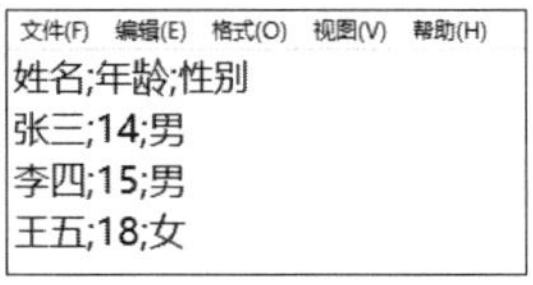

```
文件(F)  编辑(E)  格式(O)  视图(V)  帮助(H)
姓名;年龄;性别
张三;14;男
李四;15;男
王五;18;女
```

图 2.3　分号为分隔符

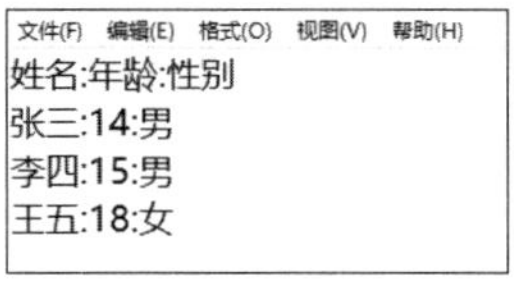

```
文件(F)  编辑(E)  格式(O)  视图(V)  帮助(H)
姓名:年龄:性别
张三:14:男
李四:15:男
王五:18:女
```

图 2.4　冒号为分隔符

Office 中的 Excel 和 Power BI 都支持上面提到的数据格式导入，接下来从两个产品使用的不同角度来实现文本数据格式的导入，并且探讨两种不同产品在进行数据集成方面的异同点。

2.1.1　Excel 导入 CSV 数据

前面提到，早期的 Office 版本（2010 和 2013）必须安装 Power Query 组件进行数据的导入，而 Office 2016 之后的版本则不需要通过安装 Power Query 插件的方式进行外部数据的导入。接下来以

Office 365 版本来演示 Excel 利用 Power Query 导入 CSV 数据，首先需要新建一个空白的 Excel 文件，在“开始”选项卡下选择“空白工作薄”，如图 2.5 所示。

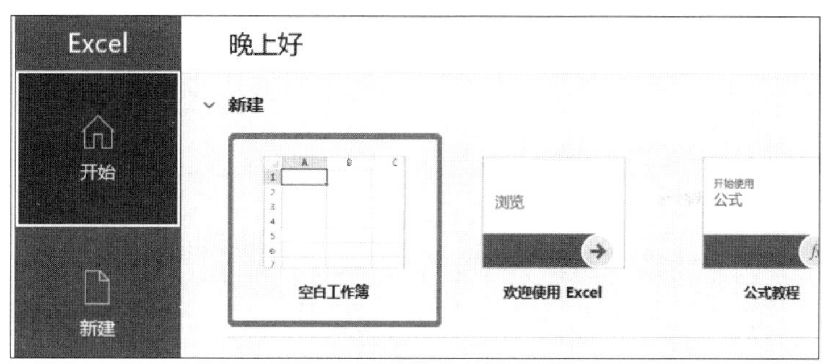

图 2.5　开启 Excel 新文档

在 Excel 的标准文档界面中选择“数据”选项卡，单击“获取数据”下拉按钮，在下拉列表中选择“来自文件”→“从文本 /CSV 文件”命令，即可获取 CSV 文件，如图 2.6 所示。

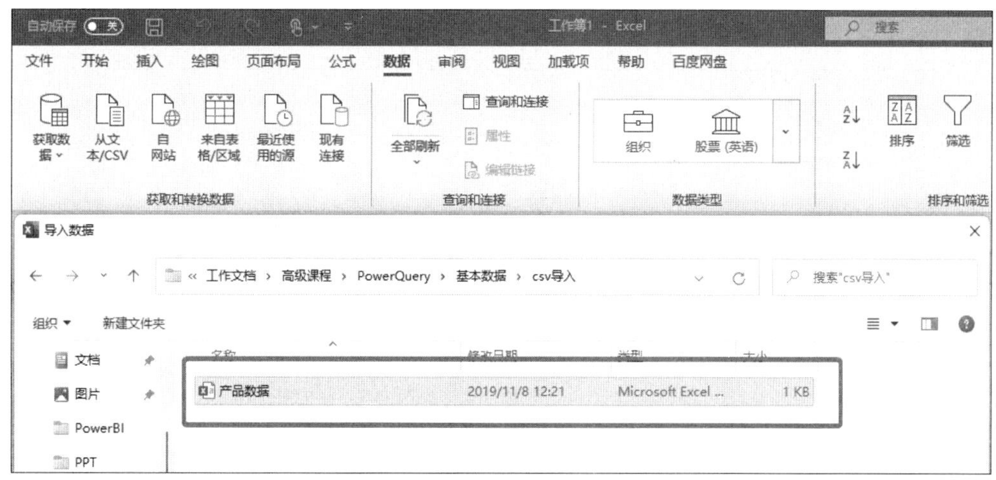

图 2.6　导入符合条件的 CSV/TXT 文件

在导入过程中需要注意，如果项目选择不正确，则导入的结果将不是我们希望获取的内容。

- **编码问题**：不正确的编码会导致导入过程中出现乱码。
- **数据分隔符问题**：虽然文件是 TXT 或 CSV，但是如果是固定的分隔符，我们必须选择正确的分隔符才能获取正确的数据。
- **采样数据容量问题**：采样数据默认为 200 行，如果数据采样复杂，可能存在容量不够的情况，这里可以选择更多的数据作为采样数据。

这个取决于在实际数据分析时的需求，在完成上面三个条件后，就可以开始进行数据的导入了，导入的界面如图 2.7 所示。

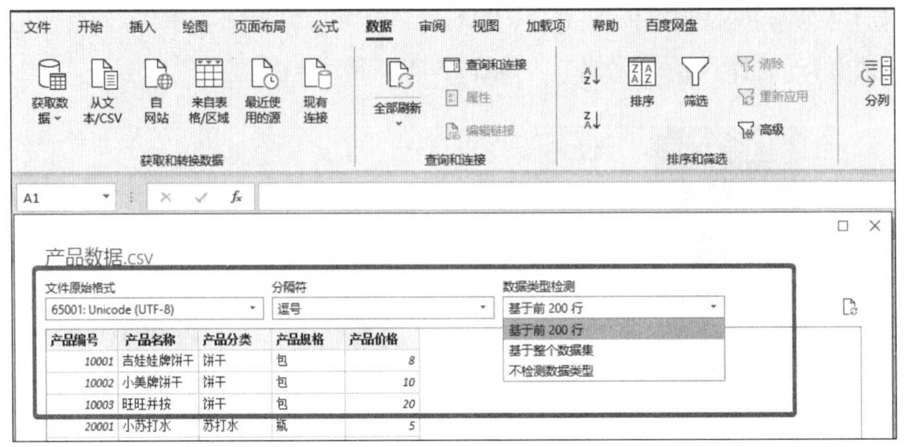

图 2.7　CSV/TXT 数据导入的预览界面

选择正确的编码和分隔符之后，就可进入数据的载入界面，这里数据载入中有两个不同的按钮，如图 2.8 所示。这两个按钮在具体操作中面对的是不同的场景，需要根据实际的需求选择不同的按钮进行不同的操作。

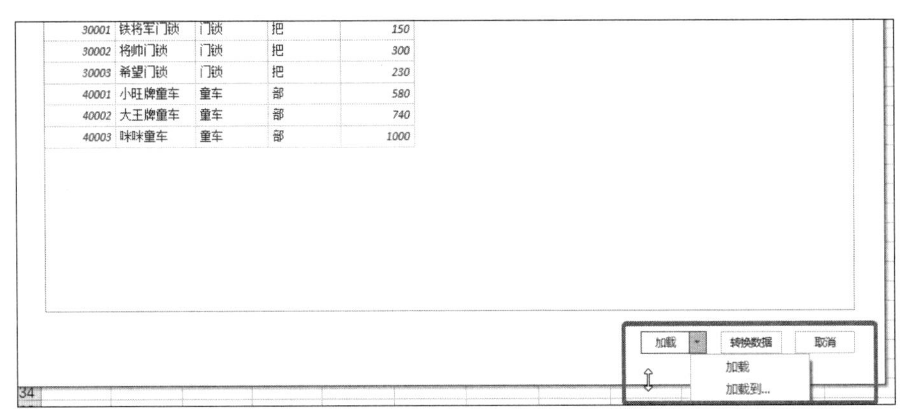

图 2.8　数据加载和处理

1. 数据直接加载到 Excel 中

选择“加载”选项，即不需要进行数据格式的处理和清洗，直接将所有数据加载到当前的 Excel 中。如果确定载入的数据不需要进行预处理和清洗，则可以直接使用“加载”选项进行数据的载入。

2. 数据加载到选项

如果数据不需要进行再处理，但是需要设定数据导入后与当前的 Excel 之间的关系，就需要使用“加载到”选项进行当前数据关系的设置。通常这个选项不会直接在数据导入过程中进行操作，而会在数据集成和清洗之后选择这个操作。这些选项可以由多个选项组合而成，也可以只选择其中一个选项，图 2.9 所示为 Excel 中“加载到”的选项所提供的操作。

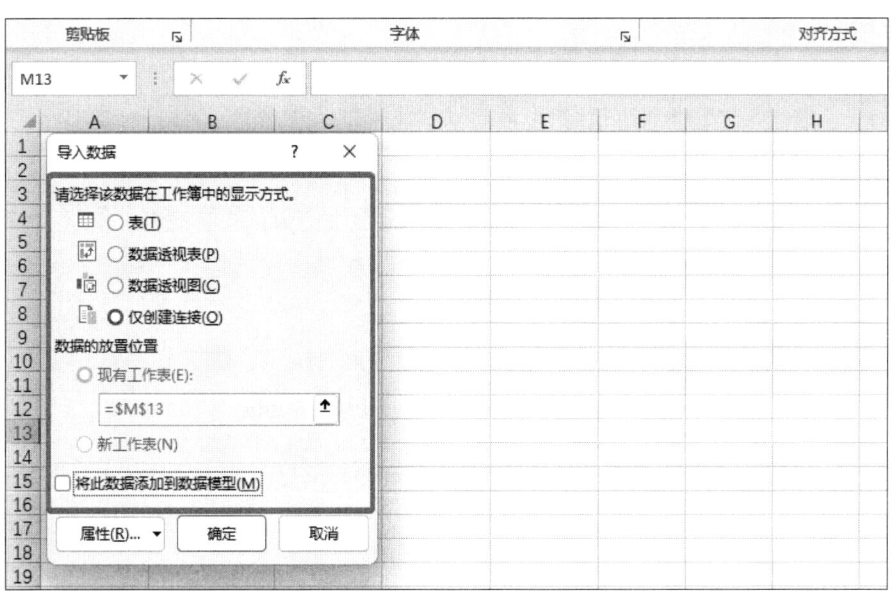

图 2.9 选择“加载到”选项后的操作

- **加载到表：**将导入的数据加载到表中。
- **加载到数据透视表：**将导入后的数据加载到数据透视表，这些数据经过处理之后可以直接进行数据透视表字段的调用，在实际应用中，不经过数据集成和清洗而加载到数据透视表的场景非常之少。
- **加载到数据透视图：**将导入后的数据作为数据源，基于导入后的数据建立相应的数据透视表。在实际应用场景中，数据需要经过清洗和集成，不进行数据清洗和集成而直接加载到数据透视图的场景非常少。
- **仅创建连接：**当数据量比较大，超过了 Excel 存储的最大数据量，如果希望针对这些数据进行再次处理，而不要导入 Excel 中进行再处理，可以选择“仅创建连接”方式进行数据访问的连接。在实际的应用场景中，这种情况出现的比较多，当希望进行大量数据的访问和集成，必须通过“仅创建连接”方式进行。
- **将数据加载到模型：**如果需要基于导入、清洗和集成后的数据进行数据建模，则需选择这个选项将数据导入 Power Pivot 模型中。导入 Power Pivot 之后的数据可以按照建模的需求进行数据的再处理。

3. 转换数据进行数据再处理

如果单击“转换数据”按钮将进入 Power Query 的核心数据处理界面，在这个界面中可以实现数据的类型转换、清洗和内容的转换等操作，在图 2.8 中单击“转换数据”后将进入 Power Query 编辑和数据处理界面，如图 2.10 所示。

在 Excel 中完成 Power Query 编辑和处理的数据可以进行存储和再次处理，这是 Excel 与 Power BI 在进行数据处理时最大的差别。

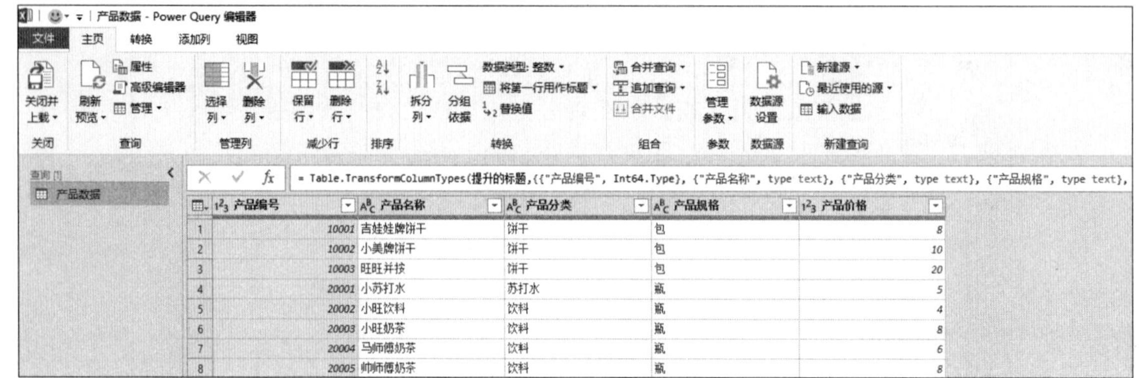

图 2.10　Power Query 编辑和数据处理界面

到此为止，我们就可以顺利通过 Excel 中的 Power Query 界面将数据导入 Excel 中了，接下来是数据的再处理。

如果加载的数据超过1048576行，则无法将数据加载到Excel文件中。

2.1.2　Power BI 导入 CSV 数据

在 Power BI 中不能保存数据，因此导入 CSV 数据比 Excel 更加简单。接下来我们来了解下如何通过 Power BI 导入 CSV 数据，在默认的 Power BI 界面中的“主页”选项卡下单击“获取数据”下拉按钮，在下拉列表中选择“文件 /CSV”命令，如图 2.11 所示。

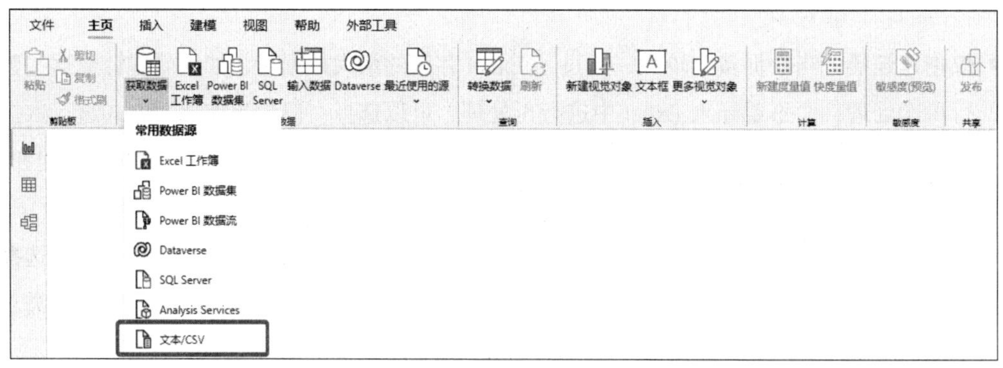

图 2.11　Power BI 导入 CSV/TXT 数据

在 Power BI 中选择符合条件的 TXT/CSV 数据，并且导入之后把数据按照需求进行再处理。与 Excel 导入数据操作相同，这里有三个不同的项目需要设定，如果设定不正确可能会得到错误的数据结果。

- **编码问题**：不正确的编码会导致导入过程中出现乱码。
- **分隔符问题**：虽然文件是 TXT 或 CSV，但是分隔符如果是固定的，我们必须选择正确的分隔符，才能获取正确的数据。

- **采样数据**：采样数据默认为 200 行，在数据较为复杂的条件下容量可能不够。可以依据自己的需求选择更多的数据作为采样数据。

完成了文件编码的选择之后，确定了数据之间的分隔符和采样数据的数量，我们就可以使用 Power BI 来完成相应的数据导入操作了，图 2.12 所示为导入数据的参数选择和数据操作界面。

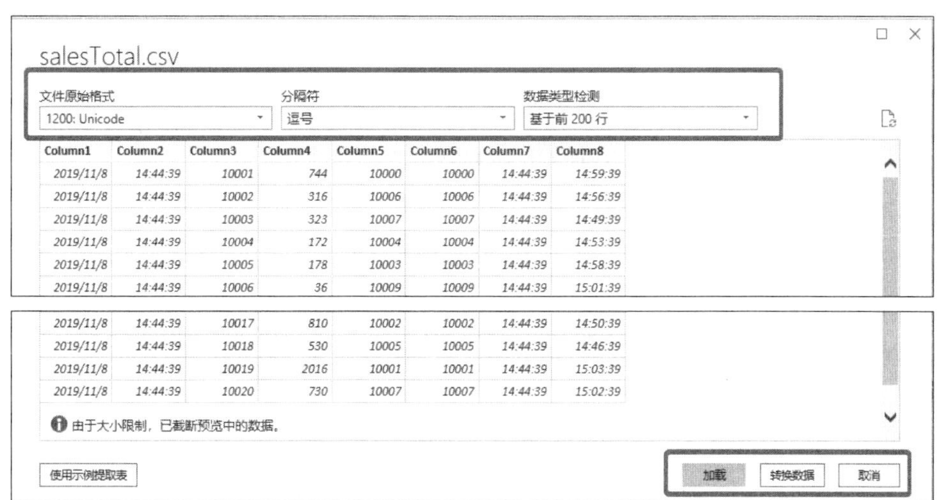

图 2.12　数据的参数选择和数据导入

这里需要注意“加载”和“转换数据”的差别。Power BI 不同于 Excel，Excel 的“加载”会将数据导入表格中，而 Power BI 只能将数据保存在缓存当中。而“转换数据”的功能能够将数据在 Power Query 界面中进行再处理，在 Power BI 中的 Power Query 的处理比 Excel 的更加完整。

在 Power BI 中进行 CSV 处理之后，数据将只能保存在缓存中，在数据表格处理界面可以设置数据的格式和类型。图 2.13 所示为在 Power BI 中处理之后的数据保存的位置。

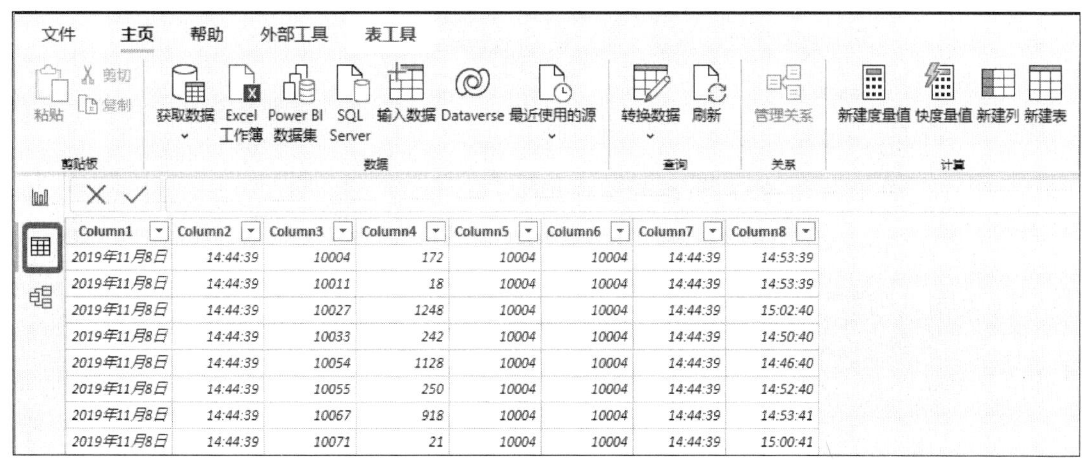

图 2.13　Power BI 保存处理后的数据

2.2 Power Query 的 Excel 数据集成

Excel 与 CSV 最大的不同在于，CSV 数据格式中不需要任何的数据驱动就可以进行数据的访问和集成，而如果格式为 Excel，数据访问与集成必须有相应的驱动才可以完成，即 Excel 之外的其他软件在访问 Excel 文件时必须拥有访问 Excel 连接的驱动。

在安装了 Excel 的访问组件之后，就可以实现本书涉及的 Excel 和 Power BI 访问 Excel 的功能，利用 Excel 和 Power BI 进行 Excel 的数据集成。接下来我们分别通过 Excel 及 Power BI 进行 Excel 的多表集成。这里需要特别注意的是，Excel 的数据格式有以下两种类型。

- XLS：2003 或更早版本的 Excel 保存的文件格式。
- XLSX：2007 及以后版本的 Excel 保存的文件格式。

在实际的数据处理过程中，两种版本的 Excel 文件还是会略有差别，导入过程的主要差别如下。

- XLS 格式导入的是格式化的数据，不是原始数据。
- XLSX 格式导入的是源数据，不管数据格式如何变化，导入的都是原始数据。

2.2.1 Excel 中的 Excel 数据导入与集成

若在 Excel 界面的数据来源中选择 Excel 数据进行导入，在 Excel 中选择“数据”选项卡，然后单击“获取数据”的下拉按钮，在弹出的下拉列表中选择“来自文件”→“从工作簿”命令进行数据导入，如图 2.14 所示。

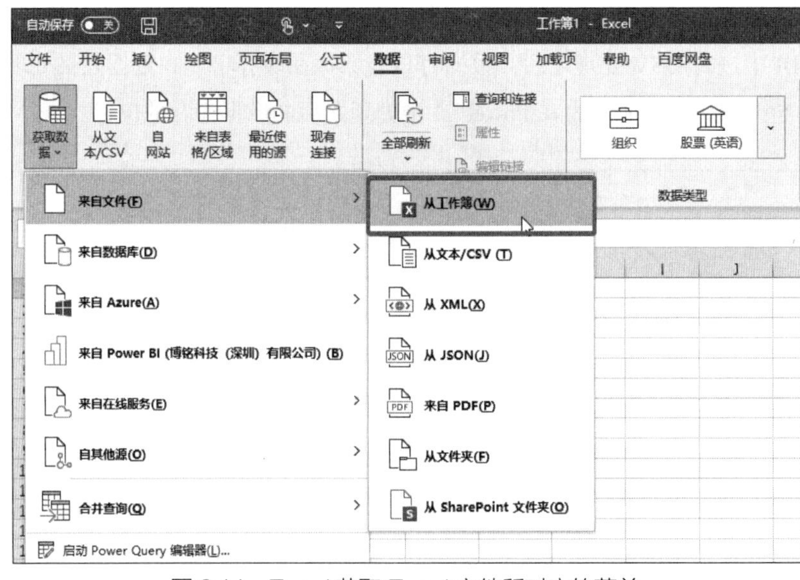

图 2.14　Excel 获取 Excel 文件所对应的菜单

与 CSV 格式文件相比，Excel 格式文件支持多表的数据导入，如果希望支持多个数据表的导入，可以在导入的界面中选择多个表进行数据导入。图 2.15 所示为 Excel 表格的导入界面，可以选中多项进行多个表数据的选择。

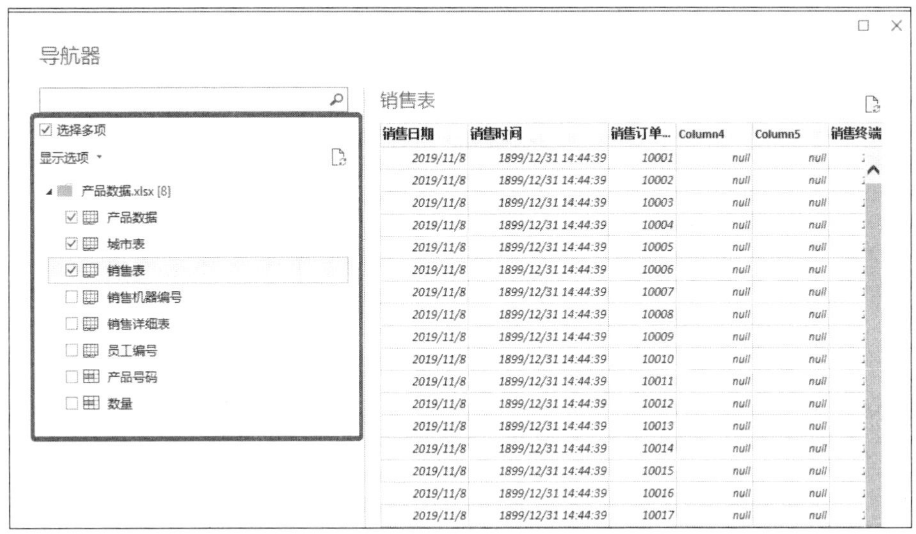

图 2.15　Excel 表格导入界面

选择需要导入的表格对象，通常不会直接进入加载数据的界面，而是单击“转换数据”按钮进行数据的集成和清洗，完成数据的再处理。Power Query 的整体处理界面如图 2.16 所示。

图 2.16　Power Query 整体处理界面

在 Power Query 中完成数据清洗和集成之后，单击“主页”选项卡中的“关闭并上载”下拉按钮，将会出现以下选项。

- **关闭并上载：** 如果选择“关闭并上载”选项，可将数据直接加载到 Excel 当前的数据编辑区域中，所有的数据将被加载到当前的 Excel 表格中，当数据超过 1048576 行时则不适用。
- **关闭并上载至：** 选择“关闭并上载至”选项可以选择数据保存的方式，在打开的“导入数据”对话框中，我们可以选择“表”，即导入 Excel 的数据表中；或者选择“仅创建连接”，即只建立数据连接进行建模。但是如果导入的数据量过大（超过 1048576 行），则选择“仅创建连接”且作为建模的数据来源，如图 2.17 所示。

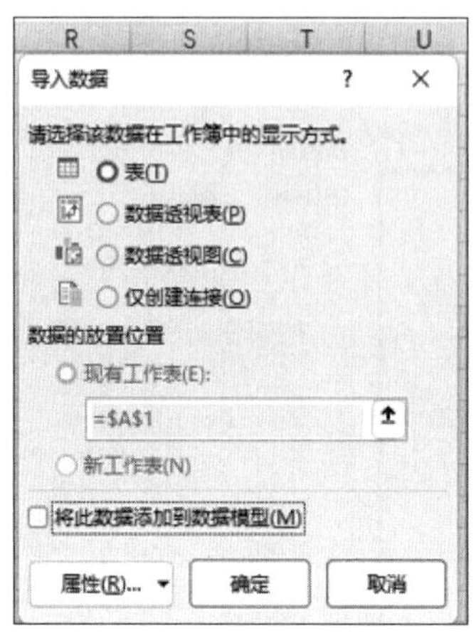

图 2.17　数据加载方式的切换

2.2.2　Power BI 中的 Excel 数据导入与集成

使用 Power BI 进行数据的存储和处理，所有的数据内容以缓存方式保存在 Power BI 中。当然，数据也能够导入 Power BI 中进行预处理，在利用 Power Query 完成预处理之后，所有的数据将只能用于 Power Pivot 数据建模。在 Power BI 主页中，我们首先单击“获取数据”下拉按钮，在弹出的下拉列表中选择“Excel 数据导入”命令，再选择相应的数据表，即可实现数据的导入，图 2.18 所示为数据导入的操作界面。

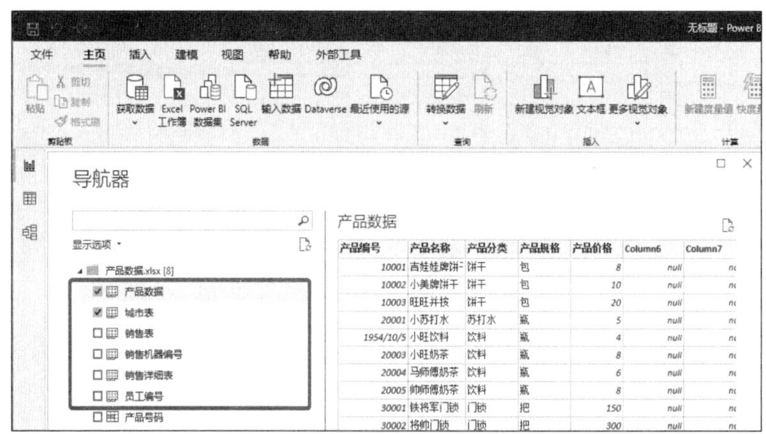

图 2.18　Power BI 导入 Excel 数据表

选择好需要进行导入的表数据之后，进入 Power BI 的 Power Query 编辑器界面进行数据的清洗和重构，图 2.19 所示为 Power Query 编辑器的界面。

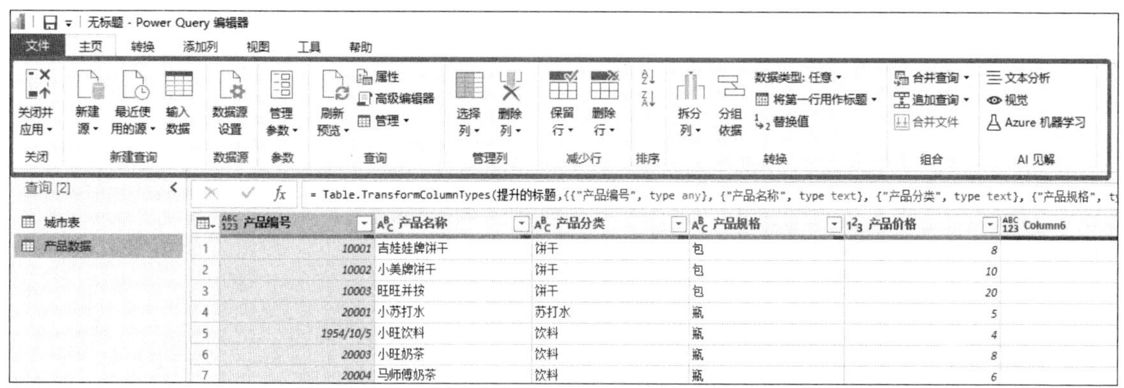

图 2.19 Power Query 编辑器界面

进行清洗和重构之后的数据将被保存到 Power BI 的数据缓存中，如果有需要的话，可以在 Power BI 的数据表界面中实现数据的再处理。图 2.20 所示为数据保存后表处理的界面，在界面中可以完成数据格式的设置。

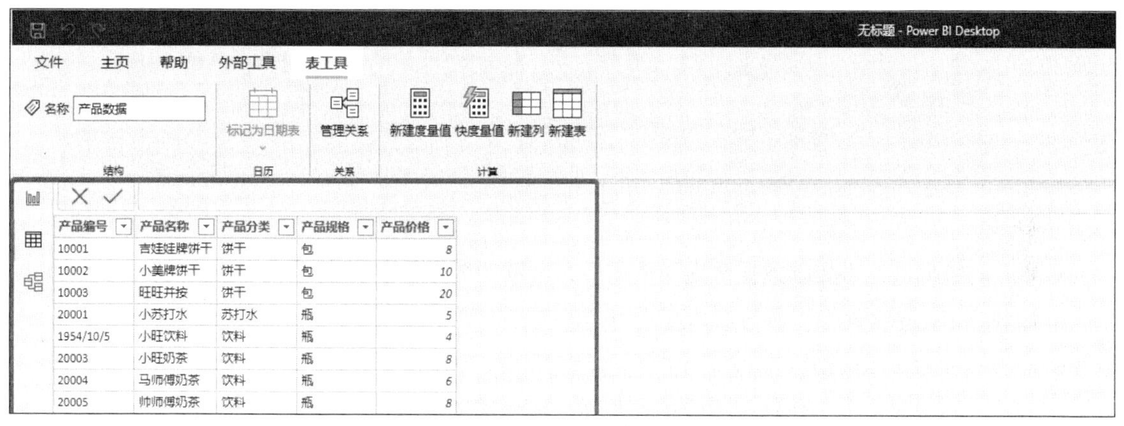

图 2.20 Power BI 的数据编辑界面

当然，数据保存在缓存过程之前，如果数据的字段和格式需要二次处理，可以在 Power BI 的 Power Query 编辑器界面对数据进行二次修改后再保存。

2.3 Excel 导入当前表格中的数据

在进行 Power Query 数据集成的过程中，Excel 提供了独有的数据导入的功能，支持当前表格数据作为数据源，导入数据之后进行数据的再处理。这个功能是 Excel 独有的数据更新和访问功能，Power BI 中没有这个功能，先在 Excel 中选择“数据”选项卡，然后单击“来自表格 / 区域”按钮导入数据。如果希望基于当前的数据内容作为交互的相关数据，我们可以选择如图 2.21 所示的表格区域导入数据。

图 2.21　选择相应的数据作为 Power Query 数据源

将相应的数据导入 Power Query 的编辑界面后，再进行后续的数据处理，图 2.22 所示为将 Excel 数据导入 Power Query 后的处理界面。

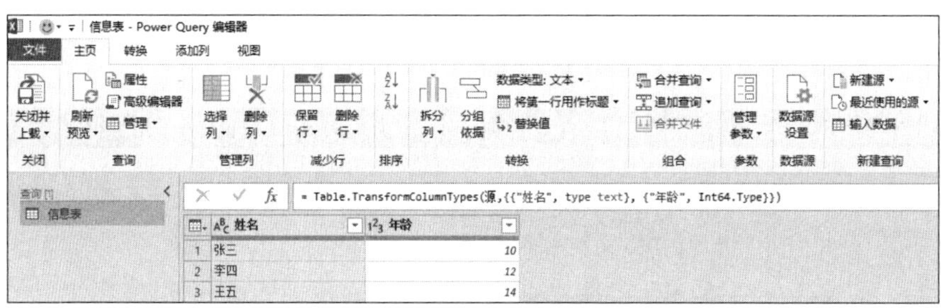

图 2.22　数据导入 Power Query 后的处理界面

对导入的数据进行必要的数据清洗和重构后，后续的数据保存有多种不同的方式。

- 加载到 Excel 文件中：将数据加载到当前的 Excel 文件中。
- 加载为连接：不将数据加载到当前 Excel 文件中，仅仅创建到数据源的连接。
- 加载为数据透视表：将数据内容加载为数据透视表的源，比较少用。
- 加载为数据透视图：将数据内容加载为数据透视图的源，比较少用。
- 加载为数据模型：将数据加载到 Power Pivot 数据模型中。

对数据处理完成后，可以将这些数据按照需求来完成表格数据的导入，图 2.23 所示为 Power Query 将数据处理的结果导入 Excel 表中。

图 2.23　Power Query 将数据保存到 Excel 中

2.4 XML 格式数据集成

在标准数据格式类型里面，有一类比较特殊的数据类型，就是层次结构数据。层次结构数据和标准的结构型数据完全不同，在实际应用过程中使用最为频繁的几种数据类型如下：XML 数据格式、JSON 数据格式、Yaml 数据格式。

目前 Power Query 不直接支持 Yaml 格式，但是也有其他的办法进行数据的提取，本书我们不作讨论。在层次数据结构下，数据是按照以下的层次方式进行数据的展示，如图 2.24 所示。

```
文件(F)  编辑(E)  格式(O)  视图(V)  帮助(H)
<htmlContent>
   <line1>Content</line1>
   <line2>Content</line2>
</htmlContent>
```

图 2.24　层次数据格式样例

2.4.1 Excel 实现 XML 数据的集成

XML 数据格式是以标签对的方式实现数据的描述，以 < 标签 > 开始，以 </ 标签 > 结束，例如以下案例。

```
<people>
      <Students>
                  <Student>
                      <NAME> 张三 </NAME>
                      <AGE>23</AGE>
                      <SEX> 男 </SEX>
                      <CLASS> 三年级二班 </CLASS>
                  </Student>
                  <Student>
                      <NAME> 李四 </NAME>
                      <AGE>21</AGE>
                      <SEX> 男 </SEX>
                      <CLASS> 三年级二班 </CLASS>
                      </Student>
                  <Student>
                      <NAME> 王五 </NAME>
                      <AGE>19</AGE>
                      <SEX> 女 </SEX>
                      <CLASS> 三年级二班 </CLASS>
                      </Student>
      </Students>
      <Students>
                  <Student>
```

```
                <NAME> 田七 </NAME>
                <AGE>23</AGE>
                <SEX> 男 </SEX>
                <CLASS> 三年级三班 </CLASS>
            </Student>
            <Student>
                <NAME> 赵拔 </NAME>
                <AGE>21</AGE>
                <SEX> 男 </SEX>
                <CLASS> 三年级三班 </CLASS>
                </Student>
                <Student>
                <NAME> 武九 </NAME>
                <AGE>19</AGE>
                <SEX> 女 </SEX>
                <CLASS> 三年级一班 </CLASS>
                </Student>
    </Students>
</people>
```

这里包含了几个封闭标签，最外层的标签为 <people> </people>，二层标签为 <Students> </Students>，三层标签写入的是 <Student></Student>，四层标签内是数据对象的属性，这里使用了三层标签作为容器，整体的结构缩减如下。

- 最外层容器
  - 二层容器
    - 三层容器
      - 属性值
      - 属性值
      - 属性值
    - 三层容器
  - 二层容器
- 最外层容器

Excel 支持直接在 Excel 中导入 XML 的数据，选择“数据”选项卡后再单击“获取数据”下拉按钮，在下拉列表中选择“来自文件”→“从 XML”命令，如图 2.25 所示。

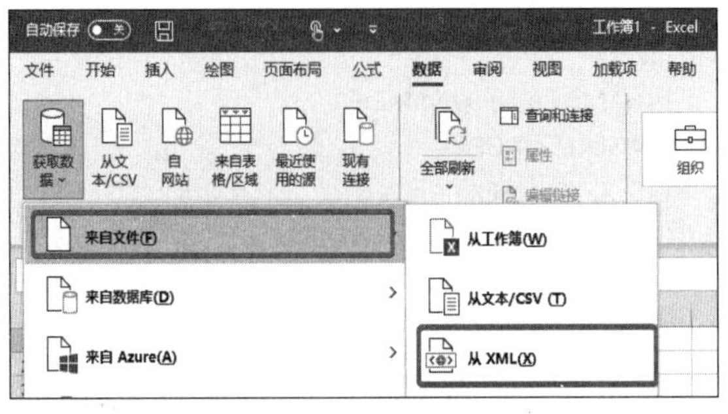

图 2.25　在 Excel 中导入 XML 文件

导入 XML 文件后，会发现导入后的文件不能直接使用，需要在如图 2.26 所示的 XML 文件中执行数据的再处理操作，才能完成数据内容的提取和使用。

图 2.26　XML 数据导入之后的界面

当前的数据包含了两个数据表，标签为 <Students> </Students>，需要通过在 Power Query 中转换数据后进行数据再处理。通过单击“转换数据”按钮进入 Power Query 编辑器界面进行数据的再处理，图 2.27 所示为导入 XML 数据到 Power Query 编辑器的界面。

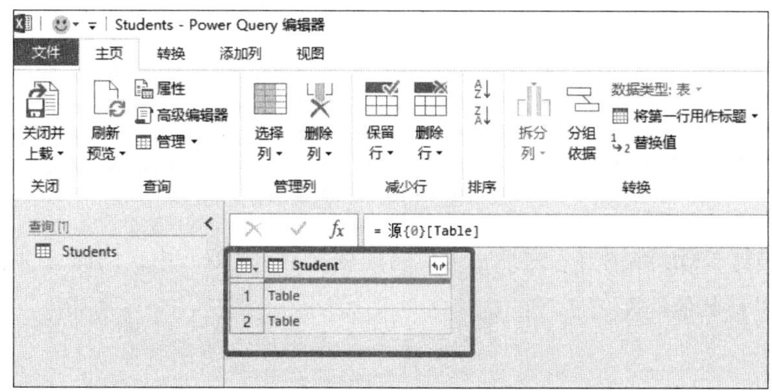

图 2.27　Power Query 编辑器导入 XML 数据

这里可以通过 GUI 界面进行数据扩展实现数据的展开，展开后就可以选择需要加载到当前数据表中数据的字段列表，图 2.28 所示为扩展当前 Table 表格数据的方式。

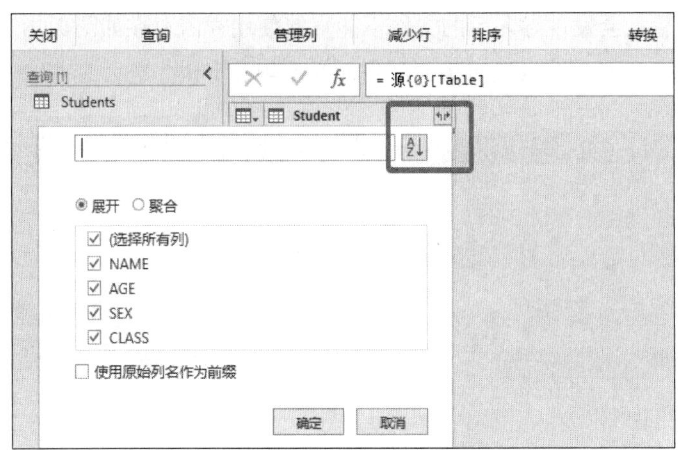

图 2.28　扩展当前的数据内容

将当前的数据进行提取和扩展后就可以完成数据内容的最终提取，将 XML 数据内容扩展后的最终结果如图 2.29 所示。

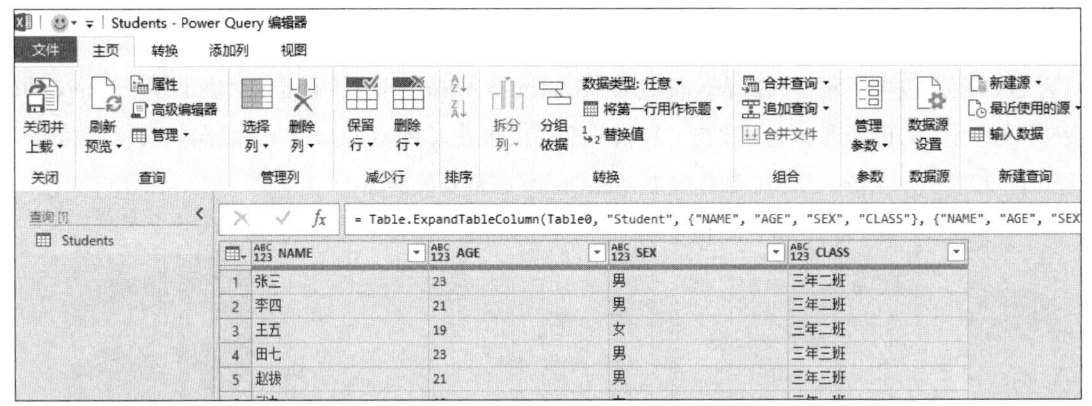

图 2.29　Power Query 完整展开后的数据

使用 Excel 进行 XML 数据导入之后，可以将数据保存到 Excel 中，同时也可以根据自己的实际需求决定如何进行其他处理。

2.4.2　Power BI 导入 XML 格式数据

Power BI 支持 XML 的数据导入，操作与 Excel 相同。如果我们需要将 XML 文件导入 Power BI 中，首先单击“获取数据”下拉按钮，在下拉列表中选择如图 2.30 所示 XML 的格式数据。

完成数据的导入之后，层次数据一般会被解析成 Table 表格或列表数据。这些数据将无法直接提取，需要进行数据的再提取，提取完成后的操作如图 2.31 所示。

图 2.30　Power BI 获取 XML 数据的路径

图 2.31　Power BI 导入 XML 数据预览界面

通过单击“转换数据”按钮进入 Power Query 编辑器界面，这里的数据类型为表格数据类型。需要将表的内容实现数据的扩展，扩展数据的操作就是将列表或表格数据进行展开，图 2.32 所示为 XML 数据扩展操作。

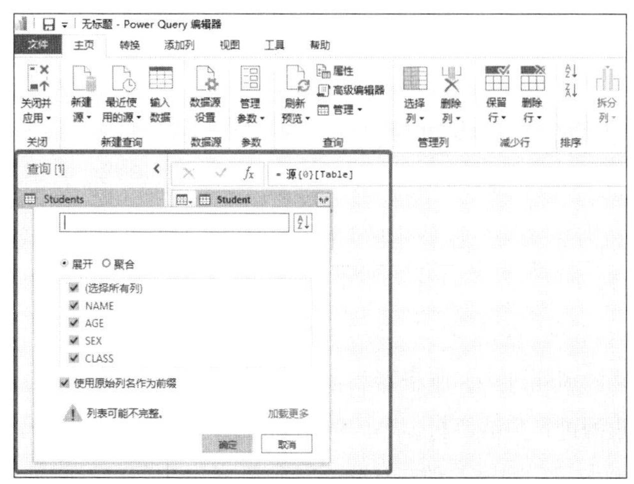

图 2.32　XML 数据扩展操作

在完成表格（列表）数据的扩展之后，所有的结果数据将会以行的方式显示在表格中，数据如

图 2.33 所示。

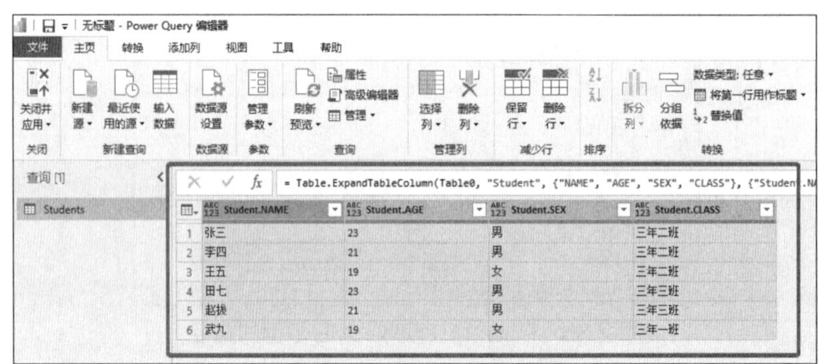

图 2.33　XML 数据的展开结果

完成数据再处理之后关闭并应用，处理后的数据将保存在 Power BI 的数据缓存中。图 2.34 所示为关闭 Power Query 之后的数据访问界面。

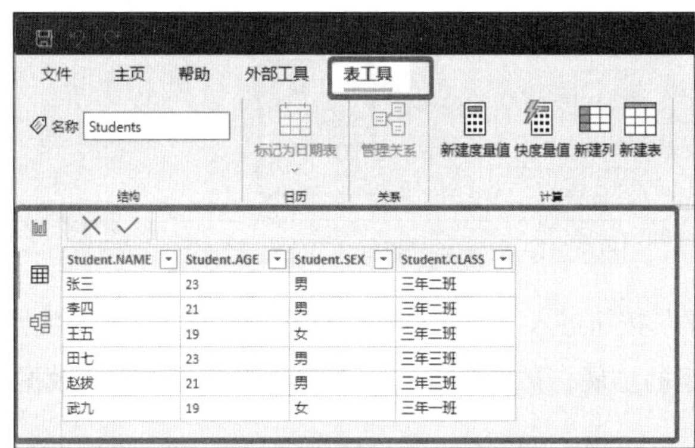

图 2.34　Power BI 导入 XML 数据后的内容

2.5 JSON 格式数据集成

JSON 数据格式是目前互联网行业使用较为频繁和广泛的数据交换格式，JSON 的全称为 Java Script Object Notation。JSON 格式与 XML 格式相比，区别主要体现在下面几点。

- XML 格式传递的数据内容过多，消耗过多的网络资源。
- XML 格式解析资源消耗过多，服务器和客户端都需要资源进行 XML 解析。
- XML 格式需要进程进行数据解析，不同的浏览器和应用需要开发独立解析工具。

因为 XML 格式的资源消耗问题，现在互联网行业将 JSON 格式作为数据交换的标配数据类型，实际场景中使用 JSON 格式也越来越多。我们先来看 JSON 数据格式，图 2.35 所示为 JSON 标准类型数据格式，它的格式与 XML 格式非常类似，但是还是会有很大的不同。

```
[
{
  "name":"Tom",
  "lastname":"Chen",
  "report":
           [
           {"subject":"Math","score":80},
           {"subject":"English","score":90}
           ]
  },
{
"name":"Amy",
"lastname":"Lin",
"report":
           [
           {"subject":"Math","score":86},
           {"subject":"English","score":88}
           ]
}
]
```

图 2.35　JSON 数据格式

通用的 JSON 数据格式包含以列表方式或记录方式进行解析，下面两种数据格式都可以正常地解析成 JSON 格式数据。

- [{ }，{ }]：以记录方式实现数据存储。
- {[ ]，[ ]} ：以列表方式实现数据存储。

JSON 标准格式只有在“{}”和“[]”作为最外部引用的时候，才可以成功地被识别为 JSON 格式数据，否则将会出现识别失败。

2.5.1　Excel 实现 JSON 数据集成

下面是非常典型的 JSON 数据格式，这里我们将使用这个 JSON 数据作为导入操作的具体案例，具体格式如下。

```
[
{
    "name":"Tom",
    "lastname":"Chen",
    "report":
        [
                {"subject":"Math","score":80},
                {"subject":"English","score":90}
                ]
                },
              {
              "name":"Amy",
              "lastname":"Lin",
              "report":
                [
                {"subject":"Math","score":86},
                {"subject":"English","score":88}
        ]
}
```

```
]
```

在Excel中选择“数据”选项卡，单击“获取数据”下拉按钮，在下拉列表中选择“来自文件”→“从JSON”命令，如图2.36所示。

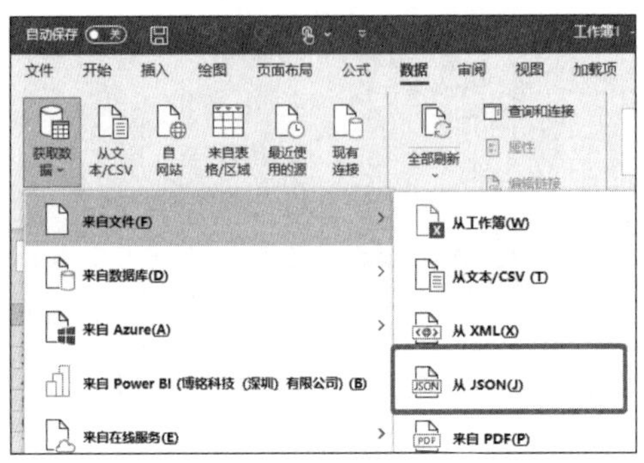

图2.36 Excel导入JSON数据

选择好需要导入的JSON文件之后，单击“打开”按钮进行导入。完成导入后单击“转换数据”按钮，就可进入Power Query数据处理界面实现数据的导入，图2.37所示为导入数据后的界面。这里的数据是初步数据，不是导入后的最终数据，需要使用Power Query编辑器进行数据的再处理。

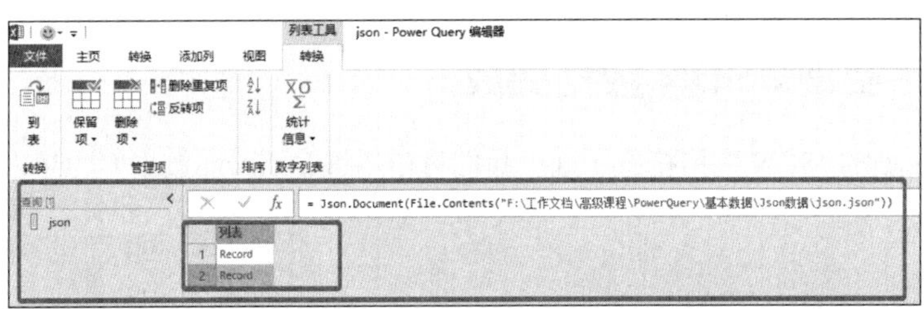

图2.37 Power Query导入数据后的界面

进行数据的再处理需要将数据转换为表，根据需要在表内进行再操作。我们需要通过展开当前的组合数据来获取当前所需要的具体数据，具体操作如图2.38所示。

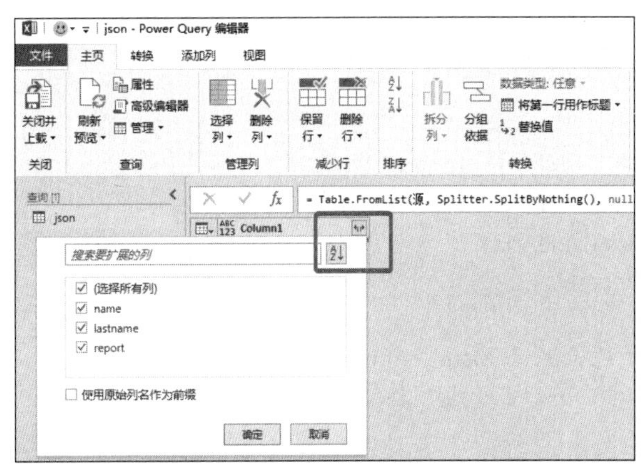

图2.38 Power Query表列扩展操作

按照步骤展开后，可以获取到非常详细的数据。图 2.39 所示为将记录类型数据展开后的具体内容。将数据导入 Excel 之后，数据的保存和使用支持多重目标。

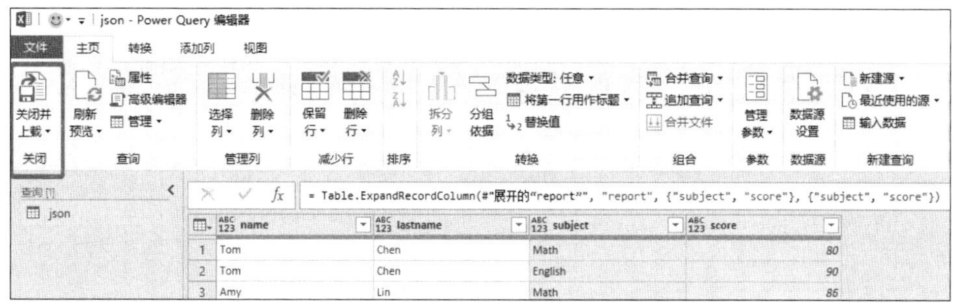

图 2.39　Power Query 完成提取的数据

2.5.2　Power BI 实现 JSON 数据集成

Power BI 导入 JSON 数据的方法也比较简单，Power BI 在数据解析方面比 Excel 效率更高。在 Power BI 主界面中单击“获取数据”下拉按钮，在弹出的界面中选择“文件”→“JSON”，如图 2.40 所示。

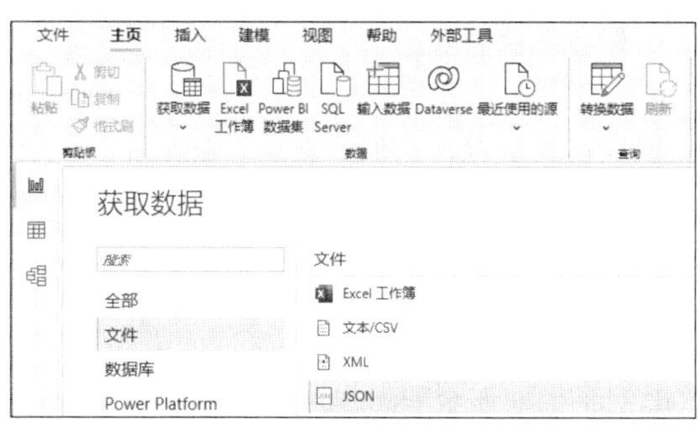

图 2.40　获取 JSON 文件

完成 JSON 数据的导入之后，Power BI 能够更加智能地实现 JSON 的解析，不像 Excel 需要多次提取数据，在 Power BI 中数据将会尝试自动扩展来获取更加详细的数据，图 2.41 显示了 Power BI 自动扩展后的数据。

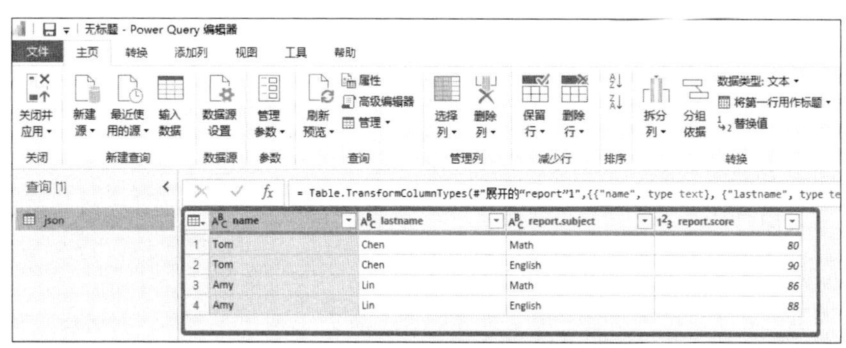

图 2.41　Power BI 自动扩展后的数据

在 Power Query 中完成数据的处理之后，关闭并应用进入 Power BI 界面中。我们可以在 Power BI 的表视图中查看处理后的 JSON 数据，图 2.42 所示为 Power BI 的表数据访问界面，在这里可以进行数据类型的操作。

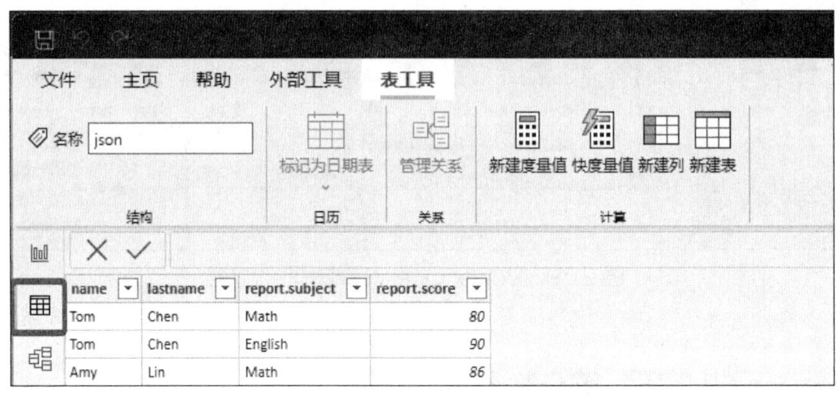

图 2.42　Power BI 的数据处理界面

2.6 文本格式数据集成

还有一类数据被称为伪层次格式数据，它们的结构看起来非常像 JSON 或 XML 格式。但是仔细地分析这一类数据后会发现，数据和层次数据毫无关系。这一类数据如果强行采用 XML 或 JSON 格式导入，会因为格式不符合而直接出现报错。下面的数据就是非常典型的这类数据格式，看起来很像 JSON，但是实际上和 JSON 一点儿关系都没有。

```
jsonpgz({"fundcode":"151001","name":" 基金基金 ,"jzrq":"2020-12-03",
"dwjz":"2.3511","gsz":"2.3918","gszzl":"1.73","gztime":"2020-12-04 15:00"})
```

这里的数据并不是由“{}”或“[]”包裹最外层，数据之外还有一些非格式数据。如果强行以 JSON 格式进行数据解析，将会出现如图 2.43 所示的解析失败的提示。

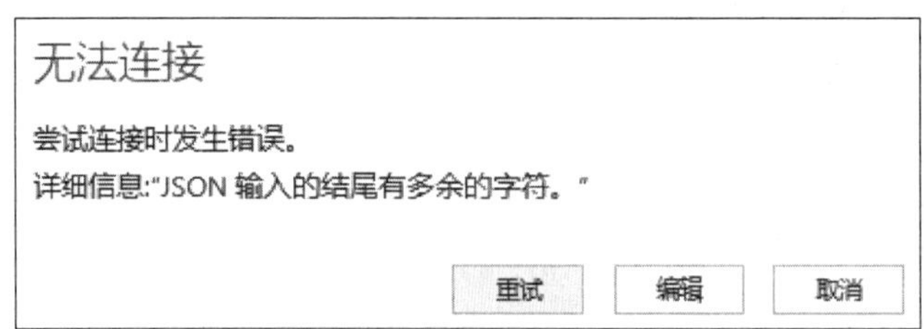

图 2.43　解析报错提示

2.6.1　Excel 以文本格式导入数据

与之前数据导入的做法不同的是，这里不能通过以往的数据导入方式进行数据解析，而是必须通过高级编辑器直接将数据使用的函数方法加载进来。如图 2.44 所示，单击“高级编辑器”按钮，即可进入高级编辑器来进行数据的编辑。

图 2.44　高级编辑器调用位置

在 Power Query 高级编辑器中，我们这里写入 File.Contents 函数，将获取到的文件转换成二进制数据。函数执行后的最终数据内容如图 2.45 所示，在选择解析格式之前，数据是标准的二进制数据。

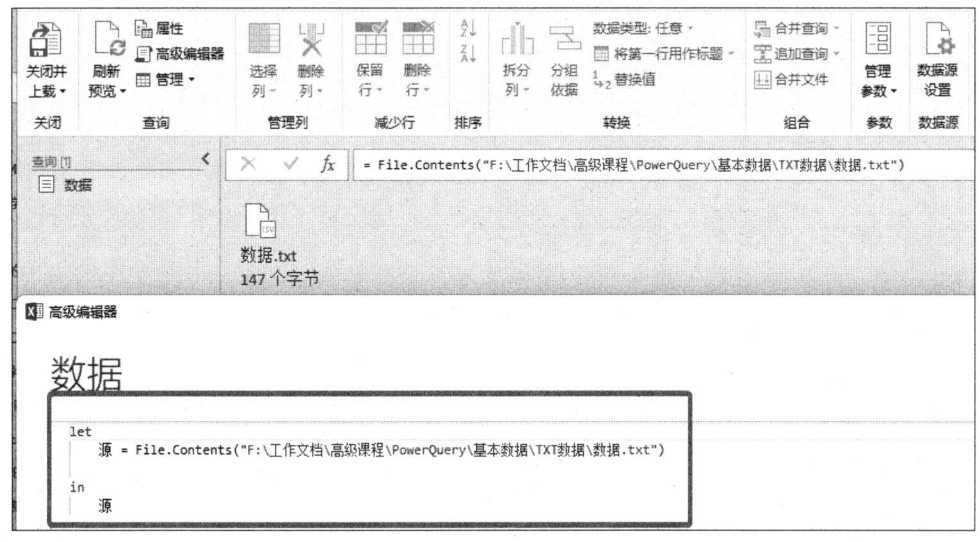

图 2.45　获取二进制数据

完成数据从硬盘到 Power Query 的解析之后，我们需要为数据选择解析的格式。这里的文本数据格式与 Power Query 直接导入的 TXT/CSV 还是有本质的区别，在这里讲解文件解析成文本格式。在图 2.46 中我们需选择“文本”选项进行数据解析，如果选择错误，则会直接报错。

图 2.46　将二进制文件直接解析成文本格式

完成解析后，将以表的方式显示最终数据，图 2.47 所示为完成解析后的最终数据结果。

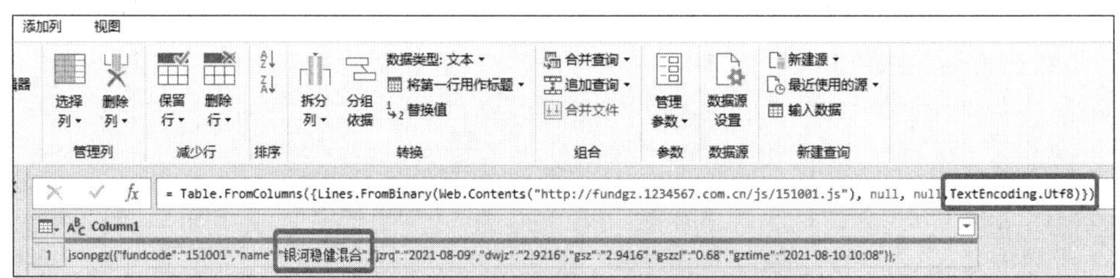

图 2.47　通过文本解析后的数据

对于这些毫无规则的数据，通过 Power Query 的数据处理步骤，可以获取如图 2.48 所示的结果。

图 2.48　Power Query 最终的处理结果

2.6.2　Power BI 以文本格式导入数据

Power BI 也可以实现文本格式数据的直接导入，导入的步骤和 Excel 差不多。这里和 Excel 一样，需要注意的是，我们选择的不是 TXT/CSV 格式，而是通过 File.contents 函数将文件转换为二进制代码，来实现下一步的数据调用，如图 2.49 所示的操作。

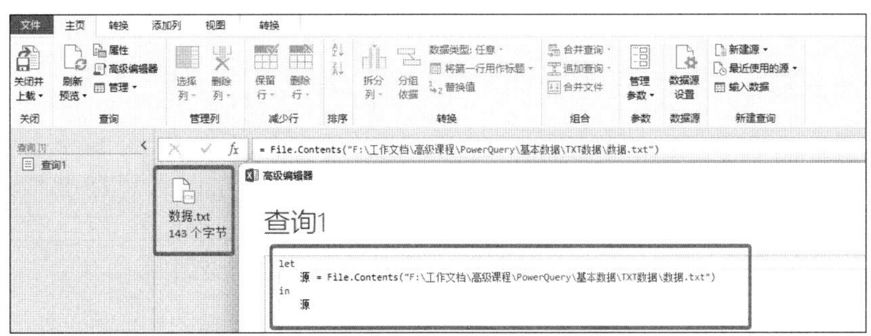

图 2.49　建立数据文件的二进制解析

将数据解析成文本格式，可以通过 GUI 界面实现文本格式数据的导入，这里选择“文本”格式进行载入，如图 2.50 所示。

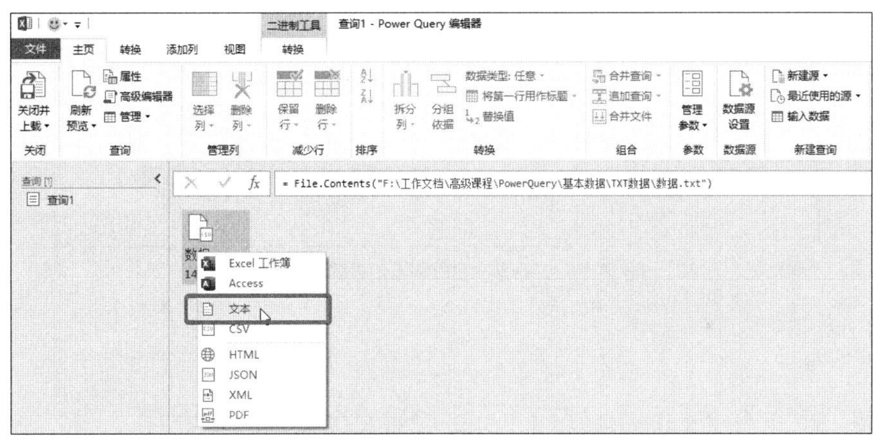

图 2.50　将数据解析为文本格式

完成文本方式的解析后，数据就能够顺利地加载到 Power Query 编辑器中，图 2.51 所示。

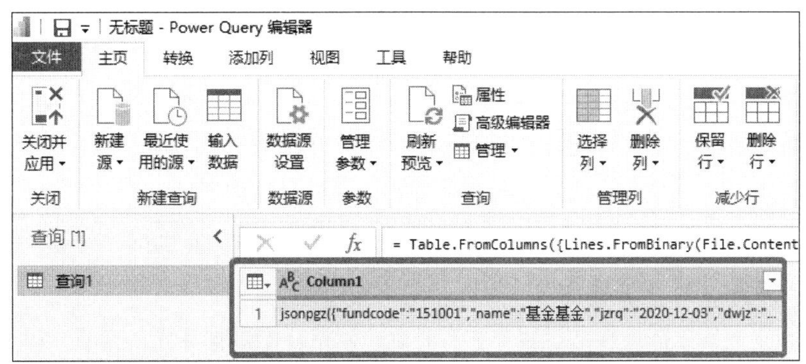

图 2.51　加载到 Power Query 的基本数据

通过 Power Query 的数据处理和重构功能，最终得到如图 2.52 所示的数据。

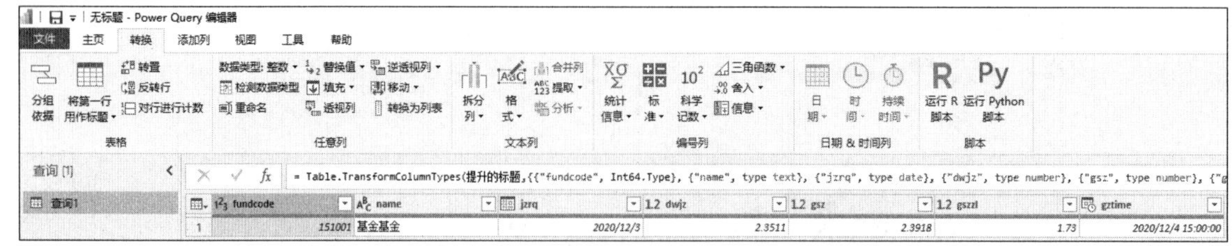

图 2.52 导入 Power Query 后完成处理的数据

在 Power BI 中完成导入数据的处理之后，我们不能像 Excel 一样将数据保存在 Excel 的工作表中，只能保存在 Power BI 的缓存中，如图 2.53 所示。

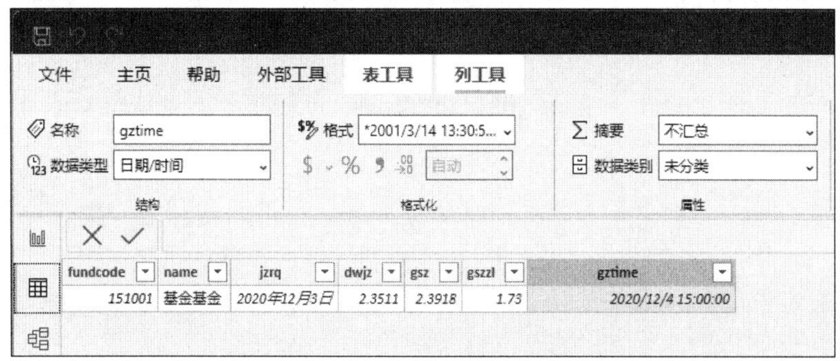

图 2.53 Power BI 保存和处理数据界面

2.7 Power Query 的 SQL Server 数据集成

使用 Power Query 进行 SQL Server 数据集成有几种不同的方式，在 Excel 实现的 SQL Server 集成和 Power BI 实现的 SQL Server 集成在功能上也有差别。Power BI 在 SQL Server 的集成方面可以实现实时的数据查询，这一点是使用 Excel 无法实现的。在 Excel 和 Power BI 中进行数据集成过程中的共同点如下。

- 完整的数据导入：导入的过程中完成所有可获取的数据导入。
- 基于 T-SQL 语句的数据导入：在导入过程中筛选需要的数据导入。

安装 Power BI 后就集成了 SQL Server 连接工具，不再需要安装额外的连接工具完成 Power BI 到 SQL Server 的连接。

在 SQL Server 进行数据连接的过程中，有时会碰到这样的数据场景。

- 需要进行数据处理的量不是很多，但是可以有不同的处理方式。
- 从 Power BI 到 SQL Server 的带宽不足，不足以支撑从数据库到本地的数据。

在这样的场景下，我们是先把所有数据导入再进行处理，还是在连接的时候进行数据筛选呢？有些人认为应该获取完整的数据后再进行筛选。从性能方面来说，这种方案不可取，因为会消耗非常多的网络资源，同时也将耗费本地的 CPU 和内存等计算资源。如果只需获取数据表中的前十行数据，最好的处理方式是在 SQL 语句层将数据进行筛选后再获取数据。如果我们把所有的几十万条或几百万条数据全部都下载到 Excel 或 Power BI 的客户端，这将极大地消耗网络资源对数据进行获取和保存，同时也消耗了本地的计算资源来进行保存和计算。

在对 SQL Server 部分数据获取的过程中，基于 Power Query 的 T-SQL 语句功能，可以帮助我们更好地降低网络资源的消耗，同时也会大大节省本地资源。接下来以一个典型的案例分析在什么场景下应用全部数据获取和部分数据获取。案例以下面的参数来定义当前数据库连接的必选参数。

- 数据库服务器的 IP 地址：65.52.184.126。
- 数据库的当前数据库名称：Mydb。
- 当前数据表名称：Mydb。

数据库的当前表格中有 1000 条数据，每行包含 5 个字段用于数据的读取。

- Record Date：记录写入时间。
- Temp：温度读数。
- Light：光感读数。
- Humidity：湿度读数。
- Electricity：电流读数。

在实际的数据处理和接收过程中，我们既可以实现较少的数据获取，也可以获取所有的数据，差别在于我们进行 SQL Server 的获取过程中是否写入相关的 T-SQL 语句，如果只是需要部分的数据，可以在这里使用 T-SQL 来实现。

1. 获取数据库全部数据

默认情况下，Power Query 支持的数据获取方式是全部数据获取，我们只需要填写数据库名称和数据连接服务器，即可实现所有数据的获取，不需要设置其他的参数。图 2.54 所示为获取所有数据连接的参数设置。

图 2.54　Power Query 连接参数设定

在获取全部数据模式下，以下参数为必选参数，数据库参数和 SQL 语句为可选参数。

- 服务器：所有的数据库都有相应的宿主服务器，宿主服务器可以是 NetBIOS 名称、服务器域名或 IP 地址。
- 数据库：Power Query 连接的数据库的实例，在当前模式下为可选参数。
- 数据库凭据：使用相应的凭据进行数据库的连接，凭据包含了连接所使用的用户名和密码（凭据窗口将会在单击“确定”按钮后显示）。

2. 基于筛选模式获取部分数据

如果希望获取的是特定类型的数据，比较好的方式是在 SQL Server 中执行相应的 T-SQL 语句来返回需要的结果。例如，我们希望获取当前表中前 10 行数据，可以通过 T-SQL 语句进行初步的数据筛选，这能够大大降低网络和 CPU 资源消耗。基于 T-SQL 的数据筛选和全数据获取只有一个差别，就是是否在 SQL 语句中写入筛选的 T-SQL 语句，如果写入了 T-SQL 语句，则以筛选模式工作。下面 T-SQL 语句是获取表数据前 10 行的筛选。

```
Select top(10) * from mydb order by id desc
```

在 SQL Server 的 T-SQL 语句中进行数据的获取和筛选，下面参数都是必选参数。

- 服务器：所有的数据库都有相应的宿主服务器，宿主服务器可以是 Net BIOS 名称、服务器域名或 IP 地址。
- 数据库：Power Query 连接的数据库的实例，在数据筛选模式下，连接的数据库是必选参数。
- 数据库凭据：使用相应的凭据进行数据库的连接，凭据包含了连接所使用的用户名和密码。
- SQL 语句：在进行数据筛选的过程中，需要写入进行筛选的 SQL 语句，在筛选模式下这个内容也是必选的。如图 2.55 所示的框中内容为筛选模式下的必选参数。

图 2.55　筛选模式下的必选参数

2.7.1 Excel 获取 SQL Server 全部数据

在 Excel 中通过 Power Query 连接数据库实现数据的访问和集成，先来看下如何进行全部数据的获取，打开 Power Query 编辑器，输入连接的服务器和数据库（在获取全部数据后可选），为了方便，这里写入了连接的数据库，图 2.56 所示为 Excel 连接 SQL Server 数据库的参数设定，这里只有数据库的服务器名称为必选。

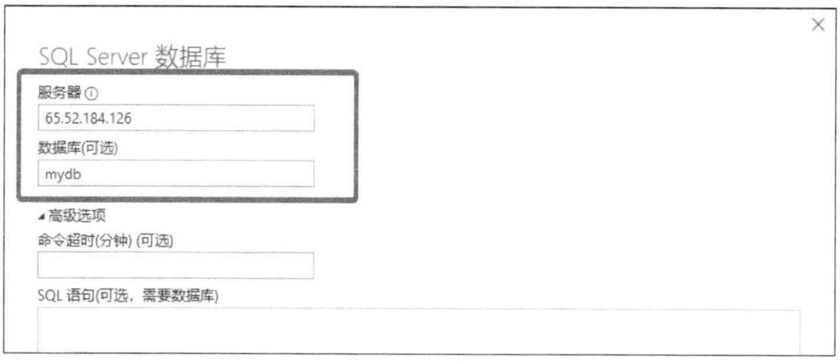

图 2.56 Excel 连接 SQL Server 数据库的配置界面

如果是第一次使用 Excel 连接 SQL Server，它会弹出需要进行设置的连接凭据，凭据按照需要进行设置。第一次完成设置之后，后期就不再用设置了。图 2.57 所示为具体的凭据设置界面，这里通过数据库账户凭据连接 SQL Server。

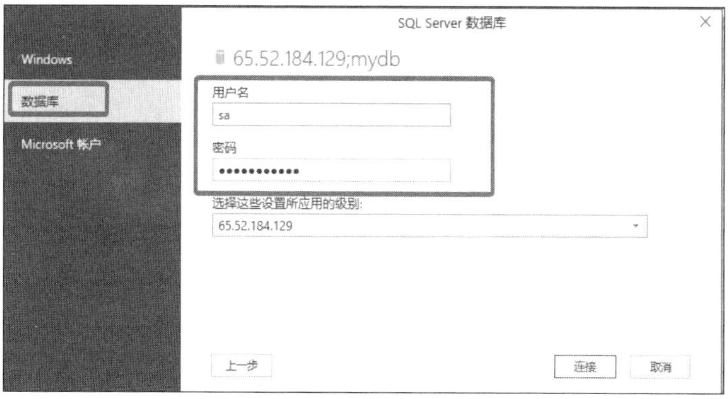

图 2.57 Excel 连接 SQL Server 的凭据设置

完成凭据和服务器的设置之后，就进入数据库的连接界面。SQL Server 数据库拥有多张表，按照需求选择需要的表数据内容。图 2.58 所示为数据表选择界面，如果在 Excel 中希望导入多个表格，必须选中“选择多项”复选框进行多个表格的选择，然后单击“转换数据”按钮进入 Power Query 编辑器界面。

在 Power Query 编辑器界面中，可以实现数据的集成、合并、拆分和清洗操作，如图 2.59 所示，可以根据实际需要进行相应的数据操作。

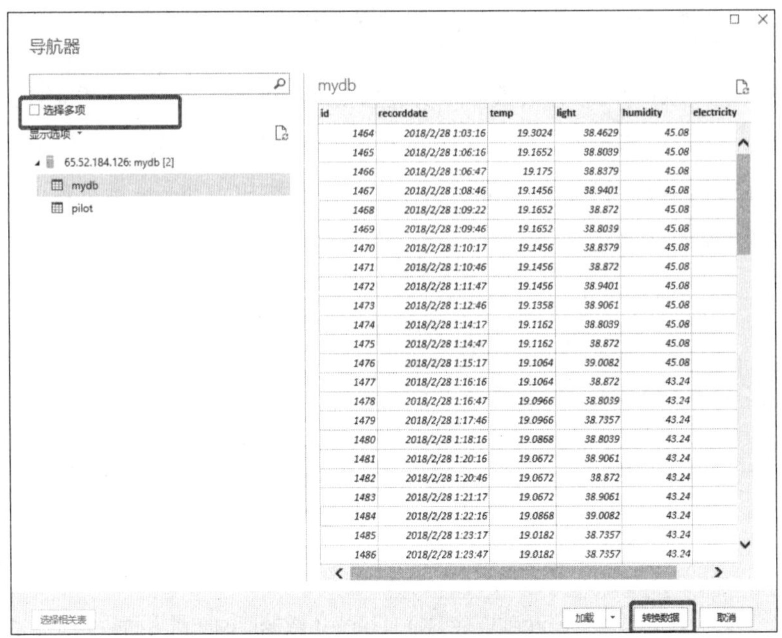

图 2.58　数据库表选择区域

图 2.59　Power Query 编辑器界面

在完成了数据的清洗和集成之后，Excel 支持将最终的数据实现多向输出，通过"关闭并上载到"按钮的下拉菜单可以实现数据保存和再处理。

2.7.2　Excel 获取 T-SQL 筛选后的数据

在进行数据导入处理之前，我们可能需要进行数据的筛选，而这个筛选步骤不是由本地 Excel 的 Power Query 完成，而是在进行数据连接的时候由 T-SQL 语句来完成相应的数据筛选，那么怎么来实现相应的 T-SQL 的数据筛选呢？在连接的过程中需要填写相应的 T-SQL 语句进行筛选，这里使用 Excel 进行数据筛选连接方式的必须参数如下。

- 服务器：连接数据库的宿主服务器。
- 数据库：数据表所在的数据库。
- SQL 语句：提取数据的 T-SQL 语句。

图 2.60 显示了利用 T-SQL 进行数据筛选模式下需要的参数内容，图中所有的项目都是必填项目。

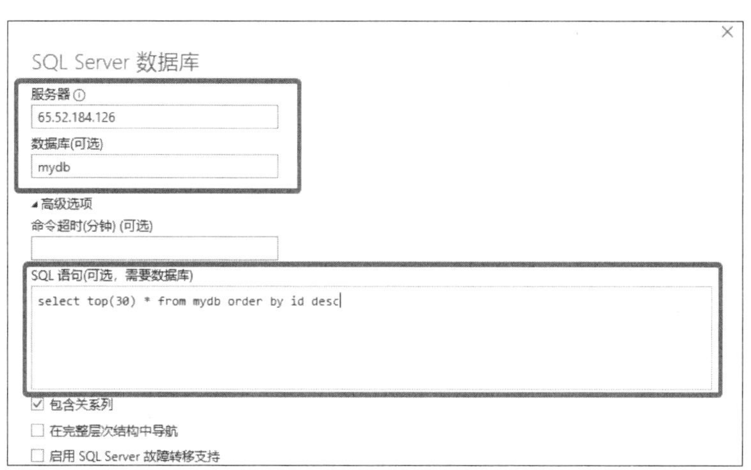

图 2.60　Excel 通过 T-SQL 进行数据筛选

如果是第一次进行连接，则需要填写相关的数据连接凭据，设置完成后，可以直接单击“连接”按钮进行筛选数据的连接，图 2.61 所示为连接后的显示界面，通常导入的数据都会存在一定的问题，需要进行进一步清洗，这时需要单击“转换数据”按钮进入 Power Query 数据清洗重构界面。

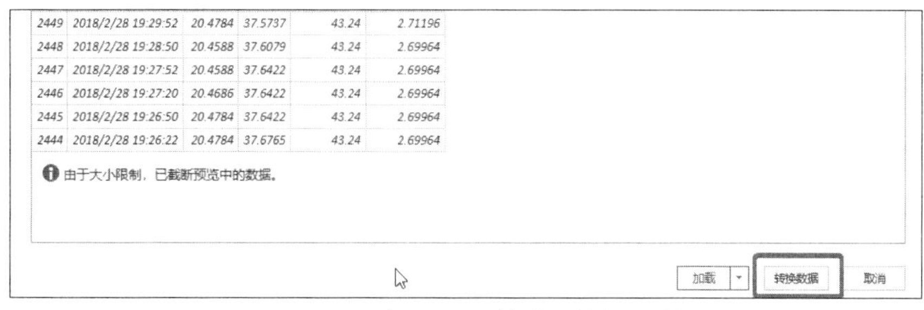

图 2.61　通过 T-SQL 筛选后获得的数据

数据载入 Power Query 界面之后，可以通过 Power Query 和 M 语言进行数据的清洗与重构，图 2.62 所示为 Power Query 编辑器界面的操作。

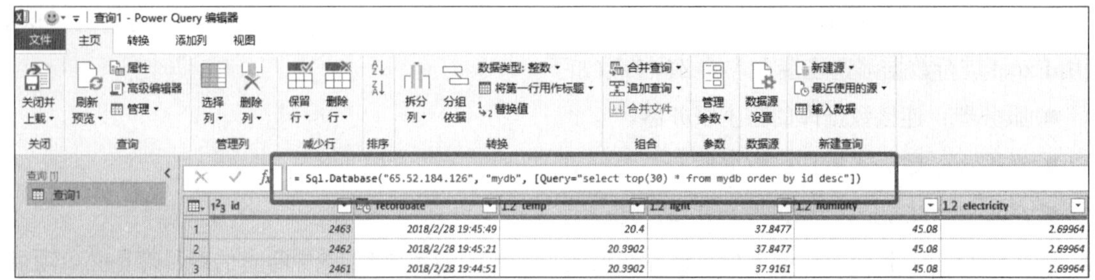

图 2.62　Power Query 实现数据的重构与清洗

依据数据处理之后的需求，可以保存在 Excel 中，也可以依据实际需求进行其他处理，如加载到 Excel 文件中、加载为连接或加载为数据透视表等。

2.7.3　Power BI 以导入方式获取 SQL 数据

在 Power BI 进行数据导入的过程中，存在两种不同的方式来进行数据库数据的获取，这两种方式使用的场景有很大的不同。

- **数据导入方式**：所有的数据以缓存方式导入 Power BI 的缓存中，缓存将依据 Power BI 设置的策略进行刷新。使用导入的方式获取数据有一定的周期性，但是针对数据量较大的情况，采用导入的方式进行数据获取是比较好的解决方案，因为通过导入方式进行数据导入支持增量数据刷新。
- **Direct Query 数据直接查询方式**：所有的数据不保存在缓存中，直接通过 Direct Query 查询相关的数据。Direct Query 方式适用于数据量较少，更新比较频繁的数据。

在 Power BI 与 SQL Server 进行连接的过程中有一个功能是目前 Excel 所没有的，就是 Power BI Desktop 支持秒级数据刷新功能，即通过设置即时刷新来实时获取来自数据库的数据。

Power BI 与 Excel 在数据导入方式上略有不同，Power BI 以导入的方式进行数据集成，支持完整的数据导入和筛选两种方式，这一点和 Excel 实现 SQL Server 数据导入没有太大的差别。下面通过 T-SQL 数据筛选方式进行数据的导入，如图 2.63 所示的参数都是必选参数。

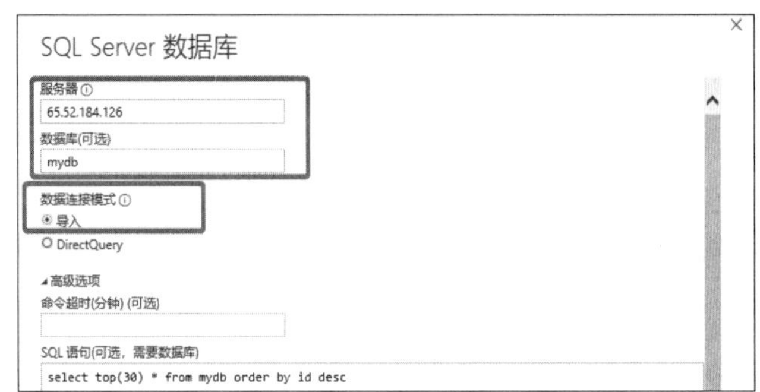

图 2.63　Power BI 数据导入参数设置

- 服务器：提供连接服务的 SQL Server 服务器。
- 数据库：以筛选方式获取数据。
- 数据库连接模式：数据库进行连接的方式。
- SQL 语句：以筛选方式获取数据。

完成后就可以单击“确定”按钮进入 Power BI 的数据库数据获取界面，图 2.64 所示为数据库数据获取界面，由于当前界面使用了 T-SQL 语句进行筛选，这里获取的是经过 T-SQL 筛选后的数据结果。通常获取相关的数据之后都需要进行数据格式的再修改，因此大多数情况下都单击“转换数据”按钮实现数据的清洗和重构。

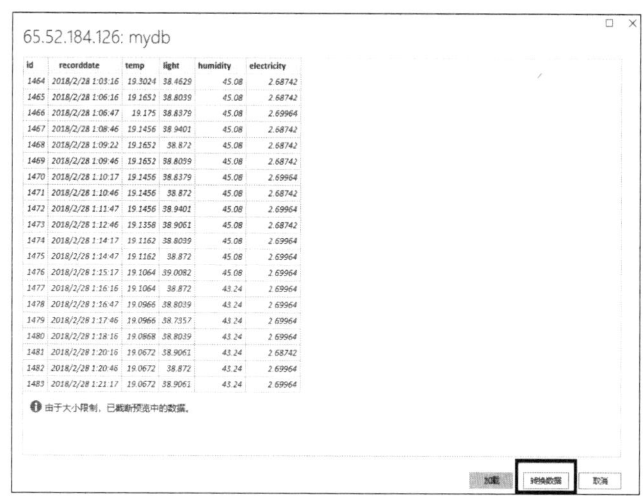

图 2.64　获取数据最终界面

选择转换数据之后就进入 Power Query 编辑器的界面，在其中可以实现数据列的新建、删除和计算等操作。

在完成数据的清洗和重构之后，数据将保存在 Power BI 的缓存中，在 Power BI 主界面中可以通过选择“数据”选项卡签实现数据的再处理，图 2.65 所示为数据表处理界面。

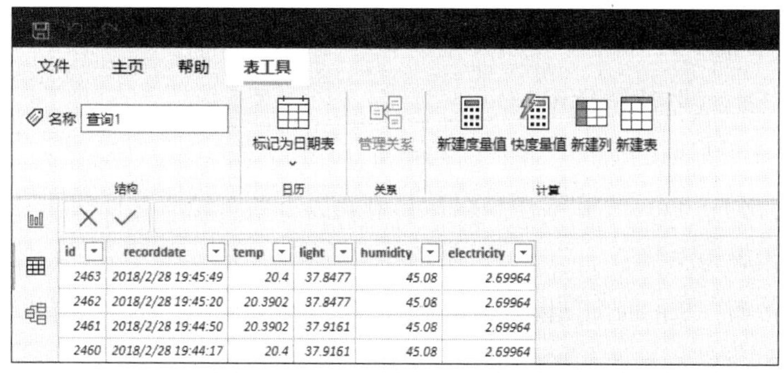

图 2.65　Power BI 数据表处理界面

Tips

如果进行数据库连接时使用导入的方式会产生一个比较大的问题，就是随着导入的数据越来越多，Power BI的文件会越来越大。

2.7.4 Power BI 采用 Direct Query 获取 SQL 数据

在实际中可能会出现这样的业务场景，需要及时了解目前业务的运行状态。例如，我们针对当前的各个区域部署了温度传感器，希望非常及时地了解目前酒店各个区域的温度情况，如果温度低于或高于一个值都要及时调整。在这类业务场景中，使用传感器收集到的数据要求及时性很高，甚至可能达到秒级。这时数据就是以秒级展现，类似于图 2.66 中所示的实时看板，所有的数据都能非常及时地反馈到信息看板中，Power BI 中数据查询采用 Direct Query 模式可以帮助我们完成这个任务。

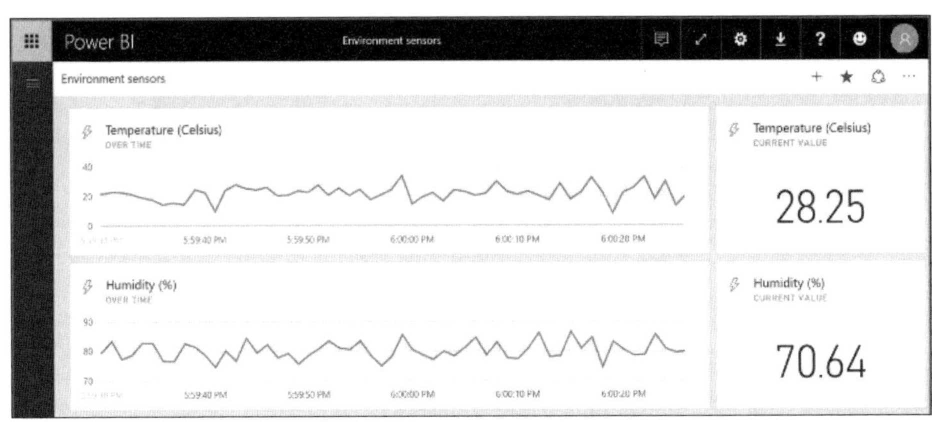

图 2.66 Power BI 的实时看板

Power BI Desktop 版本支持最低一秒间隔的数据更新，而目前数据的秒级刷新只支持一些特定的数据源，而 SQL Server 恰好是支持的数据源中的一种。如果希望在 Power BI 中支持秒级数据刷新，以下条件缺一不可。

- 数据源是 SQL Server，目前不支持其他版本的数据库。
- 在连接 SQL Server 时使用 Direct Query 方式。
- 在 Power BI 中开启数据刷新，并且设置刷新方式和间隔。

为让读者理解如何在 Power BI 实现秒级数据刷新，下面将完成这样的即时刷新面板构建，这里将数据间隔刷新设置为 5 秒。

首先我们需要按照一定的时间间隔往数据库写入数据，数据的写入环节有以下两个小要求。

- 本地部署 SQL Server 模块，需要在 Power Shell 环境中执行 Install-Module sqlserver 命令完成 SQL 模块部署。

- 执行数据库插入脚本，完成了模块的部署和代码执行之后，可以看到如图 2.67 所示的结果，表示 5 秒钟插入测试数据的步骤已经成功。

```
PS C:\demofile> .\savedata.ps1
1
1
1
```

图 2.67 Power Shell 进行数据插入

下面这部分代码为使用 Power Shell 脚本每隔 5 秒钟在 SQL Server 数据库插入一条数据记录，将文件保存为后缀为 ps1 的文件。

```
$Database = ' 数据库名称 '
$Server = ' 服务器名称 '
$UserName = ' 连接账户 '
$Password = ' 密码 '
$i=0
$SqlConnection = New-Object -TypeName System.Data.SqlClient.SqlConnection
$SqlConnection.ConnectionString = "Data Source=$Server;Initial
Catalog=$Database;user id=$UserName;pwd=$Password"
$SqlConnection.Open()
while($true)
    {
        $i++
        $date=(get-date).AddDays($i).tostring("yyyy-MM-dd")
        $executeCommand = "insert into pilot(time,data)
        values(' "+$date+" ' "+","+(get-random -Maximum 3000 -Minimum 2000)+")"
        $SqlCmd                        = New-Object
        System.Data.SqlClient.SqlCommand
        $SqlCmd.CommandText            = $executeCommand
        $SqlCmd.Connection             = $SqlConnection
        $SqlCmd.ExecuteNonQuery()
        sleep(5)
    }
$SqlConnection.Close()
```

接下来就需要使用 Power BI 连接数据库来实现数据内容的实时获取，这里必须使用 Direct Query 方式来实现数据的集成和查询。打开 Power BI Desktop，选择从数据库 SQL Server 获取相关的数据。Direct Query 应用场景和数据导入模式的使用场景是完全不同的，通常来说，Direct Query 不进行大型的数据集查询，如果针对 100 万个数据实现实时查询，这是非常不可靠并且低效的。这里查询到的数据是数据库最新的 30 个值。T-SQL 语句和基本设置如图 2.68 所示，注意这里的设置我们选择的连接方式是 Direct Query。

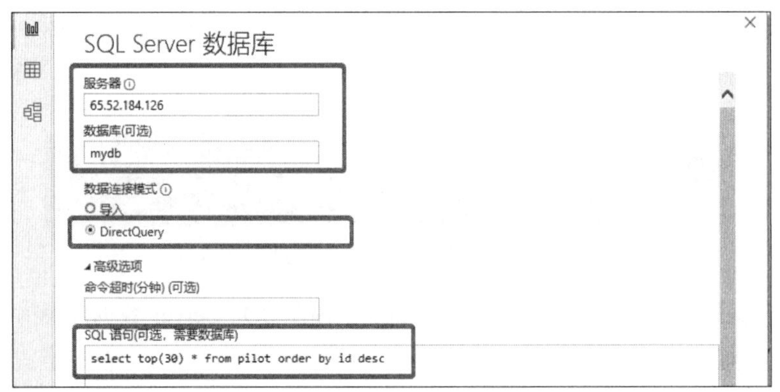

图 2.68　SQL Server 的 Direct Query 的连接设置

单击“确定”按钮后获取数据，进入数据获取的预览界面。当连接是以 Direct Query 进行时，我们可以选择直接加载或转换数据。在 Direct Query 模式下单击“转换数据”按钮的意义不大，因为在 Direct Query 模式下不支持数据格式的修改。

需要注意的是，我们利用 Direct Query 模式进行数据获取，如果这时进行任何的数据格式修改，都会有需要将数据从查询模式修改为导入模式的提示，利用 Direct Query 获取的数据不支持任何数据类型的修改。

通常来说，实时看板与时间相关性比较高，在当前案例中选择折线图，这里将时间列作为横轴，纵轴为我们的数据轴，图 2.69 所示为最终的数据内容设定。

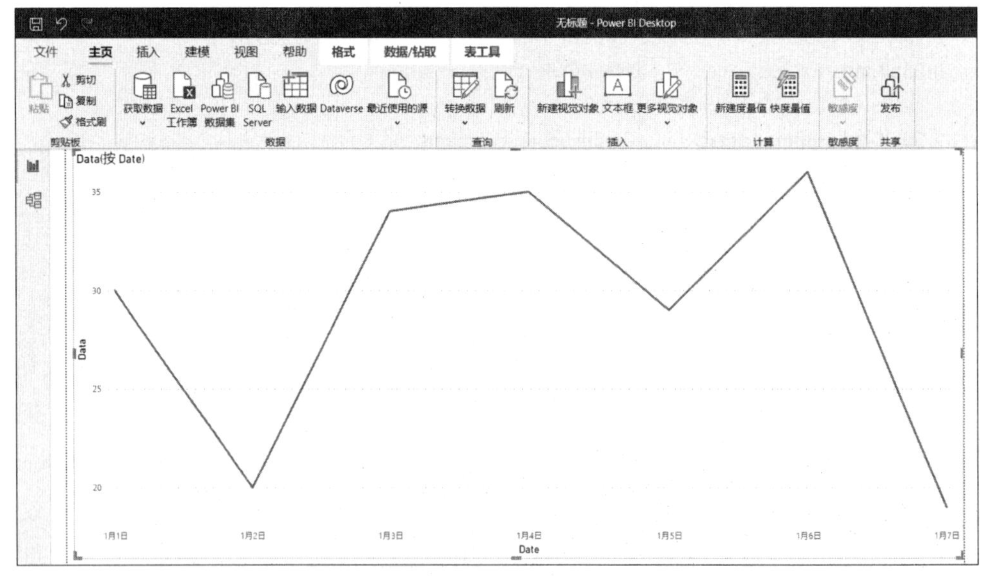

图 2.69　折线图的横轴与纵轴选择

完成数据的查询之后，接下来就需要启用数据看板的即时刷新了，如何启用即时看板呢？我们选中页面空白的地方，然后按照以下操作启用页面自动刷新功能和设置刷新相关内容，如图 2.70

所示。

①单击页面空白处，确定没有选定任何视觉对象。

②选定格式设置，开启页面刷新。

③设定刷新时间间隔，间隔刷新时间最低为一秒。

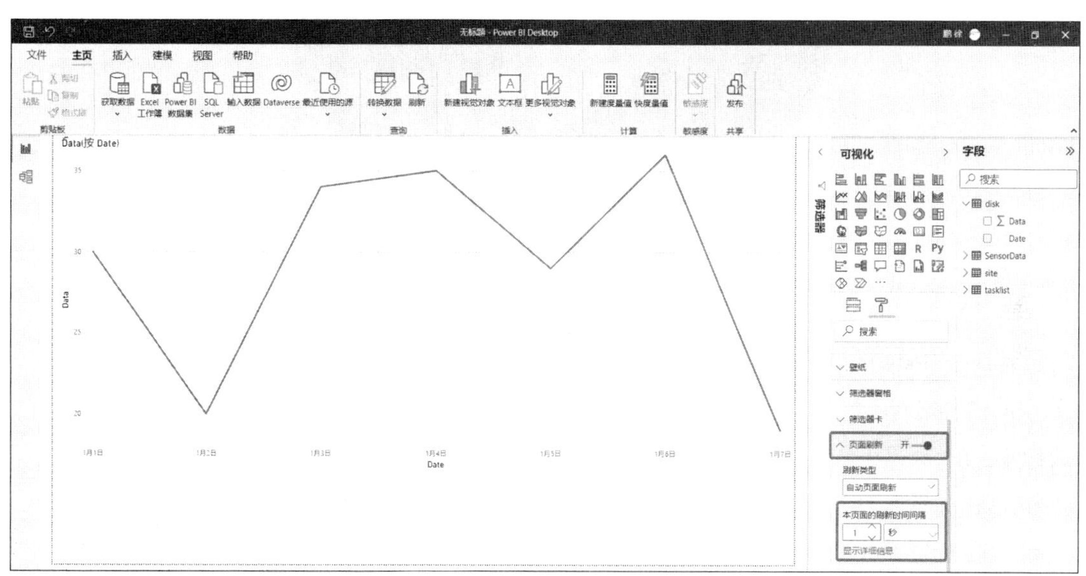

图 2.70　秒级刷新参数设置

完成这些操作的设定后，所有的数据就可以实现秒级刷新了。

2.8 Power Query 导入 Web 数据

Power Query 导入的 Web 数据其实就是爬虫数据，当然利用 Power Query 实现数据爬取有一定的限制，不是所有的 Web 数据内容都支持爬虫的。

我们知道 Python 可以进行爬虫，其实在 Power BI 或 Excel 中也能实现一些基本的爬虫功能，只是效率没有那么高。在进行互联网爬虫过程中，最重要的步骤就是分析网页的页面结构，网页的结构再复杂，都逃不开下面提到的这个网页基础架构。

- Document：网页中最大的对象，网页中所有的对象都是它的子对象。
- Body：网页中的主体数据容器，通常数据爬取的内容都在 Body 容器中。
- DIV：DIV 是层的标签，层的标签可以位于网页中的任何位置。
- Table：位于网页中表格内的标签，有 Table 标签意味着有表格容器。

这四个对象在网页结构中的包含关系如图 2.71 所示。

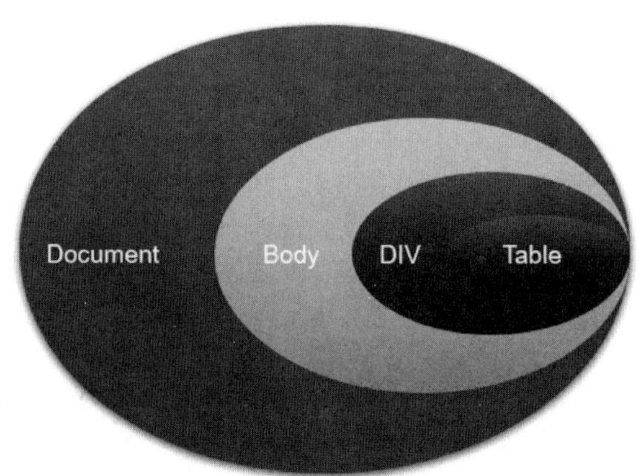

图 2.71　网页中的元素关系

理解了网页中的 Web 结构之后，在大多数情况下使用网页爬虫爬取数据的时候，其实爬取的是网页元素中 Body 标签中的数据。在使用 Power Query 的过程中，Excel 能够爬取的内容和 Power BI 爬取的内容略有不同。Excel 支持网页中存在标准的表格数据内容的爬取，如果网页中不存在如下的标签，Excel 是无法进行数据爬取的。

- Table 标签下的 TR 和 TD 标签。
- Table 标签下的 Tbody 标签。

而在 Power BI 中，支持爬取的数据标签更加灵活，下面的标签都是可以通过 Power BI 进行数据爬取操作。

- Span 标签内容。
- DIV 标签内容。
- Table 标签中的 TD 和 TR 内容。
- Table 标签中的 Tbody 内容。

Power BI 为什么支持更多的标签内容爬取呢？这是因为 Power BI 支持以自定义模板的方式进行数据内容的爬取，而 Excel 需在网页中解析出来 Table 标签才能够进行爬取，其他的内容均无法进行爬取。

2.8.1　Excel 实现 Web 的数据获取

在使用 Excel 的 Power Query 进行数据爬取时存在一定的限制，如果页面中不存在类似 Table 和 Tbody 这样的标签，无法进行数据的爬取。以今日头条的网站首页为例，基本上所有的页面都是使用 DIV 结合 CSS 去写的，这里通过 Excel 进行数据获取，看下会产生什么结果。首先开启 Excel 界面，在界面中的“数据”选项卡中单击“自网站”按钮进行数据获取，这里会弹出对话框让我们输入进行网页数据爬取的网址，如图 2.72 所示。

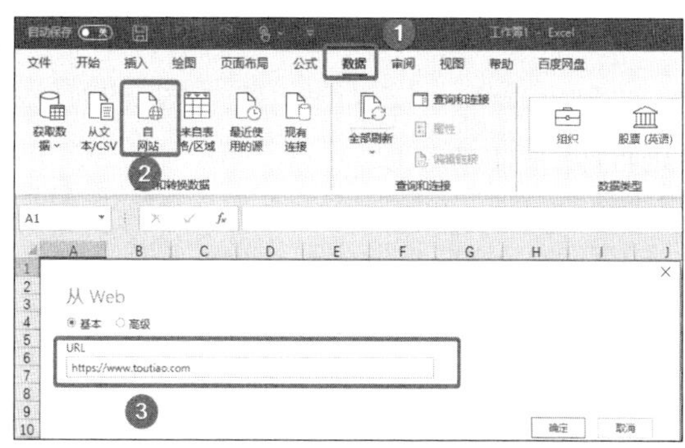

图 2.72　网站获取数据的路径

单击“确定”按钮后进入数据返回界面，需要注意的是，在 Excel 中进行数据获取解析，如果出现如图 2.73 所示的数据，则无法进行任何数据内容的提取，Excel 会在网页中查询是否存在 Table 标签来判断是否可以获取到数据，没有 Table 标签的数据无法使用 Excel 进行提取。

图 2.73　获取数据之后的状态

下面以东方财富网的基金网页为例，首先确定在这个页面中要存在 Table 标签。除了直接进行 Excel 获取数据尝试外，还可以通过在浏览器上按［F12］键查看网页的代码进行查看。在 Chrome 浏览器中，按［F12］键进入开发者模式，然后选中一个看起来像表格一样的格式，如图 2.74 所示。

table.ui-table-hover 264 × 288　　更多>

日期	单位净值	累计净值	日增长率
07-28	1.2961	2.6230	-0.02%
07-27	1.2964	2.6233	0.01%
07-26	1.2963	2.6232	0.05%
07-25	1.2956	2.6225	0.03%
07-22	1.2952	2.6221	0.00%
07-21	1.2952	2.6221	0.03%
07-20	1.2948	2.6217	0.02%
07-19	1.3555	2.6214	0.01%
07-18	1.3554	2.6213	0.04%
07-15	1.3549	2.6208	0.03%
07-14	1.3545	2.6204	0.03%

更多净值信息>

我的自选基金　　更多>

基金名称	单位净值	日增长率
华夏成长混合	1.0770	0.37%
华夏大盘精选混	18.0240	-0.08%
富国全球科技互	1.9732	1.93%
南方中证500	1.7101	0.38%
鹏华中证500	1.7370	0.29%
富国中证军工指	1.2010	1.26%
富国中证国有企	1.0270	0.39%
融通内需驱动混	2.3480	0.86%
银华领先策略混	1.7507	0.68%
泰信优质生活混	0.8998	-0.64%
申万菱信消费增	1.7660	-0.62%

更多自选基金信息>

图 2.74　网页中的 Table 表格

通过按［F12］键展现的源代码显示了图 2.75 框选部分的对象特性，这里在代码中可以确定当前的网页数据中存在 Table，而 Table 是 Excel 进行网页数据获取的前置条件，如果不能解析成相应的数据，则无法通过 Excel 进行详细的数据获取。

```
▼<div class="fund_item quotationItem_DataTable popTab" id="Div2">
  ▶<div class="item_title hd">…</div>
  ▼<div class="bd">
    ▼<ul>
      ▼<li class="position_shares" id="Li1">
        ▼<div class="poptableWrap singleStyleHeight01">
          ▼<table class="ui-table-hover" width="100%" border="0" cellspacing="0" cellpadding="0"> == $0
            ▼<tbody>
              ▼<tr class>
                  <th class="alignLeft">日期</th>
                  <th class="alignRight">单位净值</th>
                  <th class="alignRight">累计净值</th>
                  <th class="alignRight10">日增长率</th>
                </tr>
              ▼<tr class>
                  <td class="alignLeft">07-28</td>
                  <td class="alignRight bold">1.2961</td>
                  <td class="alignRight bold">2.6230</td>
                ▶<td class="RelatedInfo alignRight10 bold">…</td>
```

图 2.75　带有 Table 标签的表格

确定了页面中存在 Table 标签，就确定了当前的网页可以通过 Excel 进行数据内容的爬取。接下来就可以单击 Excel 数据界面中的 Web 网站，在弹出的界面中输入如图 2.76 所示的网址。

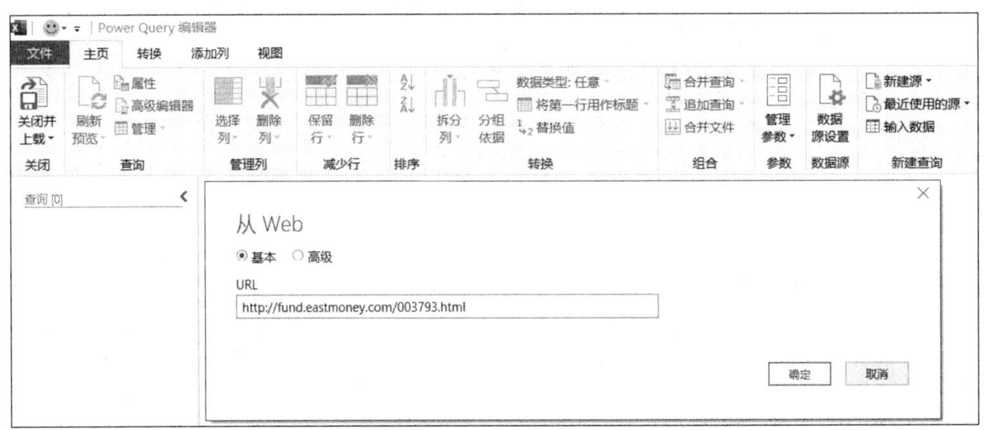

图 2.76　网页输入界面

单击“确定”按钮后就会发现，Excel 解析出网页界面中的多个 Table 标签，进入 Web 解析的表格选择界面，在网页中可能存在一个表格，也可能存在多个表格，表格的数量取决于实际解析出来的表格数量，图 2.77 为解析之后的结果。

选中需要导入的表格数据，如果需要导入多个表格，选中“选择多项”复选框后再选择需要导入的表格。单击“转换数据”按钮之后进入 Power Query 编辑器界面，在其中可以进行数据的再处理，如图 2.78 所示。

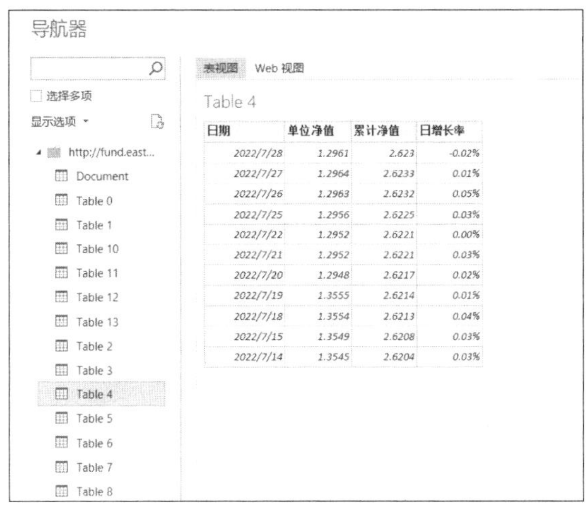

图 2.77　使用 Excel 进行网页解析的结果

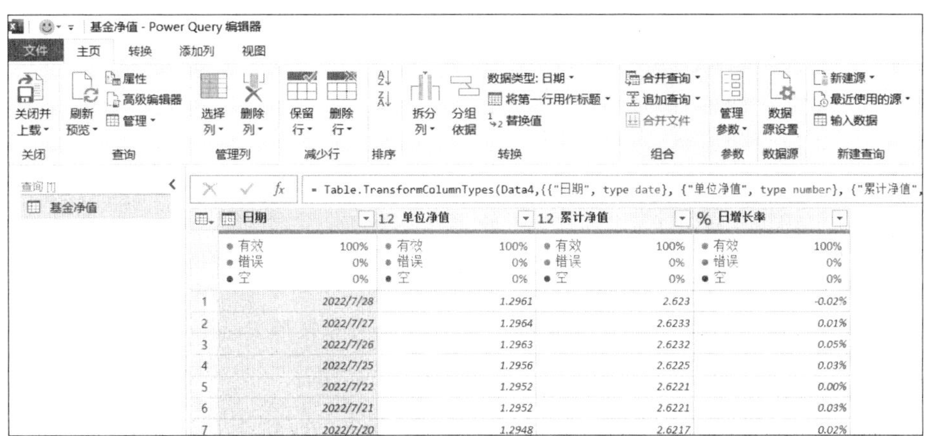

图 2.78　Power Query 编辑器

完成了数据的清洗和重构之后，Excel 支持将最终的数据实现多项输出，通过“加载到”菜单可以实现数据的保存。

2.8.2　Power BI 实现 Web 的数据获取

Power BI 提供了两种数据获取的方式，前一种数据获取方式和 Excel 进行 Web 数据获取方式相同，直接通过查询 Table 方式进行网页数据的获取，操作也与 Excel 完全相同。另外一种方式是通过 CSS 选择器方式进行 Web 的数据获取，使用 Power BI 进行数据获取的 CSS 选择器能够帮助我们获取通过传统方式无法获取到的数据。

当然不是所有内容都适合通过 CSS 提取方式获取数据，这里以亚马逊 Power Shell 搜索页面为例，在 Power BI 中采用传统的方式打开连接进行数据获取，这里数据来源选择“从网页”，在弹出的界面中输入如图 2.79 所示的网页地址。

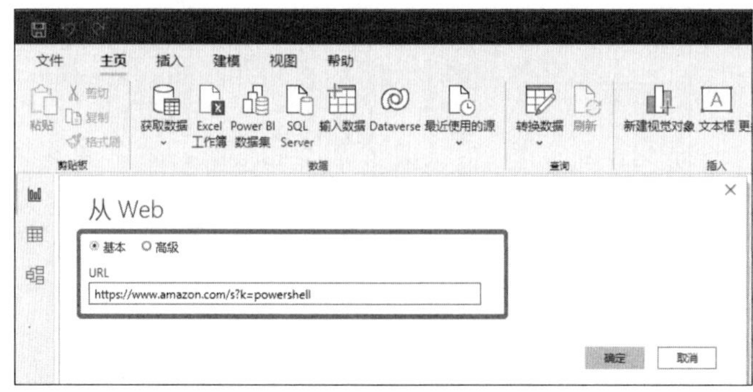

图 2.79　Power BI 获取网页内容设置

所有的网页第一次连接都会进行连接验证，对于公开访问的网页，可以选择匿名数据访问来进行网页的数据访问和数据爬取，如图 2.80 所示为匿名方式连接。

图 2.80　网页连接权限设置

完成数据连接之后会展现出两种不同的类型数据，一种是按照 Excel 传统方式获取的数据，我们称为 HTML 表格，通常在 HTML 表格中获取不到有效的数据；另外一种是基于 Power BI 特有功能获取的数据，我们称为建议的表格。当前建议的表格是 Power BI 分析相关的页面获取的数据，这时候它分析出来的界面和我们预期需要的数据有很大不同，如图 2.81 所示的内容是以 HTML 表格方式获取的数据。

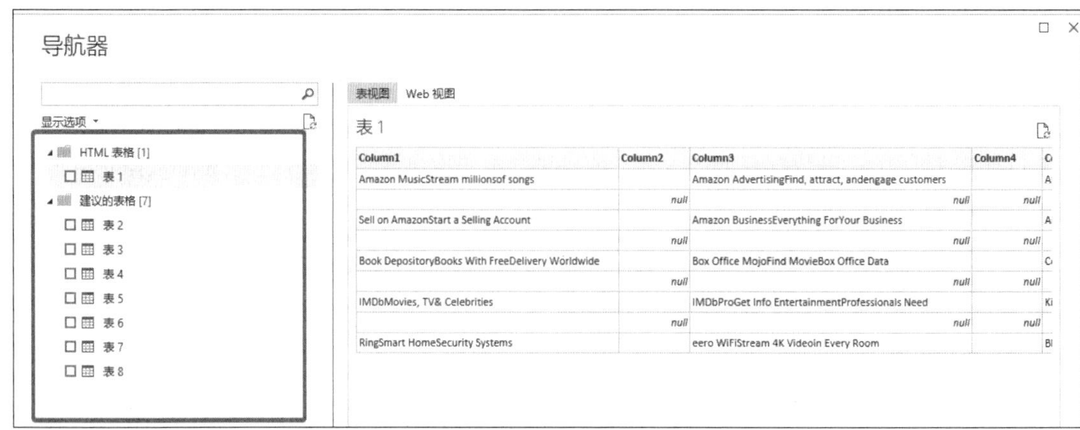

图 2.81　Power BI 获取到的模板数据和表格数据

这些数据杂乱无章，并不是我们预期想要的内容。这里使用自定义模板的方式提取需要的数据，在这种模式下通过自己构建的示例表模板来智能完成数据的爬取，单击如图 2.82 所示的“使用示例添加表”按钮来实现数据构建。

图 2.82　选择使用示例添加表提取数据

选择基于模板的数据爬取之后，会弹出“使用示例添加表”的窗口，这里就是根据 CSS 选择器完成需要的数据构建，图 2.83 所示为使用基于示例的数据访问页面。

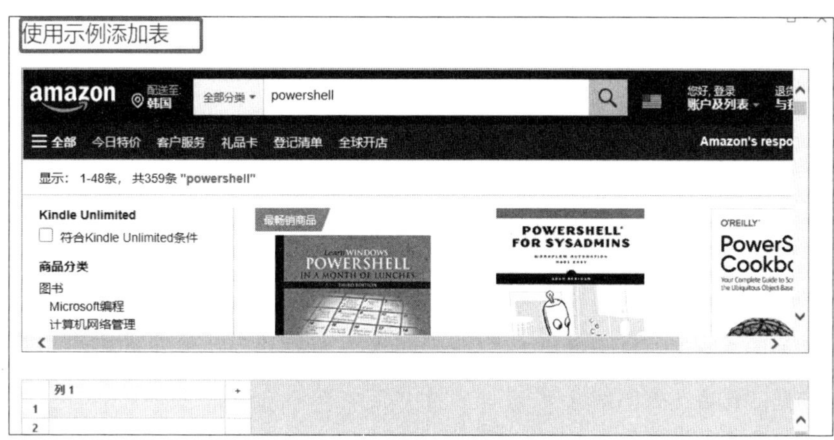

图 2.83　基于示例添加的数据访问内容

进行 CSS 提取有个非常重要的概念，就是标签和类的提取，这里在第一列中提取 3~5 行就可以完成基本的书名提取。

书名提取完成之后将列更改为“书名”，然后通过列选择器筛选出当前网页当中书名列的标签选择器。在弹出的上下文菜单中可以看到非常多的数据内容，这时选择如图 2.84 所示的书名信息保存。

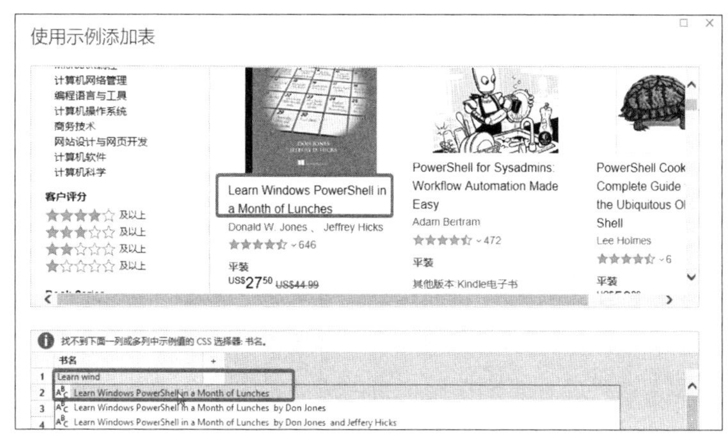

图 2.84　在表格中选择对应的书名

通常一行数据无法完成标签的选取，这里可以多输入几行相近的内容进行完整定位。在完成第二行的数据提取后，其他的标题都顺利地显示出来了，图 2.85 显示了当前页面获取的所有书名。

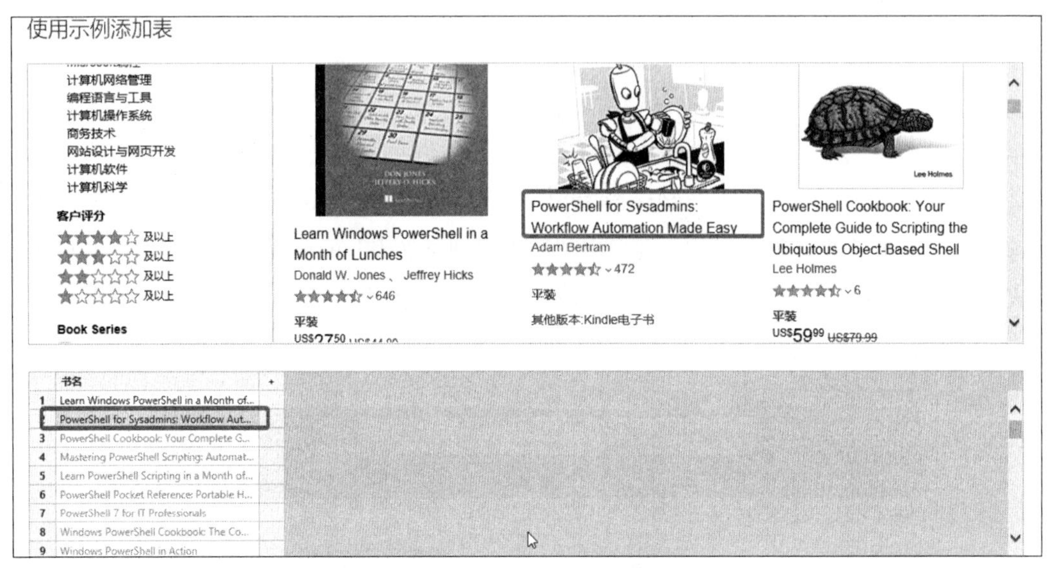

图 2.85　当前页面的书名列

第一列的数据获取完成之后，就需要开始获取第二列和第三列数据。这里将第二列数据定义为“作者”，操作如图 2.86。在这个过程中需要注意的是，我们提取作者可能需要的也是多行数据，才能确定提取的是“作者”列的信息。

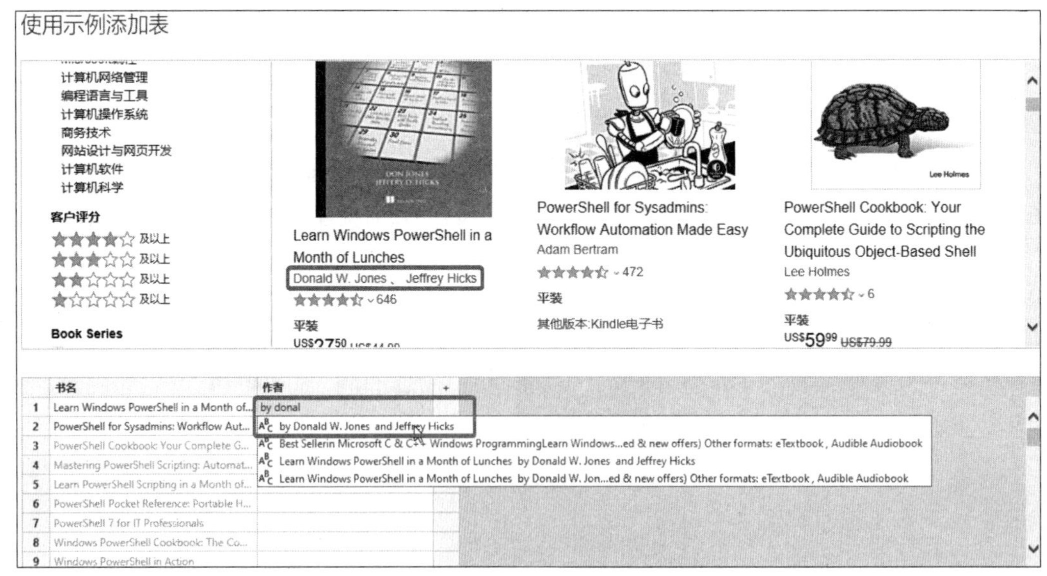

图 2.86　第二列数据的获取和填充

完成第二列的数据获取之后，接下来添加“评分”和“价格”等数据列。最终完成后表格中获取到当前需要的所有示例数据，如图 2.87 所示。

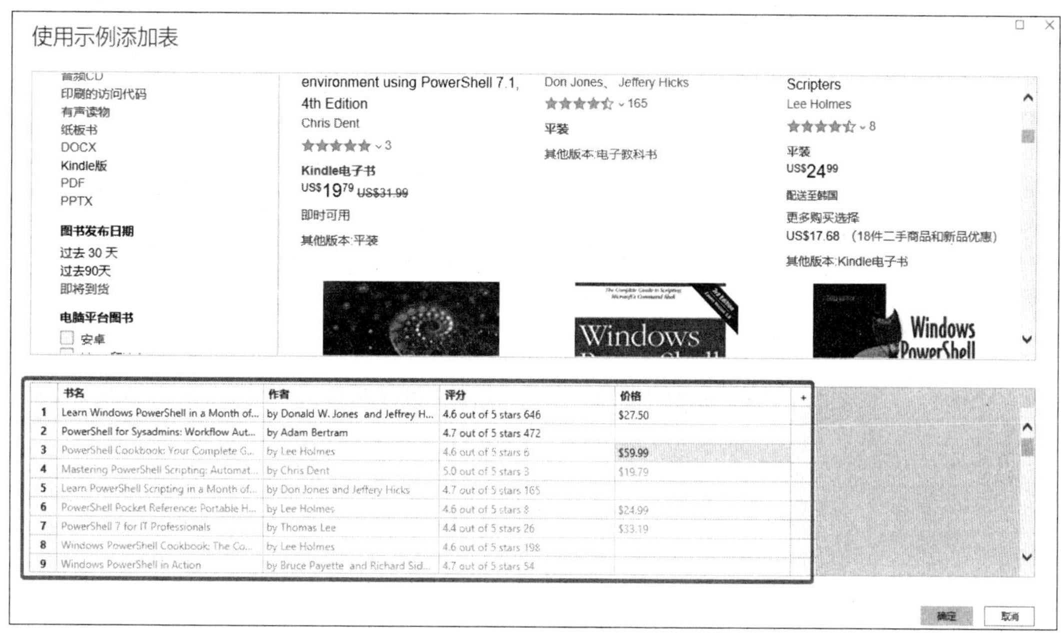

图 2.87 表中相对应的所有行列数据

完成相应的示例数据获取之后，接下来需要将数据以自定义示例数据的方式保存下来。进入数据预览界面，单击“转换数据”按钮进行数据格式的设置，如图 2.88 所示。

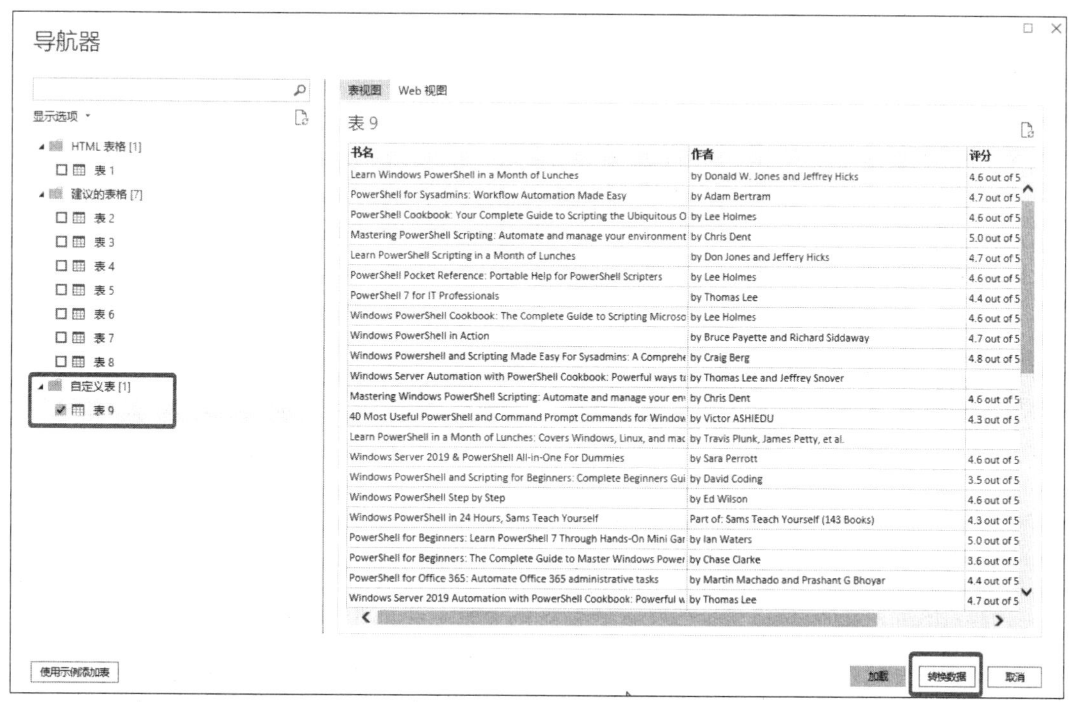

图 2.88 自定义数据构建

进入 Power BI 界面后，基于当前的数据进行再次清洗和重构，重构完成之后的数据保存在 Power BI 的缓存中。我们可以通过 Power BI 主页界面中的表格页面数据来预览保存的缓存数据，图 2.89 所示为完成数据清洗和重构后完成的数据。

书名	作者	评分	价格
Learn Windows PowerShell in a Month of Lunches	by Donald W. Jones and Jeffrey Hicks	4.6 out of 5 stars 648	$27.50
PowerShell for Sysadmins: Workflow Automation Made Ea	by Adam Bertram	4.7 out of 5 stars 472	
PowerShell Cookbook: Your Complete Guide to Scripting th	by Lee Holmes	4.6 out of 5 stars 6	$59.99
Mastering PowerShell Scripting: Automate and manage yo	by Chris Dent	5.0 out of 5 stars 3	$19.79
Learn PowerShell Scripting in a Month of Lunches	by Don Jones and Jeffery Hicks	4.7 out of 5 stars 166	
PowerShell Pocket Reference: Portable Help for PowerShel	by Lee Holmes	4.6 out of 5 stars 8	$24.99
PowerShell 7 for IT Professionals	by Thomas Lee	4.4 out of 5 stars 26	$33.38
Windows PowerShell Cookbook: The Complete Guide to S	by Lee Holmes	4.6 out of 5 stars 198	
Windows Powershell and Scripting Made Easy For Sysadm	by Craig Berg	4.8 out of 5 stars 8	$12.70
Windows Server Automation with PowerShell Cookbook: F	by Thomas Lee and Jeffrey Snover		

图 2.89　最终收集完成后的数据

这里我们来看看高级编辑器的内容，这里数据获取与 Python 的网页爬取很类似。这里同样使用的是 CSS 选择器选择相应的数据，如图 2.90 所示。

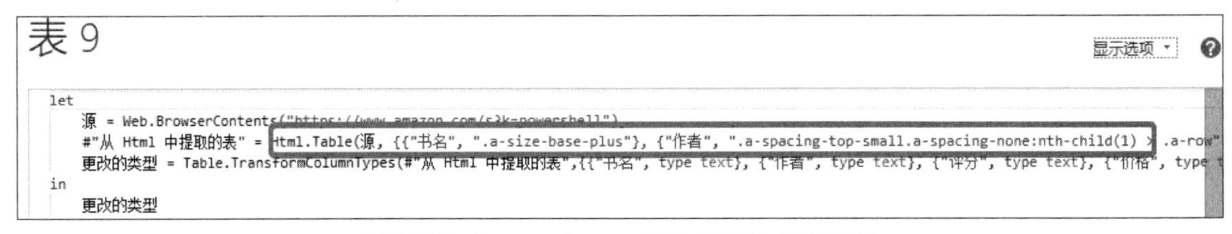

```
表 9
let
    源 = Web.BrowserContents("https://www.amazon.com/s?k=powershell"),
    #"从 Html 中提取的表" = Html.Table(源, {{"书名", ".a-size-base-plus"}, {"作者", ".a-spacing-top-small.a-spacing-none:nth-child(1) > .a-row"
    更改的类型 = Table.TransformColumnTypes(#"从 Html 中提取的表",{{"书名", type text}, {"作者", type text}, {"评分", type text}, {"价格", type t
in
    更改的类型
```

图 2.90　Power Query 高级编辑器中的内容

Tips

注意，在进行网页爬虫时，一定要注意不得用于违法目的。

2.9 Power Query 导入 Web API 数据

Web 和 Web API 有什么不同？从范围来看，Web API 是 Web 数据的子集；从网页定义来说，网页返回的内容就是 API（应用程序界面）数据，然后通过浏览器进行具体的数据解析，呈现出来具体网页的内容：图片、文字、格式等。但有一类特殊的 API，它返回的内容不是 HTML 格式的数据，而是标准文本格式数据，格式呈现的结果相对来说比较简单，返回的可用的数据格式通常如下。

- JSON 数据格式：JSON 是层次数据的一种。

- XML 数据格式：XML 也是层次数据的一种。
- 类 XML 或 JSON 格式：这类数据非常像 XML 或 JSON，但实际上不是。我们将这部分数据称为伪层次数据。

随着技术的发展，API 数据处理方式也慢慢成为主流，很多网站已经将它们的服务封装成了标准的 API。需要的用户直接通过 API 调用就可以完成数据获取，但是目前多数 API 都是采用收费模式进行数据提取，因此要特别注意进行 API 调用时费用的问题。

为了让大家了解到非常典型的伪层次数据处理，这里返回 API 的数据既不是 JSON，也不是 XML 的数据。我们就以这一类非常特殊的数据来演示如何在 Excel 和 Power BI 中进行伪层次数据的获取和处理。这里我们以东方财富网的基金网站的即时基金净值为例，这是一个基金净值即时收益的 API，可以直接在浏览器访问，访问的结果如图 2.91 所示。

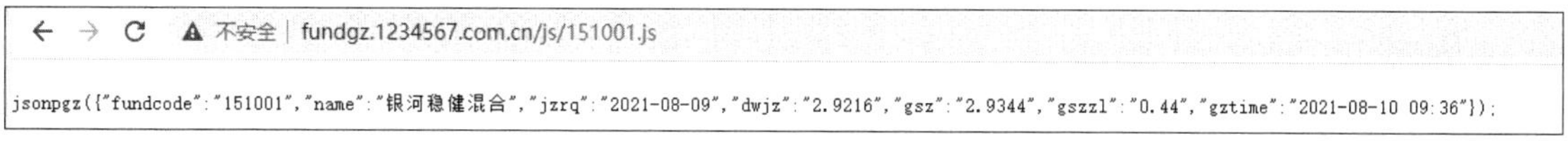

← → C ▲ 不安全 | fundgz.1234567.com.cn/js/151001.js

jsonpgz({"fundcode":"151001","name":"银河稳健混合","jzrq":"2021-08-09","dwjz":"2.9216","gsz":"2.9344","gszzl":"0.44","gztime":"2021-08-10 09:36"});

图 2.91　网页 API 数据结果

这些 API 的结果看起来像 JSON，但是实际上不是 JSON，而是伪 JSON 的数据格式，那么如何从这类伪 JSON 文件中提取需要的内容呢？

2.9.1　Excel 实现 Web API 数据获取

在 Excel 中获取 Web API 的方式和在网页中实现数据爬取的方式相同，在 Excel 的界面中的“数据”选项卡下单击“获取数据”下拉按钮，在下拉列表中选择“自其他源”→“自网站”命令。在弹出的对话框中输入网址，输入完成后单击“确定”按钮。由于网址格式无法识别，还要进行进一步操作，右击后在弹出的快捷菜单中选择如图 2.92 所示的文本方式进行数据解析。

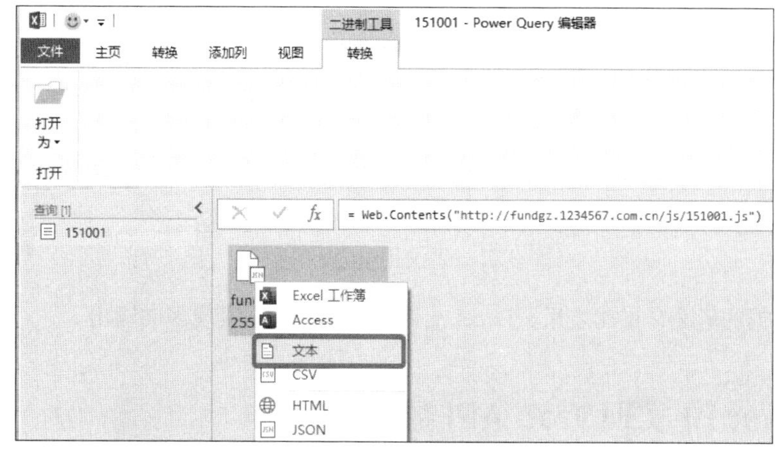

图 2.92　数据格式的选择

完成格式转换后会发现结果包含乱码，如图 2.93 所示。原因是当前文本解析的方式和网页提供的解析方式不同，原网页代码提供的是 Unicode 模式，而当前系统将网页代码转换成了 GB32，GB32 的数值偏码为 936。

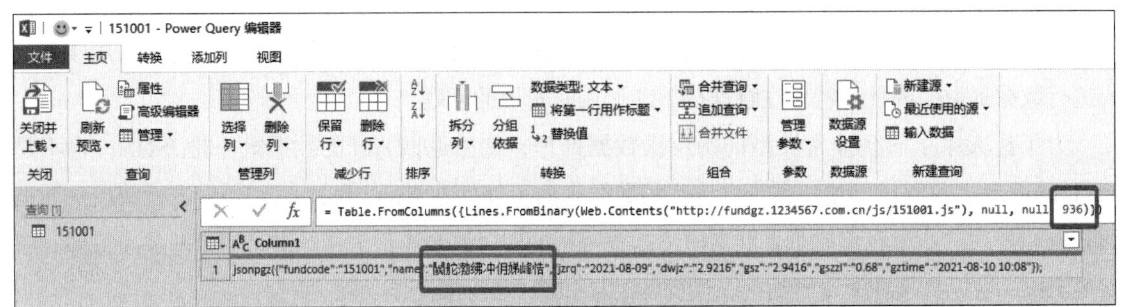

图 2.93　网页数据解析界面

要想解决编码的问题，需要修改 M 语言的文件导入格式，将其修改为 UTF-8 即可。按照如下的格式进行修改将显示正常的中文，如图 2.94 所示。

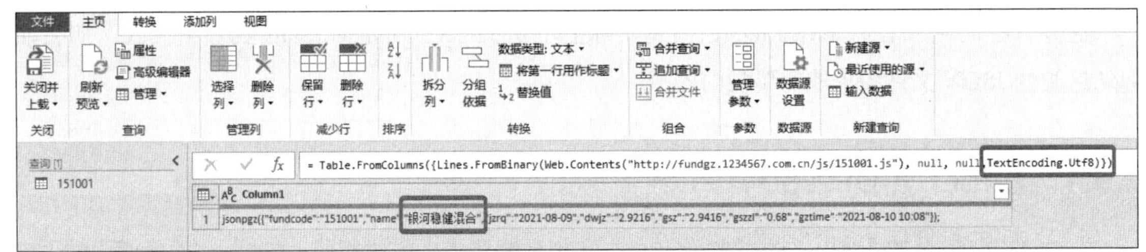

图 2.94　修改 M 语言代码后的正常文本

获取完这些数据内容之后，接下来就可以按照自己的需要进行数据的清洗和重构，重构数据完成后的结果如图 2.95 所示。

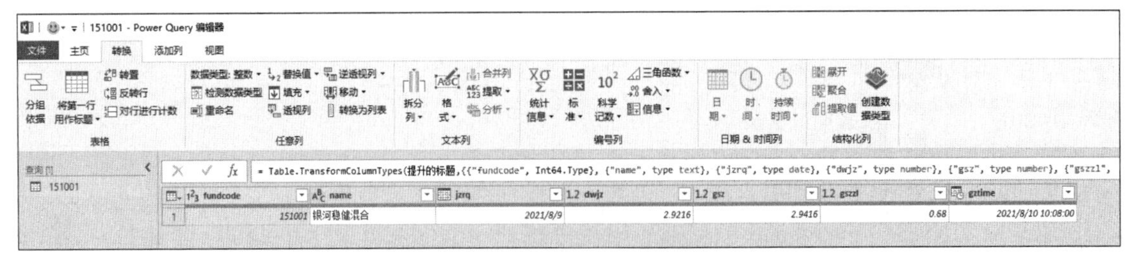

图 2.95　清洗和重构后的数据

在完成了数据的清洗和重构之后，Excel 支持将最终的数据实现多向输出。

2.9.2　Power BI 实现 Web API 数据获取

Power BI 进行 Web API 数据爬取和 Excel 进行 Web API 数据爬取基本上一样，我们可以在 Power

BI“主页”选项卡下单击“获取数据”下拉按钮，在下拉列表中选择“从 Web”，并输入网址，输入完成后单击“确定”按钮进行连接，如图 2.96 所示。

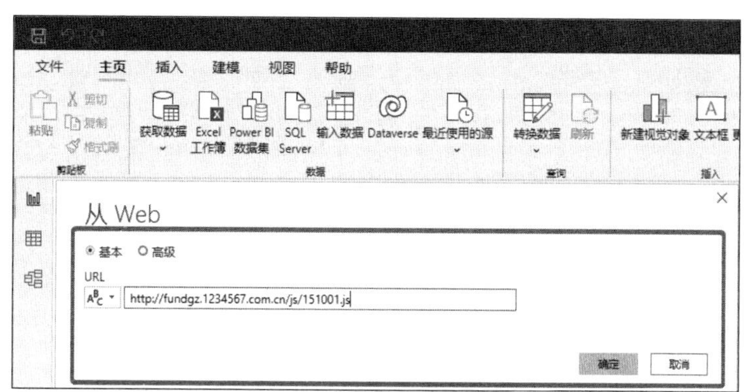

图 2.96　获取网页内容设置

由于获取的数据不是 XML，也不是 JSON，伪 JSON 格式必须按照伪 JSON 的方式进行处理，这里在弹出的文件解析界面中需要手动选择文件解析的格式，即右击文件，在弹出的快捷菜单中选择“文本”命令，如图 2.97 所示。

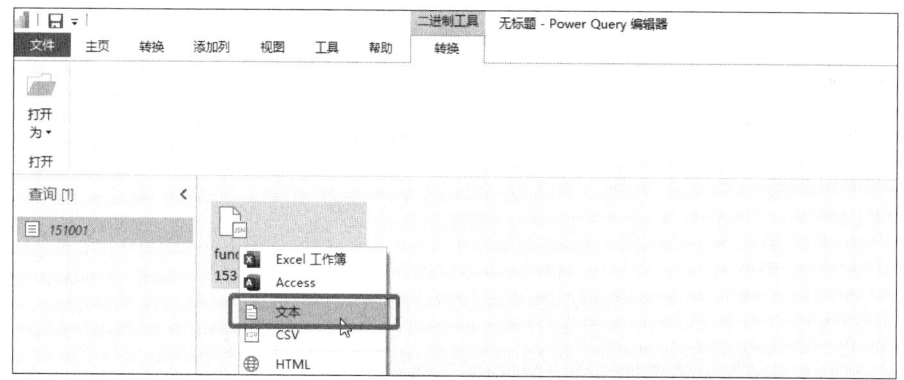

图 2.97　设置数据解析格式为文本格式

在将数据解析格式设置为文本格式后也存在相应的乱码问题，这里需要通过设置正确的文件编码，才能够获取到正确的数据，数据结果如图 2.98 所示。

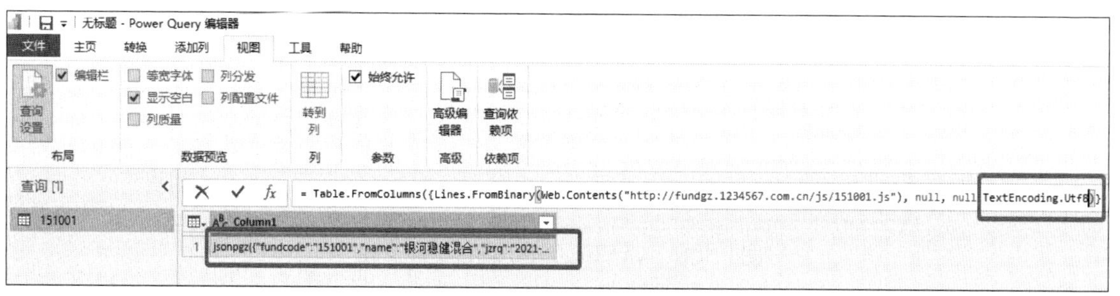

图 2.98　设置与修正数据乱码

在完成了数据的解析后，还需要进行清洗和重构，图 2.99 所示为基于清洗和重构后 Power BI 数据处理后的最终结果。

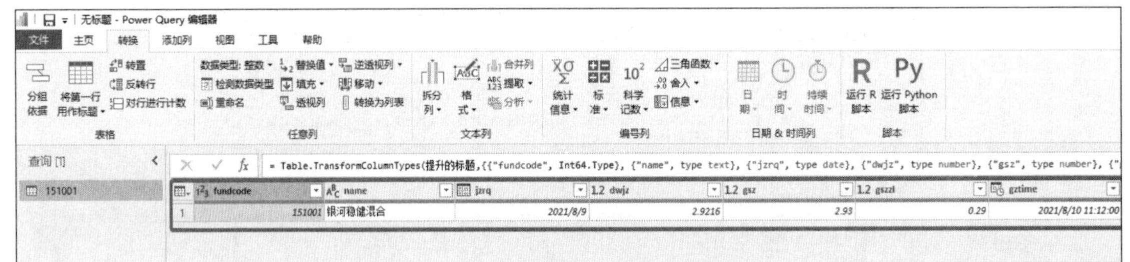

图 2.99 Power BI 重构后的最终数据

2.10 Power Query 导入 MySQL 数据

MySQL 不是微软提供的产品，Excel 或 Power BI 必须安装了 MySQL 的 .NET 驱动，才可以实现微软系列产品到 MySQL 的连接，所以，我们要在 MySQL 的官网中下载 .NET 驱动连接。

在网页中可以直接下载相应的连接组件，选择注册后进行下载，也可以选择不注册直接下载，如图 2.100 所示。

MySQL 的 .NET 安装组件非常简单，下载后在界面中单击"Complete"按钮后直接进入下一步，如图 2.101 所示。最后，单击"完成"按钮即可。

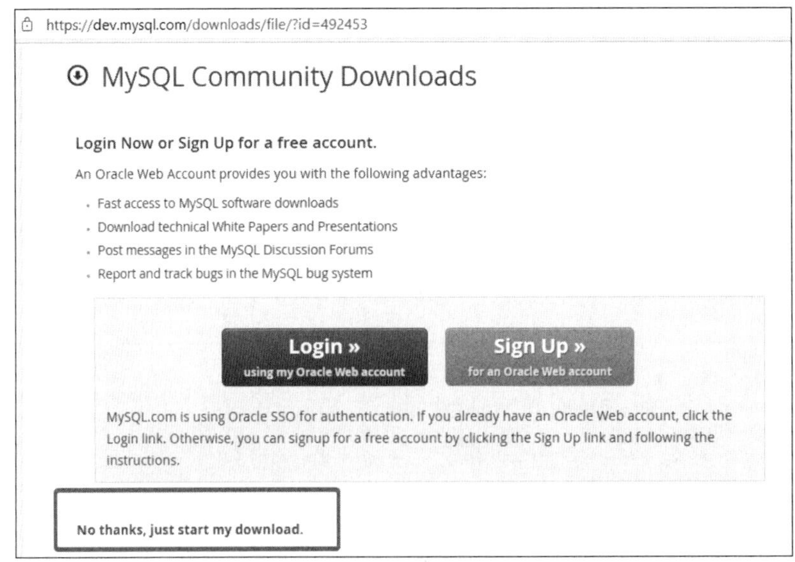

图 2.100 MySQL .NET 连接组件下载

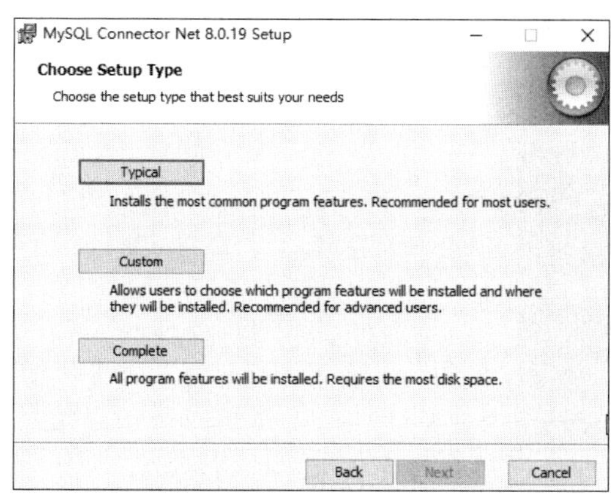

图 2.101　单击 Complete 按钮进行完整组件安装

完成了 MySQL 连接的前置条件之后，Excel 和 Power BI 都可以对 MySQL 进行数据库的连接，接下来分别就 Excel 和 Power BI 如何使用 Power Query 组件连接 MySQL 进行讲解。

2.10.1　Excel 实现 MySQL 数据获取

完成 MySQL 连接器的安装后，我们在 Excel 中选择“数据”选项卡，然后单击“获取数据”下拉按钮，在下拉列表中选择“来自数据库”→“MySQL 数据库连接”命令。这里有一个需要注意的问题，就是 MySQL 数据库监听的端口为 3306，也就是对外提供服务的端口必须开放，在连接的界面中如下参数为必选。

- 服务器：为对外提供数据库访问的服务器。
- 数据库：Excel 连接的数据库。

不同于 SQL Server，MySQL 中的数据库参数是必选参数。在进行连接处理时，如果不填写 MySQL 数据库，则无法实现正常的数据库连接。图 2.102 所示为数据库连接必须填写的参数。这里和 SQL Server 一样，可以实现基于 PL-SQL 语句的连接，需要注意的是，T-SQL 和 PL-SQL 的语法使用方法与语法规则完全不同。

图 2.102　MySQL 连接参数的设定

第一次连接 MySQL，会弹出窗口提示设置相应的凭据，MySQL 使用的是数据库的内置账户进行连接，这里需要写入内置的账户和密码，图 2.103 所示为凭据设置信息。

图 2.103　MySQL 凭据信息

连接完成后进入数据访问界面，MySQL 访问界面和 SQL Server 访问界面基本一样，只是在参数设置上略有不同，图 2.104 所示为数据获取后的标准界面。

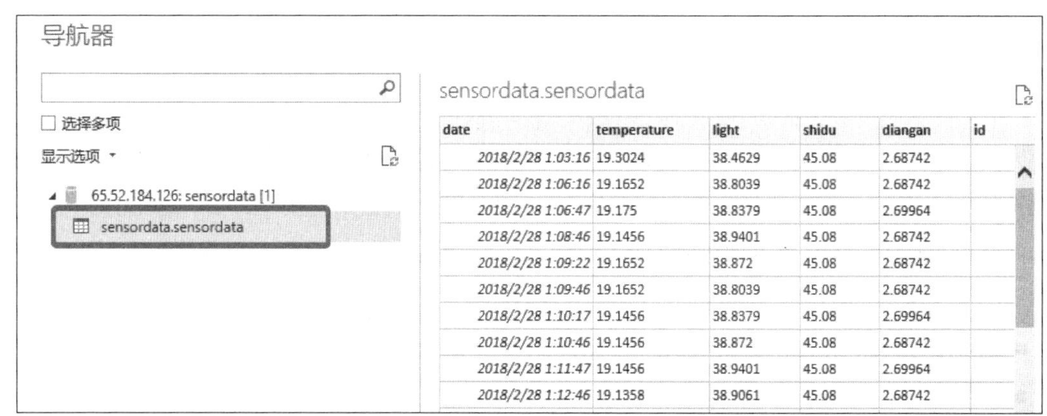

date	temperature	light	shidu	diangan	id
2018/2/28 1:03:16	19.3024	38.4629	45.08	2.68742	
2018/2/28 1:06:16	19.1652	38.8039	45.08	2.68742	
2018/2/28 1:06:47	19.175	38.8379	45.08	2.69964	
2018/2/28 1:08:46	19.1456	38.9401	45.08	2.68742	
2018/2/28 1:09:22	19.1652	38.872	45.08	2.68742	
2018/2/28 1:09:46	19.1652	38.8039	45.08	2.68742	
2018/2/28 1:10:17	19.1456	38.8379	45.08	2.69964	
2018/2/28 1:10:46	19.1456	38.872	45.08	2.68742	
2018/2/28 1:11:47	19.1456	38.9401	45.08	2.69964	
2018/2/28 1:12:46	19.1358	38.9061	45.08	2.68742	

图 2.104　MySQL 连接数据界面

完成数据获取之后，单击“转换数据”按钮进入 Power Query 数据处理界面。在 Power Query 界面中可以进行数据的清洗和重构，图 2.105 所示为导入后的数据重构界面。

图 2.105　Power Query 重构界面

在完成了数据的清洗和重构之后，Excel 支持数据多向输出，通过载入菜单即可实现数据保存。

2.10.2　Power BI 实现 MySQL 数据获取

Power BI 进行 MySQL 的数据获取与 Excel 进行 MySQL 的数据获取一样，必须预先安装 MySQL 的 .NET 连接器。安装好连接器之后，就可以在 Power BI 中进行 MySQL 的数据获取。在 Power BI 的“主页”选项卡下单击“获取数据”下拉按钮，在下拉列表中选择“更多”，在弹出的窗口中选择如图 2.106 所示的“MySQL 数据库”选项。

图 2.106　Power BI 获取 MySQL 数据库

在弹出的窗口中输入必选参数服务器名称和数据库名称，如图 2.107 所示，然后单击“连接”按钮。

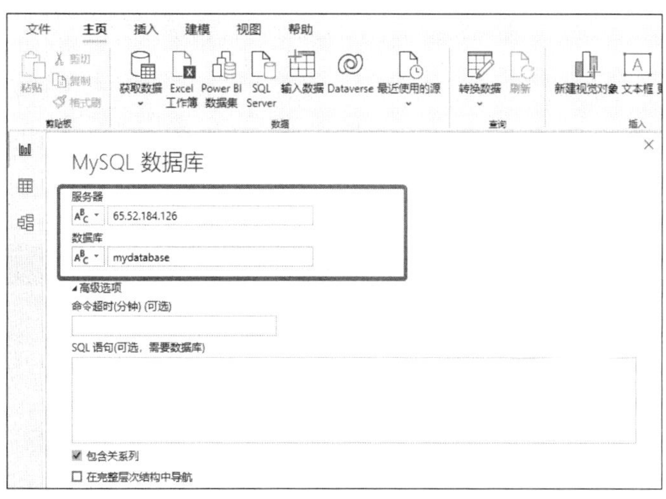

图 2.107　输入必选参数

在进行第一次连接时会弹出如图 2.108 所示的凭据验证，这里输入数据库的凭据信息。

资源下载码：Power Query

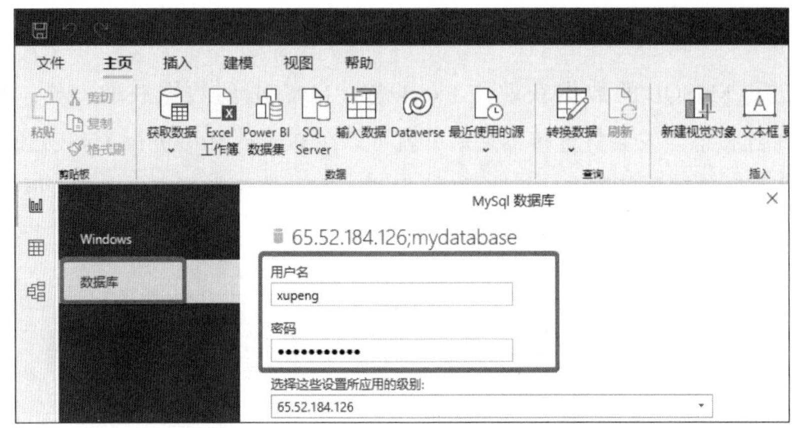

图 2.108　MySQL 数据库凭据设置

完成数据连接的设置之后，就会弹出数据预览界面。我们可以根据实际情况选择是否通过 Power Query 编辑器界面进行数据的再处理，图 2.109 所示为 Power Query 编辑器界面。

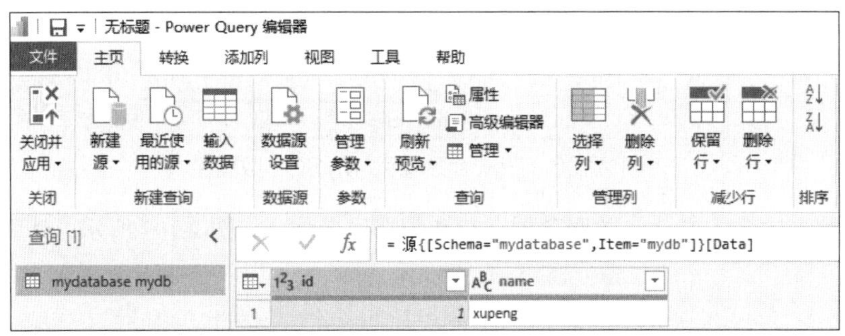

图 2.109　Power Query 编辑器界面

在 Power Query 中完成数据处理之后，单击“关闭并应用”按钮进入 Power BI Desktop 界面，通过选择“表工具”选项卡就可以对数据对象进行继续设置，图 2.110 所示为关闭 Power Query 界面后的数据预览和设置界面。

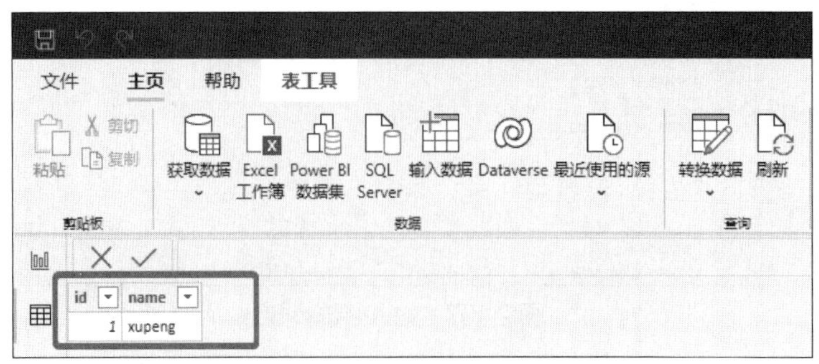

图 2.110　Power BI Desktop 界面

2.11 Power Query 导入文件夹数据

在实际的业务处理过程中，通常都会有批量导入数据的需求。例如，一个文件夹中有 100 个 Excel 文件，我们需要统一地提取这 100 个或更多的数据内容，这就是使用文件夹进行数据提取的具体需求。例如，销售文件夹一共有 22 个文件，我们需要将这 22 个文件的数据进行导入，但这些数据总共有将近 1000 万行，而 Excel 最大数据导入的支持量为 1048576 行，这么庞大的数据我们如何处理呢？我们只能在 Excel 中实现数据连接访问和建模，而不能将这些数据导入 Excel 中进行再处理。接下来将分别通过 Excel 和 Power BI 来实现数据的批量提取。

2.11.1 Excel 提取文件夹所有文件数据

对于上述多个数据来源的数据如何进行完全提取呢？这就涉及在 Excel 中使用文件夹进行批量数据的获取。Excel 若要对文件夹内所有数据内容进行获取，需要在 Excel 的“数据”选项卡中单击“获取数据”下拉按钮，在弹出下拉列表中选择“来自文件”→“从文件夹”命令，如图 2.111 所示。

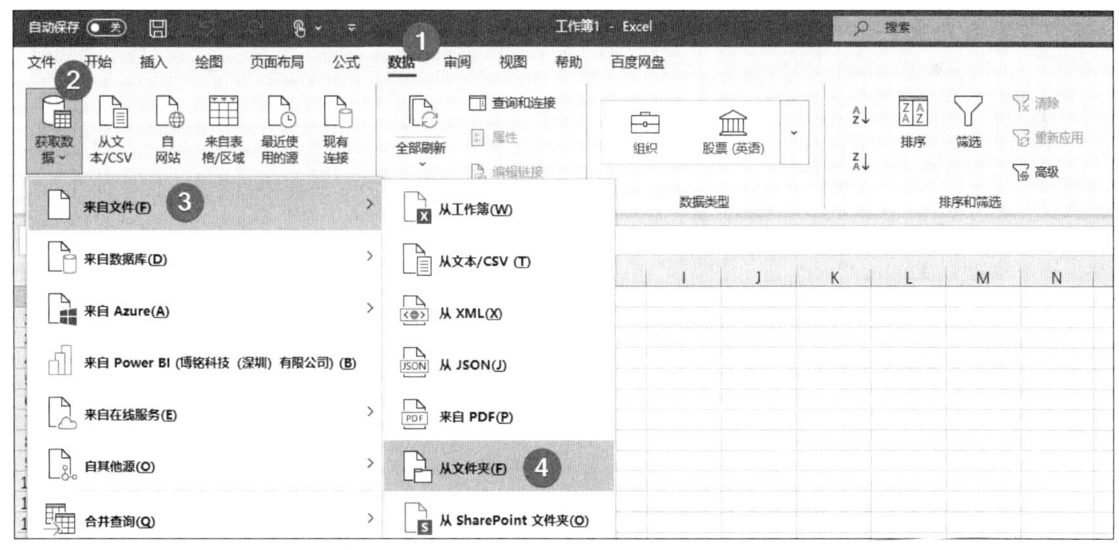

图 2.111　Excel 获取文件夹路径

这里我们通过数据获取当前文件路径的地址，如图 2.112 所示，选择完相应的路径后会弹出当前预览的部分内容。

需要特别注意的是，由于文件夹所有的数据超过了 1000 万行，不能直接使用组合功能或加载功能，只能通过转换数据继续进行转换，单击“转换数据”按钮后得到如图 2.113 所示的 Power Query 界面。

Content	Name	Extension	Date accessed	Date modified	Date created	Attributes	Folder Path
Binary	CD01Detailed.csv	.csv	2021/7/4 17:53:33	2020/4/27 18:13:52	2021/6/2 16:49:52	Record	E:\数据\dataGenerate\销售案例表\明
Binary	CD02Detailed.csv	.csv	2021/7/4 17:53:22	2020/4/27 18:14:11	2021/6/2 16:49:53	Record	E:\数据\dataGenerate\销售案例表\明
Binary	CD03Detailed.csv	.csv	2021/7/4 17:53:11	2020/4/27 18:20:23	2021/6/2 16:49:53	Record	E:\数据\dataGenerate\销售案例表\明
Binary	CD04Detailed.csv	.csv	2021/7/4 17:53:00	2020/4/27 18:20:41	2021/6/2 16:49:53	Record	E:\数据\dataGenerate\销售案例表\明
Binary	dl01Detailed.csv	.csv	2021/7/4 17:52:50	2020/4/27 18:04:46	2021/6/2 16:49:53	Record	E:\数据\dataGenerate\销售案例表\明
Binary	dl02Detailed.csv	.csv	2021/7/4 17:52:37	2020/4/27 18:03:19	2021/6/2 16:49:53	Record	E:\数据\dataGenerate\销售案例表\明
Binary	dl03Detailed.csv	.csv	2021/7/4 17:52:26	2020/4/27 18:04:08	2021/6/2 16:49:53	Record	E:\数据\dataGenerate\销售案例表\明
Binary	NC01Detailed.csv	.csv	2021/7/4 17:52:06	2020/4/27 17:43:29	2021/6/2 16:49:53	Record	E:\数据\dataGenerate\销售案例表\明
Binary	nc02Detailed.csv	.csv	2021/7/4 17:51:56	2020/4/27 17:43:10	2021/6/2 16:49:53	Record	E:\数据\dataGenerate\销售案例表\明

图 2.112　文件夹内容的预览界面

图 2.113　Power Query 文件夹处理界面

接下来使用 Power Query 进行数据重构，这里将除了 Content 列之外的所有列都删除。图 2.114 所示为将 Content 列展开后的最终数据结果。

图 2.114　扩展前的数据

数据扩展的过程中将自动生成自定义函数进行数据提取，不需要进行任何额外的操作，最终所有的数据能够在提取后合并。图 2.115 所示为最终数据合并和显示结果，这里可以看到生成的自定义函数和最终的数据展现。

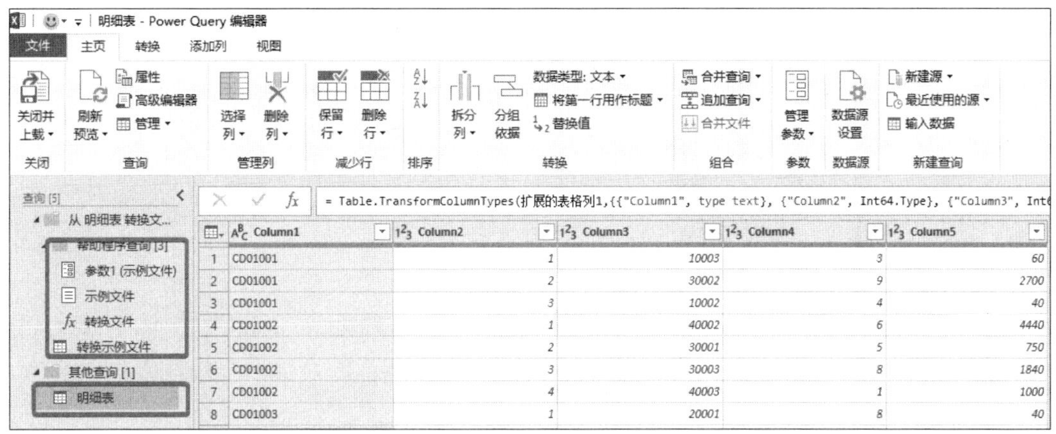

图 2.115 生成的自定义函数和最终数据

当前数据的总数量已经远远超过了 104 万，如果选择载入到表，那么将只能载入最初的 1048576 行，这明显不符合对数据统计和计算的要求。如果希望基于 1000 万行数据进行计算，必须在“导入数据”对话框中选中“仅创建连接”单选按钮和“将此数据添加到数据模型”复选框，如图 2.116 所示。

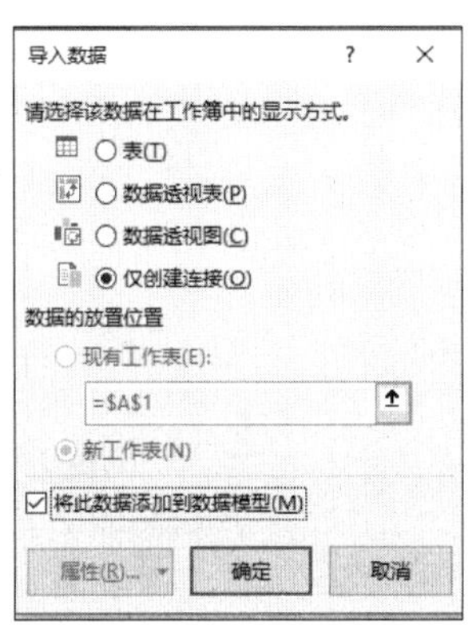

图 2.116 超出数据总量的设置

在完成了数据的清洗和重构之后，Excel 支持将最终的数据实现多向输出，通过载入菜单可以实现多种数据保存和处理方式。

2.11.2 Power BI 提取文件夹的所有数据

在 Power BI 中提取所有文件中的数据其实和 Excel 非常类似，差别在于 Power BI 不能实现数据保存和再处理。在 Power BI 中，它的所有内容都是以连接方式进行数据处理，在缓存中保存了计算的结果，在文件夹中我们需要在 Power BI 界面中单击“获取数据”下拉按钮，在下拉列表中选择“全部”，然后在弹出的界面中选择如图 2.117 所示的“文件夹”进行数据提取。

图 2.117　Power BI 文件夹获取界面

在选择路径时会提示需要选择的路径，如图 2.118 所示，在完成路径的选择后单击“确定”按钮返回操作界面。

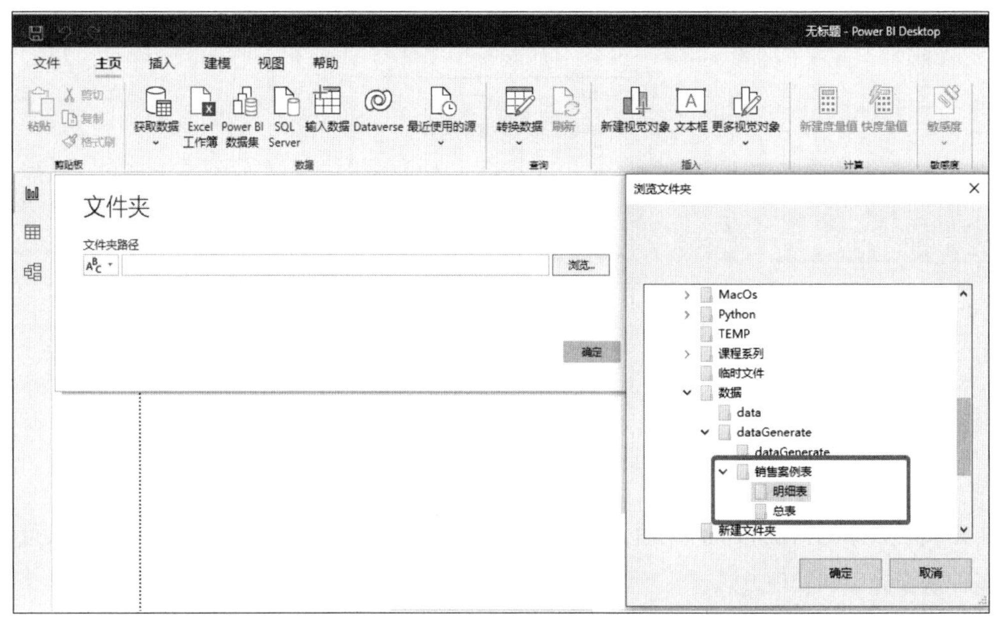

图 2.118　选择导入数据路径

在弹出的界面中单击“转换数据”按钮后，进入 Power Query 界面删除其他的列，同时将目前的数据进行扩展，如图 2.119 所示显示的是完成扩展后的模板样式选择。

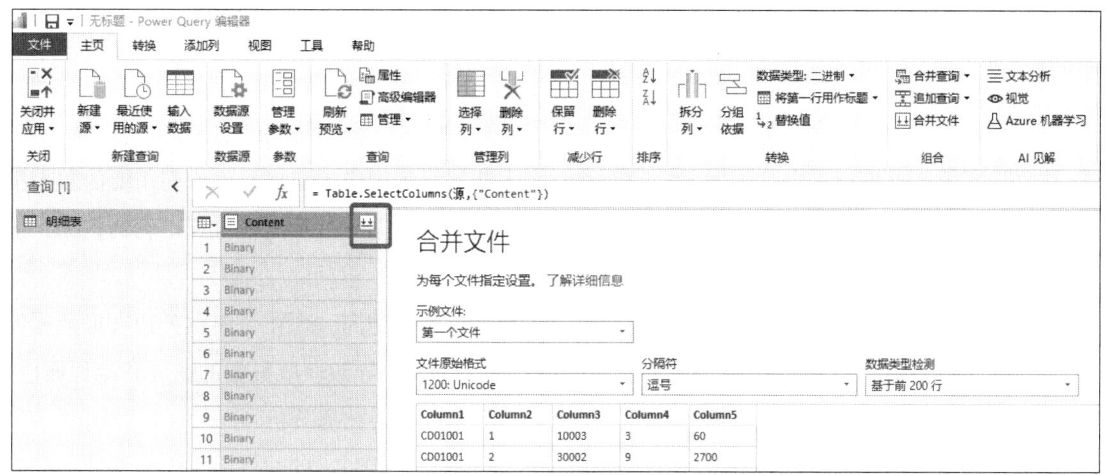

图 2.119　数据扩展后的模板样式

在数据合并过程中，Power BI 将会在 Power Query 编辑器界面生成自定义函数和模板，以及最终数据合并后的界面预览，如图 2.120 所示。

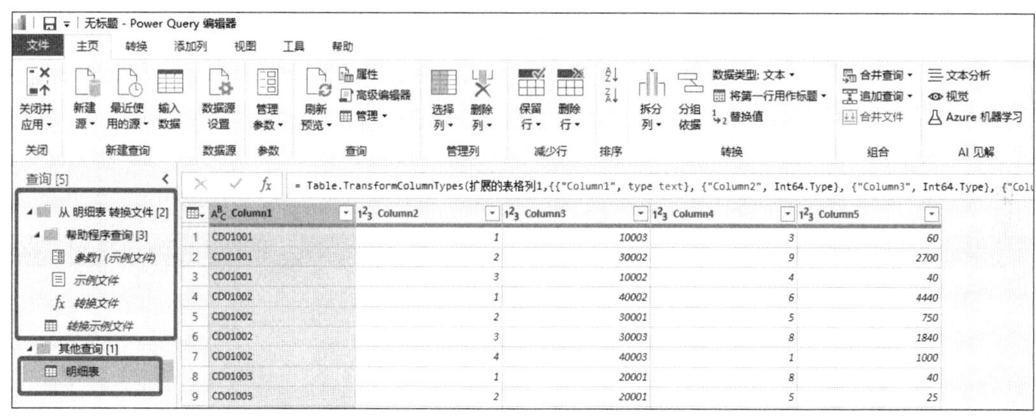

图 2.120　数据合并后的界面

完成数据保存之后，Power BI 将所有数据内容保存在数据窗格里面。如果需要基于获取数的据进行再设置，直接选择“数据”选项卡操作即可，图 2.121 所示为数据最终处理的结果及后续数据格式设置。

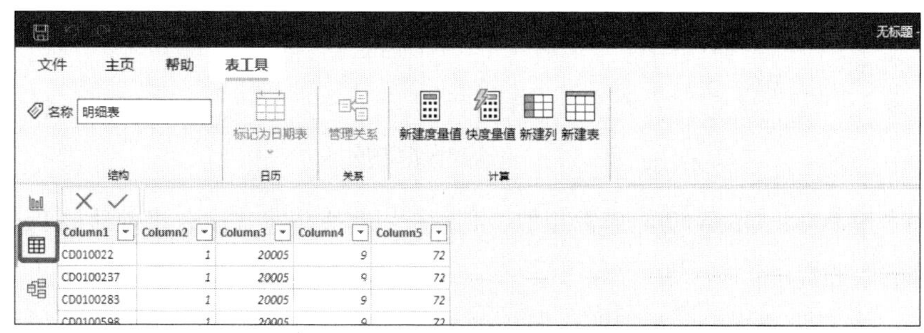

图 2.121　Power BI 最终数据处理结果及格式设置界面

2.12 Power BI 中的数据流服务

Power BI 2021 版本提供了数据流服务，这是一个在线版本的 Power Query 服务。

在实际的数据分析过程中，数据分析师们通常都无法接触到相应的数据源，他们需要的数据都是经过数据库管理员和核心数据分析师过滤后的数据。所以，数据分析师能否得到正确的数据，部分取决于数据库管理员和核心数据分析师。

其中，数据分析师们最主要的问题是不能直接进行数据源的访问，现在大多数公司数据泄露的原因主要是对数据源访问不加限制，而如果设置权限过于复杂又会导致获取数据的速度和流程缓慢。而作为数据库管理员，每天需要重复地将数据导出，然后再给核心数据分析师。

那么，数据分析师和数据库管理员有没有办法“脱离苦海”呢？Power BI 的数据流功能帮助我们解决了这个问题，数据分析师可以即时地获取数据，数据库管理员也不用辛苦地导出数据了。

2.12.1 Power BI Pro 构建数据流服务

Power BI 数据流服务属于 Power BI Pro 提供的在线服务，在客户端如果需要使用到 Power BI 数据流的技术，必须通过 Power BI Pro 的在线服务创建好针对数据源的访问，再通过 Power BI Desktop 引用数据流服务。我们先来访问 Power BI 的在线服务网站，然后进入创建的工作区，选择“数据流”即可进入数据流服务创建界面，如图 2.122 所示。

图 2.122　创建数据流服务

数据流和本地 Power Query 功能非常相似，我们可以将它想象成微软将本地的 Power Query 变成了一个在线的服务。

目前 Power BI 数据流提供的数据源访问功能非常有限，对数据库和文件服务的访问严重依赖于数据网关服务，例如，访问 SQL Server 的数据库就必须依赖于网关。

我们先以比较简单的案例来讲解创建数据流服务，这里以创建保存在 One Driver 上的一个 Excel 为例，单击如图 2.123 所示的 Excel 文件开始创建基于 Excel 的数据流服务。

图 2.123　创建到 Excel 文件的连接

这里以笔者之前的调研数据表为例，创建面向调研数据的 Excel 连接文件，图 2.124 所示为 Office 365 获取的相应的 Excel 文件。

图 2.124　创建到 One Driver 的连接文件

在 Excel 中选择需要进行查询的数据，目前存在多个数据表。选择需要的数据表，如图 2.125 所示。

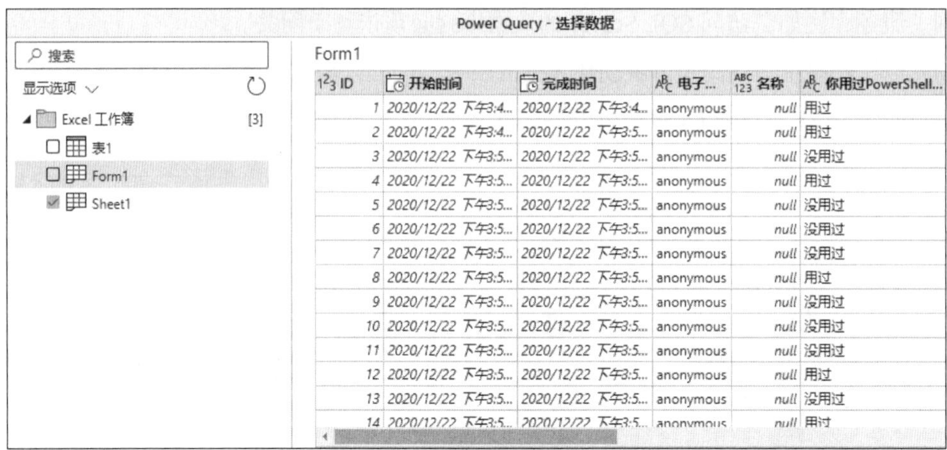

图 2.125　选择需要连接的表数据

单击“转换数据”按钮，进入 Power Query 的在线界面，在这个熟悉的界面下即可进行数据的清洗和重构，具体操作如图 2.126 所示。

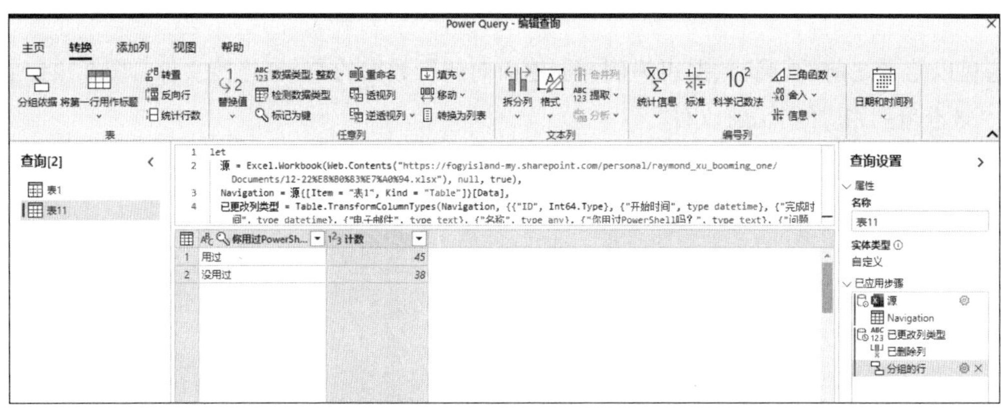

图 2.126　Power Query 的在线编辑

回到 Power BI 工作区，在页面中可以看到我们创建完成的所有与数据有关的内容，包含数据流和数据集，图 2.127 所示为工作区的数据相关内容。

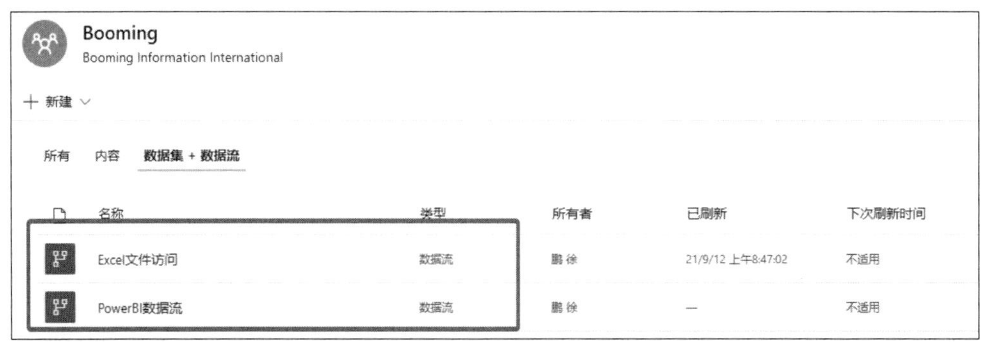

图 2.127　Power BI 工作区

2.12.2 Power BI Desktop 引用数据流服务

在 Power BI Pro 在线服务中创建好数据流服务之后，接下来我们就可以通过 Power BI Desktop 引用 Power BI Online 的数据流服务了，目前仅仅在 Power BI Desktop 桌面版登录之后才可以引用数据流服务，按照下面的步骤即可以开启数据流服务。

①开启 Power BI Desktop 后登录 Power BI Pro 账户，在界面中的“主页”选项卡下单击“获取数据”下拉按钮，在下拉列表中选择“Power BI 数据流”命令，如图 2.128 所示。

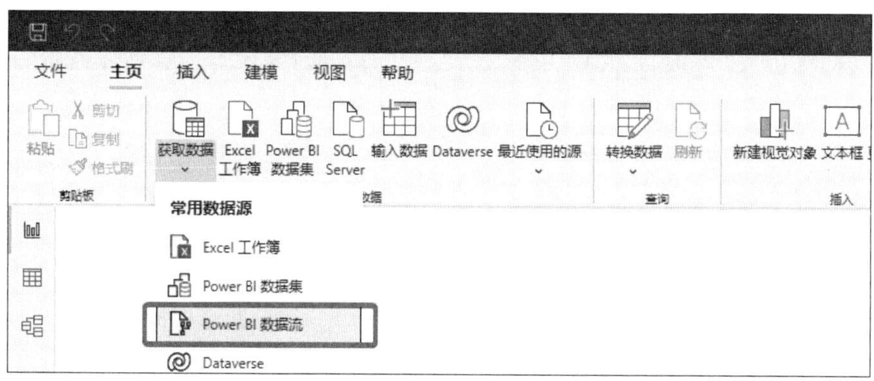

图 2.128 选择获取 Power BI 数据流

②选择获取的数据流服务之后，就可以使用这些数据流的数据了，通过数据流服务，可以避免我们在日常数据分析过程中的复杂性和隐私问题，图 2.129 所示为通过数据流获取的结果。

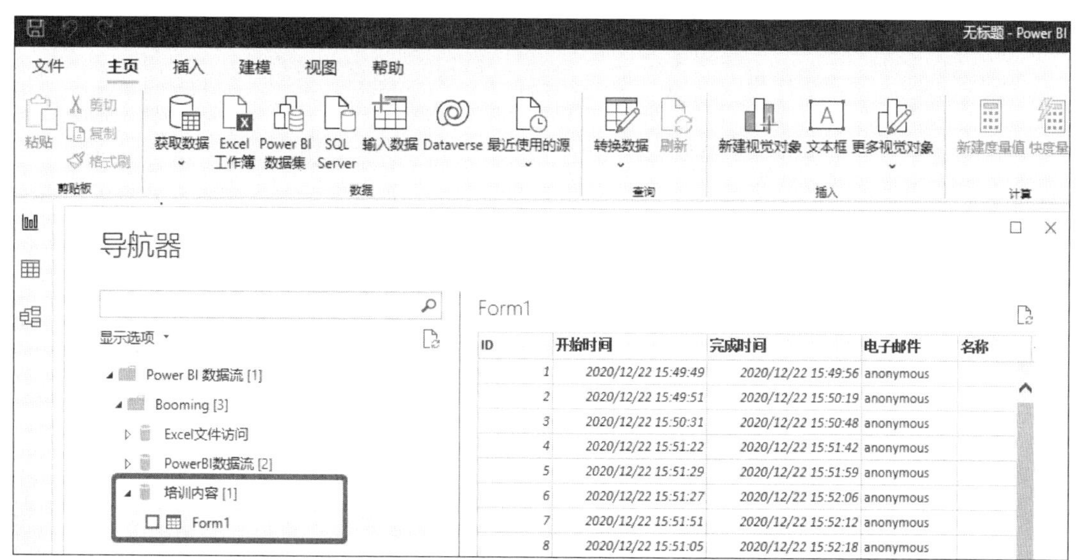

图 2.129 通过数据流获取的结果

在实际应用场景中，需要特别注意的是，我们获取数据的过程中可能会出现界面提示没有数据的情况，对于这种问题，在使用数据过程中我们至少需要刷新一次来获取数据。

2.13 数据源访问的权限管理

本小节我们来讨论下文件和数据的访问权限问题，如果配置不当，将会导致数据访问错误。

1. Power Query 的数据访问权限设定

Excel 关于数据源的访问权限设定的位置位于 Power Query 界面中的文件设定，在 Excel 中单击“数据”选项卡下的“获取数据”下拉按钮，在下拉列表中选择“启动 Power Query 编辑器”命令，在编辑器界面中单击“数据源设置”按钮进入对象的访问权限设置，如图 2.130 所示。

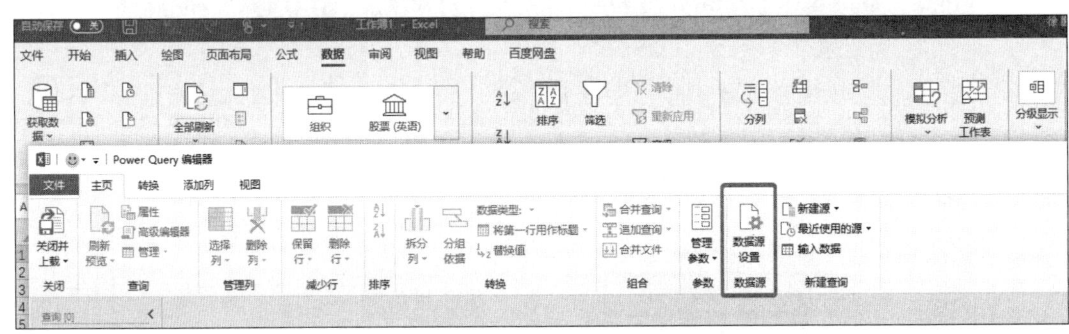

图 2.130　Excel 的 Power Query 数据源权限设置

在 Power BI 中，也可以进行数据源权限设定，通过单击 Power BI 界面中的“转换数据”按钮进入 Power Query 编辑器界面，然后单击“数据源设置”按钮进入数据源设置权限界面，如图 2.131 所示。

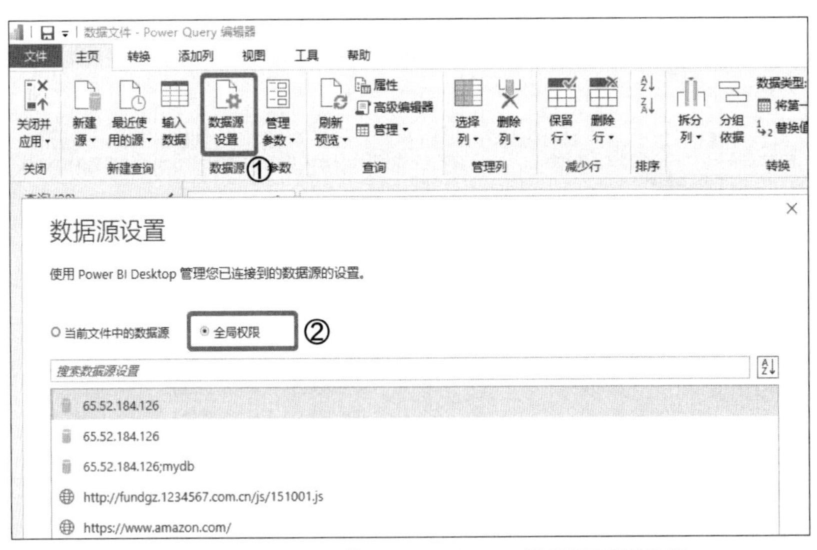

图 2.131　Power BI 的 Power Query 数据源权限设置

在弹出的界面中，保存了当前所有数据源的访问权限设置。在使用 Power Query 进行数据获取过程中，通常第一次访问数据源的时候会弹出相应的访问设定，包含用户的访问凭据和访问权限。如果后续需要更改设定，可以在当前界面进行修改。图 2.132 所示为数据源访问权限的弹出界面。

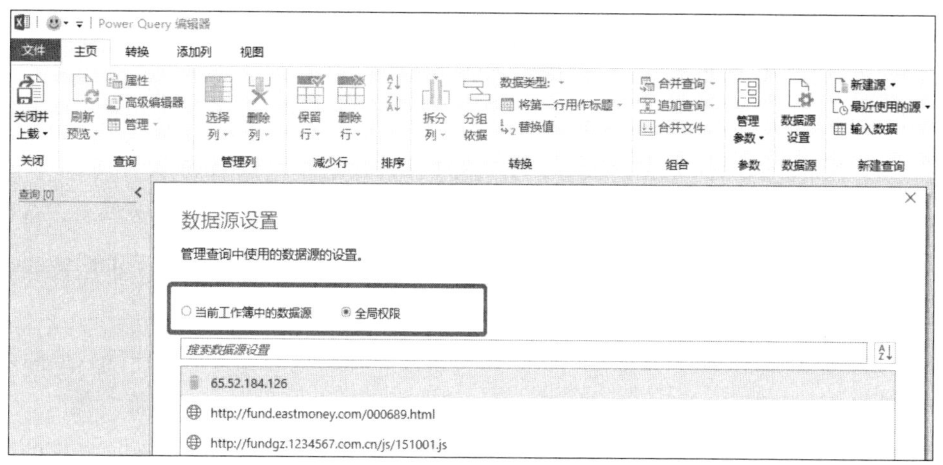

图 2.132　数据源权限设置

在当前数据源访问权限设置过程中，需要注意的是这里包含了两种不同的访问权限设置。

- 当前工作簿中的数据源：这个权限访问仅仅保存在当前的工作簿中，访问的相关信息将不会全局地保存在计算机中，如果另外的工作簿需要访问到同一数据源，将需要重新设置数据源和相关访问权限。
- 全局权限：设置了数据全局访问权限之后，所有保存在当前计算机的 Excel 访问同一数据源将不再需要重复设置针对目标的访问权限，即实现了一次设置重复使用的结果。在访问权限的具体设置界面下，可以对当前数据源访问权限和凭据进行修改，针对不同的数据源访问设定的权限是不同的。

2. Power Query 数据隐私级别

另外，在数据处理过程中还有三种隐私级别，隐私级别代表的是数据处理过程中的安全程度，在 Power Query 中隐私级别主要包含了四个选项，如图 2.133 所示。

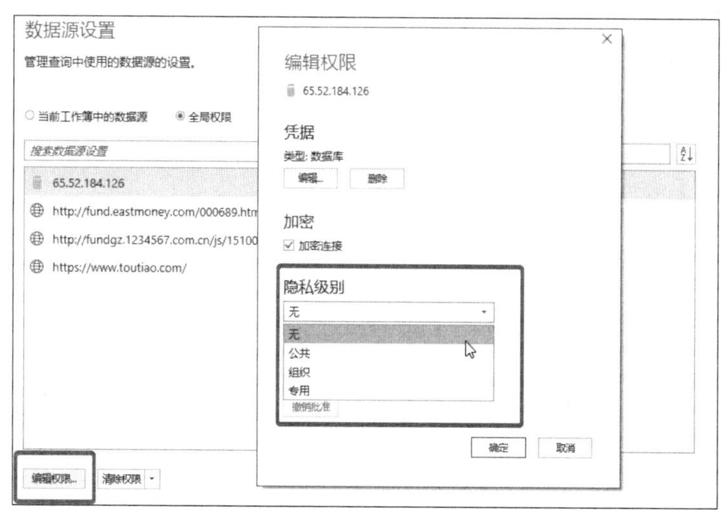

图 2.133　数据源的隐私设置

- 无：没有隐私设置，需谨慎设置此选项，确保以其他方式维护隐私法规。 出于测试和性能原因，可以在受控的开发环境中使用此隐私设置。
- 专用：包含敏感或机密信息，数据源的可见性可能限制为授权用户，它与其他数据源完全隔离。示例包括 Facebook 数据、股票奖励的文本文件或包含员工评论的工作簿。
- 组织：将数据源的可见性限制给受信任的一组人员。它独立于所有公共数据源，但对其他组织数据源可见。一个常见示例为 Microsoft Word 为受信任组启用 Share Point Intranet 网站中的文档。
- 公共：使每个人都能够查看数据。但只能将文件、Internet 数据源或工作簿数据标记为“公共”。示例包括维基百科页面的数据，或从公共网页复制数据的本地文件。

我们可以根据数据的实际情况设置相应的隐私级别，可以最大限度地满足所有数据的保密性和安全性需求。但是在特别条件下，必须将隐私级别设置为较低级别。例如，在运行 Python 脚本处理数据过程中，我们必须将隐私权限设置为公共，才能实现 Python 脚本的正常执行。

2.14 本章总结

数据集成作为数据处理的第一个步骤，具有非常重要的功能。而对于用户来说，数据的来源千奇百怪，可能来源于一些 CSV 文件，也可能来源于 SAP 的应用，更有可能来源于一些互联网的应用，比如微博、Facebook 等业务，而这些业务提供的访问接口又大有不同，因此 Power Query 提供了各种不同的接口来满足对数据的访问需求。

本章主要讲解了使用 Power Query 进行下列不同类型的数据集成，通过本章的学习，能够对 Power Query 进行不同数据集成有深入理解。

- CSV 数据的集成。
- Excel 数据的集成。
- XML 数据集成。
- JSON 数据集成。
- 文本格式数据集成。
- SQL Server 数据集成。
- Web 数据的集成。
- Web API 的数据集成。
- MySQL 数据集成。
- 文件夹数据的集成。
- Power BI 中的数据流服务。

第 3 章 Power Query 和 M 语言

在完成了数据的导入后，获取的这些数据基本上不能直接使用，因为错误实在太多，这就需要进行数据的清洗和重构。数据的清洗和重构大部分可以通过 GUI 界面完成，还有一部分需要使用 M 底层语言来完成。在进行数据清洗和重构之前，我们需要了解 Power Query 的 M 语言基础知识，在完成基础知识的入门学习之后，对数据进行清洗和重构的操作会更加清晰。

M语言是什么？
好像很高深！

M语言是Power Query
的底层语言，可以完成
很多任务。

3.1 什么是 M 语言

M 语言的全称是 Mush-UP 语言，M 语言会将 Power Query 所有的操作步骤转换为 Excel 中的 Power 组件可以理解的语言，所有的步骤都会记录在 Power Query 的步骤记录器中。

Power Query 编辑器中的操作步骤对用户来说都是一个个的操作步骤，但是对于 Excel 来说，却无法理解这些步骤，所以，需要将这些步骤翻译成 Excel 或 Power BI 能够理解的语言。这个语言就是 Power Query 的底层语言——M 语言，下面就是 Power Query 的 M 语言的具体执行案例。

```
let
    源 = Excel.CurrentWorkbook(){[Name=" 表 1"]}[Content],
    更改的类型 = Table.TransformColumnTypes( 源 ,{{" 请输入基金 ", type text}}),
    已调用自定义函数 = Table.AddColumn( 更改的类型 , " 查询近年涨幅 ", each 查询近年涨幅 ([ 请输入基金 ])),
    #" 展开的 " 查询近年涨幅 "" = Table.ExpandTableColumn( 已调用自定义函数 , " 查询近年涨幅 ", {" 类别 ", " 近 1 周 ", " 近 1 月 ", " 近 3 月 ", " 近 6 月 ", " 今年来 ", " 近 1 年 ", " 近 2 年 ", " 近 3 年 "}, {" 类别 ", " 近 1 周 ", " 近 1 月 ", " 近 3 月 ", " 近 6 月 ", " 今年来 ", " 近 1 年 ", " 近 2 年 ", " 近 3 年 "}),
    删除的列 = Table.RemoveColumns(#" 展开的 " 查询近年涨幅 "",{" 请输入基金 "})
in
    删除的列
```

M 语言的语法和 Excel 传统函数的语法完全不同，所以不能用学习 Excel 函数的方法来学习 M 语言。在完全抛弃 Excel 函数学习思维方式后，M 语言的语法规则和应用方法很容易学习。M 函数的调用通常有以下三种模式。

（1）全 GUI 界面操作方式

全 GUI 界面操作方式指的是所有操作都通过界面完成，用户不需要手动输入函数来完成过程的处理，所有 M 语言函数的操作步骤会通过 GUI 界面生成，图 3.1 所示为通过 GUI 界面生成 M 语言。

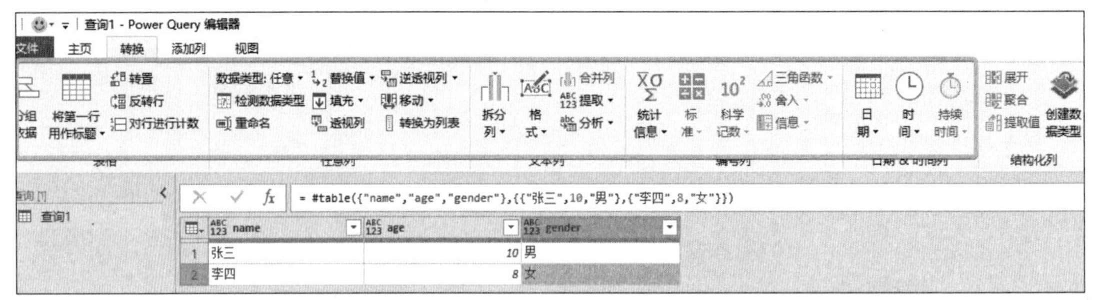

图 3.1 全 GUI 界面生成 M 语言

（2）半 GUI 界面操作方式

半 GUI 界面操作方式指的是部分操作通过界面完成，另外，部分内容需要使用 M 语言函数操作完成。手动添加自定义列或者添加执行函数或自定义函数都是属于这种方式，图 3.2 展示了添加函数的操作。

图 3.2　半 GUI 界面添加函数操作

（3）无 GUI 界面操作方式

无 GUI 界面操作方式指的是使用 M 语言进行代码的编写。在普通应用场景中，80% 的工作可以通过 GUI 界面直接操作，将近 15% 的工作可以通过半 GUI 界面的方式进行操作，只剩下 5% 左右的工作是无 GUI 界面操作，类似这样的操作我们只能通过编写代码的方式来完成任务的执行。一般无 GUI 界面的操作适用于自定义函数或者进行错误处理。图 3.3 所示为非常典型的自定义函数，这是无法通过 GUI 界面进行操作和定义的。

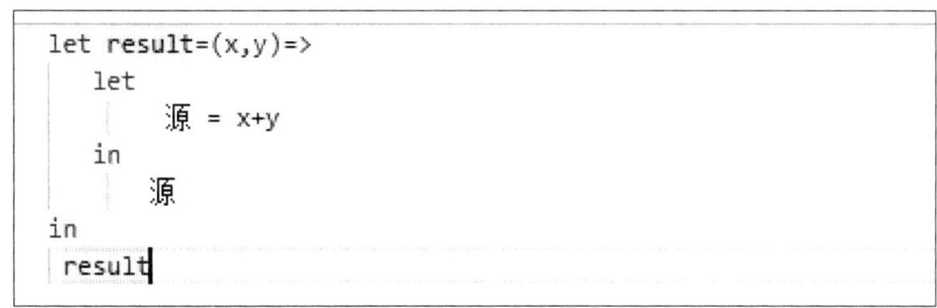

```
let result=(x,y)=>
    let
        源 = x+y
    in
        源
in
 result
```

图 3.3　无 GUI 界面自定义函数

Power Query 的 M 语言还有以下 3 个特性，这些特性对初学者来说有理解困难，但理解了这 3 个特性之后，学习 M 语言将会非常快。

1. 函数内置帮助获取

在实际应用过程中，利用 M 语言可以实现很多在 Excel 中非常难实现的目标。例如，整合文件夹中的 100 个文件，基于邮寄的地址数据查询出地址在百度地图中的经纬度等操作，都可以使用自定义 M 函数实现。在 Excel 中实现这个目标是需要去编写 VBA 的，如果不懂程序开发，使用 M 语言的低代码和无代码开发将是实现工作目标的最佳方式。

在 Office 365 版本的 Excel 中，有 809 个 Power Query 函数，而在 Power BI 中一共有 980 多个函数。为什么 Excel 中的 Power Query 函数会比 Power BI 少呢？因为 Power BI 支持访问的接口更多，类似 Salesforce、Facebook、Azure DataLake 系列函数在 Excel 中都没有受到支持。

学习 Power Query 的函数不同于我们学习传统的函数，Excel 的所有函数都没有内置帮助，我们需要百度查询才能获取所有函数的具体参数和使用方法。在学习 Power Query 的过程中，微软很贴心地在 Excel 或 Power BI 中集成了所有的函数和对象的使用方法，我们在 Excel 和 Power BI 的 Power Query 编辑器中使用“= #shared”语句，就可以对所有可用函数的方法和案例进行获取，执行方法如图 3.4 所示。

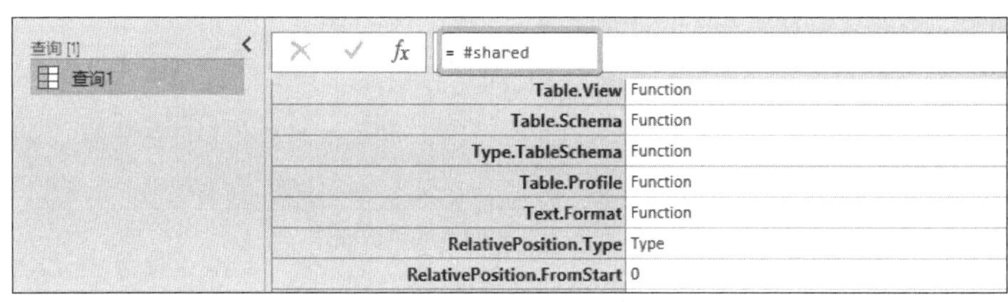

图 3.4　获取当前可用的 M 函数

通过在编辑框中输入 #shared 参数，能够查询出当前版本的 Excel 或 Power BI 目前有哪些函数或方法。详细窗口会显示所有的 Power Query 的函数，在查找出所有可用的 M 函数之后，我们可以直接获取相应函数的参数和具体的使用案例，图 3.5 显示了函数调用方法和具体的使用案例。

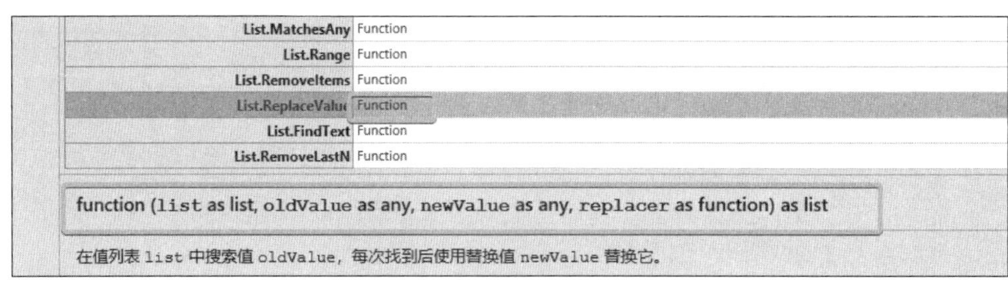

图 3.5　M 语言函数功能介绍

2. 语法功能与界面

在实际的应用场景中，Power Query 的 M 语言可以通过如下的动作和行为完成数据的获取、整合等操作。

- 数据的获取：通过 M 语言完成来自多个数据源的数据获取。
- 数据的整合：通过 M 语言实现数据内容的横向和纵向合并。

- 非结构化数据的结构化：可以将层次化数据经过处理后进行结构化。
- 数据清洗：使用 M 语言对各类导入的数据进行清洗和重构。

这里以 Number 函数为例，如果希望了解该函数具体有些什么操作方法，可以通过输入 number 跟上一个“.”，就会将所有的与 Number 对象有关的方法都列出来。对于智能提示功能，目前只有 Office 365 版本的 Excel 才提供，如图 3.6 所示。

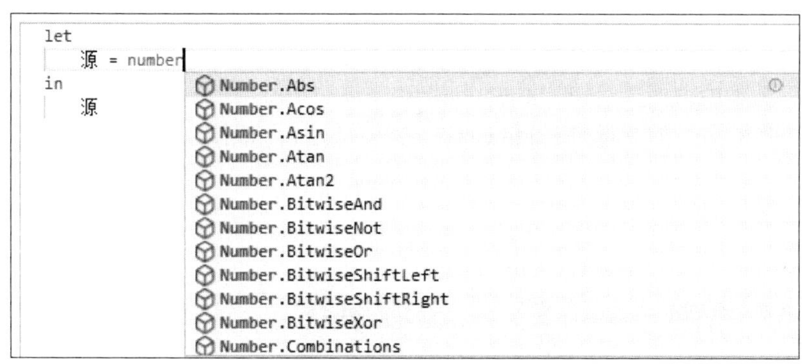

图 3.6 基于 Office 365 的函数智能提示

M 语言的函数和 Excel 函数的使用方法不同，M 语言的函数都是通过对象结合“.”的方法进行调用，这与 .NET 中的语法完全相同。现在我们从零开始认识 M 语言。在 Excel 中 M 语言的步骤查看只有一个地方，就是通过如图 3.7 所示的 Power Query 编辑器界面的“高级编辑器”窗口。

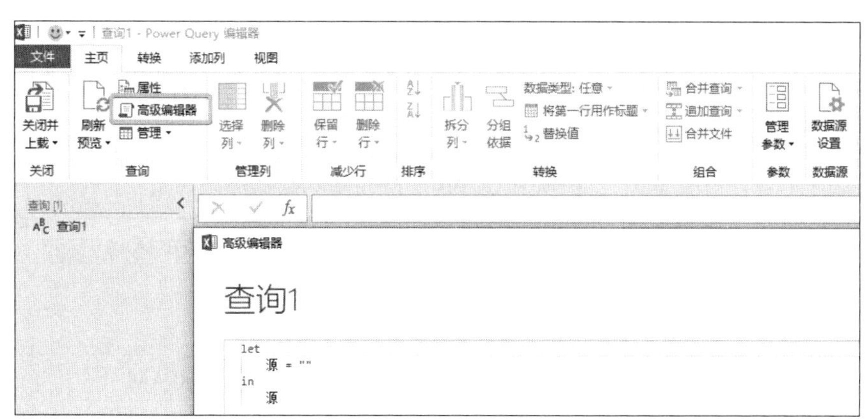

图 3.7 M 语言编辑界面

3. 关键字 let 和 in

在 Power Query 的 M 语言中有两个非常重要的关键字：let 和 in。

let 是必选关键字，在 let 语句中包含了所有数据处理的步骤和顺序，可以进行任意的数据处理和数据计算。in 也是必选关键字，在 in 关键字中指定的是 let 关键字中的步骤变量。M 语言中是以 let 作为计算的起始符，in 作为结尾符。所有的操作和变量都包含在 let 和 in 的动词对中，in 后面必须跟上 let 开始的任何一个操作变量，案例如下。

```
let
    ParameterA=3,
    ParameterB=5,
    Result=ParameterA*ParameterB
in
    Result
```

in 后面是语句执行的结果，in 可以直接定位到 let 中的任何一个过程变量。也就是说，in 后可以写 parameterA，也可以写 parameterB，如果想获得最终的结果，则需要写到 Result。那么，在 in 后面分别跟上三个不同的变量，结果会是什么呢？结果是 15。如果 in 后面的变量是 ParameterA，结果会是 3。如果 in 后面的变量是 ParameterB，则结果是 5。记住，在 Power Query 中每一步都可能是结果。

3.2 M 语言支持的基本数据类型

在 Power Query 的 M 语言中，能够支持的数据类型种类非常有限，在 M 语言中支持两大类型数据。

- 基本数据类型：基本数据类型是标准的单一的数据类型，每种数据类型定义了不同的单一对象，例如，2 是数值型，而 "2" 是字符型。
- 组合数据类型：组合数据类型指的是包含一个系列数据的组合，但是数据类型并不统一。Power Query 的组合数据类型中列表类型和记录类型都是非常典型的组合数据类型。

表 3.1 所示为目前 Power Query 所支持的基本数据类型。

表3.1　Power Query支持的基本数据类型

类型名称	名称列	示例
Binary	二进制类型	00 00 00 01
Date	日期类型	5/23/2015
DateTime	日期时间类型	5/23/2015 12:00:00 AM
DateTimeZone	日期时间时区类型	5/23/2015 12:00:00 AM -08:00
Time	时间数据类型	12:34:12 PM
Duration	持续时间类型	15:35:00
Logical	逻辑数据类型	true and false
Null	空数据类型	Null
Number	数值数据类型	0, 1, -1, 1.5, and 2.3e-5
Text	文本数据类型	"abc"

1. Binary（二进制数据类型）

Binary 类型是机器中的二进制数据类型。数据保存在计算机磁盘存储器的方式不同于在编辑器编辑的方式，所有保存在计算机磁盘的数据都是二进制数据类型，并不能直接使用，在 Power Query 中进行 M 语言解析之后，再通过不同类型的文件解析函数进行内容解析才能获取到正确的数据。在默认情况下进行数据导入之后，都会将相应的二进制数据进行解析。如果希望获取的是纯粹的 Binary 类型数据，就需要通过高级编辑器编写 M 语言进行操作了。这里使用 File.Contents 函数（注意大小写敏感）来进行数据的实际读取，以 E 盘文件 json.json 为例，如图 3.8 所示。

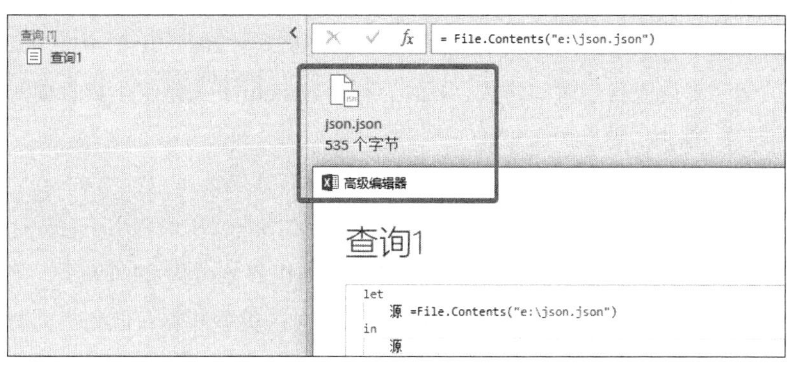

图 3.8　使用 File.Contents 方法进行数据读取

在使用 M 语言代码进行数据读取的过程中，Power Query 不会自动地将读入的数据进行类型判断，Excel 或 Power BI 会尝试自动进行类型解析，解析失败后可以手动选择相应类型进行再解析。图 3.9 所示为 Binary 的数据解析结果。

图 3.9　使用函数对 Binary 数据进行解析

2. Date（日期类型）

日期类型是在 M 语言中进行格式定义时非常常见的数据类型，它是以时间进行数据显示的一种格式，通常用于 Power Query 的日期格式设置。在 Power Query 中也可以使用 date 关键字进行日期格式数据的生成，在进行日期设置时可使用 #date 修饰符设置格式，代码如下所示。

```
#date( 年 , 月 , 日 )
#date(2021,12,1) 指的是 2021 年 12 月 1 号
```

3. DateTime（日期时间类型）

日期时间类型不同于日期类型，日期类型只包含了日期数据，而日期时间类型除了包含日期数据之外也会有时间数据，以下为日期时间数据类型的具体格式：2021-01-01 01：00：00。通常我们通过 #datetime 关键字来设置日期时间格式，下面为利用 #datetime 关键字生成日期时间类型的方法。

```
#datetime( 年 , 月 , 日 , 时 , 分 , 秒 )
#datetime(2021,12,1,10,0,0) 指的是 2021 年 12 月 1 号 10 点整
```

4. DateTimeZone（日期时间时区类型）

日期时间时区类型是相对比较特殊的数据类型，当前世界划分为 24 个时区，每一个时区在同一时间点所对应的时间会有所不同，在特殊的场景下加上时区类型能够获取到当前时区的具体时间，日期时间时区类型数据的格式如下：5/23/2015 12：00：00 AM–08：00。在 Power Query 中可以通过 #datetimezone 关键字来进行日期时间时区的定义。相比 DateTime 的格式设置，日期时间时区的设置多了两个参数：时区偏移小时和时区偏移分钟。

这里为什么会有偏移分钟参数呢？是因为在地球上有些时区会相差半个小时，下面为具体的参数设置。

```
#datetimezone( 年 , 月 , 日 , 时 , 分 , 秒 , 偏移小时 , 偏移分钟 )
#datetimezone(2021,12,1,13,0,0,8,0) 指的是东八区的 2021 年 12 月 1 日 13 点整
```

5. Time（时间类型）

时间类型属于日期时间类型的子类型，数据格式和日期时间类型不同，数据仅仅包含时间的数据，即时、分、秒。时间类型数据格式如下：12：34：12 PM。这里可以利用 #time 修饰符来构建时间类型数据。

```
#time( 时 , 分 , 秒 )
#time(17,0,0) 代表是下午五点整
```

6. Duration（持续时间类型）

这是在 Power Query 中最为奇怪的数据类型，很多没有了解过 Power Query 的朋友对这个名字也感觉非常陌生。它的格式和日期时间类型类似，但是它的作用不是生成日期时间，而是在生成数据后与日期实现数据运算。在实际应用中，可以通过标签 #duration 来定义持续时间，定义持续时间的语法如下。

```
#duration( 天 , 时 , 分 , 秒 )
```

```
#duration(1,0,0,0) 代表的是持续时间为一天
```

7. Logical（逻辑类型）

逻辑类型也是 Power Query 中 M 语言支持的一种数据类型，通常逻辑数据类型用于数据结果和过程中的判断，逻辑类型的数据只有两种结果：true 和 false。

8. Null（空类型）

Null 类型是非常难以描述的一种数据类型，从概念上来描述 Null 非常难，翻译成中文就是空的意思，结果只有一个值，就是 null。

9. Number（数值类型）

在 M 语言中，数值类型统称为 Number 类型，而 Number 类型包含了正整数、零、负整数、小数等，下面都是 M 语言的 Number 类型。

- 1：标准正整数
- 1.4：标准小数
- 0：整数 0
- 1.4e-5：基于科学记数法的小数

10. Text（文本类型）

文本类型是在 Power Query 中应用最多的数据类型，在进行详细的数据类型定义之前，其实数据都是文本类型。

3.3 M 语言支持的组合数据类型

什么是 Power Query 的组合数据类型呢？从字面意思上理解就是一堆组合在一起的数据，这些数据可能是相同的数据类型，也可能是不同的数据类型。下面均为 M 语言支持的组合数据类型，组合数据类型的数据是多个不同的数据类型的组合。

```
■ {1,2,3,4} 单一类型的数据列表
■ {"1",2,"3",4} 包含多个不同元素的列表
■ {"1",2,{3,4}} 包含嵌套元素的列表
```

定义了组合数据类型，如果没有嵌套，则会直接展开为具体的数据对象。如果组合数据类型存在嵌套，则 Power Query 窗口中的数据将不会直接显示，而是以组合数据类型显示，后续可以根据具体的需求再进行处理和展开。这里我们以列表为案例，构建了一个单个列表和一个组合列表，首先来看下单个列表的构建。

```
{1..10}
```

结果将生成 1 到 10 的列表，列表结果如下。

```
{1,2,3,4,5,6,7,8,9,10}
```

如果需要的数据是连续的，我们可以通过“..”进行扩展，实现连续数据的生成。这里的连续数据支持整数类型和单字符类型，数据必须是递增的。因此 {1..10} 和 {"a".."z"} 的结果都是用列表来生成连续数据的方法。

但是如果希望生成的数据存在嵌套，则嵌套之后的数据不会自动展开。接下来使用 M 语句来生成一个嵌套的列表，注意这里嵌套的数据不会直接进行展开，图 3.10 所示为列表生成后的数据。

```
{{1,2,3},{4,5,6},{7,8,9}}
```

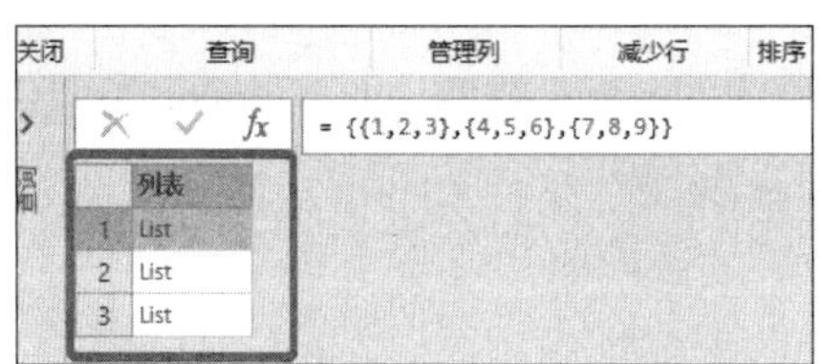

图 3.10　利用 M 语句生成嵌套列表

在 M 语言中，组合数据类型主要包含以下几种数据类型。

1. 列表数据类型

列表数据类型在 M 语言中是以“{}”进行列表定义，列表内部的数据可以相同，也可以不同，还可以实现嵌套，以下三种定义方式是 M 语言列表所能接受的。

- {1，2，3，4}：同一数据类型列表。
- {1，2，"3"，4}：不同数据类型列表。
- {1，2，{3，4}}：嵌套数据类型列表。

2. 记录数据类型

Power Query 的记录数据类型与其他语言的字典类型非常相似。在记录数据类型中，通过定义对象的不同属性来进行描述。记录类型以“[”开始，以“]”结束，字段中间以“,”作为字段之间的分隔符。图 3.11 所示为定义记录数据类型的方式，记录的字段为字符串类型。值类型可以根据需要进行再定义，但是大部分都是两类，一类是字符串类型，另外一类是数值类型。

```
Result=[ 姓名 =" 张三 ", 性别 =" 男 ", 年龄 =6]
```

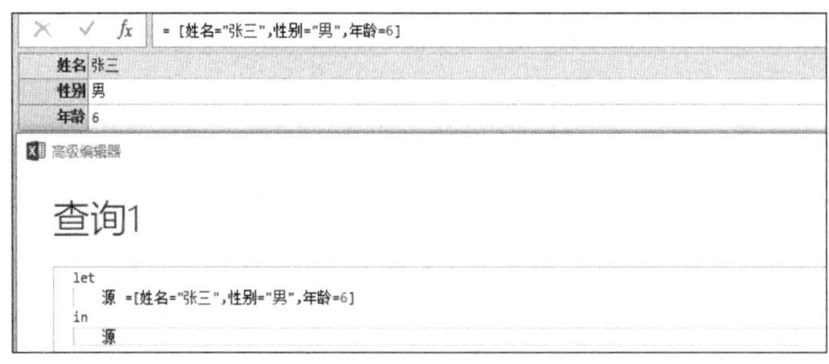

图 3.11　M 语言记录数据类型的定义方式

3. 表数据类型

表数据类型结合了列表数据类型和记录数据类型的特点，利用列和行把数据以表的方式呈现，表的类型以 #table 标签开始进行定义。表数据类型定义比较特殊，需要使用列表的嵌套进行表数据的构建，接下来通过 #table 来构建一个表，图 3.12 所示为表建立之后的结果。

```
#table({" 姓名 "," 性别 "," 年龄 "},{{" 张三 "," 男 ", 15},{" 李四 "," 女 ",16}})
```

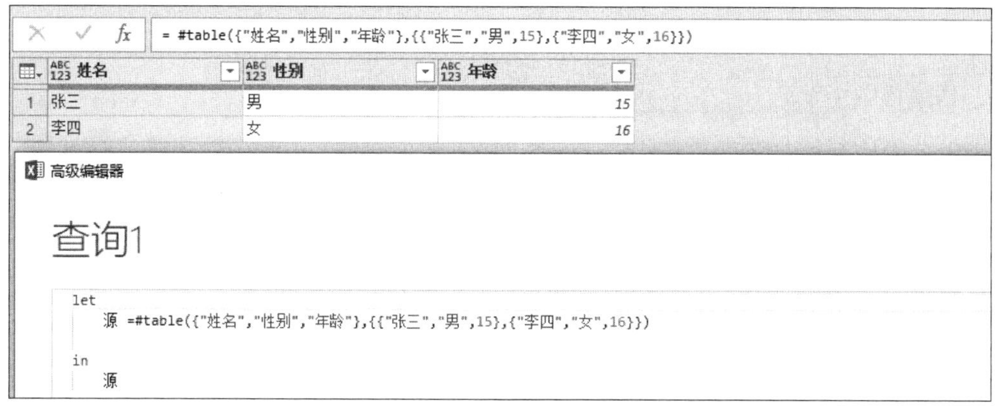

图 3.12　M 语言构建表数据类型

Tips

在数据类型中，组合数据类型在高级应用中最复杂，但使用场景最广泛。

3.4 Power Query 的 M 语言结构

M 语言非常特殊，它不像 VBA，也不像 Python。它是一个面向过程的语言，在面向过程的基础上结合一些函数和方法达成最终的业务目标。语法以 let 开始，以 in 结束（注意是小写）。let 也支持多个嵌套实现具体的功能。下面以一个稍微有点复杂的案例来理解 M 语言的结构，语言结构如下。

```
let
    源 = Excel.CurrentWorkbook(){[Name=" 表 1"]}[Content],
    更改的类型 = Table.TransformColumnTypes( 源 ,{{" 开奖期数 ", Int64.Type}, {" 第一个号码 ", Int64.Type}, {" 第二个号码 ", Int64.Type}, {" 第三个号码 ", Int64.Type}, {" 第四个号码 ", Int64.Type}, {" 第五个号码 ", Int64.Type}, {" 第六个号码 ", Int64.Type}}),
    保留的最后行 = Table.LastN( 更改的类型 , 50)
in
    保留的最后行
```

上述语句包含以下内容，具体结构和对象如图 3.13 所示。

■ 变量：作为具体操作的中间变量，在 M 语言中变量是非常重要的。在每一步的操作中都需要使用变量来进行数据的临时存储。

- 对象与方法：针对上一行变量进行的进一步操作，在进行操作的过程中需要了解最终的目的和对象的类型，通常情况下对象的类型就是组合数据的三种类型，即列表数据、记录数据和表数据类型。
- 格式设置：格式设置针对的是在组合数据类型中的每个具体对象，不是针对组合数据类型整体进行格式设置。

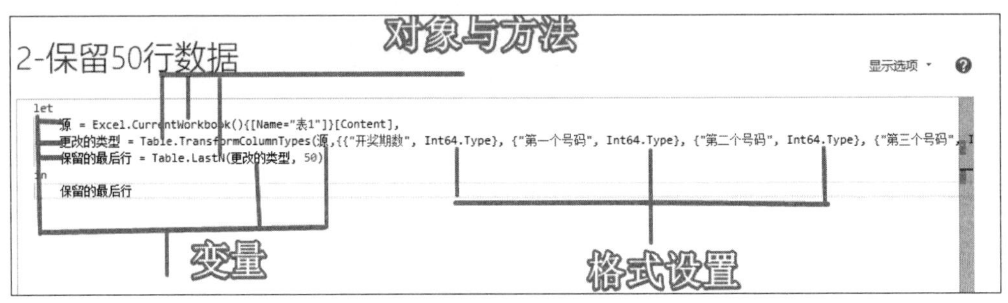

图 3.13　M 语言中的变量与对象

M 语言不同于其他语言，in 参数的结果可以是任何行，如图 3.14 所示的这三种调用方式都是可以得到正常结果的。在 Power Query 中，可以实现各类不同的语法顺序进行调用。

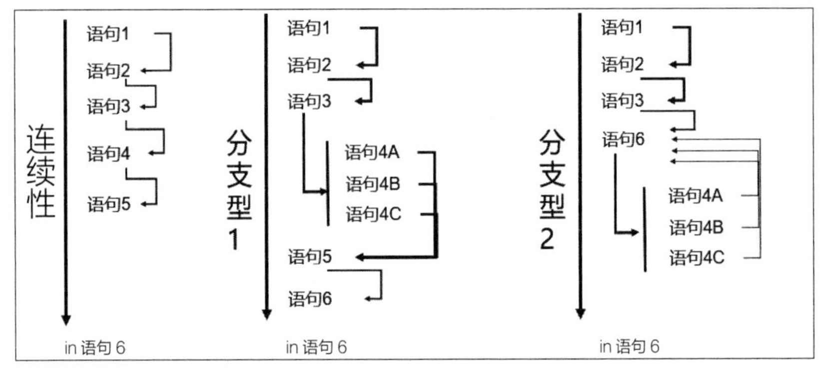

图 3.14　M 语言的结构

前面两种都是 M 语言能够正常支持的结构，最后一种从语法规则上虽然没有问题，但是如果我们引用子语句会出现错误，引用语句 6 才能得到正常的结果。这三种结构究竟怎么理解，接下来我们以详细的案例来说明整体的结构。

1. 连续性的语句结构

连续性的语句结构是所有的操作都以前面步骤的结果作为本次操作的变量，我们最终在 in 里面填写变量为最后步骤的值。在这种情况下，所有的数据都按照顺序进行操作和计算。这是 M 语言最为简单、最为常用的步骤处理方式，但它无法处理较为复杂的计算，图 3.15 所示为连续性语句结构的具体案例。

查询1

```
let
    a= 1,
    b=2,
    c=a+b
in
    c
```

图 3.15　连续性语句结构案例

2. 分支型的语句结构

分支型语句结构通常用在针对某一数据内容实现多个步骤引用，从而实现多个步骤的数据结果处理。分支型语句与连续性语句的结构不同，在于中间部分的操作变量可以作为独立的变量而存在，图 3.16 所示为分支型语句操作结果的具体案例。

查询1

```
1 let
2     a="你好，欢迎来到Excel的世界",
3     b=Text.Start(a,2),
4     c=Text.End(a,2),
5     d=b&c
6 in
7     d
```

图 3.16　分支型语句结构案例

什么时候需要使用到分支型语句结构呢？其实，在实际的业务场景中这种执行方式也还是有的。图 3.16 所示的案例中的步骤和顺序型处理步骤不同，这里变量 b 和变量 c 获取的操作结果都与第 2 行有关。第 3 行变量 b 和第 4 行变量 c 都是基于变量 a 计算出来的结果，这个案例使用了如图 3.17 所示的典型的分支结构。

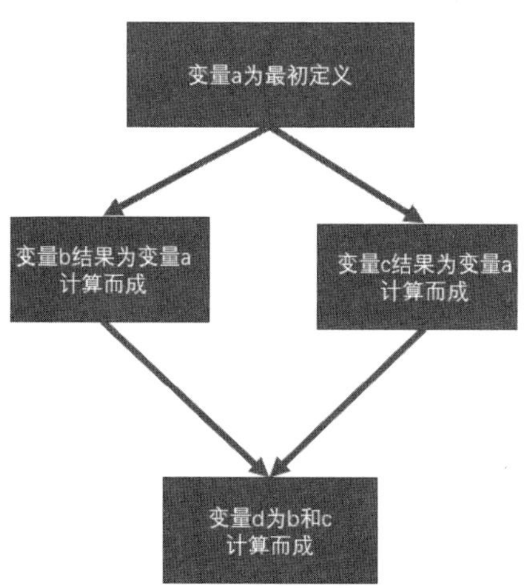

图 3.17　分支型案例的执行顺序

接下来的代码属于分支型 2，这种分支类型也可以得到正确的结果。将代码中的变量 d 放在变量 b 和变量 c 之前，图 3.18 所示为执行结果，可以看出变量改变位置依然可以得到相对应的结果。

```
let
    a=" 你好，欢迎来到 Excel 的世界 ",
    d=b&c,
    b=Text.Start(a,2),
    c=Text.End(a,2)
in
    d
```

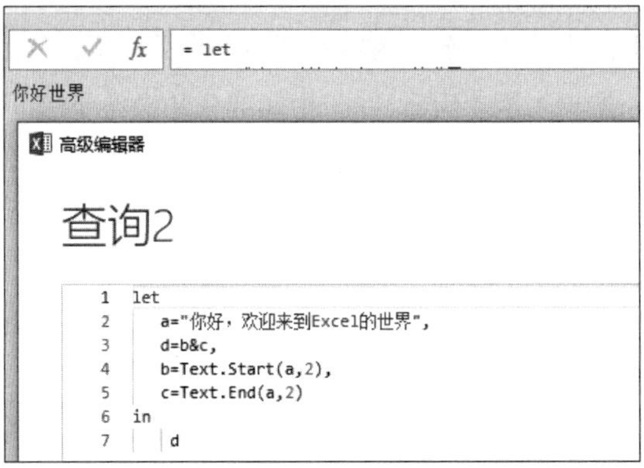

图 3.18　M 语句分支型 2 的案例执行结果

M 语言的语法规则相对比较灵活，但是需要特别注意的是，在 in 后面的参数必须是计算后的结果 d，如果在 in 后面的数据是 b 或 c，将会得到相对错误的结果。从这个变量的引用我们会发现，其实变量的引用和位置没有关系，兼容这样的操作降低了学习 M 语言的难度。在编写 M 语句的过程中需要注意的是，M 语句不支持变量的重用，如果在同一结构下输出了两个同名的变量，将会直接报错。系统会直接使用红色下划线提示在同一个作用域中不能存在多个相同变量，图 3.19 所示为变量同名时的出错提示。同时需要特别注意如下的变量其实是同一个变量。

- a=5
- "#a"=5

图 3.19　M 语言不支持两个同名变量

3.5 Power Query 中 M 语言的智能提示

在进行 M 语言编写的时候，由于有非常多的限制和要求，在实际的代码编写过程中非常容易出错。例如，可能字母大小写写错了。另外，方法引用过程中也可能出现字母大小写错误。这些都可能造成语句无法运行。为了帮助大家更快地熟悉 Power Query 的对象和方法，M 语言编辑框中提供了智能提示功能。在进行 M 代码的编写过程中，我们可以通过弹出的智能提示窗口来选择对象使用的方法。直接选择相应函数而不用自己手动输入，能够帮助函数编写人员避免手动输入函数的过程中出现错误，这是非常重要的功能支持。图 3.20 所示为智能提示窗口，Power Query 列出了当前对象所有可用的方法。

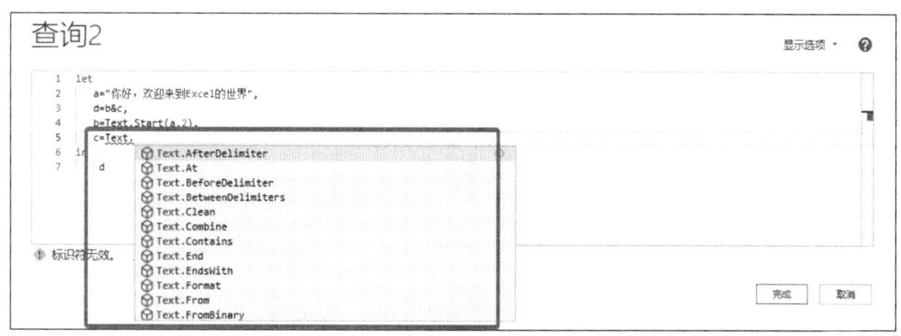

图 3.20　M 语言的智能提示功能

但并不是所有的 Excel 和 Power BI 都提供这个功能，实现这个功能也有一定的基本要求，如果不满足这个要求，我们依然不能够开启 M 语言的智能提示功能。

1. Excel 开启 M 语言智能提示

如果你希望在 Excel 的 Power Query 编辑器中启用智能提示功能，必须满足以下要求。

- 必须是 Office 365 的 Excel 版本。
- 最低版本为 Office 365 Version 1907，版本号为 11901.20080。如果低于这个版本则无法开启，可以通过图 3.21 所示确定自己的 Excel 版本是否满足这个要求。选择“文件”→“账户”命令，在弹出的界面中单击“关于 Excel”，只要版本大于 1907 就能满足相应的要求。

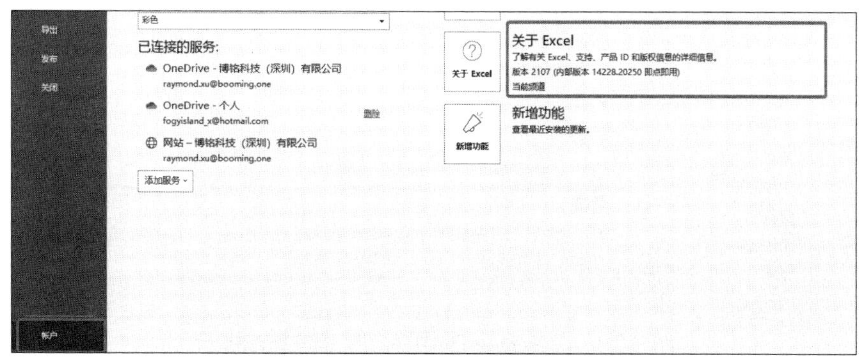

图 3.21　确定 Excel 的版本

对于 M 语言智能提示的开启状态，可以在 Power Query 界面中进行确认。我们可以依次按照路径开启 M 语言的智能提示，在 Power Query 界面中选择“文件”→“选项和设置”命令，在弹出的窗口中选择“Power Query 编辑器”选项，然后选中如图 3.22 所示的复选框。

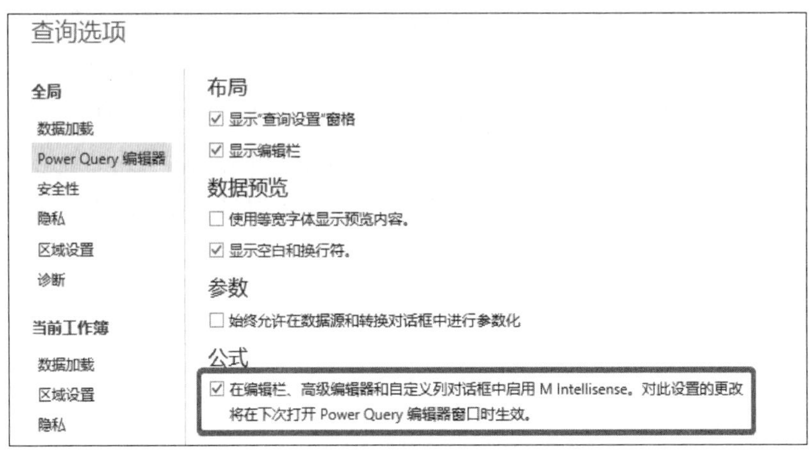

图 3.22　在 Excel 中开启 M 语言智能提示

2. Power BI 开启 M 语言智能提示

Power BI 也不是所有的版本都支持 M 语言智能提示，也必须满足以下几个条件。

（1）Power BI 版本要求

2019 年 2 月之后的版本都支持智能提示。

（2）M 语言的智能提示处于开启状态

开启 Power BI 中的 M 语言智能提示，必须按照既定步骤完成。在 Power BI 的主界面中选择“编辑数据”后在弹出的窗口中选择“文件”→“选项”后，在弹出的窗口中选择“Power Query 编辑器”，然后选中如图 3.23 所示的复选框。

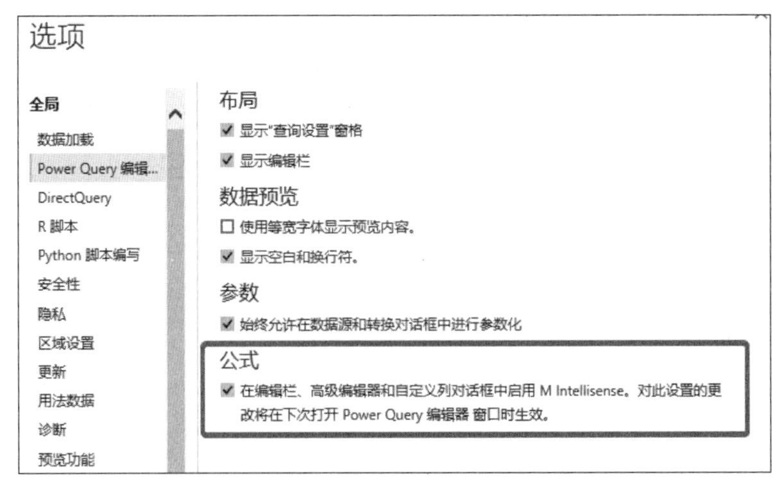

图 3.23　在 Power BI 中开启 M 语言智能提示

3.6 Power Query 的 M 语言变量

M 语言的变量和其他语言变量有什么不同呢？其他语言变量大部分都是采用英文作为变量定义，在 M 语言中我们可以定义的变量格式类型比较多，甚至支持不同语言的变量定义。图 3.24 所示为变量格式中的一种。

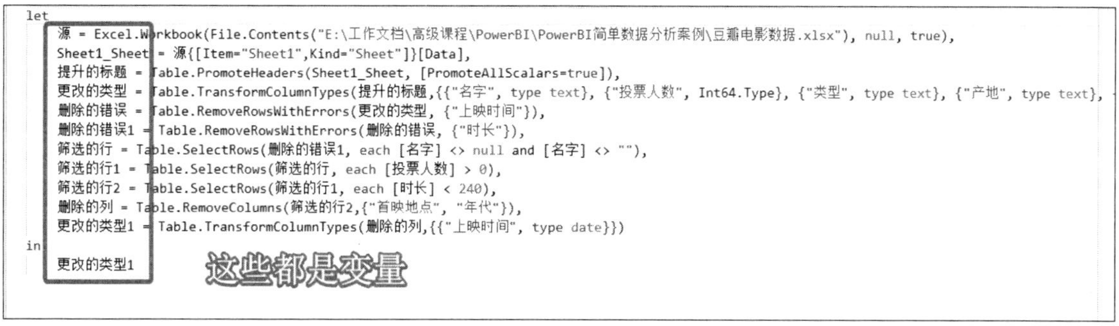

```
let
    源 = Excel.Workbook(File.Contents("E:\工作文档\高级课程\PowerBI\PowerBI简单数据分析案例\豆瓣电影数据.xlsx"), null, true),
    Sheet1_Sheet = 源{[Item="Sheet1",Kind="Sheet"]}[Data],
    提升的标题 = Table.PromoteHeaders(Sheet1_Sheet, [PromoteAllScalars=true]),
    更改的类型 = Table.TransformColumnTypes(提升的标题,{{"名字", type text}, {"投票人数", Int64.Type}, {"类型", type text}, {"产地", type text},
    删除的错误 = Table.RemoveRowsWithErrors(更改的类型, {"上映时间"}),
    删除的错误1 = Table.RemoveRowsWithErrors(删除的错误, {"时长"}),
    筛选的行 = Table.SelectRows(删除的错误1, each [名字] <> null and [名字] <> ""),
    筛选的行1 = Table.SelectRows(筛选的行, each [投票人数] > 0),
    筛选的行2 = Table.SelectRows(筛选的行1, each [时长] < 240),
    删除的列 = Table.RemoveColumns(筛选的行2,{"首映地点", "年代"}),
    更改的类型1 = Table.TransformColumnTypes(删除的列,{{"上映时间", type date}})
in
    更改的类型1
```

这些都是变量

图 3.24　M 语言中的变量

1. M 语言变量定义规则

在 M 语言中，变量通常用于 Power Query 步骤操作结果的临时存储，M 语言变量的标准定义必须满足以下的规则。

- 以字符串或下划线（_）开始。
- 变量之间不能有空格。
- 不能以数字作为变量的开始。

根据上述变量定义规则，可以判断哪些命名符合规则，哪些不符合规则。例如，Abc 和 _abc 符合 M 语言语法规则，123abc 和 Abc 123 不符合 M 语言语法规则。

但是在实际情况下也有可能出现数字在前的变量命名，应该怎么处理呢？其实 M 语言在变量的兼容性方面还是很灵活的，我们可以通过"#"的方式进行变量的定义，当然在"#"后面必须跟上 ""（双引号）。对上面提到的不符合 M 语言语法规则的变量稍作修改，就可以使用。

- #"123abc"：符合 M 语言命名规则。
- #"Abc 123"：符合 M 语言命名规则。

M 语言变量在命名上拥有相对宽松的规则定义，同时支持多语言格式的变量命名规则。但在实际的变量命名过程中，需要特别注意变量命名重复的问题。这个问题产生的原因是"#"后面的变量与在没有特殊要求时的变量实际上是同一个变量，图 3.25 所示为同样一个变量使用不同格式后产生的错误提示。

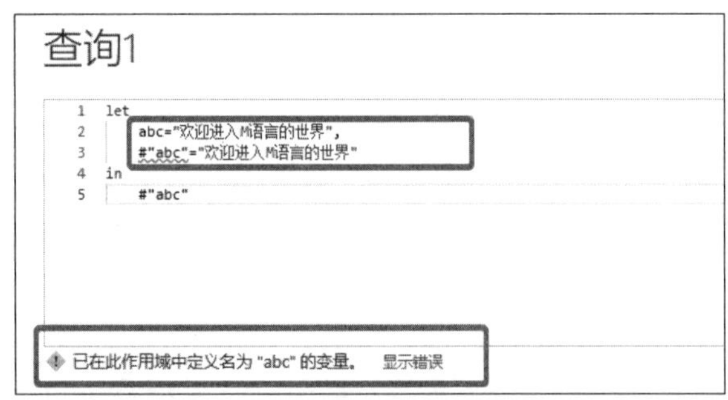

图 3.25　# 变量与普通变量重复名称

2. M 语言变量的步骤定义法

在变量的定义过程中，也可以使用步骤定义法。如果使用命名规则来随意定义，会对使用 Power Query 的人产生一些歧义。例如，通过应用的步骤可知图 3.26 所示的常规命名方法会使人产生误解，因此变量（步骤）的命名在 Power Query 中非常重要。

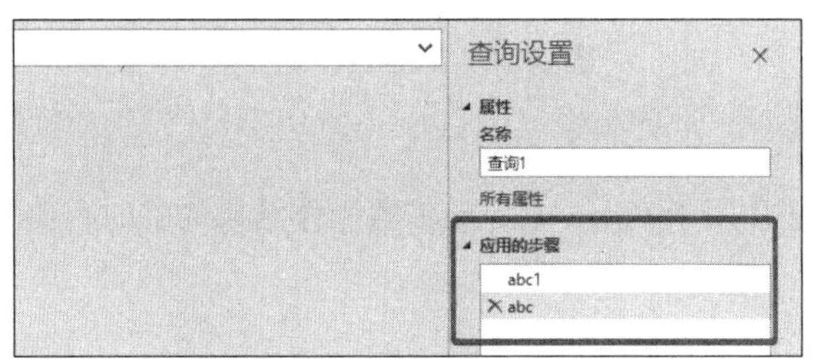

图 3.26　常规命名后的步骤解析

如果希望完整地定义整个步骤，最好的办法就是用“#”来进行定义，实现相对比较灵活的步骤解析。下面的步骤定义能让用户非常清楚地理解每一步操作的内容是什么。

```
let
    #" 定义第一个变量 "=" 欢迎进入 M 语言的世界 ",
    #" 定义第二个变量 "=" 欢迎进入 M 语言的世界 "
in
    #" 定义第二个变量 "
```

在使用了步骤定义法之后，我们每一步操作都会变得清楚明了。在实际的 M 语言编写过程中，也推荐使用“#”步骤定义法来进行变量的定义。

下面浅谈一下 M 语言变量的作用域。M 语言支持嵌套，既然支持嵌套，就一定有变量处于嵌套的子语句中，如下面这个案例。

```
let
    a=12,
    b=32,
    c=
      let
          d=a+b
```

```
        in
            d
in
    c
```

在上面这个简短的案例中，虽然只有短短几行，但却有比较多的变量，而且有个相对比较特殊的变量 d。在 M 语言的嵌套表达式中，变量 d 的作用域仅仅存在于 M 语言的嵌套语句中，不能在外部来引用变量 d，如果强制引用则会引发异常。图 3.27 所示为执行错误的结果，这也预示着变量 d 不能超过自身的作用范围，而变量 a 和变量 b 能够跨越嵌套被整个 M 语句支持。

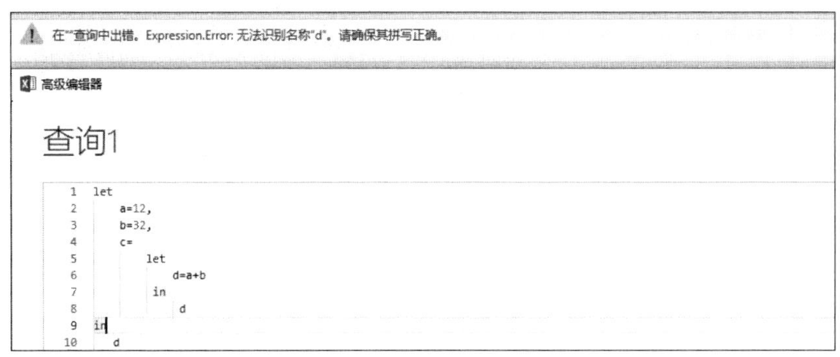

图 3.27　嵌套方式下的作用域

3.7 Power Query 的 M 语言参数

在 Power Query 的使用过程中，参数也是需要常规使用的类型，通常用于以下两类不同的场景。

- 数据动态筛选。
- 自定义函数的参数引用。

1. 参数数据类型定义

数据动态筛选是在 Power Query 编辑器界面进行数据筛选操作。先来看下如何在 Power Query 编辑器界面中定义参数，单击如图 3.28 所示的"管理参数"下拉按钮。

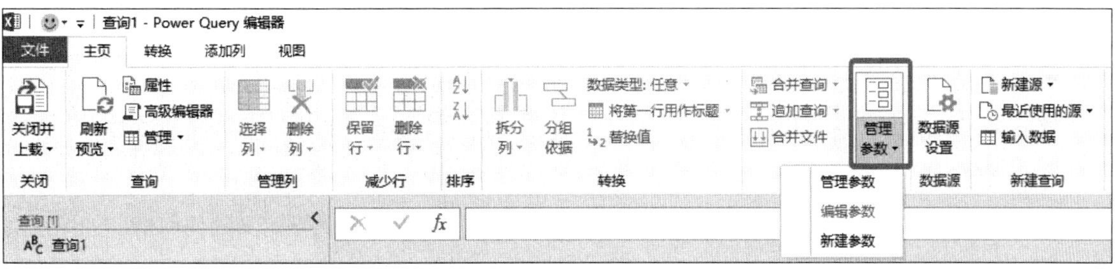

图 3.28　Power Query 中的参数界面

在下拉列表中选择“管理参数”命令后，弹出“管理参数”界面。在当前的界面可以创建新的参数，也可以实现旧的参数管理。新建参数是一个非常简单的过程，可以直接选择“新建参数”进行参数的设定，参数的新建有四个可选项需要设定，如图 3.29 所示。

- 名称：定义参数的名称。
- 类型：定义参数的数据类型。
- 建议的值：定义当前参数的建议值。
- 当前值：定义参数当前的值。

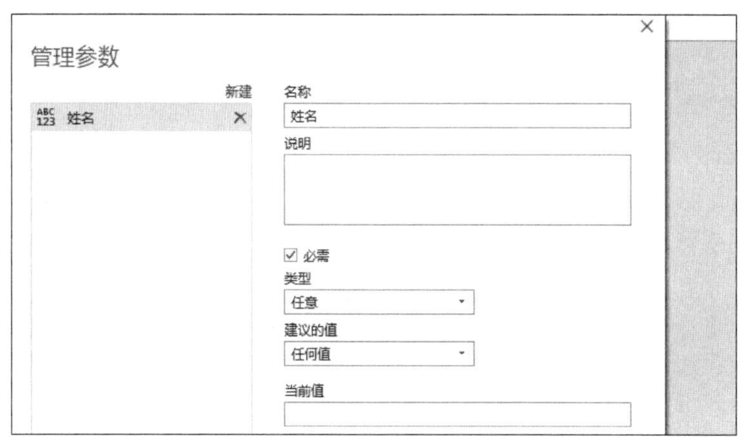

图 3.29　Power Query 参数定义

下面详细分享下“类型”和“建议的值”所代表的含义。参数支持的类型其实和变量的类型基本上一致，支持的类型如下。

- 任意类型：不限定数据的类型和格式，任何数据的类型都可以支持。
- 小数类型：输入的数据仅仅支持小数数值类型。
- 日期类型：数据输入的类型仅仅包含日期类型。
- 日期 / 时间类型：数据输入的类型支持日期和时间结合在一起。
- 日期 / 时间 / 时区类型：数据输入的类型支持日期和时间及时区一起。
- 持续时间类型：数据输入的类型支持持续时间类型，注意这里不是数值类型。
- 文本类型：数据输入支持文本类型。
- 布尔类型：支持布尔类型，即支持 True 和 False。
- 二进制类型：二进制类型是通过 File.Contents 函数进行解析后完成的数据。

接下来了解的内容是“建议的值”，这里“建议的值”主要包含以下三种不同的类型。

（1）任何值

任何值指的是在相对应的类型之下的任何值，它指的是符合数据类型定义的任何值，如图 3.30 所示为选择任何值类型。

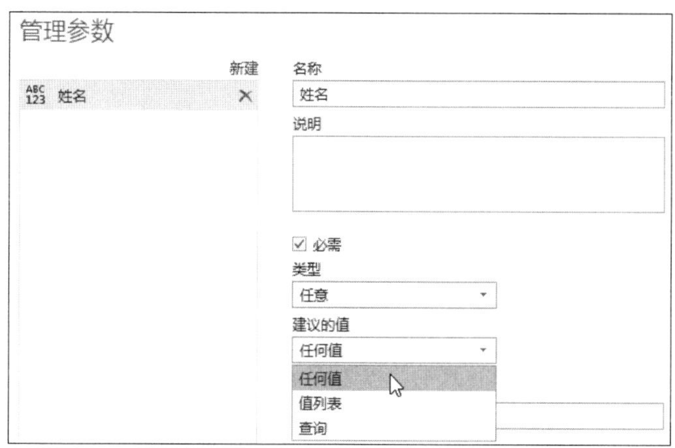

图 3.30 选择任何值类型

（2）值列表

在实际的业务场景中，如果设定值类型为任何值，可能导致填写进去的值不符合要求，比如，这里字段为年龄，如果填写为负数将会导致数据出现异常。为了避免出现类似的情况，参数也提供了一个值列表的功能来让用户选择限定的数据，比如，将性别这个字段的值限定为男和女，图 3.31 所示为值列表的设定结果，但是值列表的存在又有一定的数据限制，所有的数据都是预先定义好的。如果值经常发生大的变动，使用值列表可能会不合适。

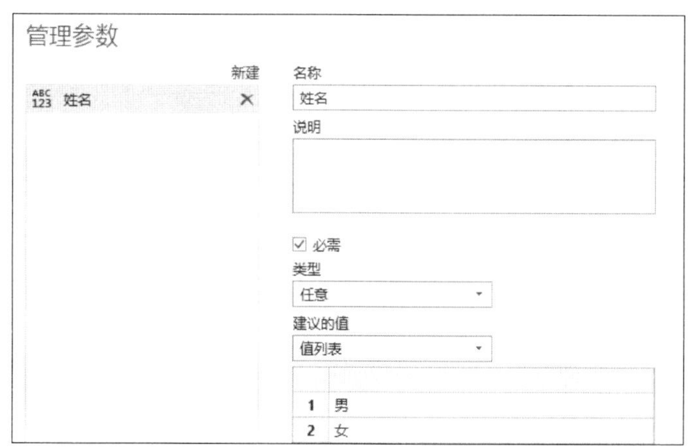

图 3.31 参数值列表设置

（3）查询

查询的功能是通过 Power Query 列表的方式获取相对动态的数据，例如，我们希望获取工厂内部人员工号这样的数据，人员工号会由于人员的入职和离职等不停地流动，而发生动态变化，这个时候使用值列表明显不符合对动态更新数据获取的具体需求。而这个时候查询就帮助我们实现了这个功能。但是在实际的应用查询的过程中，常会遇到查询功能没有被激活，如图 3.32 所示。

图 3.32　查询功能未被激活状态

如何激活查询的功能呢？这就需要在当前的 Power Query 查询界面中，必须存在列表项目。只有在当前的 Power Query 窗口中存在列表之后，查询功能才会被自动开启。效果如图 3.33 所示，查询列表是构建的一个列表数据，也可能是基于当前表中数据的列生成的动态数据。

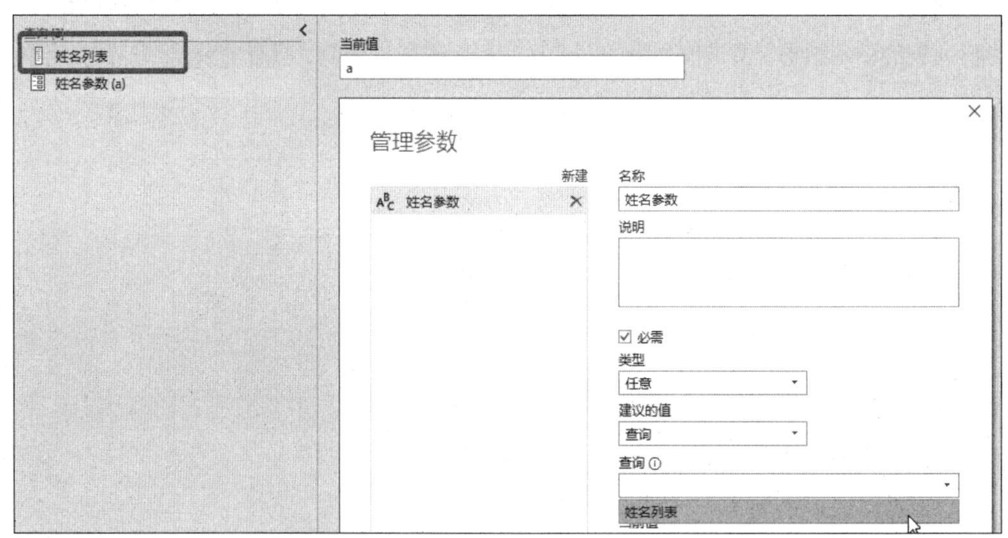

图 3.33　参数基于查询列表生成

基于查询生成的列表相对来说比较灵活，可以动态地基于实际的数据进行数据的修改，在实际业务中，这是非常推荐的一种参数查询方案。完成参数的定义和构建之后，接下来就需要使用这些定义好的参数。

2. 参数动态筛选场景

基于 GUI 参数的使用场景比较多，以下为常规使用场景。

（1）数据源连接应用

Power Query 支持动态的数据源，将连接的服务器和数据库或数据表参数化，能够依据实际的连接需求动态地修改连接的目标数据库服务器和数据库来实现动态数据查询，图 3.34 所示为连接参数化使用的场景。

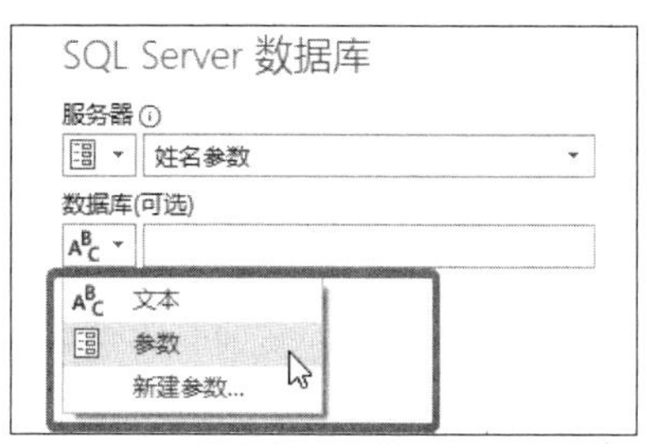

图 3.34　数据连接参数化使用场景

（2）数据动态筛选使用场景

在进行数据筛选过程中，可能希望数据的内容位于相应的时间周期之内，而如果数据是动态的，就可以使用动态筛选。动态筛选中的参数是否生效取决于数据的类型是否与参数的数据类型相符，如果相符，就会在筛选过程中出现参数选择，图 3.35 所示为基于参数进行数据选择。

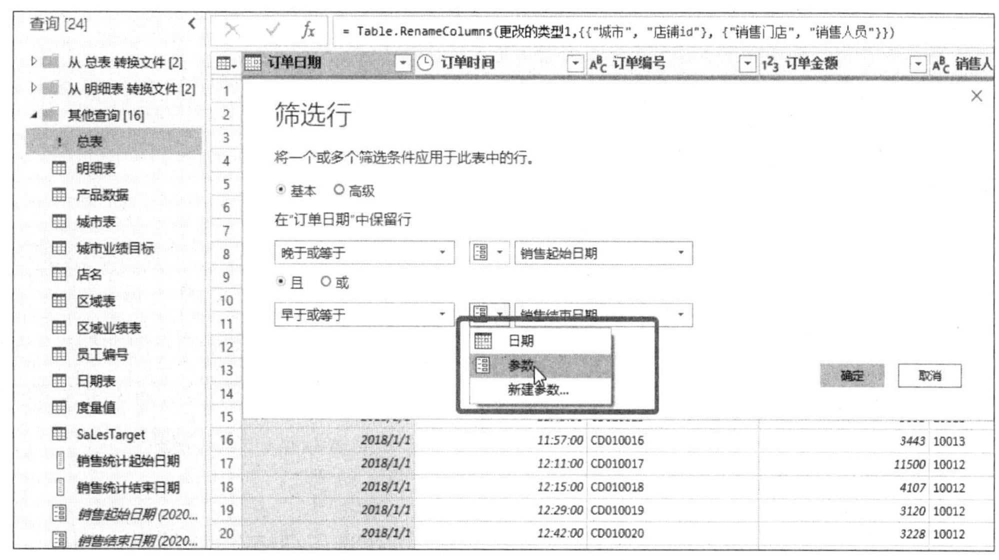

图 3.35　数据的动态筛选场景

3. 自定义函数参数定义

除了上面提到的 GUI 参数的直接引用之外，我们还可以在 M 语言的自定义函数中进行相应的引用。在自定义函数中引用的参数等同于形参，也就是在构建 M 语言函数的过程中内部使用的参数，它不会出现在 GUI 的界面中。在引用自定义函数的过程中会使用到这些参数，有关自定义函数的内容，将会在自定义函数章节讲解，这里先了解下 Power Query 自定义函数中的参数定义，图 3.36 所示为 M 语言自定义函数中的参数定义。

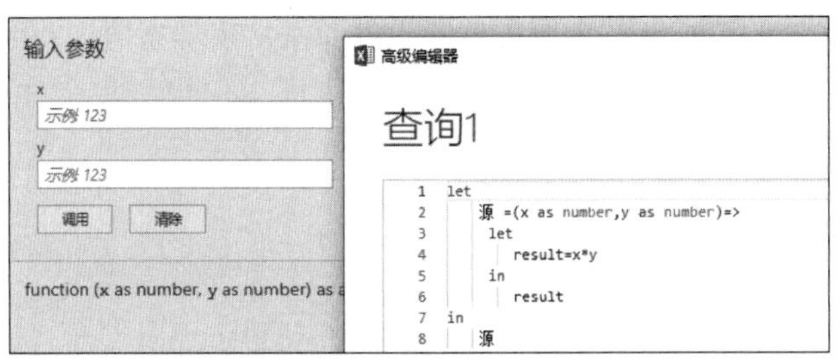

图 3.36 M 语言参数定义

从图 3.36 中我们可以看出，目前自定义参数中有两个不同的参数，参数类型也在参数定义过程中定义好了。这里定义的数据类型是数值类型，也就是 Number 类型才能满足实际的引用需求，如果这个时候输入文本类型的字符串，在执行函数过程中，自定义函数将会弹出输入值与定义值不符的提示，图 3.37 所示为输入的数据类型与定义的数据类型不一致的提示。

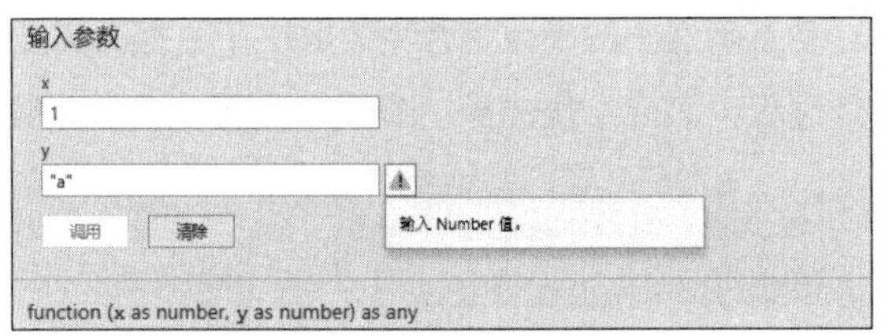

图 3.37 自定义函数执行出错提示

3.8 Power Query 的 M 语言流程处理

M 语言的处理流程非常简单，不像其他编程语言存在各种不同类型的条件处理和循环处理。在 M 语言中，目前没有循环处理，普通的条件处理通过 IF 嵌套即可完成。在 Power Query 的实际应用场景中，依据流程的复杂度可以使用 if..then..else 的嵌套来实现数据的结果判断。

1. M 语言的简单流程管理

在 Power Query 的 if..then..else 语句中，if 为判断条件，then 为满足条件后的执行内容，else 为不满足条件下的执行内容。我们这里使用一个简单案例来分享如何使用 if..then..else 语句，图 3.38 所示为执行判断的基础数据。

	分数
1	58
2	39
3	68
4	89

图 3.38 Power Query 导入表格数据

这里使用一个非常简单的规则来进行评估：分数大于等于 60 为及格，小于 60 为不及格。这里可以使用 if..then..else 语句来实现相应的过程处理，图 3.39 所示为具体的实现结果。

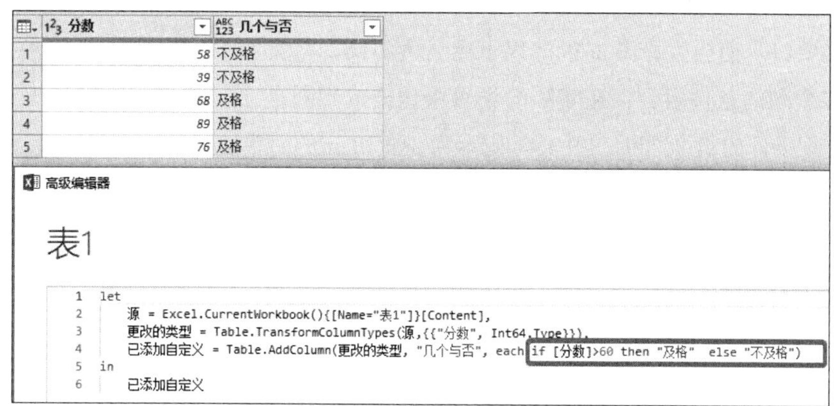

图 3.39 基于 M 语言流程语句的结果判断

2. M 语言的嵌套流程管理

如果我们希望继续细化当前的需求，将 85 分以上定义为优秀“A”，76~85 分定义为中等“B”，60~75 分定义为及格“C”，60 分以下定义为不及格“D”。

这时候就需要使用 if..else if..else 来实现稍微复杂一点的条件处理。条件的嵌套处理使用的是 if..then..else if..then..else 实现多重条件判断。下面用 M 语句来实现当前的案例操作，代码如下所示。

```
let
    源 = Excel.CurrentWorkbook(){[Name=" 表 1"]}[Content],
    更改的类型 = Table.TransformColumnTypes( 源 ,{{" 分数 ", Int64.Type}}),
    已添加条件列 = Table.AddColumn( 更改的类型 , " 自定义 ", each if [ 分数 ] < 60 then "D" else if [ 分数 ]
<= 75 then "C" else if [ 分数 ] <= 85 then "B" else "A")
in
    已添加条件列
```

这里通过多个 if 来实现多个条件的嵌套，图 3.40 所示为具体的实现结果。

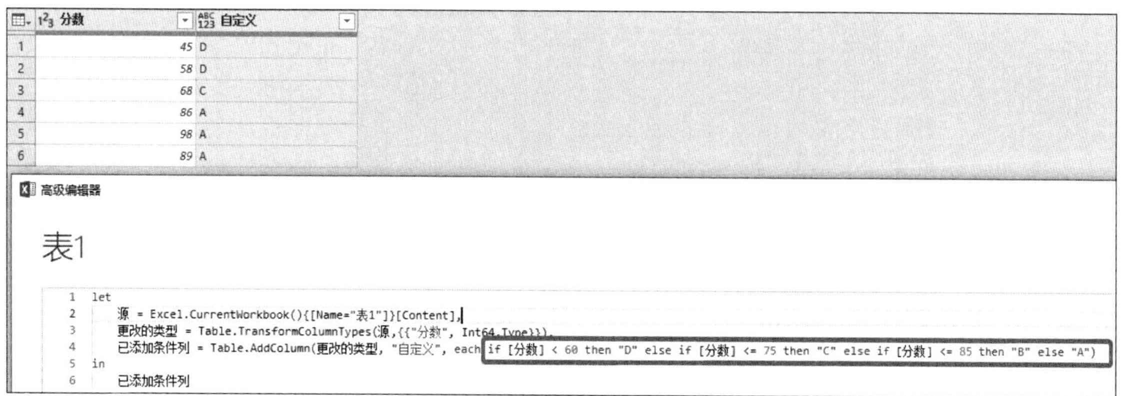

图 3.40 复杂条件下的 M 语言流程处理

3. M 语言多重条件判断

上面提到的案例都是单一的数据列的判断，在实际的应用场景中单一的数据列条件判断比较少，例如，我们需要将当前男生身高 170cm 以下定义为不高，将女生 170cm 定义为很高。这样的定义方式就涉及多个列的条件组合，在实际的场景中这样的判断是比较多的，这时候我们就需要引入 and 或 or 来实现条件的组合判断。图 3.41 所示为 and 和 or 的简单使用语法。

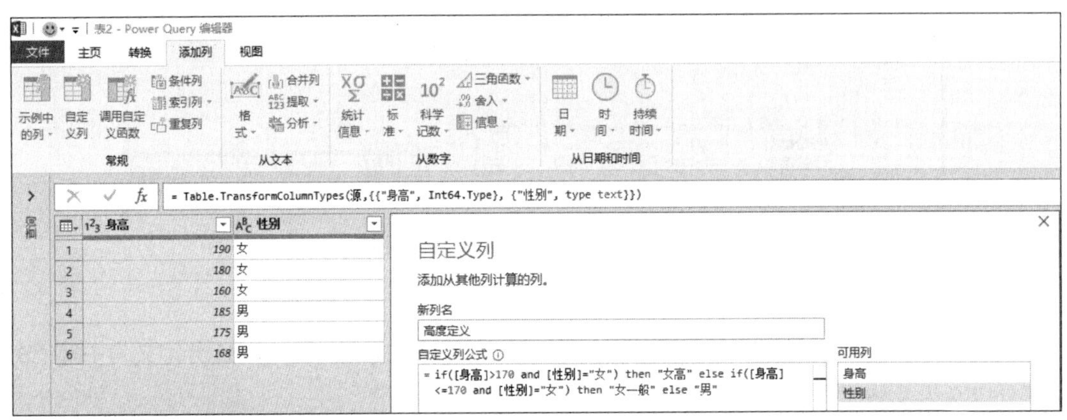

图 3.41　M 语言的布尔运算

3.9 Power Query 的 M 语言的错误处理

在设计和执行代码中，要考虑如何避免代码执行出现错误，在 M 语言中这个过程称为错误处理，这也是需要重点考虑的一个环节。例如，我们通过构建一个数据表，在数据表的数据列中有数值也有字符，表中的第一列数据如图 3.42 所示，构建表中的第二列并定义方法为第一列除以数值 2。

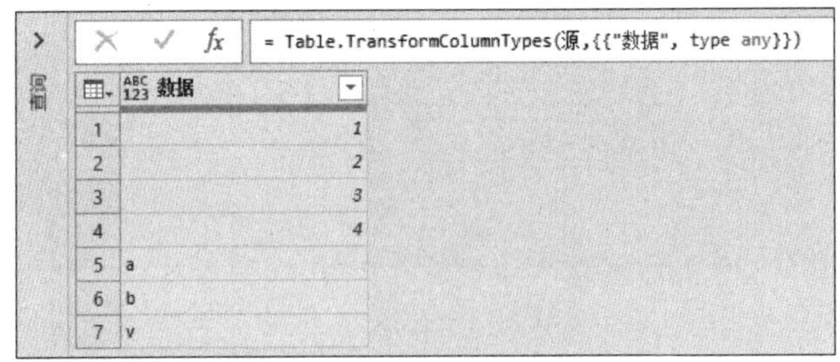

图 3.42　作为被除数的数据

1. try..otherwise 进行错误处理

将图 3.42 中的这些数据除以 2，部分数据会由于数据类型不同而出现错误，如图 3.43 所示。为了避免出现类似的问题，必须使用错误处理来规避因为数据格式问题出现计算错误。

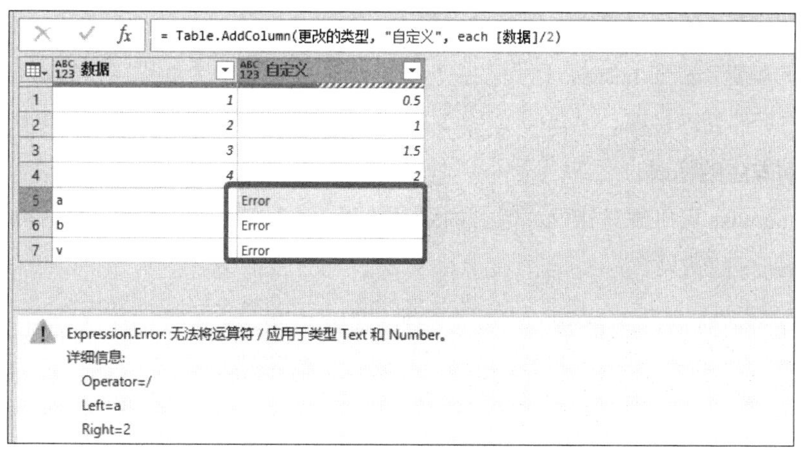

图 3.43　计算错误的数据提示

M 语言中提供了 try..otherwise 子语句来规避 Power Query 数据列计算过程中的错误，目前 try..otherwise 子语句无法通过 GUI 界面进行操作，只能在建立自定义列定义函数的时候使用，或者在 M 语言高级编辑器进行编码的时候使用。我们依然以上面提到的混合了数值类型和字符串类型的数据来演示 try..otherwise 的用法，当出现了错误之后，我们的数据显示的不再是 Error，而是 0。这样的需求如何来实现呢？其实也非常简单，只需要将目前 M 语言的代码稍微修改即可完成错误处理。先来看下目前 M 语言的代码。

```
let
    源 = {1,2,3,"a","b","v"},
    转换为表 = Table.FromList( 源 , Splitter.SplitByNothing(), null, null, ExtraValues.Error),
    除数结果 = Table.AddColumn( 转换为表 ," 自定义 ", each [Column1]/2)
in
    除数结果
```

这里我们需要计算的数据出现错误，就需要通过 try..otherwise 来实现相应的错误处理，代码如下。图 3.44 所示为设置的错误处理。

```
let
    源 = {1,2,3,"a","b","v"},
    转换为表 = Table.FromList( 源 , Splitter.SplitByNothing(), null, null, ExtraValues.Error),
    已添加自定义 = Table.AddColumn( 转换为表 ," 自定义 ", each Try [Column1]/2 otherwise 0)
in
    已添加自定义
```

```
let
    源 = {1,2,3,"a","b","v"},
    转换为表 = Table.FromList(源, Splitter.SplitByNothing(), null, null, ExtraValues.Error),
    已添加自定义 = Table.AddColumn(转换为表, "自定义", each try [Column1]/2 otherwise 0)
in
    已添加自定义
```

图 3.44　使用 try..otherwise 进行错误处理

使用 try..otherwise 语句完成错误的处理之后，一旦发生计算错误，结果将设置为 0，结果没有错误，则显示正常值。try..otherwise 语句在进行数据清洗中有非常大的作用，能够帮助我们简化在出现错误数据之后的处理过程。

2. 利用 try 了解发生的错误

使用 try..otherwise 可以规避错误，但是如果只使用 try 会有什么结果呢？图 3.45 所示为只使用 try 而没有 otherwise 的结果。

图 3.45　没有 otherwise 构建的结构

通过结果可以看出来，所有的结果将以记录显示。当结果正确的时候显示正确的结果值，当结果出现错误之后，在错误的 Record 记录值中将显示错误的具体原因。如果希望了解其中某一行具体出错的原因，可以通过相应的数据引用和展开获取相关的具体错误信息。在上面的案例中，如果我们希望获取到第五行出错的具体信息，通过如下设置即可获取到具体的错误信息，如图 3.46 所示。

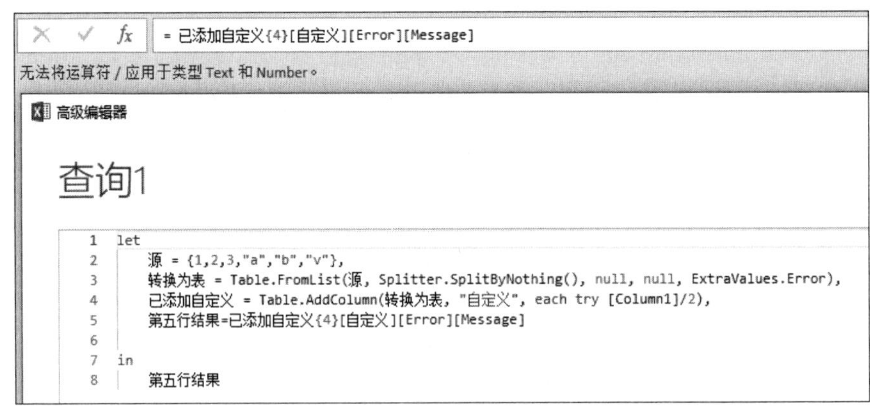

图 3.46　通过 try 获取到详细错误信息

在实际的 Power Query 进行数据清洗和处理过程中，错误处理是非常重要的一环。在这个案例中，我们简单地分享了 try..otherwise 进行错误处理的步骤和结果。然而在实际的数据分析和处理过程中，碰到的问题将更多，后面将会通过具体案例来讲解如何借助 try..otherwise 来进行实际的错误处理和规避。

3.10 Power Query 的 M 语言嵌套

在使用 M 语言进行数据分析过程中，通常有两种场景需要使用到嵌套。第一种为 M 语言的阶段性处理，第二种场景是自定义函数中需要使用嵌套功能。嵌套功能能帮助我们在一个界面下实现多个不同的功能。先来看下第一种场景，用一个非常简单的案例来展现如何在一个 M 语句中实现嵌套，想要实现的需求如下。

- 计算出两个值的和。
- 计算出两个值的差。
- 最终算出和与差的乘积。

这个需求看起来很简单，但该案例不是为了解决这个问题，而是让大家理解 M 语言的嵌套怎么使用。这里使用了两个嵌套，第一个嵌套解决了两个值的和，第二个嵌套是为了解决两个值的差，最终使用如下的 M 语言代码完成了整个的操作。

```
let
    a=20,
    b=10,
    c=
      let
        add=a+b
      in
        add ,
    d=
      let
        minus=a-b
      in
       minus,
    multiply=c*d
in
    multiply
```

在复杂环境下使用嵌套的好处在于可以隐藏非必要的处理步骤，这样就简化了整个 M 语言的处理过程和步骤。从图 3.47 中可以看到，所有嵌套语句中的处理步骤并没有在具体的操作步骤中显示出来。

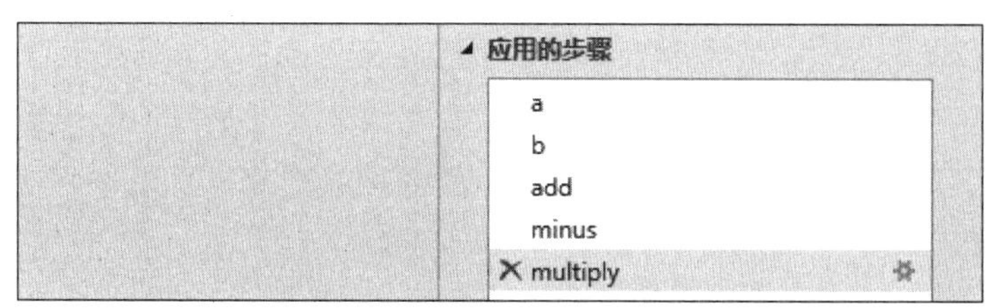

图 3.47　嵌套语句中的步骤通常不会出现在全局步骤中

嵌套的另外一种使用场景就是自定义函数的使用，自定义函数在使用过程中定义相应的参数，这与普通的 M 语言嵌套略有不同，先来看一个简单的自定义函数的案例。同样以上面的和与差的乘积来作为自定义函数构建的基础，下面列出了相应的 M 语言代码。

```
let
    multiply=(x as number,y as number)=>
      let
          c=x+y,
          d=x-y,
          result=c*d
      in
          result
in
      multiply
```

在实际数据的清洗过程中，M 语言的自定义函数是非常常用的，所以要深入理解 Power Query 的嵌套结构。

3.11 Power Query 的 M 语言操作符

操作符是 M 语言进行数据清洗和重构中的重要部分，通过组合和拆分不同的数据内容，可以帮助用户完成实际执行的任务和目标。不同的数据类型支持的操作符是完全不同的，接下来我们将根据不同的 Power Query 数据类型分享不同的操作符。

1. 数值类型运算符

作为数值类型数据，都有一个共同的特点，就是数据之间能够进行加减乘除的运算。数值类型运算符包括加法运算符、减法运算符、乘法运算符和除法运算符。

- 加法运算符（+）：适用于两个或多个数值类型数据的加法，结果为两者的和。
- 减法运算符（-）：适用于两个或多个数值类型数据的减法，结果为两者的差。
- 乘法运算符（*）：适用于两个或多个数值类型数据的乘法，结果为两者的乘积。
- 除法运算符（/）：适用于两个或多个数值类型数据的除法，结果为两者的商。

下面代码为数值类型的加法运算。

```
let
    A=3,
    B=4,
    C=A+B
in
    C
```

运算的最终结果为 7，其他的数值类型操作符与加法运算类似，这里就不一一展示这些操作符的使用方法。以上提到的数值类型运算符的结果都是数值数据类型，当然我们在某些场景下需要这些数值类型数据进行逻辑运算，数值型的逻辑运算结果则是逻辑型数据。

- >：大于运算符。
- >=：大于等于运算符。
- <：小于运算符。
- <=：小于等于运算符。
- =：等于运算符。
- <>：不等于运算符。

这里同样以数值判断来讲解如何实现数值型数据的逻辑运算，逻辑型运算只有两种结果：TRUE 或 FALSE。图 3.48 所示为数值类型数据逻辑运算的案例及结果。

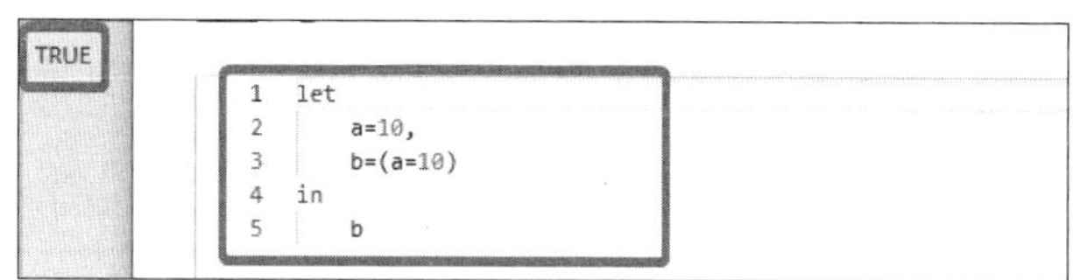

图 3.48 数值逻辑运算

2. 逻辑类型运算符

逻辑类型数据支持的运算相对比较少，目前逻辑类型运算符支持如下的布尔运算。

- and：逻辑类型数据的与运算，如果两个运算值都为真，则结果为真。如果有一个结果为假，则结果为假。
- or：逻辑类型数据的或运算。如果有一个运算符为真，则结果为真。如果两个运算符都为假，则结果为假。
- not：逻辑非运算符。如果运算值结果为假，则结果为真。如果运算值为真，则结果为假。

and、or 或 not 运算都是基于当前的计算结果进行多条件求值，这三个运算符可以单独使用，也可以结合起来使用，图 3.49 所示为进行两个逻辑运算的结果。

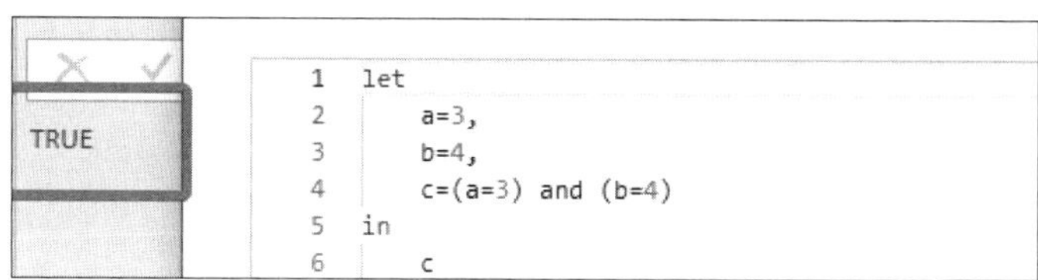

图 3.49 逻辑运算的最终结果

3. 文本类型运算符

文本型数据类型是 Power Query 中使用较为频繁的数据类型，数据在完成类型定义或转换之前其实都是文本类型，文本型数据的运算符其实并不多。它不能像数值类型那样可以进行数值的加减乘除，如图 3.50 所示为文本相加出现的错误。

图 3.50 字符加运算出错提示

在进行基本的字符型数据的运算过程中，使用较为频繁的操作符就是连接操作符，其他都是通过 Text 对象操作来完成具体的操作方法，文本类型的连接操作符为“&”，可以非常方便地实现两个文本数据类型的连接。下面的案例通过连接符实现了两个文本型数据的连接运算，运算结果如图 3.51 所示。

```
let
    a="this is ",
    b="power query",
    c=a&b
in
    c
```

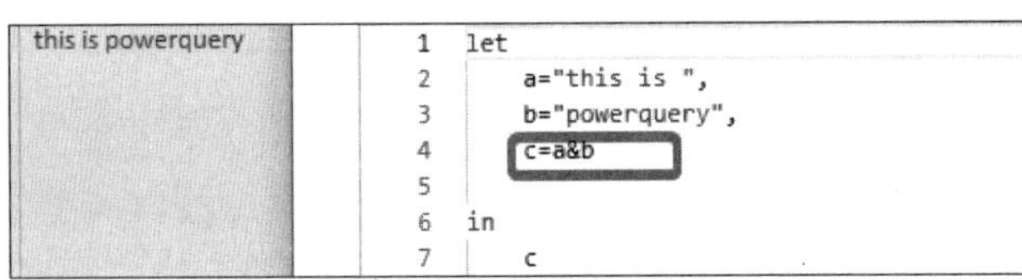

图 3.51 字符串连接运算

4. 日期时间类型运算符

日期类型数据也是 Power Query 中使用相对比较频繁的数据类型，日期时间类型定义的方法非常简单，这里通过 #date 和 #datetime 修饰符来定义日期时间类型数据。

```
#date( 年 , 月 , 日 )
#datetime( 年 , 月 , 日 , 时 , 分 , 秒 )
```

在 Power Query 的 M 语言运算过程中，日期时间类型的数据支持以下的操作运算符。

（1）加法运算符“+”

日期时间类型的加法运算不支持日期时间类型数据和数值类型数据的加法运算，强行执行日期时间类型和数值类型的加法计算将会得到错误的结果，如图 3.52 所示。

图 3.52 日期类型运算符与整数运算结果

加法运算符只适用于日期类型和持续时间类型的加法计算，而定义持续时间类型的方法是利用 #duration 关键字进行定义，案例代码如下。

```
let
    a=#date(2021,10,1),
    b=#duration(10,0,0,0),
    c=a+b
in
    c
```

案例得到数据是日期类型，结果为 2021 年 10 月 11 日。

（2）减法运算符“-”

减法运算符在日期时间类型中有两种场景：第一种场景是日期类型与持续时间类型的减法，结果为日期类型。第二种类型是日期类型的相减，结果是持续时间类型。接下来我们分别就日期类型的两类减法运算进行讨论，下面代码是日期类型和持续时间类型的减法运算。

```
let
    a=#date(2021,10,1),
    b=#duration(10,0,0,0),
    c=a-b
in
    c
```

这里得到的数据是日期类型，结果是 2021 年 9 月 21 日。

另外一个场景就是两个日期之间的减法，注意下日期之间减法的结果不是整型，而是持续时间类型，如以下代码。

```
let
    a=#date(2021,10,1),
    b=#date(2021,12,31),
    c=b-a
in
    c
```

这里数据结果是持续时间类型，数据计算的结果是 91：00：00：00。

5. 持续时间类型运算符

在 Power Query 中，持续时间类型与日期时间类型相比多了乘法和除法运算符，接下来我们分别就不同的运算符进行相应的操作介绍。

（1）加法运算符“+”

在持续时间类型中，我们可以基于持续时间类型和日期时间类型数据进行加法运算，先来看下日期时间类型和持续时间类型的加法运算，如下面代码。

```
let
    a=#date(2021,10,1),
    b=#duration(10,0,0,0),
    c=a+b
in
    c
```

数据结果是日期类型，结果为 2021 年 10 月 11 日。

持续时间类型也支持与持续时间类型的数据进行加法运算，两者相加后的结果依然为持续时间类型，如以下代码。

```
let
    a=#duration (10,0,0,0),
    b=#duration(10,0,0,0),
    c=a+b
in
    c
```

数据结果为持续时间类型，结果为 20：00：00：00。

（2）减法运算符“-”

持续时间类型支持以下场景的减法运算。

- 日期时间类型与持续时间类型数据的减法，结果为日期时间类型。
- 持续时间类型与持续时间类型数据的减法，结果依然是持续时间类型。

日期类型和持续时间类型的数据进行减法运算后的结果为日期类型，如以下代码。

```
let
    a=#date(2021,10,1),
    b=#duration(10,0,0,0),
    c=a-b
in
    c
```

计算的结果类型为日期类型，结果为 2021 年 9 月 21 日。

当然，持续时间类型的数据也还可以和持续时间类型的数据进行减法，执行减法后的结果依然是持续时间类型，如以下代码。

```
let
    a=#duration(20,0,0,0),
    b=#duration(10,0,0,0),
    c=a-b
in
    c
```

数据结果类型为持续时间类型，结果为 10：00：00：00。

（3）乘法运算符“*”

这里的乘法运算并不是两个持续时间类型数据的相乘，如果将两个持续时间类型数据执行乘法，运算结果一定会出错，图 3.53 所示为具体的出错信息。

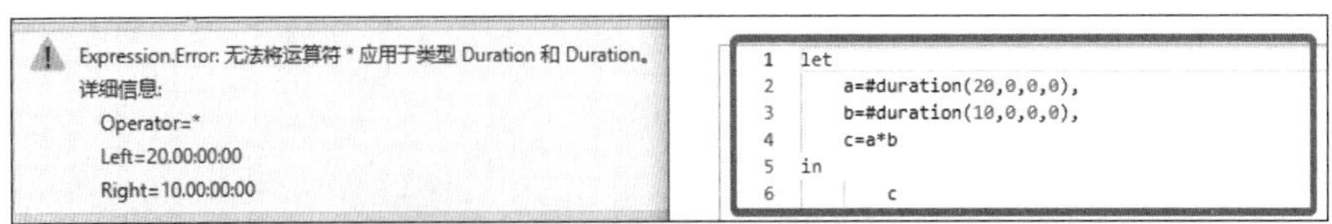

图 3.53　持续时间类型相乘出错信息

那么能够与持续时间类型相乘的是什么数据类型呢？整数类型可以直接与持续时间类型相乘，结果为持续时间类型，如以下代码。

```
let
    a=#duration(20,0,0,0),
    b=3,
    c=a*b
in
    c
```

数据结果类型为持续时间类型，结果为 60：00：00：00。

（4）除法运算符“/”

除法运算符支持两种不同的除法场景。

- 持续时间类型的数据与数值类型的数据相除。
- 持续时间类型的数据与持续时间类型的数据相除。

持续时间类型的数据与整数类型的数据相除的结果依然是持续时间类型，而持续时间类型的数据和持续时间类型的数据相除的结果是整数类型。

下面案例是持续时间类型和整数类型的除法，结果依然是持续时间类型。

```
let
    a=#duration(20,0,0,0),
    b=3,
    c=a/b
in
    c
```

以上代码结果的数据类型为持续时间类型，结果为 6.17：00：00：00。

如果两个数据都是持续时间类型，那么它们相除的结果是数值类型，如果除不尽则以小数展现，除尽则结果为整数。

```
let
    a=#duration(20,0,0,0),
    b=#duration(10,0,0,0),
    c=a/b
in
    c
```

数据结果为数值类型，结果为 2。

6. 列表类型运算符

列表类型数据是组合数据中使用非常频繁的一种数据类型，在 Power Query 中对列表类型的定义也非常简单，可以通过“{}”进行定义。以下代码是对普通列表的定义，结果如图 3.54 所示。

```
let
    源 = {1,2,3,"a","b"}
In
```

```
    源
```

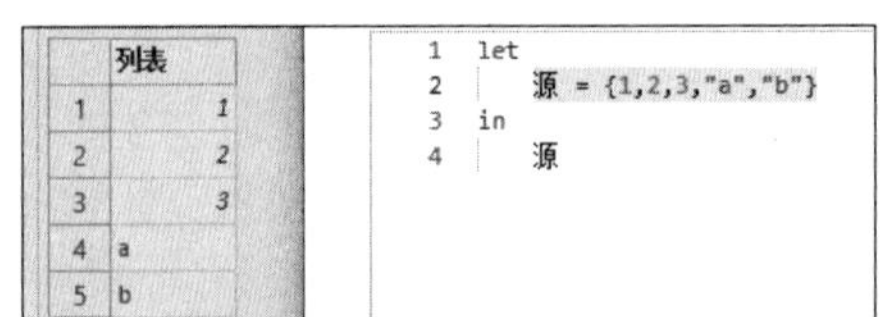

图 3.54　普通的列表定义

如果是基于连续的数据进行列表定义，方法也很简单。目前数值类型和文本类型的数据都可以实现连续的列表数据赋值，下面我们基于字符数据进行列表内容创建，列表定义结果如图 3.55 所示。

```
let
    源 = {Character.FromNumber(300)..Character.FromNumber(350)}
in
    源
```

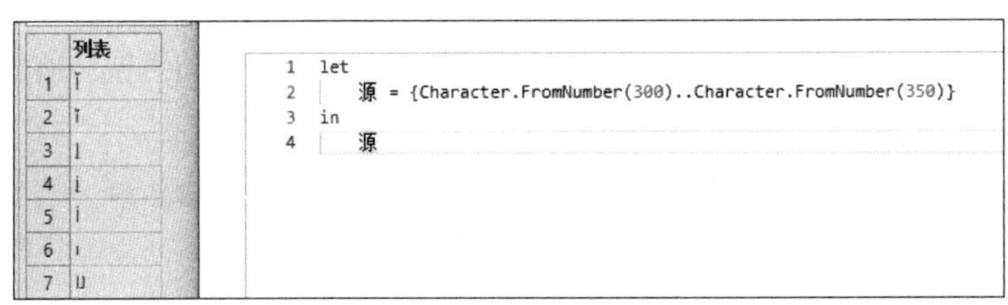

图 3.55　连续字符的构建

那么列表类型的运算符有哪些呢，它能不能进行加减乘除操作呢？在实际应用中我们会发现，其实它是不支持日常的加减乘除运算的，即不能在列表类型中进行加减乘除运算，图 3.56 所示为相应的错误结果。

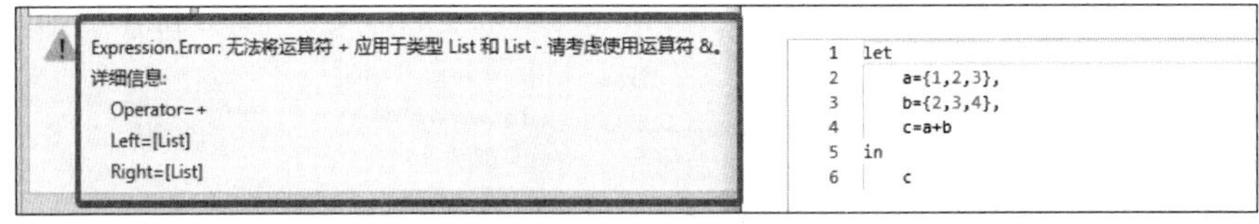

图 3.56　列表中错误的运算提示

那么，在列表类型中究竟支持什么样的运算符类型呢？主要有以下几类。

（1）判断两个列表是否相等，结果为布尔类型

在进行列表计算的过程中需要注意的是，两个列表要相等，必须位置和值完全相等才能认为相等，如果数值相等但是位置不同，则会出现不相等的结果，图 3.57 所示为相应的案例结果。

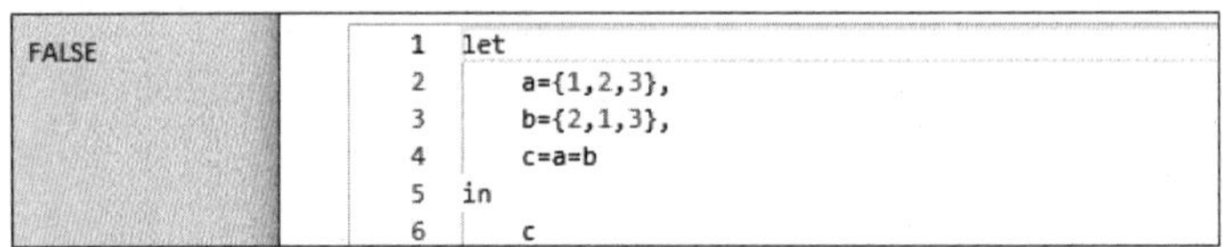

图 3.57　列表的相等计算

（2）判断两个列表是否不等

列表不相等计算和列表相等的计算一样，如果列表完全一样，只是位置不同，结果也会判断为不同，图 3.58 所示为相应的判断案例。

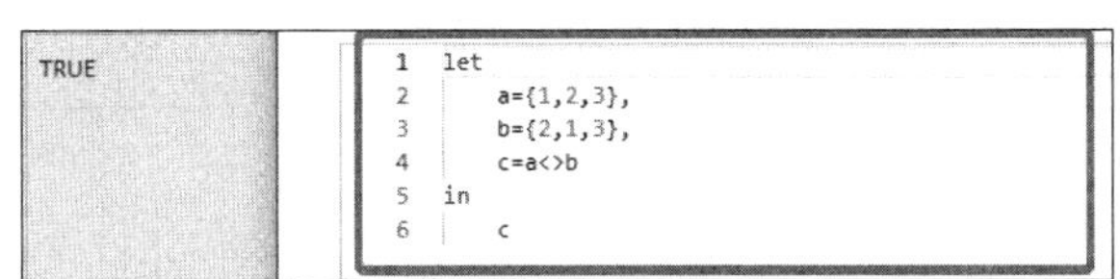

图 3.58　列表的不相等运算及结果

（3）列表连接运算符

如果希望将两个列表进行连接，需要使用“&”，连接后不会合并相同的字符，而是直接将两个列表合并成一个大的列表，图 3.59 所示为列表连接后的结果。

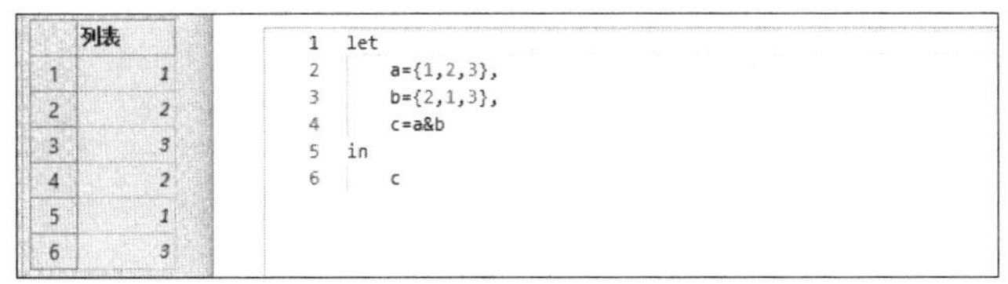

图 3.59　列表的连接操作

在进行列表操作的过程中，如果希望进行列表行的定位，我们应该怎么办呢？列表的定位以“{}”作为引用的基本字符，在“{}”中填写相应的数值来进行列表行的引用。

这里我们先构建一个列表。

```
let
    a={1..10},
    b=a{2}
in
    b
```

如果希望能够获取列表中的第三个元素，使用如图 3.60 所示的 a{2} 定位到第三个数据。

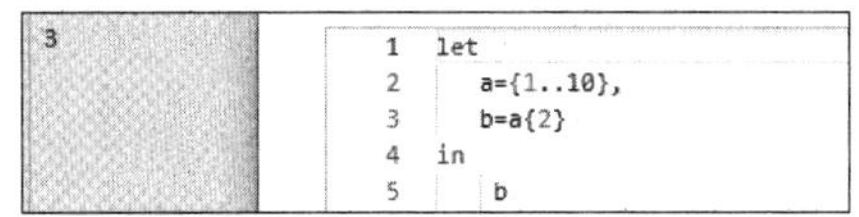

图 3.60　列表数据索引

7. 记录类型运算符

记录类型也是组合数据类型的一种，它与列表类型的定义完全不同，在 Python 定义数据的时候，记录型数据属于字典类型数据。在 Power Query 中，这一类型被称为记录类型。记录类型的定义非常简单，下面代码为定义一个记录类型数据，图 3.61 所示为记录创建结果。

```
let
    a=[ 姓名 =" 张三 ", 性别 =" 女 ", 年龄 =10]
```

```
in
    a
```

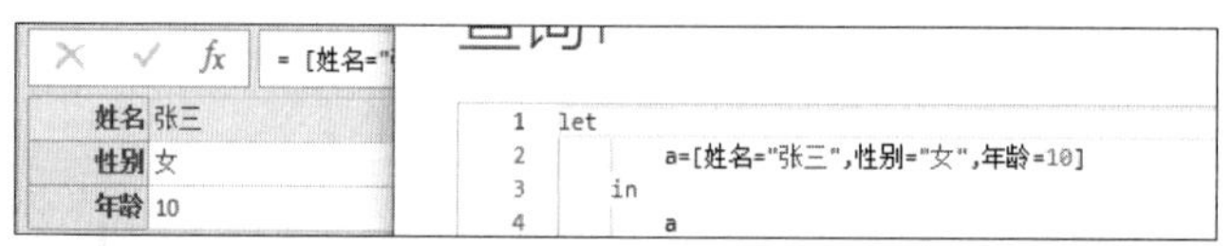

图 3.61　记录创建结果

如果希望获取相应记录的字段，这里就必须使用“[]”将相应的字段引用起来，才能获取到相应字段的值，图 3.62 所示为记录类型获取字段值的方法。

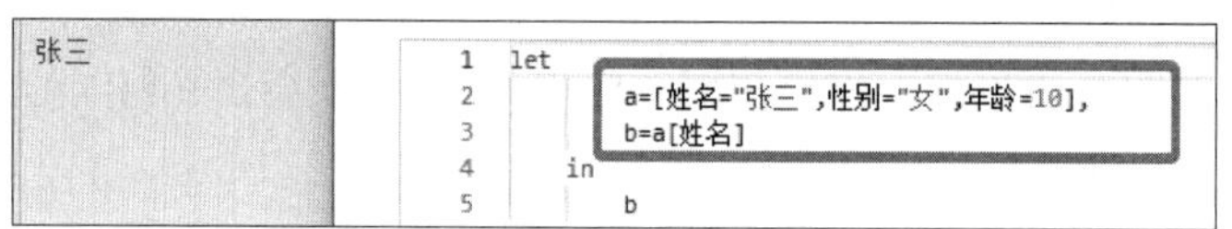

图 3.62　获取记录字段值方法

记录类型的运算符也没有太多，它不支持常规数据类型的加减乘除，这里和列表一样仅仅支持如下的几种运算符。

（1）判断记录是否相等

在记录类型中的数据没有前后顺序的差别，不同于列表对顺序的要求，只要记录中的值相同，则记录就相等。只有记录中的值完全不同的情况下，判断两个记录相等的结果才为 FALSE，图 3.63 所示为判断记录是否相等的结果。

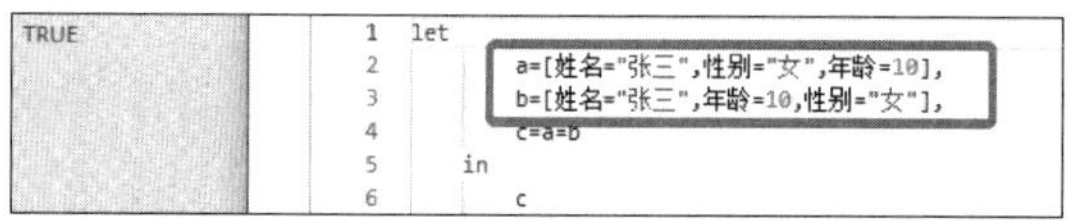

图 3.63　判断记录是否相等

（2）判断记录是否不相等

判断记录不相等和判断记录相等一样，由于记录类型没有顺序，如果记录的字段和值完全相同，而顺序不同，结果依然是相等的，下面我们通过定义的代码来判断是否不等。在 Power Query 中，记录类型的数据是有大小写区分的，name 和 Name 表示的字段是不同的。“<>”的计算结果与“=”相反，如果两个记录相等的结果为 FALSE，则记录不相等的结果为 TRUE，图 3.64 所示为记录不相等运算。

```
let
    a = [name="张三",age=10,gender="男"],
    b = [Name="张三",age=10,gender="男"],
    c=(a<>b)
in
    c
```

图 3.64　记录不相等运算

（3）记录的连接运算

在 Power Query 中，记录的连接是一个比较有趣的计算。通过记录的连接符我们可以非常方便地实现记录类型数据的连接，多个记录类型数据将组合成一个比较大的记录类型数据，如果数据出现重复字段，则字段数据以最后的数据为准，如果出现大小写的字段名称，则会在连接中追加非重复字段，如图 3.65 所示为大小写非重复字段和重复字段的赋值。这里的 Name 字段将被追加进入记录中，而 age 的值则用记录中最后定义的 age 替代。

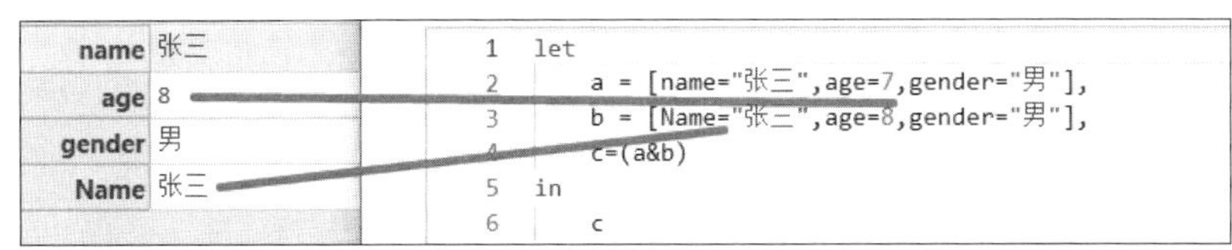

图 3.65　记录的连接运算

8. M 语言的数据类型判断与指定

在 M 语言中，如果希望进行数据类型的判断和类型的定义，也是有相应的运算符的。这两种类型的运算符如下。

- is：判断是否为特定的数据类型，等同于 value.is() 运算。
- as：将类型定义为特定的数据，等同于 value.as() 运算。

在 Power Query 中，使用 is 进行数据类型判断的结果为布尔类型，如果符合特定的数据类型，结果为 TRUE。如果不符合特定的数据类型，则结果为 FALSE。接下来我们构造一个标准的列表数据，然后通过 is 判断是否为正常的列表，图 3.66 所示为判断的具体结果。

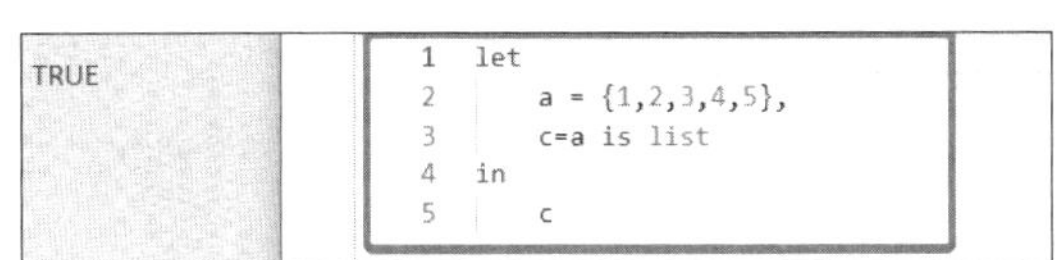

图 3.66　判断内容是否为相应的内容

在实际的使用过程中，我们也可以使用 as 判断是否是数值类型或文本类型，这取决于实际使用的场景。as 运算符通常有两种不同的应用场景。第一种场景为数据的类型判断，as 进行数据类型判断不同于 is，is 类型的数据结果是布尔类型，而对于 as，如果判断结果正确就是本身，如果判断结果出错则会抛出异常。图 3.67 所示为使用 as 进行判断正常和出错的结果。

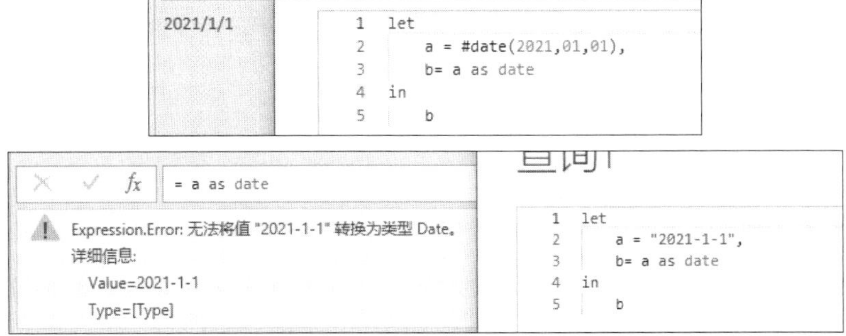

图 3.67　使用 as 判断正常和出错的结果

as 还有一种实际使用的场景，就是在进行函数定义的时候进行参数强类型定义，在对参数进行强类型定义之后，符合参数类型的数据将会被接受，而不符合参数类型的数据将不受到支持，执行过程中将会直接出错。下面我们先来定义一个强类型函数，这里的参数类型全部都是数值类型。

```
let
        add=(a as number,b as number)=>
          let
              C=a+b
          In
              C
in
        add
```

上述代码中定义了 a 和 b 两个参数，但是这两个参数的类型都是 number 数值。在执行函数过程中，如果输入的参数满足参数的类型，则能够得到执行结果。如果这里 a 和 b 的赋值分别是 3 和 4，则最终得到结果为 7。如果数据类型不正确的话，在输入过程中它就会提示输入正确的数据类型，不再执行相应的函数，图 3.68 所示为输入错误的数据类型的结果。

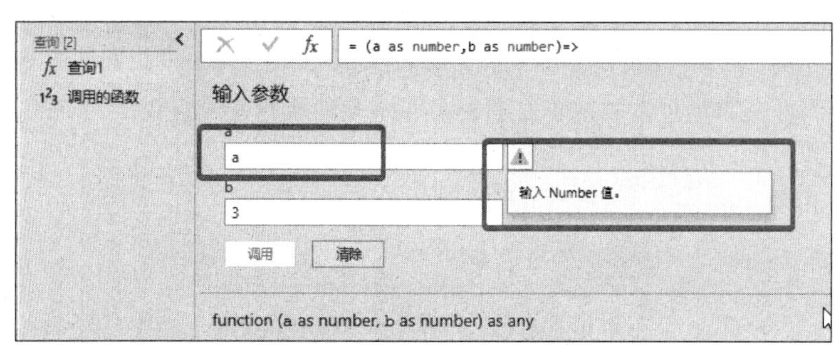

图 3.68　输入错误的数据类型

3.12 M 语言的注释

M 语言是符合编程规范的一门语言，在执行的代码中可以嵌入注释，帮助用户更好地理解 M 语言。M 语言的注释分为以下两种。

- 单行注释：针对单行 M 语言的语句进行注释。
- 块注释：提供多行语句内容的注释，块注释可以实现多行注释的功能。

单行注释和块注释在使用的环境中略有不同，在实际应用中使用单行注释的场景相对比较多，而使用块注释的环境比较少，以前面的分数为案例讲解单行注释的应用，图 3.69 所示为相应的注释。

```
let
    源 = Excel.CurrentWorkbook(){[Name="表1"]}[Content], //从当前Excel表中获取数据
    更改的类型 = Table.TransformColumnTypes(源,{{"分数", Int64.Type}}),  //将数据类型进行更改
    已添加条件列 = Table.AddColumn(更改的类型, "自定义", each if [分数] < 60 then "D" else if [分数] <= 75 then "C" else if [分数] <= 85 then "B" else "A")
    //根据不同的分数进行不同的阶段划分，确定分数级别
in
    已添加条件列  //定义获取的变量结果
```

图 3.69　M 语言单行注释

在 M 语言中同样支持多行注释方式，多行注释采用块注释手段，块注释以 "/*" 开始，以 "*/" 结束，块注释方式下可以实现多段注释，且行数不受限制。对于上面的分数案例如果使用多段注释，则如图 3.70 所示。

```
let
    源 = Excel.CurrentWorkbook(){[Name="表1"]}[Content],
    更改的类型 = Table.TransformColumnTypes(源,{{"分数", Int64.Type}}),
    已添加条件列 = Table.AddColumn(更改的类型, "自定义", each if [分数] < 60 then "D" else if [分数] <= 75 then "C" else if [分数] <= 85 then "B" else "A")
    /*
      这段执行的代码的作用是将数据从当前的Excel中获取数据
      并且将数据的格式转换为整型
      最后一行的目标是进行条件计算，将不同的分数归类到不同的级别
    */
in
    已添加条件列
```

图 3.70　M 语言多行注释

对于 M 语言，基于不同的场景，有不同的注释方法，是进行单行注释还是多行注释，取决于 M 语言代码编写的具体场景。

3.13 本章总结

在了解数据导入的基本过程之后，就开始进入数据的清洗过程。在数据清洗过程中需要了解 Power Query 的 M 语言结构，因此本章主要讲解有关 M 语言的结构和语法特性。通过本章的学习，能够对 Power Query M 语言的语法有基本的了解。

- 了解什么是 M 语言。
- 了解 M 语言支持的基本数据类型和组合数据类型分别有哪些。
- 理解 M 语言的结构。
- 了解 M 语言智能提示的基本要求。
- 熟悉 M 语言中的变量和参数的概念。
- 理解 M 语言的流程处理和错误处理。
- 了解 M 语言的操作符。
- 如何在 M 语言中进行代码注释。

第 4 章 Power Query 实现数据的清洗和重构

完成了数据导入，也了解了 M 语言的基本功能，就要开始进入数据的清洗和重构过程了。在实际的清洗过程中，大部分可以在 GUI 界面完成，少量的内容需要使用纯粹的 M 语言代码完成。本章将和大家分享如何通过 Power Query 或纯粹的 M 语言实现数据的清洗和重构。

数据导入后乱七
八糟，根本没法用
怎么办?

Power Query 拥有很强
大的数据清洗功能，
帮助实现数据清洗。

4.1 数据清洗遵从的原则

对于导入的数据，主要针对以下几个方面进行清洗和重构。

1. 错误数据

首先必须要明确一点，错误数据不是常规意义上的错误数据。错误数据可以是简单的错误类型数据，例如，本该填写的是数值类型，结果填写的是字符串类型；本该是日期类型的数据，结果填写的是字符串数据，这些都是简单意义的错误数据。此外，还有一些错误数据不是这么简单，比如填写的出生年月日，格式上可能是“月 / 日 / 年”，但是实际上错写为“日 / 月 / 年”，这个时候类似于 03/08/2021 这样的数据表达内容和实际上存在非常大的差别。

2. 无效数据

无效数据通常是逻辑上存在问题，而格式上没有任何问题。例如，描述“月 / 日 / 年”的数据 12/21/9999 这样的数据格式不存在任何问题，但是从逻辑上来看，这个存在较大的问题。因为没有人是 9999 年出生，类似这样的数据存在较大的逻辑错误，我们将这类数据称为无效数据。同样，在性别中的不明或者“男女”这样的数据也是错误数据，如果这样的无效数据在数据导入过程中不进行清洗，会影响到最终数据的计算和统计。

3. 空白数据

空白数据在实际的业务数据处理过程中是非常常见的，从数据处理的常规方法来看，低于万分之一的空白数据不用特别处理，或者将数据支持从数据集合中清除。但是在某些特殊应用场景中，空白数据的存在会导致数据运算出错，就必须进行数据的处理。处理的方法当然也会有很多种，目前常规处理空白数据的方法有以下几种。

- 前数据填充：基于空白数据的前面数据填充空白值。
- 后数据填充：基于空白数据的后面数据填充空白值。
- 众数填充：基于当前数据中最多的数据填充空白值。
- 平均数填充：基于当前数据中的平均数填充空白值。

4. 不相关数据

在实际的数据处理和计算过程中，在大多数情况下存在着很多相关与不相关的数据。例如，在一个表中有姓名、性别、年龄和分数。我们在进行不同性别人数统计的时候，分数就是不相关数据，但是如果在进行分数统计和平均数统计过程中，人员的性别和年龄就不是相关信息。在这时候与目标相关的数据就是相关数据，其他数据就是不相关数据，不相关数据的存在将影响到整体数据的统计和数据表达。而这些不相关数据的处理也是数据清洗过程中非常重要的一环，是否需要直接删除还是进行再处理，都是需要慎重思考的。

4.2 数据清洗后的操作

导入的 RAW 数据进行基本处理之后，从结构上可能还不会满足进一步操作的需求，例如，导入了几千个身份证号码数据，希望去统计这几千条数据中每个年份出生的人有多少，男生占多少，女生占了多少。如果希望进行进一步的数据分析，我们一定需要进行数据的重构，将现有数据进行拆解后按照需要进一步进行数据处理，这也是我们在数据清洗和重构中的重头戏。在完成了整体的数据处理和清洗过程后，在进行数据的建模和重构之前，还需要进行数据可用性的再确认，这里通常包含两个重要步骤。

（1）审视数据

需要判断一下当前经过数据清洗的数据是否处理了太多（或太少）的数据，例如，在数据清洗前有 1000 万条数据，结果发现清洗完成后就只有不到 100 万条数据，从样本统计角度来看，如果存在这么多需要清洗的数据，意味着样本数据一定是哪里出现了问题，需要进行审视。

（2）就数据清洗的结果提出疑问

清洗后的数据是否符合格式要求，是否存在逻辑上的错误，是否需要重构，这些数据是否为需要的数据呢？在提出各种各样的疑问之后，需要基于清洗之后的结果进行验证，并且确定清洗之后的数据是否真的符合要求。

4.3 数据清洗和重构具体操作

使用 Power Query 进行数据清洗和重构包含如下的操作步骤，清洗的步骤多少将决定数据的准确率。数据清洗的越完整，我们接下来使用的数据准确率就越高。

- 数据格式转换：依据实际的需求进行数据格式的转换。
- 删除列：删除不再需要的数据列。
- 删除行：删除不再需要的数据行，包含错误项目和重复项目。
- 保留行：按照需要保留相应的行数据。
- 数据筛选：基于数据筛选的规则进行表的数据筛选。
- 添加列：按照需求添加各种不同的列（计算、索引、条件、自定义函数）。
- 按列分列：将数据按照既定的规范进行数据分列。
- 按列分行：将数据按照既定的规范分成相应的行。
- 数据转置：数据间的行列转置功能，等同于 Excel 中的行列转置。
- 数据替换：基于相应的替换规则实现数据的替换。
- 列顺序交换：按照需要的顺序对列进行相应的交换。

■ 数据排序：按照既定的数据规则进行数据排序。

■ 时间表构建：构建符合规范的时间表。

4.4 Power Query 实现数据类型的转换

完成数据的导入和解析之后，就需要实现数据类型的定义了。定义数据类型是进行数据再处理过程中非常重要的手段。数据类型设置不正确会导致数据处理和计算产生非常多的问题。例如，将数值类型数据误设置为字符串类型，则会发生数据无法进行聚合计算的问题，针对日期时间类型的不当设置，将会导致数据使用过程中产生错误。因此类型设置是数据清洗过程中非常重要的第一步，Excel 与 Power BI 数据清洗的过程相似，接下来将基于 Excel 和 Power BI 分别进行数据类型转换的讲解。

4.4.1　Excel 中数据类型转换

如果在完成数据的导入之后，就进入 Power Query 界面进行类型设定，Excel 的自动转换往往会出错。例如，在导入过程中看到像数值类型的数据将统统转换为数值类型，所有的小数则都保留两位。在实际的计算过程中，自动转换的数据类型有时候和预期转换的类型会有不同，这是必须要特别注意的。最好的解决办法就是按照自己的方法对数据的类型进行定义，同时修改被自动转换的数据。我们先来看一下数据导入的界面，其中数据类型的定义和修改位于 Power Query 界面中的“转换”选项卡，图 4.1 所示为具体的格式修改的界面。

这里有一个需要特别注意的问题，如果在 Power Query 已经实现了数据类型的转换，如果再次进行数据类型的转换，Power Query 将提示是基于当前的步骤添加后续操作还是基于当前步骤进行修改操作，这两个操作其实有比较大的差别，图 4.2 所示为执行数据类型转换操作生成的提示信息。

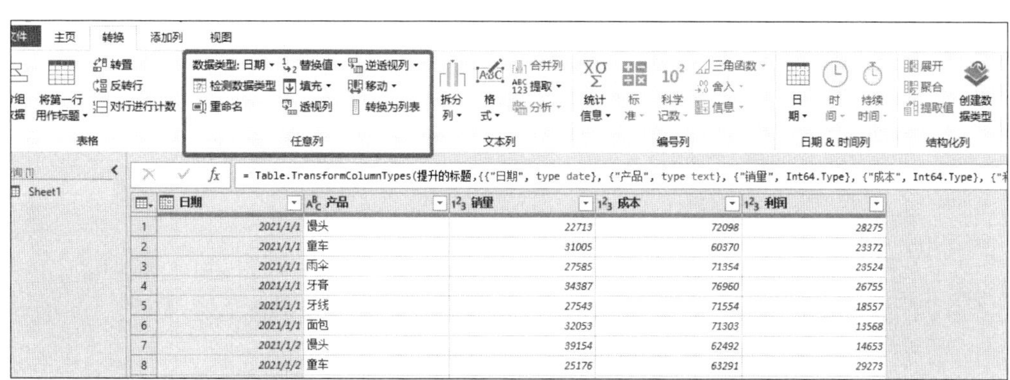

	日期	产品	销量	成本	利润
1	2021/1/1	馒头	22713	72098	28275
2	2021/1/1	童车	31005	60370	23372
3	2021/1/1	雨伞	27585	71354	23524
4	2021/1/1	牙膏	34387	76960	26755
5	2021/1/1	牙线	27543	71554	18557
6	2021/1/1	面包	32053	71303	13568
7	2021/1/2	馒头	39154	62492	14653
8	2021/1/2	童车	25176	63291	29273

图 4.1　当前标签下的数据类型设定

图 4.2　更改数据类型后弹出的提示

在多数情况下我们都会单击“替换当前转换”按钮来实现数据类型转换，如果单击“添加新步骤”，则会在当前步骤下增加一个操作处理步骤，如图 4.3 所示。通过增加操作步骤将会降低 Power Query 实际处理过程中的效率，但在某些特定环境下却需要增加新步骤。

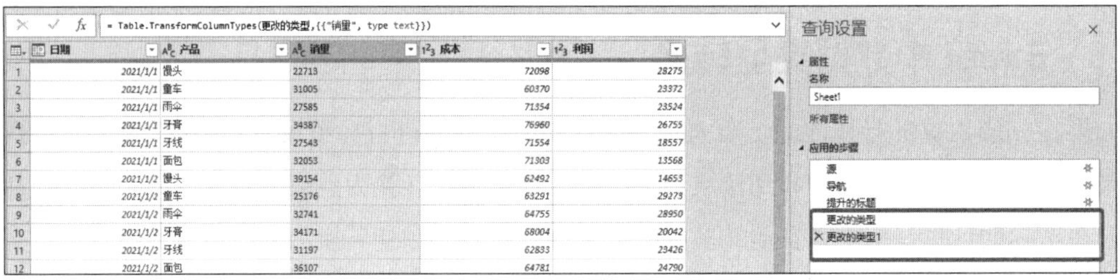

图 4.3　Power Query 应用步骤后多了一个步骤

接下来看下实际操作过程中如何进行数据类型转换的操作，这里先变更“销量”的数据类型，数据类型的变更需要选择相应的数据列对数据类型进行修改，例如，这里将数据类型变更为文本类型，修改方法如图 4.4 所示。需要注意的是，并不是所有的数据类型格式都支持相互转换。

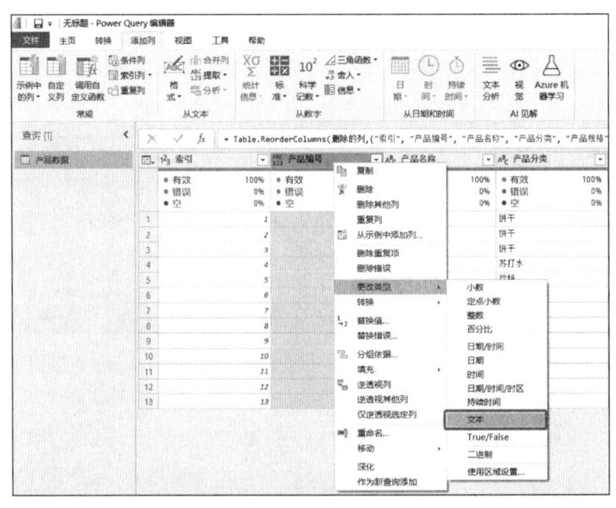

图 4.4　数据类型的修改方法

在进行数据类型的定义时需要特别注意的是，数据类型的转换和操作必须满足具体的要求，如果数据类型与具体的要求不符合，将会出现无法转换数据的问题。

4.4.2 Power BI 数据类型转换

Power BI 进行数据类型修改与 Excel 的操作完全相同，在进行数据导入之后，可以按照要求来进行数据类型的修改，在默认情况下 Power BI 也会进行数据类型的修改。自动修改后的数据可能不是预期需要的类型，例如，2022 这样的年份数字我们不希望变更为数值类型，但 Power BI 在默认条件下会将 2022 的数据类型转换为数值格式。当然在实际应用过程中，年份数据不需要应用于累加这样的运算，这时我们可以将年份数据设置为字符串数据类型。通常来说，设置数据类型都在 Power Query 的界面中，根据不同的要求设置相应的数据类型。设置数据类型过程中必须遵从相应的要求，如果数据类型设置无法满足设置的要求，将会出现 Error 的错误提示。下面为类型设置错误的案例，错误提示如图 4.5 所示。

将 2021-13-21 数据转换后出错：日期格式不满足数据类型的具体要求。

类型设置在数据重构过程中属于非常简单的一个步骤，但同时也是非常重要的步骤，不正确的数据和类型设置将影响到数据后续的处理，我们来看一下在 Power BI 中使用 Power Query 进行数据类型设置的方式和方法。这里以设置表的数据类型为例，将第一列的格式设置为日期类型。这里我们在列上选择需要进行类型转换的数据，需要注意的是，这里进行数据转换需要满足类型转换的要求，图 4.6 所示为基于相应的数据类型转换操作。

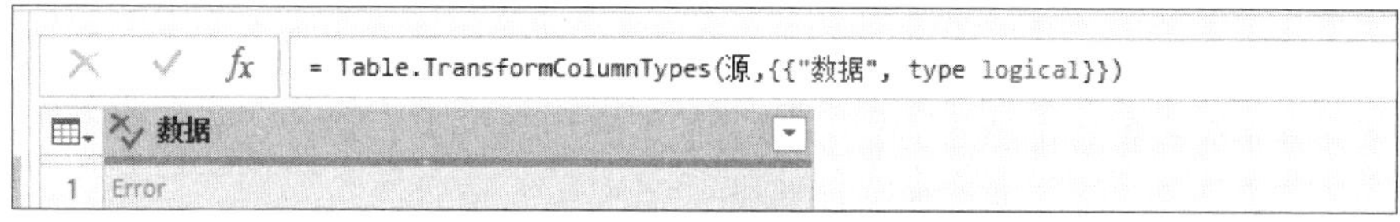

图 4.5　数据类型设置错误后的提示

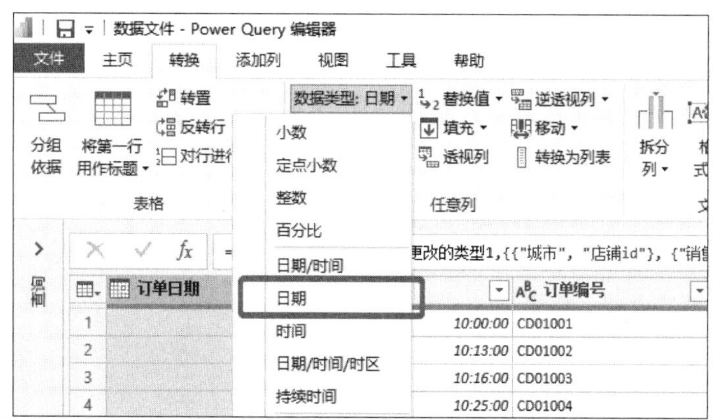

图 4.6　数据列的类型设置

满足数据类型的转换要求，Power BI 会自动将数据类型转换成相应的数据类型，但是实际上，有时需要的数据类型并不是自动转换后的数据类型。如果需要修正为需要的数据类型，就需要注意是否会基于当前的步骤生成新的转换步骤，图 4.7 所示为修正自动转换数据类型步骤时的提示，提示是否基于当前步骤生成新的操作步骤，这时是否添加新的步骤取决于实际的场景要求。

图 4.7　依据需要修正数据类型

4.5 Power Query 实现列的删除

在进行数据清洗过程中，删除列是一个比较重要的操作。我们完成基础数据导入之后，有比较多的数据内容不再需要，这些不需要的列可以通过删除的方式进行清洗。在列的删除过程中，Power Query 提供了两种不同的数据列删除方式。

- 删除选择列：删除当前数据表中选择的列。
- 删除其他列：删除当前数据表中选择的列之外的其他列。

在实际的操作过程中，删除其他列使用的场景并不多。但在实际使用场景中如果存在较多的不需要的列，可以通过这种方式选中保留的数据列并右击，然后在弹出的快捷菜单中选择“删除其他列”命令，即可快速删除不需要的数据，操作如图 4.8 所示。

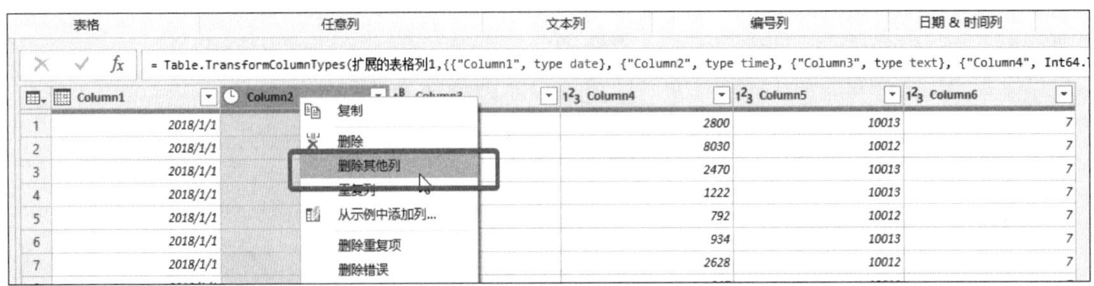

图 4.8　删除其他列

如果希望保存的列不只是一列，而是两列或更多列，应该怎么办呢？这里需要在选择的过程中通过按住“Ctrl”键实现非连续的列的选择，或者使用“Shift”键实现连续列的选择，图 4.9 所示为选择保留的列后删除其他列的操作。

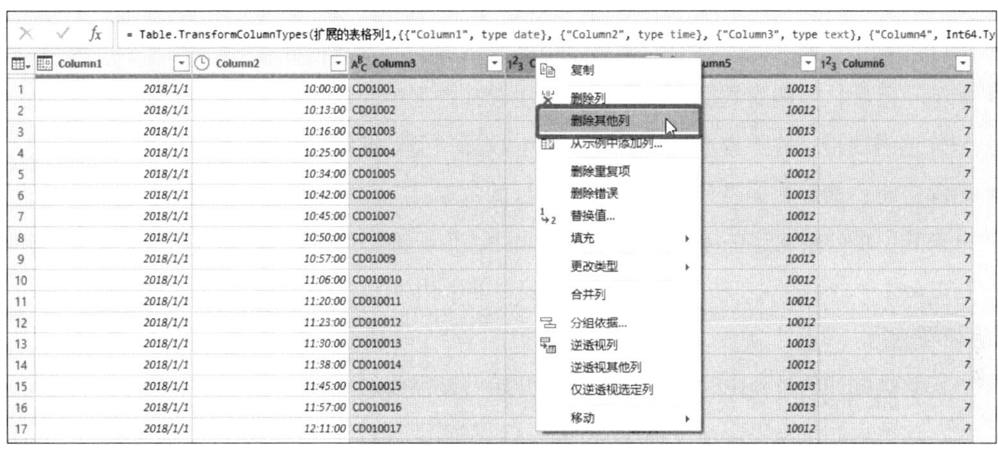

图 4.9　选择多列后删除其他列

选择“删除其他列”命令之后，将保留选择的数据列，图 4.10 所示为删除其他列后保存的数据列内容。

图 4.10　删除其他列后的保留数据

Tips

Excel和Power BI删除列的操作相同，这里不再分开叙述。

4.6 Power Query 实现行的删除

在实际应用过程中，行的删除和列的删除其实有比较大的差异。列的数据多为数据的属性，而行数据通常为数据的内容，在实际的数据内容删除过程中，会存在较多不同的应用场景，以下行的删除场景都是实际删除过程中能够碰到的场景。

- 删除前面的行：删除数据表或数据集合中位于前面部分的数据。
- 删除后面的行：删除数据表或数据集合中位于后面部分的数据。
- 删除间隔行：删除数据表或数据集合中满足条件的部分数据。
- 删除重复项目：删除数据表或数据集合中选择的列中的重复数据。
- 删除错误项目：删除数据表或数据集合中数据类型转换错误的数据。
- 删除空行：删除数据表或数据集合有空行的数据。

接下来我们将分别就这些场景实现数据的删除，由于 Excel 和 Power BI 中的操作完全相同，我们将只在 Excel 中分享相关的操作，在 Power BI 中的操作可以参考当前 Excel 中的操作方式。

1. 删除前面的行

在进行数据处理的过程中，有些数据并非开始就是需要的数据。例如，在请假单中前面几行可能是标题，这些标题信息将影响到数据处理。这时就需要通过 Power Query 删除前面的行，以下面 Excel 表格数据作为数据导入的演示案例，图 4.11 所示为具体的 Excel 文件格式样式。

	A	B	C	D	E	F
1	博铭信息请假报表					
2	部门	IT部	月份	Mar-21		
3	申请日期	申请人	申请类型	起始日期	结束日期	
4	2021年3月1日	张三	事假	2021/3/2	2021/3/2	
5	2021年3月1日	李四	病假	2021/3/2	2021/3/5	
6	2021年3月1日	王五	事假	2021/3/2	2021/3/2	
7	2021年3月1日	赵六	事假	2021/3/2	2021/3/3	
8	2021年3月1日	田七	事假	2021/3/2	2021/3/4	
9						

图 4.11 Excel 请假报表

将数据导入 Power Query 之后，会发现数据的前面一部分并不是所需的数据，如图 4.12 所示的表头部分。

	博铭信息请假报表	列5	列1	列2	列3	列4
1	部门	null	IT部	月份	2021/3/1 0:00:00	null
2	申请日期	部门	申请人	申请类型	起始日期	结束日期
3	2021/3/1 0:00:00	IT	张三	事假	2021/3/2 0:00:00	2021/3/2 0:00:00
4	2021/3/1 0:00:00	IT	李四	病假	2021/3/2 0:00:00	2021/3/5 0:00:00
5	2021/3/1 0:00:00	IT	王五	事假	2021/3/2 0:00:00	2021/3/2 0:00:00
6	2021/3/1 0:00:00	IT	赵六	事假	2021/3/2 0:00:00	2021/3/3 0:00:00
7	2021/3/1 0:00:00	IT	田七	事假	2021/3/2 0:00:00	2021/3/4 0:00:00

图 4.12 Power Query 内导入的数据

我们需要将最前面一行数据从 Power Query 中删除，而删除操作需要按照如下的步骤进入相应的界面才可以完成。在 Excel 中进入 Power Query 界面，然后单击“删除行”下拉按钮后选择“删除最前面的行”命令。在弹出的对话框中填写需要删除的行数后，单击“确定”按钮即可完成数据的删除，如图 4.13 所示。

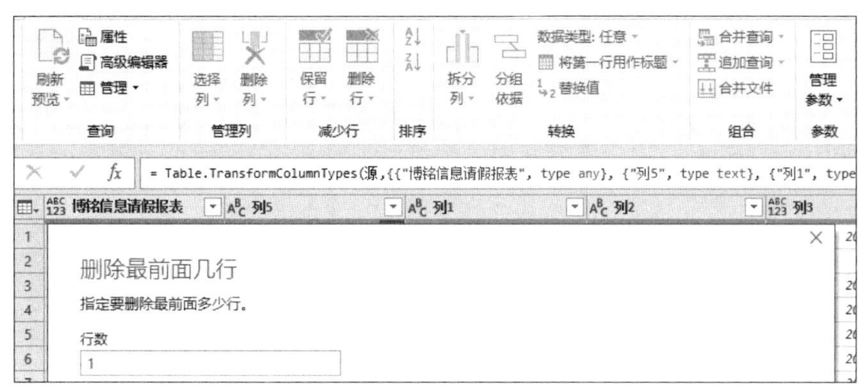

图 4.13　删除前面数据的行

删除不需要的数据之后，经过后续的数据处理就可以完成相应的数据整合，最终实现数据的统计和计算，图 4.14 所示为经过删除后进行数据再处理的结果。

	申请日期	部门	申请人	申请类型	起始日期	结束日期
1	2021/3/1 0:00:00	IT	张三	事假	2021/3/2 0:00:00	2021/3/2 0:00:00
2	2021/3/1 0:00:00	IT	李四	病假	2021/3/2 0:00:00	2021/3/5 0:00:00
3	2021/3/1 0:00:00	IT	王五	事假	2021/3/2 0:00:00	2021/3/2 0:00:00
4	2021/3/1 0:00:00	IT	赵六	事假	2021/3/2 0:00:00	2021/3/3 0:00:00
5	2021/3/1 0:00:00	IT	田七	事假	2021/3/2 0:00:00	2021/3/4 0:00:00

图 4.14　经过删除后的数据处理结果

2. 删除后面的行

删除前面的行和删除后面的行在实际业务场景中功能是相同的，因为需要删除的数据从表头变成了表尾。尾部数据的删除是通过删除后面数据行的操作完成的，图 4.15 所示为实际操作的数据案例。

在完成数据导入后，后面部分的数据内容与数据计算无关，它的存在将影响到相应的实际数据的计算。这里需要在 Power Query 中删除后面部分的数据，可以通过在 Excel 中启动 Power Query 编辑器界面，在“主页”选项卡中单击“删除行”下拉按钮，在下拉列表中选择“删除最后几行”命令，如图 4.16 所示。

A	B	C	D	E	F
博铭信息请假报表	列5	列1	列2	列3	列4
部门		IT部	月份	Mar-21	
申请日期	部门	申请人	申请类型	起始日期	结束日期
2021年3月1日	IT	张三	事假	2021/3/2	2021/3/2
2021年3月1日	IT	李四	病假	2021/3/2	2021/3/5
2021年3月1日	IT	王五	事假	2021/3/2	2021/3/2
2021年3月1日	IT	赵六	事假	2021/3/2	2021/3/3
2021年3月1日	IT	田七	事假	2021/3/2	2021/3/4
数据确认	张三	数据复核	李四		

图 4.15　Excel 中的表格

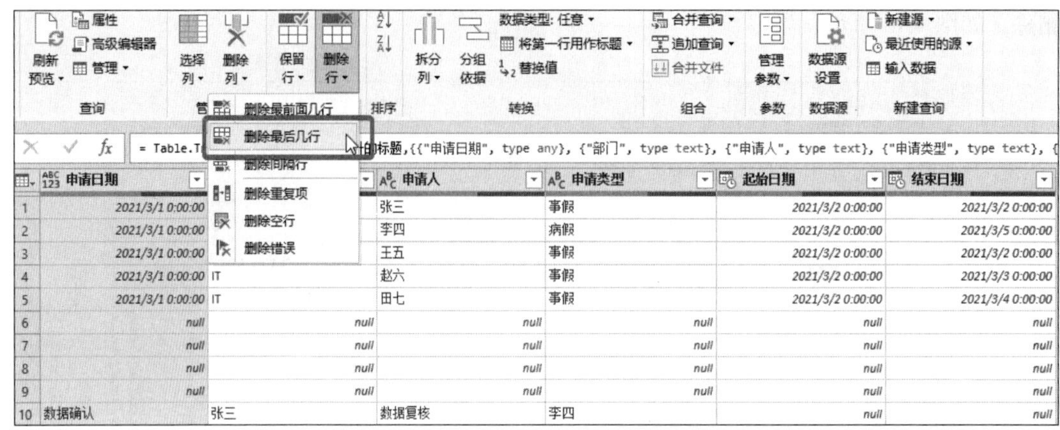

图 4.16　Power Query 删除最后几行

通过“删除最后几行”命令，可以将相应的行数从数据集合中删除，删除后的结果如图 4.17 所示。

```
= Table.RemoveLastN(更改的类型1,5)
```

	申请日期	部门	申请人	申请类型	起始日期	结束日期
1	2021/3/1 0:00:00	IT	张三	事假	2021/3/2 0:00:00	2021/3/2 0:00:00
2	2021/3/1 0:00:00	IT	李四	病假	2021/3/2 0:00:00	2021/3/5 0:00:00
3	2021/3/1 0:00:00	IT	王五	事假	2021/3/2 0:00:00	2021/3/2 0:00:00
4	2021/3/1 0:00:00	IT	赵六	事假	2021/3/2 0:00:00	2021/3/3 0:00:00
5	2021/3/1 0:00:00	IT	田七	事假	2021/3/2 0:00:00	2021/3/4 0:00:00

图 4.17　删除后面数据行后的结果

3. 删除间隔行

删除间隔行与删除前面的行和后面的行有非常大的不同，间隔行实现的是非连续的数据删除，通常间隔行的删除实现了奇数行或偶数行的删除，进入如图 4.18 所示的 Power Query 编辑器界面，在“主页”选项卡中单击“删除行”下拉按钮，在弹出的下拉列表中选择“删除间隔行”命令。

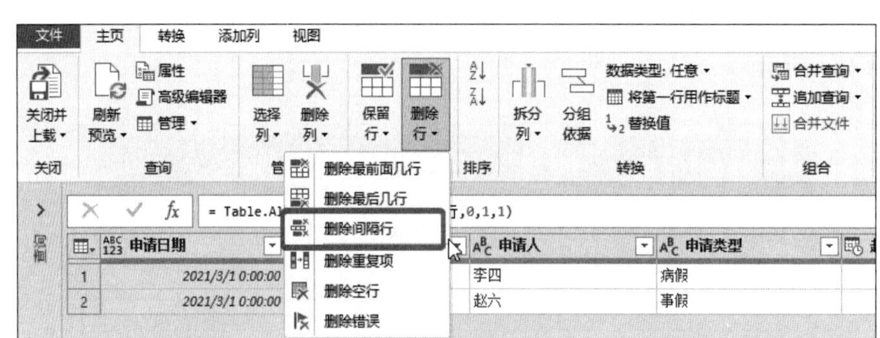

图 4.18　删除间隔行

如果希望实现隔一行删除一行，可以使用如图 4.19 所示的设置效果，最终将隔行数据删除。在实际的应用场景中，间隔行删除使用的频率非常少。

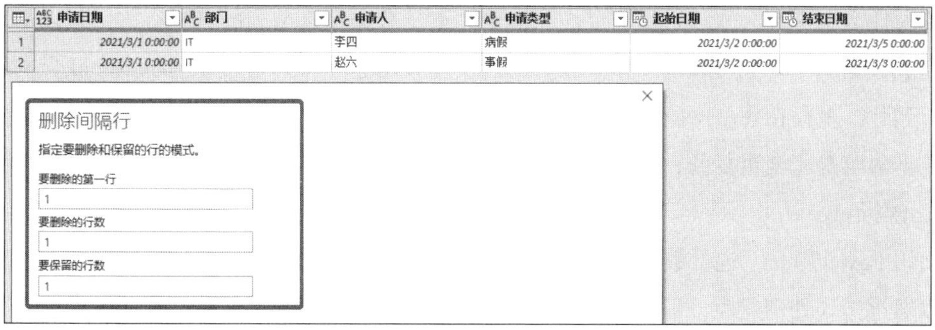

	申请日期	部门	申请人	申请类型	起始日期	结束日期
1	2021/3/1 0:00:00	IT	李四	病假	2021/3/2 0:00:00	2021/3/5 0:00:00
2	2021/3/1 0:00:00	IT	赵六	事假	2021/3/2 0:00:00	2021/3/3 0:00:00

图 4.19 删除按照规则定义的间隔行

4. 删除重复行

在 Power Query 中删除重复行的操作与前面我们针对行的操作不同，Power Query 删除重复行的操作与列的选择存在一定的关系。在某一列或几列中存在的重复行，在另外选择列的数据中不一定重复，这也是删除重复行的操作的特性，接下来使用的案例中我们会通过对不同列的重复行删除来实现重复行的删除，图 4.20 所示为相应的操作示例数据。

```
= Table.RemoveLastN(更改的类型1,5)
```

	申请日期	部门	申请人	申请类型	起始日期	结束日期
1	2021/3/1 0:00:00	IT	张三	事假	2021/3/2 0:00:00	2021/3/2 0:00:00
2	2021/3/1 0:00:00	IT	李四	病假	2021/3/2 0:00:00	2021/3/5 0:00:00
3	2021/3/1 0:00:00	IT	王五	事假	2021/3/2 0:00:00	2021/3/2 0:00:00
4	2021/3/1 0:00:00	IT	赵六	事假	2021/3/2 0:00:00	2021/3/3 0:00:00
5	2021/3/1 0:00:00	IT	田七	事假	2021/3/2 0:00:00	2021/3/4 0:00:00

图 4.20 重复行删除示例数据

选择的列不同，则可能产生不同的结果，如果我们选择的是申请日期，则得到了如图 4.21 所示的结果，将会保留申请日期唯一值的数据，也就是第一行数据，其他数据将会被删除。

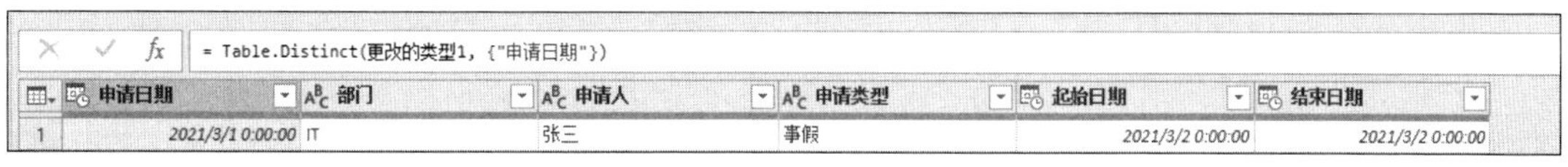

```
= Table.Distinct(更改的类型1, {"申请日期"})
```

	申请日期	部门	申请人	申请类型	起始日期	结束日期
1	2021/3/1 0:00:00	IT	张三	事假	2021/3/2 0:00:00	2021/3/2 0:00:00

图 4.21 删除申请日期重复数据

当然，如果选择两个不同的列进行重复行删除操作，结果可能会不同。选择需要删除重复数据的列，通过“Ctrl”键选择相应的多个列进行数据选择，结果如图 4.22 所示，与选择一列结果会有很大的不同。

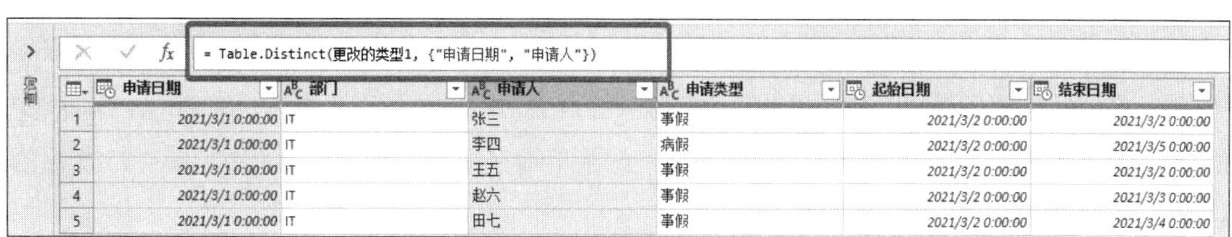

```
= Table.Distinct(更改的类型1, {"申请日期", "申请人"})
```

	申请日期	部门	申请人	申请类型	起始日期	结束日期
1	2021/3/1 0:00:00	IT	张三	事假	2021/3/2 0:00:00	2021/3/2 0:00:00
2	2021/3/1 0:00:00	IT	李四	病假	2021/3/2 0:00:00	2021/3/5 0:00:00
3	2021/3/1 0:00:00	IT	王五	事假	2021/3/2 0:00:00	2021/3/2 0:00:00
4	2021/3/1 0:00:00	IT	赵六	事假	2021/3/2 0:00:00	2021/3/3 0:00:00
5	2021/3/1 0:00:00	IT	田七	事假	2021/3/2 0:00:00	2021/3/4 0:00:00

图 4.22 选择多个列后的数据删除

差别为什么会这么大呢？这里需要注意的是，重复数据定义与列的选择有关，可以基于单一的数据列完成数据删除，也可以基于多个联合的列实现数据删除。如果希望基于多个联合的列的数据内容进行删除，就存在一个问题：如何认定选择多个列后的数据是重复数据？如果选择多个列后，相应的数据内容是完全重复的，才会被认定为重复数据，这一点需要特别注意。

5. 删除错误行

在使用 Power Query 进行数据处理的过程中，难免会出现数据异常的情况，通常这一类异常的数据可以通过错误处理避免，但是如果异常数据不是非常多且不影响整体数据质量的情况下，可能不用对这部分数据进行错误处理。但错误数据的存在会影响到后续数据的质量，我们需要针对这些错误数据进行删除，Power Query 可以在 GUI 界面中直接删除相应的错误行，如图 4.23 所示。

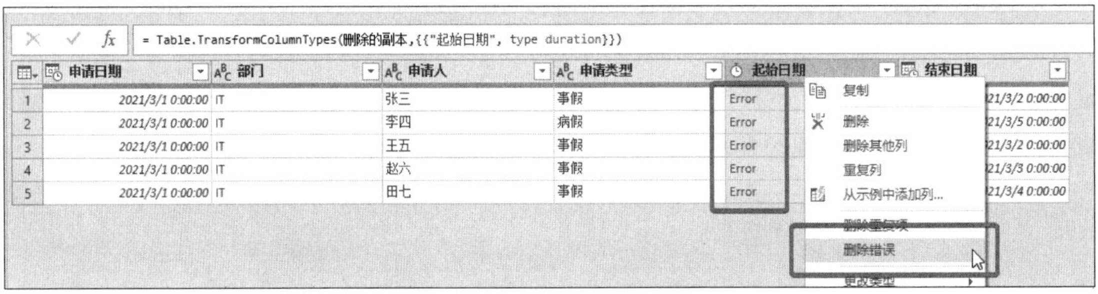

图 4.23　Power Query 删除错误

删除错误行也是按照列进行的，如果多个列的数据存在错误，则必须选择相对应的列完成错误数据的删除，否则将会依然保留其他列出现的错误数据。图 4.24 所示为多个列出现错误数据的操作步骤，如果希望一次性删除多个错误的数据列，则需要通过“Ctrl”键进行多个数据列的选择。

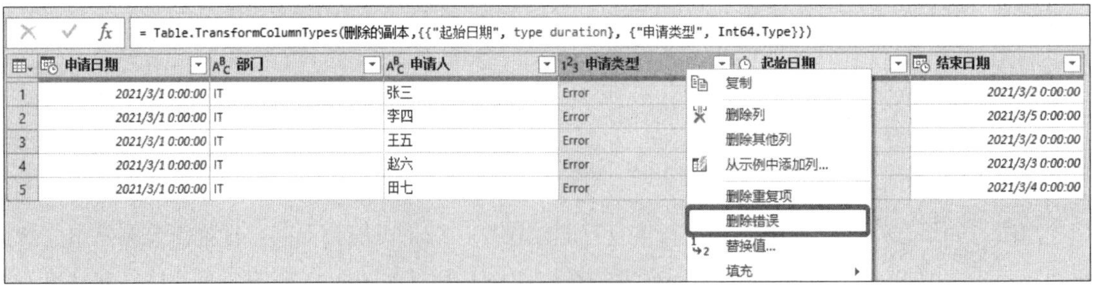

图 4.24　多列数据的删除操作

6. 删除空行

在进行数据处理过程中，难免会有一些空行数据，这些空行数据给数据的统计和计算带来很大的不便。在实际应用场景中，我们可能需要删除空行以免对数据质量产生影响，在 Power Query 中删除空行数据与前面的步骤略有不同，“删除空”的菜单不在默认的上下文菜单中，图 4.25 所示为默认上下文菜单。

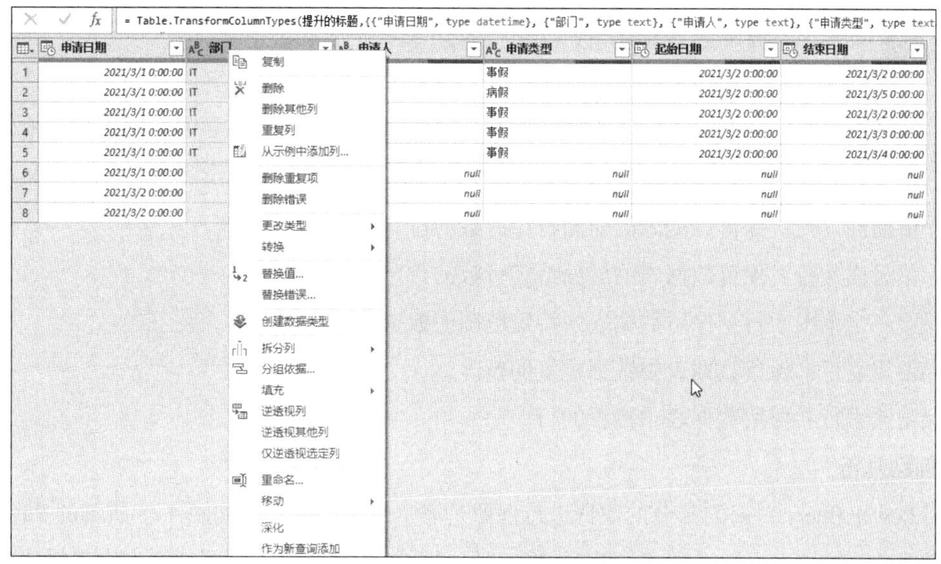

图 4.25　默认上下文菜单中没有删除空行

删除空行的操作需要我们单击数据列旁边的小三角形下拉按钮，通过列的下拉菜单进行空行的数据筛选，这里直接在如图 4.26 所示的菜单中选择“删除空”命令。其实这里是利用了筛选的功能实现非空数据的选择。

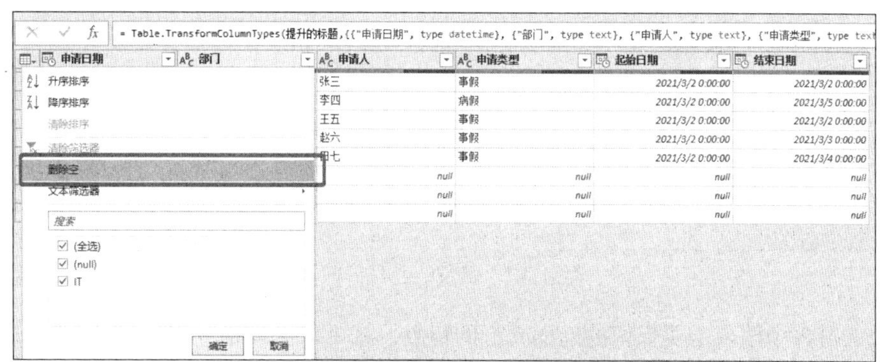

图 4.26　Power Query 删除空行操作

删除空行的过程中，需要注意，空行也是按照选择的列来进行相应的操作。在删除空行的操作中无法实现多列一起操作，而只能按照相应的步骤完成不同列的数据筛选，图 4.27 所示为相关的列进行筛选的具体步骤。

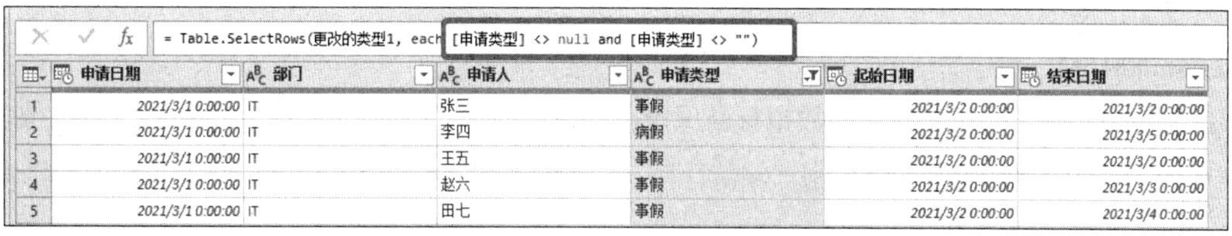

```
= Table.SelectRows(更改的类型1, each [申请类型] <> null and [申请类型] <> "")
```

	申请日期	部门	申请人	申请类型	起始日期	结束日期
1	2021/3/1 0:00:00	IT	张三	事假	2021/3/2 0:00:00	2021/3/2 0:00:00
2	2021/3/1 0:00:00	IT	李四	病假	2021/3/2 0:00:00	2021/3/5 0:00:00
3	2021/3/1 0:00:00	IT	王五	事假	2021/3/2 0:00:00	2021/3/2 0:00:00
4	2021/3/1 0:00:00	IT	赵六	事假	2021/3/2 0:00:00	2021/3/3 0:00:00
5	2021/3/1 0:00:00	IT	田七	事假	2021/3/2 0:00:00	2021/3/4 0:00:00

图 4.27　Power Query 基于列删除空行操作

4.7 Power Query 保留行操作

保留行操作与删除行操作的功能相反，保留行操作的作用是保留需要的数据而将其他的行都删除，以下操作为保留行的具体操作。

- 保留前面几行：保留数据表的前面特定行数的行。
- 保留后面几行：保留数据表的后面特定行数的行。
- 保留一定范围的行：保留数据表中特定范围的数据行。
- 保留重复行：保留数据表中数据重复的行。
- 保留错误行：保留数据表中错误的行。

1. 保留前面几行

利用 Power Query 对前面部分的数据进行保留是非常简单的，进入如图 4.28 所示的 Power Query 编辑器界面，选择“主页”选项卡，然后单击“保留行”下拉按钮，在下拉列表中选择“保留最前面几行”命令。

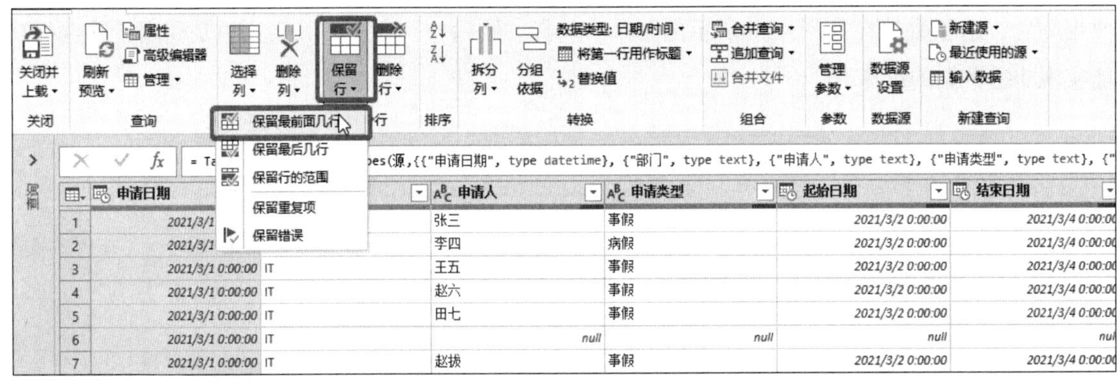

图 4.28 保留前面几行数据

在弹出的窗口中输入需要保留的前面几行的行数，就可以保留相应的数据行。例如，输入 2 之后将会得到保留前面两行的结果，如图 4.29 所示。

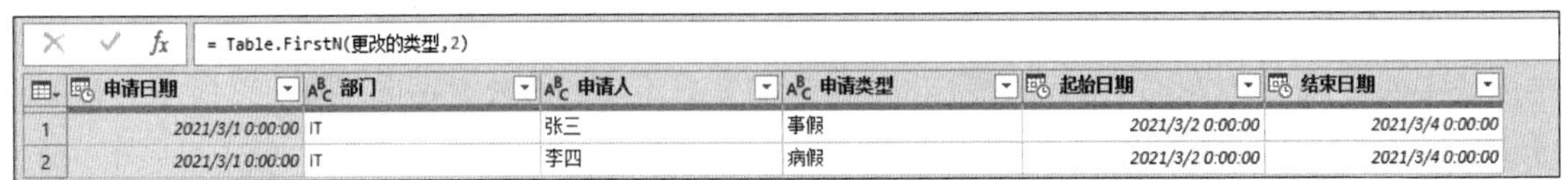

= Table.FirstN(更改的类型,2)

	申请日期	部门	申请人	申请类型	起始日期	结束日期
1	2021/3/1 0:00:00	IT	张三	事假	2021/3/2 0:00:00	2021/3/4 0:00:00
2	2021/3/1 0:00:00	IT	李四	病假	2021/3/2 0:00:00	2021/3/4 0:00:00

图 4.29 保留前面两行的数据

2. 保留后面几行

在 Power Query 中保留后面的数据行与保留前面的行操作方式完全相同，在 Power Query 编辑器界面选择“主页”选择卡，然后单击“保留行”下拉按钮，在下拉列表中选择“保留最后几行”命令，操作如图 4.30 所示。

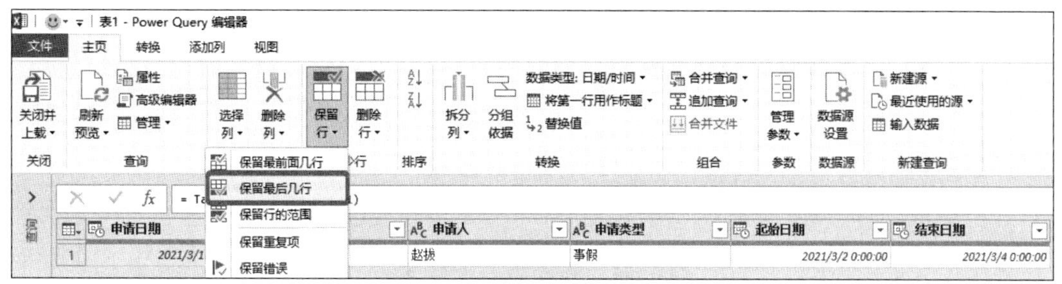

图 4.30　保留最后几行数据

在弹出的窗口中输入需要保留的行数，例如，输入的行数为 1，将会保存所有数据的最后一行。保存数据的最终结果如图 4.31 所示。

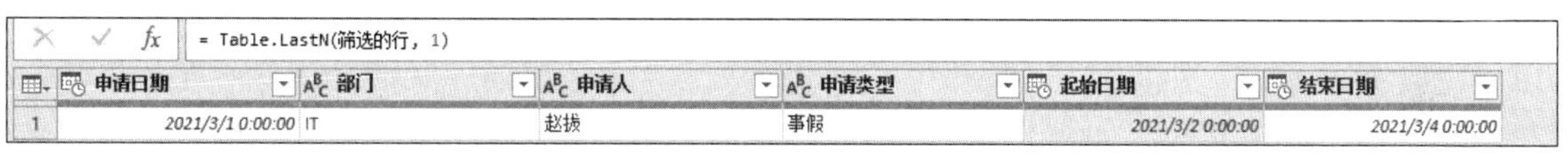

图 4.31　保留最后一行的数据

3. 保留一定范围的行

前面提到了保留前面部分数据的操作方法，也提到了保留后面部分数据的操作方法，有一类需求非常特别，它需要保留数据表中间的一部分数据。Power Query 如何去完成这个目标呢？如果希望保留区间的数据行，可以通过“保留行的范围”命令来实现。在 Excel 中单击进入 Power Query 编辑器，然后在“主页”选项卡中单击“保留行”下拉按钮，在下拉列表中选择“保留行的范围”命令，如图 4.32 所示。

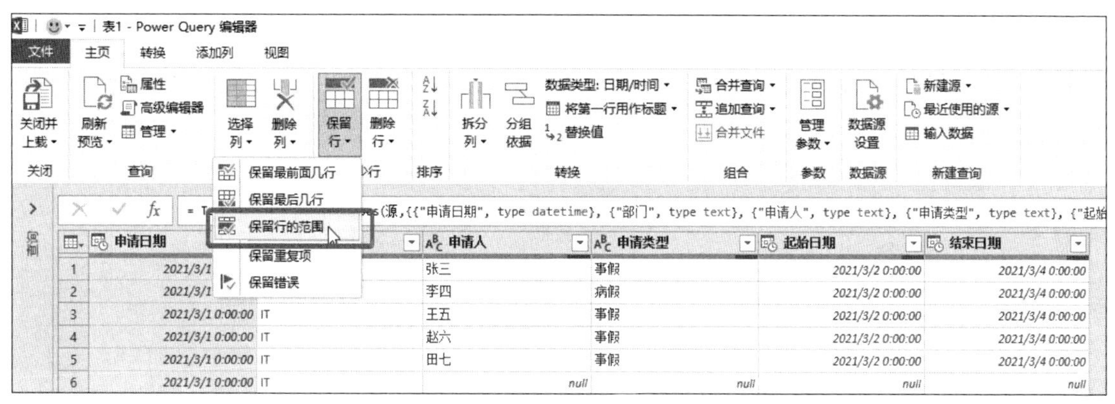

图 4.32　保留一定范围内的行数据

在弹出的窗口中需要填写两个参数：首行和保留的行数。首行就是需要保留数据的第一行在原表中的行标，而保留的行数则为从保留的第一行开始需要保留的数据行数。图 4.33 所示为保留范围的参数设定。

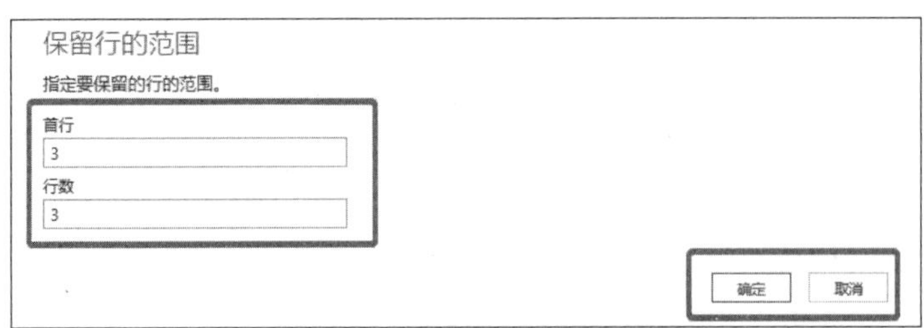

图 4.33　保留范围的参数设定

完成相应的保留参数设定之后，将会保留参数范围内的数据，其他数据将会被删除。在 Power Query 中函数的起始位置是从零开始，这和 Excel 有所区别，图 4.34 所示为执行保留范围内行操作后显示的数据，注意函数编辑栏中的函数方法和参数。

= Table.Range(更改的类型,3,3)

	申请日期	部门	申请人	申请类型	起始日期	结束日期
1	2021/3/1 0:00:00	IT	王五	事假	2021/3/2 0:00:00	2021/3/4 0:00:00
2	2021/3/1 0:00:00	IT	赵六	事假	2021/3/2 0:00:00	2021/3/4 0:00:00
3	2021/3/1 0:00:00	IT	田七	事假	2021/3/2 0:00:00	2021/3/4 0:00:00

图 4.34　执行保留范围内行操作的结果

4. 保留重复行

前面讲解了删除重复行数据的场景，有时我们需要保留重复行的数据用于数据的核对。Power Query 中保留重复行数据的操作也非常简单，但是需要特别注意的是，保留重复行和删除重复行一样，也会有列的选择问题。选择其中的某一列进行重复数据保留和选择多列进行重复数据保留的操作结果会不一样，在通常条件下，数据的重复都是多列数据重复。我们先来看下如何针对单列进行重复数据保留，这里以“部门”列为例，将部门中具有重复数据的行保留下来。在 Power Query 编辑器界面中选择“主页”选项卡，单击“保留行”下拉按钮，在下拉列表中选择“保留重复项”命令，如图 4.35 所示。

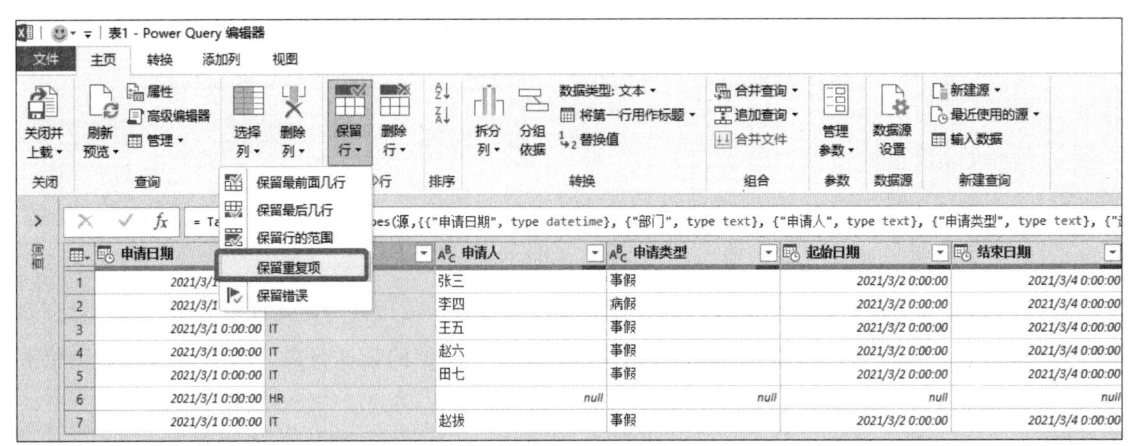

图 4.35　保留单列重复数据

在执行保留重复数据之后，我们会发现当前的数据中删除了部门是 HR 的数据，当前数据表中只有 HR 部门有一条数据。没有其他 HR 部门的人，因此数据被移除，图 4.36 所示为保留重复数据后的结果。

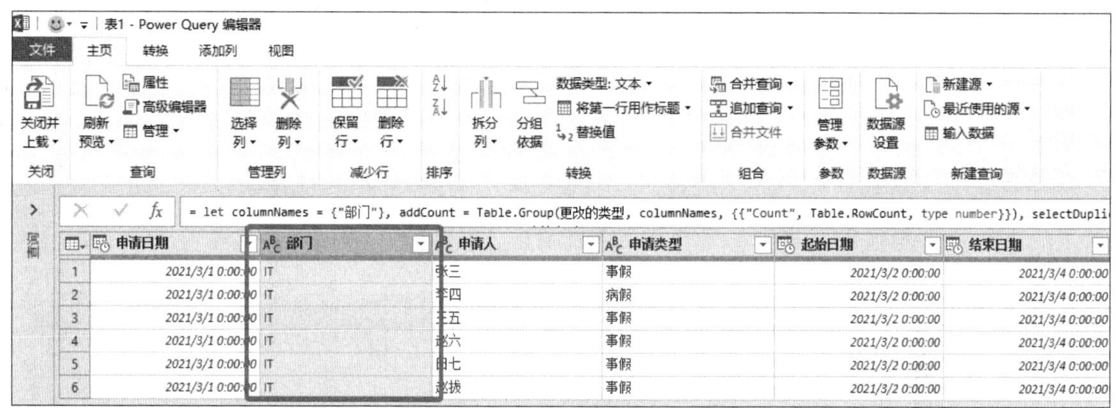

图 4.36　保留单列重复数据后的结果

如果希望基于多列保存重复的数据，可以通过按住“Ctrl”键来实现多列的选择。这里我们选择“部门”和“申请人”两列来实现重复数据的保留，执行完成后我们会发现结果为空，基于多列的操作将以多列作为联合数据，只有多列的数据完全相同才会被认为是相同的数据，图 4.37 所示为多列重复数据保存后的结果。在当前案例中将被视为没有重复数据，因此结果为空。

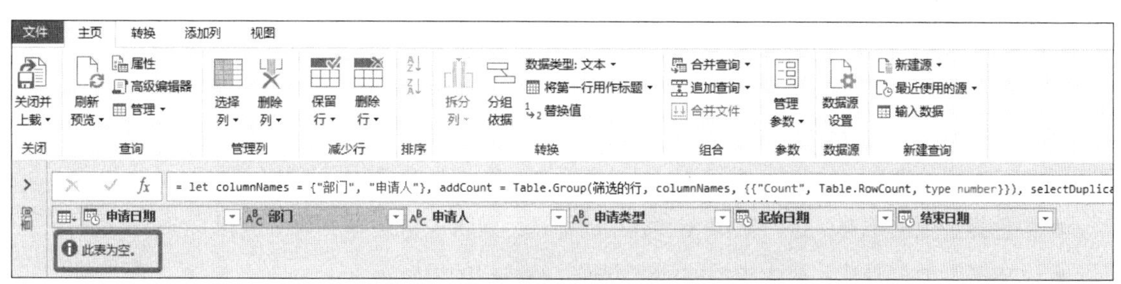

图 4.37　保留多列选择后的数据结果

5. 保留错误行

在进行数据清洗过程中，如果存在错误的数据，都会想深入地了解错误的原因是什么，在数据量不大的时候，通过导航很容易进行错误原因的查询。在数据成千上万或上百万条的时候，如果希望了解几千条数据出错的原因，就变成一个非常难以解决的问题，我们甚至很难在如此多的数据中找到错误的数据行。而 Power Query 的保留错误数据行功能能够非常方便地帮我们解决这个问题。在 Power Query 编辑器界面中选择“主页”选项卡，单击“保留行”下拉按钮，在下拉列表中选择“保留错误”，具体如图 4.38 所示。

完成错误数据的保留之后，我们可以在保留的数据中查看数据出错的具体原因，单击单元格中的 Error 错误，就能了解当前数据错误的原因，图 4.39 为选择“保留错误”命令后保留的有错误数据。

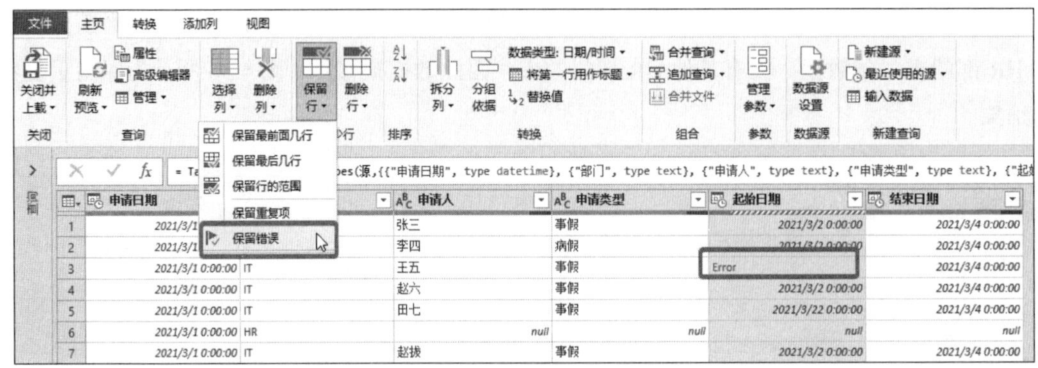

图 4.38　保留数据行中的错误

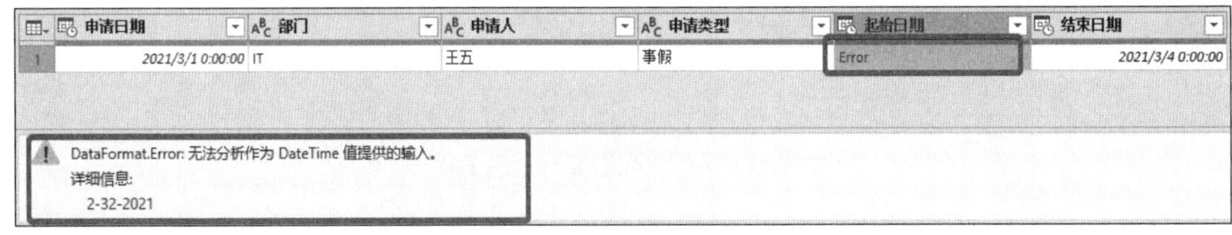

图 4.39　查看出错原因

4.8 Power Query 的数据筛选

数据筛选在实际的数据清洗过程中非常重要，因为在很多时候我们需要符合条件的数据，例如，某个时间段的数据，或者在某个大小区间的数据。在 Power Query 中数据筛选是基于列的操作，不同数据类型支持的筛选方法和模式会有不同。接下来分享如下几种数据格式的筛选。

■ 数值类型数据筛选：进行数值类型数据的筛选，包含逻辑运算和数值运算。

■ 文本类型数据筛选：文本类型的筛选方式支持数据的逻辑运算。

■ 日期类型数据筛选：日期筛选方式支持日期格式数据的逻辑运算。

在 Power Query 数据筛选过程中，也支持动态的数据类型数据，也就是支持参数值的筛选。在进行筛选的过程中，我们除了可以选择具体的值外，也可以根据参数定义的值来进行数据的动态筛选。

1. 数值类型数据筛选

数值类型数据一般包含了整数和小数，该类型数据支持的数据筛选方法如下。

■ 等于：数据与输入值相等。

■ 不等于：数据与输入值不相等。

■ 大于：数据的值大于输入值。

■ 大于等于：数据的值大于等于输入值。

■ 小于：数据的值小于输入值。

■ 小于等于：数据的值小于等于输入值。

■ 介于：数据的值介于输入的最大值和最小值之间。

上面提到的筛选方式的操作非常相似，这里选择“介于”的筛选方式进行数据筛选，数据筛选都是基于列。在数据列中单击右侧小三角下拉按钮，在下拉列表中选择“数字筛选器”→“介于”选项，具体操作如图 4.40 所示。

图 4.40　数据筛选器的介于操作

在弹出的对话框中输入“大于或等于”和“小于或等于”的数据，输入信息如图 4.41 所示。

图 4.41　在弹出的对话框中填写相应的数据

输入相应的数据之后单击“确定”按钮完成数据的筛选，筛选的结果如图 4.42 所示，所有在 4 和 10 之间的数据将被保存，而在区间之外的数据将会被删除。

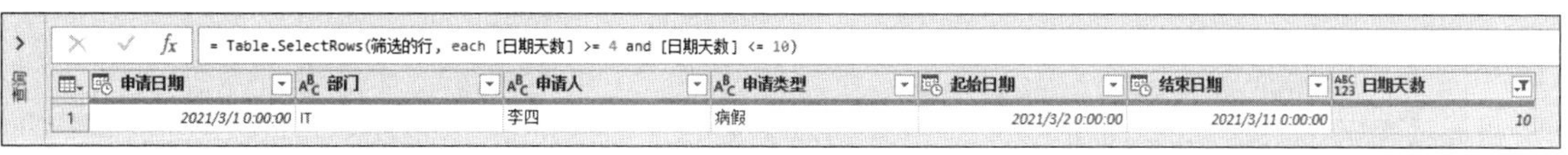

图 4.42　筛选后的数据结果

当前所有数据都是静态的数据，如果希望筛选的是动态的数据，筛选的数据内容将随着输入数据的改变而发生动态改变，应该怎么办呢？我们需要预先建立相关的参数，建立好参数之后就可以进行动态的数据筛选。这里的动态数据筛选的结果将根据参数的变化而变化，图 4.43 所示为参数定义后启用的动态数据筛选。在“查询”处创建了两个不同的参数，而这两个参数将会被应用在筛选过程中。

图 4.43　基于参数的动态数据筛选

2. 文本类型数据筛选

文本类型数据的筛选方式不同于数值类型，它无法像数值一样进行对比，但是在文本类型的模式下，我们可以进行如下方式的数据筛选。

- 等于：等于提供的数据值。
- 不等于：不等于提供的数据值。
- 开头为：开头是提供的数据值。
- 开头不是：开头不是提供的数据值。
- 结尾为：结尾是提供的数据值。
- 结尾不是：结尾不是提供的数据值。
- 包含：包含提供的数据值。
- 不包含：不包含提供的数据值。

这里以开头为文本类型的方式进行数据筛选，筛选的方式是直接在列中进行文本类型数据筛选，即单击所选列的下拉按钮，在下拉列表中选择“文本筛选器”→“开头为”方式进行数据筛选，如图 4.44 所示。

图 4.44　选择“开头为”模式

在弹出的对话框中输入开头的内容，这里在“开头为”处输入“张”，如图 4.45 所示。

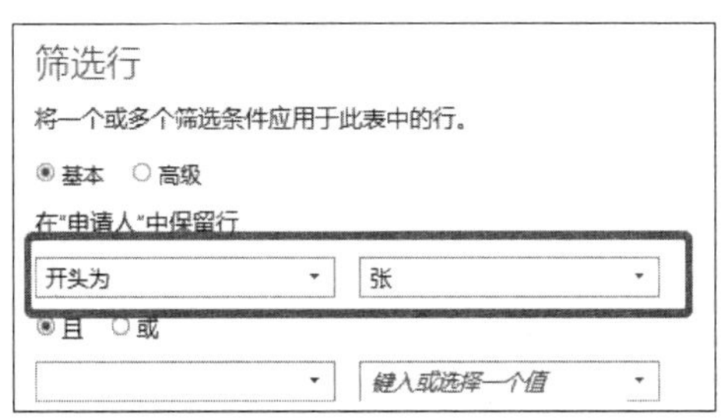

图 4.45　基于开头数据的筛选模式

完成了数据的筛选后，我们可以看到保留的数据，如图 4.46 所示。

图 4.46　完成文本类型数据筛选后的数据

如果希望使用动态参数，可以在 Power Query 编辑器界面的“主页”选项卡下单击“管理参数”下拉按钮，在下拉列表中选择“管理参数”命令，然后在弹出的“管理参数”对话框中进行设置。例如，我们需要定义数据类型为文本类型，参数定义如图 4.47 所示。

图 4.47　文本类型数据参数定义

完成文本类型的参数定义之后，就可以在筛选过程中选择符合条件的数据与参数类型相同的数据，一旦建立了文本类型参数之后，我们就可以在筛选中选择定义好的参数进行数据筛选，图 4.48 所示为在筛选过程中选择定义好的参数进行筛选。

图 4.48　筛选过程中选择文本类型的动态参数

3. 日期类型数据的筛选

在 Power Query 实际的数据筛选过程中，日期类型数据也是经常需要进行筛选操作的，日期类型支持的数据筛选的常见方式如下。

- 等于：数据与提供的日期相等。
- 早于：数据早于提供的日期。
- 晚于：数据晚于提供的日期。
- 介于：介于提供的两个日期之间。
- 在接下来的：基于当前的时间进行计算的日期之后的数据。
- 在之前的：基于当前时间进行计算的日期之前的数据。
- 最早：所有日期数据中最早的日期。
- 最晚：所有日期数据中最晚的日期。
- 不是最早：所有日期除了最早日期之外的其他日期。
- 不是最晚：所有日期除了最晚日期之外的其他日期。

除了以上几种方式还有其他筛选日期的方式，这里不全部列出。如果进行筛选的数据类型是日期类型，则包含了较多不同的计算类型的筛选，这一点与文本类型和数值类型不同。这里以“介于”筛选为例讲解如何进行日期区间的数据筛选，筛选的方式是在数据列中单击右侧的小三角形下拉按钮，在下拉列表中选择“日期 / 时间筛选器”→“介于”，如图 4.49 所示。

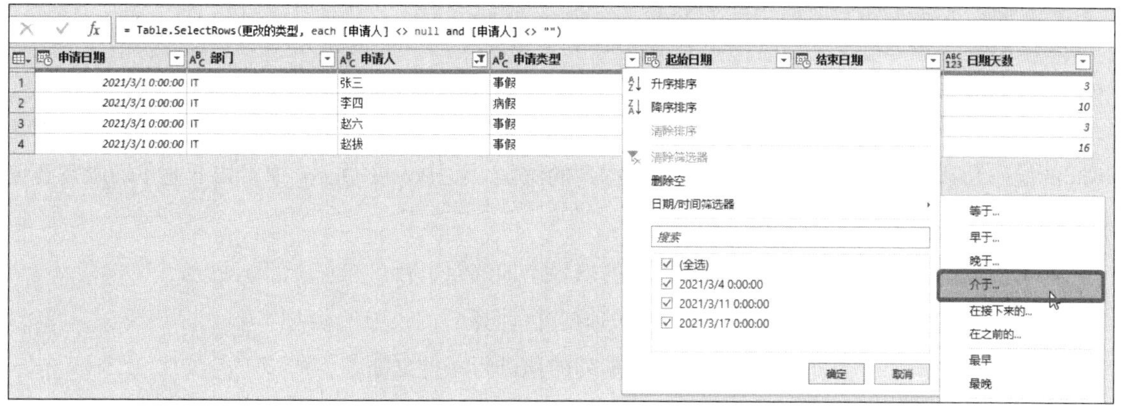

图 4.49　以“介于”方式进行日期筛选

在弹出的对话框中需要输入符合条件的日期 / 时间类型的数据，才能进行数据的筛选，这里将同时选择早于和晚于的日期，图 4.50 所示为数据筛选条件设置，符合条件的数据必须是日期时间类型。

Power Query 日期类型数据筛选也支持动态参数来实现数据的动态筛选，但前提条件是参数的数据类型是日期时间类型。在这里构建符合条件的参数之后，就可以在筛选条件中选择动态的参数进行筛选，图 4.51 所示为基于参数的动态筛选操作。

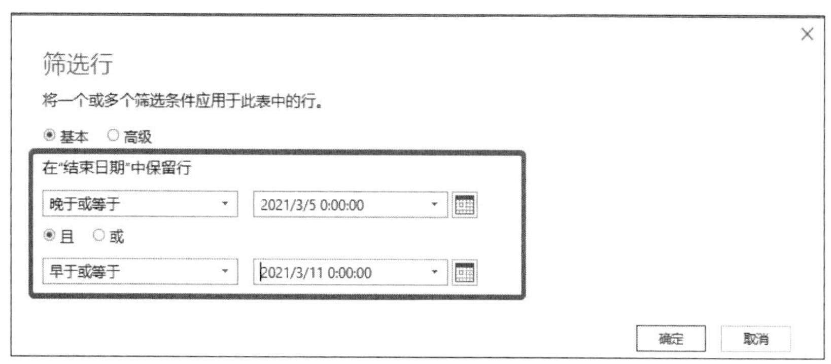

图 4.50　输入符合条件的日期 / 时间类型

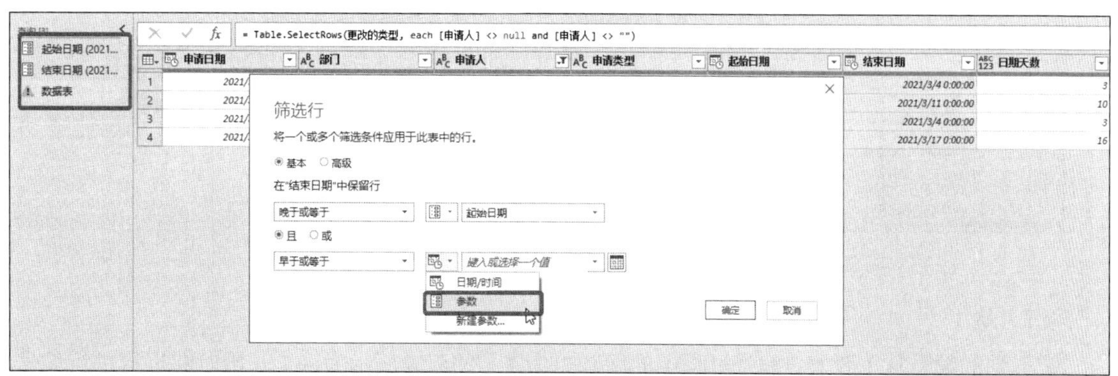

图 4.51　基于参数的动态筛选

4.9 Power Query 添加数据列

本节讲的添加数据列的操作相对前面的操作会复杂一些。添加数据列的在多重场景下可能涉及不同的操作和执行方法，这些需求都涉及数据列的添加。在 Power Query 中，如下业务场景需要使用到添加数据列功能。

- 索引列的添加：索引列是为当前数据的内容添加的索引行。
- 计算列的添加：计算列是基于其他列的值进行计算。
- 条件列的添加：条件列是基于表中数据列的值进行条件判断。
- 自定义函数列的添加：在当前表中添加自定义函数列，实现自定义函数的调用。

1. 索引列的添加

在使用 Power Query 的过程中，如果数据列中本身没有类似行号的列，我们通常会为数据添加索引列以快速实现行的定位，但是索引列有时还有其他功能，如进行数据行的选取。我们先来看一下如何为数据添加索引列，执行索引列的添加需要进入 Power Query 编辑器界面，在“添加列”选项卡下单击“索引列”的下拉按钮，在下拉列表中选择相应的选项命令，如图 4.52 所示。

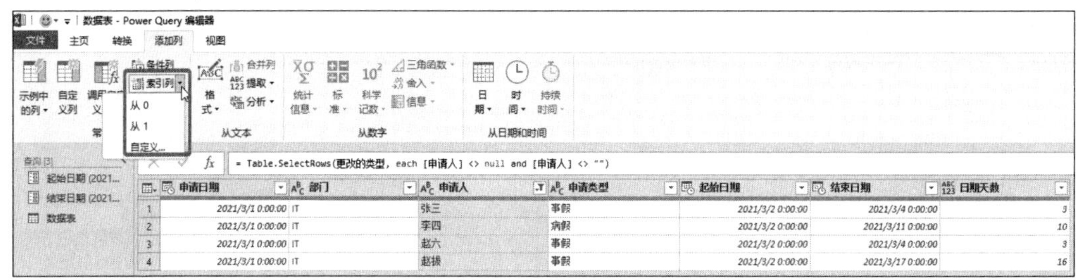

图 4.52　添加索引列

Power Query 在添加索引列的过程中，可以选择相对灵活的添加方式。

（1）从 0

索引列的编号从 0 开始，编号过程中的增量为 1，图 4.53 所示为对数据行从 0 开始进行编号。

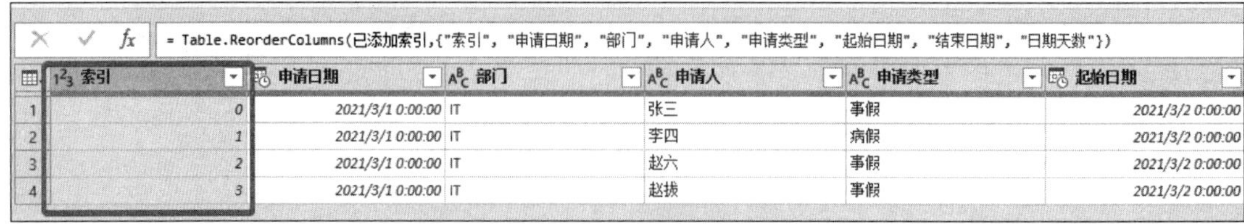

图 4.53　从 0 开始编号的索引列

（2）从 1

索引列的编号从 1 开始，编号过程中的增量也为 1，图 4.54 所示为从 1 开始对数据行进行编号。

（3）自定义

在实际的应用场景中还可能存在一种情况，也就是进行数据编号的过程中为了完成特定的任务，数据行不是从 0 也不是从 1 开始，而是自定义起始编号和增量。例如，从 100000 这样的数值开始，以 7 为增量来实现数据的编号，如图 4.55 所示。这种方式相对灵活，但这种应用场景是比较少见的。

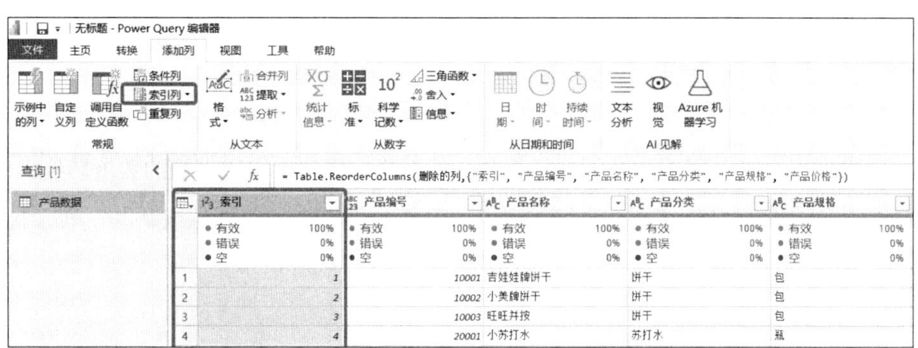

图 4.54　以 1 为起始编号的索引列的添加

图 4.55　以特定数值开始添加索引列

索引列的添加除了对行进行索引之外，还会有一些特殊的使用功能。例如，我们希望提取特定行的数据，要让数据呈现相对比较随机的状态，我们如何才能实现这个目标呢？可以利用索引的行进行求模运算获取特定行的数据。对索引的行进行求模运算非常简单，如图 4.56 所示为进行相应求模运算的操作。

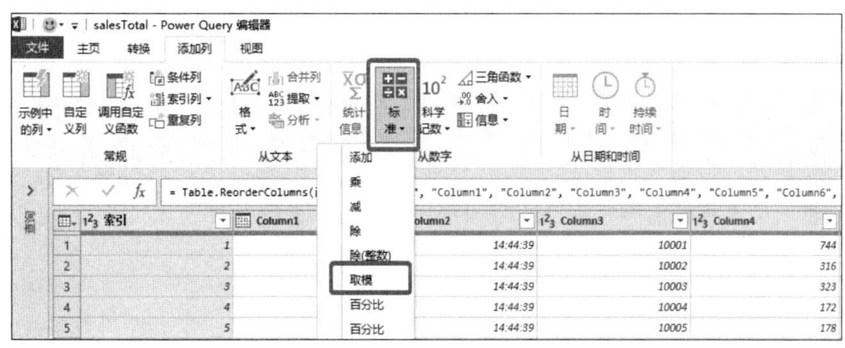

图 4.56　基于索引的行进行求模运算

2. 计算列的添加

Power Query 在实际场景中添加计算列的情况较多，对数据列的计算和添加，主要使用“转换”选项卡和“添加列”选项卡下的菜单项来实现，图 4.57 所示为“转换”选项卡中的菜单项。

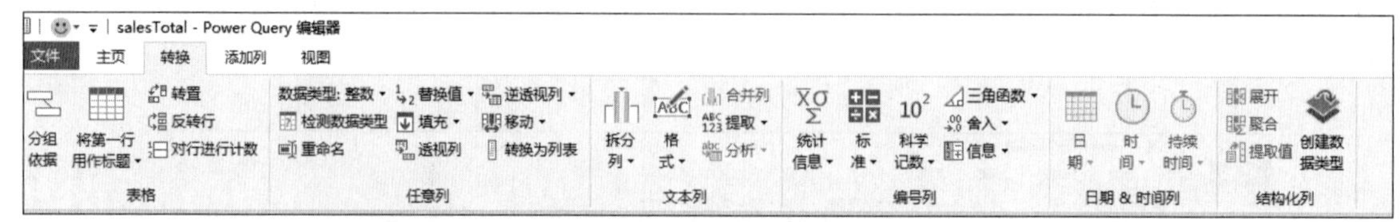

图 4.57 “转换”选项卡

“转换”选项卡是基于当前列数据执行操作，而不添加新列。相比直接的数据转换，“添加列”选项卡提供的功能会少很多，“添加列”选项卡是基于另外一列的数据生成新的一列，我们可以在“添加列”选项卡中单击相应的按钮来添加自定义列，如图 4.58 所示。

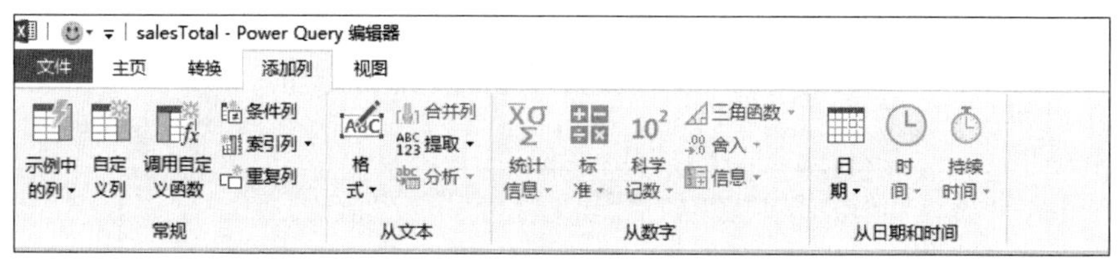

图 4.58 “添加列”选项卡

当然并不是所有的功能都会被启用，不同的数据格式类型使用的功能函数会有所不同，这里 GUI 功能菜单针对不同数据类型提供如下不同的计算。

（1）针对文本类型数据提供的功能函数和操作

- 类型设置：按照类型要求进行类型设置。
- 信息提取计算：按照具体的需求提取当前文本中的信息。
- 解析成 XML 或 JSON：将提取的数据以 XML 或 JSON 形式展开。

（2）针对数值类型数据提供的功能函数和操作

- 信息提取计算：依据实际应用场景进行各类信息提取操作，如提取长度、开始字符、结束字符等。
- 标准数据计算（加、减、乘、除）：针对数值进行加减乘除计算。
- 科学计算（绝对值、平方根、幂运算、对数、阶乘）：针对数值进行科学计算。
- 三角函数计算（正弦、余弦、正切、反正切）：针对数学三角函数进行计算。
- 舍入计算（向上舍入、向下舍入）：对数据进行四舍五入计算。

（3）针对日期类型提供的功能函数和操作

- 信息提取计算：以字符串格式进行数据提取。
- 日期各类数据提取：基于日期数据提取相应的年、月、日。

这里涉及多个不同数据类型的数据提取，我们以身份证号码为例，分别就上述三种不同的数据类型来实现数据的计算和提取，我们将以下面身份证号码作为函数操作的源数据（本书身份证号码数据均为随机生成，如有雷同，纯属巧合）。

13252719770220001X

372802197105082211

32010619710103281X

362124198210252334

452701198710260023

15020319750428031X

这些数据由于格式并不统一，因此将会被定义为文本类型数据。基于这些数据我们可以提取出很多有价值的数据，如籍贯代码、出生年月日、性别等。这里使用文本格式进行数据提取，可以提取出文本的长度、起始字符和结束字符，这里先提取出文本的长度，在“添加列”选项卡下单击“提取”下拉按钮，在下拉列表中选择“长度”命令，即可添加“长度”列，如图 4.59 所示。

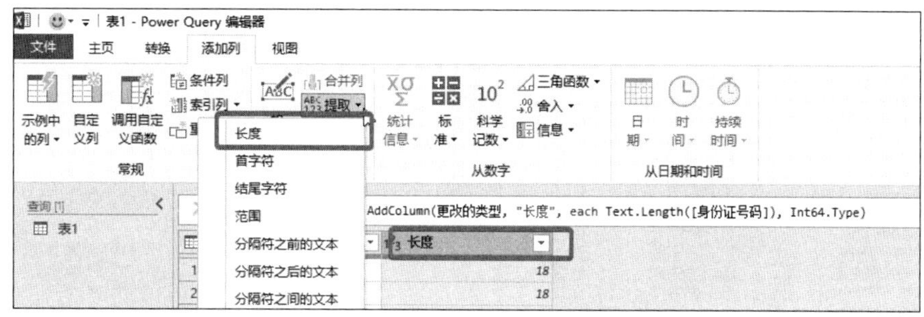

图 4.59　文本长度的提取方法

当然我们可以提取字符串中前面部分的字符，也可以按照要求提取后面部分的字符，图 4.60 所示为实现从开头到固定字符的截取操作。

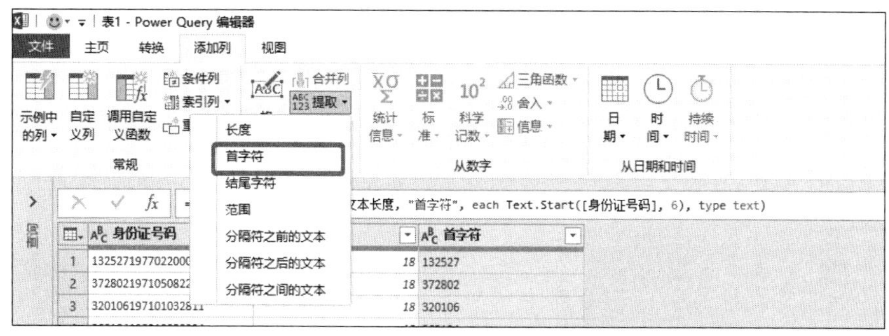

图 4.60　提取相应数字的字符

在这里如果希望基于身份证号码提取出生年月日，这不是通过提取首字符和结尾字就能够获取到的，这类提取需要从中间进行范围提取。在 Power Query 中进行范围提取不同于 Excel，Excel 的首位是 1，Power Query 的首位提取是从 0 开始，如果希望基于身份证号码提取出生年月日，则需要使用如图 4.61 所示的方法进行提取，身份证号码从第 7 位开始，连续 8 位是身份证持有者的出生年月日。

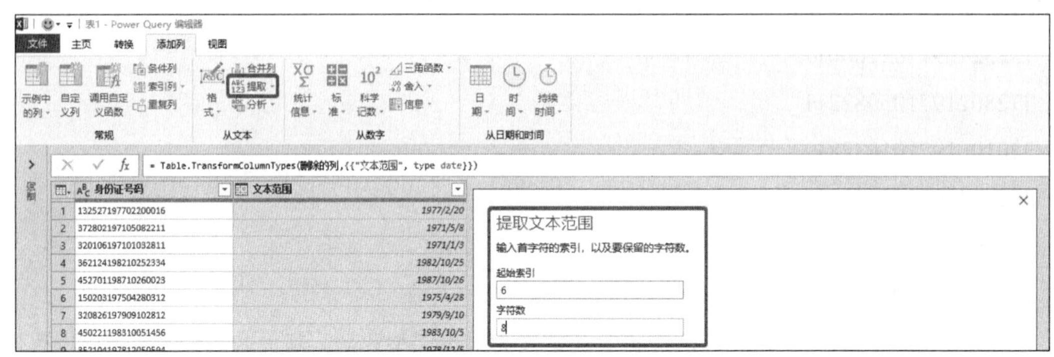

图 4.61　提取出生年月信息

出生年月日可以相对比较顺利地转换成日期格式，当前的日期将会被提取出来，这里可以提取出年、月、日，图 4.62 所示为基于提取的出生日期进行数据提取。

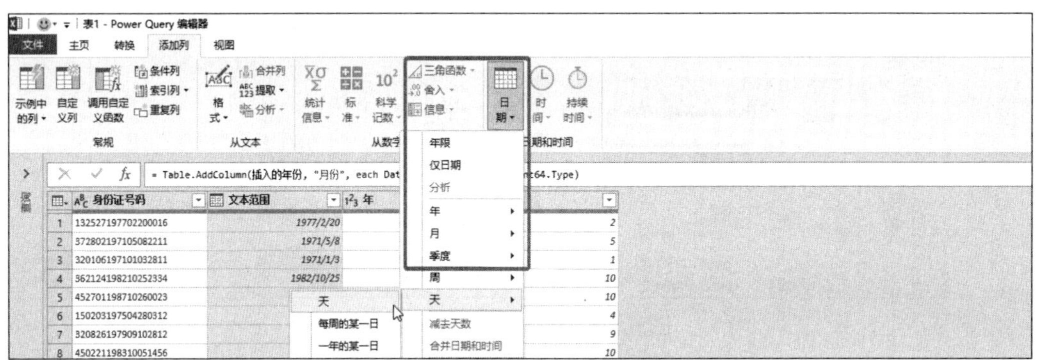

图 4.62　提取出生日期中需要的数据

当然，在这里也可以添加其他的内容数据，例如，我们通过添加自定义列方法在当前列中写入当前日期，通过在自定义列中输入相应的对象及方法即可完成数据的输入，如图 4.63 所示。

图 4.63　添加当前时间

如果希望基于当前时间和出生年月日进行年龄求取的计算，在添加列的 GUI 界面无法直接得到相应的结果，这里通过添加自定义列进行数据的计算，如图 4.64 所示，通过时间日期的函数和方法可得出当前的年龄值。

图 4.64　计算年龄值

3. 条件列的添加

条件列也是在 Power Query 中经常使用的列类型，这里的操作等同于 M 语言使用 if..then..else 的实现效果。条件列功能不同于计算列，计算列是依靠其他列进行计算得到需要的数据，而条件列则是基于其他列的数据判断才能得到相应的结果。这里我们以身份证数据为例，身份证的倒数第二位为男性和女性的判断标志位，通过数值的奇偶判断就能够知道性别。基于自定义列的构建，我们得到如图 4.65 所示的数据列。

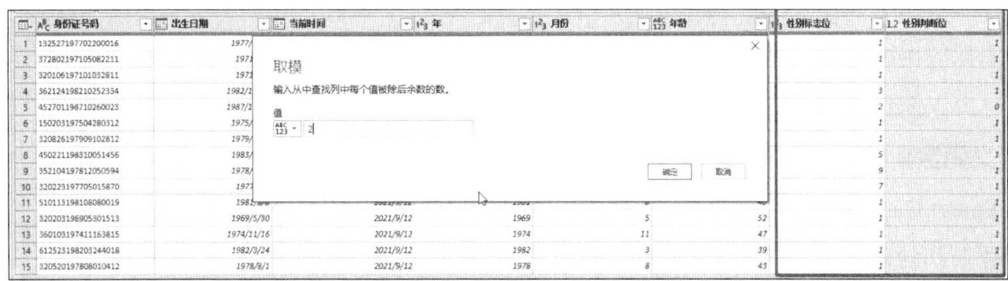

图 4.65　经过计算列提取性别标志位后的数据

通过“性别判断位”列可以进行性别的判断，如果判断位是 1，则是男性，如果判断位是 0，则为女性。进行性别判断需要选择“条件列”功能，在“添加列”选项卡中单击“条件列”按钮进行条件运算，如图 4.66 所示。

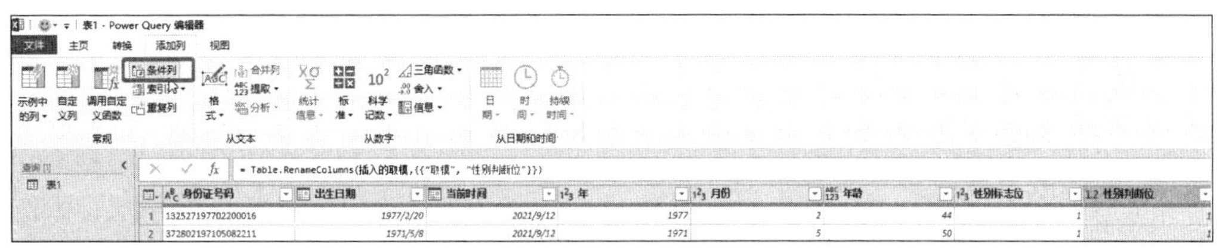

图 4.66　条件列的引用

在弹出的对话框中输入需要进行判断的条件，可以支持单个条件的判断，也可以支持多个条件的判断。判断性别时需要使用条件结构，判断条件设置如图 4.67 所示。

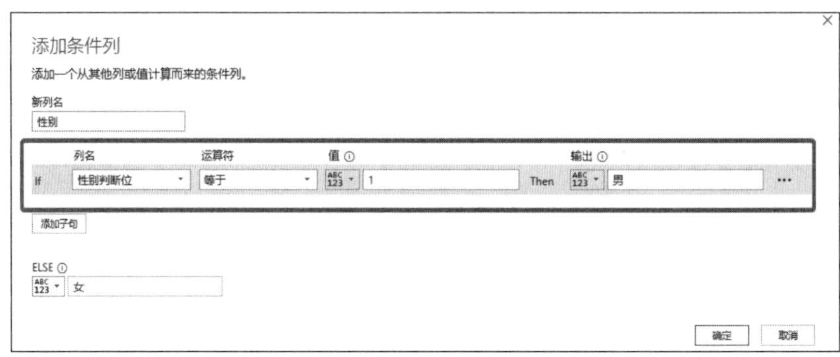

图 4.67　条件列的条件设置

按照相关的条件设置完成之后，即可获取如图 4.68 所示的条件判断结果。

= Table.RemoveColumns(已添加条件列,{"年龄", "月份", "年"})

	身份证号码	出生日期	当前时间	性别标志位	1.2 性别判断位	性别
1	132527197702200016	1977/2/20	2021/9/12	1		男
2	372802197105082211	1971/5/8	2021/9/12	1		男
3	320106197101032811	1971/1/3	2021/9/12	1		男
4	362124198210252334	1982/10/25	2021/9/12	3		男
5	452701198710260023	1987/10/26	2021/9/12	2		女
6	150203197504280312	1975/4/28	2021/9/12	1		男
7	320826197909102812	1979/9/10	2021/9/12	1		男

图 4.68　基于判断位的性别计算

在实际应用场景中，需要进行判断的条件会很多，但是只要按照相应的步骤完成判断，再复杂的场景也可以简化成非常简单的条件。

4. 自定义函数列的添加

在 Power Query 中，通常在以下几类场景需要添加和引用自定义函数。

- 数据列的计算有重复的计算过程。
- 数据列的计算有复杂的计算过程。

自定义函数可以很复杂，也可以很简单，这里我们定义一个简单的自定义函数，即对数值乘以 2，函数的内容如下。

```
let
    multiplytwo=(data as number)=>
        let
            源 = data*2
        in
            源
in
    multiplytwo
```

自定义函数设置完之后，将保存在查询列表中，图 4.69 所示为自定义函数设置完成后的界面。

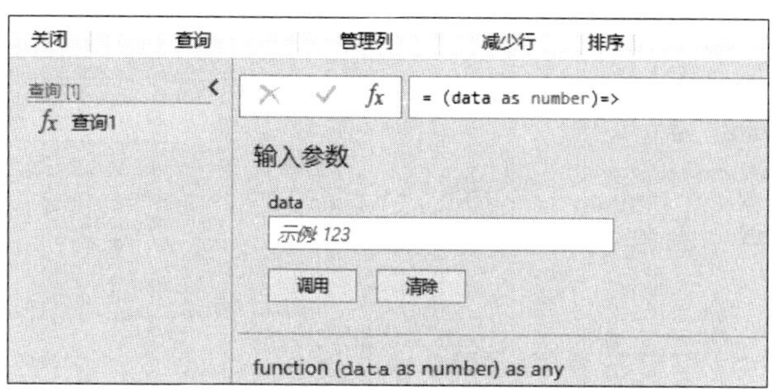

图 4.69　自定义函数的保存位置

如何在表格数据中引用自定义函数列呢？在引入表格数据之后，可以基于相应的数据列进行自定义函数引用。在“添加列”选项卡中单击“调用自定义函数”按钮，如图 4.70 所示。

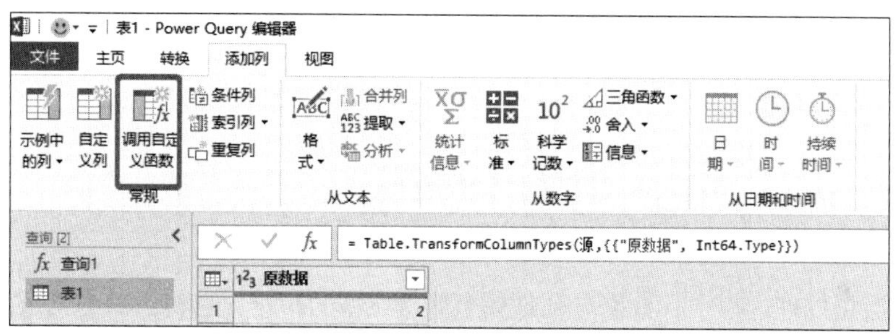

图 4.70　完成自定义函数的调用

在弹出的对话框中需要使用两个参数：第一个参数为调用自定义函数选择，第二个参数为计算列的数据选择。这里第一个参数选择我们自定义的函数“查询 1”，第二个参数为表格中的数据列，图 4.71 所示为调用自定义函数的操作。

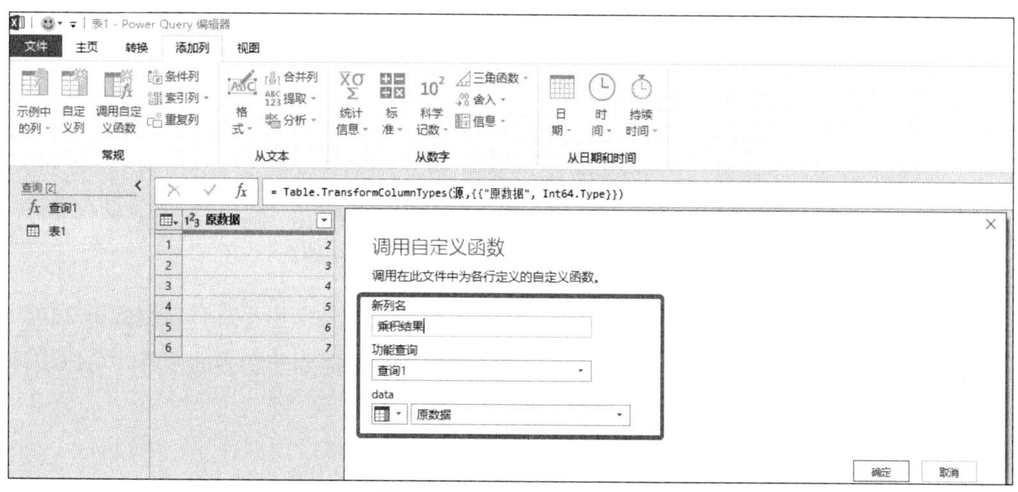

图 4.71　调用自定义函数

完成相应参数的选择后，基于自定义函数的数据列就计算出来了，图 4.72 所示为调用自定义函数后的最终结果。

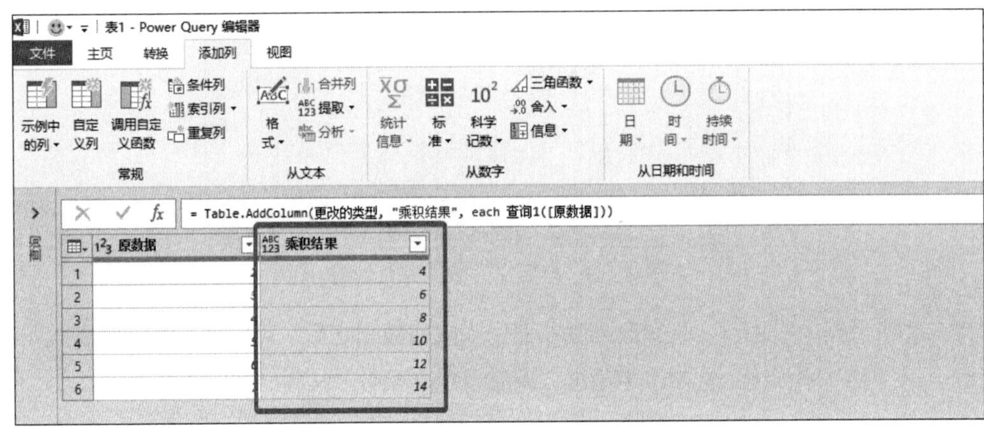

图 4.72　调用自定义函数的结果

4.10 Power Query 按列分列

在 Excel 的数据处理过程中，数据分列是一个非常典型的操作，它将当前的列按照相对应的规则分隔成多列数据，Excel 目前仅仅提供了相对简单的分列操作，只能进行固定宽度和分隔符号的分列操作，如果涉及复杂的分列操作，在 Excel 默认操作界面是无法完成的，图 4.73 所示为 Excel 中的数据分列操作。

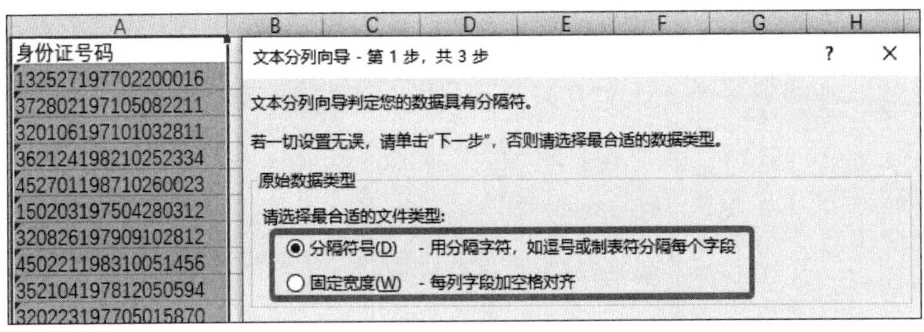

图 4.73　Excel 标准模式下的数据分列操作

身份证号码中前 6 位代表了行政区域划分，中间 8 位代表的是出生年月日，倒数第 2 位为性别标志位。如果这样的分列通过 Excel 标准模式下的分列操作，则需要非常多的步骤才可以实现，而如果通过 Power Query 实现则非常简单。

Power Query 提供了更加复杂的数据分列操作，功能如下。

- 按照分隔符分列：以分隔符作为分隔条件，将列进行分隔。

■ 按照字符数分列：按照字符数的数量作为分隔条件，按照要求进行数据分隔。

■ 按照位置分列：按照分隔符的位置完成数据列的分隔。

■ 按照小写到大写的转换分列：按照大小写转换进行列分隔，仅适用于英文字符。

■ 按照数字到非数字的转换分列：按照非数字（英文字符、全码字符、特殊字符）进行列的分隔。

在 Power Query 中进行列的分隔的场景非常多，我们接下来分别就不同的场景讨论列分隔的实现方法。

1. 按照分隔符分列

按照分隔符进行列的分隔是最简单的应用方法，在实际的应用场景中，默认情况下提供了逗号、冒号、分号、空格、制表符等分隔符。实际上，任何数字和字符均可以作为分隔符来分隔数据列，这里以一个简单的示例来介绍如何使用分隔符进行列的分隔，如图 4.74 所示。

图 4.74　基于分隔符进行数据分隔

在 Power Query 编辑器界面的“主页”选项卡中单击“拆分列”下拉按钮，在下拉列表中选择“按分隔符”来拆分列，操作如图 4.75 所示。

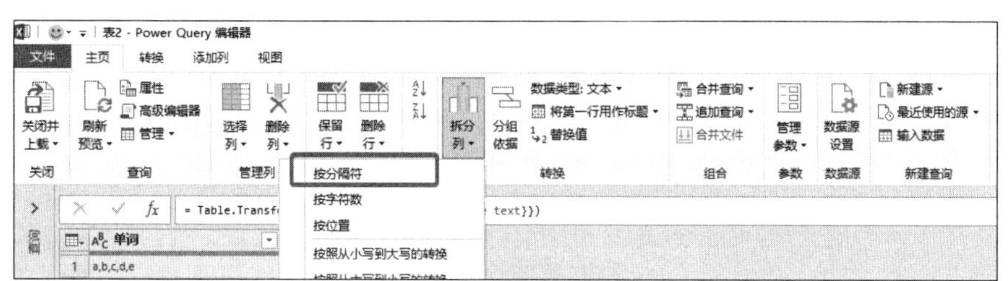

图 4.75　按照分隔符进行分列

在弹出的分隔符选择界面中，使用逗号作为分隔符进行列的分隔，如图 4.76 所示。

我们需要注意拆分位置选项的区别，拆分位置的不同决定了拆分后数据的结果也会不同。

■ 最左侧的分隔符：如果分隔符出现多次，将按照最左边的分隔符进行数据分隔。

■ 最右侧的分隔符：如果分隔符出现多次，将按照最右边的分隔符进行数据分隔。

■ 每次出现分隔符时：如果分隔符出现多次，按照每次出现的分隔符进行数据分隔。

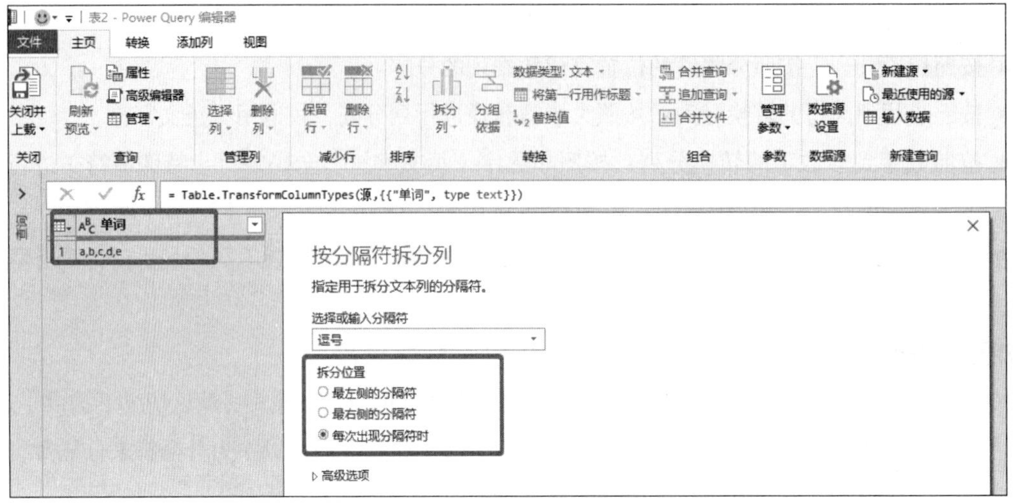

图 4.76 拆分位置选项

分隔符在不同的拆分位置可以得出不同的结果，如图 4.77（a）所示为最左侧分隔符分隔数据的最后的结果，图 4.77（b）所示为最右侧分隔符分隔数据得到的结果，图 4.77（c）为基于重复出现的分隔符对数据进行重复分隔。

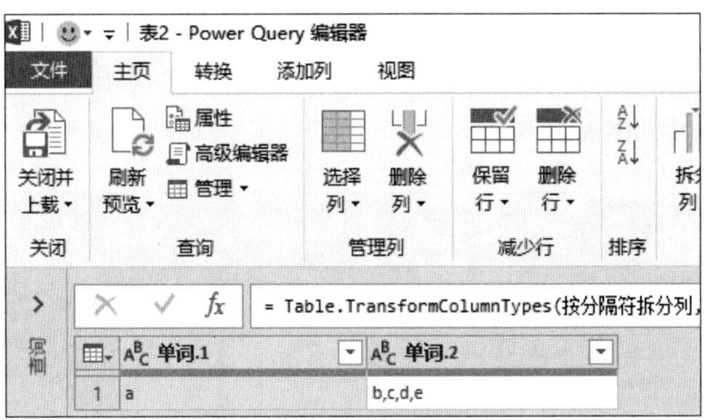

（a）按最左侧分隔符分隔

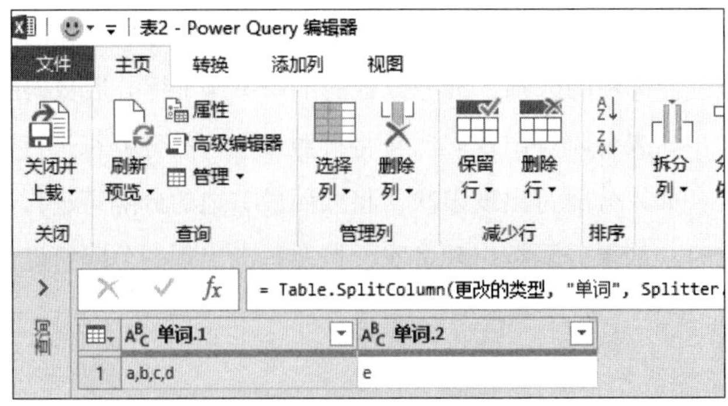

（b）按最右侧分隔符分隔

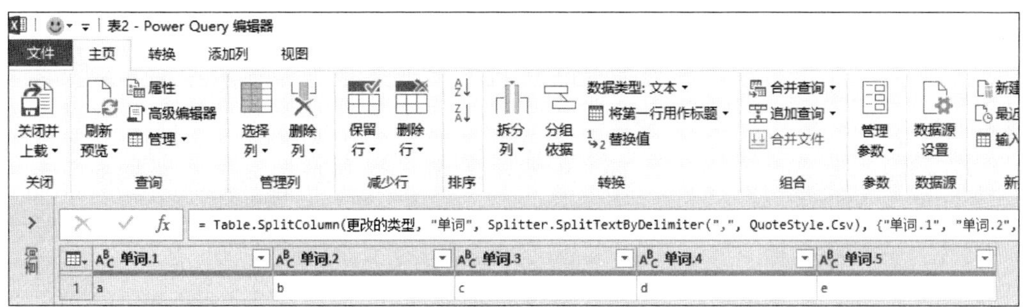

（c）按照分隔符重复分隔

图 4.77　不同拆分位置的分隔

2. 按照字符数分列

按照字符数进行分列属于非常有规律的数据分列，比如目前有 12 个字的数据，如果希望数据按照四个字一组进行分列，这样就会分成三列。通常来说，按照字符数进行分列的场景都是固定的分列场景，如《三字经》都是三个字一组。图 4.78 所示为《三字经》进行分列之前的数据，接下来要按照字符数对其进行分列。

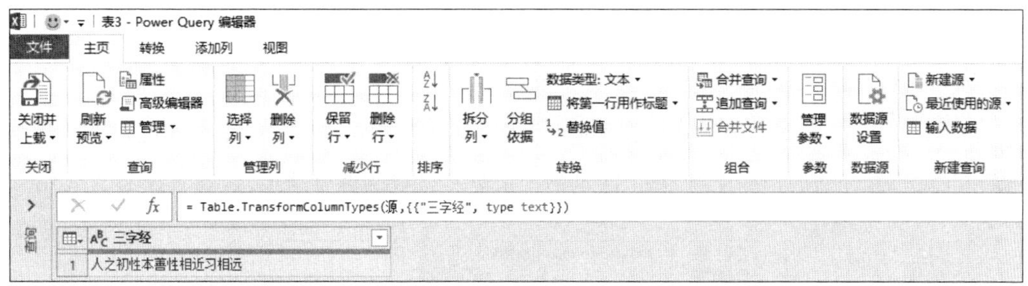

图 4.78 《三字经》数据

这里按照需求每三个字断一次句完成数据的截断，在 Power Query 编辑器界面的“主页”选项卡中单击“拆分列”下拉按钮，在下拉列表中选择“按字符数”命令，如图 4.79 所示。

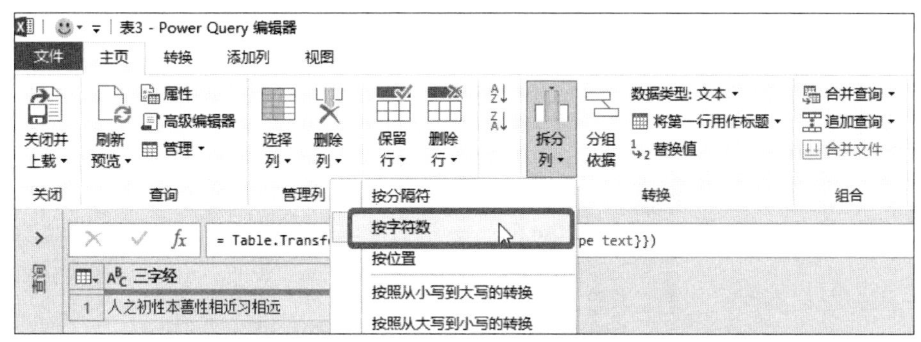

图 4.79　将数据按照字符数拆分

在弹出的窗口中同样又有三种不同的拆分方式，这里需要按照每三个字拆分一次，因此选择重复拆分，图 4.80 所示为拆分方式的设置。

图 4.80　按字符数拆分的设置

这里对应字符数拆分的方式有三种，不同的拆分方式对应了不同的结果。

- 一次，尽可能靠左：基于字符数的一次性拆分，从左边拆分一次就停止。
- 一次，尽可能靠右：基于字符数的一次性拆分，从右边拆分一次就停止。
- 重复：基于字符数的重复拆分，直到不能拆分为止。

图 4.81（a）所示为“一次，尽可能靠左”方式的拆分结果，图 4.81（b）所示为“一次，尽可能靠右”方式的拆分结果，图 4.81（c）所示为“重复”方式的拆分结果。

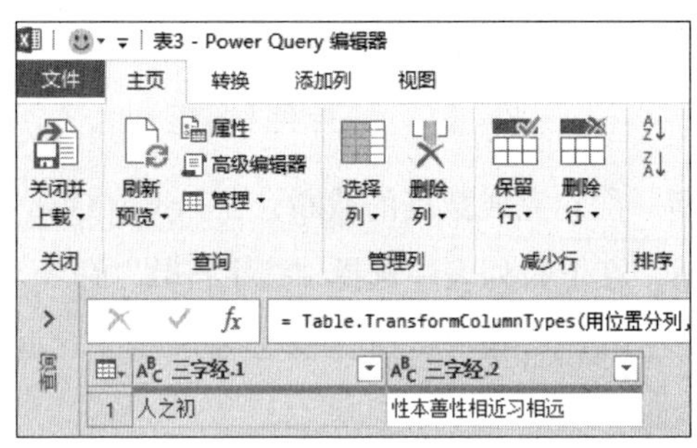

（a）一次左拆分结果

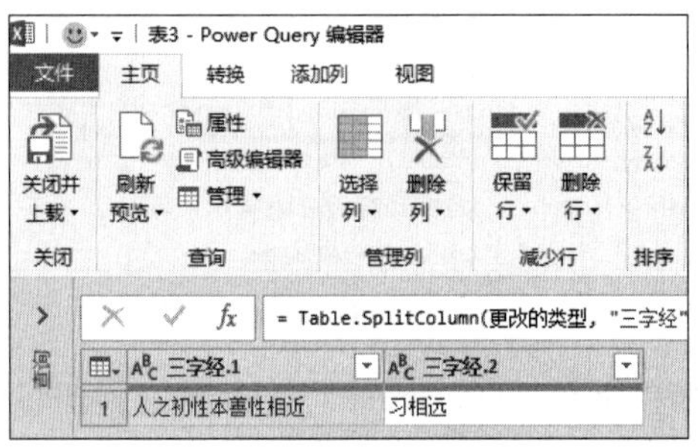

（b）一次右拆分结果

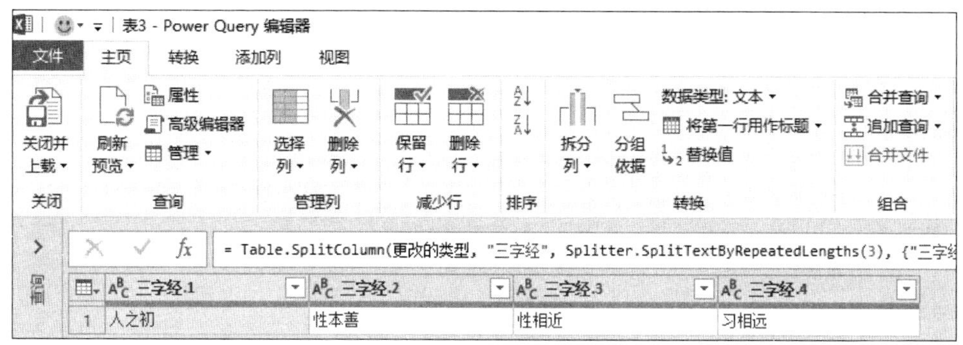

（c）重复字符数拆分

图 4.81　字符数的不同拆分方式

3. 按照位置进行分列

按位置进行分列不同于前面的固定字符数分列和分隔符分列，按位置分列是基于当前的数据进行不同位置的分列，这里依然以身份证号码作为具体的案例：1 ~ 6 位为行政区域代码，7 ~ 14 位为出生年月日，15 ~ 16 位为相同年月日的人员进行编号，17 位为性别标志位，18 位为随机验证位，而这样的数据按照位置进行分列可以完整地将相应的数据提取出来。注意下这里提取的位置不是从 1 开始，而是从 0 开始。在 Power Query 中选择好列后就单击“主页”选项卡下的“拆分列”下拉按钮，在下拉列表中选择“按位置”命令，将打开如图 4.82 所示界面。

图 4.82　按位置拆分列

“按位置拆分列”是将当前的数据按照相应的位置拆分数据列的内容，拆分之后的结果如图 4.83 所示。默认情况下通过位置进行拆分之后，拆分的列名称需要进行重命名。

	区域代码	出生年月日	出生编号	性别标志位	验证位
1	132527	19770220	00	1	6
2	372802	19710508	22	1	1
3	320106	19710103	28	1	1
4	362124	19821025	23	3	4
5	452701	19871026	00	2	3
6	150203	19750428	03	1	2
7	320826	19790910	28	1	2
8	450221	19831005	14	5	6
9	352104	19781205	05	9	4

图 4.83　按位置拆分之后的结果

4. 按照小写到大写的转换分列

下面是一个数据从小写到大写转换的分列操作的案例，图 4.84 所示为我们需要进行分列操作的数据。

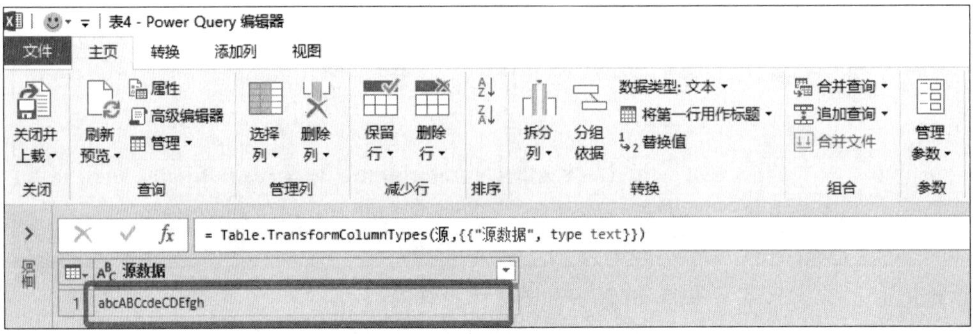

图 4.84　原始数据

下面按照从小写到大写转换进行分列，前面的小写字母将会被作为一组数据保留，而大写字母开始的数据在后面将作为另一组数据保留，但是这部分数据又会通过从小写到大写转换进行拆分，最终拆分结果如图 4.85 所示。

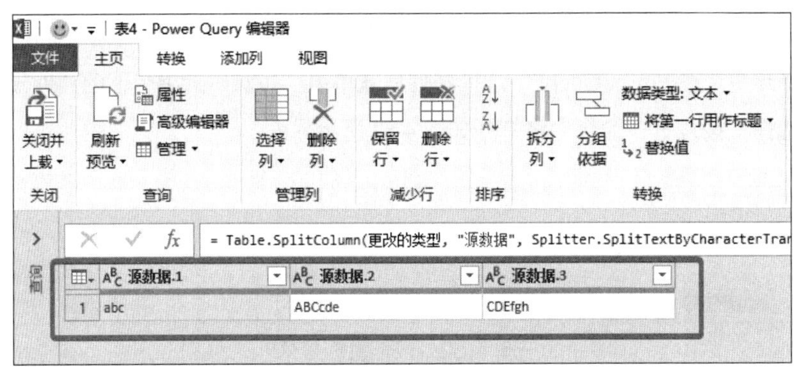

图 4.85　从小写到大写转换的最终拆分结果

这里有从小写到大写转换的拆分，那么同样也会有从大写到小写转换的拆分。大写到小写转换的拆分与小写到大写转换的拆分相同，这里同样以前面的数据为例进行数据的拆分，最终拆分的结果如图 4.86 所示。

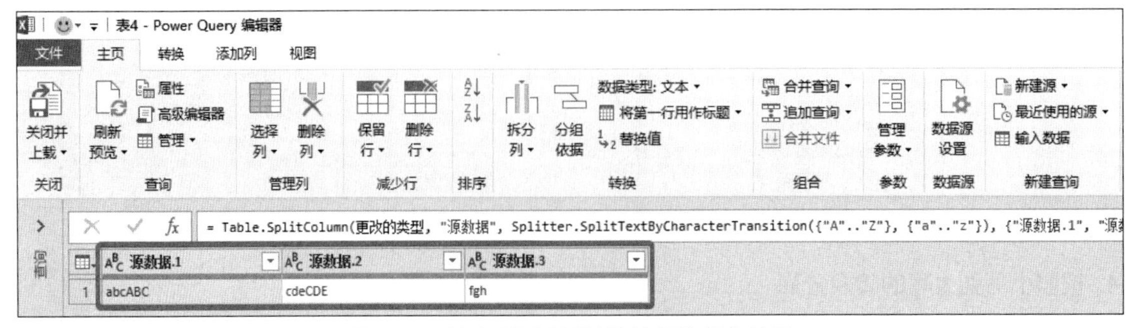

图 4.86　从大写到小写转换的最终拆分结果

5. 按照数字到非数字转换分列

试想一下这样的业务场景：一行数据中包含了文本内容和数值内容，而且内容没有空格，在这种情况下如何进行分列呢？图 4.87 所示为相应的分列所对应的源数据。

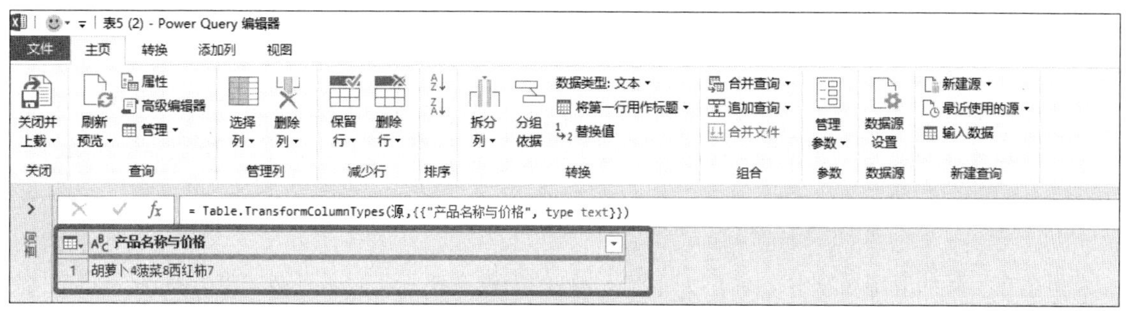

图 4.87　源数据

通过执行从数字到非数字的转换，根据数字转换的策略就可以得到最终的数据结果。为什么会得到这样的结果呢？我们选择的策略是从数字到非数字，这里从“4”到“菠菜”就不再是数字到数字，而从“8”到“西红柿”也不再是数字到数字，这样我们就能明白生成如图 4.88 所示结果背后的原因和逻辑了。

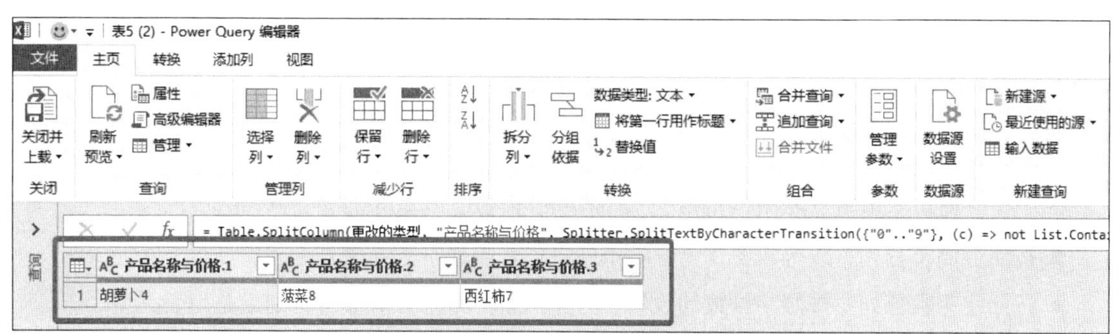

图 4.88　按照数字到非数字转换的分列结果

但是在这样的案例中，有一个比较麻烦的场景是如果数值不是整数而是小数，该怎么办呢？如果还按原来的方式进行数字划分，将会得到如图 4.89 所示的结果，会不会有点儿尴尬？

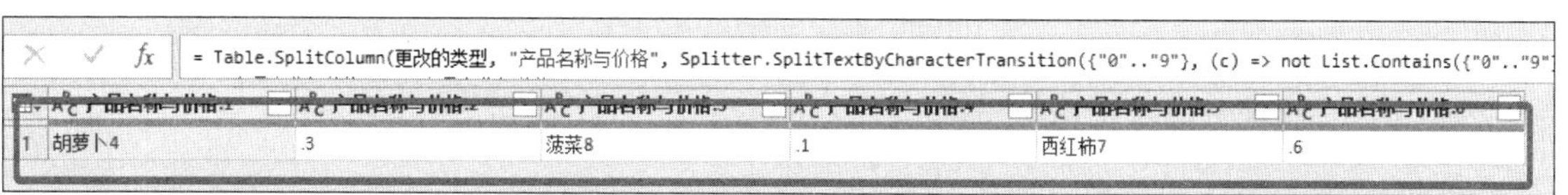

图 4.89　对数字拆分后的结果

对于这个问题，其实我们可以使用多种方法来解决，在后面的内容中会给大家分享多个不同的方法来解决这个问题。

4.11 Power Query 按列分行

按列分行功能与上面提到的按列分列功能非常类似，但按列分行得到的结果不是列，而是列表。当我们把数据进行按列分列的时候，对某列的数据按照规则进行分列得到的内容如图 4.90 所示。

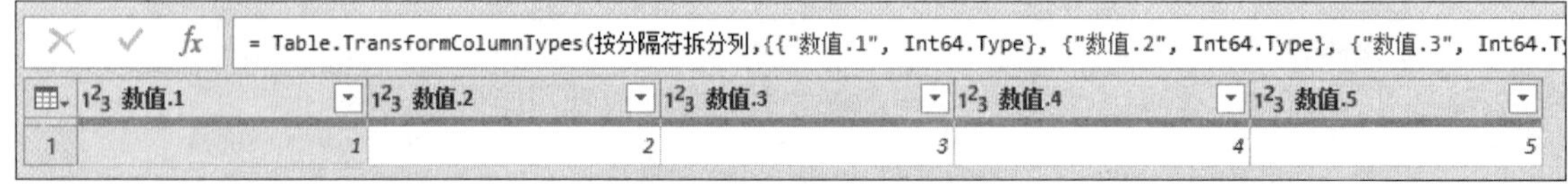

= Table.TransformColumnTypes(按分隔符拆分列,{{"数值.1", Int64.Type}, {"数值.2", Int64.Type}, {"数值.3", Int64.T

	数值.1	数值.2	数值.3	数值.4	数值.5
1	1	2	3	4	5

图 4.90　按列分列结果

但是在实际的应用场景中，除了按列进行分列的操作之外，我们还可能需要按列分行操作，什么意思呢？通常来说，将数据分成几列会造成数据的无序，有时我们希望的仅仅是将数据分列之后进行统计和计算，如果将列变成行，计算将变得非常简单，如图 4.91 所示为按列分行的结果。

= Table.ExpandListColumn(Table.TransformColumns(更改的类型, {{"数值",

	数值
1	1
2	2
3	3
4	4
5	5

图 4.91　按列分行的结果

与按列分列功能相同，Power Query 支持的按列分行功能存在不同的分行场景。

- 按照分隔符分列：以分隔符作为分隔条件将列分隔成行，结果是列表类型。
- 按照字符数分列：按照字符数的数量作为分隔条件将列分隔成行，结果是列表类型。
- 按照位置分列：按照分隔符的位置将列分隔成行，结果是列表类型。

1. 按照分隔符分行

如果将当前的数据以列表方式保存，则可以对被保存为列表的数据做进一步处理。下面这个场景就是非常典型的应用，在一个单元格内存在多个不同的数值数据，我们需要进行数据计算的话必须将当前的数据分为多个行，如图 4.92 所示的单元格中存在了多个数据，数据之间是以“；”分隔，这时我们就可以按照分隔符对其进行分行。

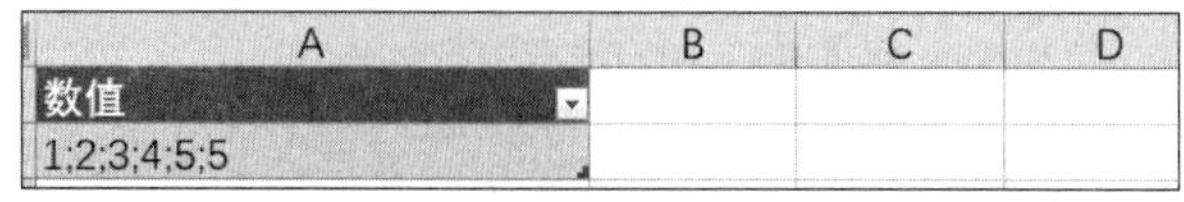

A	B	C	D
数值			
1;2;3;4;5;5			

图 4.92　数据按列分行案例

如果我们需要计算的是成千上万的数据，按列分列明显无法满足需求。这时就需要使用按列分行的操作将数据转换为行进行计算，而按行计算是一个非常简单的操作。在 Power Query 编辑器界面中选择“主页”选项卡，单击“拆分列”下拉按钮后，在下拉列表中选择“按分隔符”拆分，在弹出的窗口中我们需要展开“高级选项”，然后将拆分为列修改成如图 4.93 所示的拆分为行。

图 4.93　按列分行操作

完成按列分行操作之后，所有分行之后的数据以列表的方式保留在当前的表格中。这时我们可以非常方便地对数据结果进行计算，图 4.94 所示为按列分行后的最终结果。

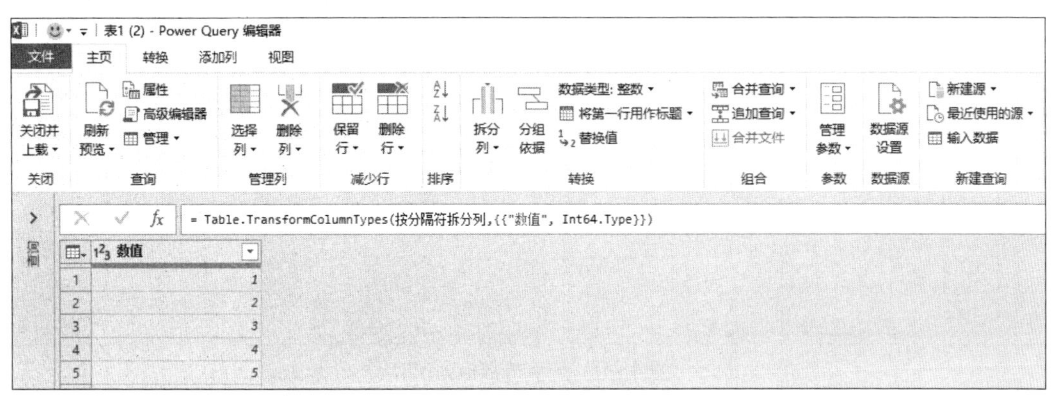

图 4.94　按列分行最终结果

相比分成无数多个列，将数据列分成行可以非常方便地实现数据的统计和计算。而 Power Query 提供的按列分行功能可以帮助大家解决在过去使用 Excel 时无法解决的数据分列的难题。

2. 按字符数分行

按字符数分行比前面的按分隔符分行的使用机会要少很多，按字符数分行得到的结果同样是列表。还是以《三字经》中的内容为例来实现按字符数分行的操作，案例源数据如图 4.78 所示。

选择需要进行分行的数据，在“拆分列”下拉列表中选择“按字符数”命令，在弹出的窗口中展开“高级选项”部分，设置如图 4.95 所示。

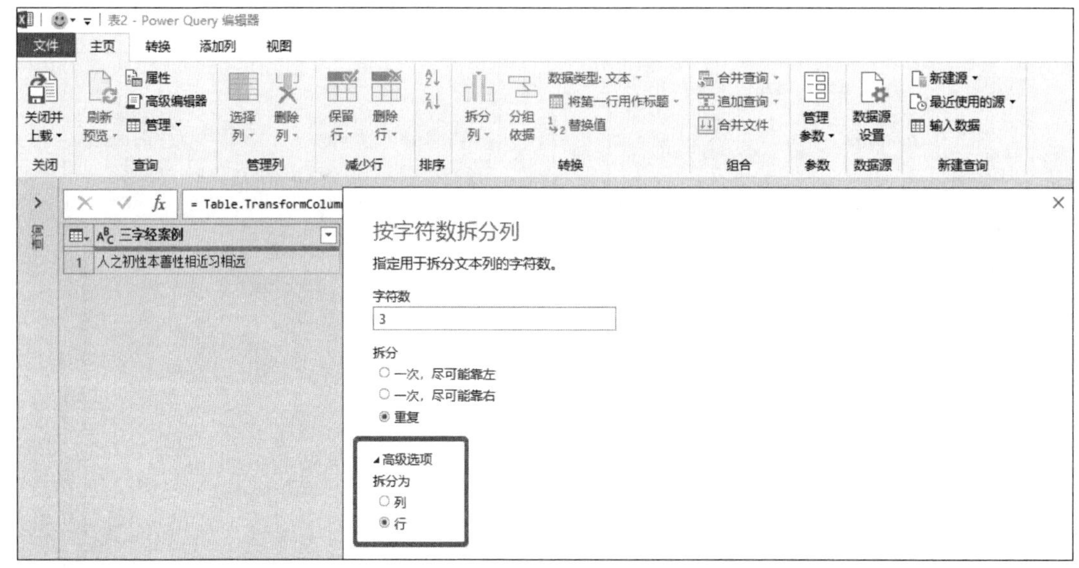

图 4.95 字符拆分操作

按照提供数量的字符拆分完成之后，目前的 12 个中文汉字将按照三个一组构成四组数据，图 4.96 所示为完成汉字拆分后的数据结果。

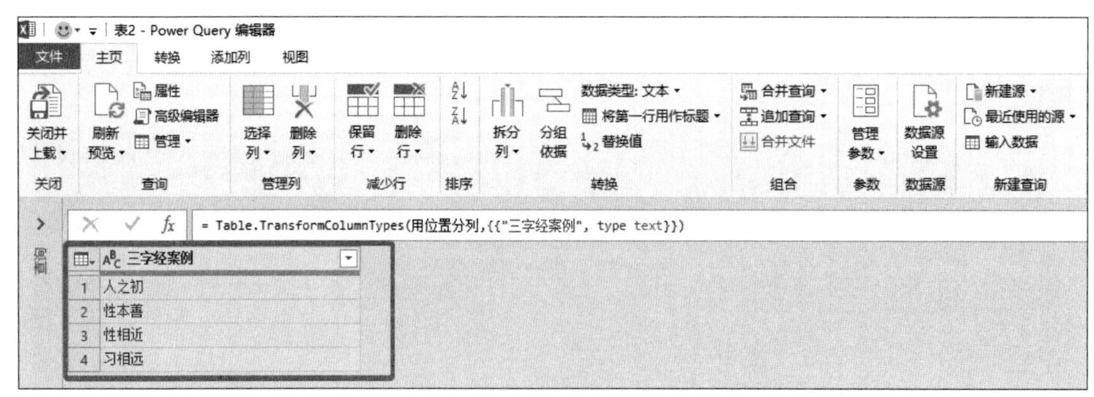

图 4.96 按字符数拆分文字

3. 按照位置分行

按照位置分行属于比较特殊的分行方式，不同于按照字符数和按照列分行，按照位置分行通常字符数不确定。接下来用一段古文作为按照位置进行划分的案例，这里没有分隔符，但是可以按照相应的位置按列分行断句，图 4.97 所示为案例文字。

图 4.97　案例文字

在 Power Query 编辑器界面的“主页”选项卡中单击“拆分列”下拉按钮，在下拉列表中选择“按位置”命令后，在弹出的对话框中的“位置”中输入数字，完成数据的分隔，注意下 0 位置是必要的，如果没有 0，数据分隔将会出现错误的结果。分隔后的数据将以列表保存，图 4.98 所示为按列分行后得到的最终结果。

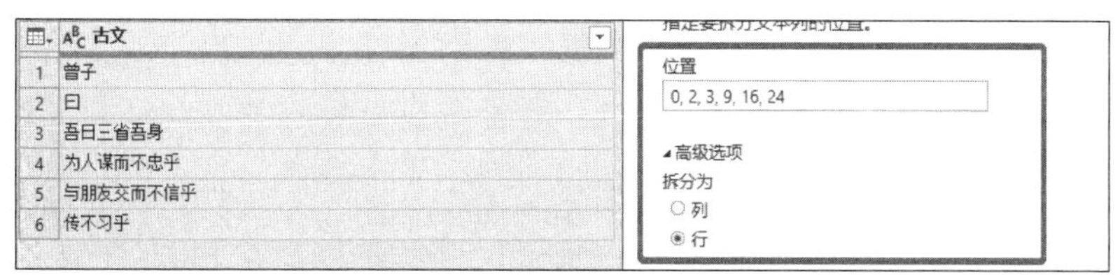

图 4.98　按位置分行最终结果

4.12 Power Query 的数据转置

在 Power Query 中如何实现数据的行列互换呢？这里以一个简单的案例分享如何使用数据转置功能进行数据处理和清洗，图 4.99 所示为行列转置之前的案例数据。

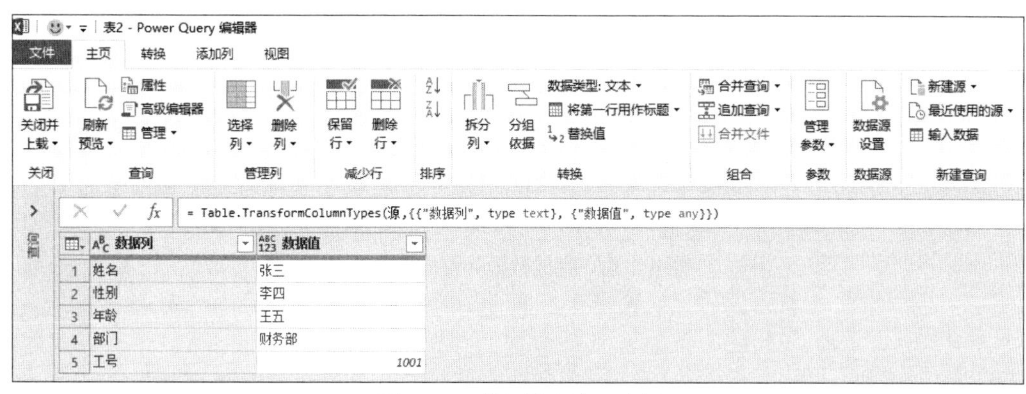

图 4.99　数据转置演示案例

常规的数据显示格式基本上都是以列为属性，数据行是我们获取的所有的数据结果。有时数据列当前不是列的属性，而是数据行。那我们如何将这些数据行转换为列呢？这个就要使用 Power Query 的行列转置功能。在 Power Query 编辑器的“转换”选项卡中单击“转置”按钮，即可实现行列转换的转置功能，如图 4.100 所示。

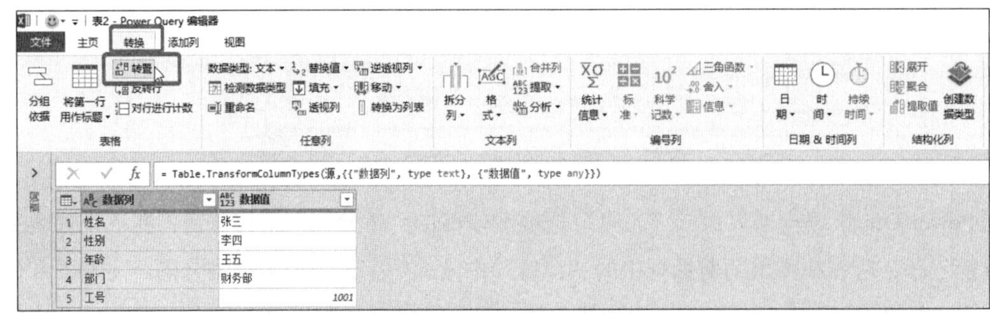

图 4.100 Power Query 的转置菜单

在完成数据转置后，数据列数据值都消失了，取而代之的可能是 Column1、Column2，也可能是姓名、性别、年龄等列。图 4.101 所示为实现数据转置后的结果。

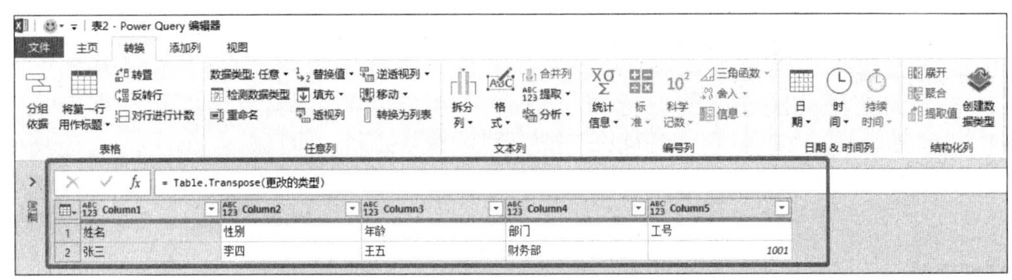

图 4.101 数据进行行列转置后的结果

行列转置后的表格中第一行可能不是列标题，可以在菜单栏中进行设置，将第一列设置为标题即可。图 4.102 所示为最终操作完成后的结果。

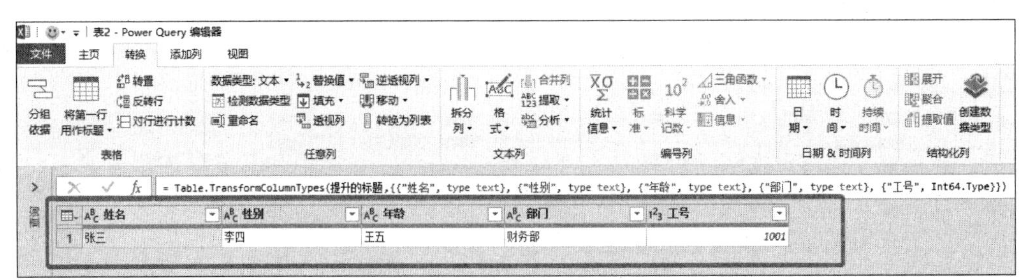

图 4.102 完成数据转置后的结果

4.13 Power Query 数据替换

数据替换在数据清洗过程中是频率相对比较高的操作之一，通过替换数据的方式可以完成字符和数值的替换，以实现错误数据的替换与删除。通常来说，数据替换包含以下两种不同的操作。

- 替换值：按照提供的数据对具体的单一数据进行替换。

■ 替换错误：如果数据出现错误，按照提供的数据对错误数值进行替换。

这两种操作所应用的场景有非常大的差异，替换值是在正常的数据条件下进行数值替换，而替换错误是在数据出现了计算错误的条件下实现数据替换操作。

1. 替换值

单一数据替换功能非常简单，只需要将当前数据中不正确的数据替换成正确的数据，即可完成数据的替换。通常来说，单一数据替换的目标是实现重复数据或字符的删除或替换。图 4.103 所示为替换操作的原始数据。

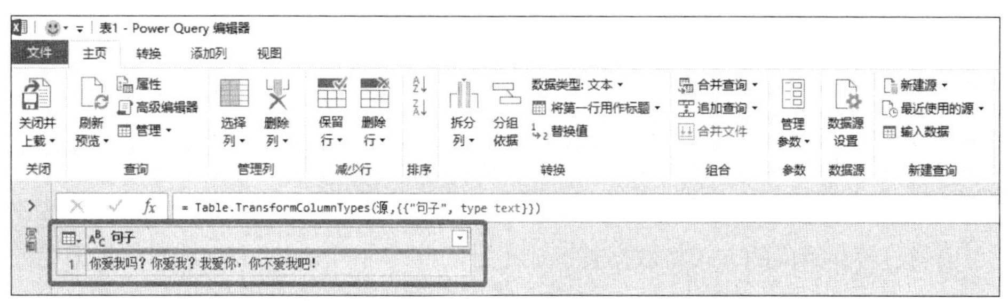

图 4.103　原始数据

这里我们先来替换单一的数据，将“爱”改成“喜欢”。单一替换值的方式非常简单，我们直接通过 GUI 的界面就可以完成。在 Power Query 界面中选择“转换”选项卡，然后单击“替换值”下拉按钮，在下拉列表中选择“替换值”命令，如图 4.104 所示。

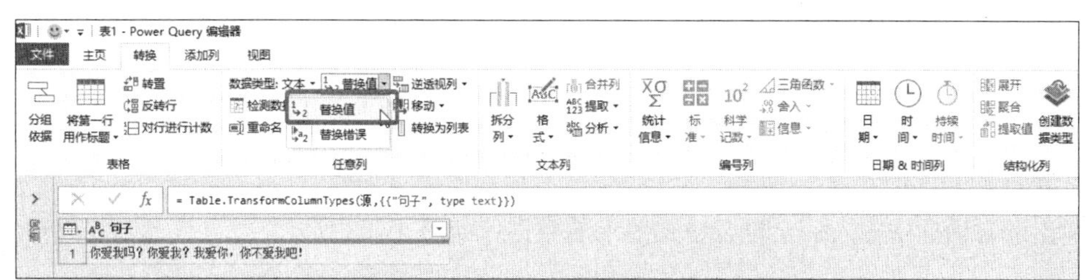

图 4.104　单击“替换值”按钮

在弹出的对话框中输入要查找的值和将替换为的值，就可以完成数据的替换，图 4.105 所示为相关操作。

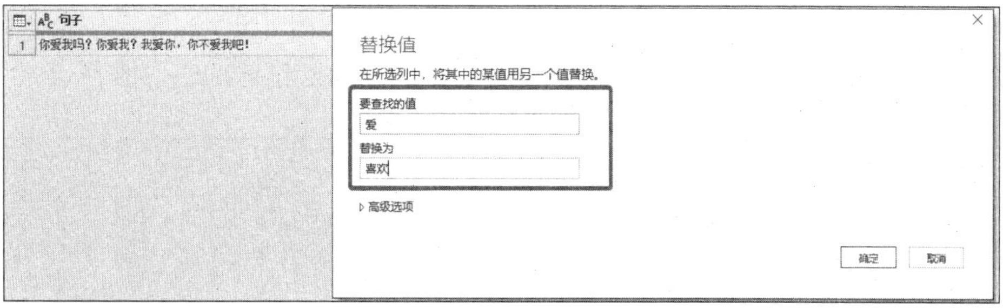

图 4.105　替换值参数设置

2. 替换错误

除了正常的值替换之外，Power Query 还支持运算错误后的数据替换。这里的错误指的是经过 Power Query 计算之后返回 Error 的数据。如图 4.106 所示为构造了一些不符合日期类型的数据之后 Power Query 返回的错误。

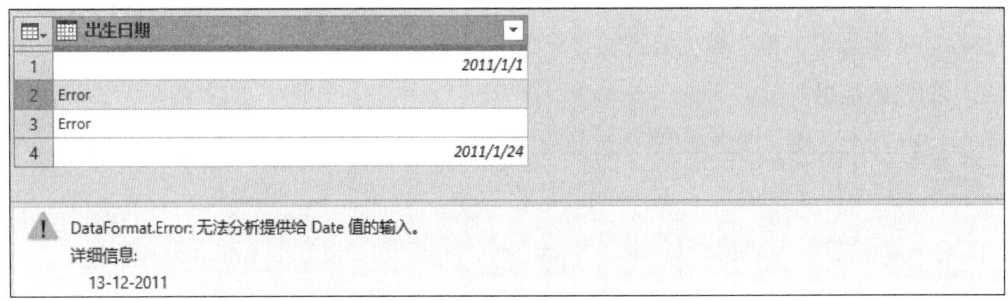

图 4.106　构造错误数据返回的错误

这里可以通过替换错误的方式将数据替换成正常的值，在 Power Query 编辑器界面中的“转换”选项卡下单击“替换值”下拉按钮，在下拉列表中选择“替换错误”命令，如图 4.107 所示。

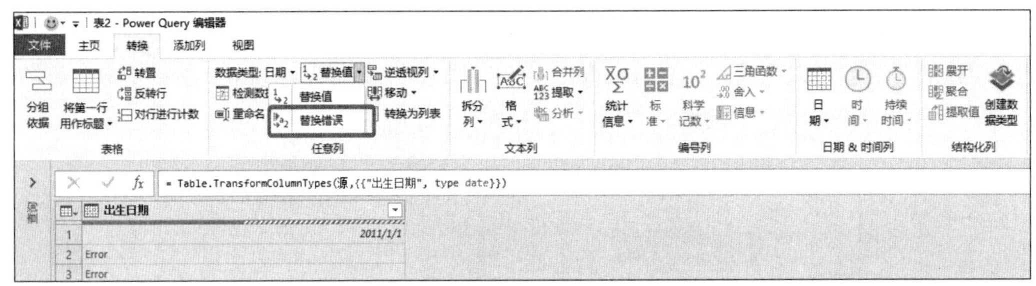

图 4.107　选择“替换错误”命令

在弹出的对话框中输入一个符合格式要求的数据，如图 4.108 所示。

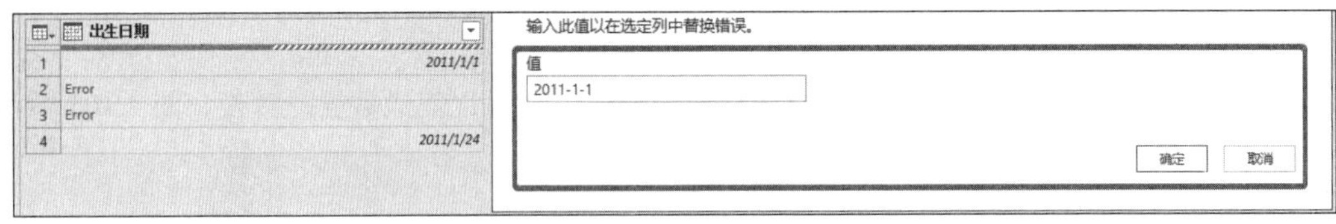

图 4.108　设置替换值

完成值的替换之后，所有错误数据都被替换成提供的值，最终结果如图 4.109 所示。

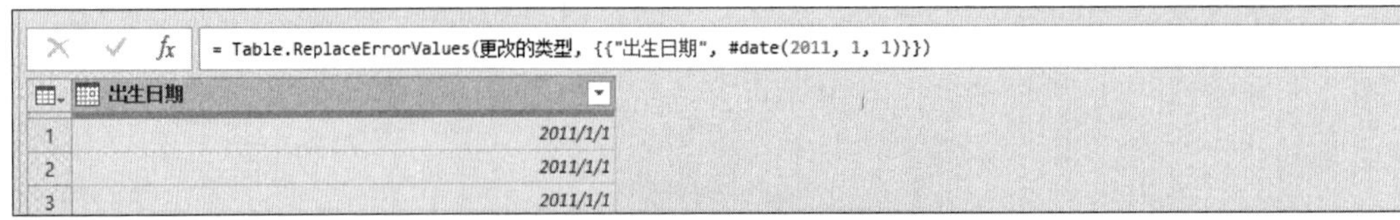

图 4.109　替换错误值之后的数据

4.14 Power Query 数据列交换

数据列交换是一个相对来说比较常用的操作，也非常简单，我们只需将要交换的数据列放在相应的位置即可。如图 4.110 所示，按照表格的规则最后一列不符合要求，现将其放在第一列。

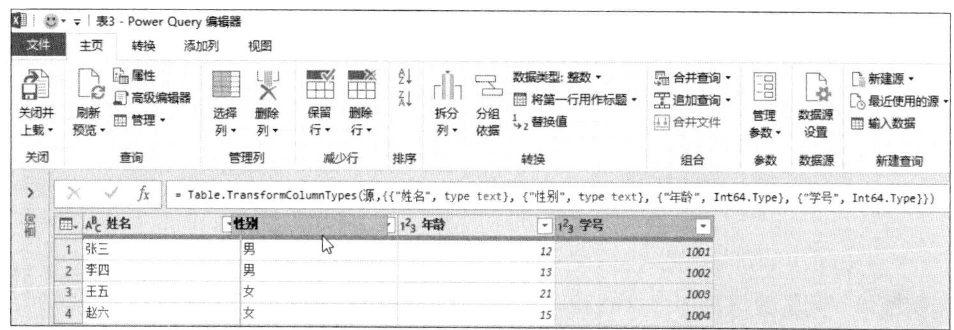

图 4.110　将学号列放到姓名之前

完成数据列的操作非常简单，选中“学号”列后，按住鼠标左键拖动鼠标到“姓名”列之前，然后释放鼠标，“学号”列即可被交换到如图 4.111 所示的第一列。

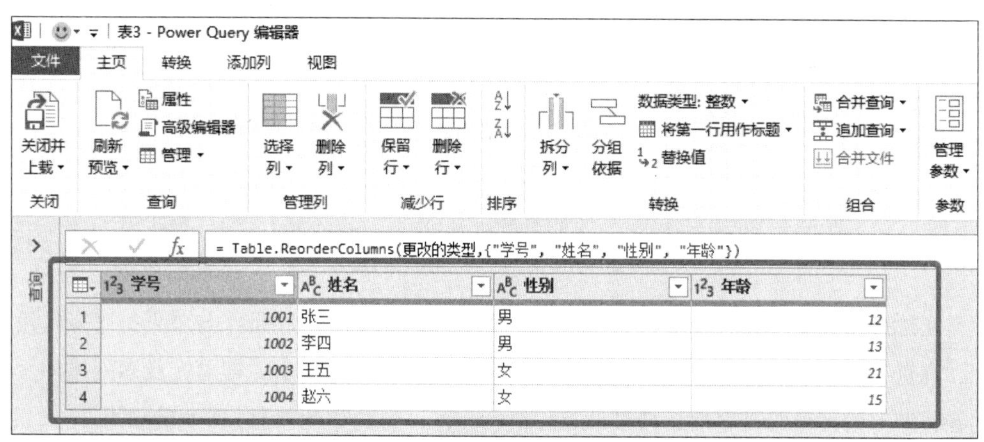

图 4.111　完成顺序交换后的数据

4.15 Power Query 的数据排序

数据排序在数据处理中也是常用的操作，不管是文本类型数据还是数值类型数据，或者是日期类型数据，基于特殊的要求，我们都需要进行相应的数据排序才能完成最终的目标。在 Power Query 中，数据排序操作可以通过列的值进行相应的排序，这里排序是遵循列的排序，如果涉及多列排序，我们要按照顺序先完成一列的数据排序，再完成另外一列的数据排序。下面以一个案例来了解单列排序和多列排序是通过什么样的方式来进行实际排序的，图 4.112 所示为当前未排序的数据。

表7 - Power Query 编辑器

= Table.AddColumn(更改的类型1, "年", each Date.Year([文本范围]), Int64.Type)

	身份证号码	文本范围	年
1	132527197702200016	1977/2/20	1977
2	372802197105082211	1971/5/8	1971
3	320106197101032811	1971/1/3	1971
4	362124198210252334	1982/10/25	1982
5	452701198710260023	1987/10/26	1987

图 4.112　未排序数据

首先实现单一列的数据排序，这时我们直接单击数据列右边的小箭头按钮，在下拉列表中直接选择“升序排序”或“降序排序”即可完成选择行的排序。图 4.113 所示为单一排序规则，在 Power Query 中排序规则非常单一，这里只能选择“升序排序”或“降序排序”。

= Table.Sort(插入的年份,{{"身份证号码", Order.Ascending}})

	身份证号码
1	132527197702200016
2	150203197504280312
3	320106197101032811
4	320203196905301513
5	320223197705015870
6	320520197808010412
7	320826197909102812

升序排序
降序排序
清除排序
清除筛选器
删除空
文本筛选器

图 4.113　单一列数据排序

但在实际应用场景中，存在需要进行多列排序的场景。多列排序操作与单列排序操作没有太大的不同，在进行单列排序后，我们再在其他的列上进行排序规则设定，即可完成多列排序。当前案例我们在按照身份证号码排序后，再按照年份进行排序，得到如图 4.114 所示的结果。

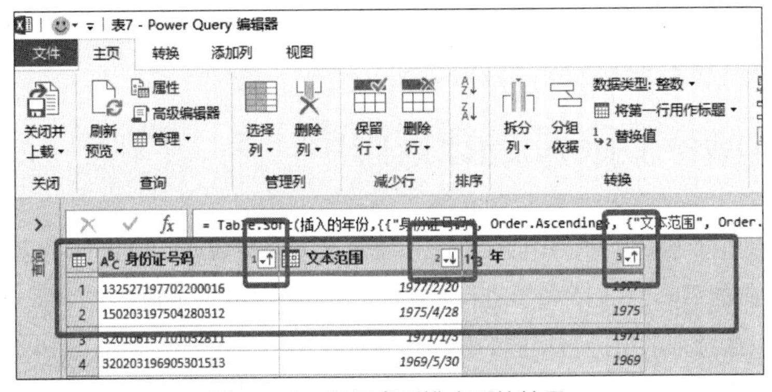

图 4.114　进行多列排序后的结果

注意图 4.114 的排序规则，这里表示的是我们先按照身份证号码的规则进行第一列排序，如果碰到相同结果的将按照年份排序，如果身份证号码或年份相同，将会按照年的值进行排序。

4.16 Power Query 时间表的构建

在进行数据分析过程中，时间是非常重要的维度。例如，我们说张三做了 500 万元业绩，我们会认为是去年挣了 500 万元，如果脱离了时间维度，我们就不知道他是在什么时候，花了多少时间挣了 500 万元。因此，在很多时候我们需要去构建相应的时间维度表来分析时间与业绩的关系。

对于日期表，Power BI 能够自己生成，但是生成的表在很多时候不一定是我们所需要的。因此在很多时候需要自己来定义日期表，在 Power Query 中通常会有两种不同的构建方式。

- 静态日期表构建方式：静态日期表构建方式是通过估算当前数据的周期进行日期表的构建，例如，数据表的内容包含了从 2020 年 1 月 1 日到 2022 年 1 月 1 日的数据，但是实际的数据内容肯定会有空闲日期或无数据日期，如果希望真实地反映出每一天的数据状况，可以采用静态日期表方式构建方式。
- 动态日期表构建方式：动态日期表不同于静态日期表，静态日期表的日期相对比较固定，而动态日期表的日期不是自动生成的，而是基于当前业务数据表生成的。动态数据表生成的日期动态地反映出数据表中的日期情况，目前没有数据的日期将不会显示在动态日期表中。

1. 静态日期表的构建

在 Power Query 中我们可以通过 List.Dates 方法来构建日期表，在 Power Query 编辑器窗口中单击 List.Dates 函数所对应的 Function，Function 中会显示出 List.Dates 函数生成案例，图 4.115 所示为具体日期表的生成示例。

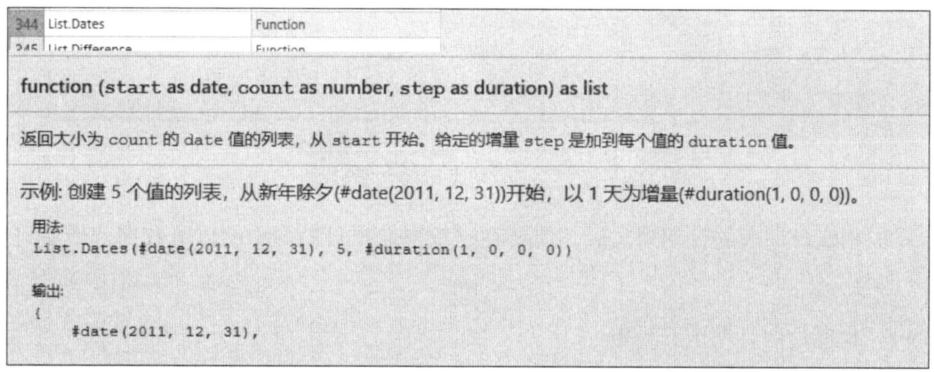

图 4.115　List.Dates 日期表构建示例

在构建静态日期表过程中我们需要关注以下三个参数，它们将决定这个时间表会有多少行数据。

■ 起始日期：起始日期的数据必须为日期类型。

■ 日期天数：构建出来表的行数，数据为整型数据。

■ 增量天数：基于天数计算的日期增量，增量天数类型为持续时间类型。

如果我们需要构建从 2020 年 1 月 1 号到 2021 年 12 月 31 号的日期，应该如何操作呢，通过如下的代码即可完成两年日期的构建，执行结果如图 4.116 所示。

```
let
    日期 =List.Dates(#date(2020,1,1),731,#duration(1,0,0,0))
in
    日期
```

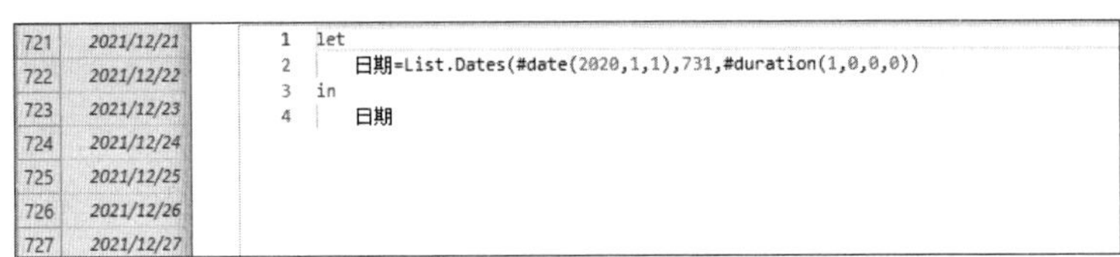

图 4.116　静态日期表构建

使用函数生成的所有日期都是列表中的元素，目前所有使用和运行的函数都是基于表对象进行处理和使用。这里需要将列表转换成表对象，图 4.117 所示为将列表转换为表的操作。

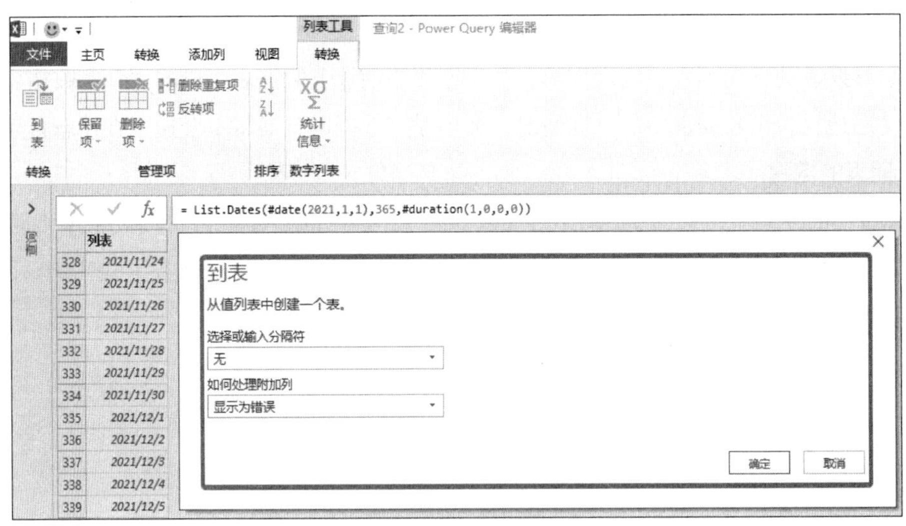

图 4.117　将列表转换为表数据

构建完成相应日期表的日期列之后，需要在这里提取出日期列中的以下数据，最后完整的时间表如图 4.118 所示。

■ 年份：获取当前日期中的年份。

■ 月份：获取当前日期中的月份。

■ 季度：获取当前日期中的季度。

- 年度 + 月份：获取当前日期中年度和月度的结合。
- 年度 + 季度：获取当前日期中年度和季度的结合。

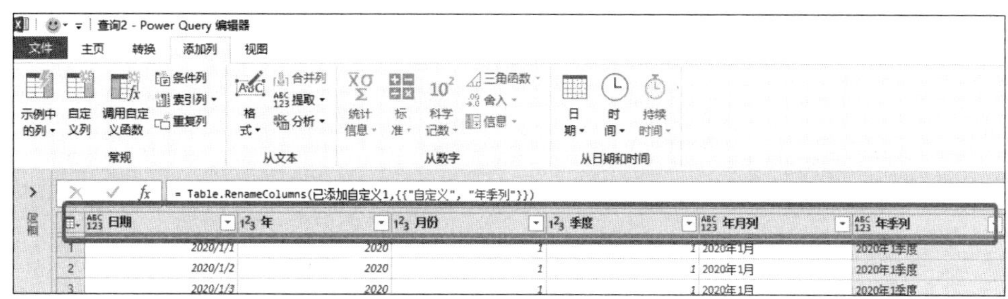

图 4.118　基于日期构建完整的日期表

需要注意的是，构建出来的日期表不是为了在 Power Query 中进行数据分析，而是将日期表加载进 Power Pivot 数据模型。通过构建数据表和维度表之间的关系，Power Pivot 可以实现基于时间维度的建模，Power Pivot 建模的方式如图 4.119 所示。

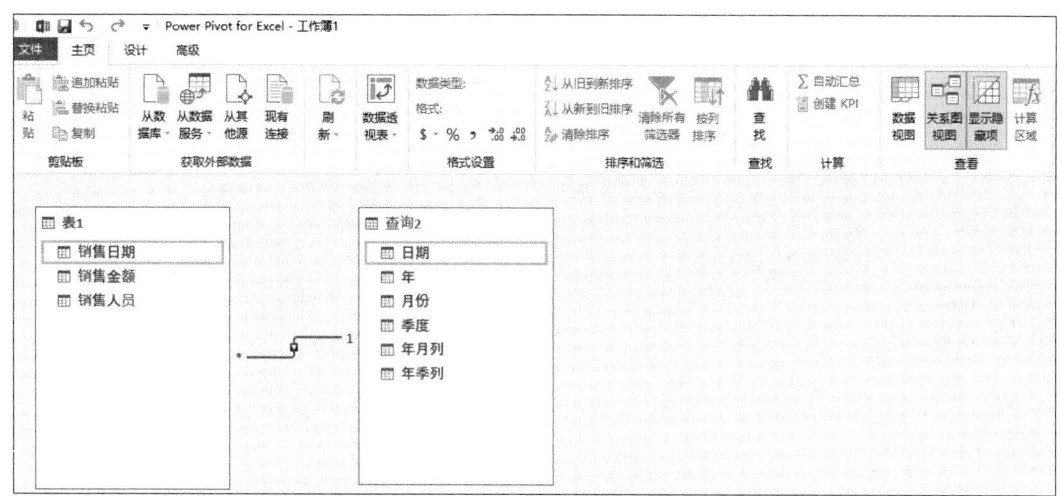

图 4.119　日期数据建模方法

这里需要注意的是，日期表中将包含从起始日期到结束日期所有的日期。虽然在销售表中不存在这样的日期，但在筛选过程中依然会存在。

2. 动态日期表创建

动态地创建日期表不同于静态创建日期表，它的时间不再是静态连续时间，而是依据具体的数据销售情况的表来获取的事件。动态日期表和静态日期表相比，它有以下特点。

- 动态时间：时间表中的数据将会依据引用表的数据变化而变化。
- 非连续时间：时间可能会出现非连续时间，基于来源数据表动态的调整。

先来看下创建动态日期表所引用的来源数据，我们将基于这个来源数据进行动态日期表的创建，图 4.120 所示为需要引用的相关数据。

接下来基于当前销售数据表进行日期字段的获取，基于当前的销售订单表来生成日期表中的日期，图 4.121 所示为基于当前的销售数据表的日期进行日期的提取操作。

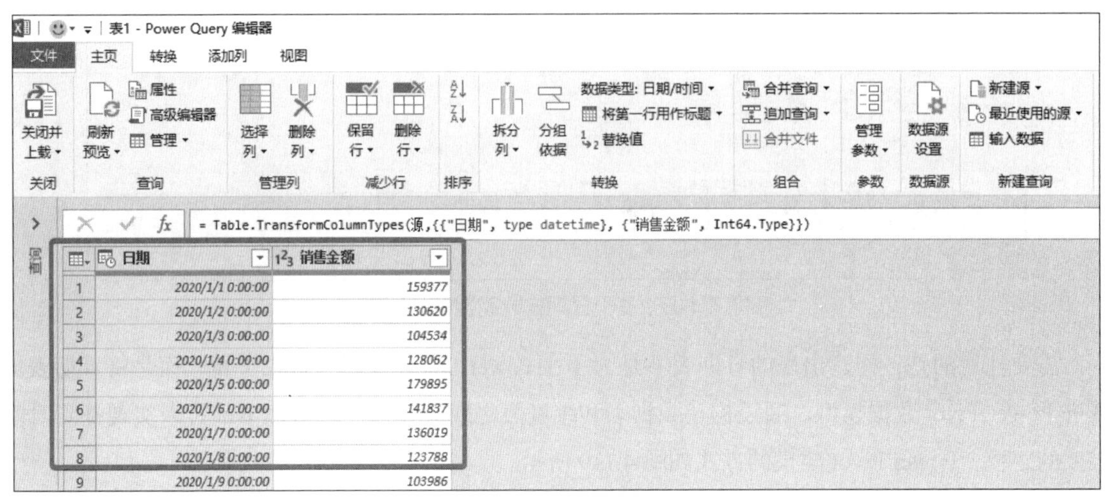

图 4.120　销售数据表

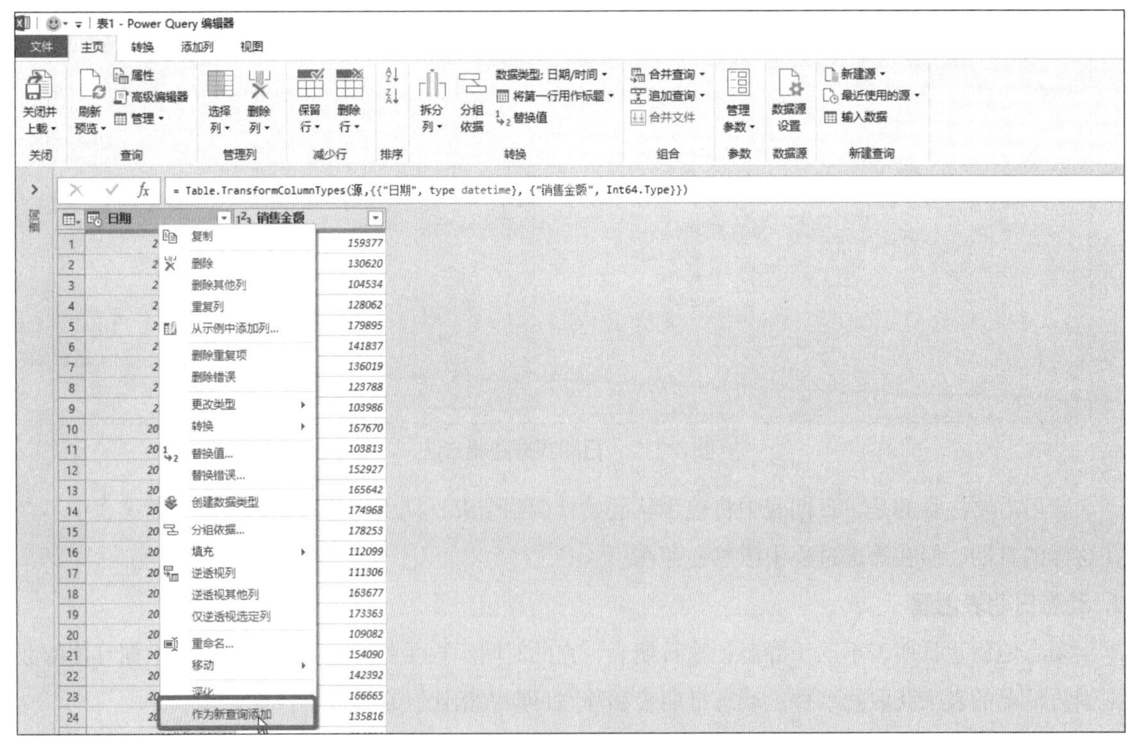

图 4.121　基于日期列生成新的日期数据

在选择完成销售表的日期列后，日期表将基于当前的销售信息表生成需要的日期，这里会得到所有以销售日期数据生成的列表，需要将当前的列表数据转换为表，才能提取需要的年份和月份等数据，图 4.122 所示为实现列表转表的操作。

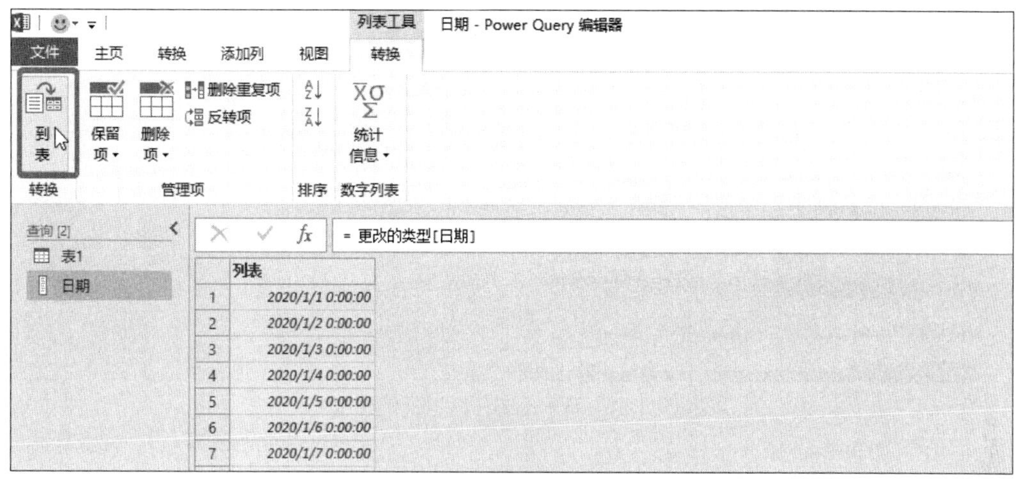

图 4.122　将列表数据转换为表数据

接下来我们同样需要提取出如下的数据，最终的数据如图 4.123 所示。

- 年份：获取当前日期中的年份。
- 月份：获取当前日期中的月份。
- 季度：获取当前日期中的季度。
- 年度 + 月份：获取当前日期中年度和月度的结合。
- 年度 + 季度：获取当前日期中年度和季度的结合。

```
= Table.AddColumn(已添加自定义, "年季列", each Text.From([年])&"年"&Text.From([季度])&"季")
```

	日期	年	月份	季度	年月列	年季列
1	2020/1/1 0:00:00	2020	1	1	2020年1月	2020年1季
2	2020/1/2 0:00:00	2020	1	1	2020年1月	2020年1季
3	2020/1/3 0:00:00	2020	1	1	2020年1月	2020年1季
4	2020/1/4 0:00:00	2020	1	1	2020年1月	2020年1季
5	2020/1/5 0:00:00	2020	1	1	2020年1月	2020年1季
6	2020/1/6 0:00:00	2020	1	1	2020年1月	2020年1季
7	2020/1/7 0:00:00	2020	1	1	2020年1月	2020年1季
8	2020/1/8 0:00:00	2020	1	1	2020年1月	2020年1季
9	2020/1/9 0:00:00	2020	1	1	2020年1月	2020年1季
10	2020/1/10 0:00:00	2020	1	1	2020年1月	2020年1季
11	2020/1/11 0:00:00	2020	1	1	2020年1月	2020年1季
12	2020/1/12 0:00:00	2020	1	1	2020年1月	2020年1季
13	2020/1/13 0:00:00	2020	1	1	2020年1月	2020年1季

图 4.123　动态日期表最终生成结果

完成了动态日期表的创建之后，就可以基于当前订单数据表中的数据进行数据建模操作。相比静态日期表的创建，动态日期表的创建能够根据实际的订单日期实现数据的筛选，如图 4.124 所示。

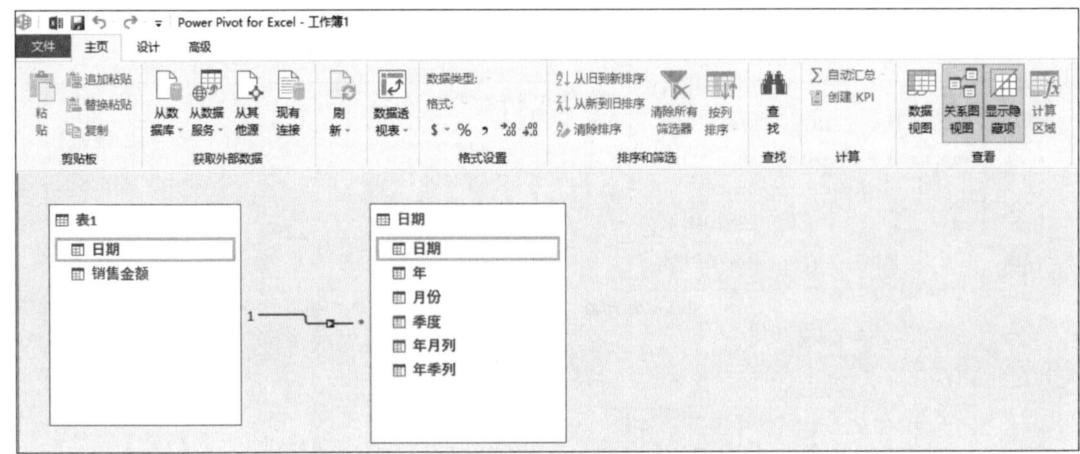

图 4.124　基于动态日期数据的建模

4.17 本章总结

本章讲解了数据导入之后进一步的清洗操作，相比数据导入操作，数据清洗必须满足相应的清洗原则。为了让数据在完成清洗之后可以使用，Power Query 通过以下的操作完成数据单表的清洗和重构，这也是非常重要的操作。

- 数据类型转换。
- 删除列。
- 删除行。
- 保留行。
- 数据筛选。
- 添加列。
- 按列分列。
- 按列分行。
- 数据转置。
- 数据替换。
- 列顺序交换。
- 数据排序。
- 日期表构建。

第 5 章

Power Query 实现数据合并操作

数据合并的操作其实在 Power Query 中处理的效率并不高，但是在某些业务场景下，我们又必须进行数据合并。例如，我们希望统计下今年的原料购买记录，这些购买记录都是按月进行存储，毫无疑问需要进行合并来了解今年一整年的原料采购情况。

为什么要进行数据合并，Power Pivot 多维度建模不行吗？

虽然不推荐在Power Query中进行数据合并，但是有些场景必须要合并数据。

5.1 Power Query 数据多重合并操作

作为数据分析师，很少有人能够直接去获取到底层数据源。在大部分业务场景中，为了防止数据分析师误操作或者想去获取一些比较敏感的数据，都会由数据库管理员将业务数据通过导出的方式提供给数据分析师做数据的再处理。通常来说，企业内的数据库管理人员和数据分析师是两个不同岗位，数据库管理人员通常管理的是企业的各类通用数据库，他们会基于企业内不同的职位划分，将数据访问权限划分为几个不同的角色。而不同的角色人员对数据库管理和访问的权限是不同的，通常来说，数据分析师通过数据库开发人员或管理人员获得的数据有可能是脱敏后的数据，图 5.1 所示为企业内比较常见的权限分配机制，我们非核心数据分析师很可能无法直接获取到数据源访问权限。

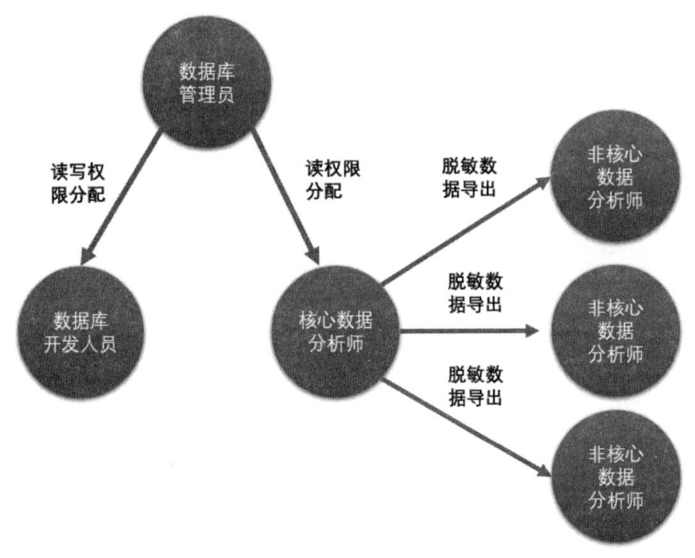

图 5.1　分析师角色通常都处于边缘

在核心数据分析师完成数据的再处理之后，会将数据导出为 Excel 或 CSV。作为非核心业务的数据分析师进行数据再处理时，通常来说可能会得到如下的数据。

- 处理最近 30 天的数据，但是 30 天的数据分成了 30 个表格。
- 处理当天 30 个城市的数据，但是 30 个城市数据分成了 30 个文件。
- 处理 30 天内卖的产品数据，销售数据和产品数据位于两个不同的文件。

这些数据将分布在多个数据文件中，当要整合这些不同文件中的数据，就需要使用数据合并的方法将数据合并到一起。数据合并包含两种不同的类型：纵向合并（追加合并）和横向合并。图 5.2 所示为两种不同的合并类型的场景，如果需要合并的是相同列的不同文件，使用追加合并就可以了。如果我们需要将另外表中的数据合并到当前表中，两个表中间存在外部连接关系，这时可以使用横向合并方式进行数据合并。

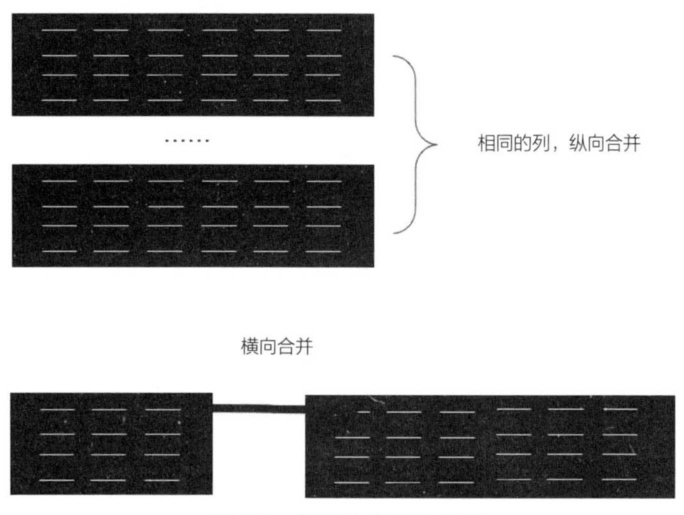

图 5.2　数据合并两种场景

本章除了上面提到的纵向合并和横向合并之外，我们也会分享一些与合并相关的概念和内容，让大家了解除了数据合并之外的数据分析相关知识。

- 数据缺失值处理：如何进行数据缺失值的填充。
- 数据的分组：基于不同的数据列进行数据分组统计。
- 数据的透视：基于当前表的数据实现基于列的透视。
- 数据的逆透视：将多维数据表反向转换为一维数据表。

5.2 Power Query 数据追加合并操作

我们先来了解下数据合并过程中的追加合并，在数据的追加合并过程中我们需要特别注意，数据列的名称是否完全对应。如果列的数量和名称存在细微的差别，数据合并的结果都有可能出现差错。下面我们按照数据导入的步骤将两个列数量和列名完全相同的表导入 Power Query，导入的数据表如图 5.3 所示。

= Table.RenameColumns(更改的类型,{{"Column1", "日期"}, {"Column2", "时间"}, {"Column3", "订单编号"}, {"Column4", "订单金额"}, {"Column6

	日期	时间	订单编号	订单金额	店员	城市
1	2018/1/1	10:00:00	CD01001	2800	10013	7
2	2018/1/1	10:13:00	CD01002	8030	10012	7
3	2018/1/1	10:16:00	CD01003	2470	10013	7
4	2018/1/1	10:25:00	CD01004	1222	10013	7
5	2018/1/1	10:34:00	CD01005	792	10012	7
6	2018/1/1	10:42:00	CD01006	934	10013	7
7	2018/1/1	10:45:00	CD01007	2628	10012	7
8	2018/1/1	10:50:00	CD01008	347	10012	7
9	2018/1/1	10:57:00	CD01009	4348	10012	7

（a）导入后的数据表 1

	日期	时间	订单编号	订单金额	店员	城市
1	2018/1/1	10:00:00	CD02001	10048	10014	8
2	2018/1/1	10:09:00	CD02002	412	10015	8
3	2018/1/1	10:12:00	CD02003	11200	10015	8
4	2018/1/1	10:17:00	CD02004	3262	10015	8
5	2018/1/1	10:27:00	CD02005	316	10014	8
6	2018/1/1	10:30:00	CD02006	1744	10015	8
7	2018/1/1	10:37:00	CD02007	1534	10014	8
8	2018/1/1	10:45:00	CD02008	4868	10015	8
9	2018/1/1	10:52:00	CD02009	7638	10015	8

（b）导入后的数据表 2

图 5.3　导入的数据

完成数据表的导入之后，就可以进行数据表的合并操作，在 Power Query 中，数据的追加合并操作菜单位于 Power Query 编辑器的“主页”选项卡中，在进行追加查询的过程中，Power Query 提供了两种不同的追加方式。

- 将另外一个表追加到现有表。
- 两个表相互独立，将追加后的结果形成第三个表。

这两种数据合并方式在数据合并过程中其实有非常大的不同，到底有什么不同呢？

1. 将另外一张表追加到现有表

第一种方式是将另外一张表的数据追加到现有表中。在进行操作的过程中，我们在当前需要追加的表对象后选择追加，图 5.4 所示为执行相应的表追加查询操作。

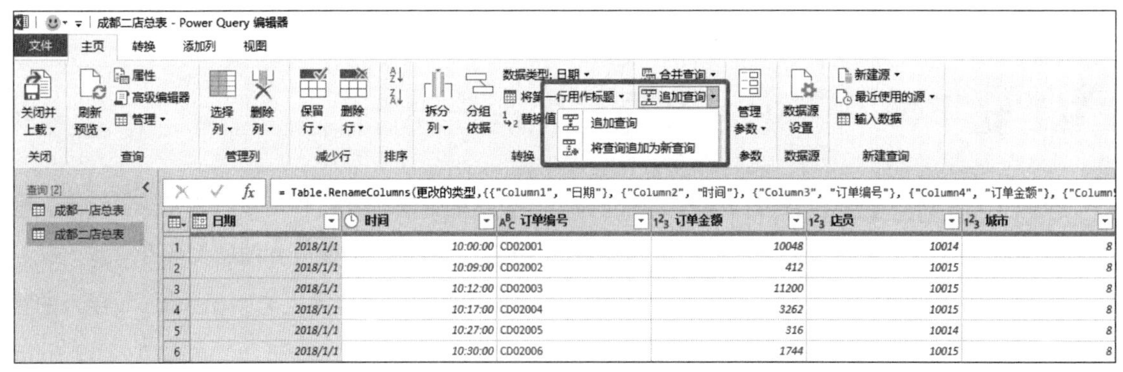

图 5.4　表的追加操作

选择“追加查询”命令后弹出追加查询对话框，这里选择追加查询模式。如果需要追加多个表，则选择多个表进行追加。由于只有两张表，这里选择将一张表追加到另外一张表，图 5.5 所示为追加表的选择。

在设置完追加方式后，另外一张表的数据将被追加到当前的数据表中，此时，当前数据表里面将包含两个数据表的数据。如果希望删除追加的数据表，系统将会立即提示不能删除追加的表，图 5.6 所示为尝试删除后的提示。

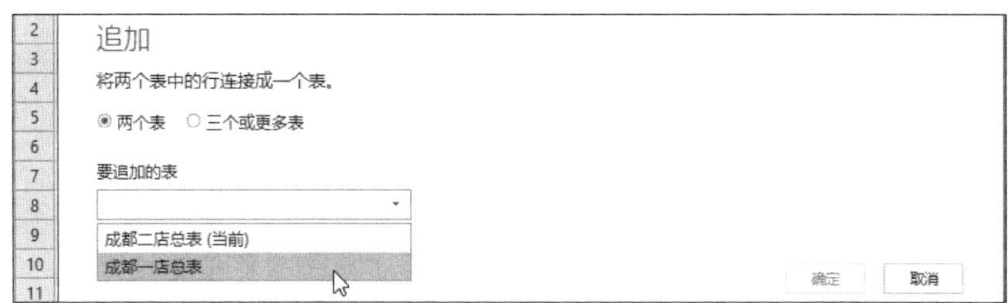

图 5.5　选择进行追加的查询表

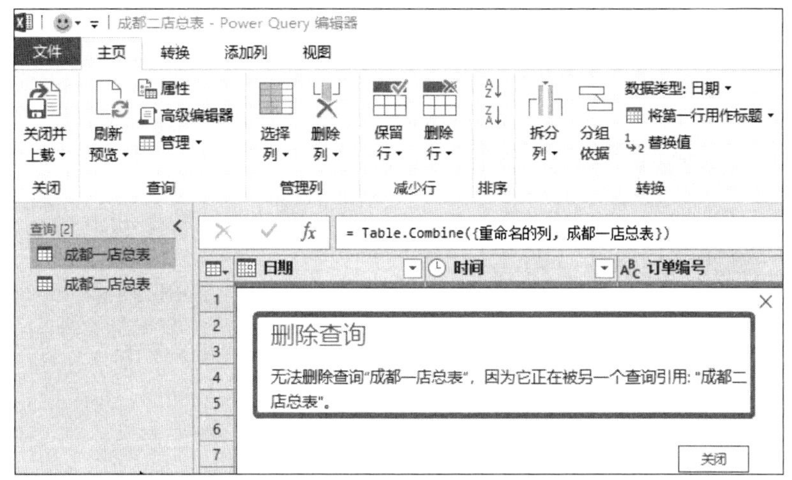

图 5.6　删除被引用数据表的提示

2. 将表数据追加为新的查询

如果我们不是将表数据追加到表，而是追加到新的查询，这和前面追加到表中会有什么不同的结果呢？这里需要注意的是，它是将两个数据表组成了新的表，在“追加查询”下拉列表中选择如图 5.7 所示的“将查询追加为新查询”命令，则会追加为新查询。

图 5.7　追加为新的查询

在弹出的菜单中选择需要进行合并的表，如果有多个文件需要合并，我们就要选择多个文件方式进行合并。目前只有两个文件，这里选择两个文件进行合并即可，图 5.8 所示为合并的操作。

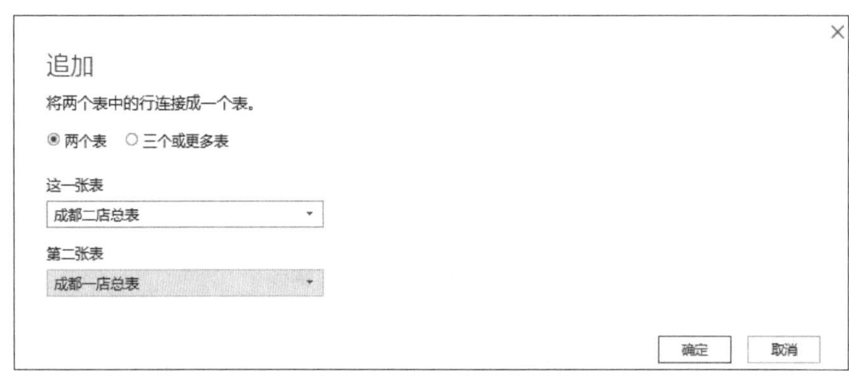

图 5.8　追加合并为新查询操作

完成数据的最终追加后，现有导入的查询数据将不能被删除，它们将作为追加的最终数据的底层数据，图 5.9 所示为尝试删除过程中弹出的错误提示。

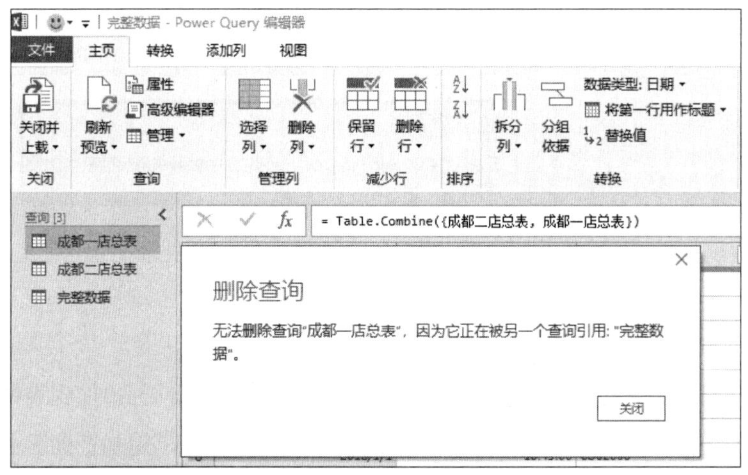

图 5.9　追加为新查询后删除源数据

5.3 Power Query 数据横向合并

除了上面提到的数据纵向合并（追加合并），还有一类数据合并方式比较特别，这类合并特别的地方在于它需要将关联数据合并。如果是数据开发人员或数据库管理人员，可能会碰到这一类场景：需要合并的表之间存在一定的外键关联，这一类数据在进行连接操作时，必须满足这样一个条件，即其中一个表中的外键是另外一个表中的主键。下面是一个非常典型的案例，图 5.10 所示为学生表信息和分数表信息。

- 学生表：学生表写入的是学生的信息。

■ 分数表：分数表是各科的成绩分数。

= Table.TransformColumnTypes(源,{{"学生编号", Int64.Type}, {"姓名", type text}, {"性别",

	学生编号	姓名	性别	班级
1	10001	张三	男	1（3）班
2	10002	李四	男	1（4）班
3	10003	王五	男	1（5）班

	学号	语文	数学	英语
1	10001	87	98	79
2	10002	80	90	85
3	10003	69	87	69

图 5.10　学生表和分数表

这两个表的信息维度不同，一个是学生信息维度，另外一个是学科信息维度。这两个表中的数据以学号相连接，关系如图 5.11 所示。

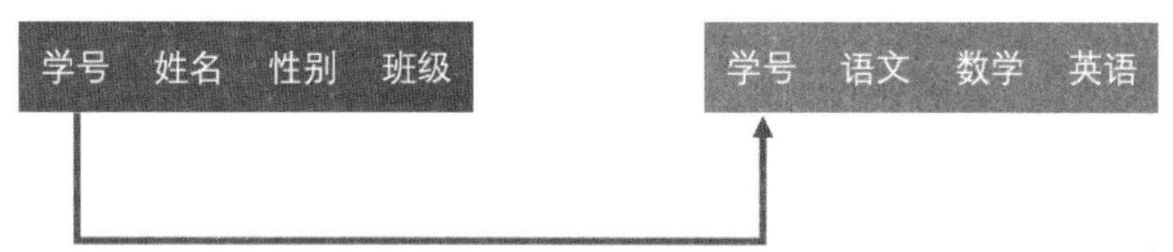

图 5.11　学生表和分数表关系

基于学号的关系，可以将当前的学生表和分数表进行合并，这里需要选择合并查询（横向合并）操作，如图 5.12 所示，需要注意的是，这里的合并查询同样支持两种不同的查询方式。

■ 合并查询：将数据从另外一个表合并到当前数据表中。

■ 将查询追加为新查询：基于现有的数据形成新的数据表，数据表将以现有数据作为数据源。

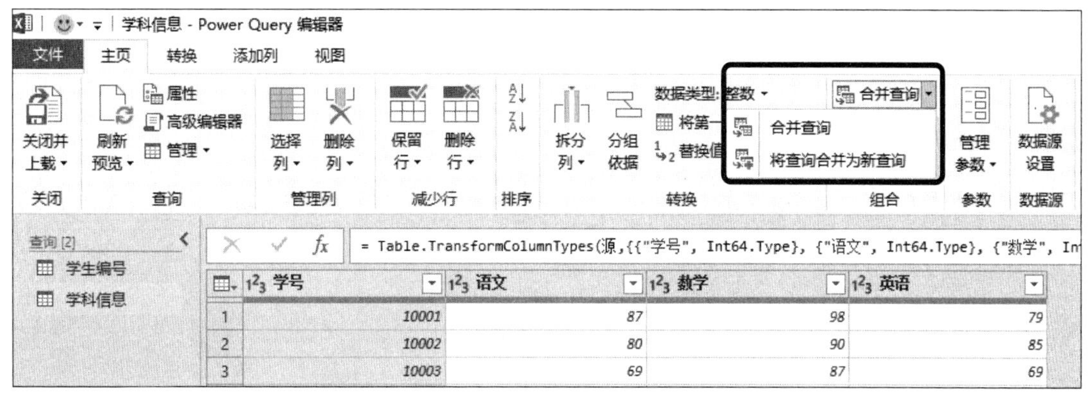

图 5.12　进行数据的合并查询

目前两个数据表中学号字段都是唯一的，因此数据关系非常简单，同时选择学生表中的学号和分数表中的学号，然后在关系中选择内部，选定关系后数据将会自动地进行匹配，最终显示如图 5.13

所示的匹配数据。

按照相应的信息匹配结果后，被合并的表将以没有展开的 Table 表格显示，图 5.14 所示为表格合并后的结果。

这里的 Table 数据类型可以按照我们需要的数据内容进行展开，展开 Table 数据后就可以展开当前学生表的具体数据，图 5.15 所示为表格具体的展开步骤。

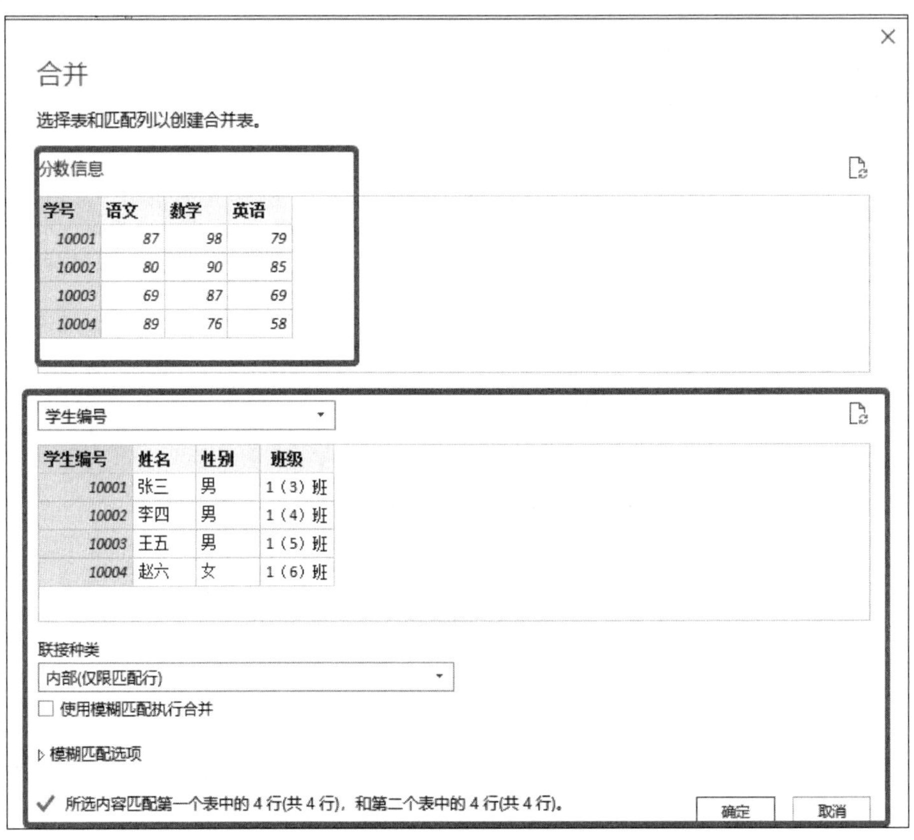

图 5.13　选中相应的匹配数据列

```
= Table.NestedJoin(更改的类型, {"学号"}, 学生编号, {"学生编号"}, "学生编号", JoinKind.Inner)
```

	学号	语文	数学	英语	学生编号
1	10001	87	98	79	Table
2	10002	80	90	85	Table
3	10003	69	87	69	Table
4	10004	89	76	58	Table

图 5.14　合并之后的数据表

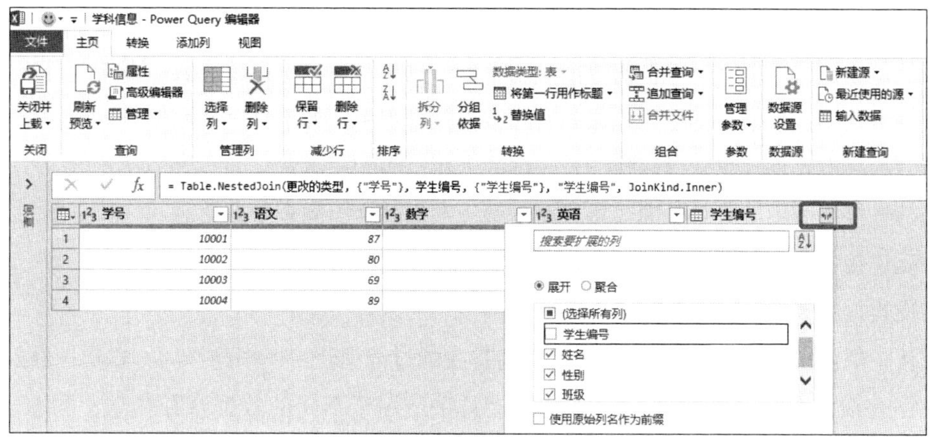

图 5.15　将学生表信息展开

选择合适的数据列展开数据，最终获取如图 5.16 所示的显示结果。

= Table.ReorderColumns(#"展开的"学生编号"",{"学号", "姓名", "性别", "班级", "语文", "数学", "英语"})

	学号	姓名	性别	班级	语文	数学	英语
1	10001	张三	男	1（3）班	87	98	79
2	10002	李四	男	1（4）班	80	90	85
3	10003	王五	男	1（5）班	69	87	69
4	10004	赵六	女	1（6）班	89	76	58

图 5.16　展开之后的数据结果

经过数据合并的操作后，所有的源数据必须保留，如果尝试删除，则会得到如图 5.17 所示的提示。

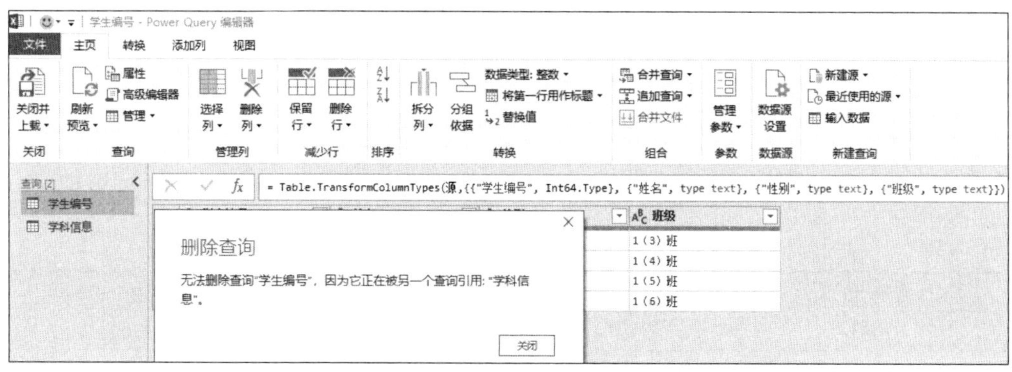

图 5.17　删除查询的提示

5.4 数据合并连接关系说明

数据完成合并很简单，但是在 Power Query 数据合并过程中该如何选择关系进行合并呢？关系设置的不正确将导致后面的统计和计算得到错误的结果，目前 Power Query 支持的关系类型如下。

- 左外部连接：适用于多对一的数据应用场景，例如，一端是订单总表，多端是订单明细表。
- 右外部连接：适用于一对多的数据应用场景，例如，一端是订单总表，多端是订单明细表。
- 外部全连接：数据会将左边数据和右边数据整合起来，如果有重合数据行，就保留数据重合行，如果没有重合数据行，将没有数据的内容以 Null 显示。
- 内部连接：适用于一对一的连接，就是两边数据基本上完全重合。
- 左反连接：将保留左边数据有而右边数据所没有的内容。
- 右反连接：将保留右边数据有而左边数据没有的内容。
- 连接中的模糊连接：在 Power Query 支持连接的过程中使用模糊连接的方式实现数据的连接。

在数据表横向合并过程中选择不同的连接关系适用于不同的数据合并场景，图 5.18 所示为 Power Query 支持的连接种类。

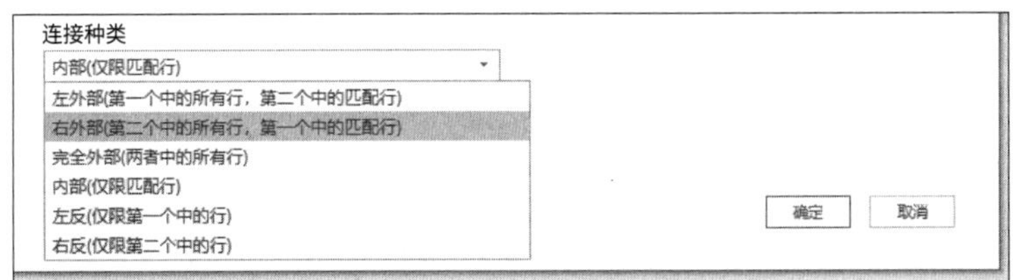

图 5.18　Power Query 进行数据连接的连接种类

在数据横向合并过程中，有非常多种不同的数据关系类型，如果数据类型不正确，建立了数据关系的结果也会是错误的。为了让大家熟悉 Power Query 在合并过程的关系的操作，接下来我们将详细分析这些关系所代表的含义和如何利用这些关系来实现数据内容的合并。

1. 左外部连接

左外部连接适用于多对一的场景，也就是左边表的多列数据能够通过查询，在右边的表中找到唯一对应的数据行来实现数据查询。如表 5.1 所示为城市名称表，表 5.2 所示为省份名称表，每个省存在多个市，而省在表中都是唯一值。

表5.1　城市名称表

城市ID	城市名称	省
10001	南昌	20001
10002	九江	20001
10003	成都	20002
10004	绵阳	20002

表5.2　省份名称表

省份ID	省份名称
20001	江西省
20002	四川省

上面表中的数据呈现非常明显的特征，表 5.1 的数据中的第三列都可以在表 5.2 的第一列中找到相对应的数据，而且数据是多对一的关系，数据之间的关系如图 5.19 所示。

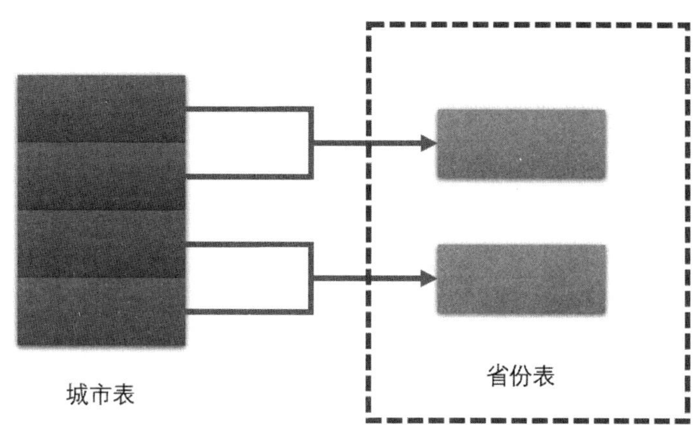

图 5.19　数据表表间关系

如果数据是上面的多对一关系，就可以使用 Power Query 中左外部的关系进行连接。

2. 右外部连接

右外部与左外部功能相反，它的数据表是一对多的关系。接下来以一个简单的案例来分享下如何实现右外部连接的功能。表 5.3 所示为销售总表，记录了销售金额和销售日期。表 5.4 所示为销售明细表，记录了销售产品及明细。

表5.3　销售总表

销售日期	销售订单编号	销售金额
2021-1-1	B0001	25
2021-1-2	B0002	300
2021-1-3	B0003	160
2021-1-4	B0004	450

表5.4　销售明细表

销售订单编号	序号	产品名称	价格
B0001	1	牙膏	10
B0001	2	牙刷	5
B0001	3	苏打水	10

当前销售总表和销售明细表是一对多的关系，销售总表的数据对应了销售明细表中的多条销售记录，表间关系如图 5.20 所示。如果数据是一对多的关系，在 Power Query 中可以选择右外部的方式进行连接。

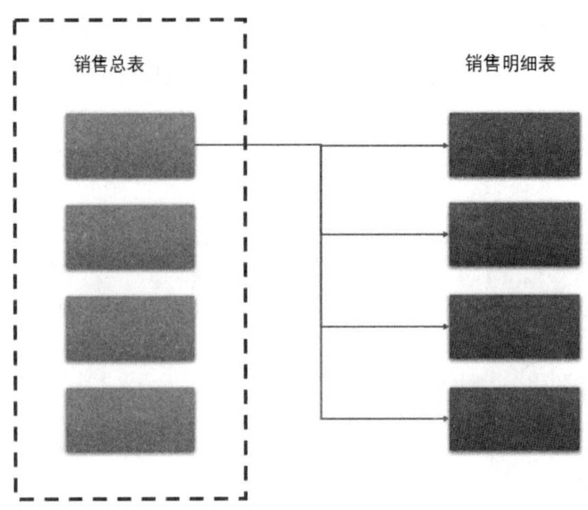

图 5.20　表间一对多关系

3. 完全外部连接

完全外部连接将两个表通过匹配的方式进行数据的连接，但是如果在两个表中存在着不匹配的行，则会以独立的数据行列出来，我们同样以省市表来进行案例演示。表 5.5 所示为城市名称表，表 5.6 所示为省份表。

表5.5　城市名称表

城市ID	城市名称	省
10001	南昌	20001
10002	九江	20001
10003	成都	20002
10004	绵阳	20002
10005	乐山	20002
10006	南京	20004
10007	南通	20004
10008	苏州	20004

表5.6　省份名称表

省份ID	省份名称
20001	江西省
20002	四川省
20003	湖北省

在当前的城市数据表和省份数据表中都有数据在另外一个表中不存在，当这样的数据完全进行合并的时候，就会将两者中的所有行进行数据合并，合并后的最终结果如图 5.21 所示。

= Table.ExpandTableColumn(合并的查询, "省份表", {"省份ID", "省份名称"}, {"省份ID", "省份名称"})

	城市ID	城市名称	省	省份ID	省份名称
1	10001	南昌	20001	20001	江西省
2	10002	九江	20001	20001	江西省
3	10003	成都	20002	20002	四川省
4	10004	绵阳	20002	20002	四川省
5	10005	乐山	20002	20002	四川省
6	10006	南京	20004	null	null
7	10007	南通	20004	null	null
8	10008	苏州	20004	null	null
9	null	null	null	20003	湖北省

图 5.21　数据合并后的结果

在进行完全合并过程中，两个表中所有的数据将尝试通过关系进行连接，如果关系匹配，则以匹配关系存在，如果不匹配，则会保留当前表数据，而其他值为空值，这也是完全匹配一个比较大的特点。

4. 完全内部连接

当数据表是一对一的关系时，在进行 Power Query 合并的时候，使用内部就可以完成数据的合并。这里还是以上面提到的学生表和分数表为案例，当前的学科信息表和学生信息表如图 5.22 所示。

= Table.TransformColumnTypes(源,{{"学生编号", Int64.Type}, {"姓名", type text}, {"性别

	学生编号	姓名	性别	班级
1	10001	张三	男	1（3）班
2	10002	李四	男	1（4）班
3	10003	王五	男	1（5）班
4	10004	赵六	女	1（6）班

	学号	语文	数学	英语
1	10001	87	98	79
2	10002	80	90	85
3	10003	69	87	69
4	10004	89	76	58

图 5.22　学生信息表和学科信息表

这里提到的数据都是一对一连接，我们通过一对一的关系进行数据连接后，合并得到了如图 5.23 所示的结果。

= Table.ReorderColumns(#"展开的"学生编号"",{"学号", "姓名", "性别", "班级", "语文", "数学", "英语"})

	学号	姓名	性别	班级	语文	数学	英语
1	10001	张三	男	1（3）班	87	98	79
2	10002	李四	男	1（4）班	80	90	85
3	10003	王五	男	1（5）班	69	87	69
4	10004	赵六	女	1（6）班	89	76	58

图 5.23　使用内部关系进行表连接

5. 左反连接

左反连接是对左边的数据进行反连接，在对数据进行关联之后将保留与右边数据没有关联的数据，可以通过下面的例子来理解左反连接，例如，左边数据是如表 5.7 所示的城市名称表，右边数据是如表 5.8 所示的省份名称表。

表5.7　城市名称表

城市ID	城市名称	省
10001	南昌	20001
10002	九江	20001
10003	成都	20002
10004	绵阳	20002
10005	乐山	20002
10006	南京	20004
10007	南通	20004
10008	苏州	20004

表5.8　省份名称表

省份ID	省份名称
20001	江西省
20002	四川省
20003	湖北省

两个数据表进行左反连接的运算之后，将保留在左边存在而在右边不存在的数据，执行结果如图 5.24 所示。

	城市ID	城市名称	省	省份ID	省份名称
1	10006	南京	20004	null	null
2	10007	南通	20004	null	null
3	10008	苏州	20004	null	null

图 5.24　左反运算之后的结果

在进行左反连接运算后，当前的数据中留下的城市的省份没有在右边出现。使用左反连接之后，将保留表连接中左边有而右边没有的数据，但右表数据将填充为 null 值。

6. 右反连接

右反连接运算是以右边数据作为主要数据，将通过连接字段判断左边表格是否存在相应的数据，如果存在相应的数据，则右边表数据不会保留，如果不存在相应的数据，则右边表数据将会保留下来。但左表数据将填充为 null 值，同样以表 5.9 所示的城市名称表和表 5.10 所示的省市名称表分别作为连接表的左表和右表。

表5.9　城市名称表

城市ID	城市名称	省
10001	南昌	20001
10002	九江	20001
10003	成都	20002
10004	绵阳	20002
10005	乐山	20002
10006	南京	20004
10007	南通	20004
10008	苏州	20004

表5.10　省市名称表

省份ID	省份名称
20001	江西省
20002	四川省
20003	湖北省

在进行右反连接运算过程中，将保留左边表格中通过关系无法查找到的数据，左边表格数据将以 null 填充，图 5.25 所示为最终呈现的数据结果。

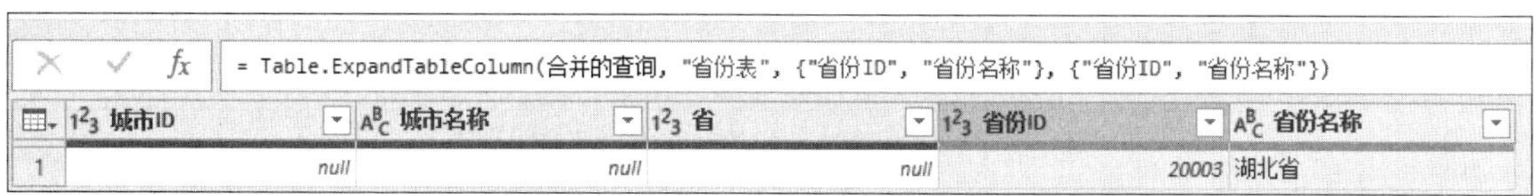

图 5.25　执行右反连接后的数据结果

7. 数据模糊匹配

模糊匹配是一个选项，上面提到的左外部连接、右外部连接、完全外部连接等都需要通过确定的数据进行连接。模糊匹配针对的对象一般是字符，我们很难针对数字类型的数据进行模糊匹配。Power Query 的模糊匹配是基于字符匹配过程中的智能算法来进行匹配得到相对应的结果。如果两个表中有些数据存在拼写错误，这些数据按照正常的关系进行合并肯定不会出现正确的结果，例如，以下两个表中的数据，表 5.11 所示为水果总类名字，表 5.12 所示为具体的水果名字。

表5.11　水果总类

总类ID	总类名称
1	KitchenFood
2	Fruit

表5.12　水果名称

水果ID	水果名称	水果总类
1	Apple	Furit
2	watermelon	Kichenfood
3	Banana	Fruit
4	Pineapple	fruit

如果直接以总类名称进行匹配的话，通过完全匹配我们会发现，这个结果基于水果总类匹配方式只有 Banana 匹配得上，图 5.26 所示为相应的结果。

	水果ID	水果名称	水果总类	总类ID	总类名称
1	1	Apple	Furit	null	null
2	2	watermelon	Kichenfood	null	null
3	3	Banana	Fruit	2	Fruit
4	4	Pineapple	fruit	null	null
5	5	pear	rfuit	null	null

图 5.26　基于完全匹配后的结果

在 Power Query 中，基于单词的模糊匹配是不是可以实现呢？例如，这里忽略数据的大小写来匹配，结果如图 5.27 所示。

	水果ID	水果名称	水果总类	总类ID	总类名称
1	1	Apple	Furit	2	Fruit
2	2	watermelon	Kichenfood	1	KitchenFood
3	3	Banana	Fruit	2	Fruit
4	4	Pineapple	fruit	2	Fruit
5	5	pear	rfu	null	null

图 5.27　经过最基本的模糊匹配得到的结果

可以发现，大部分的数据利用模糊匹配还是能够得到正确的匹配结果，但是这里也有例外，最后一行还是因为差异太大而导致数据无法正常匹配，我们本意是希望 rfu 为 Fruit 的数据，那么有没有办法来实现水果总类的纠错呢？Power Query 可以通过转换表功能来实现错误数据与正确数据的匹配定义，如果存在较多的书写错误，我们可以通过转换表实现数据的正常匹配，图 5.28 所示为构建完成的转换表数据功能。

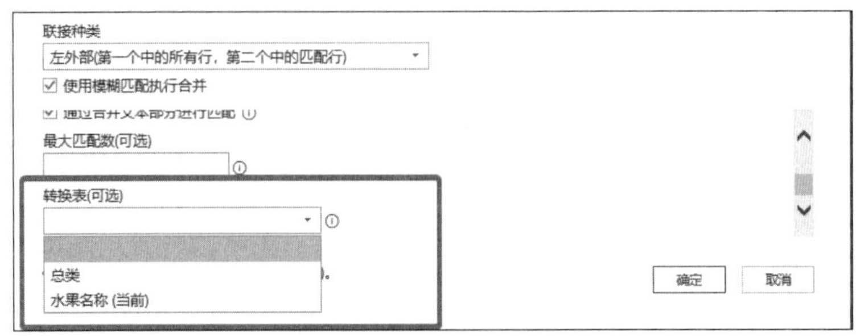

图 5.28　Power Query 转换表引用

在构建转换表过程中，对于列名存在要求。这里需要构建 From 列和 To 列，列的名称必须为 From 和 To，而且列名大小写是敏感的，图 5.29 所示为关系列的定义和数据对应功能。

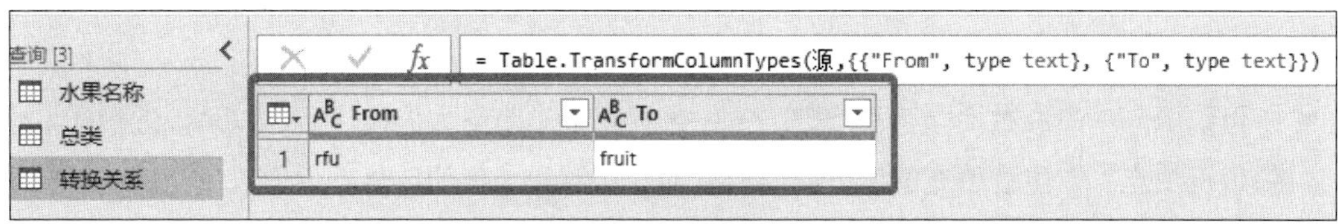

图 5.29　数据关系列和数据关系

完成数据转换表的构建之后，接下来需要选择定义好的转换表来实现最终的数据转换。选择对应的数据转换表，Power Query 将自动计算出当前匹配的数据结果，图 5.30 所示为匹配完成后的结果。

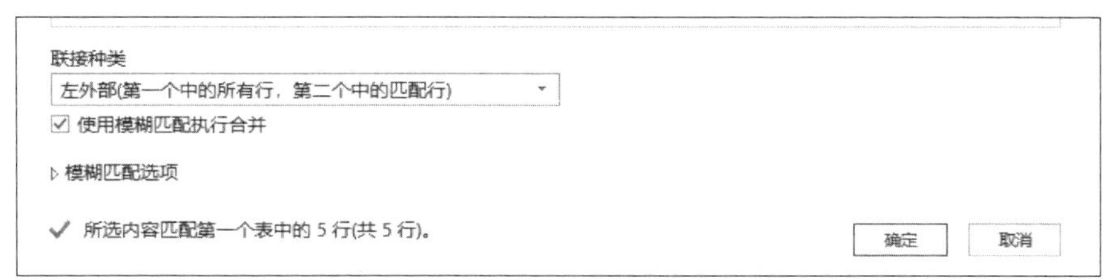

图 5.30　完成模糊匹配后的最终匹配行数

展开匹配完成后的 Table 表，将会看到水果总类表和详细的水果名称表合并为一张大表了，如图 5.31 所示。

	水果ID	水果名称	水果总类	总类ID	总类名称
1	1	Apple	Furit	2	Fruit
2	2	watermelon	Kichenfood	1	KitchenFood
3	3	Banana	Fruit	2	Fruit
4	4	Pineapple	fruit	2	Fruit
5	5	pear	rfu	2	Fruit

图 5.31　按照模糊匹配完成后的最终数据

模糊匹配也可能会带来一些意外的问题，如果能不用模糊匹配就尽量不要用。

5.5　Power Query 处理缺失值

在进行数据清洗和处理过程中有一个非常重要且不可或缺的步骤：缺失值处理。在各种各样的数据来源中，可能会出现一些没有数据的单元格和数据集，这些单元格和数据集的存在可能会影响到整体的数据健康度，通常来说缺失值不能超过 1%。如果缺失值超过 1%，会影响到我们最终的数据统计效果。以下都是在数据处理中处理缺失值的方法。

- 平均数填充：平均数填充是将当前空的单元格按照非空单元格的平均值进行填充，通常平均数填充适用于数值类型的数据。而针对非数值类型的数据进行平均数填充会产生错误的计算结果。此外，在进行众数引用的时候，平均数填充将可能影响众数统计的结果，这一点需要特别注意。
- 中位数填充：中位数不同于平均数，中位数填充是对非空数值排序后，以最接近中间位数的值进行填充。中位数填充的值可能会影响到平均值和众数的计算。中位数填充适用于数值类型的数据，如果是非数值类型数据，则不支持中位数方式进行数据填充。
- 众数填充：众数填充是以出现次数最多的数据作为填充值，通常众数填充可以应用在数值类型的数据，也可以应用在非数值类型的数据。如果存在比较多的缺失值，对这些缺失值采用偏离平均值比较大的值进行填充的话，将会导致平均值和中位数值偏离正常值。
- 前临近值填充：前临近值填充是将空值单元格填充为空值前面数据值的方式，通过前临近位的填充来实现空值单元格填充，这种方式比较常用，多数填充场景都是非数值类型填充。
- 后临近值填充：后临近值填充是将空值单元格填充为空值后面数据值的方式，通过后临近位的填充来实现空值单元格填充，这种方式比较少用，多数填充场景都是非数值类型填充。
- 空值删除：空值删除也是使用频率非常高的空值数据处理方式，评估空值在整体数据中占比非常低，而且空值删除不会影响太大的情况下，我们可以采取空值删除的方式进行空值处理。

下面将分享 Power Query 的前临近值填充和后临近值填充来实现缺失数据的填充，这两种处理方式在缺失值填充过程中比较常用，临近值填充的菜单位于 Power Query 编辑器的“转换”选项卡。

1. 前临近值填充方式

在 Excel 中，数据汇总一般都会采取数据行或列合并的方式来实现数据的展现。如图 5.32 所示的场景中就存在这样的问题，这样的数据展现在 Excel 中没有任何问题。但是如果我们将这样的数据导入 Power Query 界面中进行计算，由于 Power Query 不支持这样的导入方式，它会将合并的数据放到每组的第一行，其他没有数据的部分会被填充为 null 值。

A	B	C
区域	城市	销售金额 / 万元
东区	南昌	1536827
	青岛	1179783
	苏州	2374165
	无锡	1743419
西区	成都	1703311
	重庆	1551996
	绵阳	1976852
	大理	1639490
南区	广州	1128113
	深圳	1106764
	中山	2012620
	江门	2342774
北区	北京	2199333
	石家庄	1549090
	大连	2399878

图 5.32　Excel 中的表格数据

Excel 使用 Power Query 将当前的数据导入 Power Query 编辑器界面会产生空值数据，空值数据的内容如图 5.33 所示。

= Table.TransformColumnTypes(源,{{"区域

	区域	城市	销售金额
1	东区	南昌	1536827
2	null	青岛	1179783
3	null	苏州	2374165
4	null	无锡	1743419
5	西区	成都	1703311
6	null	重庆	1551996
7	null	绵阳	1976852
8	null	大理	1639490
9	南区	广州	1128113
10	null	深圳	1106764
11	null	中山	2012620
12	null	江门	2342774
13	北区	北京	2199333
14	null	石家庄	1549090
15	null	大连	2399878

图 5.33　数据导入 Power Query 产生的空值数据

由于空值数据的存在，我们将无法基于区域进行分组统计。这里我们通过 Power Query 的前临近值来进行数据填充，填充方式如图 5.34 所示。

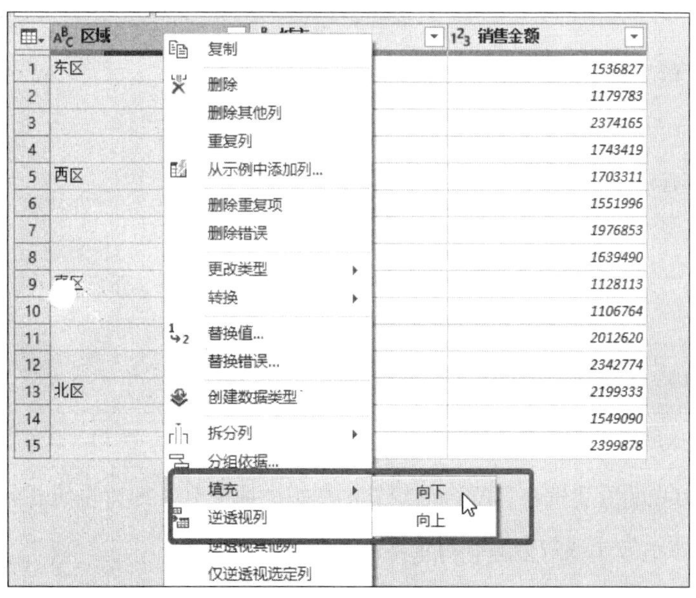

图 5.34　数据的向下填充

选择完填充方式之后，数据将以前临近值的数据向下填充，即将空值前的一个值作为填充值来替换 null 值，图 5.35 所示为使用前临近值完成填充后的结果。

	区域	城市	销售金额
1	东区	南昌	1536827
2	东区	青岛	1179783
3	东区	苏州	2374165
4	东区	无锡	1743419
5	西区	成都	1703311
6	西区	重庆	1551996
7	西区	绵阳	1976853
8	西区	大理	1639490
9	南区	广州	1128113
10	南区	深圳	1106764
11	南区	中山	2012620
12	南区	江门	2342774
13	北区	北京	2199333
14	北区	石家庄	1549090
15	北区	大连	2399878

图 5.35 前临近值填充结果

2. 后临近值填充方式

后临近值填充方式与前临近值填充方式类似，但是填充的方向不同。它是以从下向上的方式进行数据填充，在实际应用场景中这种临近值填充方式使用场景非常少。按照正常的数据处理思维方式，也很少采用后临近值的方式进行数据填充。接下来讲解后临近值填充的案例，案例数据如图 5.36 所示。

将图 5.36 中的数据导入 Power Query 编辑器界面之后，最终显示的数据内容样式如图 5.37 所示。

区域	城市	销售金额
	南昌	1536827
	青岛	1179783
	苏州	2374165
东区	无锡	1743419
	成都	1703311
	重庆	1551996
	绵阳	1976853
西区	大理	1639490
	广州	1128113
	深圳	1106764
	中山	2012620
南区	江门	2342774
	北京	2199333
	石家庄	1549090
北区	大连	2399878

图 5.36 数据后临近值填充

	区域	城市	销售金额
1	null	南昌	1536827
2	null	青岛	1179783
3	null	苏州	2374165
4	东区	无锡	1743419
5	null	成都	1703311
6	null	重庆	1551996
7	null	绵阳	1976853
8	西区	大理	1639490
9	null	广州	1128113
10	null	深圳	1106764
11	null	中山	2012620
12	南区	江门	2342774
13	null	北京	2199333
14	null	石家庄	1549090
15	北区	大连	2399878

图 5.37 导入 Power Query 界面的数据

按照前临近值填充的方式选择后临近值填充的选项“向上”，即可将所有的空值数据按照后临近值填充，图 5.38 所示为完成数据后临近值填充的结果。

	区域	城市	销售金额
1	东区	南昌	1536827
2	东区	青岛	1179783
3	东区	苏州	2374165
4	东区	无锡	1743419
5	西区	成都	1703311
6	西区	重庆	1551996
7	西区	绵阳	1976853
8	西区	大理	1639490
9	南区	广州	1128113
10	南区	深圳	1106764
11	南区	中山	2012620
12	南区	江门	2342774
13	北区	北京	2199333
14	北区	石家庄	1549090
15	北区	大连	2399878

图 5.38 后临近值填充数据结果

5.6 Power Query 实现数据的分组

在数据清洗过程中，数据分组是为了进行统计，也是比较重要的步骤之一，在 Power Query 中，数据分组后可以进行多个不同的数据操作，如分组求和、分组计数等。分组操作路径位于 Power Query 的“转换”选项卡中，我们选中相对应的列后单击分组按钮来实现数据分组。

1. 数据分组求和

分组求和适用于可以进行统计的数值，如果我们希望计算表中某个字段的统计结果就可以使用分组求和功能，分组求和时选中的数据列必须是数值列，只有数值列才支持求和功能。例如，我们计算每个学生三门功课的总和，就可以使用分组求和功能，下面以学生成绩表为例讲解数据分组求和，图 5.39 所示为案例的部分基础数据。

	姓名	科目	成绩
1	张三	语文	77
2	张三	数学	63
3	张三	英语	84
4	李四	语文	70
5	李四	数学	85
6	李四	英语	60

图 5.39 案例的部分数据

这里我们按照每个人的名字进行分组统计，将数据导入 Power Query 编辑器之后，源数据如图 5.40 所示，选择“姓名”列之后，在“转换”选项卡中单击“分组依据”按钮设置分组。

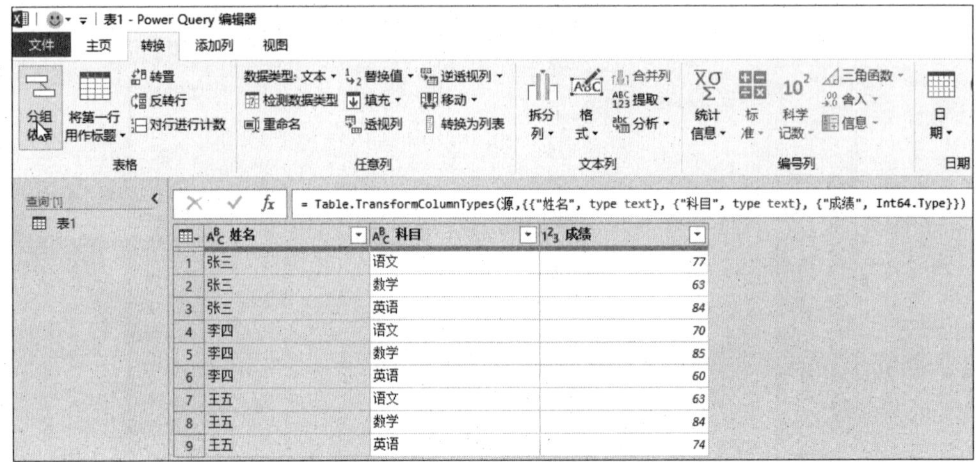

图 5.40　在 Power Query 编辑器中进行分组

在弹出的"分组依据"对话框中，选择分组的操作方式，这里选择按照"姓名"进行分组，操作方式为"求和"，如图 5.41 所示。

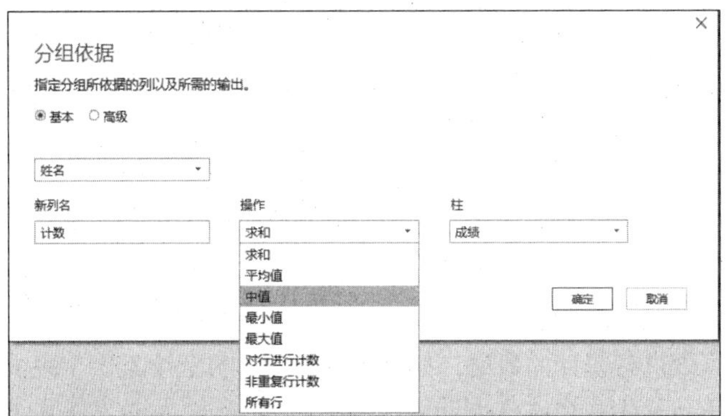

图 5.41　分组规则选择与分组操作

这里基于姓名进行分组，并统计了各个姓名的分数总和，最终实现的基于姓名的分数统计结果如图 5.42 所示。

	姓名	总分
1	张三	224
2	李四	215
3	王五	221

图 5.42　分数总和统计结果

2. 数据分组计数

分组计数功能是对属性值进行计数统计，通常进行计数统计的字段并不是数值类型。接下来我们以学校里的班级信息作为案例，来实现各个班级中男女数量的统计，图 5.43 所示为进行分组计数的基础数据。

```
= Table.TransformColumnTypes(源,{{"班级", type text}, {"姓名", t
```

	班级	姓名	性别
1	五一班	郦赫然	男
2	五一班	佘心慈	女
3	五一班	安子瑜	男
4	五一班	旁初晴	男
5	五一班	管绿凝	女
6	五二班	粘端丽	男
7	五二班	盛青香	女
8	五二班	濯合瑞	男
9	五二班	钱秀艳	女
10	五二班	税洁	女
11	五二班	柏凝心	女
12	五二班	璩以莎	女
13	五二班	蒯芸	男
14	五三班	佟闲静	男

图 5.43　Power Query 分组计数案例数据

如果希望基于班级进行性别的统计，需要使用什么方法来实现呢？这里依然可以通过分组，只不过这里的分组不同于单一数据的分组。这里需要采用两列数据来进行分组，分别对班级和性别进行分组统计。单击"分组依据"按钮后，在弹出的"分组依据"对话框中选择"高级分组"，然后分组的列选择"班级"和"性别"，操作选择"对行进行计数"，如图 5.44 所示为具体的分组规则。

设置完分组的规则和依据选择，就可以进行数据的最终展示了，列的顺序不会改变数据的最终结果，图 5.45 所示为数据的最终展示。

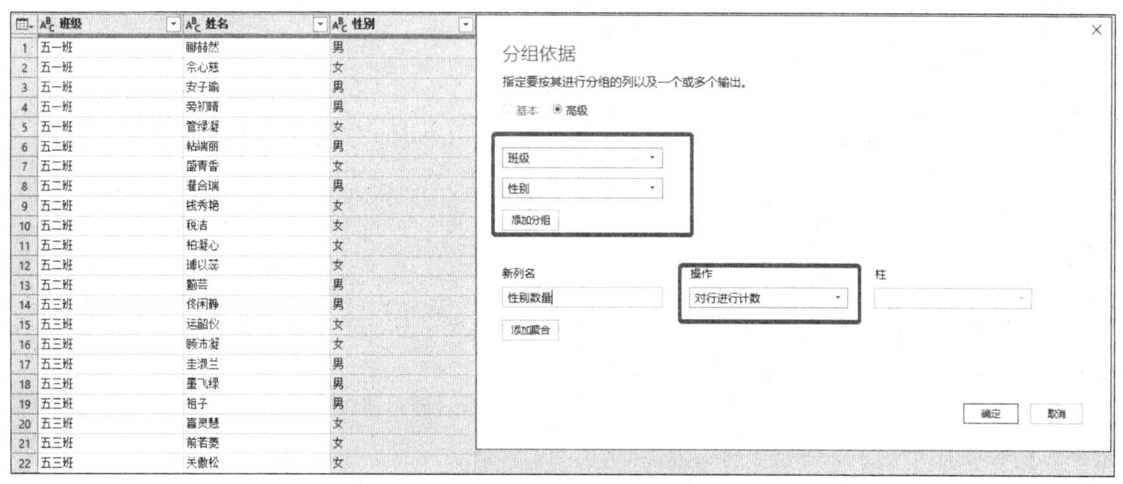

	班级	姓名	性别
1	五一班	郦赫然	男
2	五一班	佘心慈	女
3	五一班	安子瑜	男
4	五一班	旁初晴	男
5	五一班	管绿凝	女
6	五二班	粘端丽	男
7	五二班	盛青香	女
8	五二班	濯合瑞	男
9	五二班	钱秀艳	女
10	五二班	税洁	女
11	五二班	柏凝心	女
12	五二班	璩以莎	女
13	五二班	蒯芸	男
14	五三班	佟闲静	男
15	五三班	运韶仪	女
16	五三班	顾沛凝	女
17	五三班	圭淑兰	男
18	五三班	墨飞绿	男
19	五三班	祖子	男
20	五三班	喜灵慧	女
21	五三班	前若蓁	女
22	五三班	关傲松	女

图 5.44　数据分组计数的设定规则

	班级	性别	性别数量
1	五一班	男	3
2	五一班	女	2
3	五二班	男	3
4	五二班	女	5
5	五三班	男	4
6	五三班	女	5

图 5.45　数据分组的最终统计结果

3. 数据分组平均值计算

分组平均值计算是为了统计不同对象的平均数，进行平均数统计时，必须满足进行统计计算的字段是数值类型的基本要求，如果统计计算的数据不是数值类型，将不能进行平均值计算。下面的表为公司内部人员的工资数据，我们需要了解当前各个部门的平均值，案例中的数据是随机生成的数据，如图 5.46 所示。

	部门	姓名	工资
1	人事部	郦赫然	8251
2	人事部	佘心慈	5147
3	人事部	安子瑜	5850
4	人事部	旁初晴	7367
5	人事部	管绿凝	9348
6	IT部	粘端丽	4234
7	IT部	盛青香	5388
8	IT部	瞿合瑞	6168

图 5.46　公司工资数据

这里如果我们希望计算各个部门的平均工资，则可以在这里选择“部门”列进行分组，在 Power Query 编辑器界面中单击“分组依据”按钮，在弹出的“分组依据”对话框中按照部门进行平均数统计，图 5.47 所示为相关的平均数统计设置。

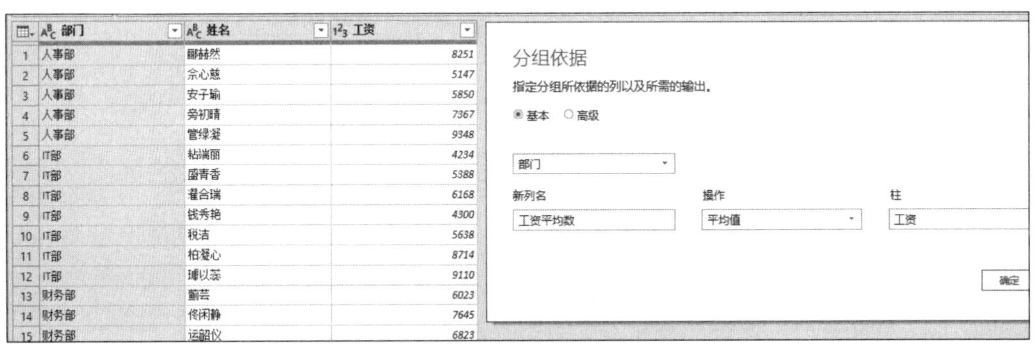

	部门	姓名	工资
1	人事部	郦赫然	8251
2	人事部	佘心慈	5147
3	人事部	安子瑜	5850
4	人事部	旁初晴	7367
5	人事部	管绿凝	9348
6	IT部	粘端丽	4234
7	IT部	盛青香	5388
8	IT部	瞿合瑞	6168
9	IT部	钱秀艳	4300
10	IT部	税洁	5638
11	IT部	柏凝心	8714
12	IT部	琫以莎	9110
13	财务部	蓟芸	6023
14	财务部	佟闲静	7645
15	财务部	运韶仪	6823

图 5.47　分组平均数统计设置

完成平均数统计的设置后，最终的统计结果将按照部门进行平均数结果显示，图 5.48 所示为最终的显示结果。

	部门	工资平均数
1	人事部	7192.6
2	IT部	6221.714286
3	财务部	6734.2
4	市场部	6912

图 5.48　分组平均数运算结果

4. 数据分组中位数计算

在进行分析统计过程中中位数也是经常使用的数据，在某些场景下中位数与平均值会比较相近，但在某些场景下中位数和平均值会相差的比较远。例如，某一线城市工资的平均水平和中位数还是相差比较大的，如何计算相应对象的中位数呢？这里依然以公司人员工资为例讲解，图 5.49 所示为分组前的数据。

	部门	姓名	工资
1	人事部	郦赫然	8251
2	人事部	佘心慈	5147
3	人事部	安子瑜	5850
4	人事部	旁初晴	7367
5	人事部	管绿凝	9348
6	IT部	粘端丽	4234
7	IT部	盛青香	5388
8	IT部	濯合瑞	6168
9	IT部	钱秀艳	4300

图 5.49　公司各部门工资数据

在 Power Query 编辑器中单击“分组依据”按钮，在弹出的“分组依据”对话框中选择“部门”。在统计数据时这里选择中位数，中位数仅仅对数值类型数据生效，对非数值类型数据将不会生效。这里选择“工资”数据作为统计的依据列，图 5.50 所示为相应的设置。

	部门	姓名	工资
1	人事部	郦赫然	8251
2	人事部	佘心慈	5147
3	人事部	安子瑜	5850
4	人事部	旁初晴	7367
5	人事部	管绿凝	9348
6	IT部	粘端丽	4234
7	IT部	盛青香	5388
8	IT部	濯合瑞	6168
9	IT部	钱秀艳	4300
10	IT部	税洁	5638
11	IT部	柏凝心	8714
12	IT部	墟以蕊	9110
13	财务部	蓟芸	6023
14	财务部	佟闲静	7645
15	财务部	运韶仪	6823

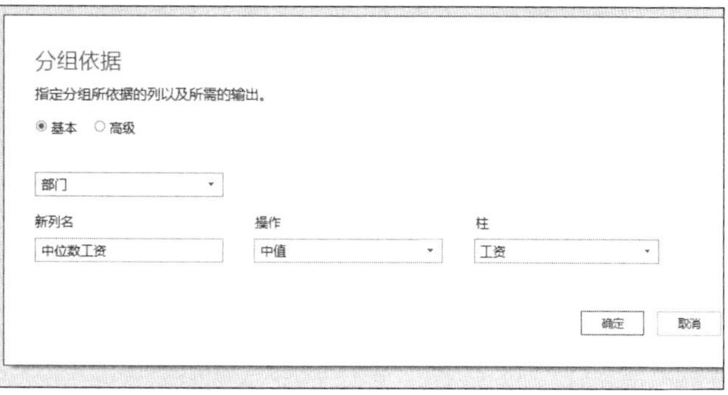

分组依据

指定分组所依据的列以及所需的输出。

◉ 基本　○ 高级

部门

新列名　中位数工资

操作　中值

柱　工资

确定　取消

图 5.50　分组依据的设置

最终按中位数计算的结果如图 5.51 所示。由于数据是随机产生的，而且取样的数据并不多，因此这里中位数和平均数的结果非常接近。

	部门	中位数工资
1	人事部	7367
2	IT部	5638
3	财务部	6823
4	市场部	6963

图 5.51　中位数计算最终结果

5. 数据分组统计最大值和最小值

分组统计最大值和最小值属于相同目的的不同操作，在掌握了最大值的统计之后，想得到最小值的统计也是非常容易的，这里我们使用如图 5.52 所示的案例来获取班级中分数的最大值和最小值。

	班级	姓名	性别	年龄
1	五一班	郦赫然	男	12
2	五一班	佘心慈	女	12
3	五一班	安子瑜	男	12
4	五一班	旁初晴	男	8
5	五一班	管绿凝	女	10
6	五二班	粘端丽	男	9
7	五二班	盛青香	女	10
8	五二班	濯合瑞	男	10
9	五二班	钱秀艳	女	12

图 5.52　数据最大值统计案例

在进行最大值和最小值统计的过程中，需要保证数据的统计类型是数值类型，其他数据类型则无法计算数据的最大值和最小值。在 Power Query 编辑器中单击“分组依据”按钮，在弹出的“分组依据”对话框中可以设置最大值和最小值的计算依据。图 5.53 所示为对当前数据内容进行最大值计算的设置方法。

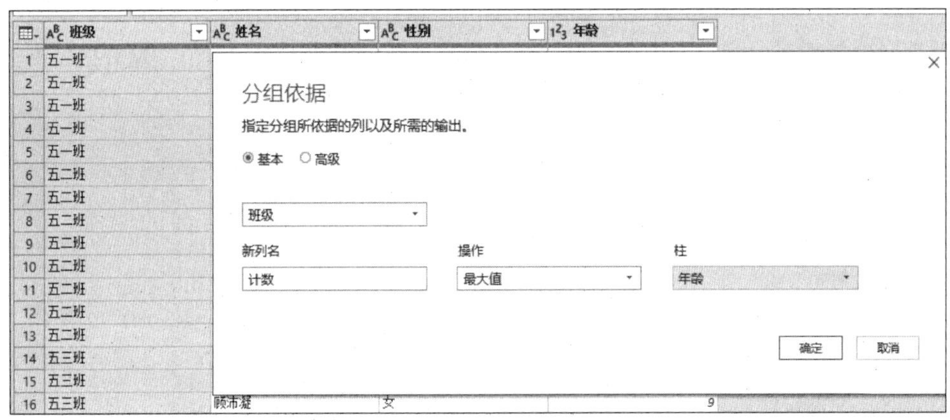

图 5.53　最大值统计计算方法

设置完最大值计算的方法之后，单击“确定”按钮即可完成数据表内容分组统计中最大值的计算，图 5.54 所示为分组计算的最大值。

	班级	最大值
1	五一班	12
2	五二班	12
3	五三班	12

图 5.54　最大值计算结果

如果希望获取数据分组中的最小值，在图 5.53 所示的分组操作中选择“最小值”，分组统计计算的最小值结果如图 5.55 所示。

	班级	最小值
1	五一班	8
2	五二班	9
3	五三班	8

图 5.55　最小值计算结果

6. 分组计算非重复计数

分组计算非重复计数的使用场景与前面的分组统计计数很像，但是在做非重复计算时是以多列数据评估行列中是否存在重复数据。如果分组之外的计算列存在重复数据，则会被忽略，这里以图 5.56 所示的数据作为使用非重复计数的统计数据。

	班级	姓名	年龄
1	二一班	从经纶	8
2	二一班	冀德寿	9
3	二一班	衡经业	10
4	二一班	从经纶	8
5	二一班	徐坚成	9
6	二一班	綦子晋	10
7	二一班	从经纶	8
8	二一班	饶淑贞	10
9	二一班	杜雪翎	10
10	二一班	靳惠丽	10
11	二一班	从经纶	8
12	二一班	向桂芳	9

图 5.56　非重复计数案例

例如，希望了解目前学校每个班级有多少人，如果通过计数进行计算的数据包含了重复项目，结果就会出错。数据中存在较多的重复项目，这里同时也计算了重复项目，图 5.57 所示为计算错误的结果。

	班级	学生数量
1	二一班	13
2	二二班	10
3	二三班	7
4	二四班	8
5	三一班	9
6	三二班	6
7	三三班	5
8	三四班	6

图 5.57　统计重复数据后的结果

这里如果使用非重复计数进行统计，其结果是基于当前分组之外的字段的非重复值。下面以图 5.58 来详细讲解一下计算的机制，在选择了分组字段之后，非分组字段将被用来评估数据是否有重复值。

	班级	姓名	年龄
1	二一班	从经纶	8
2	二一班	冀德寿	9
3	二一班	衡经业	10
4	二一班	从经纶	8
5	二一班	徐坚成	9
6	二一班	綦子晋	10
7	二一班	从经纶	8
8	二一班	饶淑贞	10
9	二一班	杜雪翎	10
10	二一班	靳惠丽	10
11	二一班	从经纶	8
12	二一班	向桂芳	9

图 5.58　用来评估重复值字段

这里使用分组功能进行数据的分组无重复项统计，在 Power Query 编辑器中单击“分组依据”按钮，在弹出的“分组依据”对话框中将分组字段设置为“班级”后再选择具体的操作，图 5.59

所示为具体的分组方法。

	班级	姓名	年龄
1	二一班	从经纶	8
2	二一班	冀德寿	9
3	二一班	衡经业	10
4	二一班	从经纶	8
5	二一班	徐坚成	9
6	二一班	綦子晋	10
7	二一班	从经纶	8
8	二一班	饶淑贞	10
9	二一班	杜雪翎	10
10	二一班	靳惠丽	10
11	二一班	从经纶	8
12	二一班	向桂芳	9
13	二一班	宋怜雪	8
14	二二班	段代曼	8
15	二二班	容聚松	10

分组依据

指定分组所依据的列以及所需的输出。

◉ 基本 ○ 高级

班级

新列名：非重复学生数　操作：非重复行计数　柱

确定　取消

图 5.59　选择分组字段和操作

完成分组操作之后，使用非重复行计数后的结果如图 5.60 所示，可以看到在进行分组计算时已经去除重复项目。

	班级	非重复学生数
1	二一班	10
2	二二班	9
3	二三班	6
4	二四班	7
5	三一班	9
6	三二班	6
7	三三班	5
8	三四班	5
9	四一班	6
10	四二班	3
11	四三班	5
12	五一班	4
13	五二班	9

图 5.60　去除重复项目之后的数据分组统计

7. 数据分组所有行

在进行数据处理的过程中，有时会有一些特别的需求，比如我们希望提取到每个分组条件中的第一条或最后一条记录，这时如果使用其他的方法进行处理会比较难，而分组计算的“所有行”功能能够帮助我们解决这个问题。对数据分组所有行之后，会发现分组“所有行”列提供的结果是表数据类型，图 5.61 为数据分组的所有行操作。

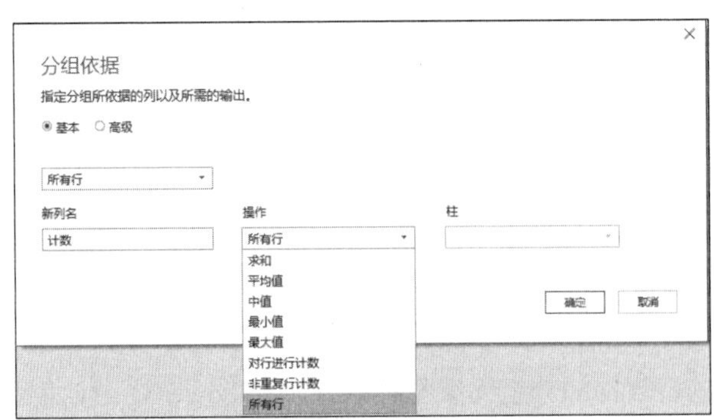

图 5.61　分组操作的所有行操作

下面依然使用学生数据案例，目标是提取出目前班级分数排名中的最后两名。这个直接使用分组会有一定的难度，此时可以选择“所有行”操作即可解决这个问题，案例引用数据如图 5.62 所示。

	班级	姓名	年龄
1	二一班	从经纶	8
2	二一班	冀德寿	9
3	二一班	衡经业	10
4	二一班	从经纶	8
5	二一班	徐坚成	9
6	二一班	禁子晋	10

图 5.62　案例引用数据

为了完成上面提到的任务功能，这里基于班级属性建立好分组功能。“分组依据”对话框中选择的操作是“所有行”，也就是将数据按照相应的属性进行分组，图 5.63 所示为按照属性分组的设置。

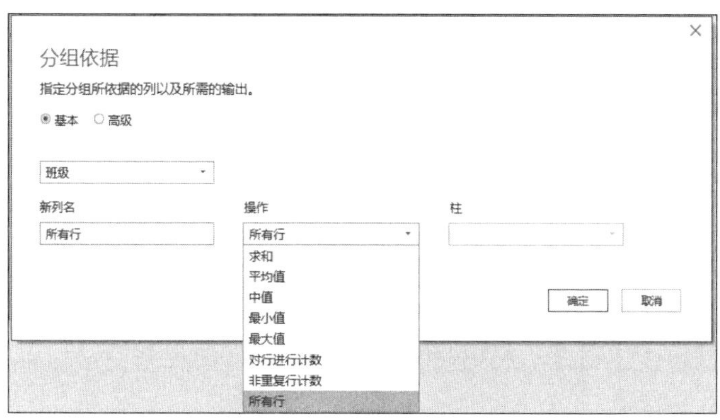

图 5.63　分组操作的设置

完成相关操作后数据将会以班级作为划分依据，最终新的“所有行”列是表类型数据，图 5.64 所示为执行完分组后全部列的数据。

	班级	所有行
1	二一班	Table
2	二二班	Table
3	二三班	Table
4	二四班	Table

班级	姓名	年龄
二三班	郑智渊	10
二三班	郭宇寰	8
二三班	松浩翰	8
二三班	戈兴国	10
二三班	谢力勤	9
二三班	易恺乐	9
二三班	郭宇寰	8

图 5.64　执行完分组后的数据显示

执行完分组之后的数据依然为表类型，当前是按照“班级”列对数据所有行进行分组。如果要显示表中最后两行，需要调用 Table 表的操作方法进行数据的保留，可在 Power Query 编辑器界面中选择“添加列”选项卡，单击“自定义列”按钮，然后在弹出的“自定义列”对话框中进行设置。这里选择添加自定义列方式后，再添加 Table.LastN 函数来进行最后两列数据的选择，图 5.65 所示为添加自定义列函数列所进行的操作。

图 5.65　添加自定义列操作

完成计算后的结果的数据类型为表类型，图 5.66 显示了使用 Table.LastN 函数获取的数据结果，这里选择了分组中的最后两条数据，数据的标题列与当前表的标题相同。

	班级	分组数据	最后两行
1	二一班	Table	Table
2	二二班	Table	Table
3	二三班	Table	Table
4	二四班	Table	Table
5	三一班	Table	Table
6	三二班	Table	Table
7	三三班	Table	Table
8	三四班	Table	Table
9	四一班	Table	Table
10	四二班	Table	Table
11	四三班	Table	Table
12	五一班	Table	Table
13	五二班	Table	Table

班级	姓名	年龄
二一班	向桂芳	9
二一班	宋怜雪	8

图 5.66　进行函数运算之后的数据

我们将“分组数据”列删除后，再将“最后两行”展开为相应的行，将会得到如图 5.67 所示的结果。这是分组操作过程中一个非常有意思的案例，当然在进行实际的数据清洗和重构过程中还有其他的处理方法可以使用。

	班级	姓名	年龄
1	二一班	向桂芳	9
2	二一班	宋怜雪	8
3	二二班	黎浩大	8
4	二二班	翟玉泉	9
5	二三班	易恺乐	9
6	二三班	郭宇寰	8
7	二四班	马浩淼	8
8	二四班	利弘阔	9

图 5.67　最终展开后的数据

5.7 Power Query 实现数据的透视

在 Excel 中进行数据分析的过程中，有一个常用的操作是数据透视。数据透视指的是将复杂的数据表按照自定义的规则进行分类汇总和统计，实现相对清晰明了的数据展现。在数据透视过程中，最常用的是将数据的深度为行、维度为列进行展现，图 5.68 展现的是非常典型的数据透视表，图中纵向是销售人员，而横向是数据的时间。

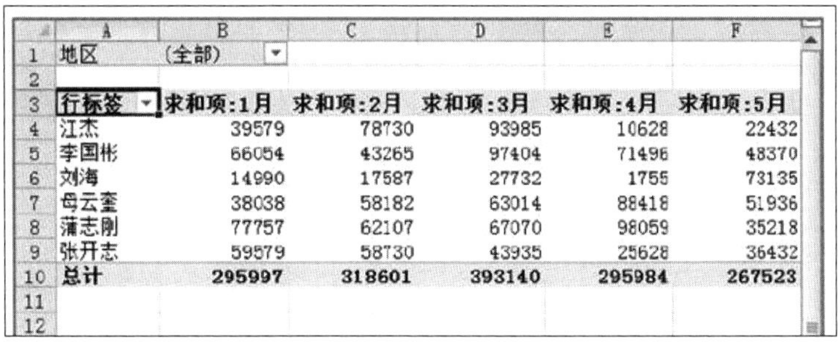

	A	B	C	D	E	F
1	地区	(全部)				
2						
3	行标签	求和项:1月	求和项:2月	求和项:3月	求和项:4月	求和项:5月
4	江杰	39579	78730	93985	10628	22432
5	李国彬	66054	43265	97404	71496	48370
6	刘海	14990	17587	27732	1755	73135
7	母云奎	38038	58182	63014	88418	51936
8	蒲志刚	77757	62107	67070	98059	35218
9	张开志	59579	58730	43935	25628	36432
10	总计	295997	318601	393140	295984	267523
11						
12						

图 5.68　数据透视图典型案例

在 Power Query 中进行数据清洗的过程中，也支持相应的数据透视。不同于 Excel 数据透视表作为数据展现的功能，Power Query 进行数据透视操作是为了实现数据计算，这里使用表 5.13 中的数据来实现 Power Query 的数据透视。

表5.13　数据透视原始数据

姓名	年度	销售业绩/元
张三	2018	120000
张三	2019	130000
张三	2020	128000

续表

姓名	年度	销售业绩/元
李四	2018	210000
李四	2019	239000
李四	2020	240000
王五	2018	140000
王五	2019	160000
王五	2020	150000
赵六	2018	230000
赵六	2019	229000
赵六	2020	210000

将数据导入 Power Query 编辑器之后，选择需要进行数据透视的列，这里选择按照“年度”进行透视。在透视过程中一定要选择好数据透视的列，然后在 Power Query 的“转换”选项卡中单击“透视列”按钮，如图 5.69 所示。

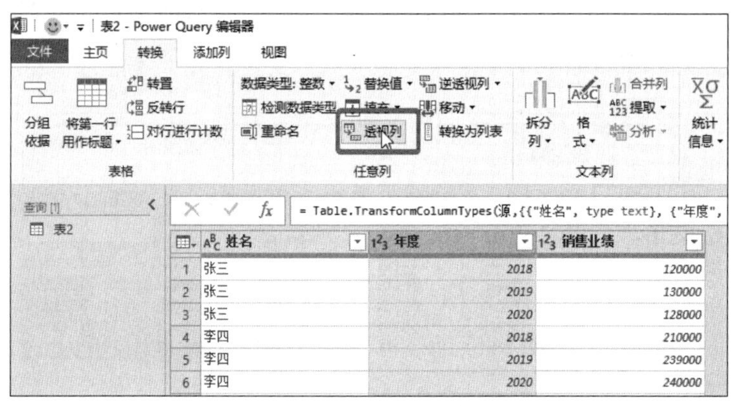

图 5.69 单击“透视列”按钮

在弹出的对话框中选择好相对应的值列，所对应的行将形成相对应的列的数据，这里的值列选择为“销售业绩”，图 5.70 所示为具体的操作步骤。

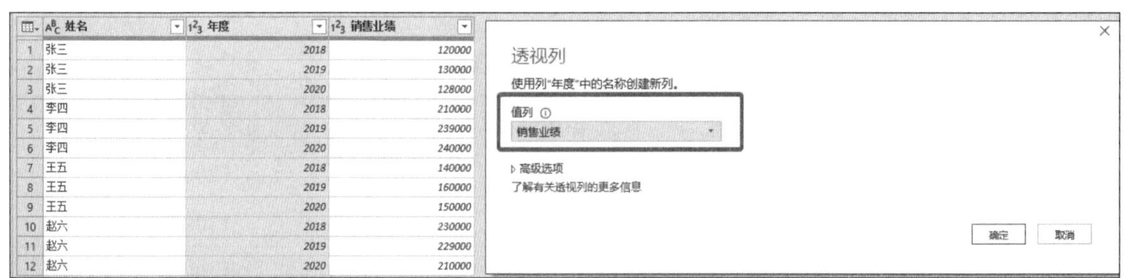

图 5.70 数据透视的值列选择

选择好需要进行数据透视的列之后，这里的一维数据将按照销售年度转换为多维数据，图 5.71 所示为完成数据透视之后的内容。

	姓名	2018	2019	2020
1	张三	120000	130000	128000
2	李四	210000	239000	240000
3	王五	140000	160000	150000
4	赵六	230000	229000	210000

图 5.71　完成数据透视的数据内容展示

5.8 Power Query 实现数据的逆透视

逆透视作为数据透视的反向操作，是将多维数据转换为一维数据的操作，这就是典型的数据逆透视操作。表 5.14 为基于年份的多维度数据表，2018 年、2019 年和 2020 年分别为不同的列，我们在后续计算过程中使用这样的多维数据很难进行计算。但是通过将多维数据转换为单维数据之后，我们就可以非常方便地进行数据的统计和计算。

表5.14　销售多维度表

姓名	2018年	2019年	2020年
张三	120000	130000	136000
李四	125000	135000	145000
王五	130000	134000	142000

将数据加载到 Power Query 编辑器之后，可以通过数据的逆透视操作来将多维数据转化为一维数据。在这里我们首先选择需要实现逆透视的数据列，然后在 Power Query 的“转换”选项卡中单击“逆透视列”下拉按钮，在下拉列表中选择“逆透视列”命令，如图 5.72 所示。

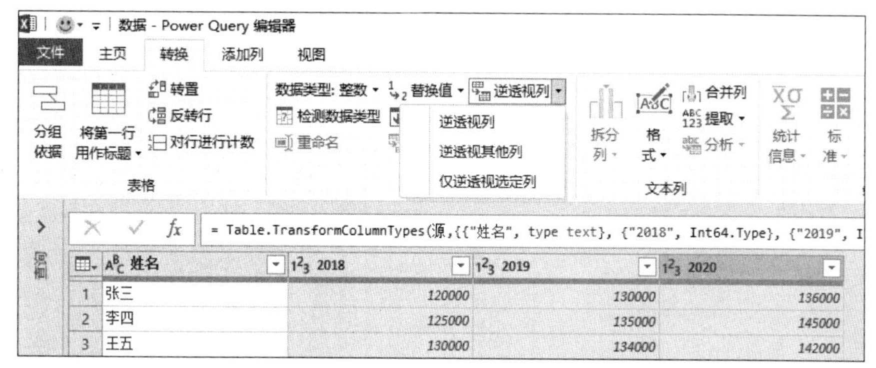

图 5.72　选择“逆透视列”命令

完成数据列的逆透视后数据从多维度变成了单维度，逆透视的列名将变成单维度数据下的行，最终数据如图 5.73 所示。

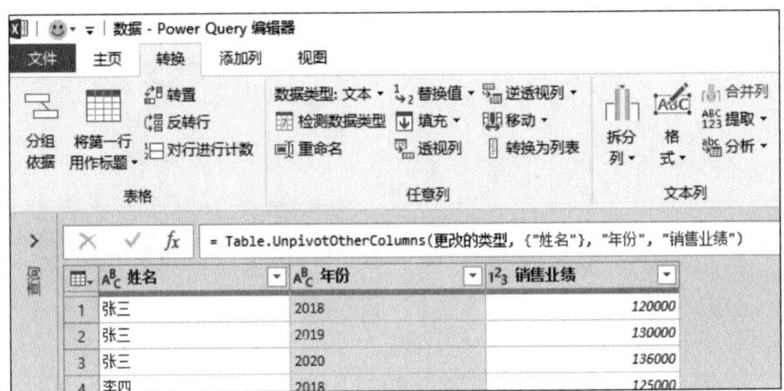

图 5.73　逆透视结果

5.9 本章总结

本章是数据清洗之后的数据合并操作，在进行数据分析和统计过程中我们需要了解数据合并的原则：能不合并则不合并。在 Power Query 中进行大量的数据合并操作将会耗费大量的 CPU 和内存资源。通过本章的学习，能够了解如何实现数据的横向合并和纵向合并操作。纵向合并的目的是实现多个相同数据的合并，而横向合并的目的是将多个不同的表格基于关系合并为相应的数据。在多数应用场景中，我们提到的数据合并是数据纵向合并操作。

当然，除了数据的纵向合并和横向合并，以下的操作也与数据合并存在或多或少的关系。

- 数据缺失值处理。
- 数据的分组。
- 数据的透视。
- 数据的逆透视。

第 6 章

Power Query 查询连接的分享与刷新

如果数据配置完成后每次都需要重新构建报表，就失去了自动化报表的功能，构建基于 Power Query 的数据其实就是为了让数据能够自动进行刷新。在 Excel 中实现 Power Query 自动刷新有很多方法，Power BI 中的数据刷新也有一些相对比较固定的操作，本章将对具体内容进行讲解。

Power Query能分享连接吗?

Power Query不光能分享，还能实现导入/导出功能。

6.1 Power Query 数据连接的分享与重用

Power Query 中有四大组件：数据导入组件、数据清洗组件、数据合并组件和数据保存分享组件。其中，数据连接的保存分享组件位于最后，如图 6-1 所示。前面三个组件已经进行了讲解，接下来介绍第四个组件：数据连接的保存分享组件。在 Excel 中，我们可以将 Power Query 连接通过不同的方式进行导出和分享，Power BI 中目前没有这样的功能。假如在当前的 Excel 文件中我们做好了 Power Query 连接，但另外一个数据文件也需要进行数据访问，那么我们怎么能实现访问连接的重用呢？其实，连接是可以通过复制或导出进行分享的。

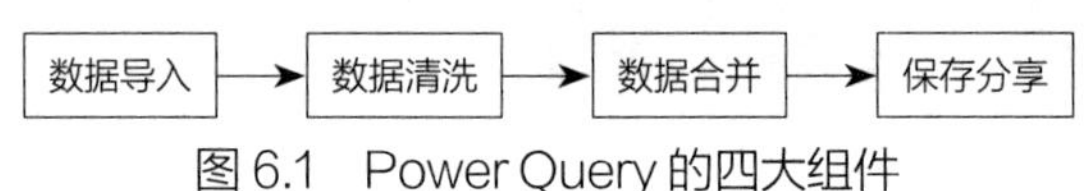

图 6.1　Power Query 的四大组件

6.2 Excel 中的 Power Query 连接与复制

在 Excel 中构建符合要求的 Power Query 连接之后，所有的 Power Query 连接已经顺利地保存在 Excel 工作簿当中，但是如何去查看已经保存的 Power Query 连接呢？我们可以在 Excel 中的“数据”选项卡中单击“查询和连接”按钮，然后在打开的窗格中可以查看 Power Query 连接，如图 6.2 所示。

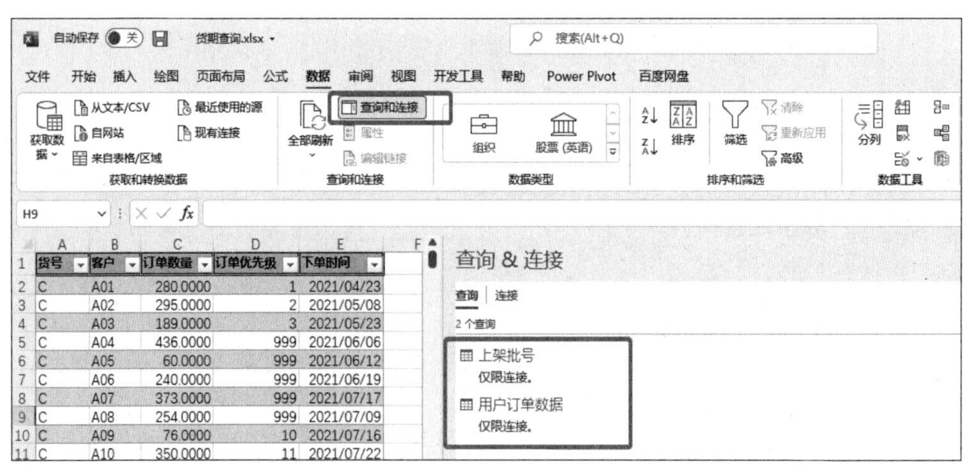

图 6.2　获取查询连接

1. 单一数据连接

如果 Power Query 连接比较简单，只有单一的数据来源，可以通过复制和粘贴方式进行连接的分享。图 6.3 所示为单一数据连接的复制，如果存在多个数据源，则不适合使用这种方式进行连接的复制和粘贴。

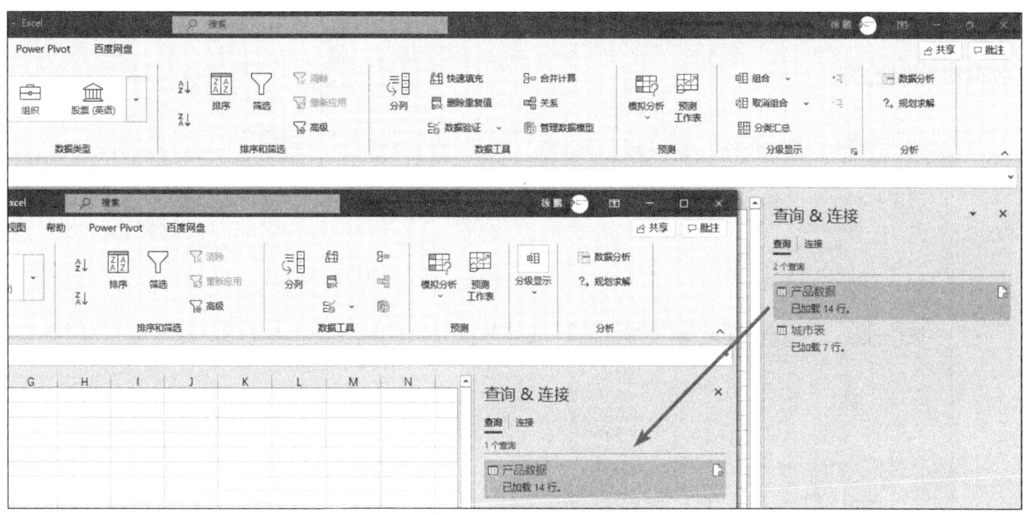

图 6.3　单一数据连接的复制

但是有一类场景不适用于当前的复制，即数据源就是Excel本身，这时复制连接后就会出现错误，图 6.4 所示为相应的错误提示。

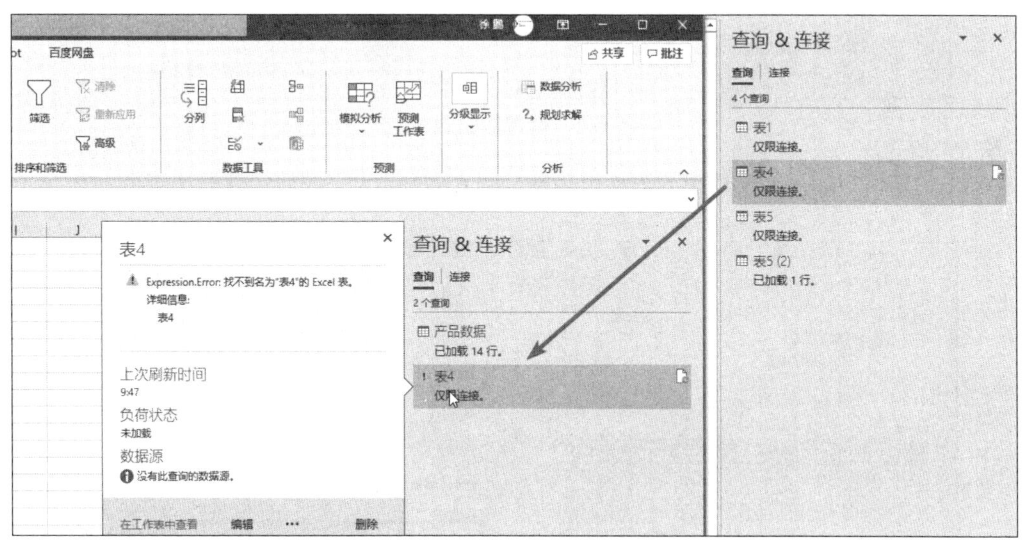

图 6.4　数据源为表内数据的出错提示

2. 连接组的复制与粘贴

在实际的应用场景中，单一连接的场景非常少见，通常存在两个或两个以上的 Power Query 数据源。在这类场景下，一个接一个地复制数据源效率会非常低下，而 Power Query 的连接组的功能则可以提高效率。

在 Power Query 中如果数据连接提供的分类比较多，例如，有些数据来源于文件，有些数据来源于数据库，如果这些数据源混合在一起，我们将无法实现非常清晰的分类和数据标记。Power Query 的数据源分组功能可以依据不同的目标和功能实现数据源的分组，实现相对比较清晰的功能标记。在 Excel 中创建数据源分组非常简单，创建的分组里面可以没有数据源连接，图 6.5 所示为创建数据源分组的方法。

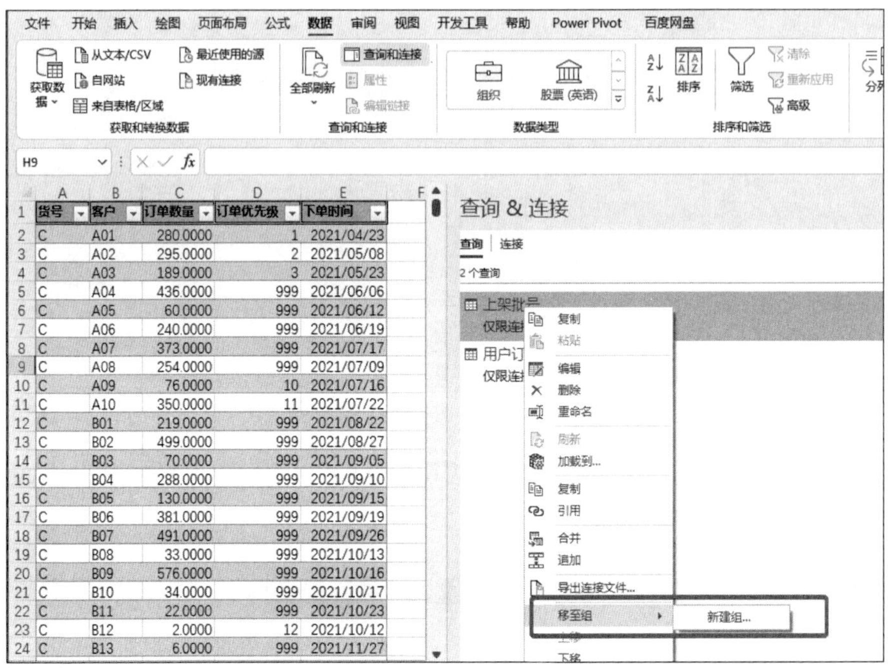

图 6.5　新建数据源分组

在弹出的窗格中填入需要构建的连接组名称，图 6.6 所示为完成后的数据连接组。

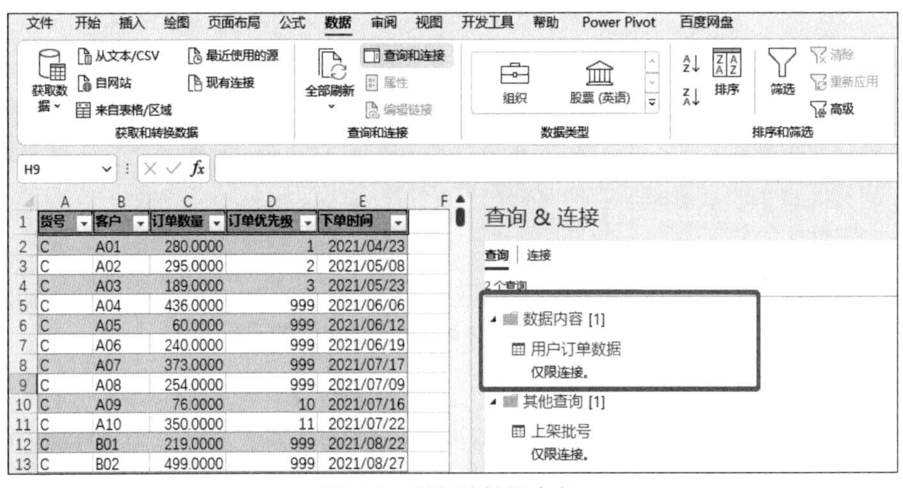

图 6.6　数据连接组命名

接下来我们需要将建立的数据连接移动到相应的连接组中，图 6.7 所示为将数据连接移动到相应的连接组的操作。

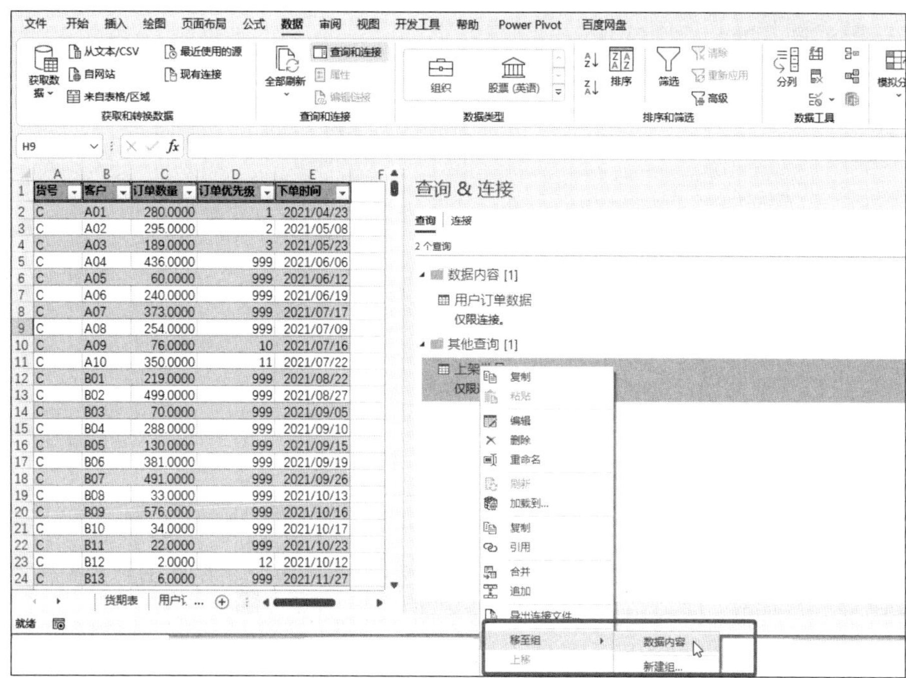

图 6.7　将数据源移入数据源组

完成最终的数据连接组的建立，并将数据连接移入相应的数据连接组之后，最终的数据连接组和数据连接之间的关系如图 6.8 所示。

图 6.8　Power Query 数据连接组与数据连接

完成数据连接组的创建和相关数据连接的分组后，我们就可以依据数据连接组实现统一的数据连接复制，避免因为太多的数据源而产生大量的重复操作，图 6.9 所示为基于数据连接组的复制操作。

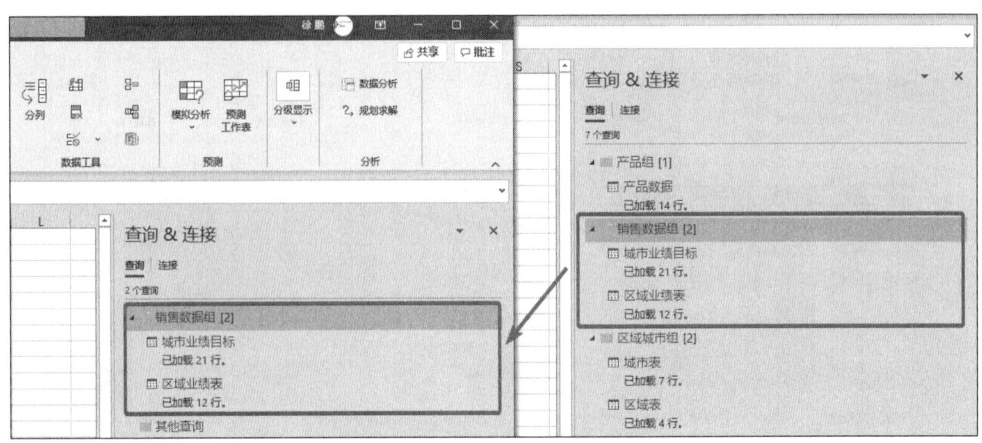

图 6.9　数据连接组的复制

在进行数据连接组的复制过程中，有些连接访问是带有凭据的，例如，我们访问共享目录中的数据源，或者访问 SQL Server、MySQL 这样需要凭据进行验证的数据源，需要在数据源获取数据之前构建相应的访问凭据，图 6.10 所示为凭据过程的设定。

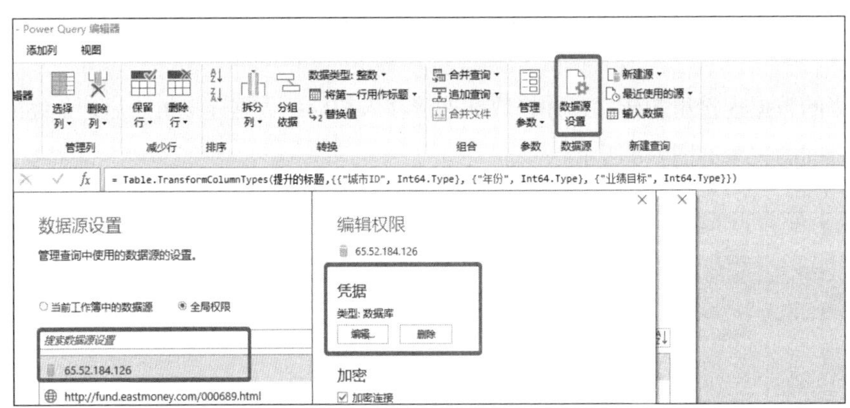

图 6.10　需要认证的凭据设定

6.3 Power Query 连接的导出与导入

在设置完数据的连接之后，如果使用数据的用户不在本机，该怎么办呢？这时通常有两种方式来实现对需要数据的访问。

1. 将文件本身提供给最终用户

如果数据文件本身不涉及敏感数据连接定义，或者不需要数据脱敏操作，则比较适合使用这种方法提供给最终用户。但是如果使用的数据有一部分不适合对外使用或公开，使用这种方式会存在泄露数据的风险。

2. 将数据连接导出，并将数据连接提供给其他用户

将数据连接导出时，仅仅对外提供数据连接定义的方式，将规避出现泄露数据这样的风险，可以将整个脱敏后的数据连接以导出 / 导入的方式提供给最终数据用户。在 Power Query 界面中实现单个连接的导出相对来说比较简单，直接选择需要导出数据的连接，然后右击，在弹出的快捷菜单中选择“导出连接文件”命令即可，图 6.11 所示为导出的界面与操作。

工号	部门	职位	姓名	上级
1001	总裁办	总经理	张三	1001
1002	行政部	经理	张武	1001
1003	行政部	职员	张璐	1002
1004	行政部	职员	田磊	1002
1005	IT部门	经理	覃东城	1001
1006	IT部门	职员	周琦	1005
1007	IT部门	职员	符征涛	1005
1008	IT部门	职员	刘钟科	1005
1009	财务部	经理	夏国华	1001
1010	财务部	职员	胡佐成	1009
1011	财务部	职员	王继锋	1009
1012	财务部	职员	朱奕骏	1009
1013	市场部	经理	陈丽	1001
1014	市场部	职员	孙璇	1013
1015	市场部	职员	陈勇	1013
1016	市场部	职员	刘晶晶	1013
1017	销售部	经理	徐小平	1001
1018	销售部	职员	张建平	1017
1019	销售部	职员	王克利	1017
1020	销售部	职员	余君鑫	1017

图 6.11　Power Query 连接的导出

导出的连接的后缀为 .odc，选择好保存的路径之后，将其导出为连接文件，这些 .odc 文件中的内容是什么呢，有没有办法看下里面的内容？当然可以，我们可以直接利用记事本打开 .odc 文件，文件中记录的内容包含了到目标数据的连接和 Power Query 进行数据清洗和重构的步骤，但是并没有包含数据访问的凭据。这和我们进行数据复制一样，如果访问的数据需要进行认证和验证，在导出数据访问之后，我们依然需要进行凭据的设置来实现数据的访问，图 6.12 所示为导出连接后的内容，加底纹的字符为 Power Query 的具体步骤。

导出的目的其实就是在使用时导入，接下来讲解如何导入相关的数据。同样在 Excel 的界面中选择如图 6.13 所示的数据连接文件。

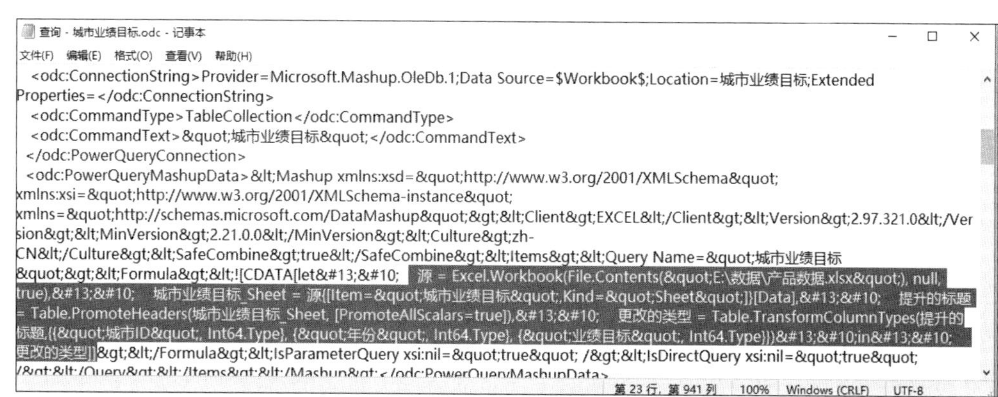

查询 - 城市业绩目标.odc - 记事本

文件(F)　编辑(E)　格式(O)　查看(V)　帮助(H)


```
  <odc:ConnectionString>Provider=Microsoft.Mashup.OleDb.1;Data Source=$Workbook$;Location=城市业绩目标;Extended
Properties=</odc:ConnectionString>
  <odc:CommandType>TableCollection</odc:CommandType>
  <odc:CommandText>&quot;城市业绩目标&quot;</odc:CommandText>
 </odc:PowerQueryConnection>
 <odc:PowerQueryMashupData>&lt;Mashup xmlns:xsd=&quot;http://www.w3.org/2001/XMLSchema&quot;
xmlns:xsi=&quot;http://www.w3.org/2001/XMLSchema-instance&quot;
xmlns=&quot;http://schemas.microsoft.com/DataMashup&quot;&gt;&lt;Client&gt;EXCEL&lt;/Client&gt;&lt;Version&gt;2.97.321.0&lt;/Ver
sion&gt;&lt;MinVersion&gt;2.21.0.0&lt;/MinVersion&gt;&lt;Culture&gt;zh-
CN&lt;/Culture&gt;&lt;SafeCombine&gt;true&lt;/SafeCombine&gt;&lt;Items&gt;&lt;Query Name=&quot;城市业绩目标
&quot;&gt;&lt;Formula&gt;&lt;![CDATA[let&#13;&#10;    源 = Excel.Workbook(File.Contents(&quot;E:\数据\产品数据.xlsx&quot;), null,
true),&#13;&#10;    城市业绩目标_Sheet = 源{[Item=&quot;城市业绩目标&quot;,Kind=&quot;Sheet&quot;]}[Data],&#13;&#10;    提升的标题
= Table.PromoteHeaders(城市业绩目标_Sheet, [PromoteAllScalars=true]),&#13;&#10;    更改的类型 = Table.TransformColumnTypes(提升的
标题,{{&quot;城市ID&quot;, Int64.Type}, {&quot;年份&quot;, Int64.Type}, {&quot;业绩目标&quot;, Int64.Type}})&#13;&#10;in&#13;&#10;
更改的类型]]&gt;&lt;/Formula&gt;&lt;IsParameterQuery xsi:nil=&quot;true&quot; /&gt;&lt;IsDirectQuery xsi:nil=&quot;true&quot;
/&gt;&lt;/Query&gt;&lt;/Items&gt;&lt;/Mashup&gt;</odc:PowerQueryMashupData>
```


第 23 行，第 941 列　100%　Windows (CRLF)　UTF-8

图 6.12　连接文件的具体内容

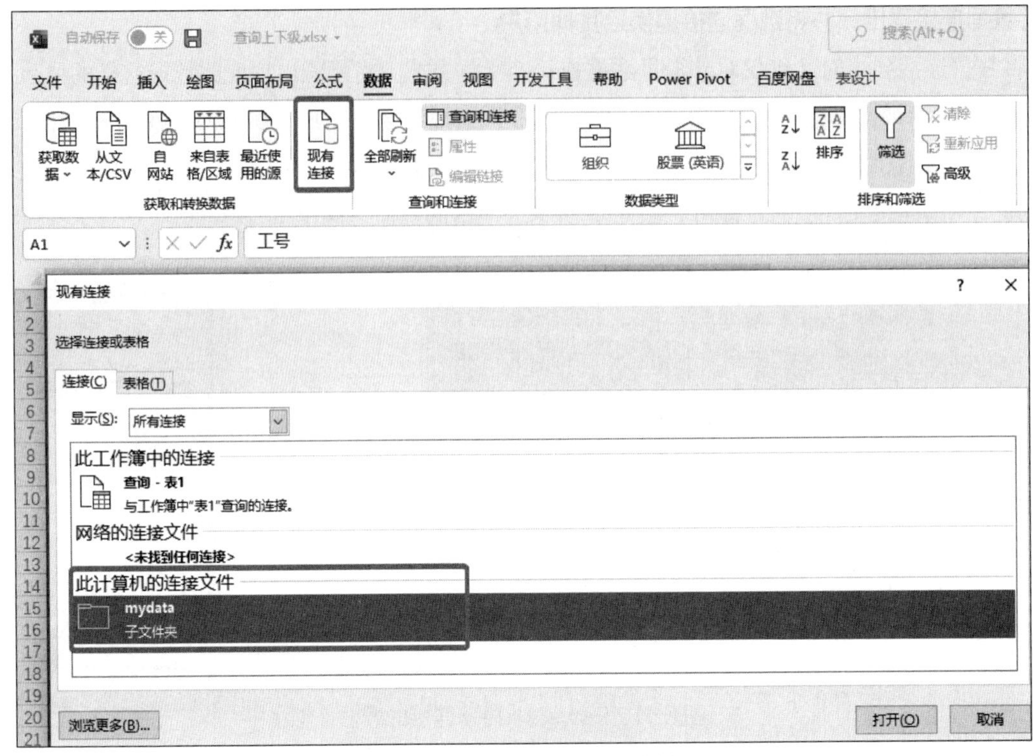

图 6.13　当前文件的数据连接

单击“浏览更多”按钮，在弹出的对话框中找到相对应的已经导出的数据连接文件，如图 6.14 所示。选择对应的 .odc 连接文件后，再单击“打开”按钮即可。

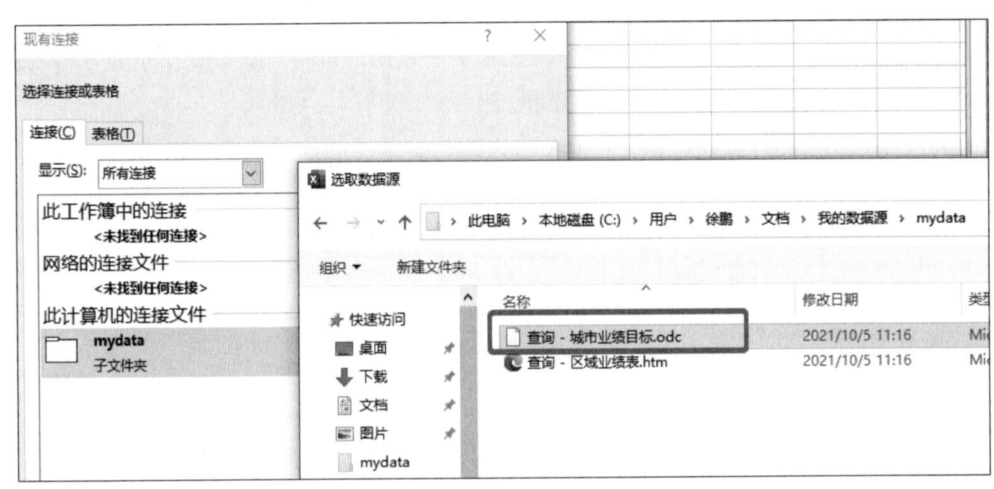

图 6.14　选择导出的 .odc 文件

导入数据连接之后，可以根据需要来选择后续的操作步骤，这里选择将数据连接导入 Excel 中来进行数据的导入操作，如图 6.15 所示。

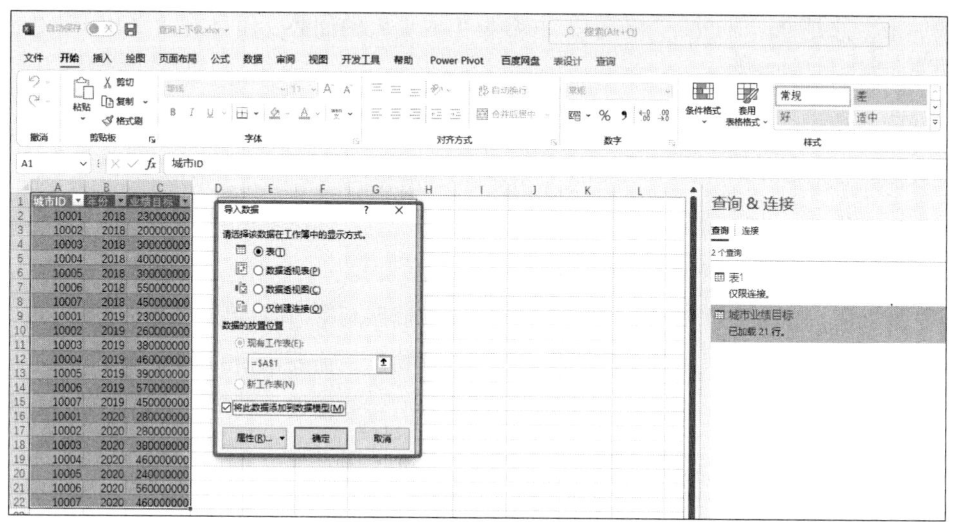

图 6.15　选择数据导入的操作

将数据连接导入之后，就可以对导入的数据进行数据的再处理和操作了，最终的结果如图 6.16 所示。

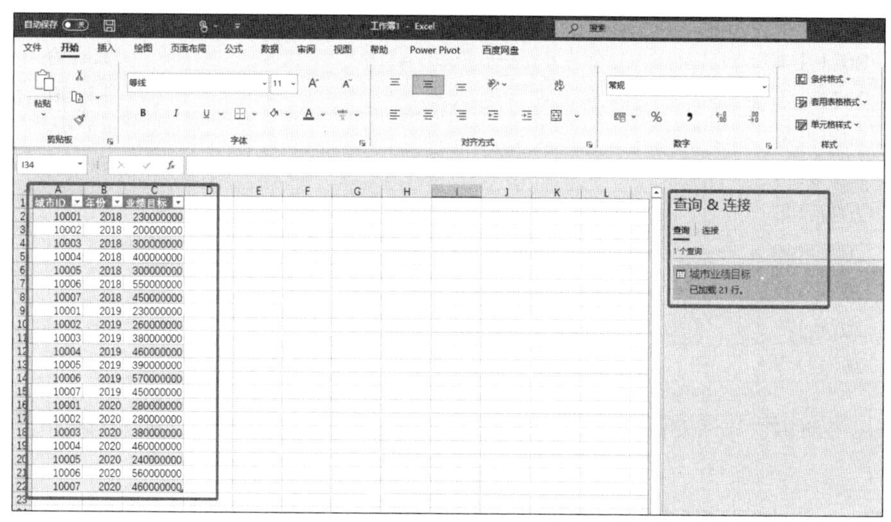

图 6.16　导入数据后的连接处理与载入

6.4 Power Query 的数据刷新

数据刷新是数据集成和清洗过程中非常重要的条件，试想我们做了 100 多个不同数据来源的数据集成，如果再添加 100 个文件，还需要重新再来一遍数据集成和清洗，工作量将会更重了。而 Power Query 的最大优势就在于，集成了所有的操作和步骤之后，只要通过刷新数据，所有的数据将会被自动加载进来，这是 Power Query 相比 Excel 数据集成更大的优势。而目前来说 Power Query 进行数据刷新有两种不同的方式。

- 手动刷新模式：即对所有的数据采用手动模式刷新数据源的访问，但手动模式刷新数据非常不灵活。目前 Excel 和 Power BI 都支持通过手动刷新模式进行数据刷新。
- 自动刷新模式：指的是通过设置定期更新数据的方式来实现数据的更新，自动数据刷新包含 Excel 的自动刷新和 Power BI 的自动刷新。

在默认情况下，Excel 支持最低一分钟刷新模式下的数据刷新，而且刷新数据的方式不限数据源，都可以实现最低一分钟的数据刷新模式。但是也有非常特殊的需要刷新的情况，也就是基于秒级刷新，例如，基于温度传感器进行当前温度获取。这时一分钟非常难以满足对温度获取的需求，可以通过 VBA 代码的方式进行自动的刷新操作。而对于 Power BI 来说，Power BI Desktop 在有条件的情况下支持秒级数据刷新操作，而 Power BI Pro 支持最低 30 分钟的自动刷新。为了演示方便，将采用下面的数据作为数据刷新过程中的案例，通过在数据源中不断添加新的数据条目来实现数据的变化，如表 6.1 所示为销售人员的销售数据。

表6.1　销售数据

销售日期	销售人员	销售金额/元
2021-1-4	张三	10000
2021-1-5	张三	13000
2021-1-6	张三	12300
2021-1-4	李四	11000
2021-1-5	李四	12300
2021-1-6	李四	14200
2021-1-7	王五	14500
2021-1-7	王五	14200
2021-1-7	王五	13400

我们将以当前销售数据为蓝本，来分享如何实现 Excel 和 Power BI 的手动与自动刷新数据功能。

6.4.1　Excel 的刷新功能

1. 手动刷新功能——按需刷新

将数据通过 Power Query 导入进来后，这里将进行数据分组运算，最终的数据计算结果将保存在 Excel 表格中，图 6.17 所示为销售统计结果。

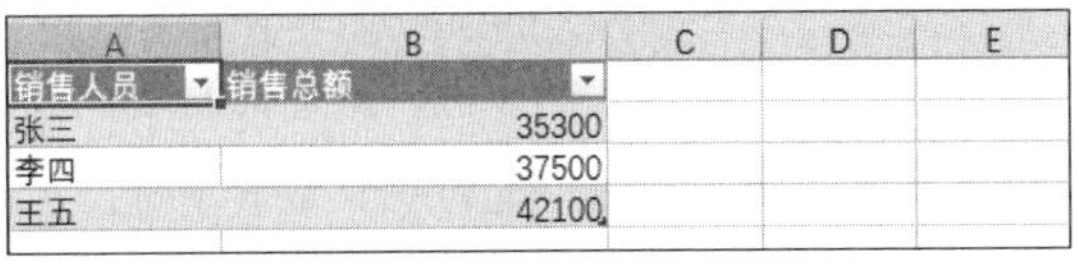

销售人员	销售总额
张三	35300
李四	37500
王五	42100

图 6.17　销售人员统计结果

在 Excel 中，如果我们希望对销售统计结果进行手动更新，可以使用以下几种不同的方法来刷新这些数据。

（1）刷新单一数据连接

如果仅仅需要刷新单一的数据连接，我们可以通过选择相应的数据连接，然后单击鼠标右键进行数据刷新，或者在上下文菜单中选择刷新数据的命令。图 6.18 所示为通过右键快捷菜单进行数据源刷新，图 6.19 所示为通过上下文菜单进行数据源的刷新。

图 6.18　通过数据源右键快捷菜单进行数据刷新

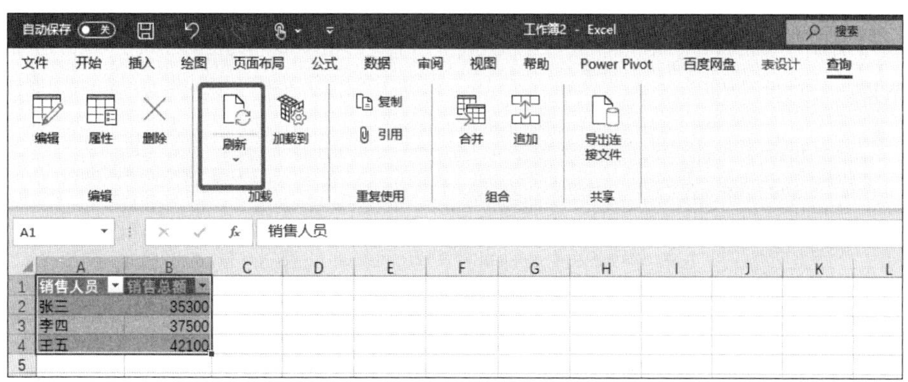

图 6.19　通过上下文菜单进行数据刷新

（2）刷新工作簿所有连接

如果当前的工作簿中存在较多的数据连接，当需要将这些数据连接实现整体刷新时，则需要使用菜单中的“全部刷新”功能来实现数据的刷新，如图 6.20 所示。

图 6.20　工作簿全部刷新功能

在当前的数据文件中，可以手动地添加新的数据，例如，添加销售人员的销售记录，图 6.21 所示为添加完成后的三条销售记录。

销售日期	销售人员	销售金额
2021/1/4	张三	10000
2021/1/5	张三	13000
2021/1/6	张三	12300
2021/1/4	李四	11000
2021/1/5	李四	12300
2021/1/6	李四	14200
2021/1/7	王五	14500
2021/1/7	王五	14200
2021/1/7	王五	13400
2021/1/8	张三	21000
2021/1/8	李四	20000
2021/1/8	王五	23000

图 6.21　更新添加的三条销售记录

在设置自动刷新之前，需要手动进行数据刷新操作，图 6.22 所示为完成手动刷新之后的最终数据统计结果。

销售人员	销售总额
张三	56300
李四	57500
王五	65100

图 6.22　数据手动刷新之后的结果

对用户来说，如果每次都需要手动刷新相应的记录，也很麻烦。这时自动化的操作将变得非常重要，如何进行数据的自动刷新呢？接下来将讲解自动刷新操作。

2. 自动刷新功能——分钟刷新

Excel 集成的 Power Query 除了提供数据的手动刷新功能之外，也提供了数据的自动刷新功能。需要注意的是，Power Query 提供的自动刷新功能是针对连接的，也就是说在 Power Query 中的自动刷新不是全局刷新功能。接下来我们来看一下如何实现 Power Query 连接的自动刷新操作，在进行数据查询的连接上右击，在弹出的快捷菜单中选择“属性”命令，如图 6.23 所示。

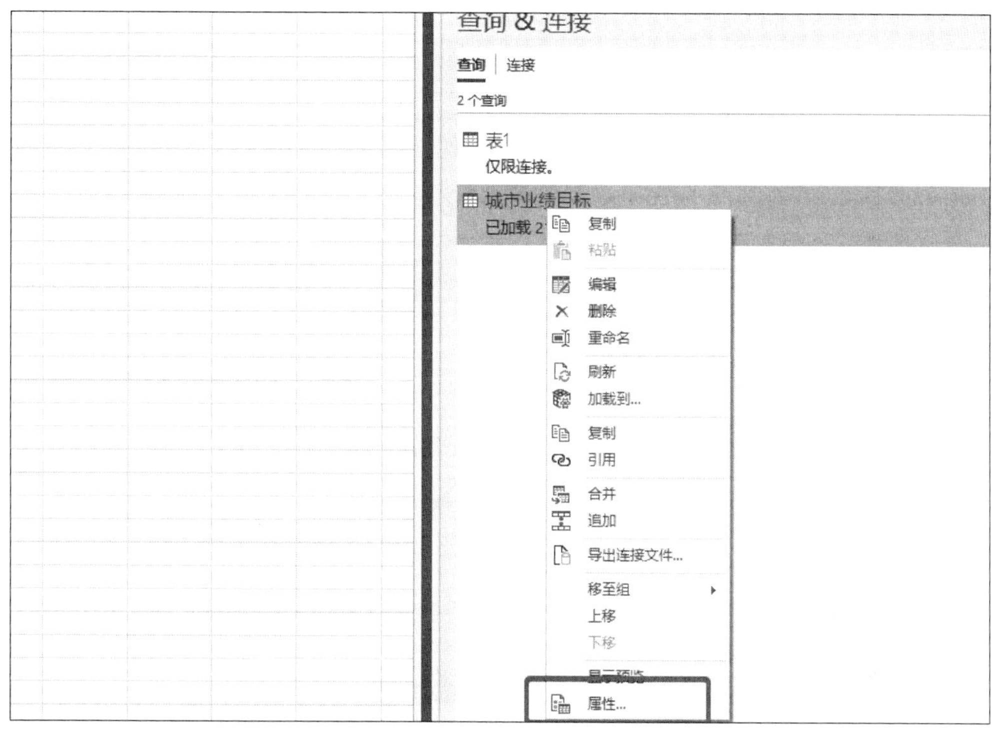

图 6.23　“属性”菜单命令的进入方式

进入连接属性对话框之后就可以针对数据的刷新频率进行设置，这里设置最低刷新频率为 1 分钟刷新一次，图 6.24 所示为相应的时间间隔设置和频率设置。

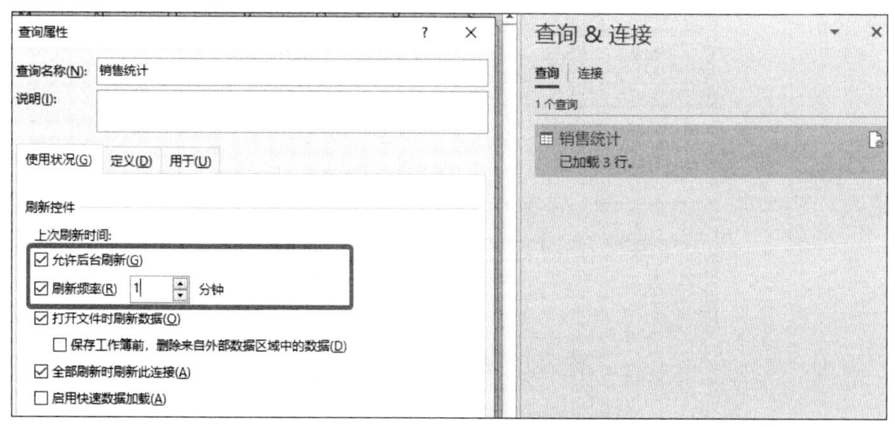

图 6.24　自动刷新的时间间隔设置

接下来验证自动刷新是否可行，这里的源数据仍然采用之前的销售数据，如图 6.25 所示。

销售日期	销售人员	销售金额
2021/1/4	张三	10000
2021/1/5	张三	13000
2021/1/6	张三	12300
2021/1/4	李四	11000
2021/1/5	李四	12300
2021/1/6	李四	14200

图 6.25　源数据

这里的计算结果依然是之前的计算结果，如图 6.26 所示为最终的计算结果。

销售人员	销售总额
张三	35300
李四	37500
王五	42100

图 6.26　源数据计算结果

接下来在源数据中添加三条交易记录，如图 6.27 所示。

在源数据中将数据保存后，大约等待一分钟，保存数据计算后的最新结果如图 6.28 所示。

销售日期	销售人员	销售金额
2021/1/4	张三	10000
2021/1/5	张三	13000
2021/1/6	张三	12300
2021/1/4	李四	11000
2021/1/5	李四	12300
2021/1/6	李四	14200
2021/1/7	王五	14500
2021/1/7	王五	14200
2021/1/7	王五	13400
2021/1/8	张三	12000
2021/1/8	李四	23000
2021/1/8	王五	16000

图 6.27　添加的三条交易记录

销售人员	销售总额
张三	47300
李四	60500
王五	58100

图 6.28　数据自动刷新结果

使用 Power Query 连接的自动刷新能够解决一分钟以上自动刷新的问题，但是如果需要刷新的时间间隔少于一分钟怎么办？目前 Excel 的自动刷新功能没有办法解决这个问题，我们可以通过基于 VBA 的刷新数据的方案，来实现数据的秒级计算。

3. Excel 基于 VBA 代码的自动刷新功能

当需要进行刷新的数据周期小于一分钟，Excel 的自动刷新数据功能就无法实现自动刷新的目标，这时我们可以通过 VBA 代码来实现自动刷新。能够实现 VBA 刷新的第一步就是将当前的 Excel 保存为带有宏的 Excel 文件，因为普通的文件是无法运行宏环境的。将文件保存为带有宏的文件时，保存类型的选择如图 6.29 所示。

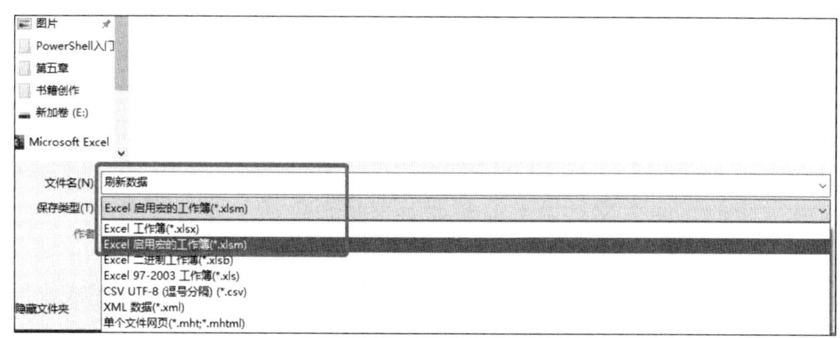

图 6.29 保存为启用宏代码的数据

接下来我们将刷新的过程录制为宏，但是默认的界面中并没有宏的录制和使用菜单，需要按照如下的步骤启用开发工具菜单，在 Excel 界面的菜单中选择“文件”→“选项”命令，打开“Excel 选项”对话框，然后在该对话框中选择自定义工具栏，在右侧列表框中选中如图 6.30 所示的“开发工具”复选框。

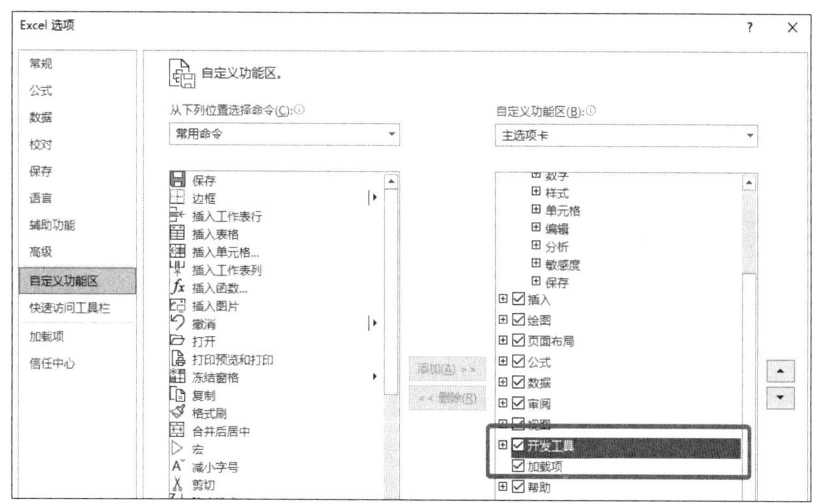

图 6.30 启用开发工具

在选中完“开发工具”复选框后，“开发工具”选项卡就会显示在 Excel 界面中。我们在“开发工具”选项卡中单击如图 6.31 所示的“录制宏”按钮，在弹出的对话框中为宏命名。我们需要宏实现的目标是定期刷新数据连接，这里给宏取一个名字“refresh”，然后单击“确定”按钮开始录制宏刷新数据。

图 6.31　录制宏操作

在“数据”选项卡下单击如图 6.32 所示的“全部刷新”按钮，等待数据完成刷新。

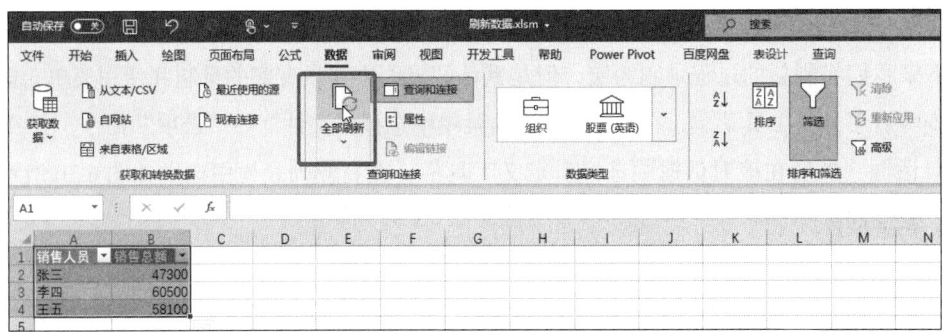

图 6.32　完成全部刷新数据操作

数据完全刷新后单击如图 6.33 所示的“停止录制”按钮，停止宏录制后需要进行代码的再编辑。

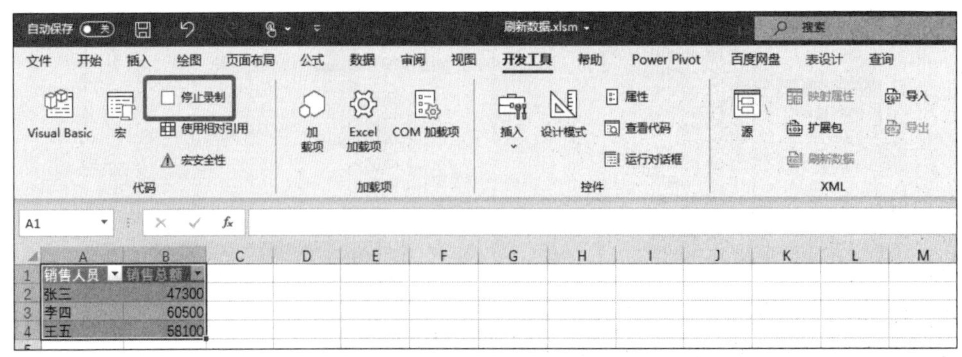

图 6.33　停止录制宏操作

进入 Excel 的 VBA 开发中心，找到 VBA 代码中录制的宏的模块，就可以查看全部刷新的操作代码，具体如图 6.34 所示。

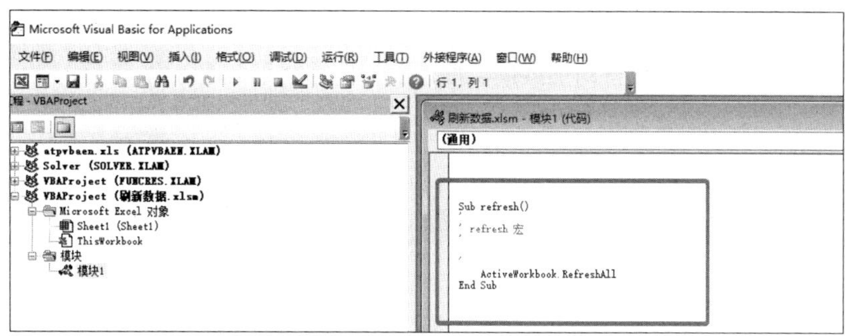

图 6.34　查看记录后的刷新代码

接下来我们再另外写一个模块来调用 refresh，以定时刷新所有的 Excel 数据，通过代码即可自动刷新数据，间隔时间为 5 秒钟刷新一次，这里将对 refresh 的模块进行引用。具体操作和代码如图 6.35 所示。

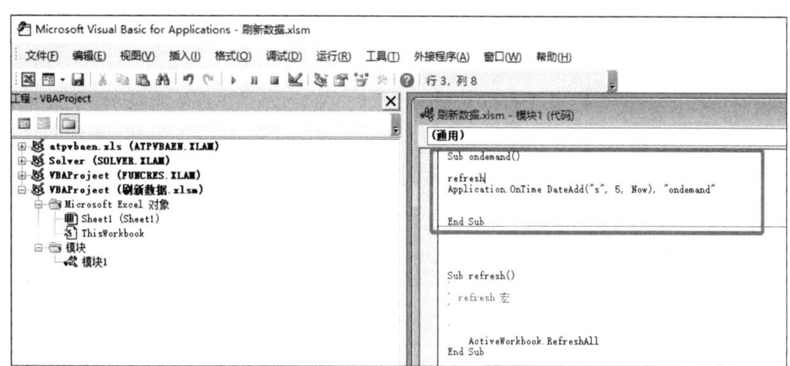

图 6.35　数据刷新的 VBA 代码

返回 Excel 界面之后，我们在开发中心界面中单击“宏”按钮，在弹出的“宏”对话框中选择“ondemand”，然后单击“执行”按钮，执行方法如图 6.36 所示。

图 6.36　执行 Excel 宏

执行宏之后，可以在数据源中添加相应的数据来确认数据能否正常计算。将源数据添加内容保存后，在 5 秒钟之后数据将会被自动加载进数据表中，计算结果如图 6.37 所示。

图 6.37　5 秒更新的数据

到此为止，我们已经分享完毕 Excel 的手动刷新、自动刷新和 VBA 自动刷新功能。

6.4.2　Power BI 的刷新功能

1. Power BI 手动刷新功能

Power BI 和 Excel 的手动刷新数据的操作基本一样，我们通过在首页单击“刷新”按钮来实现所有数据的手动刷新。Power BI 和 Excel 一样，存在着单数据源刷新和全局数据源刷新两个操作。Power BI 如果希望刷新单个数据源，可以在数据字段进行数据的刷新，如图 6.38 所示。

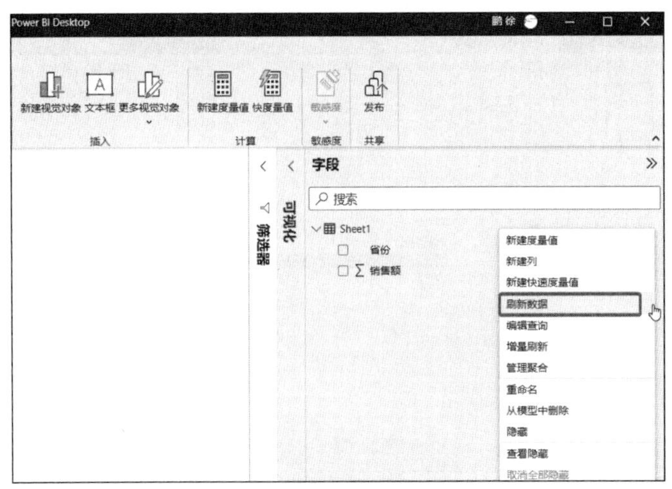

图 6.38　单数据源数据刷新

当然，在实际应用场景中很少是单个数据源，这时我们就需要在 Power BI 中手动刷新数据来实现数据内容的全局刷新。全局刷新功能位于 Power BI 的“主页”选项卡中，单击如图 6.39 所示的“刷新”按钮即可刷新数据源。

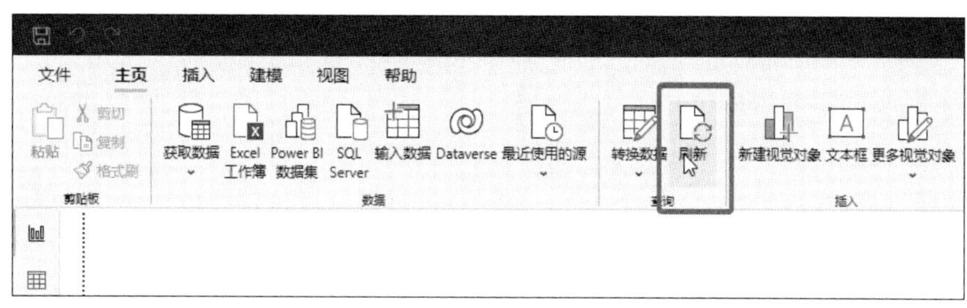

图 6.39　Power BI 实现全局数据源的刷新

2. Power BI Direct Query 的自动刷新功能

Power BI Desktop 的实时仪表板功能与 Power BI Pro 的实时仪表板功能一样，可以实现数据的秒级刷新。这是 Power BI Desktop 更新版本之后提供的一个非常重大的更新，通过实时刷新的仪表板功能，我们可以实现数据的动态实时监控。要实现 Power BI Desktop 的功能，以下条件是必要条件。

- Power BI Desktop 为 2020 之后的版本。
- 数据存储数据库为 SQL Server。
- 数据库连接方式是 Direct Query。

这几个条件缺一不可，缺乏其中的任意一个条件都无法实现数据的秒级动态刷新。因此，建议下载 Power BI 最新的版本。

在构建 Power BI 的数据库访问过程中，我们必须使用 Direct Query 方式进行数据库的访问和连接，图 6.40 所示为连接配置信息。

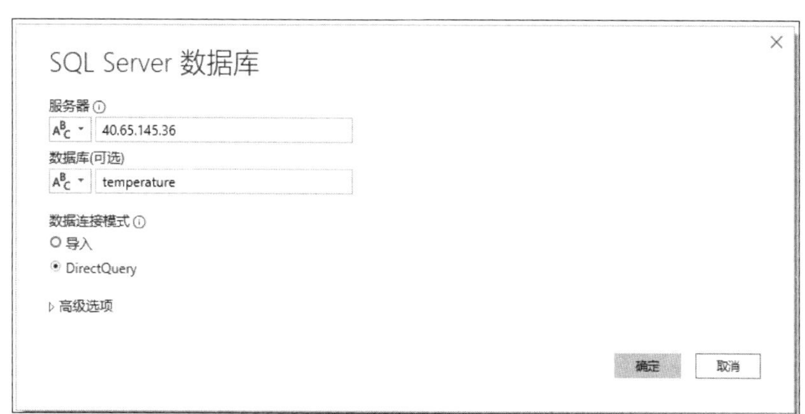

图 6.40　SQL Server 连接配置信息

使用 Direct Query 完成数据库配置之后，单击“确定”按钮可以获取当前数据库中的数据表信息，在页面刷新开启之前，数据会一直停在当前数据表的信息中，图 6.41 所示为获取数据之后的结果。

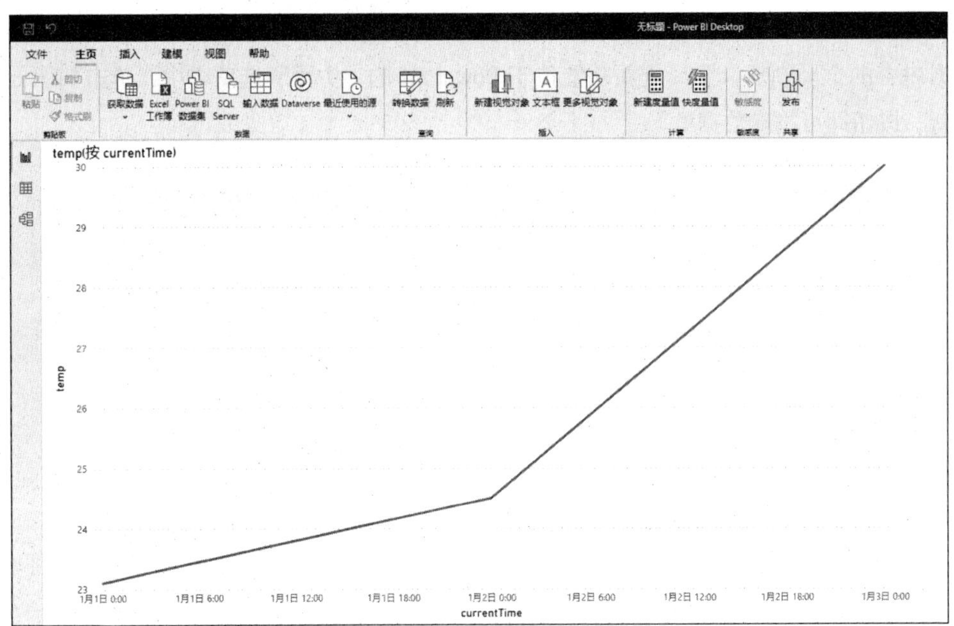

图 6.41　获取数据后的结果

如何让数据自动刷新呢？Power BI 可以通过设置刷新频率来进行自动刷新，支持的最低刷新频率为 1 秒钟，这里需要通过单击当前报表中的空白区域，在右侧面板中选择当前页面的格式设置，图 6.42 所示为开启页面刷新设置。

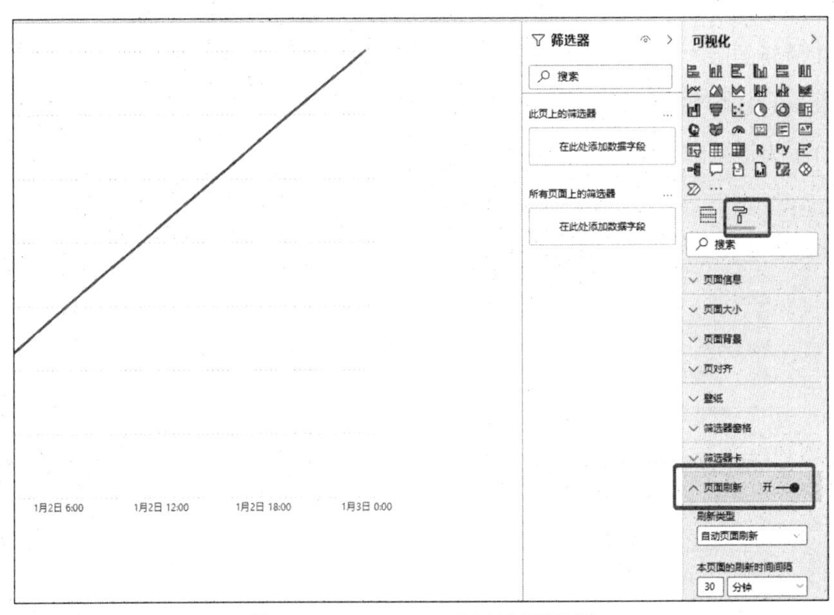

图 6.42　Power BI 开启页面刷新

开启页面刷新之后，即可定义页面自动刷新时间，最低刷新时间为 1 秒，图 6.43 所示为刷新设置。

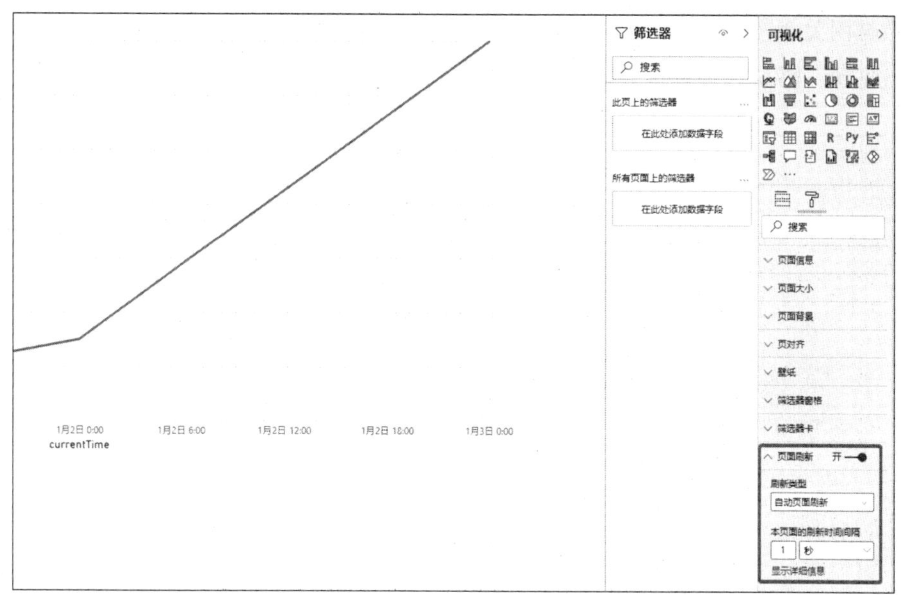

图 6.43 数据刷新设置

完成刷新设置后，所有的数据将以秒级更新，最终数据呈现将根据时间进行自动更新，图 6.44 所示为最终数据自动刷新后的显示。

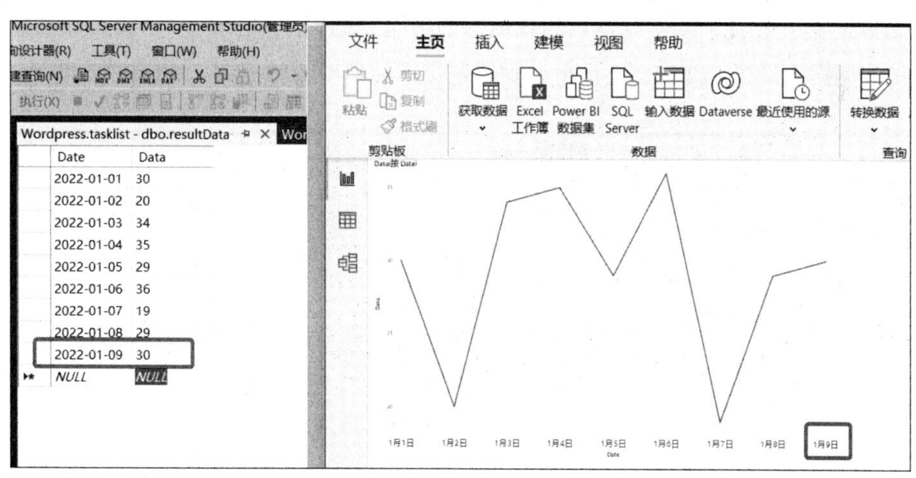

图 6.44 数据自动刷新结果

3. Power BI Pro 的自动刷新功能

数据和模型上传到 Power BI Pro 中，如何来进行数据刷新呢？数据源依然会在本地，而数据模型已经发布到 Power BI Pro 云端服务中。如果数据源更新，我们的模型如何进行自动刷新呢？Power BI Pro 如果需要基于本地数据源更新进行模型更新，需要部署相应的数据网关服务，数据网关服务提供了从 Power BI Pro 到本地的数据源的安全连接和更新服务。如果我们存在多个不同地点的数据源，则可以部署多个不同的数据网关服务来实现数据的同步。

完成数据网关部署之后，我们需要完成数据源和网关的映射，即让 Power BI Pro 知道去哪里找到相应的数据源，图 6.45 所示为数据映射界面。

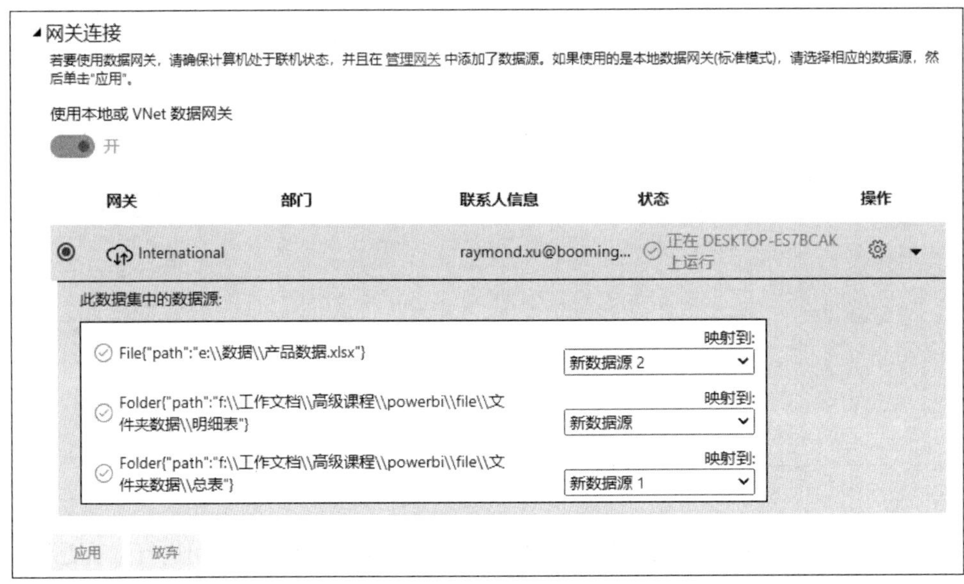

图 6.45　将网关与数据连接完成映射

设置完数据映射之后，需要设置目标数据源的访问凭据。图 6.46 所示为设置数据访问凭据，对于数据访问凭据的设置，要依据不同的数据源定义不同类型的凭据。

图 6.46　数据源的凭据设置

完成了数据网关设置，就解决了数据来源的问题。完成了数据访问凭据设置，就完成了数据的鉴权功能。接下来就需要进行数据的自动刷新设置了，在 Power BI 中完成数据刷新的设置非常简单，目前 Power BI Pro 能够实现最低半小时一次的刷新，图 6.47 所示为计划的刷新设置。

图 6.47　计划的刷新设置

4. Power BI 增量刷新功能

在进行数据库查询的过程中，如果查询的数据量非常大，就会存在查询效率问题。在 Power BI 中进行 SQL Server 数据库查询的过程中，支持两种不同的方式：数据导入方式和 Direct Query 方式。Direct Query 是实现即时数据查询，数据将不会保存在 Power BI 的数据缓存中。但是如果我们采用的是数据导入方式，每次进行数据查询的数据都将保存在 Power BI 中，如果数据的周期很长，则会产生 Power BI 文件过大的问题。而 Power BI Pro 针对用户提供了 10GB 的数据空间，如果跨越了较长的时间段，则数据大小将超过 10GB。为了解决这样的问题，Power BI 提供了增量刷新功能。Power BI 目前支持关系型数据库的增量刷新，类似于 SQL Server、MySQL 或 Oracle 这样的数据库，是可以支持相应的增量刷新的。相比完整刷新，增量刷新具有以下优势。

- 刷新更快捷：只需刷新最近更改的数据。
- 刷新更可靠：无须与不稳定数据源建立长期连接。对源数据的查询运行速度更快，降低了网络问题造成干扰的可能性。
- 降低资源消耗：要刷新的数据量减少，从而降低了 Power BI 和数据源系统中内存和其他资源的整体使用量。
- 允许大型数据集：数据集可能会增加到包含数十亿行，而无须每次在执行刷新操作时完全刷新整个数据集。
- 轻松安装：只需完成几个任务即可在 Power BI Desktop 中定义增量刷新策略。发布策略后，服务会在每次刷新时自动应用这些策略。

那么，究竟如何配置增量刷新功能呢？我们接下来使用 SQL Server 数据库作为我们的数据源来实现数据刷新的具体案例，这里使用 Power BI 进行 SQL Server 数据库的数据导入，图 6.48 所示为导入操作。

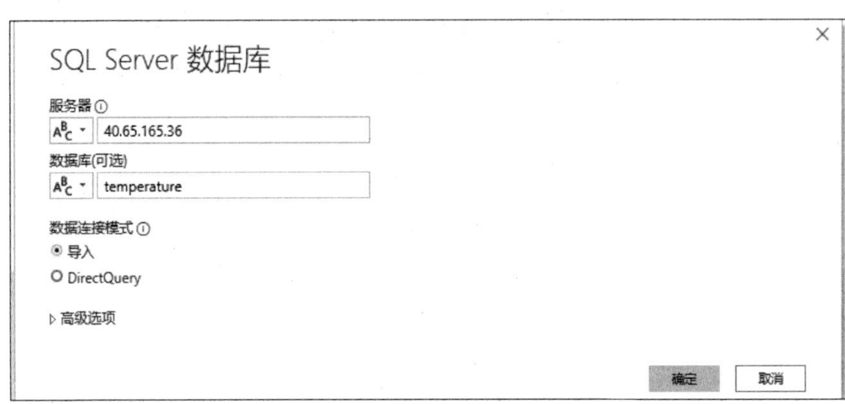

图 6.48 数据库的导入操作

在数据导入的字段中必须有时间字段，这是强制性要求，如果没有这个参数，则无法实现增量刷新功能。我们在 Power Query 界面完成参数的构建，注意参数大小写敏感，图 6.49 所示为增量刷新创建参数的操作。

- RangeStart：起始日期，数据类型为日期时间类型。
- RangeEnd：结束日期，数据类型为日期时间类型。

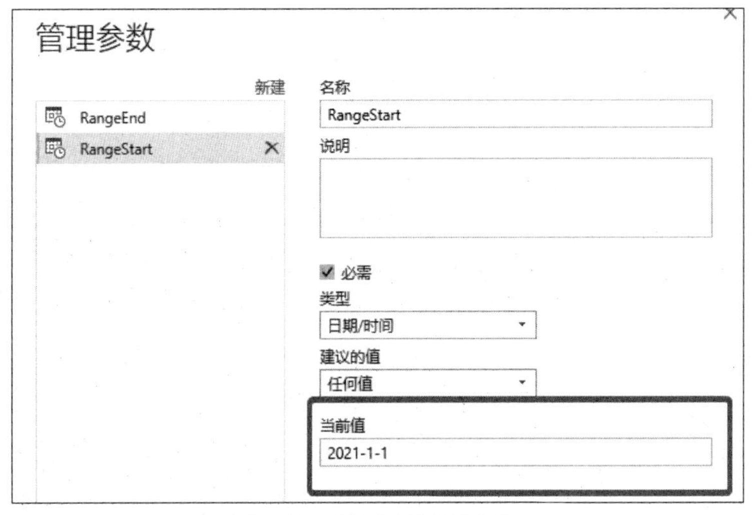

图 6.49 增量刷新参数创建

在日期筛选器中按照筛选器进行相关的数据筛选，这里选择“自定义筛选器”选项来进行进一步的数据筛选，如图 6.50 所示。

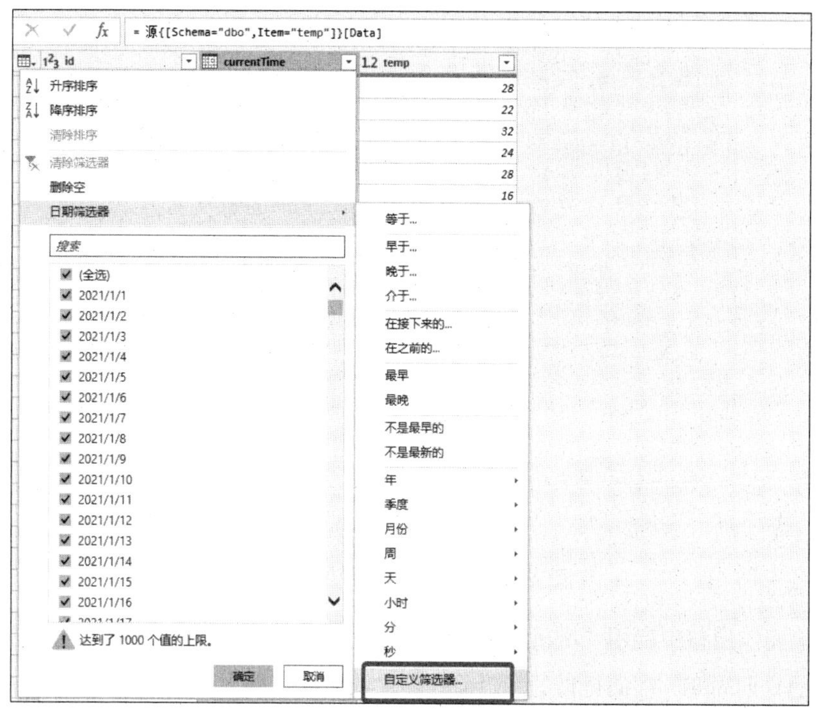

图 6.50　在日期列选择自定义筛选器

选择“自定义筛选器”之后，将会弹出“筛选行”对话框，在该对话框中可以设置筛选条件，这里设置晚于或等于 RangeStart 及早于 RangeEnd，即可进行相应的数据筛选，这也是实现数据增量刷新非常重要的前置步骤，如果不按照数据筛选操作进行筛选，后续的增量刷新操作将无法启用，具体操作如图 6.51 所示。

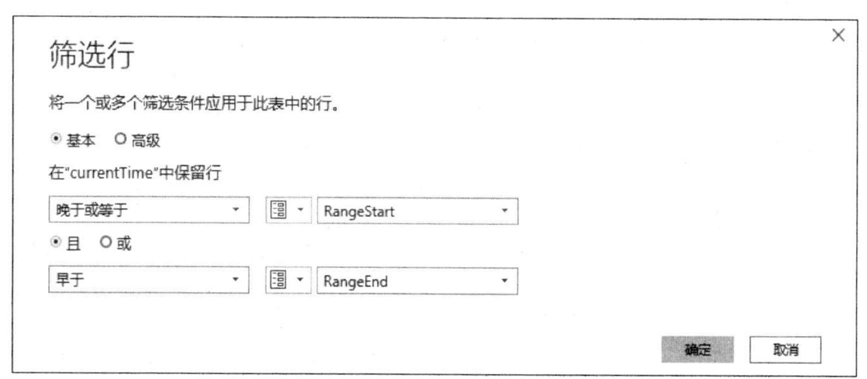

图 6.51　在当前数据中实现数据筛选操作

在完成数据筛选之后，就可以开启数据的增量刷新操作，增量刷新操作需要在进行增量刷新的数据上右击，然后在弹出的快捷菜单中选择“增量刷新”命令以开启“增量刷新”窗口，如图 6.52 所示。

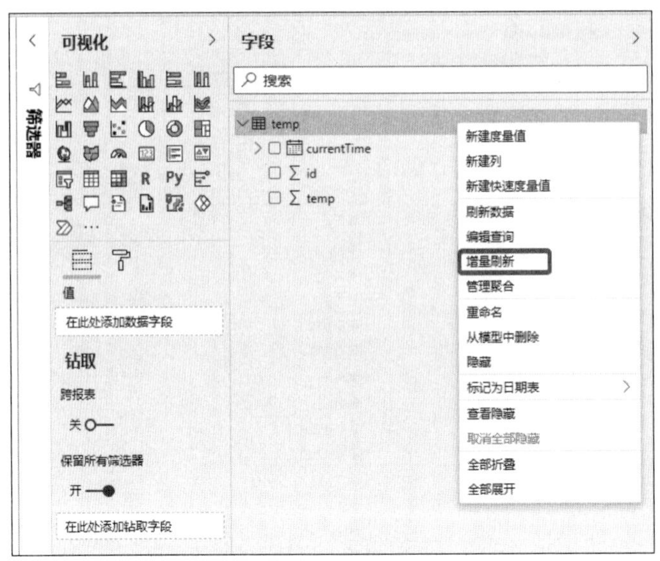

图 6.52　选择“增量刷新”命令

在“增量刷新”窗口中启用“增量刷新”开关，开启了增量刷新之后，可以设置存储行的日期周期和刷新行的日期周期。存储行指的是当前日期之前时间周期内的所有数据，刷新行指的是最新的时间周期内的数据，这里检测数据更改是对当前最大值进行判断，如果最大值已经发生变更，就会自动进行增量刷新，图 6.53 所示为增量刷新的设置步骤。

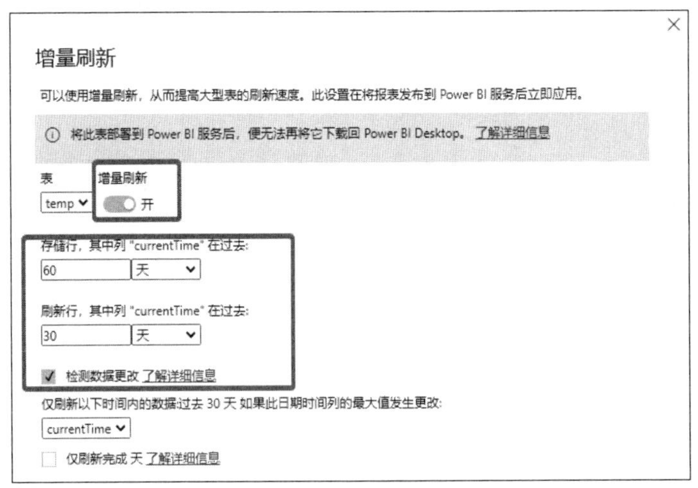

图 6.53　增量刷新数据的步骤

将增量刷新设置发布到 Power BI Pro 之后，所有的数据刷新将按照增量刷新规则进行刷新。

6.5 本章总结

本章讲解了数据连接分享的复制和导出，以及数据的刷新操作。数据连接发布之后如果数据不进行刷新，所有数据都停留在发布数据的那一刻，那我们做的事情都没有意义。如何让数据按照既定和自动刷新的方式进行数据更新呢？本章分享了多种不同的方式来实现数据的刷新。

数据刷新步骤主要包含了手动刷新和自动刷新两类不同的方式，而自动刷新和手动刷新也会有不同的方式，本章讨论了以下几种数据分享和刷新的方式。

- Excel 的 Power Query 手动刷新和自动刷新，以及 Excel VBA 代码的自动刷新。
- Power BI 的手动刷新功能、自动数据刷新及增量数据刷新。

通过本章的数据分享和刷新方式，在进行数据分析过程中能够开拓思维，在进行数据更新的过程中能够使用各类不同的方式和方法来实现数据的即时刷新。

第 7 章

Power Query 的函数

Power Query 中函数的使用方法和 Excel 中函数的使用有很大的不同，在 Power Query 中遵循的是“对象 . 方法”的函数使用，这样的函数使用方法必然需要最终用户理解目前操作的对象是什么。学习 Power Query 的函数时，最好放弃之前在 Excel 中使用函数的方法，以一种全新的思路进行学习。在进行函数讲解的过程中，将以实际的案例进行讲解，以更加深入地理解 Power Query 函数在实际场景中的使用。

完全不同，学习
Power Query函数最好
忘记Excel函数。

7.1 Power Query 函数的获取与使用

先来看一个问题：Power Query 有多少个函数？回答这个问题有点困难，因为每次系统或 Office 更新之后都会更新 Power Query 的函数。需要特别注意的是，Excel 的 Power Query 和 Power BI 的 Power Query 的数据连接引用不同。Power BI 提供的数据连接远远多于 Excel，因此 Power BI 中 Power Query 提供的函数一定多过 Excel 中的 Power Query 函数。

如果想知道当前的 Power Query 有多少个函数，可以在 Excel 和 Power BI 的 Power Query 窗口中输入下面的代码即可获取。

```
=#Shared
```

我们先来看下 Excel 中有多少个 Power Query 函数，在 Power Query 编辑器的执行框中输入“=#shared”，得到的部分结果如图 7.1 所示。

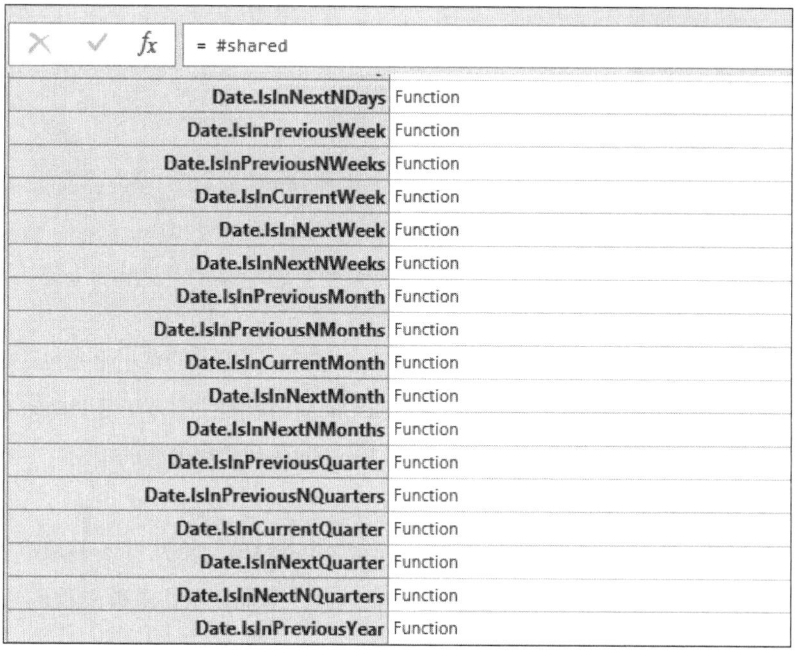

= #shared

Date.IsInNextNDays	Function
Date.IsInPreviousWeek	Function
Date.IsInPreviousNWeeks	Function
Date.IsInCurrentWeek	Function
Date.IsInNextWeek	Function
Date.IsInNextNWeeks	Function
Date.IsInPreviousMonth	Function
Date.IsInPreviousNMonths	Function
Date.IsInCurrentMonth	Function
Date.IsInNextMonth	Function
Date.IsInNextNMonths	Function
Date.IsInPreviousQuarter	Function
Date.IsInPreviousNQuarters	Function
Date.IsInCurrentQuarter	Function
Date.IsInNextQuarter	Function
Date.IsInNextNQuarters	Function
Date.IsInPreviousYear	Function

图 7.1 获取当前 Power Query 函数的命令数据

完成命令输入操作之后，这里能够看出一共有 810 条数据，如图 7.2 所示。Excel 在不同版本下函数的个数可能不同。

Power BI 由于功能及应用的扩展，提供了相对更多的 Power Query 函数。在 Power BI 中同样执行“=#shared”的方法，最终得到如图 7.3 所示的最终数量的 Power Query 函数，一共 1024 个。

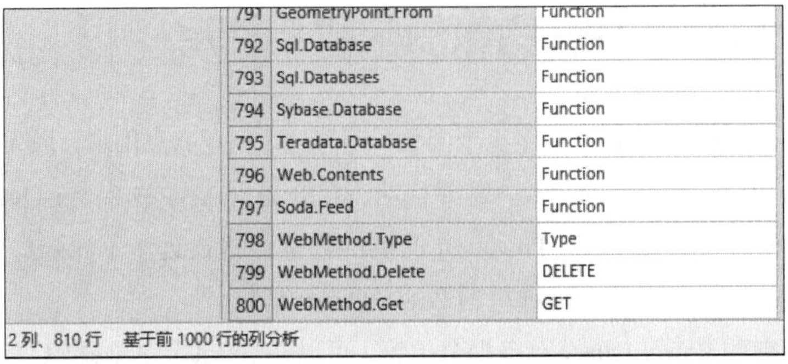

791	GeometryPoint.From	Function
792	Sql.Database	Function
793	Sql.Databases	Function
794	Sybase.Database	Function
795	Teradata.Database	Function
796	Web.Contents	Function
797	Soda.Feed	Function
798	WebMethod.Type	Type
799	WebMethod.Delete	DELETE
800	WebMethod.Get	GET

2 列、810 行　基于前 1000 行的列分析

图 7.2　Excel 中的 Power Query 函数

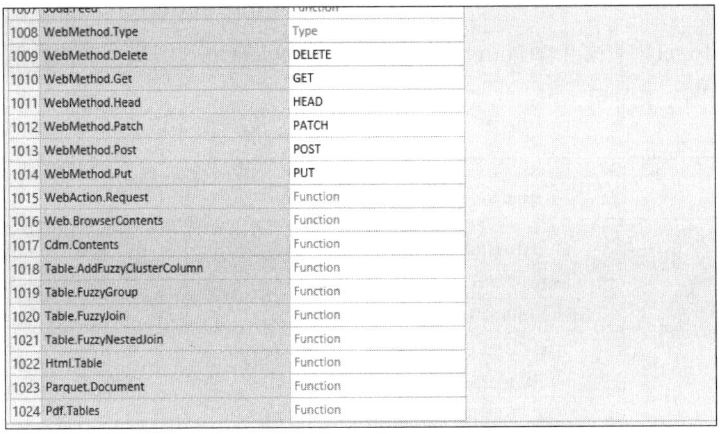

1008	WebMethod.Type	Type
1009	WebMethod.Delete	DELETE
1010	WebMethod.Get	GET
1011	WebMethod.Head	HEAD
1012	WebMethod.Patch	PATCH
1013	WebMethod.Post	POST
1014	WebMethod.Put	PUT
1015	WebAction.Request	Function
1016	Web.BrowserContents	Function
1017	Cdm.Contents	Function
1018	Table.AddFuzzyClusterColumn	Function
1019	Table.FuzzyGroup	Function
1020	Table.FuzzyJoin	Function
1021	Table.FuzzyNestedJoin	Function
1022	Html.Table	Function
1023	Parquet.Document	Function
1024	Pdf.Tables	Function

图 7.3　Power BI 中的 Power Query 函数

虽然 Power Query 总的函数很多，但常用的有 100 个左右。这里说的常用不光包含我们通过手动写入的函数，也有通过 GUI 方式进行操作的函数。Power Query 函数的使用方法与 Python 非常类似，但与 Excel 差别会比较大。我们接下来对比 Power Query 和 Excel 的函数使用方法的差别。

1. Excel 函数的使用场景和方法

Excel 函数通常用于单元格数据计算，如果我们希望针对单元格从开头截取字符，可使用 left 函数，而针对单元格截取字符到结尾，则使用 right 函数。下面以 left 函数来截取当前单元格字符的第一个字符，最终执行结果如图 7.4 所示。

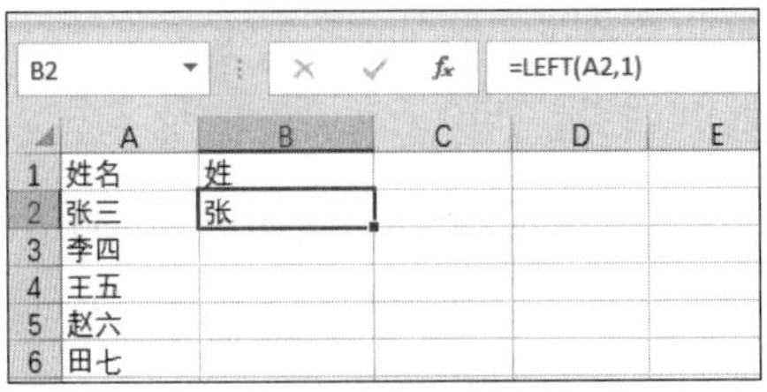

B2　=LEFT(A2,1)

	A	B	C	D	E
1	姓名	姓			
2	张三	张			
3	李四				
4	王五				
5	赵六				
6	田七				

图 7.4　Excel left 函数获取姓

可以发现上面截取字符的方法只限于单元格，如果希望下面行的数据也进行姓的截取，则需要

在每一行都要进行函数的输入，如图 7.5 所示。

B3　=LEFT(A3,1)

	A	B	C	D	E
1	姓名	姓			
2	张三	张			
3	李四	李			
4	王五	王			
5	赵六	赵			
6	田七	田			
7					

图 7.5　Excel 函数的使用方法

2. Power Query 函数的使用方法

Power Query 函数虽然也是函数，但是它的应用方法和 Excel 完全不同，Power Query 是基于数据的列运算，且运算的内容在 Power Query 界面中。我们来看一下如何在 Power Query 中实现计算，图 7.6 所示为 Power Query 中的字符串计算。

在实际的应用中，可以发现 Power Query 的命令和 Python 命令非常类似，都是“对象 . 方法”这种类型，通过下面的一些函数，我们就能看出 Power Query 函数的特性。

- Text.ToDate：Text 是对象，ToDate 是我们的对象方法。
- Table.ToList：Table 是对象，ToList 是方法。
- Table.FromList：Table 是对象，FromList 是方法。
- Record.ToTable：Record 是对象，ToTable 是方法。

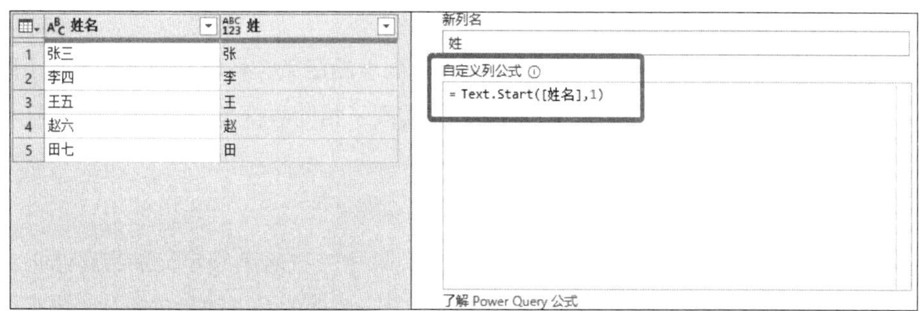

图 7.6　Power Query 的字符串计算

通过观察上面的函数，可以发现在“.”之前都是对象，以下是 Power Query 中方法最常用的几类对象。

- Text：文本字符串类型。
- Table：表数据类型。
- Record：记录数据类型。
- List：列表数据类型。
- Number：数值数据类型。

在后面学习过程中，将会发现实际使用和应用最多的对象是列表、记录和表。这几类对象在 Power Query 中占比将近 40%。这些对象所使用的函数究竟怎么学习呢，每个命令使用的场景是什么呢？我们直接通过“=#shared”命令获取可用函数之后，单击 Value 列的 Function 可以获取命令的执行方法，如图 7.7 所示。内置在 Power Query 的帮助功能可大大降低学习成本，能够免去上网到处找帮助文件或帮助示例的麻烦。

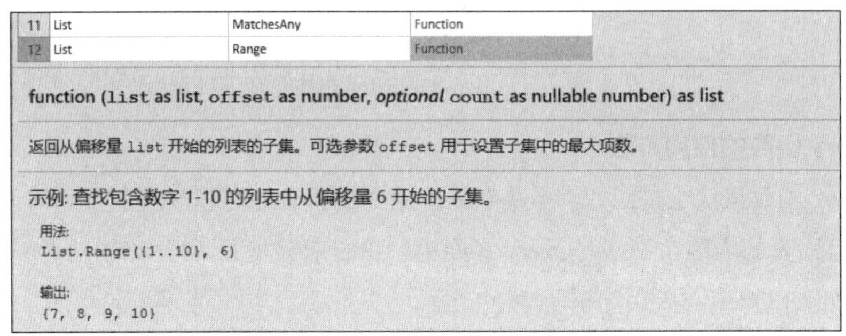

图 7.7　Power Query 的内置帮助

3. Power Query 列表、记录和表的构建

Power Query 在进行函数处理过程中，使用列表、记录和表的机会会比其他对象多很多。那么列表、记录和表的呈现方式是什么样子的呢？其实 Power Query 对于这些对象的构建方式与 Python 中的方法一致。接下来我们就分享下如何在 Power Query 高级编辑器中实现列表、记录及表的构建，后面分享的函数将以这些构建的列表、记录和表为案例。

（1）列表数据构建与引用

在 Power Query 高级编辑器中，通过“{}”来进行列表的定义，列表中的内容不限于同一类型，可以在列表中进行不同类型数据的定义，下面的语句实现了相同数据类型的定义，当前所有的数据都是数值类型。

```
源 ={1,2,3,4,5,6}
```

完成列表的数据定义后，可以在 Power Query 编辑器中来查看列表定义的最终结果，如图 7.8 所示。这里的结果是列表类型，列表类型数据在转换成表对象之前是不能进行除列表之外的计算的。

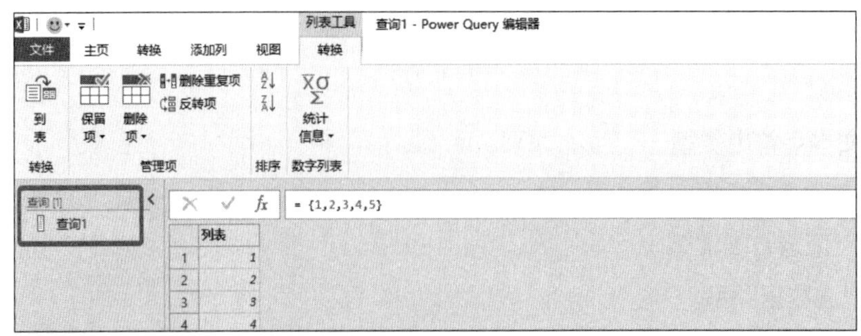

图 7.8　列表定义后的结果

在将列表类型数据转换成表对象之前，这里可以进行一些列表功能的计算，例如，列表统计、列表求和、列表求平均值等操作都是被允许的。图 7.9 所示为进行列表求平均值计算后的结果。

3

```
let
    源 = {1,2,3,4,5},
    result=List.Average(源)
in
    result
```

图 7.9　列表计算结果

如果希望在列表中定义不同的数据类型也是可以的，但是如果在列表中定义了不同的数据类型，我们将无法进行通用类型的计算，如上面案例中提到的求和、求平均值等功能在不同的数据类型中将无法实现。

```
源 ={1,2,3,4,"a","b","c"}
```

实现列表的定义之后，我们将不能使用上面的 List.Average 函数求出当前列表中的平均值，如果强制进行运算，将会出现如图 7.10 所示的错误。

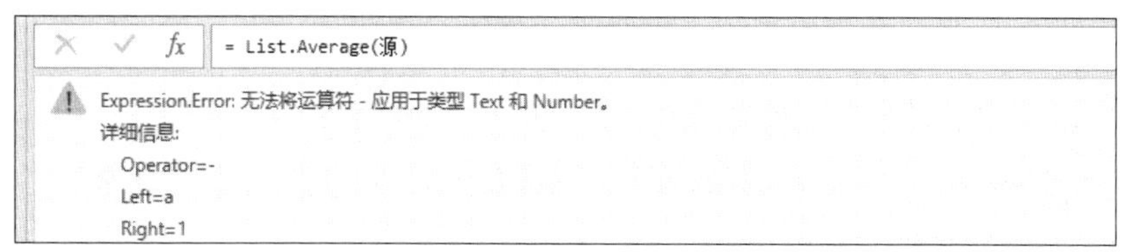

图 7.10　强制执行运算后的报错

在列表函数中，针对特定类型的列表函数具有特殊的应用场景， 我们将在后面的列表函数中分享这些可用的函数和场景。在对列表进行定义的过程中，还有一种数据定义方式是连续的数据定义，在定义数据的过程中，如果是连续的数据显示，则可以使用这种方法对连续数据进行定义，这种定义方式是相同类型的列表元素定义，下面几种定义方式都可以得到连续数据的列表创建结果。

- 源 ={1..10}
- 源 ={"Z".."a"}
- 源 = {Character.FromNumber（1000）..Character.FromNumber（1020）}

第一个数据定义的结果是数字 1 ~ 10，第二个数据定义的结果是什么？相信大家会有一些疑惑，图 7.11 所示为定义完成后的数据结果。

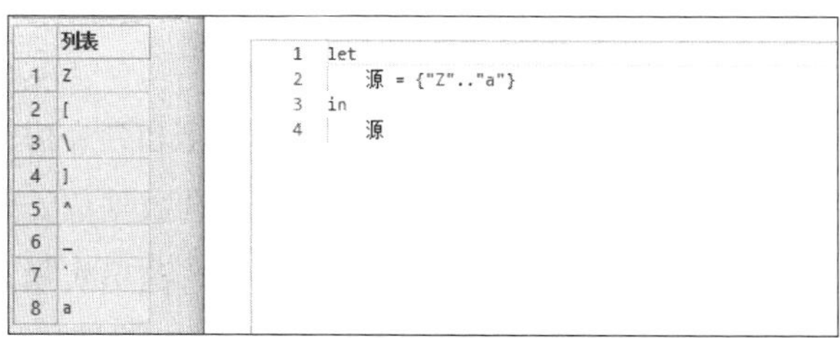

列表
1 Z
2 [
3 \
4]
5 ^
6 _
7 `
8 a
let
源 = {"Z".."a"}
in
源

图 7.11　{"Z".."a"} 列表结果

而第三种数据定义方式其实和前面的定义方式相同，这里只是使用函数将数值进行转换，这就是我们经常提到的 UniChar 数据类型，图 7.12 所示为相关的计算结果。

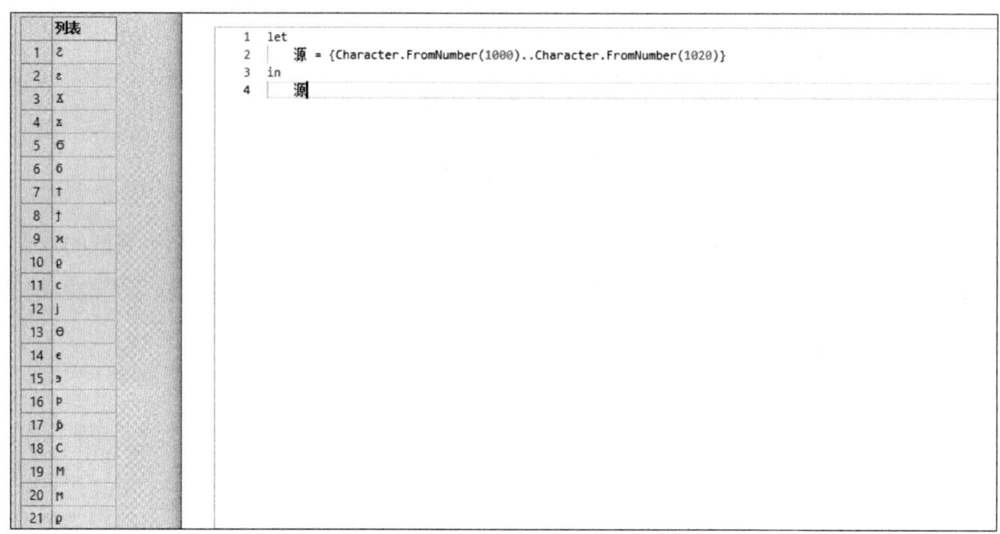

图 7.12　字符数据类型数据列表构建

接下来我们来看列表的另外一种呈现方式，就是列表的嵌套：列表中包含列表。在定义数据的时候，使用如下的格式将产生列表嵌套的效果，在嵌套中的列表将会被折叠起来。

```
源 = {1,2,3,4,5,{1,2,3,4},"b"}
```

列表只能进行结果计算而不允许进行展开，图 7.13 所示为列表嵌套展现的最终结果。

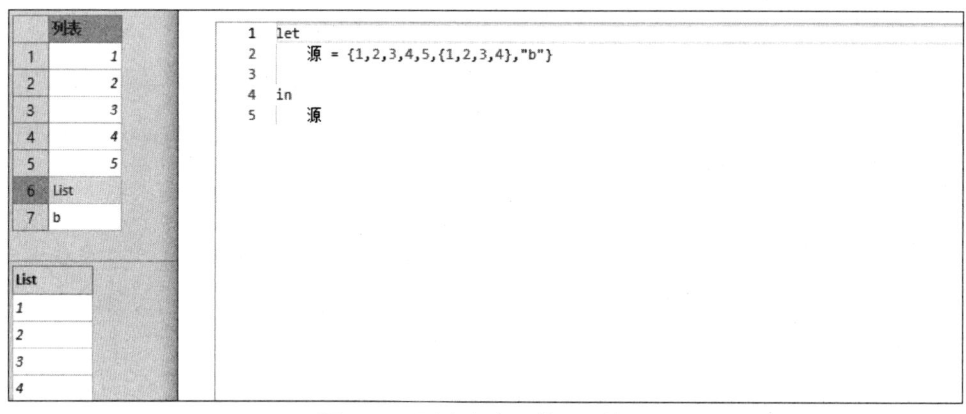

图 7.13　列表嵌套后的展现结果

列表中的数据引用也是很常见的业务场景，列表的元素引用和列表构建其实使用相同的定义符号“{}”，如果希望引用相应位置的数据，可以使用“{}”结合数据位置来引用相应的列表数据，引用元素从 0 开始引用。下面的例子中进行了相应元素的引用，这里实际上引用的是第三个元素，图 7.14 显示了最终引用结果。

```
源 = {1,2,3,4,5},
引用 = 源 {2}
```

```
3
```

```
let
    源 = {1,2,3,4,5},
    引用=源{2}
in
    引用
```

图 7.14　列表数据引用结果

上面是引用单一的列表元素，如果引用的是嵌套的列表元素，应该怎么来引用呢？以前面的嵌套列表作为具体案例，如果需要引用嵌套列表中的第 3 个元素，就需要按照下面的方式进行数据引用，图 7.15 所示为最终引用的结果。

```
源 = {1，2，3，4，5，{1，2，3，4}，"b"}
Result= 源 {5}{2}
```

```
3
```

```
let
源 = {1,2,3,4,5,{1,2,3,4},"b"},
result=源{5}{2}

in
    result
```

图 7.15　嵌套列表的数据引用

列表的实际应用场景很多，在 Power Query 的参数功能中有一个查询功能，它的值就是引用 Power Query 中的列表功能，图 7.16 所示为参数引用列表场景。

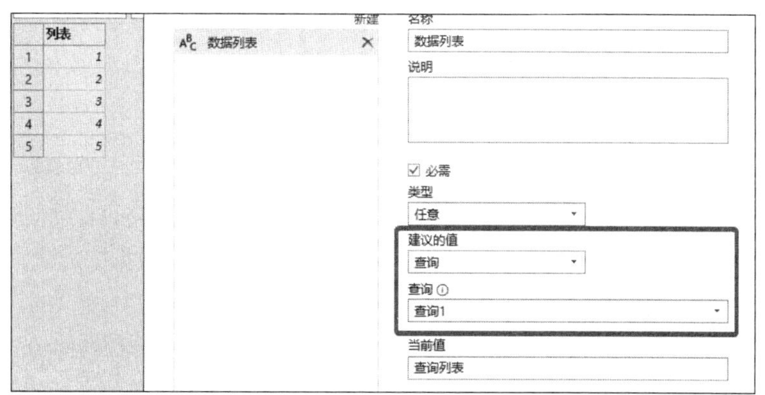

图 7.16　Power Query 参数引用列表

（2）记录数据构建与引用

在 Power Query 中使用的记录其实对标的是 Python 中的字典，记录的构建使用“[]”引用符。记录的类型格式非常固定，也就是字典的键与值的功能。下面的例子就是记录的定义，图 7.17 所示为构建完成的结果。

```
源 =[ 学号 =3，姓名 =" 张三 "，性别 =" 男 "]
```

学号	3
姓名	张三
性别	男

```
let
    源=[学号=3,姓名="张三",性别="男"]
in
    源
```

图 7.17　记录类型的构建

如何对记录类型数据进行索引呢？其实非常简单，这里直接通过构建记录类型的“[]”，将需要进行索引的字段填写进去，就可以进行相应的数值索引，图 7.18 所示为索引之后的结果。

```
源 =[ 学号 =3, 姓名 =" 张三 ", 性别 =" 男 "],
result= 源 [ 学号 ]
```

3

```
let
源=[学号=3,姓名="张三",性别="男"],
result=源[学号]


in
    result
```

图 7.18　记录内容的索引

记录数据类型同样支持嵌套，我们通过下面的方法来实现数据的嵌套。在嵌套环境下数据的写法和列表类似，如下面的代码为嵌套记录，图 7.19 所示为最终数据显示结果。

```
源 =[ 学号 =3，姓名 =" 张三 "，性别 =" 男 "，学习情况 =[ 学校 =" 罗湖小学 "，年级 =" 四年级 "，班级 =
"2 班 "]]
```

学号	3
姓名	张三
性别	男
学习情况	Record

学校	罗湖小学
年级	四年级
班级	2班

```
let
    源=[学号=3,姓名="张三",性别="男",学习情况=[学校="罗湖小学",年级="四年级",班级="2班"]]
in
    源
```

图 7.19　嵌套记录的构建

嵌套记录的数据应该如何引用呢？下面分享如何引用嵌套记录的数据的方法，这里使用的是两个记录的嵌套，完成引用后最终的结果如图 7.20 所示。

```
源 =[ 学号 =3, 姓名 =" 张三 ", 性别 =" 男 ", 学习情况 =[ 学校 =" 罗湖小学 ", 年级 =" 四年级 ", 班级 ="2
班 "]],
result= 源 [ 学习情况 ][ 年级 ]
```

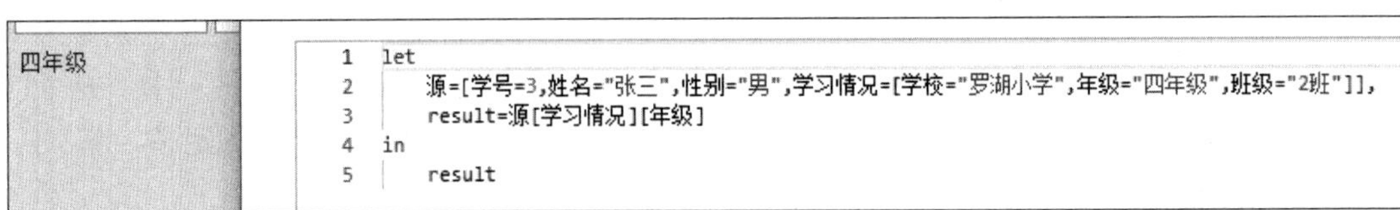

图 7.20　嵌套记录的引用

记录类型的数据在系统中有 18 个使用方法，如图 7.21 所示。我们将在后面分享这些函数和方法的使用。

10	Record	18
11	DateTimeZone	16
12	Cube	16
13	Duration	13
14	Binary	13
15	Splitter	10
16	Time	10

图 7.21　记录类型可以使用的方法数量

（3）表数据构建与数据引用

在 Power Query 使用中表是最为常见的类型，在 Power Query 所有函数中，表的函数和方法有 108 个，表函数在 Power Query 函数中最为重要。可以毫不夸张地说，学会了表的函数和方法，也就了解了一半的 Power Query 函数。表的构建要比记录和列表稍微复杂一点，不同于构建列表和记录的“{}”和“[]”，表数据需要通过 #table 标签来实现表的创建，可以通过下面的 Power Query 语句进行表的构建，图 7.22 所示为最终显示结果。

```
源 =#table({" 姓名 "," 性别 "," 年龄 "},{{" 张三 "," 男 ",10},{" 李四 "," 男 ",12},{" 王五 "," 女 ",15}})
```

	姓名	性别	年龄
1	张三	男	10
2	李四	男	12
3	王五	女	15

```
let
    源=#table({"姓名","性别","年龄"},{{"张三","男",10},{"李四","男",12},{"王五","女",15}})
in
    源
```

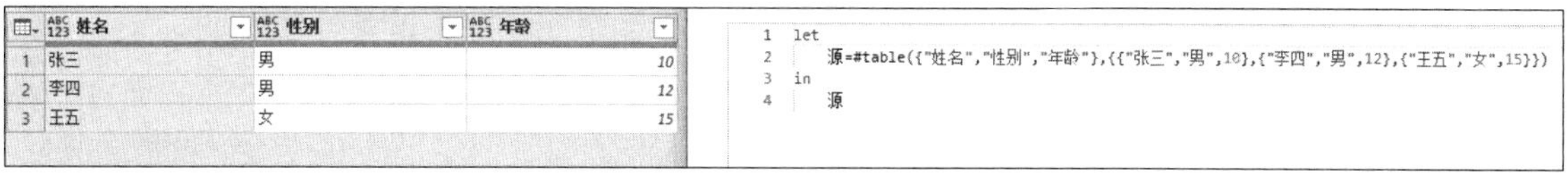

图 7.22　Power Query 构建表

这里如果需要实现表的嵌套，应该如何使用 Power Query 来构建呢？其实和单一的表的构建完全相同，我们通过下面的代码来实现表的嵌套，实现效果如图 7.23 所示。

```
源 =#table({" 姓名 "," 性别 "," 年龄 "," 学习信息 "},{{" 张三 "," 男 ",10,#table({" 学号 "," 年级 "," 班级 "},{{1001," 二年级 "," 二班 "}})},{" 李四 "," 男 ",12,#table({" 学号 "," 年级 "," 班级 "},{{1002," 二年级 "," 二班 "}})},{" 王五 "," 女 ",15,#table({" 学号 "," 年级 "," 班级 "},{{1003," 二年级 "," 二班 "}})}})
```

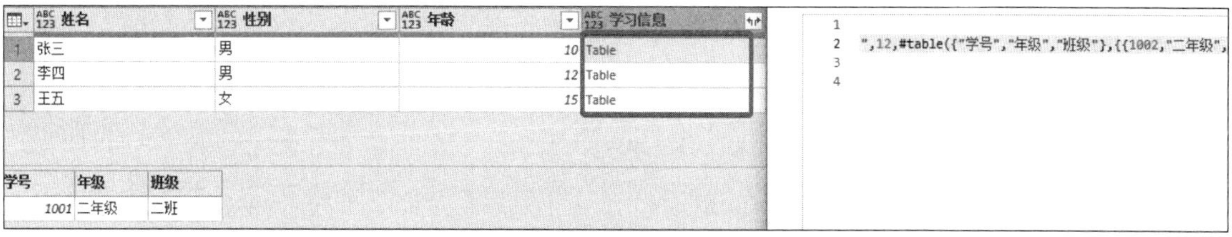

	姓名	性别	年龄	学习信息
1	张三	男	10	Table
2	李四	男	12	Table
3	王五	女	15	Table

学号	年级	班级
1001	二年级	二班

```
",12,#table({"学号","年级","班级"},{{1002,"二年级",
```

图 7.23　表内容的嵌套

如果希望对表进行行引用，应该怎么引用呢？这里行引用和列表引用是一样的，可以通过“{}”进行表行的引用，引用的结果是记录数据类型。该案例中的行引用语句如下，图 7.24 所示为表的行引用结果。

```
源 =#table({" 姓名 "," 性别 "," 年龄 "," 学习信息 "},{{" 张三 "," 男 ",10,#table({" 学号 "," 年级 "," 班级 "},{{1001," 二年级 "," 二班 "}})},{" 李四 "," 男 ",12,#table({" 学号 "," 年级 "," 班级 "},{{1002," 二年级 "," 二班 "}})},{" 王五 "," 女 ",15,#table({" 学号 "," 年级 "," 班级 "},{{1003," 二年级 "," 二班 "}})}}),
result= 源 {1}
```

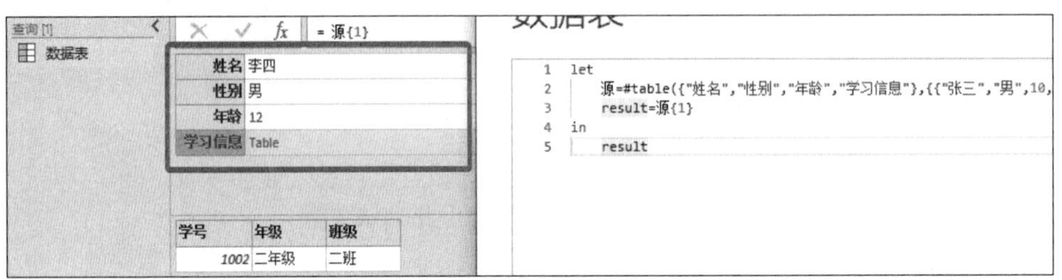

图 7.24　表的行引用

如果希望获取具体的行列数据，应该怎么获取呢？这里就涉及了列表引用符号“{}”和记录引用符号“[]”的结合使用，引用具体数据的语句如下，最终结果如图 7.25 所示。

```
源 =#table({" 姓名 "," 性别 "," 年龄 "," 学习信息 "},{{" 张三 "," 男 ",10,#table({" 学号 "," 年级 "," 班级 "},{{1001," 二年级 "," 二班 "}})},{" 李四 "," 男 ",12,#table({" 学号 "," 年级 "," 班级 "},{{1002," 二年级 "," 二班 "}})},{" 王五 "," 女 ",15,#table({" 学号 "," 年级 "," 班级 "},{{1003," 二年级 "," 二班 "}})}}),
result= 源 {1}[ 性别 ]
```

```
男
1 let
2     源=#table({"姓名","性别","年龄","学习信息"},{{"张三","男",10,#table({"学号","年级","班级"},{
3     result=源{1}[性别]
4 in
5     result
```

图 7.25　具体行列数据的引用

这里希望获取当前姓名的列，应该怎么来进行引用呢？这也是在实际应用过程中很常用的场景，其实这个也就是在当前表中直接利用“[]”来进行字段引用，即可获取想要列的数据，引用 Power Query 的语句如下，图 7.26 所示为最终数据显示结果。

```
源 =#table({" 姓名 "," 性别 "," 年龄 "," 学习信息 "},{{" 张三 "," 男 ",10,#table({" 学号 "," 年级 "," 班级 "},{{1001," 二年级 "," 二班 "}})},{" 李四 "," 男 ",12,#table({" 学号 "," 年级 "," 班级 "},{{1002," 二年级 "," 二班 "}})},{" 王五 "," 女 ",15,#table({" 学号 "," 年级 "," 班级 "},{{1003," 二年级 "," 二班 "}})}}),
姓名列表 = 源 [ 姓名 ]
```

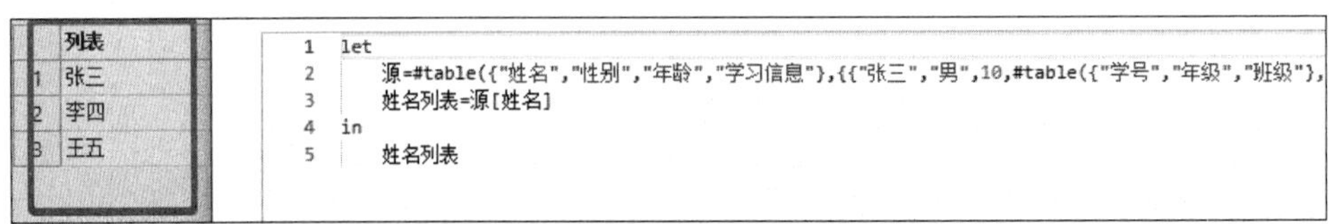

图 7.26　姓名列的获取结果

Power Query 在进行数据清洗和数据重构中使用了大量的表函数，表是 Power Query 重构和清洗的基础，所有的列表类型和记录类型在 Power Query 中是无法进行清洗和重构的，它们都需要使用到表功能，将数据转换为表之后，才能完成数据的进一步清洗，例如，将列表数据转换为表数据，可在主页面中单击“到表”按钮，在弹出的“到表”对话框中进行设置，具体如图 7.27 所示。

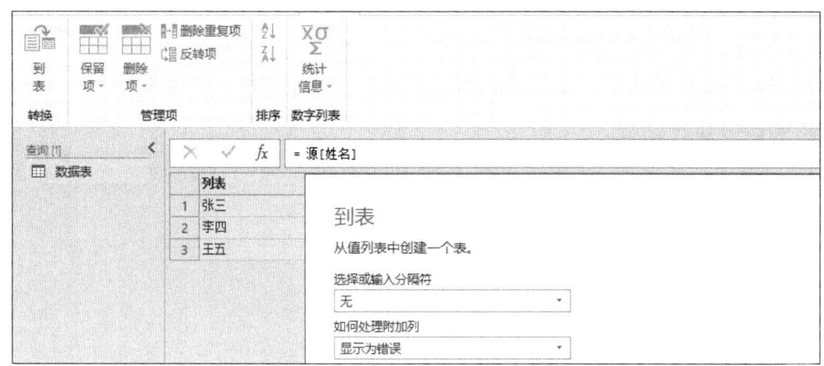

图 7.27　将列表数据转换为表数据

7.2 Power Query 文件系列访问函数

当前使用文件访问的数据严格来说并不多，文本数据、Excel 数据、XML 数据、JSON 数据及 Access 数据都是通过文件访问的方式进行数据的访问。但是在实际使用过程中，Power Query 的各类文件解析函数是不能直接对 Windows 系统中的任何数据进行直接访问的，而是在 Power Query 中调用二进制数据进行再解析，所以各类不同的数据进行解析是针对二进制解析，文件数据访问关系如图 7.28 所示。

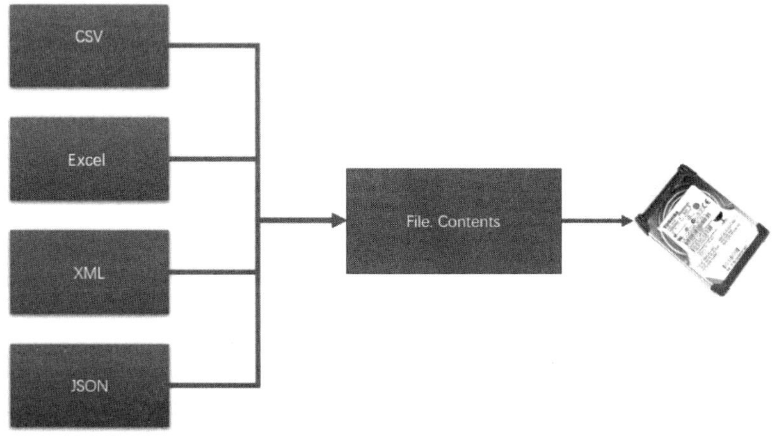

图 7.28　各类文件解析方式

这里我们可以看到，Power Query 文件的所有接口都是 File.Contents 函数，接下来我们来看下如何使用 File.Contents 函数将硬盘中的文件读入，目前包含一个函数，函数的结果为 Binary 二进制类型。

```
File.Contents（参数 1 as Text） as Binary
```

参数 1 为读取的文件路径，数据类型为文本类型，值为需要读取的文件路径，函数的执行结果为 Binary 二进制类型。File.Contents 函数可以用来以二进制方式读入任何二进制数据，但不一定能够被解析。例如，我们接下来利用 File.Contents 函数读入 PNG 文件，路径是字符串类型数据，图 7.29 所示为读取图片的命令执行结果。

```
源 =File.Contents("f:\ 颜色参考 .png")
```

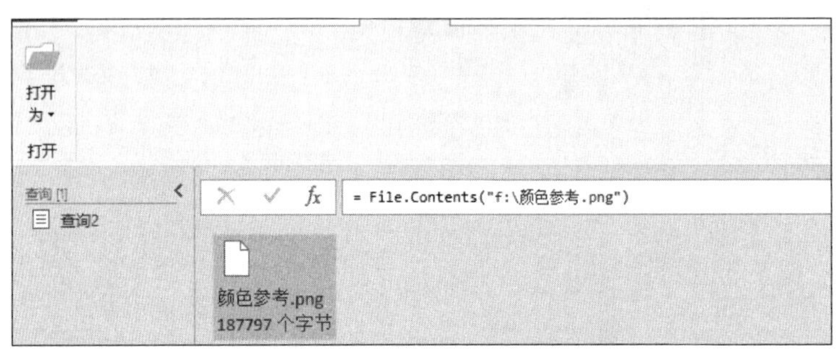

图 7.29 读入 PNG 文件类型数据

这时 Power Query 将会尝试进行数据类型的解析，如果尝试了所有不同的解析数据类型都不能解析，它就显示为二进制内容，这时如果强行针对图片类型进行解析，结果一定会出现如图 7.30 所示的错误。

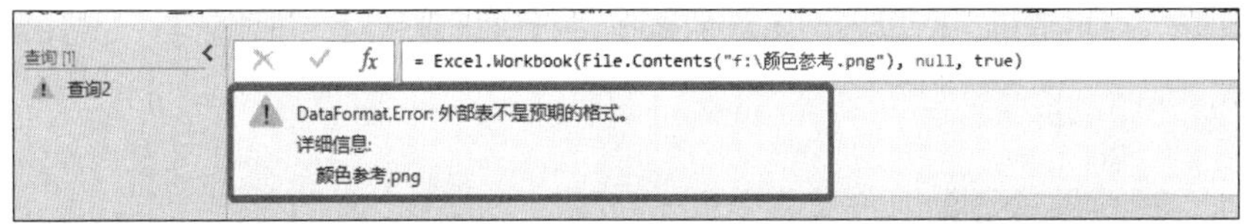

图 7.30 解析数据错误显示

文件读取函数是所有后续的文件类型访问的基础，需要认真理解这个函数的使用方法。

7.2.1 CSV 文件解析

CSV.Document 函数是进行 CSV 文件解析的函数，函数目前包含 4 个参数。函数的结果为表数据类型，下面为函数参数的定义及结果数据类型的定义。

```
Csv.Contents（参数 1 as Any，参数 2 as Any，参数 3 as Any，参数 4 as TextEncoding.type） as Table
```

- 参数 1 为文件的数据源，标准数据类型为任意类型，常用数据类型为二进制类型，值为需要读取的文本数据。
- 参数 2 为列名称，标准数据类型为任意类型，常用数据类型为文本类型，值为分割后的列名称。

- 参数 3 为分隔符，标准数据类型的为任意类型，常用数据类型为任意类型，值为分割数据的分隔符。
- 参数 4 为文件编码，常用数据类型为枚举类型，值为文件编码。

接下来以实际应用案例来分享如何实现 CSV 文件解析，需要注意的是，所有的 CSV 文件内容解析之前，必须使用 File.Contents 函数将本地文件解析成 Binary 二进制数据，CSV 源数据如图 7.31 所示。

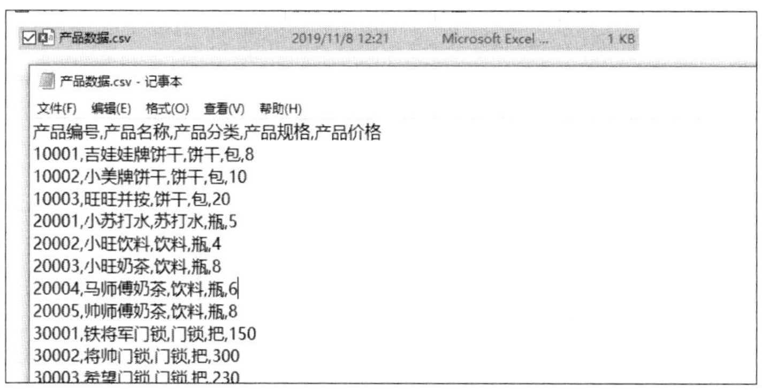

图 7.31　CSV 源数据内容

使用 CSV 方法解析后最终呈现如图 7.32 所示的数据，数据的结果是 Table 表类型。当前源是 file.contents（" 数据 .csv"）文件，分隔符为 “,” ，列数量是 5 列，编码格式是 65001 类型，也就是 UTF-8 模式，代码如下。

```
源 = Csv.Document(File.Contents(" 数据 .csv"),[Delimiter=",", Columns=5,
Encoding=65001, QuoteStyle=QuoteStyle.None])
```

	Column1	Column2	Column3	Column4	Column5
1	产品编号	产品名称	产品分类	产品规格	产品价格
2	10001	吉娃娃牌饼干	饼干	包	8
3	10002	小美牌饼干	饼干	包	10
4	10003	旺旺并按	饼干	包	20
5	20001	小苏打水	苏打水	瓶	5
6	20002	小旺饮料	饮料	瓶	4
7	20003	小旺奶茶	饮料	瓶	8
8	20004	马师傅奶茶	饮料	瓶	6

图 7.32　完成解析后的数据

7.2.2　Excel 文件内表解析

对于 Excel 文件来说，目前有两种不同的场景需要使用到 Excel 函数进行解析。

- 当前 Excel 数据解析：Excel.CurrentWorkbook。
- 外部引用 Excel 数据解析：Excel.Workbook。

先来看一下当前 Excel 文件数据的引用，Excel.CurrentWorkbook 是基于当前的 Excel 中的表对象进行数据引用。

```
Excel.CurrentWorkbook() as Table
```

这个函数的使用方法是获取当前 Excel 工作簿中所有的表对象，如果需要特定的表，应该怎么做呢？这样就必须跟上记录中的数据，后面跟上 { 表格 =" 表名 "}[Content]。命令的具体解释如图 7.33 所示。

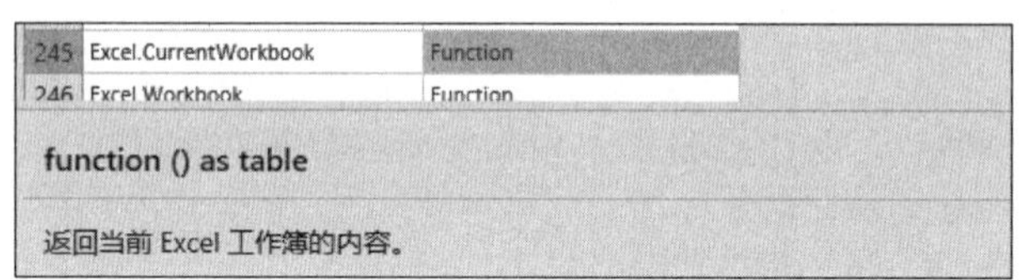

图 7.33 Excel.CurrentWorkbook 函数使用方法

如果在当前的 Excel 中有多个表对象，如何才能引用当前 Excel 中的数据表呢？如图 7.34 所示的表中数据有三个不同的表，我们使用函数方法引用其中需要的表对象。

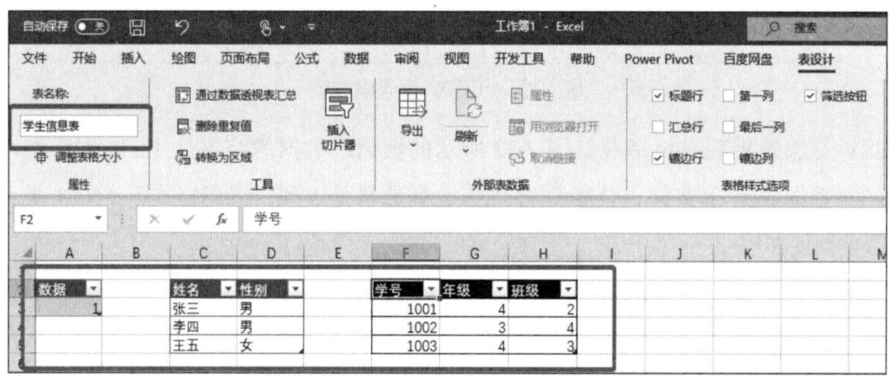

图 7.34 Excel 中构建多表对象

下面通过 Excel.CurrentWorkbook 函数来获取当前工作簿中的所有数据，可用工作簿的内容如图 7.35 所示。

```
源 = Excel.CurrentWorkbook()
```

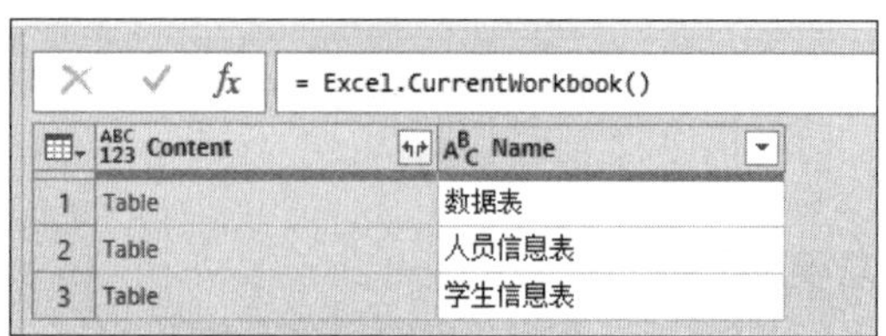

	Content	Name
1	Table	数据表
2	Table	人员信息表
3	Table	学生信息表

图 7.35 获取当前 Excel 中的表对象

这时如果希望获取学生信息表中的数据，就可以执行如下语句完成数据的引用，具体如图 7.36 所示。

```
源 = Excel.CurrentWorkbook(){[Name=" 学生信息表 "]}[Content]
```

	学号	年级	班级
1	1001	4	2
2	1002	3	4
3	1003	4	3

```
let
    源 = Excel.CurrentWorkbook(){[Name="学生信息表"]}[Content],
    更改的类型 = Table.TransformColumnTypes(源,{{"学号", Int64.Type}, {"年级", Int64.Type}, {"班级", Int64.Type}})
in
    更改的类型
```

图 7.36 获取表对象中的数据

7.2.3 引用第三方 Excel 数据

在实际的应用场景中，还有一类数据引用的是第三方 Excel 文件，也就是数据来源不是当前表中的文件，而是其他的 Excel 表，应该引用 Power Query 中的哪些函数和方法呢？这就是下面提到的 Excel.Workbook 函数，Excel.Workbook 函数包含三个参数，函数的结果为 Table 表格类型。

```
Excel.Workbook（参数 1 as Binary，参数 2 as Any，参数 3 as Logic ） as Table
```

- 参数 1 为数据表，数据类型为二进制类型，值为当前获取的 Excel 表。
- 参数 2 为确定是否使用标题，标准数据类型为任意类型，常用数据类型为布尔类型，值为确定是否使用标题。
- 参数 3 为确定是否展开数据，数据类型是布尔类型，值为确定是否展开函数结果。

接下来我们看下如何使用 Excel.Workbook 函数来读取 Excel 文件，Excel.Workbook 函数使用的参数是 Binary 类型，是通过 File.Content 函数获取的内容。Excel.workbook 函数的最终返回结果是 Table 表类型，图 7.37 所示为解析后的结果。

```
源 = Excel.Workbook(File.Contents(" 产品数据 "), null, true)
```

```
= Table.TransformColumnTypes(提升的标题,{{"产品编号", Int64.Type}, {"产品名称", type
```

	产品编号	产品名称	产品分类	产品规格
1	10001	吉娃娃牌饼干	饼干	包
2	10002	小美牌饼干	饼干	包
3	10003	旺旺并拢	饼干	包
4	20001	小苏打水	苏打水	瓶
5	20002	小旺饮料	饮料	瓶

图 7.37 Excel.Workbook 函数结果

7.2.4 XML 文件解析

在 Power Query 中进行 XML 数据类型解析采用的是 Xml.Document 函数，Xml.Document 函数目前有三个可用参数，函数的结果为表数据类型。

```
Xml.Tables（参数 1 as Any，参数 2 as Record，参数 3 as TextEncoding） as Table
```

- 参数 1 为数据内容，标准数据类型为任意类型，常用数据类型为二进制类型，值为获取的 XML 数据。
- 参数 2 为读取属性，数据类型为记录类型，值为读取数据的选项设置。

■ 参数 3 为编码类型，数据为枚举类型，值为文本编码类型。

针对标准的 XML 数据，可以直接通过 Xml.Tables 函数读取 XML 文件，下面的代码针对标准数据进行解析，解析后的结果如图 7.38 所示。

```
源 = Xml.Tables(File.Contents(" 数据 .xml"))
```

	NAME	AGE	SEX	CLASS
1	张三	23	男	三年二班
2	李四	21	男	三年二班
3	王五	19	女	三年二班
4	田七	23	男	三年三班
5	赵拔	21	男	三年三班
6	武九	19	女	三年一班

高级编辑器

Students

```
let
    源 = Xml.Tables(File.Contents("F:\工作文档\高级课程\PowerQuery\基本数据\XML数据\多层.xml")),
```

图 7.38 Xml.Tables 函数读取 XML 文件结果

7.2.5 JSON 文件解析

Power Query 对 JSON 文件进行数据解析使用的是 Json.Document 函数，Json.Document 函数目前有 2 个参数，函数返回的结果是 Table 表数据类型。

```
Json.Document（参数 1 as Binary， 参数 2 as TextEcoding.Type） as Table
```

■ 参数 1 为内容数据，数据类型为二进制类型，值为需要解析的 JSON 数据。

■ 参数 2 为编码类型，数据类型为枚举类型，值为文件的数据编码。

这里可以通过如下的方式来实现具体的文件解析，解析后的具体内容如图 7.39 所示，这些数据还需要进行进一步解析。

```
源 = Json.Document(File.Contents("json.json"))
```

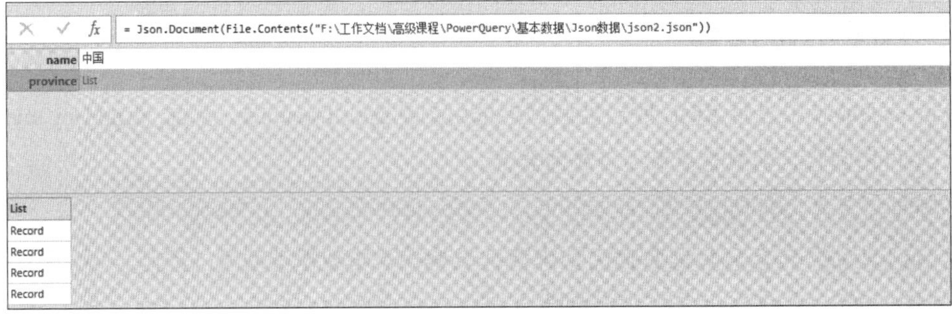

图 7.39 数据解析的内容

Json.Document 函数仅仅是将读入的文件以 JSON 格式进行解析，数据经过后续处理之后可以得到如图 7.40 所示的最终结果。

	name	city
1	黑龙江	哈尔滨
2	黑龙江	大庆
3	广东	广州
4	广东	深圳
5	广东	珠海
6	台湾	台北
7	台湾	高雄
8	新疆	乌鲁木齐

图 7.40　数据最终解析结果

7.3 数据库访问函数

Power Query 支持的数据库类型非常多，类似于 Access、SQL Server、MySQL、Oracle、AzureSQL 等，下面分享三种常规数据库的访问。

- Access 数据库的访问。
- SQL Server 数据库访问。
- MySQL 数据库的访问。

7.3.1　Access 数据库访问

Access 是相对比较小型的文件型数据库，Power Query 进行 Access 数据库解析非常简单，直接使用 Access.Database 的函数就可以实现数据库访问，函数包含如下参数，函数结果为 Table 表类型。

```
Access.Database（参数 1 as Binary，参数 2 as Record） as Table
```

- 参数 1 为数据库，数据类型为二进制类型，值为数据库内容。
- 参数 2 为数据访问设置，数据类型为记录类型，值为数据访问设置。

这里我们访问 C 盘下名称为 db 的 Access 文件，使用如下的语句即可进行数据访问，最终的数据显示结果如图 7.41 所示。

```
源 = Access.Database(File.Contents("C:\db.accdb"), [CreateNavigationProperties=true])
```

	ID	姓名	性别
1	1	张三	男
2	2	李四	男
3	3	王五	女

```
let
    源 = Access.Database(File.Contents("C:\Users\徐鹏\db.accdb"), [CreateNavigationProperties=true]),
    _数据 = 源{[Schema="",Item="数据"]}[Data]
in
    _数据
```

图 7.41　Access 数据库访问

7.3.2 SQL Server 数据库访问

Power Query 访问 SQL Server 数据库也非常简单，这里直接使用 Sql.Database 函数进行数据库访问，当前函数包含以下参数，函数执行结果为 Table 类型。

```
Sql.Database（参数 1 as Text，参数 2 Text，参数 3 as Record）as Table
```

- 参数 1 为服务器名，数据类型为文本类型，值为连接的服务器名称。
- 参数 2 为数据库名，数据类型为文本类型，值为连接的数据库名称。
- 参数 3 为配置选项，数据类型为记录类型，值为连接时候的配置。

下面以 Sql.Database 函数来进行数据库的连接，连接后的最终显示结果如图 7.42 所示。当前获取的数据仅仅是数据库对象本身，如果希望获取表数据则需要进一步处理。

```
源 = Sql.Database("ServerName", "temperature")
```

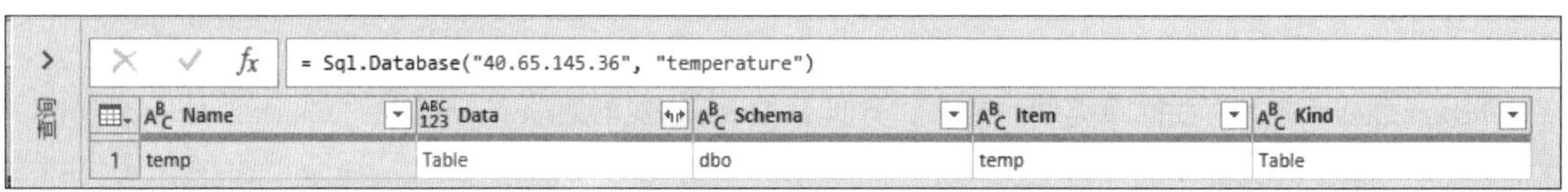

图 7.42　访问 SQL Server 数据库

7.3.3 MySQL 数据库访问

MySQL 数据库的访问方式和 SQL Server 数据库的访问方式相同，使用的是 MySQL.Database 函数进行数据库访问，函数包含以下参数，函数结果为表数据类型。

```
MySQL.Database（参数 1 as Text，参数 2 as Text，参数 3 as Record） as Table
```

- 参数 1 为服务器名称，数据类型为文本类型，值为连接的服务器名称。
- 参数 2 为数据库名称，数据类型为文本类型，值为连接的数据库名称。
- 参数 3 为选项设置，数据类型为记录类型，值为连接过程中的选项设置。

下面以一个实际的案例来分享 MySQL.Database 的使用方法，图 7.43 所示为最终的访问结果。

```
源 = MySQL.Database("Server 名称 "," 数据库名称 ", [ReturnSingleDatabase=true])
```

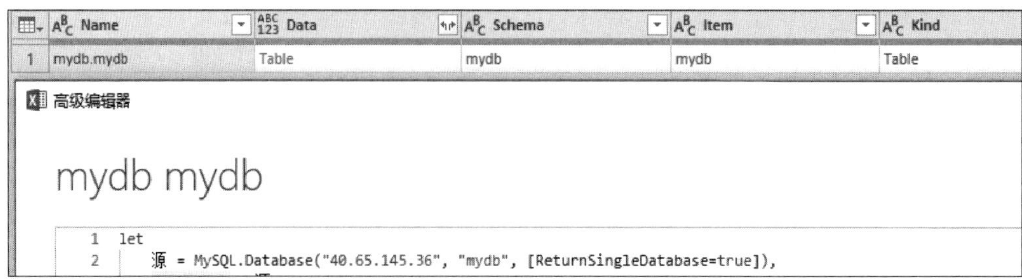

图 7.43　利用函数进行数据库访问

7.4 Web 访问函数

Power Query 也支持数据的爬网，目前爬网数据的函数其实并不多，Power Query 支持四个 Web 访问函数。其中后面两个函数只能在 Power BI 中使用，不能在 Excel 环境中执行。

- Web.Contents：获取网页的二进制内容。
- Web.Page：将网页的二进制内容解析为网页具体元素。
- Web.BrowserContents：通过模拟浏览方式实现 Web 访问，与 Web.Contents 函数类似。
- Html.Table：通过抓取 HTML 网页中的标签实现数据爬取。

这四个函数使用的场景究竟有什么不同呢？接下来分别分享四个函数使用的场景和方法。

7.4.1 Web.Contents 函数

Web.Contents 函数用于网页数据的解析，解析完成的结果将交由 Web.Page 进行数据文本分解，Web.Contents 函数包含以下参数，函数执行的结果是 Action 类型。

```
Web.Contents（参数 1 as Text，参数 2 as Text，参数 3 as Record） as Action
```

- 参数 1 是执行方法，数据类型为文本类型，值为网页具体访问方法。
- 参数 2 是访问地址，数据类型是文本类型，值为网页访问地址。
- 参数 3 为访问方法，数据类型是记录类型，值为访问过程中的参数设置。

通常来说 Web.Contents 的函数一般不单独使用，它最终将结果传递给 Web.Page 函数，Web.Contents 函数单独使用将出现如图 7.44 所示的结果。

```
源 =Web.Contents("https://www.163.com")
```

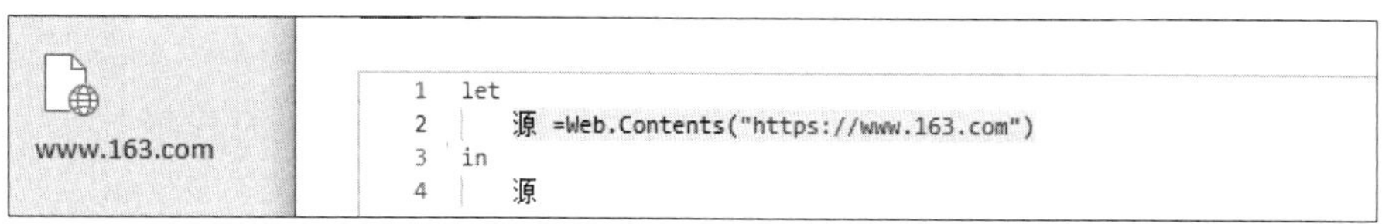

图 7.44　Web.Contents 函数的执行结果

7.4.2 Web.Page 函数

Web.Page 函数的使用方法非常简单，是将 Web.Contents 函数解析之后的数据再进行解析，函数包含如下参数，函数的结果为表数据类型。

```
Web.Page（参数 1 as Any） as Table
```

参数 1 为网页内容，数据类型为任意数据类型，值为访问的页面解析的结果。

Web.Page 通常和 Web.Contents 一起使用，如下面代码所示，它将网页数据进行解析后将得到如图 7.45 所示的结果。

```
源 = Web.Page(Web.Contents("https://www.163.com"))
```

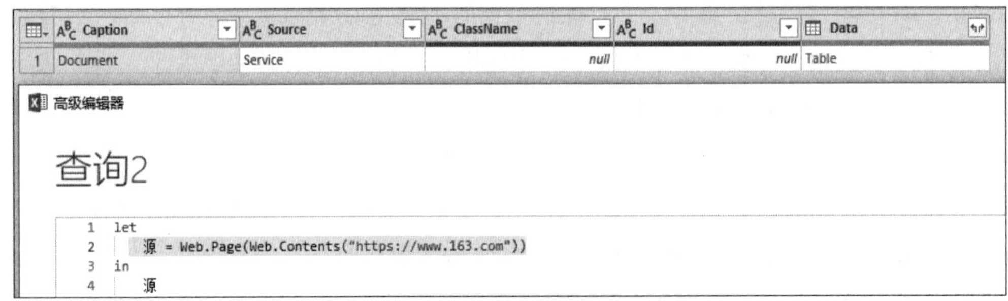

图 7.45　Web.Page 解析结果

7.4.3　Web.BrowserContents 函数

Web.BrowserContents 函数仅仅在 Power BI 中可用，它在基于自定义的示例模板中进行数据抓取的时候使用，函数包含以下参数。

```
Web.BrowserContents（参数 1 as Text，参数 2 as Record） as Text
```

- 参数 1 为访问地址，数据类型为文本类型，值为网页访问网址。
- 参数 2 为访问选项，数据类型为记录类型，值为访问过程中的选项设置。

这里使用 Web.BrowserContents 函数访问 163 网站，代码如下。最终结果如图 7.46 所示，返回的结果是网页中的代码内容。

```
源 = Web.BrowserContents("https://www.163.com")
```

```
= Web.BrowserContents("https://www.163.com")
<html phone="1" id="ne_wrap" class=" ua-win"><!--<![endif]--><head>
<meta name="google-site-verification" content="PXunD38D6Oui1T44OkAPSLyQtFUloFi5plez040mUOc">
<meta name="baidu-site-verification" content="oiT8OEfzes">
<meta name="360-site-verification" content="527ad00f66a93c31134d6a20b2246950">
<meta name="shenma-site-verification" content="12c2d7067c72735f0bd75c8dcd26b0d8_1509937417">
<meta name="sogou_site_verification" content="tCLG1xJc76">
<meta name="model_url" content="http://www.163.com/special/0077rt/index.html">
<meta http-equiv="X-UA-Compatible" content="IE=edge,chrome=1">
<title>网易</title>
<link rel="dns-prefetch" href="//static.ws.126.net">
<base target="_blank">
<meta name="Keywords" content="网易,邮箱,游戏,新闻,体育,娱乐,女性,亚运,论坛,短信,数码,汽车,手机,财经,科技,相册">
<meta name="Description" content="网易是中国领先的互联网技术公司，为用户提供免费邮箱、游戏、搜索引擎服务，开设新闻、娱乐、体育等30多个内容频道，及博客、视频、论坛等互动交流，网聚人的力量。">
<meta name="robots" content="index, follow">
<meta name="googlebot" content="index, follow">
<link rel="apple-touch-icon-precomposed" href="//static.ws.126.net/www/logo/logo-ipad-icon.png">
```

图 7.46　Web.BrowserContents 访问网页数据

7.4.4　Html.Table 函数

Html.Table 函数是将当前的文本数据进行格式化和数据提取，通常 Html.Table 用于基于模板的数据提取，函数包含以下参数。

```
Html.Table（参数 1 as Any， 参数 2 as List，参数 3 as Record） as Table
```

- 参数 1 为解析文本，数据类型为文本类型，值为需要提取的最终数据。
- 参数 2 为提取键值对，数据类型为列表类型，值为提取的键值对。
- 参数 3 为选项设置，数据类型为记录类型，值为数据提取过程中的数值。

在进行数据提取的过程中，Html.Table 函数会和 Web.BrowserContents 函数一起使用，下面为获取网易主页内容的方法，这里提取的是所有栏目的标题文件，最终提取数据结果如图 7.47 所示。

```
源 = Web.BrowserContents("http://www.163.com"),
#" 从 Html 中提取的表 " = Html.Table( 源 , {{"Column1", ".sitemap_con A:nth-child(1)"}, {"Column2",
"STRONG + A"}, {"Column3", "STRONG + A + *"}, {"Column4", ".subfoot A:nth-child(4)"},
{"Column5", ".subfoot A:nth-child(5)"}, {"Column6", ".subfoot A:nth-child(6)"}, {"Column7", ".subfoot
A:nth-child(7)"}, {"Column8", ".subfoot A:nth-child(8)"}, {"Column9", ".subfoot A:nth-child(9)"},
{"Column10", ".subfoot A:nth-child(1) + *"}}, [RowSelector=".sitemap_con"])
```

	Column1	Column2	Column3	Column4	Column5	Column6	Column7	Column8	Column9
1	新闻	国内	国际	军事	图片	王三三	null	null	null
2	体育	NBA	CBA	综合	中超	国际足球	英超	西甲	意甲
3	娱乐	明星	图片	电影	电视	音乐	稿事编辑部	娱乐FOCUS	null
4	财经	股票	行情	新股	基金	null	null	null	null
5	汽车	购车	行情	车型库	行业	新能源	降价	null	null
6	科技	智能	5G	互联网	通信	IT	科学	区块链	原创精选
7	时尚	亲子	艺术	有颜有品	beauty鉴定团	null	null	null	null
8	手机	易评机	电脑	惊奇科技	家电	相机	null	null	null
9	房产	北京房产	上海房产	广州房产	全部分站	楼盘库	家装案例	卫浴	null
10	旅游	户外	美食	专题	null	null	null	null	null
11	教育	移民	留学	外语	高考	校园	null	null	null

高级编辑器

表 2

显示选项

```
let
    源 = Web.BrowserContents("http://www.163.com"),
    #"从 Html 中提取的表" = Html.Table(源, {{"Column1", ".sitemap_con A:nth-child(1)"}, {"Column2", "STRONG + A"}, {"Column3", "STRONG + A + *"
in
    #"从 Html 中提取的表"
```

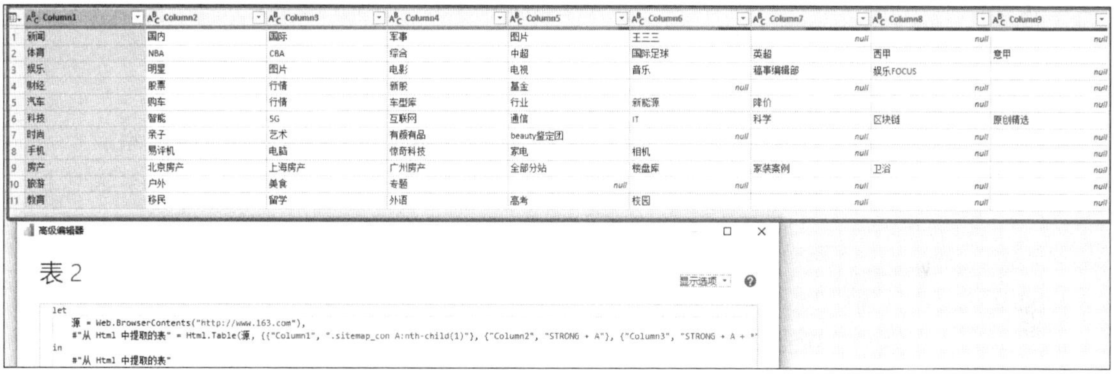

图 7.47　最终数据提取内容

7.5 Power Query 文本处理函数

在 Power Query 中文本处理函数也是使用较为频繁的一类函数，通常用于实现文本的截取、分列、替换等，下面分享一下 Power Query 中的文本处理系列函数。

7.5.1 Text.Length 计算字符串长度

Text.Length 函数用来实现字符串长度的计算，函数包含以下参数，函数的执行结果为整数类型。

```
Text.Length（参数 1 as Text） as Number
```

参数 1 为字符串，数据类型为文本类型，值为需要进行长度计算的字符串。

函数的使用过程非常简单，直接将需要统计字段长度的字符串数据放入参数即可，代码如下，具体操作如图 7.48 所示。

```
源 = Text.Length("360425197909215816")
```

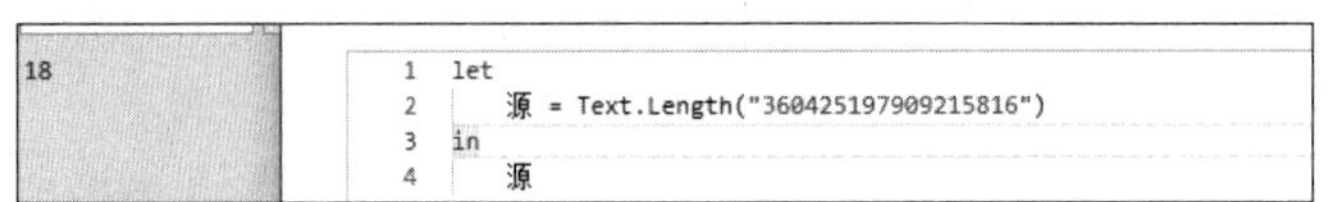

图 7.48　Text.Length 获取数据长度

7.5.2　Text.Insert 插入字符串

Text.Insert 是实现在字符串数据的相应位置插入字符的函数，当前函数有三个参数，函数执行结果为字符串。

```
Text.Insert（参数 1 as Text，参数 2 as Number，参数 3 as Text） as Text
```

- 参数 1 为原始字符串，数据类型为文本类型，值为需要插入字符串的数据。
- 参数 2 为偏移量，数据类型为数值类型，值为插入字符串之前的偏移量。
- 参数 3 为插入字符，数据类型为文本类型，值为插入的字符串。

这里我们以插入字符 A 为例演示下这个函数的用法，函数使用的结果如图 7.49 所示。

```
源 = Text.Insert(" 张三 ",1,"A")
```

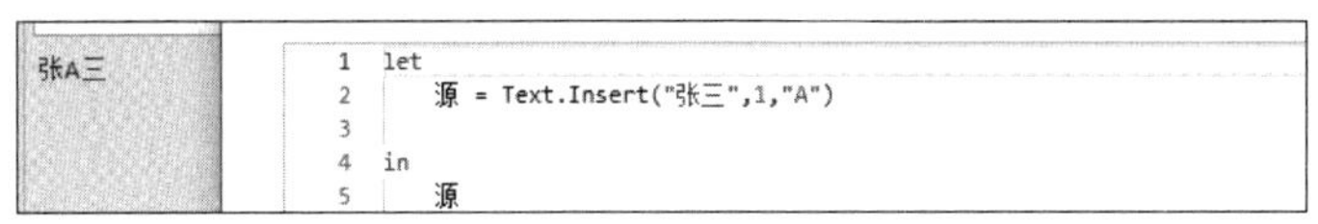

图 7.49　Text.Insert 函数插入字符

7.5.3　Text.From 将其他数据类型转换为文本类型

如果希望将其他的数据类型数据转换为文本类型，则使用 Text.From 函数进行转换，目前支持数值、日期、日期时间、逻辑类型和持续时间类型，函数包含如下参数，函数执行结果为文本类型。

```
Text.From（参数 1 Text，参数 2 as Text） as Text
```

- 参数 1 为转换字符数据，数据类型为任意类型，值为需要转换为字符串的数据。
- 参数 2 为文本选项，数据类型为文本类型，值为当前文本选项设置。

下面以日期数据作为案例来分享下 Text.From 函数的使用，这里是将当前时间从日期时间类型转化为文本字符串，函数执行结果如图 7.50 所示。

```
源 = Text.From(DateTime.LocalNow())
```

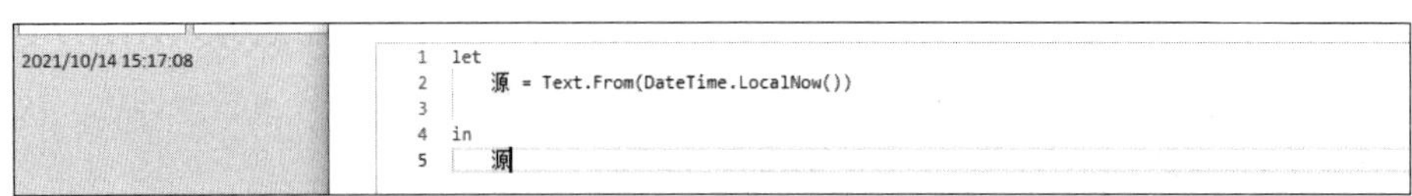

图 7.50　Text.From 函数执行结果

7.5.4　Text.Format 设置文本输出格式

Text.Format 函数的作用是按照要求输出相应的数据格式，函数包含如下参数，函数的结果为文本类型。

```
Text.Format（参数 1 as Text，参数 2 as Any，参数 3 as Text）as Text
```

- 参数 1 为格式设置，数据类型为文本类型，值为格式化文本。
- 参数 2 为参数定义，数据类型为任意类型，通常为列表或记录类型，值为需要引用的参数。
- 参数 3 为文本定义，数据类型为文本类型，值为特定文本。

在实际应用场景中，如果需要基于既定的格式输出数据，我们可以使用 Text.Format 方法来实现这个功能，下面就以一个时间显示的案例来进行固定格式数据的显示。函数执行结果如图 7.51 所示。

```
源 = Text.Format（" 今天是 #{0} 年 #{1} 月 #{2} 日 "，{2021，10，14}）
```

今天是2021年10月14日

```
let
    源 = Text.Format("今天是#{0}年#{1}月#{2}日",{2021,10,14})

in
    源
```

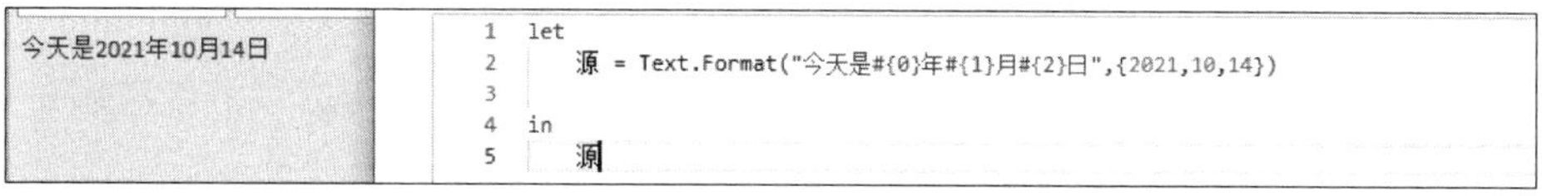

图 7.51　Text.Format 函数的使用

7.5.5　Text.ToList 将文本转换为列表

Text.ToList 函数是将文本转换为列表的函数，函数包含如下参数，函数执行的结果为列表类型。

```
Text.ToList（参数 1 as Text） as List
```

参数 1 为字符串，数据类型为文本类型，值为需要转换为列表的数据。

Text.ToList 函数使用方法极为简单，将一个字符串转化为列表的案例代码如下，图 7.52 所示为具体执行案例，在转换为列表的过程中，字符串中的每一个对象都将会转换为列表中的一个元素，其中的空格也是一样。

```
源 = Text.ToList("This is Power Query")
```

	列表
1	T
2	h
3	i
4	s
5	
6	i
7	s
8	
9	P
10	o

```
let
    源 = Text.ToList("This is Powerquery")

in
    源
```

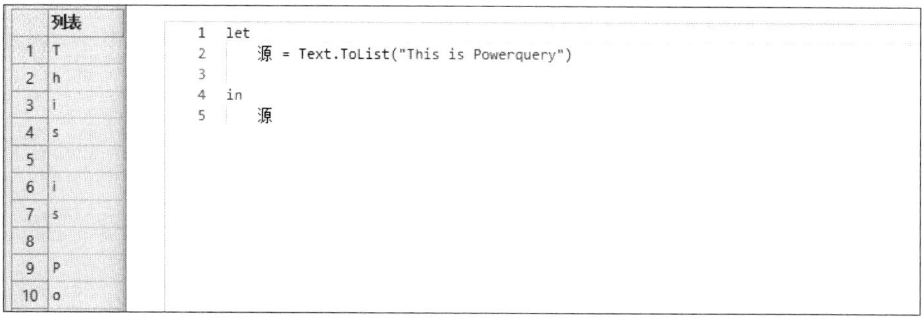

图 7.52　Text.ToList 函数将文本转换为列表

7.5.6 Text.Start 截取字符串中前面的字符

Text.Start 函数是字符串数据截取函数，其包含两个参数，函数执行结果为文本类型。

```
Text.Start（参数 1 as Text，参数 2 as Number） as Text
```

- 参数 1 为字符数据，数据类型为文本类型，值为需要截取的字符串。
- 参数 2 为截取长度，数据类型为数值类型，值为需要截取的长度。

这里以“hello powerquery”作为从头截取的字符串案例，如果希望截取前面五位字符那么如何使用 Text.Start 方法来实现呢？实现代码如下，图 7.53 所示为具体的执行方法。

```
源 = Text.Start("hello powerquery",5)
```

hello

```
let
    源 = Text.Start("hello powerquery",5)
in
    源
```

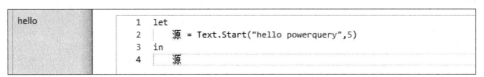

图 7.53　Text.Start 从开始进行字符串截取

7.5.7 Text.Select 删除不需要的字符串

Text.Select 用来实现字符删除功能，函数包含了两个参数，函数执行结果是文本类型。

```
Text.Select（参数 1 as Text，参数 2 as Any） as Text
```

- 参数 1 为字符串，数据类型文本类型，值为需要删除的字符串数据。
- 参数 2 为保留数据，数据类型为任意类型，一般为列表，值为保留的字符数据。

在 Power Query 进行函数运算过程中会存在如下的场景：希望将当前字符串中的杂质字符去除，留下目标字符串。下面案例中，我们希望将当前数据中的各种标点符号去除后只留下字符，执行案例结果如图 7.54 所示。

```
源 ="a,b.c-defg-hi*"
结果 =Text.Select( 源 ,{"a".."z"})
```

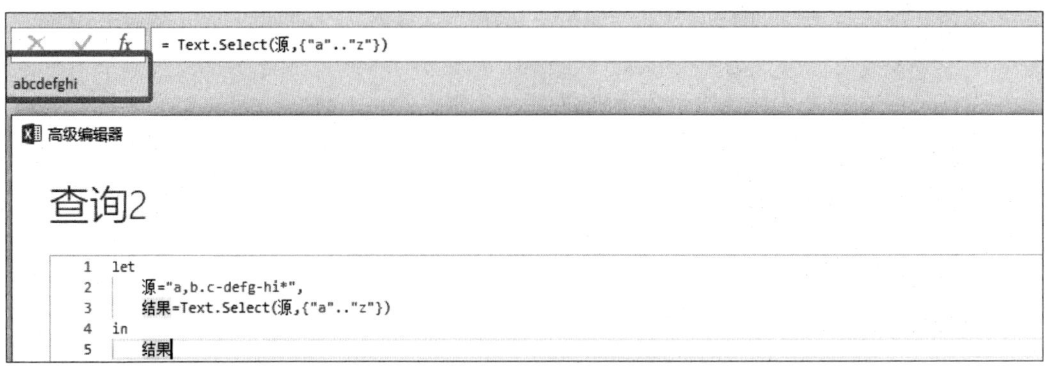

图 7.54　Text.Select 函数进行数据删除

7.5.8 Text.Middle 截取中间部分字符

Text.Middle 函数是实现从字符串中间截取一定数量区域的字符功能，函数包含三个参数，执行结果为文本类型。

```
Text.Middle（参数 1 as text，参数 2 as Number，参数 3 as Number） as Text
```

- 参数 1 为文本数据，数据类型文本类型，值为需要进行截取的字符串。
- 参数 2 为开始位置，数据类型为数值类型，值为字符串截取的起始位置。
- 参数 3 为截取字符数量，数据类型为数值类型，值为需要截取的字符串。

这里以“This is Power Query”为查询字符串，然后通过 Text.Middle 方法截取第五个字符后的三个字符，执行结果如图 7.55 所示。

```
源 ="This is PowerQuery",
结果 =Text.Middle( 源 ,4,3)
```

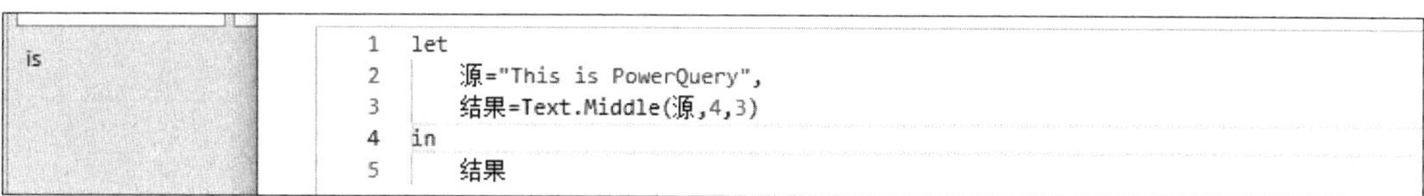

图 7.55　Text.Middle 截取字符串

7.5.9 Text.End 截取从设定位置到结尾的字符

Text.End 函数用来获取字符串中后面设定长度的数据，Text.End 函数有两个参数。函数执行结果为文本类型。

```
Text.End（参数 1 as Text，参数 2 as Number） as Text
```

- 参数 1 为截取字符串，数据类型为文本类型，值为被截取的字符串数据。
- 参数 2 为字符长度，数据类型为数值类型，值为保留的最终数据长度。

这里同样以“This is Power Query”作为案例字符串，截取从 P 开始到结尾的字符串，具体的使用方法如图 7.56 所示。

```
源 ="This is PowerQuery",
结果 =Text.End( 源 ,10)
```

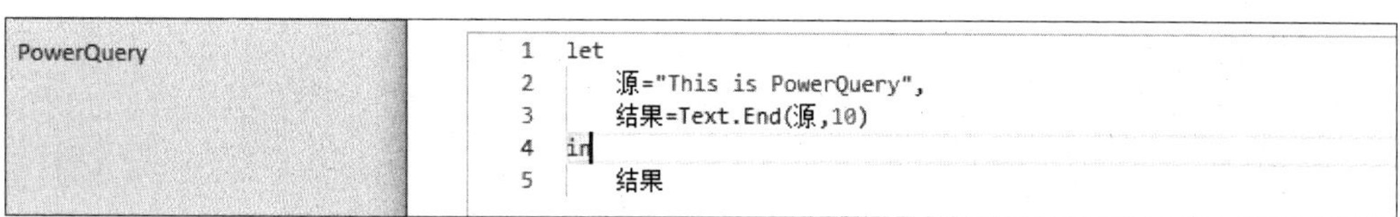

图 7.56　Text.End 截取的字符串

7.5.10 Text.Range 获取字符串范围数据

Text.Range 函数与 Text.Middle 函数类似，也是用于进行字符串范围的截取，函数包含三个参数，函数执行结果为文本类型。

```
Text.Range（参数 1 as Text， 参数 2 as Number，参数 3 as Number） as Text
```

- 参数 1 为字符数据，数据类型为文本类型，值为被截取的字符串数据。
- 参数 2 为偏移数据，数据类型为数值类型，值为截取开始前的字符数量。
- 参数 3 为截取数据，数据类型为数值类型，值为截取的字符数量。

以“This is Power Query”字符串为具体案例，接下来使用 Text.Range 进行字段的部分截取，实现代码如下，图 7.57 所示为具体执行结果。

```
源 = Text.Range("This is PowerQuery",8,10)
```

PowerQuery

```
let
    源 = Text.Range("This is PowerQuery",8,10)
in
    源
```

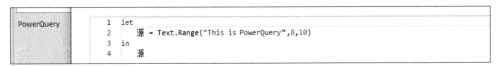

图 7.57 Text.Range 实现字符串截取

7.5.11 Text.Replace 替换特定数据

Text.Replace 是用来进行字符串替换的函数，目前有三个参数，函数的执行结果为文本类型。

```
Text.Replace（参数 1 as Text，参数 2 as Text，参数 3 as Text） as Text
```

- 参数 1 为字符，数据类型为文本类型，值为需要进行替换的源数据。
- 参数 2 为旧字符，数据类型为文本类型，值为被替换的数据。
- 参数 3 为新字符，数据类型为文本类型，值为替换的新字符。

这里以“This are Power Query”作为案例，将“are”替换为“is”，代码如下，图 7.58 所示为执行结果。

```
源 =Text.Replace("This are Power Query","are","is")
```

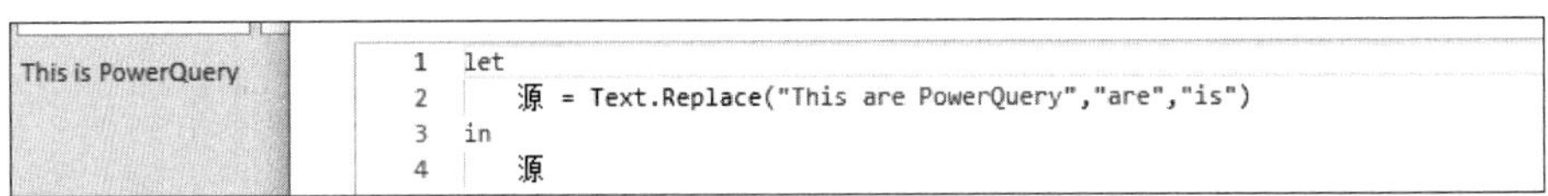

图 7.58 Text.Replace 替换字符串

7.5.12 Text.ReplaceRange 替换区域数据

Text.ReplaceRange 函数适用于部分内容替换，目前有四个参数，函数的执行结果为文本类型。

```
Text.ReplaceRange（参数 1 as Text，参数 2 as Number，参数 3 as Number，参数 4 as Text） as Text
```

- 参数 1 为被替换的源数据，数据类型为文本类型，值为被替换的源字符串。
- 参数 2 为替换起始位置，数据类型为数值类型，值为替换数据的起始位置。
- 参数 3 为替换的位数，数据类型为数值类型，值为替换数据的长度。
- 参数 4 为替换的字符，数据类型为文本类型，值为替换的新字符。

在实际应用场景中，我们通常不愿意将具体的手机号码公之于众，这时就需要使用“*”替代希望隐藏的部分，Text.Replace 函数是实现这个场景的最佳方法。这里以号码“13888888888”为案例，将中间的四位隐藏起来，图 7.59 所示为执行方法和执行结果。

```
源 = "13888888888",
Result=Text.ReplaceRange( 源 ,3,4,"*")
```

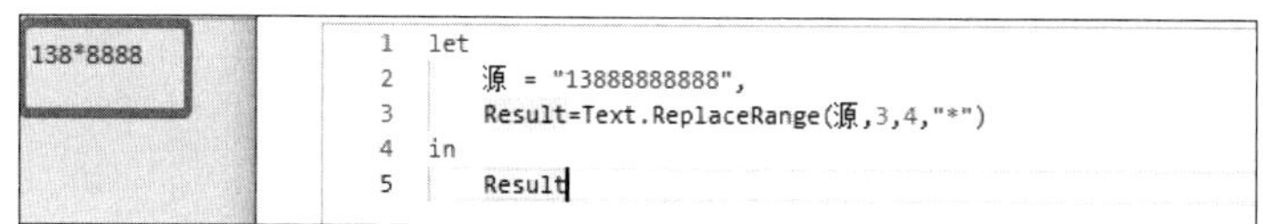

图 7.59　Text.ReplaceRange 函数替换后的结果

7.5.13　Text.Repeat 重复文本

Text.Repeat 函数的功能是将现有字符串重复多次，函数目前有两个参数，函数执行结果为文本类型。

```
Text.Repeat（参数 1 as Text，参数 2 as Number） as Text
```

- 参数 1 为需要重复的字符串，数据类型为文本类型，值为需要重复的字符串文本。
- 参数 2 为重复次数，数据类型为数值类型，值为字符串需要重复的次数。

接下来我们通过 Text.Repeat 方法对字符串进行重复操作，代码如下，图 7.60 所示为重复生成字符串的方法。

```
Result=Text.Repeat("over",4)
```

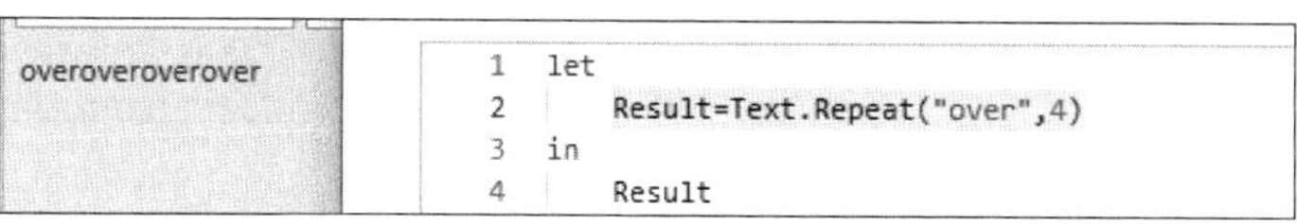

图 7.60　Text.Repeat 实现字符串重复

7.5.14　Text.Combine 合并文本

Text.Combine 函数是将多个文本以特定的方式合并为一个文本，函数目前有两个参数，函数执行结果为文本。

```
Text.Combine（参数 1 as List，参数 2 as Text） as Text
```

- 参数 1 为合并列表，数据类型为列表类型，值为需要合并的列表。
- 参数 2 为分隔符，数据类型为文本类型，值为合并过程中的分隔符。

需要特别注意的是，Text.Combine 函数不同于 Excel 的 CONCAT 函数，这里的文本合并是基于列表的合并。下面的案例中，数据是具有三个元素的列表，使用 "-" 作为连接符进行数据的连接，函数执行结果如图 7.61 所示。

```
源 ={"This","is","Power Query"},
Result=Text.Combine( 源 ,"-")
```

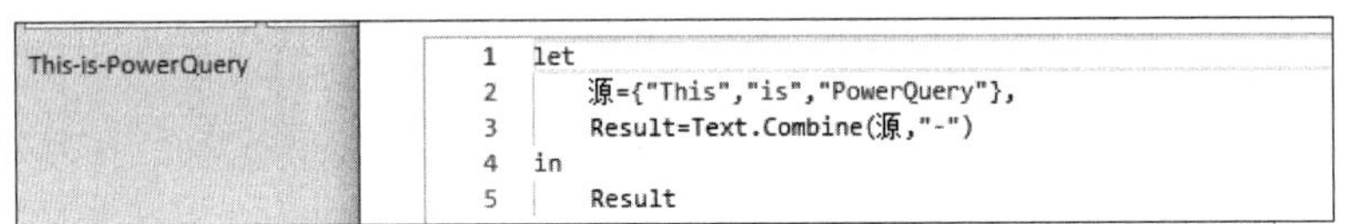

图 7.61　列表合并结果

7.5.15　Text.Trim 删除前后特定字符

Text.Trim 函数用于文本字符串的前导空格和尾部空格或者给定字符进行删除，函数包含两个参数。函数执行的结果是字符类型数据。

```
Text.trim（参数 1 as Text，参数 2 as Any） as Text
```

- 参数 1 为字符数据，数据类型为文本类型，值为需要删除空格的字符串文本。
- 参数 2 为删除的数据，数据类型为任意类型，值为删除的前后空格或字符串。

在默认情况下，Text.Trim 删除的是空格，删除空格时函数的使用非常简单，直接使用 Text.Trim 函数进行前后空格删除，图 7.62 所示为删除前后空格。

```
源 ="fd  dfd  ffa ",
Result=Text.Trim( 源 )
```

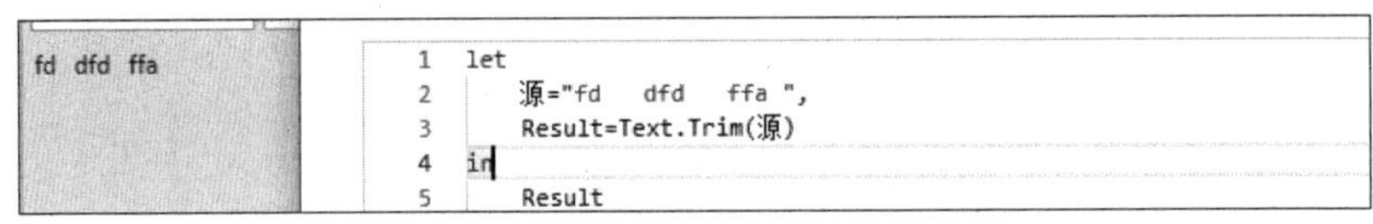

图 7.62　删除字符中的空格

如果删除的不是空格，应该如何操作呢？例如，我们希望删除下面一个字符串首尾的 "a"，也可以通过 Text.Trim 函数完成，执行结果如图 7.63 所示，可以发现头尾的字母 "a" 都被删除了。

```
源 ="a fd  dfd  ffa a",
Result=Text.Trim( 源 ,"a")
```

fd dfd ffa

```
let
    源="a fd   dfd   ffa a",
    Result=Text.Trim(源,"a")
in
    Result
```

图 7.63　删除字符串

Text.Trim 函数还有一类特殊的使用，就是在字符串的前后删除的内容不再是一个固定的字符，而可能是字符列表，如以下代码。图 7.64 所示为基于列表对字符串删除前后特定的字符，这里删除了开头的“a”和结尾字符“d”。

```
源 ="a fd   dfd   ffa abcd",
Result=Text.Trim( 源 ,{"a","d"})
```

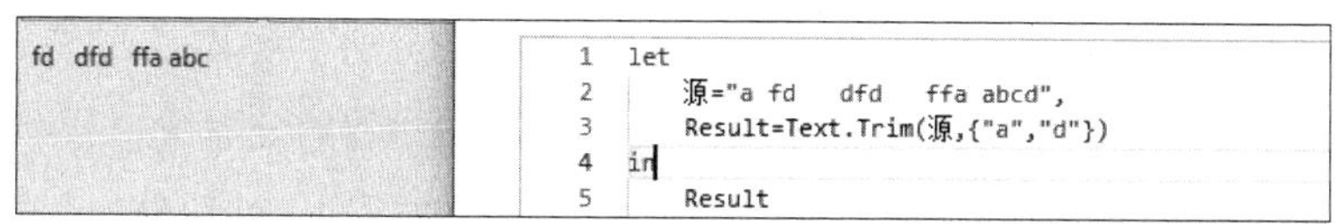

图 7.64　删除列表提供的字符

7.5.16　Text.Padstart 占位符填充

Text.Padstart 和 Text.PadEnd 都是文本占位符函数，提供了除文本类型之外其他的填充内容，函数目前有三个参数，函数执行结果为文本类型。

```
Text.Padstart（参数 1 as Text，参数 2 as Number，参数 3 as Text） as Text
```

- 参数 1 为字符串，数据类型为文本类型，值为需要占位的字符串。
- 参数 2 为字符串总长度，数据类型为数值类型，值为字符串总长度。
- 参数 3 为占位符，数据类型为数值类型，值为除字符串外的占位符。

默认情况下，Text.Padstart 和 Text.PadEnd 提供了字符串的占位符为空格，下面的案例为相应字符串和占位符的使用，图 7.65 所示为函数执行结果。

```
Text.PadStart( “hello” ,10)
```

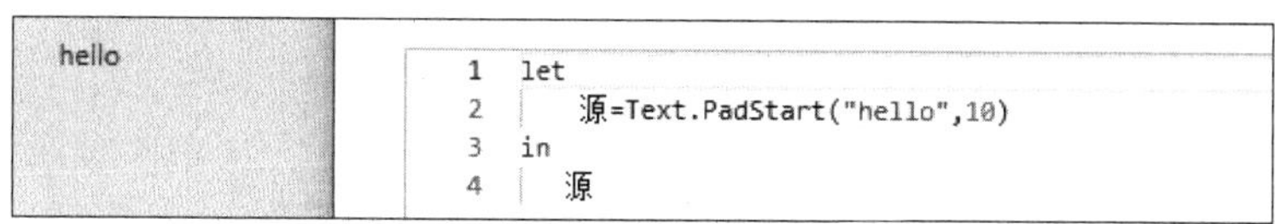

图 7.65　空格数据填充

但是如果文本填充的内容不是空格，而是特定的字符串，应该如何来实现呢？这时就需要使用第三个参数来作为字符填充，如以下代码，图 7.66 所示为函数最终执行结果。

```
源 =Text.PadStart("hello",10,"|")
```

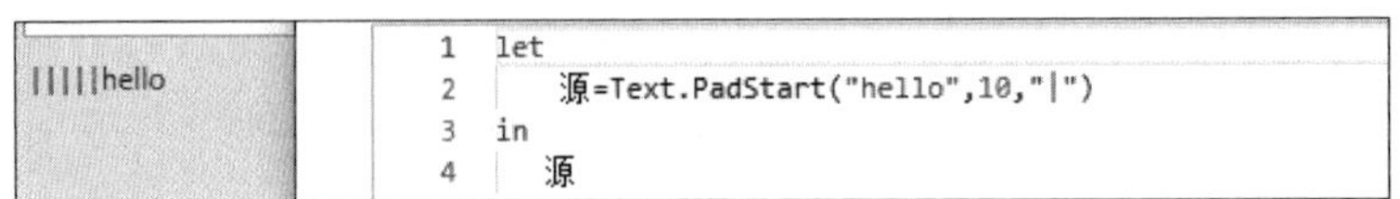

图 7.66　Text.Padstart 函数填充占位符

7.5.17　Text.Split 字符串分隔

Text.Split 函数基于特定分隔符进行数据分隔，函数目前提供了两个参数，数据的结果是列表类型。

```
Text.Split（参数 1 as Text，参数 2 as Text） as List
```

- 参数 1 为切分字符串，数据类型为文本类型，值为被切分的字符串。
- 参数 2 为切分分隔符，数据类型为文本类型，值为切分过程的分隔符。

这里以“This-is-PowerQuery”作为切分案例，通过“-”进行字符的切分，利用 Text.Split 函数进行实际的字符切分，切分后结果如图 7.67 所示。

```
源 = "This-is-PowerQuery",
切分结果 =Text.Split( 源 ,"-")
```

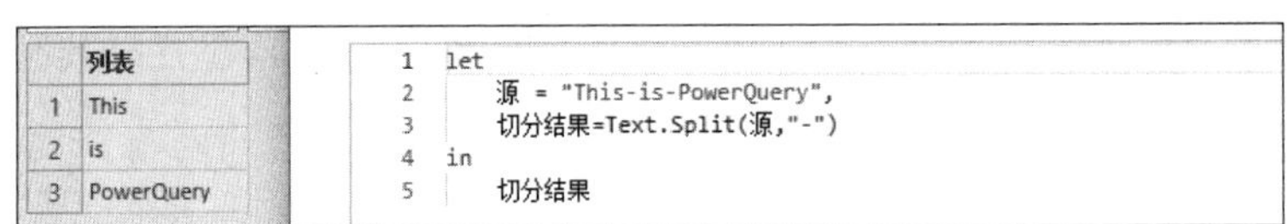

图 7.67　Text.Split 函数应用

7.5.18　Text.BeforeDelimiter 获取分隔符前的数据

Text.BeforeDelimiter 函数用来进行更为复杂的字符串切分及数据获取，它的作用是获取特定分隔符前面的字符串，函数包含三个参数，函数的结果为字符数据类型。

```
Text.BeforeDelimiter（参数 1 as Text，参数 2 as Text，参数 3 as Number） as Text
```

- 参数 1 为被切分字符串，数据类型为文本类型，值为被切分字符串。
- 参数 2 为分隔符，数据类型为文本类型，值为作为切分的字符。
- 参数 3 为索引数字，数据类型为数值类型，值为分隔符所处位置。

初次使用这个函数的时候一定很难理解，这里以“This-is-PowerQuery”作为原始字符串来实现分隔符的分隔，以获取分隔符之前的字符串文本，这里获取的是第一个分隔符之前的数据，函数执行结果如图 7.68 所示。

```
源 = "This-is-Power Query",
切分结果 =Text.BeforeDelimiter( 源 ,"-")
```

```
This

let
    源 = "This-is-PowerQuery",
    切分结果=Text.BeforeDelimiter(源,"-")
in
    切分结果
```

图 7.68　Text.BeforeDelimiter 获取第一个分隔符前数据

如果希望获取的不是第一个“-”前面的内容，而是第二个“-”前面的内容呢？这时就可以定义第三个参数指定分隔符所处的位置，如以下代码，这里指定了字符串文本中的第二个分隔符，Text.BeforeDelimiter 函数的使用方法和结果如图 7.69 所示。

```
源 = "This-is-PowerQuery",
切分结果 =Text.BeforeDelimiter( 源 ,"-",1)
```

```
This-is

let
    源 = "This-is-PowerQuery",
    切分结果=Text.BeforeDelimiter(源,"-",1)
in
    切分结果
```

图 7.69　Text.BeforeDelimiter 获取第二个分隔符前的数据

7.5.19　Text.AfterDelimiter 获取分隔符后的数据

Text.AfterDelimiter 函数是获取分隔符之后的数据，与函数 Text.BeforeDelimiter 相同，也有三个参数，函数的结果为字符串类型。

```
Text.AfterDelimiter（参数 1 as Text，参数 2 as Text，参数 3 as Number） as Text
```

- 参数 1 为待分隔字符串，数据类型为文本类型，值为待分隔字符串数据。
- 参数 2 为分隔符，数据类型为文本类型，值为分隔符。
- 参数 3 为索引位置，数据类型为数值类型，值为分隔符所处位置。

这里依然以“This-is-PowerQuery”字符串为例，使用 Text.AfterDelimiter 函数的前两个参数计算后得到的结果如图 7.70 所示。

```
源 = "This-is-PowerQuery",
切分结果 =Text.AfterDelimiter( 源 ,"-")
```

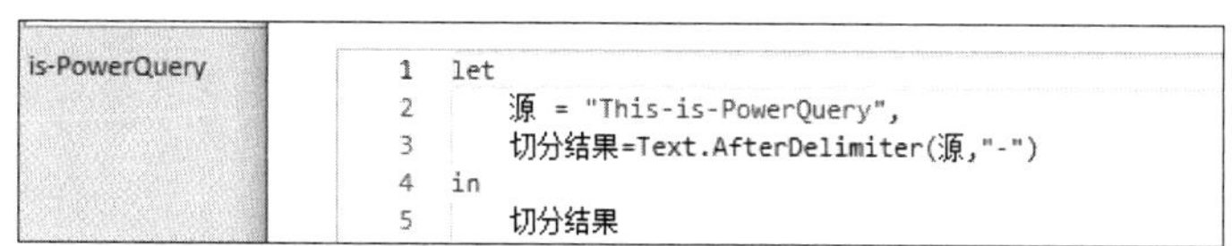
is-PowerQuery
let
源 = "This-is-PowerQuery",
切分结果=Text.AfterDelimiter(源,"-")
in
切分结果

图 7.70　Text.AfterDelimiter 获取分隔符后的数据

如果想获取的内容是位于第二个“-”之后的数据呢？这里还是以“This-is-PowerQuery”字符串为待分隔字符串，如果希望获取的是第二个“-”之后的数据，就需要在这里使用第三个参数来定义分隔符的位置，代码如下，最终实现结果如图 7.71 所示。

```
源 = "This-is-PowerQuery",
切分结果 =Text.AfterDelimiter( 源 ,” -” ,2)
```

PowerQuery

```
let
    源 = "This-is-PowerQuery",
    切分结果=Text.AfterDelimiter(源,"-",2)
in
    切分结果
```

图 7.71　Text.AfterDelimiter 获取第二个分隔符后的数据

7.5.20　Text.BetweenDelimiters 获取分隔符中间值

Text.BetweenDelimiters 函数的使用不同于前面两个函数，它求取的是两个分隔符中间部分的数据，函数的结果为文本类型。

```
Text.BetweenDelimiters（参数 1 as Text，参数 2 as Text，参数 3 as Text，参数 4 as Number，参数 5 as Number）as Text
```

- 参数 1 为字符数据，数据类型为文本类型，值为分隔的字符串数据。
- 参数 2 为起始分隔符，数据类型为文本类型，值为起始分隔符。
- 参数 3 为结束分隔符，数据类型为文本类型，值为结束分隔符。
- 参数 4 为起始分隔符索引，数据类型为数值类型，值为起始分隔符位置。
- 参数 5 为结束分隔符索引，数据类型为数值类型，值为结束分隔符位置。

这个函数使用场景非常多，比如我们希望获取到“（ ）”中的数据内容，使用 Text.BetweenDelimiters 函数最恰当。例如，在下面的代码中，在起始分隔符中写入左括号，在结束分隔符中写入右括号，使用 Text.BetweenDelimiters 函数可以轻松地获取括号里面的内容，数据获取和函数执行方法如图 7.72 所示。

```
源 = "abcde(fghijklmn)opq",
中间数据 =Text.BetweenDelimiters( 源 ,"(",")")
```

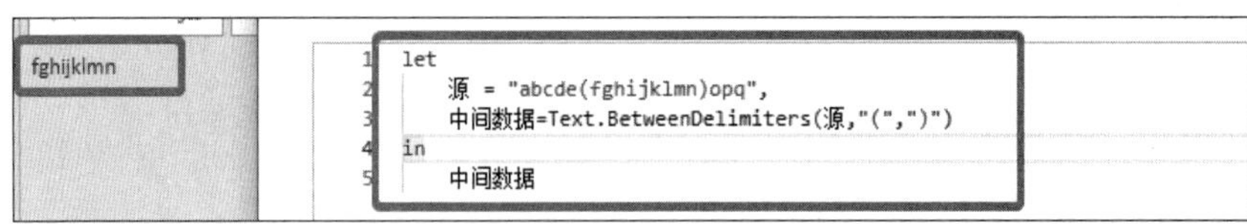

图 7.72　Text.BetweenDelimiters 应用

7.6　Power Query 列表处理函数

Power Query 中提供了大约 72 个列表处理函数的使用方法，是除了表函数之外使用最频繁的函数，下面分享一些常用的列表函数的使用和处理。

7.6.1　List.Accumulate 列表累加器计算

List.Accumulate 函数用于进行列表累加运算，在 Power Query 的列表计算中该函数是相对比较难掌握的函数。函数包含了三个参数，根据不同的数据类型，通过计算可以得到不同类型的结果。

```
List.Accumulate（参数 1 as List，参数 2 as Any，参数 3 as Function） as Any
```

- 参数 1 为列表元素，数据类型为列表类型，值为列表累加源数据。
- 参数 2 为种子数据，数据类型为任何类型，值为累加初始值。
- 参数 3 为累加函数，数据类型为函数类型，值为列表累加方式。

我们接下来使用 List.Accumulate 函数分享数字元素的连接，代码如下，图 7.73 所示为函数最终显示结果。

```
源 = {1..20},
中间数据 =List.Accumulate( 源 ,"",(state,current)=>state&Text.From(current))
```

1234567891011121314151617181920

```
let
    源 = {1..20},
    中间数据=List.Accumulate(源,"",(state,current)=>state&Text.From(current))
in
    中间数据
```

图 7.73　函数执行结果

7.6.2　List.Range 获取列表区域

List.Range 函数在实际场景中是应用非常频繁的列表函数，在多数场景中该函数并不单独使用，通常都是和其他列表函数一起使用。例如，Power Query 求移动平均或移动总计都需要使用到 List.Range 函数。List.Range 函数有三个参数，结果为列表类型。

```
List.Range（参数 1 as List，参数 2 as Number，参数 3 as Number）as List
```

- 参数 1 为列表数据，数据类型为列表类型，值为需要获取的列表中的数据。
- 参数 2 为偏移量，数据类型为数值类型，值为列表起始数据。
- 参数 3 为元素个数，数据类型为数值类型，值为参数个数。

List.Range 函数的功能为获取列表的子集，接下来将分享使用 List.Range 函数实现移动平均值的计算，计算移动平均过程是基于固定数量的值。这里可以利用 List.Range 求出当前列表的子集来获取列表中三个临近值，这里基于 List.Range 求出当前数值前面两个值的子集。计算过程中前面两个数值由于超过索引边界出现错误，图 7.74 所示为函数执行结果。

```
源 = Excel.CurrentWorkbook(){[Name=" 表 1"]}[Content],
已添加自定义 = Table.AddColumn( 源 , " 最近三个值列表 ", each List.Range( 更改的类型 [ 值 ],[ 索引 ]-3,3))
```

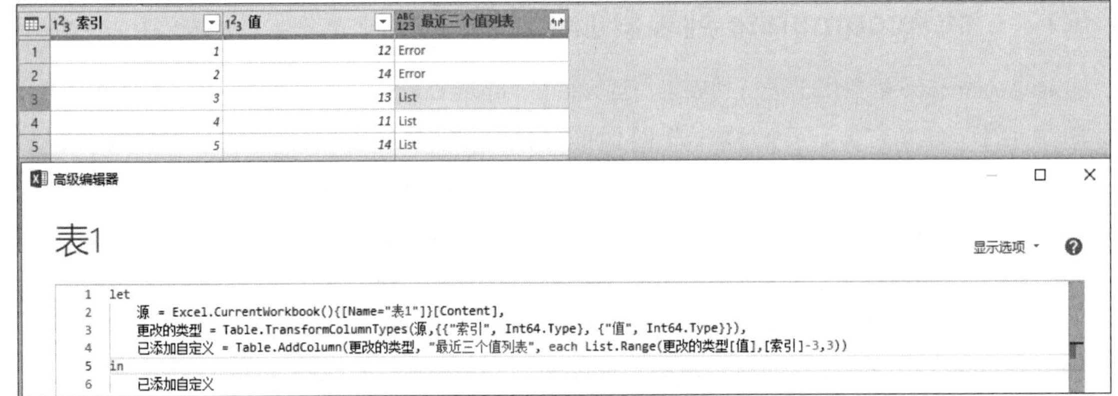

图 7.74　函数案例与执行结果

7.6.3　List.Average 计算列表平均数

List.Average 函数用来计算列表的平均值，函数目前拥有两个参数，函数的执行结果为数值类型。

```
List.Average（参数 1 as List，参数 2 as Precision） as Number
```

- 参数 1 为列表数据，数据类型为列表类型，值为引用计算的列表。
- 参数 2 为精度数据，数据类型为枚举类型，值为精度控制定义。精度控制用于值的结果类型的定义，目前有 Precision.Double 和 Precision.Decimal 两种精度控制。

下面为使用 List.Average 函数进行列表的平均计算，它同时可以结合 List.Range 函数来实现列表平均数的获取，图 7.75 所示为函数应用结果。

```
源 =List.Average({14..25})
```

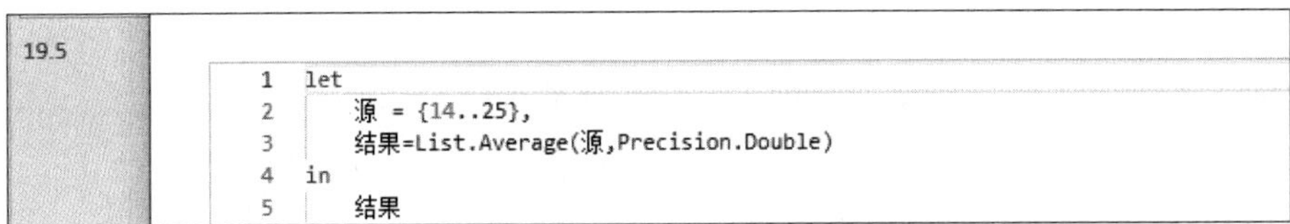

图 7.75　List.Average 函数的运算结果

7.6.4　List.Sum 对列表求和

List.Sum 函数用来计算列表的总和，函数目前拥有两个参数，列表的结果为数值类型数据。

```
List.Sum（参数 1 as List，参数 2 as Precision） as Number
```

- 参数 1 为列表数据，数据类型为列表类型，值为需要求和的列表。
- 参数 2 为精度控制，数据类型为枚举类型，值为精度控制定义，目前有 Precision.Double 和 Precision.Decimal 两种精度控制。

下面为使用 List.Sum 函数进行列表的求和计算，在某些应用场景下它同时可以结合 List.Range 函数来实现列表总计的计算，图 7.76 所示为使用 List.Sum 函数进行统计计算的结果。

```
源 = List.Sum({12..29})
```

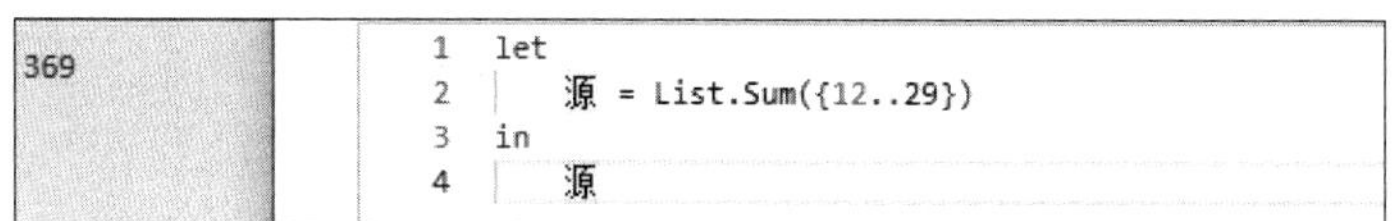

图 7.76　List.Sum 函数实现列表的加法运算

7.6.5　List.Combine 合并列表

List.Combine 函数用于将多个列表合并成一个列表，目前函数只有一个参数，函数的结果也是列表类型。

```
List.Combine（参数 1 as List） as List
```

参数 1 为列表数据，数据类型为列表类型，值为需要合并的多个列表数值。

接下来我们通过 List.Combine 函数合并两个不同长度的列表，代码如下，图 7.77 所示为两个不同列表合并后的结果。

```
源 = {{"This","is","Power Query"},{1,2},{1,2,3}},
列表合并 =List.Combine( 源 )
```

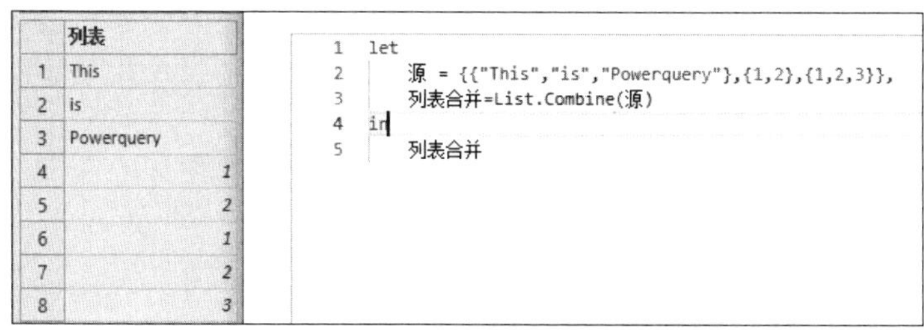

图 7.77　List.Combine 函数的合并案例

7.6.6　List.Count 统计列表元素

List.Count 函数用于对列表成员进行统计，函数目前有一个参数，函数执行结果为数值类型。

```
List.Count（参数 1 as List） as Number
```

- 参数 1 为列表参数，数据类型为列表类型，值为包含元素的列表数据。

List.Count 函数进行列表元素统计非常简单，这里直接使用 List.Count 函数对列表长度进行计算，代码如下，结果如图 7.78 所示。

```
源 = List.Count({1,2,3,4,5,"a","b","c"})
```

8

```
let
    源 = List.Count({1,2,3,4,5,"a","b","c"})
in
    源
```

图 7.78　List.Count 函数的统计结果

7.6.7　List.Dates 创建日期列表

List.Dates 函数的作用是生成日期列表，函数目前有三个参数，函数的结果类型为列表类型。

```
List.Dates（参数 1 as Date，参数 2 as Number，参数 3 as Duration）as List
```

- 参数 1 为起始日期，数据类型为日期类型，值为日期表起始日期。
- 参数 2 为天数，数据类型为数值类型，值为创建日期的天数。
- 参数 3 为日期间隔，数据类型为持续时间类型，值为日期间隔天数。

在数据建模过程中有一个非常重要的概念，就是时间表。而实现时间表的构建在 Power Query 中只要一行代码就可以，下面的内容为使用 List.Dates 函数建立跨度为一年的日期表数据，图 7.79 所示为最终日期生成结果。

```
List.Dates(#date(2021,1,1),365,#Duration(1,0,0,0))
```

353	2021/12/19
354	2021/12/20
355	2021/12/21
356	2021/12/22
357	2021/12/23
358	2021/12/24
359	2021/12/25
360	2021/12/26
361	2021/12/27
362	2021/12/28
363	2021/12/29
364	2021/12/30
365	2021/12/31

图 7.79　List.Dates 函数生成一年的日期数据

7.6.8　List.LastN 获取列表最后 *N* 个元素

List.LastN 函数可以获取列表中的排名比较靠后的元素，这里所提到的后面 *N* 个元素指的不是最大数据，也不是最小数据。如果希望获取最大部分数据或最小部分数据，就需要基于当前的数据进行排序，List.LastN 函数目前有两个参数，函数的执行结果为列表类型。获取最后的元素有两种场景可以获取。

```
List.LastN（参数 1 as List，参数 2 as Number）按照数量获取最后的值
List.LastN（参数 1 as List，参数 2 as Any）按照条件获取列表后面的值
```

- 参数 1 为需要获取的参数，数据类型为列表类型，值为需要获取元素的列表。
- 参数 2 为获取的数据个数或条件，数据类型为数值类型或条件类型，值为获取的个数或条件。

这里最后的数据在默认条件下并不是最大的数值和最小的数值，但是当针对数据进行排序之后，就间接实现了最大值和最小值的获取。下面的案例是针对没有排过序的数据进行最后 3 个数值的获取，图 7.80 所示为函数最终计算结果。

```
源 ={1,3,3,55,34,2,5,7,2,5},
最后三个数值 =List.LastN( 源 ,3)
```

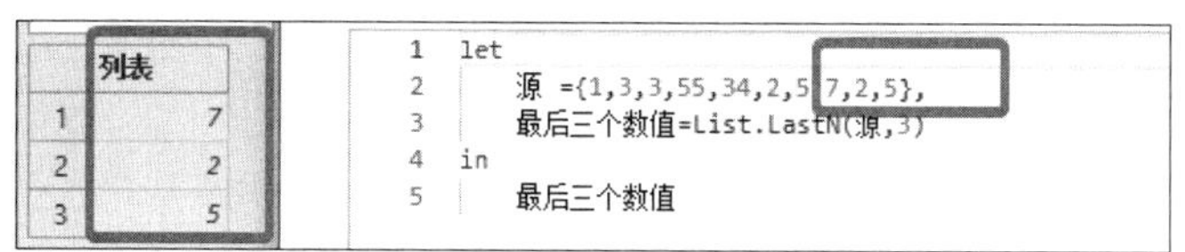

图 7.80　List.LastN 计算结果

还有一种方法就是基于条件获取最后 N 个满足条件的值，基于条件获取后面的数据与基于数量获取后面的数据有很大的不同，图 7.81 所示为通过条件获取最后的 N 个数据。

```
源 = {1,3,3,55,34,2,5,7,2,5},
获取最后 N 个数据 =List.LastN( 源 , each _<8)
```

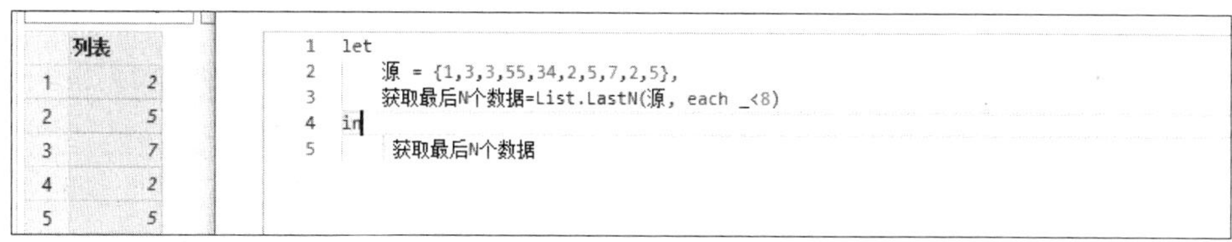

图 7.81　按照条件获取最后的 N 个数据

7.6.9　List.MaxN 获取最大数据

List.MaxN 函数是求取当前列表中最大的 N 个数据的值，函数有 4 个参数，函数执行的结果为列表类型。

```
List.MaxN（参数 1 as List，参数 2 as Number，参数 3 as Any，参数 4 as Logical）as List
List.MaxN（参数 1 as List，参数 2 as Any，参数 3 as Any，参数 4 as Logical）as List
```

- 参数 1 为列表数据，数据类型为列表类型，值为获取最大值的数据。
- 参数 2 为条件参数，数据类型为数值类型或条件，值为最大值的个数。
- 参数 3 为比较格式，数据类型为比较方式，值为对比方式或方法。
- 参数 4 为确定包含空，数据类型为逻辑类型，值为确定是否包含空数据。

上面提到了 List.LastN 函数只有通过排序才能进行最大值获取，但是如果不进行排序的话，就需要使用 List.MaxN 的方式进行最大值获取，如下面案例代码是通过 List.MaxN 函数获取 3 个最大值，计算结果如图 7.82 所示。

```
源 =List.MaxN({1,2,3,55,34,2,5,7,2,5},3)
```

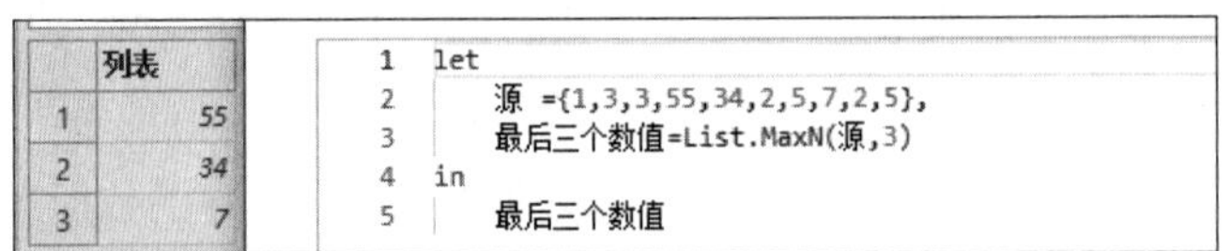

图 7.82　List.MaxN 函数计算结果

还有一种方法就是基于条件获取最大 *N* 个值的计算方法，也就是将所有满足大于参考值的数据都列出来，如以下代码，图 7.83 显示了最终结果。

```
源 = List.MaxN({1,2,23,55,34,20,15,7,23,5},each _>17)
```

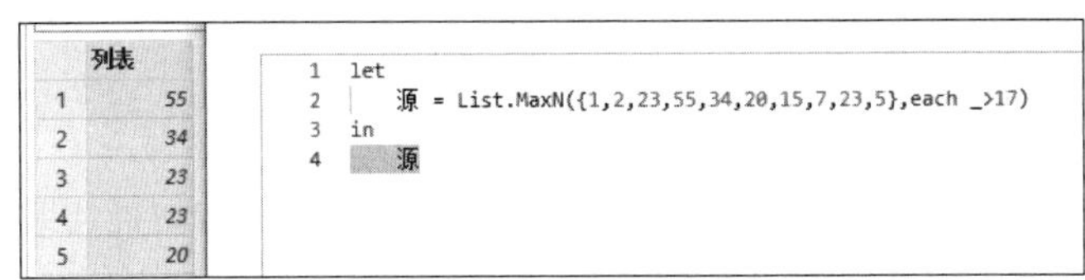

图 7.83　List.MaxN 基于条件获取结果

7.6.10　List.Numbers 生成数值列表

List.Numbers 是生成连续数值的函数，函数包含三个参数，函数的结果为列表类型。

```
List.number（参数 1 as Number，参数 2 as Number，参数 3 as Number） as List
```

- 参数 1 为起始数字，数据类型为数值类型，值为数值起始值。
- 参数 2 为数值个数，数据类型为数值类型，值为数值个数。
- 参数 3 为数值增量，数据类型为数值类型，值为数值增量。

如果生成连续的数值，我们可能不会通过 List.Numbers 函数生成连续数据，而可能会直接通过书写 {1..10} 这样的方式去生成连续的数据。但如果生成的数据不是连续以 1 作为累加的数值，就需要通过 List.Numbers 函数去按照规则生成相应的数值。下面我们就使用 List.Numbers 函数从 1 开始生成 20 个数值，数值间隔为 3，代码如下，部分结果如图 7.84 所示。

```
源 =List.Numbers(1,20,3)
```

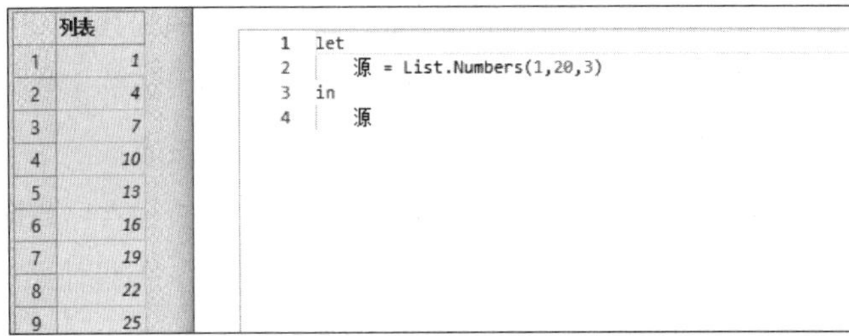

图 7.84　List.Numbers 函数计算结果

7.6.11　List.Product 列表元素乘积

List.Product 函数返回的是列表中非空数据的乘积，所有的元素必须是数值类型，如果元素有非数值类型，则结果会出现错误。函数的参数有两个，函数计算结果为数值类型。

List.Product（参数 1 as List，参数 2 as Precision） as number

- 参数 1 为列表数据，数据类型为列表类型，值为需要进行乘积计算的列表。
- 参数 2 为精度控制，数据类型为枚举类型，值为精度控制选择。

这里我们以连续数据为列表作为函数的参数输入，函数执行计算后的结果如图 7.85 所示。

2432902008176640000

```
let
    源 = {1..20},
    Result=List.Product(源,Precision.Decimal)
in
    Result
```

图 7.85　List.Product 函数的计算结果

7.6.12　List.Random 生成随机数列表

List.Random 函数的作用是生成固定个数的随机数，随机数介于 0 ~ 1 之间，函数包含两个参数，函数执行结果为列表数据类型。

List.Random（参数 1 as Number，参数 2 as Number） as List

参数 1 为随机数数量，数据类型为数值类型，值为随机数个数。

参数 2 为随机数种子，数据类型为数值类型，值为随机数种子数据。

这里我们需要 20 个 0 ~ 1 之间的随机数，图 7.86 所示为函数生成数值的最终结果。

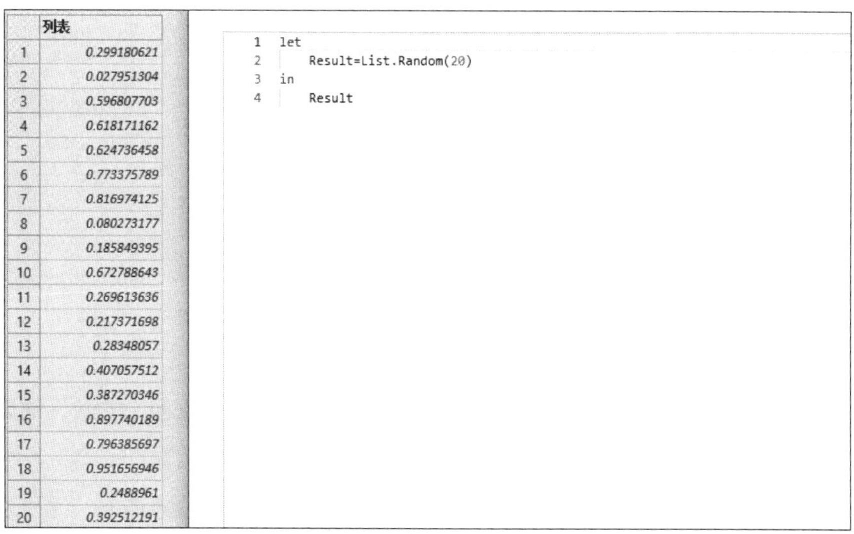

图 7.86　List.Random 生成 20 个随机数

7.6.13　List.RemoveFirstN 删除列表前面 *N* 个数值

List.RemoveFirstN 函数用于将当前列表中前面的 *N* 个数据删除，它和 List.RemoveLastN 函数功能相反，但执行方法相同，函数包含两个参数，函数的结果为列表。

```
List.RemoveFirstN（参数 1 as List，参数 2 as Number） as List
List.RemoveFirstN（参数 1 as List，参数 2 as Any） as List
```

- 参数 1 为列表数据，数据类型为列表类型，值为需要删除数据的列表。
- 参数 2 为删除的元素，数据类型为数值类型或条件类型，值为删除的数量或条件。

在函数应用过程中，有两种不同的应用方法，这里先按照删除元素个数的方式删除从开头开始的列表元素，图 7.87 所示为函数的部分执行结果，列表保留了后面 17 个数值。

```
Result={1..20},
keep=List.RemoveFirstN(Result,3)
```

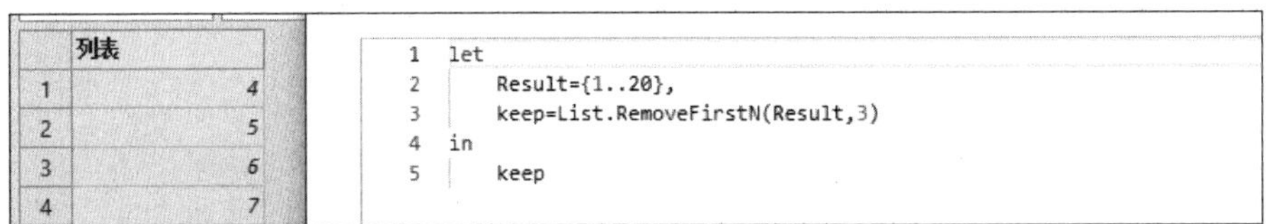

图 7.87　List.RemoveFirstN 基于个数删除

另外一种列表数据的删除方式是基于条件的删除，如以下代码是删除列表中小于 4 的元素，图 7.88 所示为这种删除方式的部分执行结果，列表删除了开头满足条件的数值，直到不再满足条件则停止删除。这里注意不是删除所有符合条件的值，而是符合条件开始的值。下面的数据删除了 1～3，因为 4 开始不满足条件，后面的数据将都会保留下来。

```
Result={1..20},
keep=List.RemoveFirstN(Result,each _<4)
```

图 7.88　List.RemoveFirstN 基于条件删除

7.6.14　List.RemoveItems 删除列表项

List.RemoveItems 函数是进行列表特定项目删除的函数，函数目前有两个参数，结果为列表数据类型。

```
List.RemoveItems（参数 1 as List，参数 2 as List） as List
```

- 参数 1 为列表数据，数据类型为列表数据类型，值为需要删除的列表源数据。

■ 参数 2 为列表数据，数据类型为列表数据类型，值为需要删除的列表项目。

这个函数是基于第一个列表删除第二个列表中存在的数据内容，这里第一个列表是 1 ~ 20 的值，下面代码实现了从第一个列表中删除第二个列表中存在的数据，删除后最终的结果如图 7.89 所示。

```
Result={1..20},
keep=List.RemoveItems(Result,{2,4,12,14,17})
```

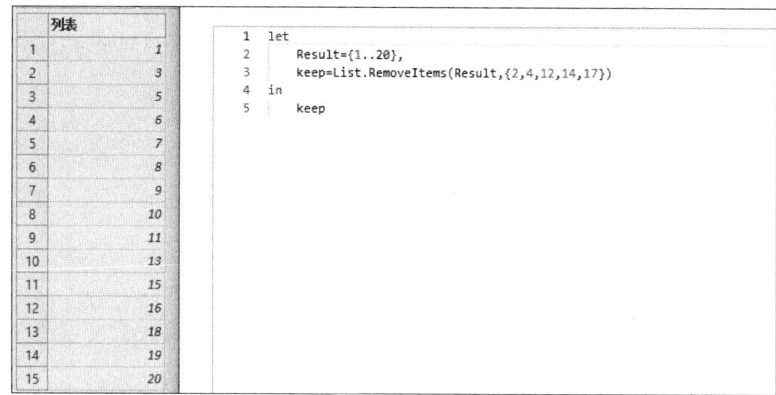

图 7.89　List.RemoveItems 函数执行数值删除结果

7.6.15　List.RemoveRange 删除列表区间数值

List.RemoveRange 函数的功能是删除列表的区间数值，函数目前有三个参数，函数的执行结果为列表。

```
List.RemoveRange（参数 1 as List，参数 2 as Number，参数 3 as Number）as List
```

■ 参数 1 为列表数据，数据类型为列表类型，值为需要删除的列表数据。

■ 参数 2 为起始位置，数据类型为数值类型，值为删除的起始位置。

■ 参数 3 为删除的数量，数据类型为数值类型，值为删除元素的数量。

List.RemoveRange 函数通常用来删除列表中相对应数量的列表的值，通过列表生成 1 ~ 12 的数值，然后使用 List.Remove 函数删除了从 5 开始往后的 5 个数（5，6，7，8，9），图 7.90 所示为函数执行的部分结果。注意，Power Query 的索引数据是从 0 开始。

```
源 ={1..12},
删除数据 =List.RemoveRange（源，4，5）
```

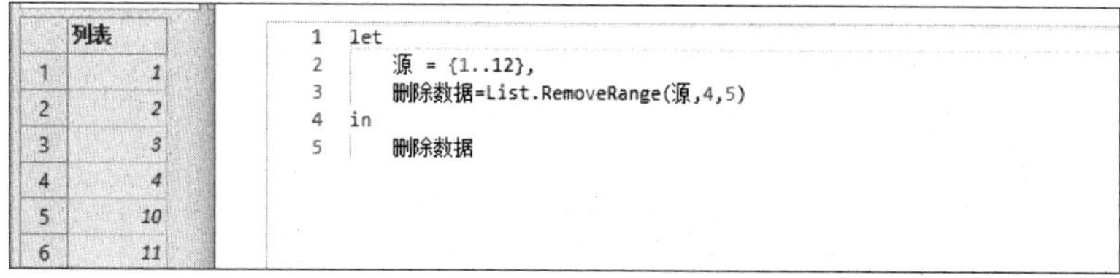

图 7.90　List.RemoveRange 函数的执行结果

7.6.16 List.Repeat 重复列表数据

List.Repeat 函数的功能是将当前列表的数据重复多次，函数包含两个参数，函数执行的结果为列表。

```
List.Repeat（参数 1 as List，参数 2 as Number） as List
```

- 参数 1 为列表数据，数据类型为列表类型，值为需要重复数据的列表。
- 参数 2 为重复次数，数据类型为数值类型，值为列表的重复次数。

函数的功能非常简单，就是通过简单的重复次数将列表的容量扩大，下面定义了一个简单的列表，通过 List.Repeat 函数将原列表重复三次，得到如图 7.91 所示的列表。

```
源 = List.Repeat({1..3},3)
```

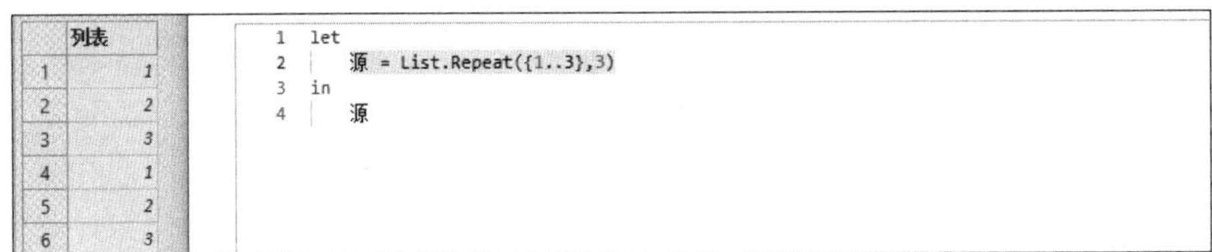

图 7.91　函数执行后的结果

7.6.17 List.ReplaceRange 替换列表区间

List.ReplaceRange 函数功能是替换列表区间数据，函数有四个参数，执行结果是列表类型。

```
List.ReplaceRange（参数 1 as List，参数 2 as Number，参数 3 as Number，参数 4 as List）as List
```

- 参数 1 为替换列表，数据类型为列表类型，值为需替换数值的列表。
- 参数 2 为起始位置，数据类型为数值类型，值为列表替换起始位置（列表位置从 0 开始）。
- 参数 3 为替换数量，数据类型为数值类型，值为替换的数据区间。
- 参数 4 为被替换数据，数据类型为列表类型，值为需要替换的数据。

这个函数和字符替换函数功能非常类似，同样是以列表按照列表区间替换相应的字符串数据，第一步生成了 1 到 10 的数据，第二步将 4～8 的数据替换成了列表 {1，2，3}，图 7.92 所示为 List.ReplaceRange 函数执行列表内容替换的结果。注意：这里的位置 3 实际上是第 4 位。

```
源 = {1..10},
删除数据 =List.ReplaceRange( 源 ,3,5,{1..3})
```

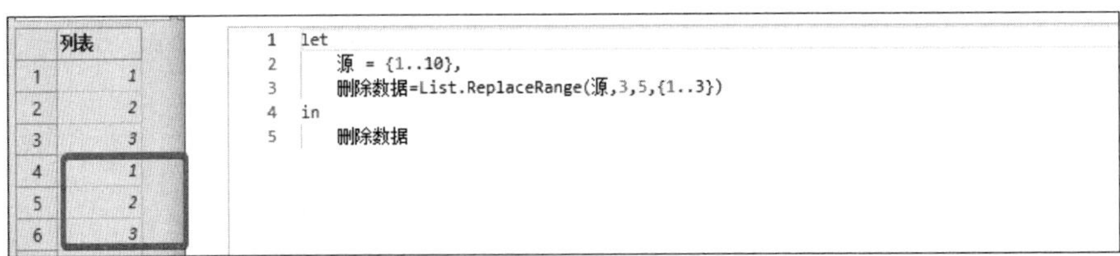

图 7.92　List.ReplaceRange 函数的执行结果

7.6.18　List.Select 筛选列表

List.Select 函数功能是基于当前列表进行数据筛选，函数有两个参数，执行结果为列表。

```
List.Select（参数 1 as List，参数 2 as Function）as List
```

- 参数 1 为列表数据，数据类型为列表类型，值为需要进行筛选的数据。
- 参数 2 为筛选方式，数据类型为函数类型，值为需要进行筛选的方法。

列表筛选函数是通过 List.Select 方法判断列表中是否有符合参数的数据，下面我们定义了一个简单的列表，通过使用 List.Select 函数判断是否大于 5 来进行列表值筛选，代码如下，函数执行结果如图 7.93 所示。

```
源 = List.Select({1..10},each _>5)
```

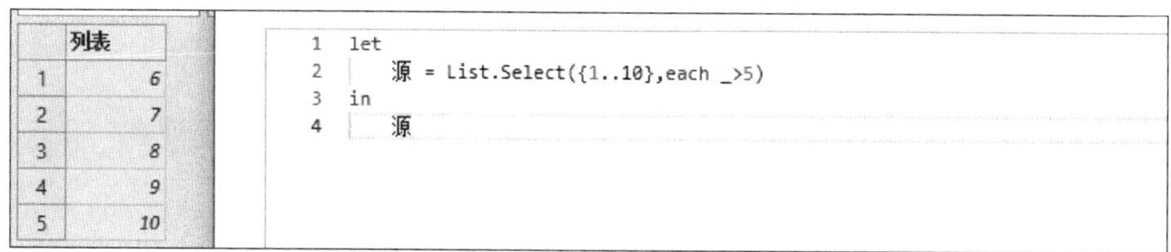

图 7.93　List.Select 函数执行结果

7.6.19　List.Skip 实现列表行跳跃

List.Skip 是列表行跳跃函数，它从功能上基本等效于 List.RemoveFirstN 函数。List.Skip 函数有两个参数，执行结果为列表类型。

```
List.Skip（参数 1 as List，参数 2 as Number）as List
List.Skip（参数 1 as List，参数 2 as Any）as List
```

- 参数 1 为列表数据，数据类型为列表类型，值为需要进行行跳跃的列表。
- 参数 2 为跳跃的行，数据类型为数值类型或条件类型，值为跳跃的行或满足的条件。

列表行跳跃是一个非常重要的功能，通过列表跳跃功能能够跳过一些不必要的行。我们先来看一下基于跳跃行数的行跳跃功能，代码如下，图 7.94 所示为函数执行结果。

```
源 = {1..15},
跳过行 =List.Skip( 源 ,3)
```

	列表
1	4
2	5
3	6
4	7
5	8
6	9

```
let
    源 = {1..15},
    跳过行=List.Skip(源,3)
in
    跳过行
```

图 7.94　List.Skip 函数行跳跃的结果

跳跃行操作函数也可以基于条件进行行跳跃，这里我们基于条件进行行跳跃，代码如下，图 7.95 所示为函数执行结果。

```
源 = {1..15},
跳过行 =List.Skip( 源 ,each _<8)
```

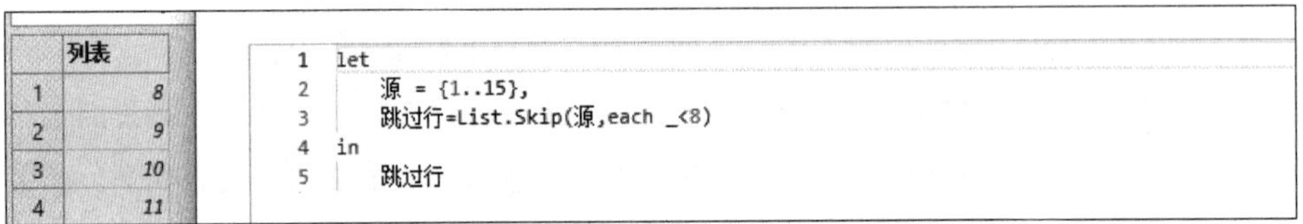

图 7.95　List.Skip 函数基于条件的跳跃结果

7.6.20　List.Sort 列表排序

List.Sort 函数提供了列表排序功能，函数有两个参数，函数执行的结果是列表。

```
List.Sort（参数 1 as List，参数 2 as Any ） as List
```

- 参数 1 为排序列表，数据类型为列表数据类型，值为需要排序的列表。
- 参数 2 为对比方式，数据类型为条件类型，值为排序的规则。

List.Sort 函数是基于当前列表进行排序的函数，我们这里使用生成的随机数进行既定规则的排序，代码如下，图 7.96 所示为排序完成后的结果。

```
源 = List.Random(10),
排序行 =List.Sort( 源 )
```

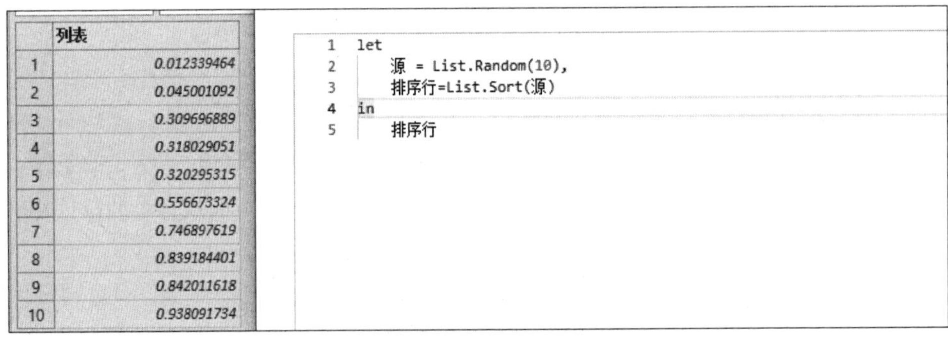

图 7.96　List.Sort 函数对列表的排序结果

7.6.21　List.Split 列表分割

List.Split 是将列表按照既定数量进行分割的函数，函数包含两个参数，函数执行的结果为列表类型。

```
List.Split（参数 1  as List，参数 2  as Number） as List
```

- 参数 1 为列表数据，数据类型为列表类型，值为需要切分的列表。

■ 参数 2 为分割规则，数据类型为数值类型，值为切分的大小。

List.Split 基于第二个参数的值来进行列表划分，如以下代码，执行命令后列表将被分成 5 个不同的列表，执行命令结果如图 7.97 所示。

```
源 = List.Random(20),
分割列表 =List.Split( 源 ,4)
```

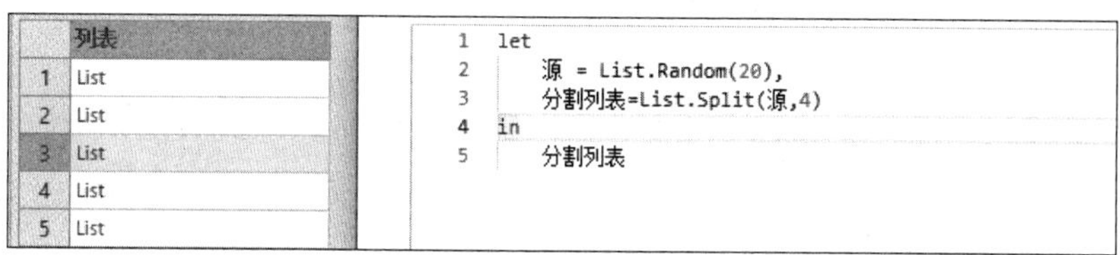

图 7.97　List.Split 函数的执行结果

7.6.22　List.Union 对列表非重复数据进行合并

List.Union 函数功能是用来对列表非重复数据进行合并，函数有两个参数，函数执行结果为列表类型。

```
List.Union（参数 1 as List，参数 2 as Any） as List
```

■ 参数 1 为列表数据，数据类型为列表类型，值为需要合并的列表。

■ 参数 2 为比较数据，数据类型为比较方式，值为相同数据比较方式。

下面的案例以三个列表作为实际应用案例，函数执行合并的结果如图 7.98 所示。

```
源 = {{1..5},{2..9},{3..5}},
合并列表 =List.Union( 源 )
```

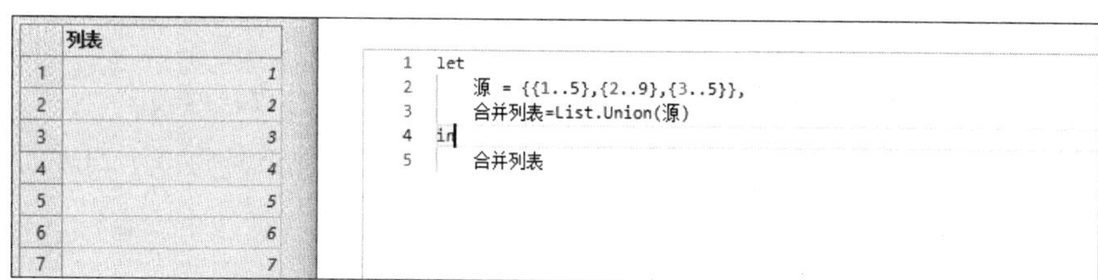

图 7.98　List.Union 函数合并列表非重复数据

7.6.23　List.Generate 生成列表

List.Generate 是列表函数中较难掌握的函数之一，它基于特定的数据要求生成数据列表，函数有四个参数，函数的结果类型是列表类型。

```
List.Generate（参数 1 as Function，参数 2 as Function，参数 3 as Action，参数 4 as Function）as List
```

■ 参数 1 为初始列表，数据类型为函数类型，值为初始数据。

- 参数 2 为条件数据，数据类型为函数类型，值为函数执行条件。
- 参数 3 为指针移动方式，数据类型为函数类型，值为移动到目标的方法。
- 参数 4 为选择方式，数据类型为函数类型，值为基于函数的值筛选方法。

在实际的应用场景中利用列表函数生成数据的案例还比较少，下面是利用 List.Generate 函数生成字符的案例，当数据个数为 0 时，列表内容为空。当最终数据为 9 时，结果会是 {"A", "B", "C", "D", "E", "F", "G", "H", "I"}，这里依据两个参数生成需要的列表数据，图 7.99 所示为函数执行结果。

```
源 = List.Generate(()=>[x=0,y={}],each [x]<10,each [x=List.Count(y),y=[y]&
{Character.FromNumber([x]+65)}] , each {[x],[y]})
```

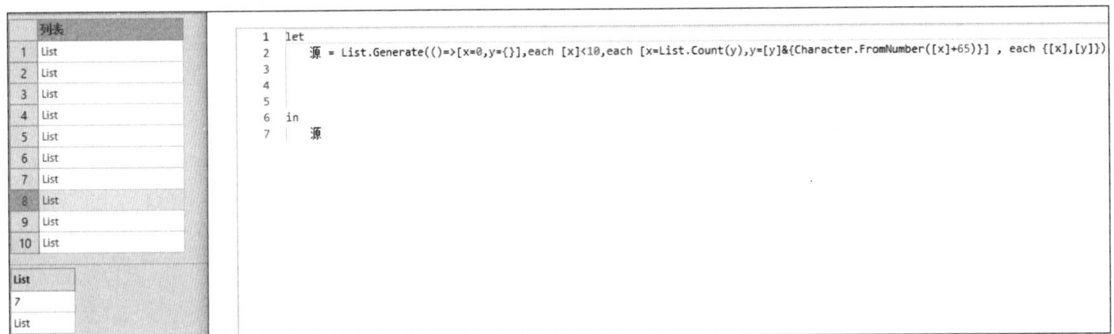

图 7.99　List.Generate 函数生成列表结果

7.6.24　List.Zip 列表提取与组合

List.Zip 函数功能是将多个列表的相应功能重新组合为新的列表，函数包含如下参数，函数执行结果为列表类型。

```
List.Zip（参数 1 as List）as List
```

参数 1 为组合列表，数据类型为列表类型，值为需要提取的组合数据列表。

List.Zip 函数在实际应用场景中都是基于数据的提取，它的功能就是将多个列表的数据进行合并，图 7.100 所示为函数执行结果。

```
源 = List.Zip({" 姓名 "," 性别 "," 年龄 "},{" 张三 "," 男 ",12},{" 李四 "," 女 ",15})
```

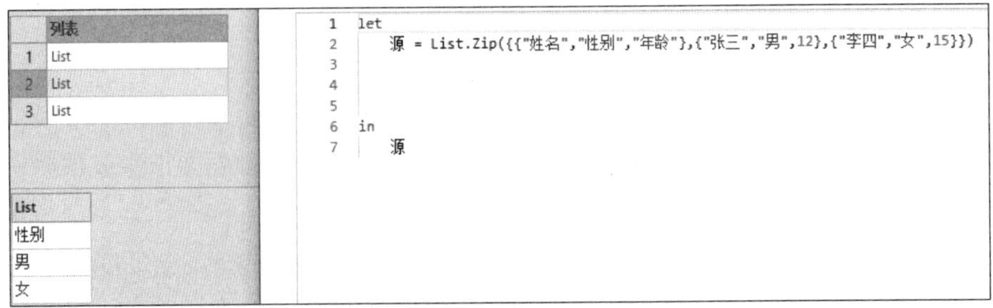

图 7.100　List.Zip 函数执行结果

7.7 Power Query 记录处理函数

相比列表和文本处理函数，记录类型的函数要少很多，仅仅在特定的场景下会应用到记录类型的函数处理，我们将会和大家一起分享如下的记录处理函数。

7.7.1 Record.AddField 添加记录字段功能

Record.AddField 函数功能是基于当前的记录添加字段，函数有四个参数，函数结果为记录类型。

```
Record.AddField（参数 1 as Record，参数 2 as Text，参数 3 as Any，参数 4 as Bool） as Record
```

- 参数 1 为记录类型，值为现有需要添加字段的记录。
- 参数 2 为文本类型，值为添加的记录的字段名称。
- 参数 3 为任意类型，值为添加记录的字段值。
- 参数 4 为布尔类型，用于记录的字段值的显示控制。

这里以添加字段的案例分享如何为现有记录添加新的字段，图 7.101 所示为最新的函数执行结果。

```
源 =[name=" 张三 ",gender=" 男 ",age=10],
添加记录 =Record.AddField( 源 ," 年级 "," 三年级 ")
```

name	张三
gender	男
age	10
年级	三年级

```
let
    源 =[name="张三",gender="男",age=10],
    添加记录=Record.AddField(源,"年级","三年级")
in
    添加记录
```

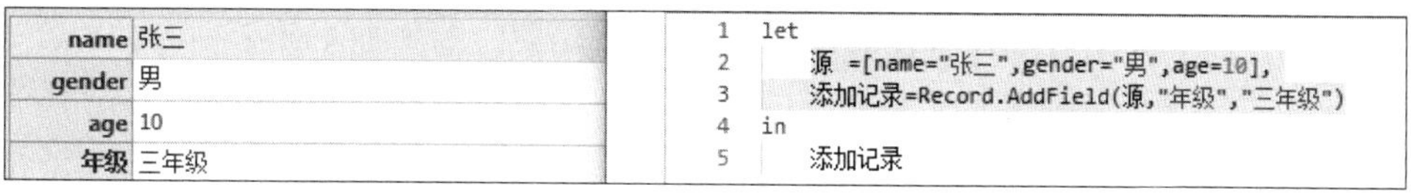

图 7.101　Record.AddField 函数执行结果

7.7.2 Record.Combine 记录连接

Record.Combine 函数功能是将多个不同的记录进行合并，目前包含如下参数，函数执行结果为记录类型。

```
Record.Combine（参数 1 as List） as Record
```

参数 1 为合并记录，数据类型为列表类型，值为需要进行合并操作的记录。

Record.Combine 函数的使用方法很简单，就是将多个记录连接成一个大的记录再进行展示。这里以多个列表数据连接案例分享函数的使用，图 7.102 所示为 Record.Combine 函数执行结果。

```
源 = Record.Combine({[ 姓名 =" 张三 ", 性别 =" 男 ", 年龄 =10],[ 学校 =" 罗湖小学 "]})
```

姓名	张三
性别	男
年龄	10
学校	罗湖小学

```
let
    源 = Record.Combine({[姓名="张三",性别="男",年龄=10],[学校="罗湖小学"]})
in
    源
```

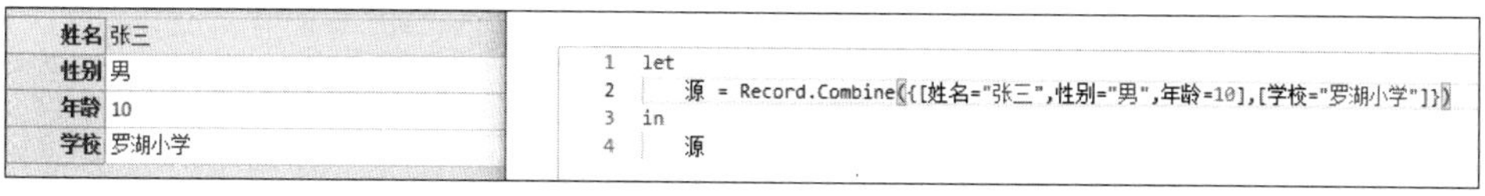

图 7.102　Record.Combine 函数运行结果

7.7.3 Record.FromList 将列表转换记录

Record.FromList 函数功能是将列表转化为记录，函数有两个参数，函数的结果为记录类型。

```
Record.FromList（参数 1 as List，参数 2 as Any） as Record
```

- 参数 1 为列表类型，存放列表数据。
- 参数 2 为文本类型，存放列表转换后的字段名称。

下面通过 Record.FromList 函数将列表转换为记录，但在将列表转换为记录的过程中有一个非常重要的步骤，就是给这些列表中的数据定义字段属性，代码如下，图 7.103 所示为 Record.FromList 函数执行后的结果。

```
源 ={" 张三 "," 男 ",14},
转换列表 =Record.FromList( 源 ,{" 姓名 "," 性别 "," 年龄 "})
```

姓名	张三
性别	男
年龄	14

```
let
    源 = {"张三","男",14},
    转换列表=Record.FromList(源,{"姓名","性别","年龄"})
in
    转换列表
```

图 7.103　Record.FromList 函数执行结果

7.7.4 Record.RemoveFields 删除字段

Record.RemoveFields 函数功能是将当前记录的字段从现有记录中删除，函数有三个参数，函数结果为记录数据类型。

```
Record.RemoveFields（参数 1 as Record，参数 2 as Any，参数 3 as MissingField.type） as Record
```

- 参数 1 为选择的记录，数据类型为记录类型，值为需要被删除的记录。
- 参数 2 为删除的字段，数据类型为任意类型，值为需要删除的字段数据。
- 参数 3 为字段不存在的情况下的返回值，数据类型为枚举类型，值为数据缺失的结果。

该函数功能是移除字段，这里可以移除单一字段，也可以同时移除多个字段，如果需要删除多个字段，则需要定义删除的列表。下面案例中删除 name 字段，代码如下图 7.104 所示为函数删除字段列表的操作定义和执行结果。

```
源 = [name=" 张三 ",gender=" 男 ",age=10],
删除字段 =Record.RemoveFields( 源 ,"name")
```

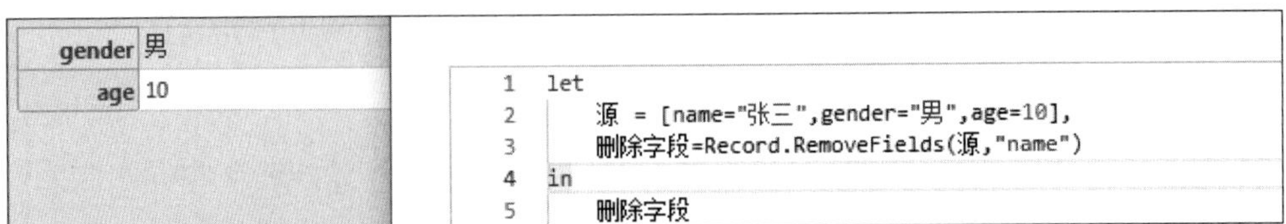
gender 男
age 10
let
源 = [name="张三",gender="男",age=10],
删除字段=Record.RemoveFields(源,"name")
in
删除字段

图 7.104　Record.RemoveFields 函数删除单一字段

如果希望删除多个字段，也可以使用 Record.RemoveFields 函数删除多个字段，字段以列表方式提供，图 7.105 所示为函数执行的最终结果。

```
源 = [name=" 张三 ",gender=" 男 ",age=10],
删除字段 =Record.RemoveFields( 源 ,{"name","age"})
```

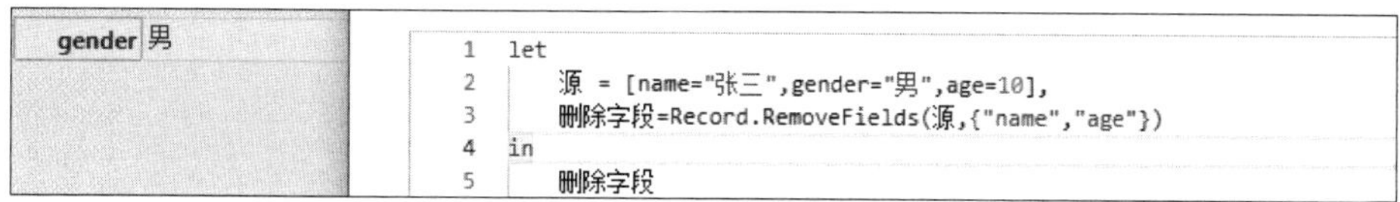

图 7.105　Record.RemoveFields 函数删除多个字段

7.7.5　Record.SelectFields 选择记录

Record.SelectFields 函数是基于当前的记录进行选择，函数有三个参数，函数的结果为记录类型。

```
Record.SelectFileds（参数 1 as Record，参数 2 as Any，参数 3 as Precision）as Record
```

- 参数 1 为记录数据，数据类型为记录类型，值为需要被筛选的数据。
- 参数 2 为字段数据，数据类型为任意类型，值为选择的字段。
- 参数 3 为缺失值设定，数据类型为枚举类型，值为缺失值处理方式。

下面我们以一个相对简单的案例分享如何选择记录的子集，这里使用 Record.SelectFields 函数选择需要的字段，图 7.106 所示为使用 Record.RemoveFields 函数获取特定字段的执行代码和结果。

```
源 = [ 姓名 =" 张三 ", 性别 =" 男 ", 年龄 =9],
获取字段 =Record.SelectFields( 源 ,{" 姓名 "," 性别 "})
```

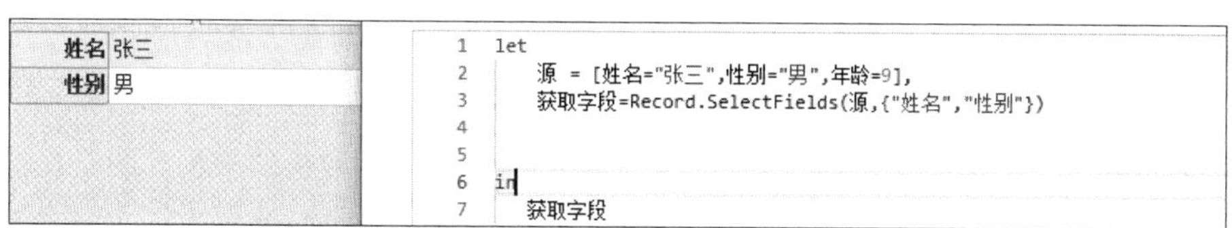

图 7.106　Record.SelectField 获取特定字段

7.7.6　Record.Tolist 将记录转换为列表

Record.Tolist 函数的功能是提取当前记录中的值，当前函数只有一个参数，函数的结果为列表类型。

```
Record.Tolist（参数 1 as Record）as List
```

参数 1 为记录数据，数据类型为记录类型，值为需要转换为列表的记录。

将记录转换为列表可使用 Record.Tolist 函数来实现，代码如下，图 7.107 所示为 Record.Tolist 函数执行记录转换列表的结果。

```
源 = [ 姓名 =" 张三 ", 性别 =" 男 ", 年龄 ="9"],
获取值 =Record.ToList( 源 )
```

	列表
1	张三
2	男
3	9

```
let
    源 = [姓名="张三",性别="男",年龄="9"],
    获取值=Record.ToList(源)


in
    获取值
```

图 7.107　Record.ToList 获取记录值

7.8 Power Query 表处理函数

在 Power Query 中表处理函数数量最多，使用的场景也是最多的，我们将会和大家一起分享如下的表处理函数。

7.8.1　Table.AddColumn 在表中添加并计算列

Table.AddColumn 函数功能是在当前表中添加相应的列数据，函数目前有四个参数，函数执行结果为表数据类型。

```
Table.AddColumn（参数 1 as Table，参数 2 as Text，参数 3 as Function，参数 4 as Type） as Table
```

- 参数 1 为表数据，数据类型为表类型，值为要添加列的表。
- 参数 2 为列名称，数据类型为文本类型，值为添加列的名称。
- 参数 3 为列的生成方式，数据类型为函数类型，值为进行计算的方法。
- 参数 4 为列的数据类型，数据类型为 Type 类型，值为列的数据类型。

这里将通过如下代码来添加数据计算列，添加的列的值为两列数值的乘积。图 7.108 所示为函数执行的结果。

```
源 = #table({" 数字 A"," 数字 B"," 数字 C"},{{3,4,4},{5,4,6}}),
添加数据列 =Table.AddColumn( 源 ," 乘积 ",each [ 数字 A]*[ 数字 B],type number)
```

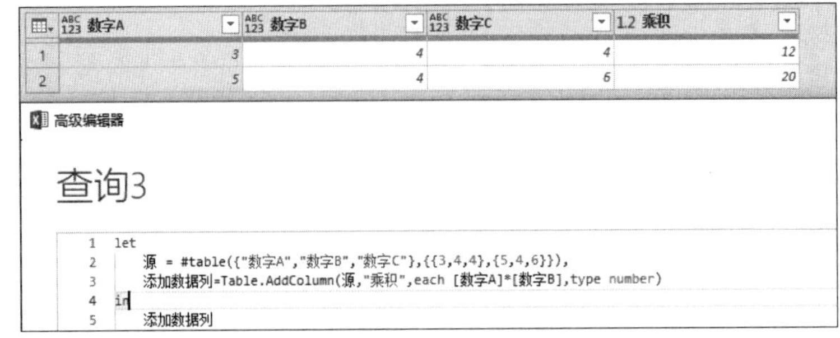

图 7.108　Table.AddColumn 函数的执行结果

7.8.2　Table.AddIndexColumn 为表添加索引列

Table.AddIndexColumn 函数功能是为当前数据表添加索引列，函数一共有 5 个参数，执行结果为表类型数据。

```
Table.AddIndexColumn（参数 1 as Table，参数 2 as Text，参数 3 as Number，参数 4 as Number，参数 5 as Type）as Table
```

- 参数 1 为表，数据类型为表类型，值为要添加索引列的表。
- 参数 2 为列名称，数据类型为文本类型，值为索引列名称。
- 参数 3 为索引起始值，数据类型为数值类型，值为索引起始值。
- 参数 4 为索引增量，数据类型为数值类型，值为数值增量。
- 参数 5 为数据类型，数据类型为 Type，一般标志列值为数值类型。

这里可以为表数据添加索引列，前提是当前的数据必须是表数据内容，如以下代码，图 7.109 所示为函数执行后的最终结果。

```
源 = #table({" 姓名 "," 性别 "," 年龄 "},{{" 张三 "," 男 ",4},{" 李四 "," 女 ",6},{" 王五 "," 男 ",7}}),
添加数据列 =Table.AddIndexColumn( 源 ," 索引列 ",1,1,type number)
```

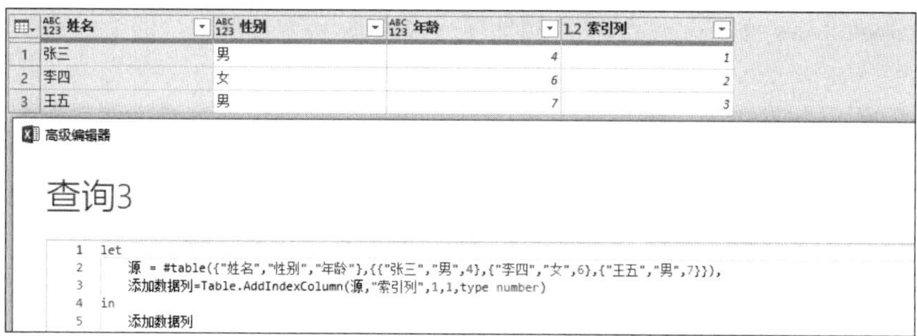

图 7.109　Table.AddIndexColumn 函数的执行结果

7.8.3　Table.AddJoinColumn 添加嵌套表

Table.AddJoinColumn 函数功能是将嵌套表添加到当前的表，目前函数共有 5 个参数，函数最终执行结果为表数据类型。

```
Table.AddJoinColumn（参数 1 as Table，参数 2 as Text，参数 3 as Table，参数 4 as Text，参数 5 as Text）as Table
```

- 参数 1 为表数据，数据类型为表类型，值为需要嵌套表的表。
- 参数 2 为键值名称，数据类型为文本类型，值为键值列。
- 参数 3 为表数据，数据类型为表类型，值为嵌套的表。
- 参数 4 为键值名称，数据类型为文本类型，值为被嵌套的表列。
- 参数 5 为列名称，数据类型为文本类型，值为引用列的名称。

接下来引用一个案例使用Table.AddJoinColumn函数来将另外的数据表引用到当前的数据表中，数据表的内容不会展开，而只是以图7.110所示的方式展现另外一个表的结果。

```
源1 =#table({"学号","姓名","性别"},{{1001,"张三","男"},{1002,"李四","男"}}),
源2 =#table({"学号","语文","数学"},{{1001,86,87},{1002,89,95}}),
列合并 =Table.AddJoinColumn(源1,"学号",源2,"学号","学习成绩")
```

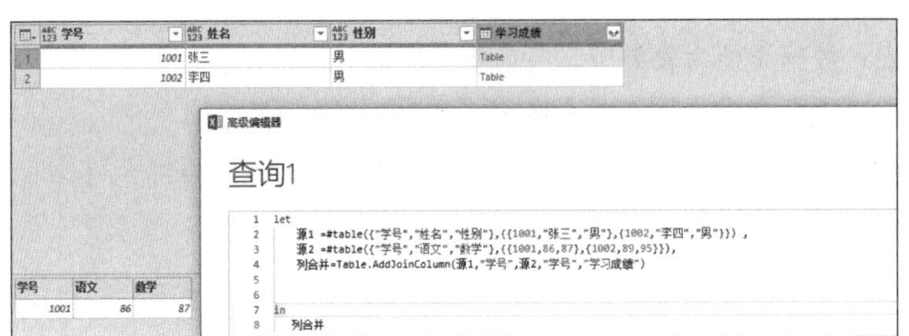

图7.110　Table.AddJoinColumn函数的执行结果

7.8.4　Table.AlternateRows 行跳跃

Table.AlternateRows函数功能是基于规则进行行跳跃，函数目前包含四个函数，函数的结果为表类型。

```
Table.AlternateRows（参数1 as Table，参数2 as Number，参数3 as Number，参数4 as Number）as Table
```

- 参数1为表数据，数据类型为表类型，值为需要行跳跃的表。
- 参数2为行偏移数据，数据类型为数值类型，值为首行偏移数据。
- 参数3为跳跃数据，数据类型为数值类型，值为跳跃行数。
- 参数4为保留数据，数据类型为数值类型，值为跳过行数后的保留行数。

Table.AlternateRows函数的结果为跳过指定的行之后的数据，例如，基于当前表跳过所有的偶数行，即可得到奇数行的数据表。图7.111所示为函数执行结果。

```
源1 =#table({"学号","姓名","性别"},{{1001,"张三","男"},{1002,"李四","男"},{1003,"王五",
"女"},{1004,"赵六","男"},{1005,"田七","女"},{1006,"赵拔","男"},{1007,"田武","男"},{1008,
"李旧","女"}}),
跳跃行 =Table.AlternateRows(源1,1,2,1)
```

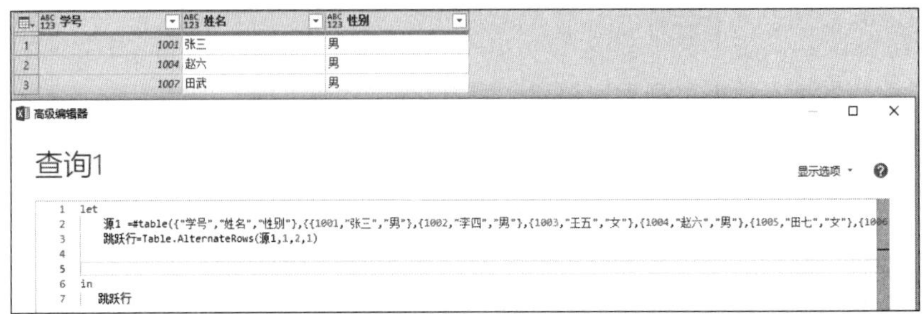

图7.111　Table.AlternateRows执行行跳跃

7.8.5 Table.Combine 合并数据表

Table.Combine 函数的功能是实现两个数据表的合并，通常用于将两个具有相同列名称的数据表进行合并，函数包含两个参数，函数的执行结果为表数据。

```
Table.Combine（参数 1 as List，参数 2 as Any） as Table
```

- 参数 1 为列表数据，数据类型为表类型，值为多个表数据列表。
- 参数 2 为行偏移数据，标准数据类型为任意类型，常用的数据类型为数值类型，值为首行偏移数据。

这里使用 Table.Combine 函数实现多个数据表的合并，代码如下，图 7.112 展现了 Table.Combine 函数实现多个数据表的连接和合并。

```
表 1=#table({" 姓名 "," 性别 "," 年龄 "},{{" 张三 "," 男 ",12},{" 李四 "," 男 ",13},{" 王五 "," 女 ",14}}),
表 2=#table({" 姓名 "," 性别 "," 年龄 "},{{" 赵六 "," 男 ",11},{" 田七 "," 男 ",10},{" 李拔 "," 女 ",12}}),
整合表 =Table.Combine({ 表 1, 表 2})
```

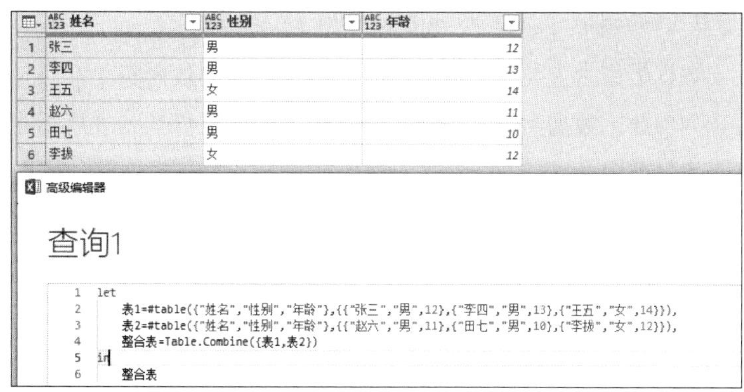

图 7.112 Table.Combine 函数的案例执行结果

7.8.6 Table.DemoteHeaders 实现表标题降级

Table.DemoteHeaders 函数的功能是将目前的列标题降级为普通的数据行，函数包含一个参数，结果为表数据类型。

```
Table.DemoteHeaders（参数 1 as Table） as Table
```

参数 1 为数据表，数据类型为表类型，值为需要进行标题降级的表。

这个函数的功能比较单一，目标是将目前表的标题行降级为第一行，代码如下，图 7.113 所示为函数使用的具体案例。

```
表 1=#table({" 姓名 "," 性别 "," 年龄 "},{{" 张三 "," 男 ",12},{" 李四 "," 男 ",13},{" 王五 "," 女 ",14}}),
降级标题 =Table.DemoteHeaders( 表 1)
```

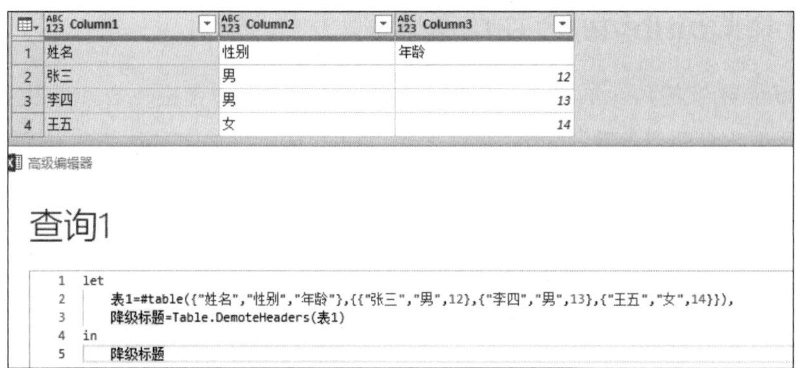

图 7.113　Table.DemoteHeaders 函数的案例及执行结果

7.8.7　Table.Distinct 获取表唯一值

Table.Distinct 函数的功能是基于当前数据获取唯一值，函数有两个参数，执行结果为表数据类型。

```
Table.Distinct（参数 1 as Table，参数 2 as Any） as Table
```

- 参数 1 为表，数据类型为表类型，值为需要获取唯一值的数据表。
- 参数 2 为可选列参数，数据类型为任意类型，值是需要进行唯一值判断的列。

在对唯一值获取的过程中，Table.Distinct 函数可选择是否进行列排序。如果不选择列则是表全部数据的对比，选择列之后只针对单一列数据进行唯一值获取。下面案例选择性别列作为单一数据值获取，代码如下，图 7.114 所示为函数执行后的结果。

```
表 1=#table({" 姓名 "," 性别 "," 年龄 "},{{" 张三 "," 男 ",12},{" 李四 "," 男 ",13},{" 王五 "," 女 ",14},
{" 赵六 "," 女 ",14},{" 田七 "," 男 ",13}}),
唯一值 =Table.Distinct( 表 1," 性别 ")
```

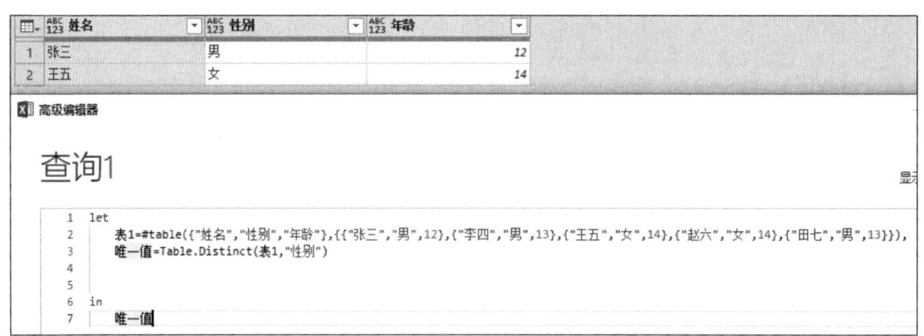

图 7.114　Table.Distinct 函数选择一列的执行结果

如果我们需要选择两列进行对比的话，这时实现对比的数据就是一个列表了，我们需要在对比列填写进行对比的字段，在下面的案例中选择了“性别”和“年龄”两列，最终实现如图 7.115 所示的结果。

```
表 1=#table({" 姓名 "," 性别 "," 年龄 "},{{" 张三 "," 男 ",12},{" 李四 "," 男 ",13},{" 王五 "," 女 ",14},
```

```
{" 赵六 "," 女 ",14},{" 田七 "," 男 ",13}}),
唯一值 =Table.Distinct( 表 1,{" 性别 "," 年龄 "})
```

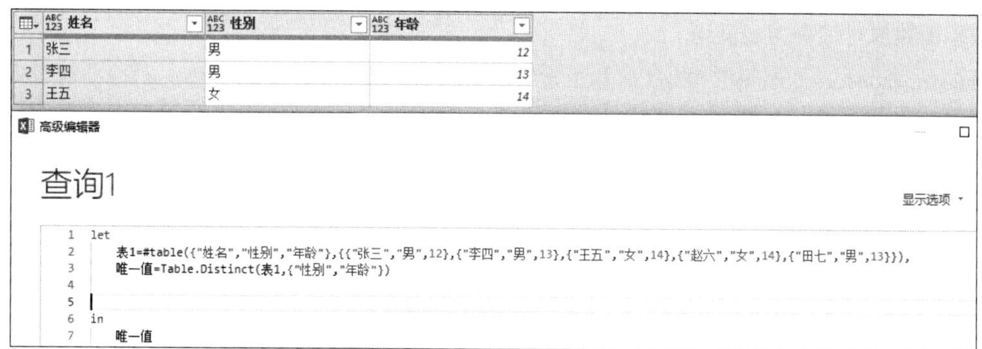

	姓名	性别	年龄
1	张三	男	12
2	李四	男	13
3	王五	女	14


```
let
    表1=#table({"姓名","性别","年龄"},{{"张三","男",12},{"李四","男",13},{"王五","女",14},{"赵六","女",14},{"田七","男",13}}),
    唯一值=Table.Distinct(表1,{"性别","年龄"})

in
    唯一值
```

图 7.115　Table.Distinct 函数选择多列的执行结果

7.8.8　Table.ExpandListColumn 扩展列表

Table.ExpendListColumn 函数功能是实现列表数据的扩展，函数包含两个参数，执行结果为表类型。

```
Table.ExpendListColumn（参数 1 as Table，参数 2 as List） as Table
```

- 参数 1 为表，数据类型为表类型，值为需要扩展列表的表。
- 参数 2 为扩展值列表，数据类型为列表类型，值为扩展列表的值。

这个函数的功能是将当前数据的列表进行展开，下面案例为将“学习情况”进行展开，代码如下，图 7.116 所示为函数执行结果。

```
表 1=#table({" 姓名 "," 性别 "," 年龄 "," 学习情况 "},{{" 张三 "," 男 ",12,{87,85,89}},{" 李四 "," 男 ",13,{78,87,90}}}),
扩展列表 =Table.ExpandListColumn( 表 1," 学习情况 ")
```

	姓名	性别	年龄	学习情况
1	张三	男	12	87
2	张三	男	12	85
3	张三	男	12	89
4	李四	男	13	78
5	李四	男	13	87
6	李四	男	13	90

高级编辑器

查询1

```
let
    表1=#table({"姓名","性别","年龄","学习情况"},{{"张三","男",12,{87,85,89}},{"李四","男",13,{78,87,90}}}),
    扩展列表=Table.ExpandListColumn(表1,"学习情况")
in
    扩展列表
```

图 7.116　Table.ExpandListColumn 函数的执行结果

7.8.9 Table.ExpandRecordColumn 扩展记录列

Table.ExpandRecordColumn 函数提供基于当前表的记录列类型的记录扩展功能，函数包含了四个参数，函数执行结果为表类型。

```
Table.ExpandRecordColumn（参数 1 as Table，参数 2 as Text，参数 3 as List，参数 4 as List） as Table
```

- 参数 1 为表，数据类型为表类型，值为需要扩展记录的表。
- 参数 2 为列名，数据类型为文本类型，值为需要扩展的记录名称列。
- 参数 3 为列名，数据类型为列表类型，值为需要扩展的各个列的字段名称。
- 参数 4 为列名，数据类型为列表类型，值为扩展之后的列的名称。

扩展记录和扩展列表的功能基本上一样，下面分享下如何进行记录的扩展，代码如下，图 7.117 所示为函数执行后的结果。

```
表 1=#table({" 姓名 "," 性别 "," 年龄 "," 学习情况 "},{{" 张三 "," 男 ",12,[ 语文 =80, 数学 =90, 英语 =91]},
{" 李四 "," 男 ",13,[ 语文 =86, 数学 =89, 英语 =94]}}),
扩展列表 =Table.ExpandRecordColumn( 表 1," 学习情况 ",{" 语文 "," 数学 "},{" 语文成绩 "," 数学成绩 "})
```

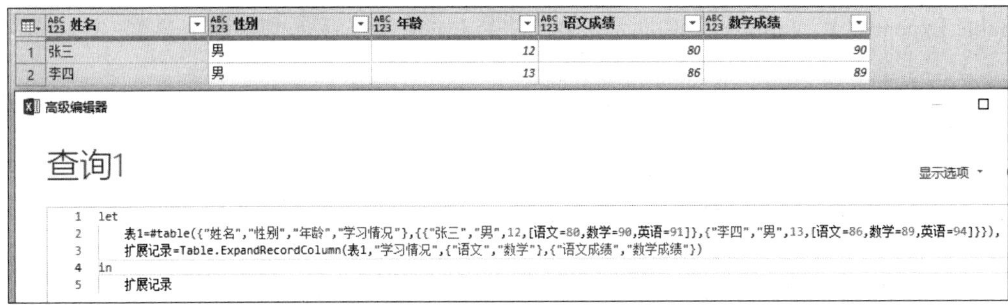

	姓名	性别	年龄	语文成绩	数学成绩
1	张三	男	12	80	90
2	李四	男	13	86	89

高级编辑器

查询1

显示选项

```
let
    表1=#table({"姓名","性别","年龄","学习情况"},{{"张三","男",12,[语文=80,数学=90,英语=91]},{"李四","男",13,[语文=86,数学=89,英语=94]}}),
    扩展记录=Table.ExpandRecordColumn(表1,"学习情况",{"语文","数学"},{"语文成绩","数学成绩"})
in
    扩展记录
```

图 7.117 Table.ExpandRecordColumn 函数进行记录扩展

7.8.10 Table.ExpandTableColumn 扩展表数据

Table.ExpandTableColumn 函数的功能是将当前的表列功能实现扩展，函数当前包含四个参数，函数的结果为表格类型。

```
Table.ExpandTableColumn（参数 1 as Table，参数 2 as Text，参数 3 as List，参数 4 as List） as Table
```

- 参数 1 为表数据，数据类型为表类型，值为需要扩展的表。
- 参数 2 为列名，数据类型为文本类型，值为需要扩展的列。
- 参数 3 为列名，数据类型为列表类型，值为需要扩展的各个列的字段名称。
- 参数 4 为列名，数据类型为列表类型，值为扩展之后的列的名称。

Table.ExpandTableColumn 的扩展表功能是将当前表中的表数据字段进行扩展，如下代码所示为扩展表数据的案例，图 7.118 所示为演示案例的执行结果。

```
表 1=#table({" 姓名 "," 性别 "," 年龄 "," 学习情况 "},{{" 张三 "," 男 ",12,#table({" 语文 "," 数学 "," 英语 "},
```

```
{{85,89,90}}}},{" 李四 "," 男 ",13,#table({" 语文 "," 数学 "," 英语 "},{{87,88,90}}}}}),
表格扩展 =Table.ExpandTableColumn( 表 1," 学习情况 ",{" 语文 "," 数学 "," 英语 "},{" 语文成绩 "," 数学成绩 "," 英语成绩 "})
```

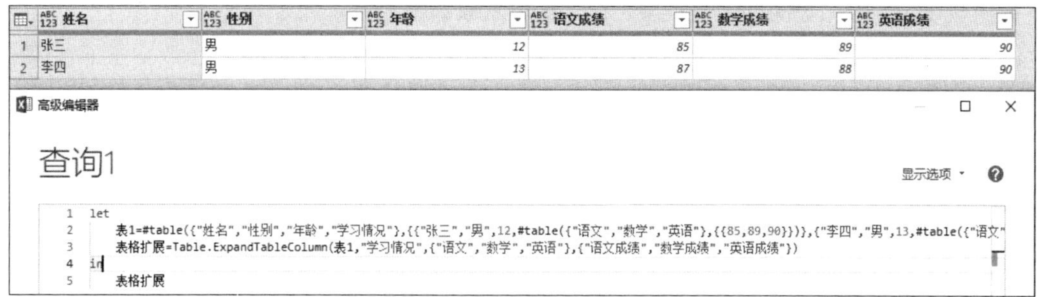

图 7.118　Table.ExpandTableColumn 函数的执行结果

7.8.11　Table.FindText 查找内容

Table.FindText 函数提供了表内容查找的功能，结果返回查找内容所在的行，函数包含两个参数，函数的结果为表类型。

```
Table.FindText（参数 1 as Table，参数 2 as Text） as Table
```

- 参数 1 为表，数据类型为表类型，值为要查找内容的表格。
- 参数 2 为字符串，数据类型为文本类型，值为需要查找的内容。

Table.FindText 函数功能非常简单，例如，以下案例是在表中查找“李四”，结果返回“李四”所在的行，图 7.119 所示为 Table.FindText 函数执行结果。

```
表 1=#table({" 姓名 "," 性别 "," 年龄 "},{{" 张三 "," 男 ",12},{" 李四 "," 男 ",13}}),
查找数据 =Table.FindText( 表 1," 李四 ")
```

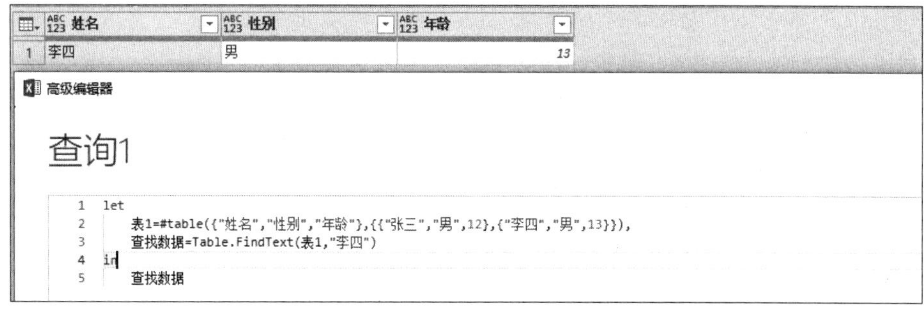

图 7.119　Table.FindText 函数的执行结果

7.8.12　Table.FirstN 获取前面的表数据

Table.FirstN 函数提供了获取表格前面 *N* 行数据的功能，函数包含两个参数，函数执行结果为表类型。

```
Table.FirstN（参数 1 as Table，参数 2 as Number） as Table
Table.FirstN（参数 1 as Table，参数 2 as Any） as Table
```

- 参数 1 为表，数据类型为表类型，值为需要获取数据的表。
- 参数 2 为选择条件，数据类型为任意类型，值为数值或选择的条件。

Table.FirstN 函数提供了两种不同的数据筛选方式，下面案例是以数值方式对前面的行进行筛选，图 7.120 所示为基于数值的函数执行方式。

```
表 1=#table({" 姓名 "," 性别 "," 年龄 "},{{" 张三 "," 男 ",12},{" 李四 "," 男 ",13},{" 王五 "," 女 ",11},{" 赵六 ",
" 女 ",13}}),
获取前面数据 =Table.FirstN( 表 1,2)
```

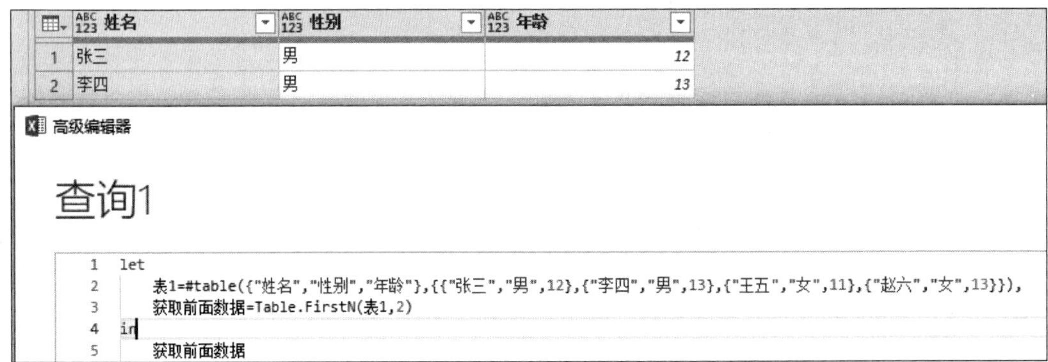

图 7.120　Table.FirstN 函数的执行结果

Table.FirstN 函数提供的另外一种筛选方式是基于条件筛选前面的值，对于满足条件的行它将一直提取筛选的值，直到最新的不满足条件为止，图 7.121 所示为函数基于条件的执行方式，这里将年龄大于 11 岁的人员筛选出来，当不满足年龄大于 11 的条件时，函数将停止筛选。

```
表 1=#table({" 姓名 "," 性别 "," 年龄 "},{{" 张三 "," 男 ",12},{" 李四 "," 男 ",13},{" 王五 "," 女 ",11},{" 赵六 ",
" 女 ",13}}),
获取前面数据 =Table.FirstN( 表 1,each [ 年龄 ]>11)
```

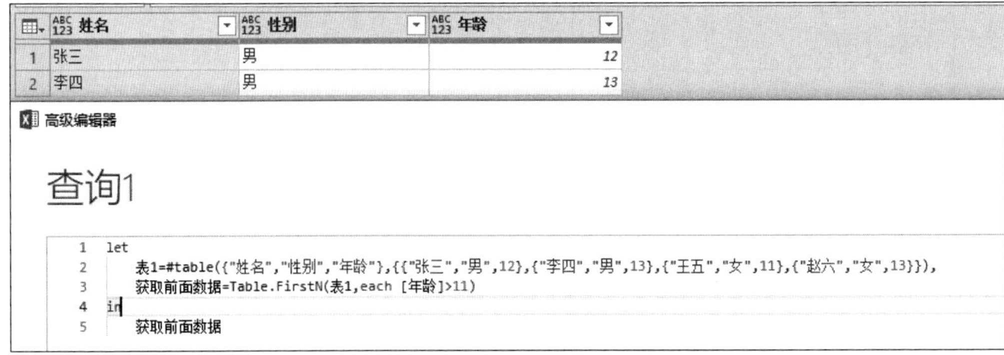

图 7.121　Table.FirstN 函数的执行结果

7.8.13 Table.Group 对表数据聚合

Table.Group 函数的功能是基于相应的字段对表中的数据进行聚合，函数包含 4 个参数，函数的结果为表类型。

```
Table.Group（参数 1 as Table，参数 2 as Any，参数 3 as List，参数 4 as Function） as Table
```

- 参数 1 为表数据，数据类型为表类型，值为需要进行聚合操作的表。
- 参数 2 为键值数据，数据类型为任何类型，值为表聚合的键。
- 参数 3 为列聚合方式，数据类型为列表类型，值为聚合方式和方法。
- 参数 4 为比较方式，适用于最大值和最小值比较，数据类型为函数类型，值为比较方法。

分组运算在 Power Query 数据清洗中是很常用的操作，很多时候需要针对某一属性进行分组统计。下面这个案例以人名作为分组基础，然后构建了学生总分字段，图 7.122 所示为函数执行结果。

```
表 1=#table({" 姓名 "," 科目 "," 成绩 "},{{" 张三 "," 语文 ",73},{" 张三 "," 数学 ",73},{" 张三 "," 英语 ",73},
{" 李四 "," 语文 ",92},{" 李四 "," 数学 ",92},{" 李四 "," 英语 ",92},{" 王五 "," 语文 ",73},{" 王五 "," 数学 ",73},
{" 王五 "," 英语 ",73},{" 赵六 "," 语文 ",98},{" 赵六 "," 数学 ",98},{" 赵六 "," 英语 ",98}}),
分组的行 = Table.Group( 表 1, {" 姓名 "}, {{" 总分 ", each List.Sum([ 成绩 ]), type number}})
```

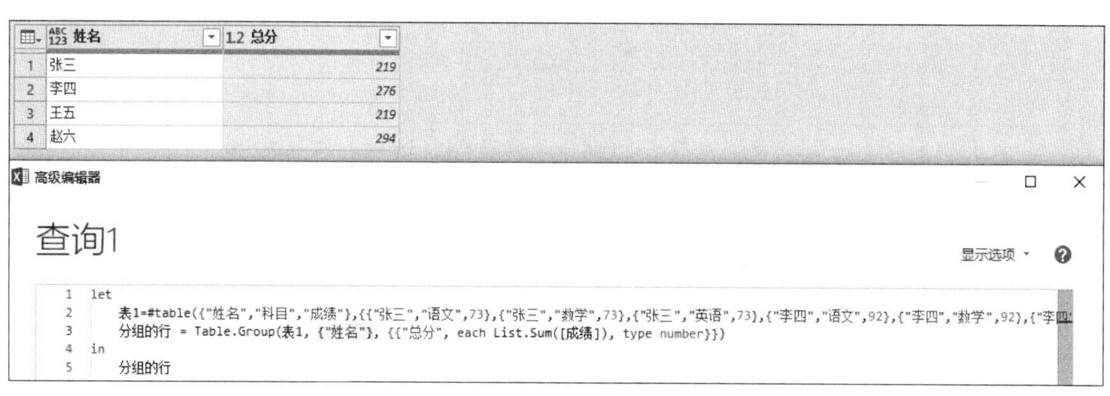

图 7.122 Table.Group 函数的执行结果

7.8.14 Table.Join 进行表连接

Table.Join 函数提供了表的连接功能，函数包含了 7 个参数，函数的计算结果为表类型。

```
Table.Join（参数 1 as Table，参数 2 as Any，参数 3 as Table，参数 4 as Any，参数 5 as Joinkind，
参数 6 as Algorithy，参数 7 as List） as Table
```

- 参数 1 为表数据，数据类型为表类型，值为需要连接操作的表。
- 参数 2 为键值数据，数据类型为任何类型，值为表连接的键值。
- 参数 3 为表数据，数据类型为表类型，值为需要连接操作的表。
- 参数 4 为键值数据，数据类型为任意类型，值为表连接的键值。

■ 参数 5 为连接类型，数据类型为类型数据，值为进行连接的类型，连接类型包含：内连接、左外部连接、右外部连接、左反连接、右反连接、全连接。

■ 参数 6 为连接算法，数据类型为连接算法，值为连接算法类型。

■ 参数 7 为键连接，数据为列表类型，值为不同名称的连接对设置。

在进行表连接的过程中，函数用到的参数非常多。下面代码是通过构建数据表之间的关系来实现数据表的连接，图 7.123 所示为函数执行后的结果。

```
表 1=#table({" 学号 "," 姓名 "," 性别 "},{{1001," 张三 "," 男 "},{1002," 李四 "," 女 "}}),
表 2=#table({" 学号 "," 语文 "," 数学 "},{{1001,80,85},{1002,78,89}}),
连接表 =Table.Join( 表 1," 学号 ", 表 2," 学号 ",JoinKind.Inner)
```

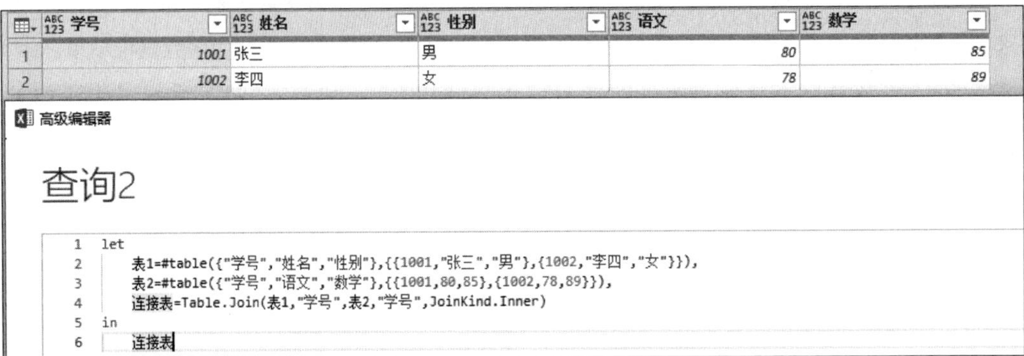

图 7.123 Table.Join 函数的执行结果

7.8.15 Table.LastN 获取表最后几行数据

Table.LastN 函数功能是选择当前表中的最后几行数据，函数包含以下两个参数，函数执行结果为表类型。

```
Table.LastN（参数 1 as Table，参数 2 as Number） as Table
Table.LastN（参数 1 as Table，参数 2 as Any） as Table
```

■ 参数 1 为数据表，数据类型为表类型，值为需要进行数据选择的表。

■ 参数 2 为条件选择，数据类型可以是数值型，也可以是任意类型，可根据需要的不同而不同，值为选择个数或选择的条件。

Table.LastN 函数的执行有两种不同的场景，下面的场景是基于个数进行数据筛选，图 7.124 所示为函数的执行结果。

```
表 1=#table({" 学号 "," 姓名 "," 性别 "},{{1001," 张三 "," 男 "},{1002," 李四 "," 女 "},{1003," 王五 ",
" 男 "},{1004," 赵六 "," 女 "},{1005," 田七 "," 男 "}}),
最后 N 数据 =Table.LastN( 表 1,3)
```

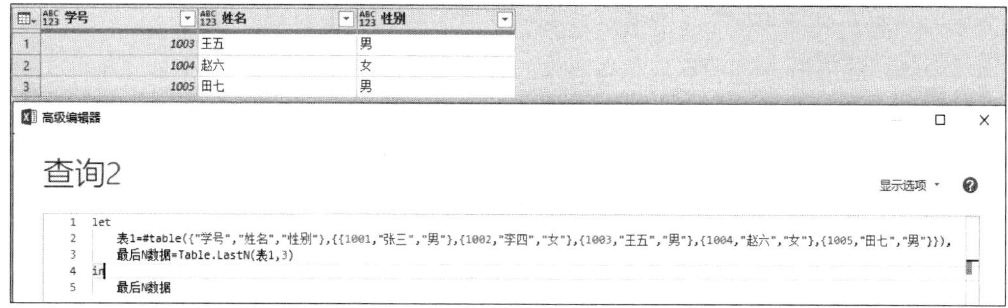

图 7.124　Table.LastN 函数的执行结果

另外一种筛选场景方式也是很常用，即基于条件来进行数据结果的筛选，如图 7.125 所示为函数基于条件进行筛选的结果。

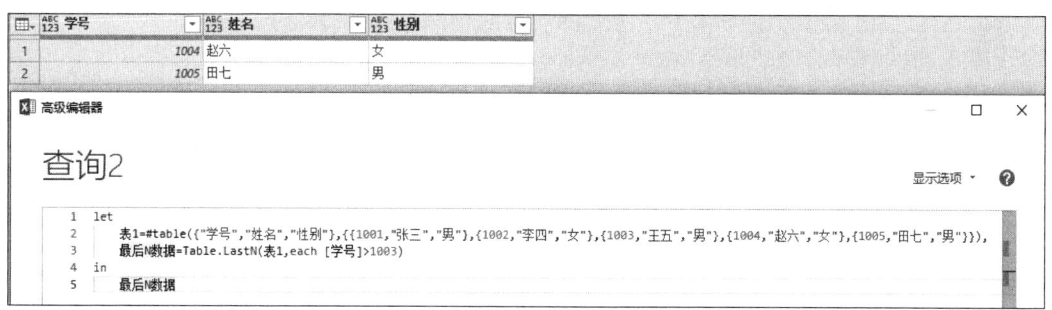

图 7.125　Table.LastN 函数基于条件的筛选结果

7.8.16　Table.MaxN 求表中最大的 *N* 个数据

Table.MaxN 函数是求出当前表列中最大的 *N* 个数据，函数执行之前必须对表进行排序，函数包含两个参数，函数的结果为表类型。

```
Table.MaxN（参数 1 as Table，参数 2 as Number） as Table
Table.MaxN（参数 1 as Table，参数 2 as Any） as Table
```

- 参数 1 为表数据，数据类型为表类型，值为需要进行数据选择的表。
- 参数 2 为条件选择，数据类型可以是数值型，也可以是任意类型，可根据需要的不同而不同，值为选择的个数或选择的条件。

接下来我们就两种不同场景分享如何来求取表中最大的 *N* 个数据，需要注意的是，在进行数据获取之前我们都需要对数据进行排序，图 7.126 所示为 Table.MaxN 函数基于个数来选择两个最大值的执行结果。

```
表 1=#table({" 学号 "," 姓名 "," 性别 "," 总分 "},{{1001," 张三 "," 男 ",276},{1002," 李四 "," 女 ",289},{1003,
" 王五 "," 男 ",293},{1004," 赵六 "," 女 ",287},{1005," 田七 "," 男 ",275}}),
数据排序 =Table.Sort( 表 1," 总分 "),
最大 N 数据 =Table.MaxN( 数据排序 ," 总分 ",2)
```

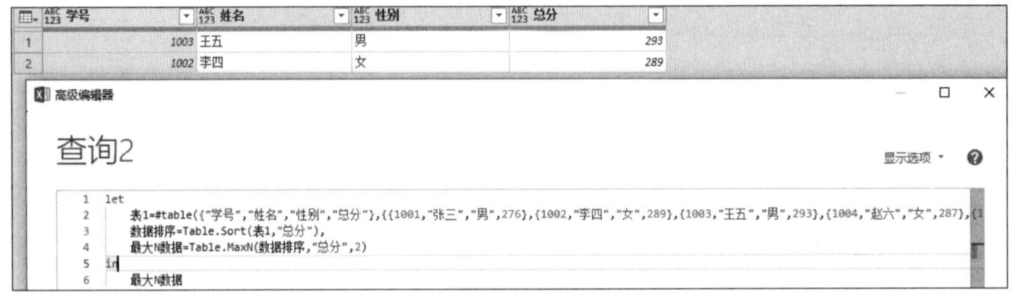

图 7.126　Table.MaxN 函数基于个数选择的结果

当然这里的数据筛选也可以基于条件筛选，基于条件的筛选同样也要进行数据排序，下面案例是基于条件的筛选。图 7.127 所示为函数基于条件选择最大三个值的结果。

```
表 1=#table({" 学号 "," 姓名 "," 性别 "," 总分 "},{{1001," 张三 "," 男 ",276},{1002," 李四 "," 女 ", 289},
{1003," 王五 "," 男 ",293},{1004," 赵六 "," 女 ",287},{1005," 田七 "," 男 ",275}}),
数据排序 =Table.Sort( 表 1,{" 总分 ",Order.Descending}),
最大 N 数据 =Table.MaxN( 数据排序 ," 总分 ",each [ 总分 ]>280)
```

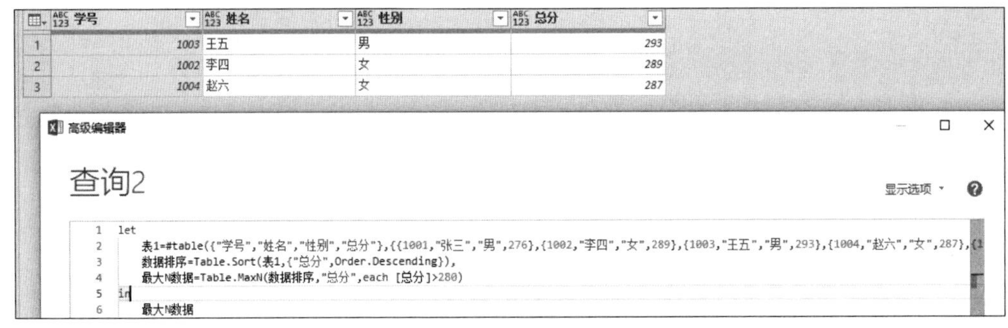

图 7.127　Table.MaxN 函数基于条件选择的结果

7.8.17　Table.MinN 求表中最小的 *N* 个数据

Table.MinN 函数是求出当前表列中最小的 *N* 个数据，函数执行之前必须对表进行排序，函数包含两个参数，函数的执行结果为表数据。

```
Table.MinN（参数 1 as Table，参数 2 as Number） as Table
Table.MinN（参数 1 as Table，参数 2 as Any） as Table
```

■ 参数 1 为数据表，数据类型为表类型，值为需要进行数据选择的表。

■ 参数 2 为条件选择，数据类型为数值类型或任意类型，根据需要的不同而不同，值为选择个数或选择的条件。

函数进行数据选择也有两个场景，下面的案例是基于个数来求取当前最小的 *N* 个值，图 7.128 所示为函数排序后执行的选择结果。

```
表 1=#table({" 学号 "," 姓名 "," 性别 "," 总分 "},{{1001," 张三 "," 男 ",276},{1002," 李四 "," 女 ",289},{1003,
" 王五 "," 男 ",293},{1004," 赵六 "," 女 ",287},{1005," 田七 "," 男 ",275}}),
```

```
数据排序 =Table.Sort( 表 1,{" 总分 ",Order.Descending}),
最小 N 数据 =Table.MinN( 数据排序 ," 总分 ",2)
```

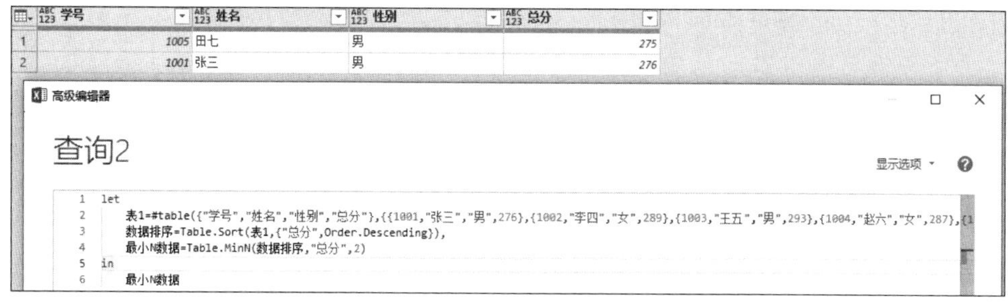

图 7.128　Table.MinN 函数基于个数选择的结果

与选择最大的 *N* 个值一样，选择最小的 *N* 个值也支持条件选择。首先我们需要将当前表的数据按照相应的列进行数值排序，接下来基于条件列进行数据的选择，代码如下，图 7.129 所示为函数按照大小排序后基于条件选择得到的最终结果。

```
表 1=#table({" 学号 "," 姓名 "," 性别 "," 总分 "},{{1001," 张三 "," 男 ",276},{1002," 李四 "," 女 ",289},{1003,
" 王五 "," 男 ",293},{1004," 赵六 "," 女 ",287},{1005," 田七 "," 男 ",275}}),
数据排序 =Table.Sort( 表 1,{" 总分 ",Order.Descending}),
最小 N 数据 =Table.MinN( 数据排序 ," 总分 ",each [ 总分 ]<280)
```

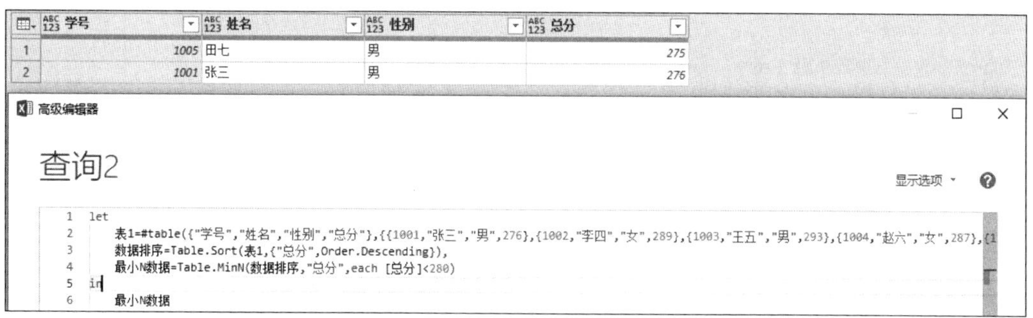

图 7.129　Table.MinN 函数基于条件选择的结果

7.8.18　Table.PromoteHeaders 将第一行提升为标题行

Table.PromoteHeaders 函数的功能是将第一行提升为标题行，在数据导入的过程中，通常会有将数据由普通行提升为标题行的自动操作，但是在某些场景下我们依然需要手动执行表的数据行提升操作，函数包含两个参数，函数的结果是表数据类型。

```
Table.PromoteHeaders（参数 1 as Table，参数 2 as Record）as Table
```

- 参数 1 为数据表，数据类型为表类型，值为需要提升标题的表。
- 参数 2 为选项数据，数据类型为列表类型，值为提升过程中的选项设定。

例如，函数将当前表中的第一行提升为标题行，函数执行过程与结果如图 7.130 所示。

```
表 1=#table({"column1","column2","column3","column4"},{{" 学号 "," 姓名 "," 性别 "," 总分 "},{1001," 张三 ",
" 男 ",276},{1002," 李四 "," 女 ",289},{1003," 王五 "," 男 ",293},{1004," 赵六 "," 女 ",287},{1005," 田七 ",
" 男 ",275}}),
提升标题 =Table.PromoteHeaders( 表 1)
```

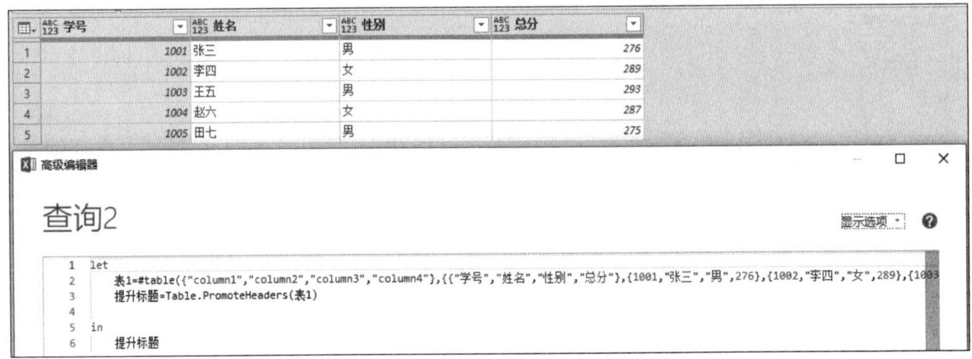

图 7.130　Table.PromoteHeaders 函数的执行结果

7.8.19　Table.Range 选择区域行

Table.Range 函数的功能是获取当前表的区域行数据，函数有三个参数，函数执行结果为表数据类型。

```
Table.Range（参数 1 as Table，参数 2 as Number，参数 3 as Number） as Table
```

- 参数 1 为数据表，数据类型为表类型，值为需要进行筛选的表对象。
- 参数 2 为偏移量，数据类型为数值类型，值为需要偏移的行数。
- 参数 3 为区域行数，数据类型为数值类型，值为选择的行数。

函数的功能是实现数据表部分区域的选择，下面案例是如何进行表中两个数值对象的选择，函数执行结果如图 7.131 所示。

```
表 1=#table({"column1","column2","column3","column4"},{{" 学号 "," 姓名 "," 性别 "," 总分 "},{1001,
" 张三 "," 男 ",276},{1002," 李四 "," 女 ",289},{1003," 王五 "," 男 ",293},{1004," 赵六 "," 女 ",287},{1005,
" 田七 "," 男 ",275}}),
提升标题 =Table.Range( 表 1,2,2)
```

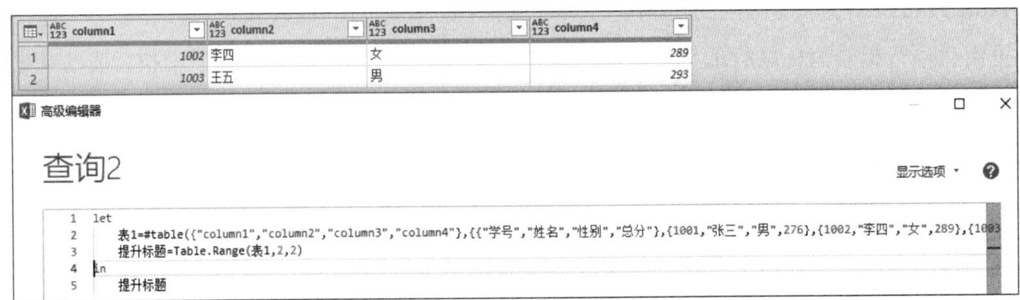

图 7.131　Table.Range 函数的执行结果

7.8.20　Table.RemoveColumns 删除列

Table.RemoveColumns 函数的功能是将表中不需要的列进行删除，函数包含三个参数，函数的结果为表类型。

```
Table.RemoveColumns（参数 1 as Table，参数 2 as Any，参数 3 as Option.type） as Table
```

- 参数 1 为数据表，数据类型为表类型，值为需要进行列删除的表对象。
- 参数 2 为列名称，数据类型为任意类型，值为需要删除的列对象。
- 参数 3 为列不存在的操作，数据类型为枚举类型，值为删除出错的操作。

在进行列删除的过程中，列的数据同时会被删除，下面通过删除列数据的案例来分享如何进行列的删除，图 7.132 所示为函数的执行结果。

```
表 1=#table({" 学号 "," 姓名 "," 性别 "," 总分 "},{{1001," 张三 "," 男 ",276},{1002," 李四 "," 女 ",289},{1003,
" 王五 "," 男 ",293},{1004," 赵六 "," 女 ",287},{1005," 田七 "," 男 ",275}}),
删除列 =Table.RemoveColumns( 表 1,{" 学号 "," 总分 "})
```

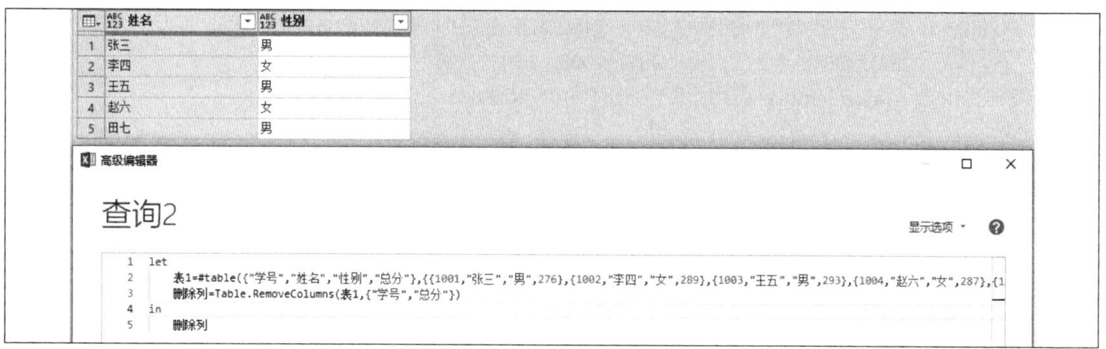

图 7.132　Table.RemoveColumns 函数的执行结果

7.8.21　Table.RemoveFirstN 删除表前面的行

Table.RemoveFirstN 函数的功能是删除表中从头开始的 N 行数据，函数包含两个参数，函数执行结果为表类型。

```
Table.RemoveFirstN（参数 1 as Table，参数 2 as Number） as Table
Table.RemoveFirstN（参数 1 as Table，参数 2 as Any） as Table
```

- 参数 1 为数据表，数据类型为表类型，值为需要进行数据删除的表。
- 参数 2 为条件选择，数据类型可以是数值类型，也可是任意类型，根据需要的不同而不同，值为选择的行数或选择的条件。

这个函数也支持两种不同的删除方式，即数值筛选和行条件筛选，下面我们以第一种基于行数的数据删除功能，图 7.133 所示为函数执行的结果。

```
表 1=#table({" 学号 "," 姓名 "," 性别 "," 总分 "},{{1001," 张三 "," 男 ",276},{1002," 李四 "," 女 ",289},{1003,
```

```
" 王五 "," 男 ",293},{1004," 赵六 "," 女 ",287},{1005," 田七 "," 男 ",275}}),
删除前面 N 行 =Table.RemoveFirstN( 表 1,2)
```

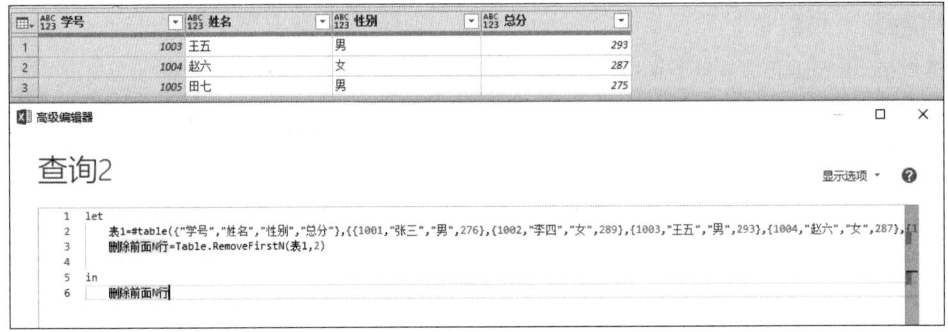

图 7.133　Table.RemoveFirstN 函数基于行数的删除结果

第二种方式是基于条件的数据删除，代码如下，图 7.134 所示为 Table.RemoveFirstN 函数删除表数据的结果。

```
表 1=#table({" 学号 "," 姓名 "," 性别 "," 总分 "},{{1001," 张三 "," 男 ",276},{1002," 李四 "," 女 ",289},{1003,
" 王五 "," 男 ",293},{1004," 赵六 "," 女 ",287},{1005," 田七 "," 男 ",275}}),
删除前面 N 行 =Table.RemoveFirstN( 表 1,each [ 总分 ]<280)
```

	学号	姓名	性别	总分
1	1002	李四	女	289
2	1003	王五	男	293
3	1004	赵六	女	287
4	1005	田七	男	275

高级编辑器

查询2

```
let
    表1=#table({"学号","姓名","性别","总分"},{{1001,"张三","男",276},{1002,"李四","女",289},{1003,"王五","男",293},{1004,"赵六","女",287},{1
    删除前面N行=Table.RemoveFirstN(表1,each [总分]<280)

in
    删除前面N行
```

图 7.134　Table.RemoveFirstN 函数基条件的删除结果

7.8.22　Table.RemoveLastN 删除表后面的行

Table.RemoveFirstN 函数的功能是删除从数据表尾部开始的 *N* 行数据，函数包含如下的参数，函数的结果为表类型。

```
Table.RemoveFirstN（参数 1 as Table，参数 2 as Number） as Table
Table.RemoveFirstN（参数 1 as Table，参数 2 as Any） as Table
```

- 参数 1 为数据表，数据类型为表类型，值为需要进行数据删除的表。
- 参数 2 为条件选择，数据类型可以是数值类型，也可以是任意类型，可根据需要的不同而不同，值为选择的行数或条件。

函数的执行有两种不同的场景，我们先来看下第一种场景，也就是基于选择的行数进行最后三行数据的删除，代码如下，图 7.135 所示为函数的执行结果。

```
表 1=#table({" 学号 "," 姓名 "," 性别 "," 总分 "},{{1001," 张三 "," 男 ",276},{1002," 李四 "," 女 ",289},{1003,
" 王五 "," 男 ",293},{1004," 赵六 "," 女 ",287},{1005," 田七 "," 男 ",275}}),
删除后面 N 行 =Table.RemoveLastN( 表 1,3)
```

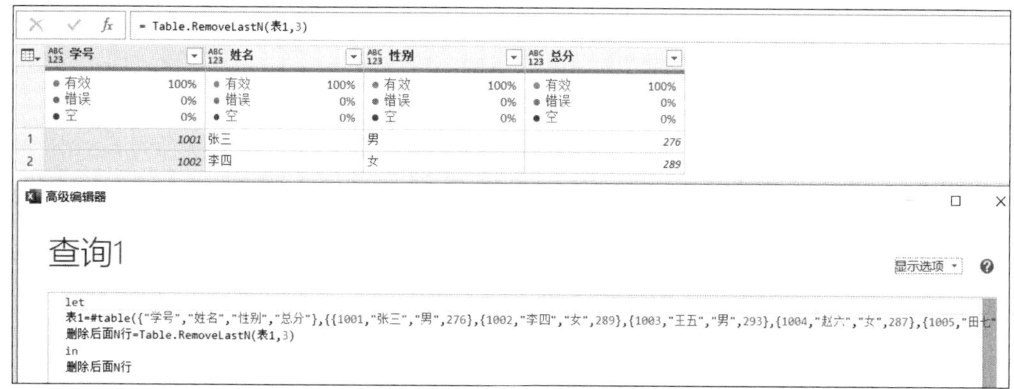

图 7.135　Table.RemoveLastN 函数基于行数的删除结果

第二种场景是使用函数基于条件来实现表最后数据的删除，图 7.136 所示为函数执行的结果。

```
表 1=#table({" 学号 "," 姓名 "," 性别 "," 总分 "},{{1001," 张三 "," 男 ",276},{1002," 李四 "," 女 ",289},{1003,
" 王五 "," 男 ",293},{1004," 赵六 "," 女 ",287},{1005," 田七 "," 男 ",275}}),
删除前面 N 行 =Table.RemoveLastN( 表 1,each [ 总分 ]<280)
```

	学号	姓名	性别	总分
1	1001	张三	男	276
2	1002	李四	女	289
3	1003	王五	男	293
4	1004	赵六	女	287

高级编辑器

查询1

显示选项

```
let
表1=#table({"学号","姓名","性别","总分"},{{1001,"张三","男",276},{1002,"李四","女",289},{1003,"王五","男",293},{1004,"赵六","女",287},{1005,"田七","男",275}})
删除后面N行=Table.RemoveLastN(表1,each [总分]<280)
in
删除后面N行
```

图 7.136　Table.RemoveLastN 函数基于条件的删除结果

7.8.23　Table.Repeat 实现表行重复

Table.Repeat 函数的功能是将表中的数据重复多遍，函数有以下参数，函数执行的结果为表类型。

```
Table.Repeat（参数 1 as Table，参数 2 as Number） as Table
```

■ 参数 1 为数据表，数据类型为表类型，值为需要进行重复的表。

■ 参数 2 为重复的次数，数据类型为数值类型，值为表行需要重复的次数。

在实际的场景中该函数使用的机会并不多，下面的案例是通过该函数实现表数据的重复，图 7.137 所示为函数执行结果，表的数据重复了三次。

```
源 = #table({" 学号 "," 姓名 "," 性别 "},{{1001," 张三 "," 男 "},{1002," 李四 "," 女 "}}),
重复数据 =Table.Repeat( 源 ,3)
```

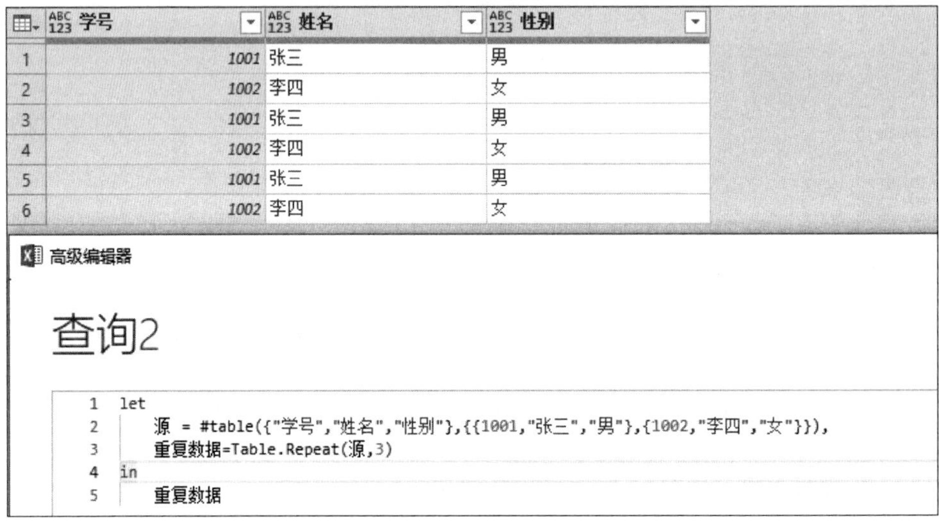

图 7.137　Table.Repeat 函数的执行结果

7.8.24　Table.ReplaceRows 替换数据行

Table.ReplaceRows 函数功能是基于选定的行进行数据的替换，函数包含四个参数，函数执行结果为表类型。

```
Table.ReplaceRows（参数 1 as Table，参数 2 as Number，参数 3 as Number，参数 4 as List） as Table
```

■ 参数 1 为表数据，数据类型为表类型，值为需要进行数据替换的表。

■ 参数 2 为表偏移量，数据类型为数值类型，值为偏移的行数。

■ 参数 3 为替换行数，数据类型为数值类型，值为将要被替换的行数。

■ 参数 4 为需要替换的内容，数据类型为列表类型，值为需要替换的数据内容。

该函数的作用是选择相应的行进行替换，替换的数据是列表结合记录生成相应的数据，代码如下，图 7.138 所示为函数执行的结果。

```
源 = #table({" 学号 "," 姓名 "," 性别 "},{{1001," 张三 "," 男 "},{1002," 李四 "," 女 "},{1003," 王五 ",
" 男 "},{1004," 赵六 "," 女 "},{1005," 田七 "," 女 "}}),
替换行 =Table.ReplaceRows( 源 ,2,3,{[ 姓名 =" 李世民 ", 学号 =1009, 性别 =" 男 "]})
```

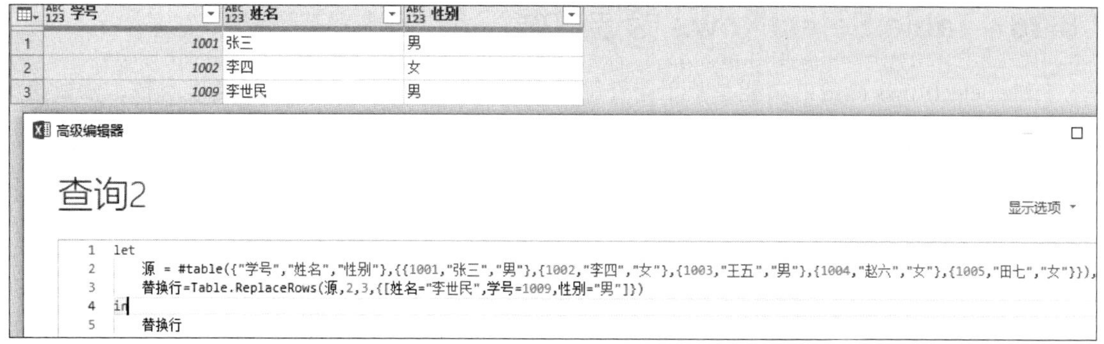
图 7.138 Table.ReplaceRows 函数的执行结果

7.8.25 Table.ReplaceValue 替换数据值

Table.ReplaceValue 函数的功能是将表中相应的数据值完成替换，函数一共有 5 个参数，执行结果为表类型。

```
Table.ReplaceValue（参数 1 as Table，参数 2 as Any，参数 3 as Any，参数 4 as Function，参数 5 as List） as Table
```

- 参数 1 为表数据，数据类型为表类型，值为需要进行替换数据的表。
- 参数 2 为待替换数据，数据类型为任意类型，值为待替换数据。
- 参数 3 为替换数据，数据类型为任意类型，值为将要被替换成的数据内容。
- 参数 4 为替换方式，数据类型为函数类型，值为替换过程中替换的方式。
- 参数 5 为替换数据所处的列，数据类型为列表类型，值为需要进行数据值替换的列。

接下来我们通过一个案例来看下如何利用该函数实现数据值的替换，这里将“王”替换成“李”，图 7.139 所示为函数执行后的最终结果。

```
源 = #table({" 学号 "," 姓名 "," 性别 "},{{1001," 张三 "," 男 "},{1002," 李四 "," 女 "},{1003," 王五 ",
" 男 "},{1004," 赵六 "," 女 "},{1005," 田七 "," 女 "}}),
替换值 =Table.ReplaceValue( 源 ," 张 "," 李 ",Replacer.ReplaceText,{" 姓名 "})
```

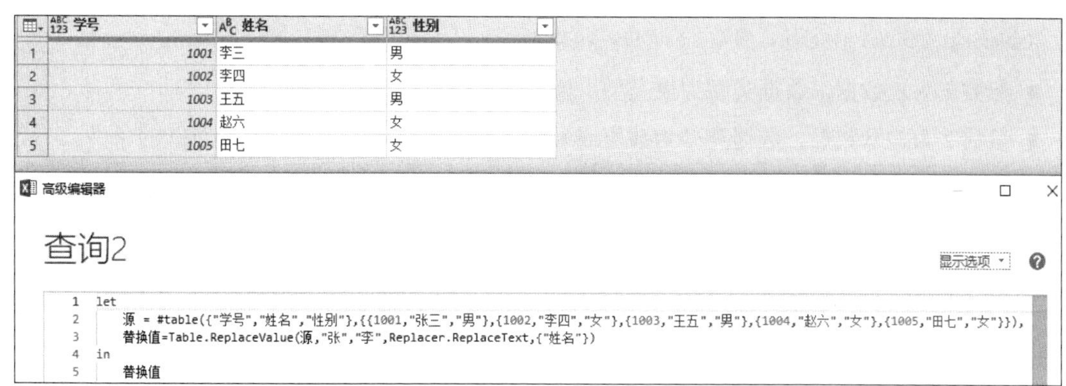
图 7.139 Table.ReplaceValue 函数的执行结果

7.8.26　Table.SelectRows 筛选数据

Table.SelectRows 函数的功能是基于条件筛选当前的数据，函数包含以下两个参数，函数执行结果为表类型，函数的结果为表数据类型。

```
Table.SelectRows（参数 1 as Table，参数 2 as Function） as Table
```

- 参数 1 为表数据，数据类型为表类型，值为需要进行筛选的表。
- 参数 2 为条件列，数据类型为函数类型，值为条件匹配方法。

该函数的功能是基于当前的表来进行数据的匹配筛选，下面案例筛选了数据表中性别为女的学生信息，图 7.140 所示为 Table.SelectRows 函数的执行结果。

```
源 = #table({" 学号 "," 姓名 "," 性别 "},{{1001," 张三 "," 男 "},{1002," 李四 "," 女 "},{1003," 王五 ",
" 男 "},{1004," 赵六 "," 女 "},{1005," 田七 "," 女 "}}),
筛选值 =Table.SelectRows( 源 ,each [ 性别 ]=" 女 ")
```

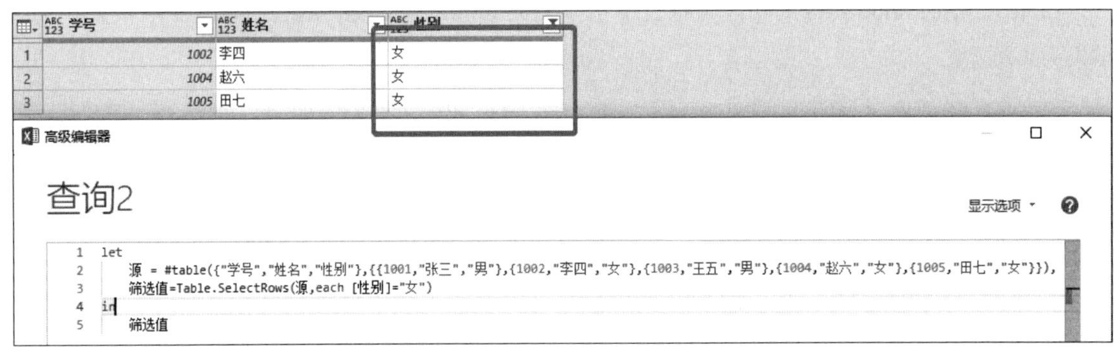

图 7.140　Table.SelectRows 函数的执行结果

7.8.27　Table.Skip 实现表的行跳跃

Table.Skip 函数的功能是实现数据表的行跳跃，函数包含两个参数，函数的结果为表类型。

```
Table.Skip（参数 1 as Table，参数 2 as Number） as Table
Table.Skip（参数 1 as Table，参数 2 as Any） as Table
```

- 参数 1 为表数据，数据类型为表类型，值为需要进行行跳跃的表。
- 参数 2 为跳跃数据，数据类型为数值或条件，值为要跳跃的行数，或要跳跃的条件。

表的行跳跃也存在两个不同的场景，即基于数值的行跳跃和基于条件的行跳跃，下面先来看一下基于数值的行跳跃，这里选择 2 行，代码如下。图 7.141 所示为函数执行的结果。

```
源 = #table({" 学号 "," 姓名 "," 性别 "},{{1001," 张三 "," 男 "},{1002," 李四 "," 女 "},{1003," 王五 ",
" 男 "},{1004," 赵六 "," 女 "},{1005," 田七 "," 男 "},{1006," 李拔 "," 男 "}}),
跳过行 =Table.Skip( 源 ,2)
```

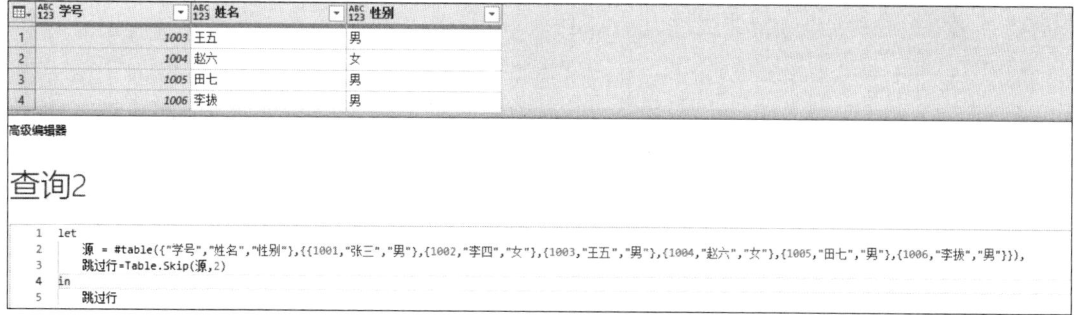

图 7.141 Table.Skip 函数基于数值的跳跃结果

另外一类场景就是基于条件的行跳跃，基于条件的行跳跃形式不同于基于数值的行跳跃，函数会通过条件将行跳跃到不满足条件的行为止，代码如下，图 7.142 所示为函数基于条件的跳跃结果。

```
源 = #table({" 学号 "," 姓名 "," 性别 "},{{1001," 张三 "," 男 "},{1002," 李四 "," 女 "},{1003," 王五 ",
" 男 "},{1004," 赵六 "," 女 "},{1005," 田七 "," 男 "},{1006," 李拔 "," 男 "}}),
跳过行 =Table.Skip( 源 ,each [ 学号 ]<1003)
```

	学号	姓名	性别
1	1003	王五	男
2	1004	赵六	女
3	1005	田七	男
4	1006	李拔	男

高级编辑器

查询2

```
let
    源 = #table({"学号","姓名","性别"},{{1001,"张三","男"},{1002,"李四","女"},{1003,"王五","男"},{1004,"赵六","女"},{1005,"田七","男"},{1006,"李拔","男"}}),
    跳过行=Table.Skip(源,each [学号]<1003)
in
    跳过行
```

图 7.142 Table.Skip 函数基于条件的跳跃结果

7.8.28 Table.Sort 对表排序

Table.Sort 函数提供了表格的排序功能，函数包含以下参数，函数的结果为表类型。

```
Table.Sort（参数 1 as Table，参数 2 as Any） as Table
```

- 参数 1 为数据表，参数类型为表类型，值为需要进行排序的表。
- 参数 2 为比较方式，参数为任何类型，值为进行排序的规则。

函数将当前的数据表按照相应的排序规则进行排序，下面案例显示了表如何基于学号字段进行顺序排序，图 7.143 显示了经过字段排序后的结果。

```
源 = #table({" 学号 "," 姓名 "," 性别 "},{{1009," 张三 "," 男 "},{1006," 李四 "," 女 "},{1002," 王五 "," 男 "},
{1001," 赵六 "," 女 "},{1005," 田七 "," 男 "},{1006," 李拔 "," 男 "}}),
排序后数据 =Table.Sort( 源 ,{" 学号 ",Order.Ascending})
```

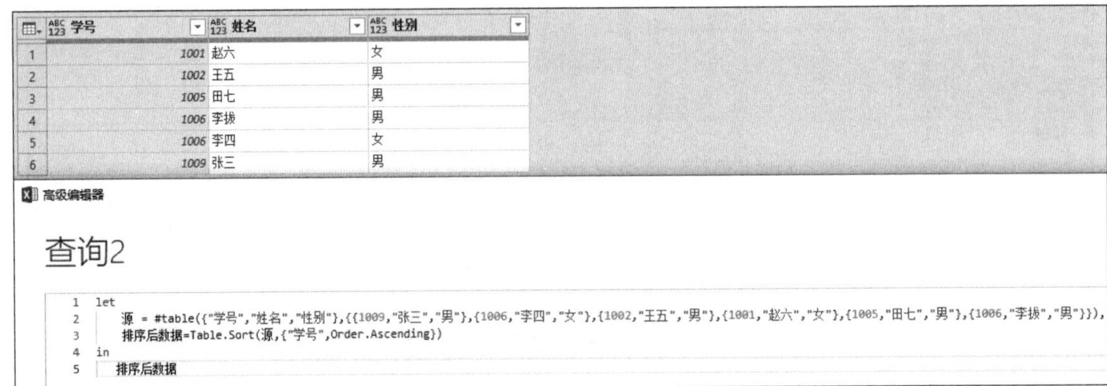

图 7.143　Table.Sort 函数的执行结果

7.8.29　Table.Transpose 互换行列

Table.Transpose 函数用来对表数据的行列进行对调，函数包含以下两个参数，函数的结果为表类型。

```
Table.Transpose（参数 1 as Table，参数 2  as Any） as Table
```

- 参数 1 为表数据，数据类型为表类型，值为需要进行行列对调的表。
- 参数 2 为列数据，数据类型为任意类型，值为对调之后的列名。

函数的主要功能是实现行列对调，下面为具体的执行案例，函数执行的最终结果如图 7.144 所示。

```
源 = #table({"column1","column2"},{{" 股价代号 ",10001},{" 股价价格 ",12.09},{" 涨跌幅 ",0.05}}),
行列互换 =Table.Transpose( 源 )
```

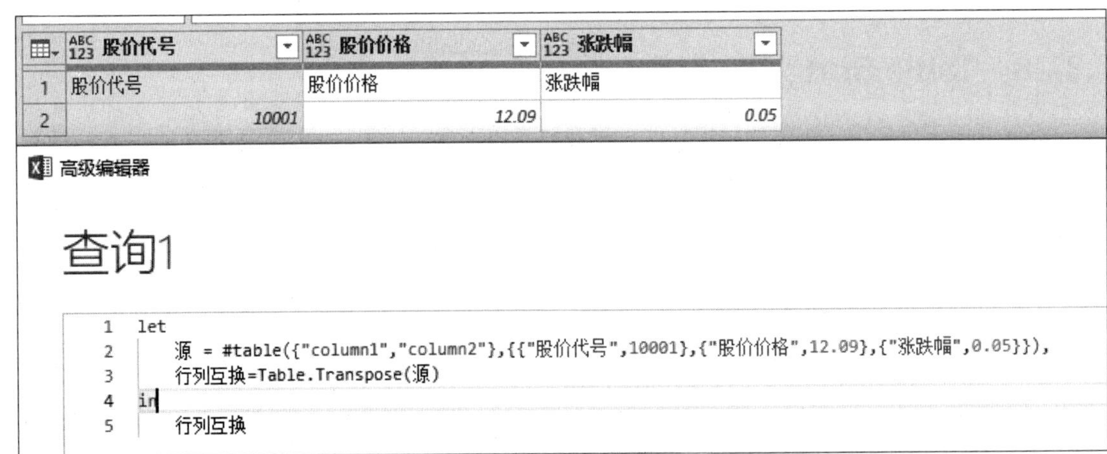

图 7.144　Table.Transpose 函数的执行结果

7.9 Power Query URL 处理函数

在 Power Query 中处理 URL 的函数并不是太多，目前 URL 的函数主要有下面两个。

7.9.1 Uri.BuildQueryString 构建 URL 访问地址参数

Uri.BuildQueryString 函数实现的功能是基于记录构建访问地址参数，注意构建的不是 URL 访问地址，而是构建访问地址参数，函数包含单一参数，函数的结果是文本类型。

```
Uri.BuildQueryString（参数 1 as Record） as Text
```

参数 1 为部件数据，数据类型为记录类型，值为需要构建 URL 的记录。

下面案例通过获取构造表中的数据来实现最终访问的网址构造，图 7.145 所示为函数执行最终结果。

```
源 = table({"site","office","name"},{{"SH","1001","zhangsan"},{"SZ","1002","lisi"},
{"SZ","1003","wangwu"}}),
uribuild=Uri.BuildQueryString( 源 {0})
```

```
site=SH&office=1001&name=zhangsan
高级编辑器
查询1
let
    源 = #table({"site","office","name"},{{"SH","1001","zhangsan"},{"SZ","1002","lisi"},{"SZ","1003","wangwu"}}),
    uribuild=Uri.BuildQueryString(源{0})
in
    uribuild
```

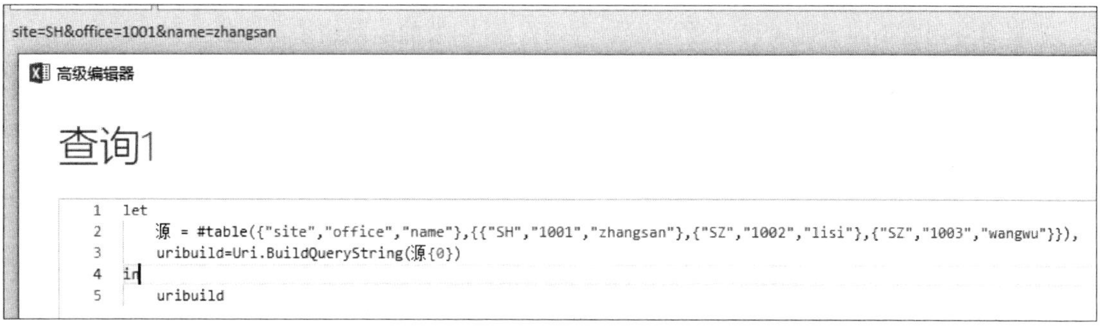

图 7.145　Uri.BuildQueryString 函数的执行结果

7.9.2 Uri.Combine 合并 URL 访问地址

Uri.Combine 函数是将基本地址和相对地址进行合并，生成最终的访问的 URL 地址，函数有两个参数，函数的执行结果为文本类型。

```
Uri.Combine（参数 1 as Text，参数 2 as Text） as Text
```

- 参数 1 为 URL 的头部地址，数据类型为文本类型，值为 URL 的基本地址。
- 参数 2 为相对地址，数据类型为文本类型，值为 URL 的相对地址。

我们这里将使用函数将基本地址和相对地址合并，生成相应的完整 URL 访问地址，最终使用 Uri.Combine 函数将基本地址和相对地址结合起来使用，如下面的案例代码，结果如图 7.146 所示。

```
源 = #table({"site","office","name"},{{"SH","1001","zhangsan"},{"SZ","1002","lisi"},
```

```
    {"SZ","1003","wangwu"}}),
    uribuild=Uri.BuildQueryString( 源 {0}),
    uriaccess=Uri.Combine("http://www.booming.one",uribuild)
```

http://www.booming.one/site=SH&office=1001&name=zhangsan

高级编辑器

查询1

```
let
    源 = #table({"site","office","name"},{{"SH","1001","zhangsan"},{"SZ","1002","lisi"},{"SZ","1003","wangwu"}}),
    uribuild=Uri.BuildQueryString(源{0}),
    uriaccess=Uri.Combine("http://www.booming.one",uribuild)
in
    uriaccess
```

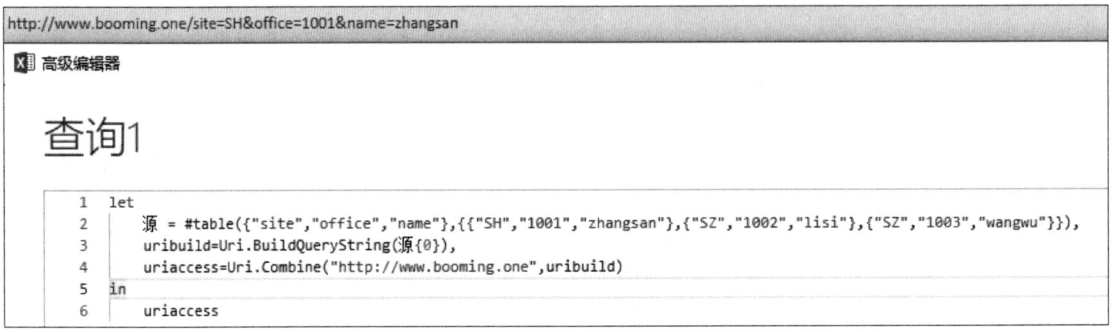

图 7.146　Uri.Combine 函数的执行结果

7.10 Power Query 数据合并函数

数据合并函数不同于列表和记录等函数，数据合并函数的返回结果是函数类型。Power Query 数据合并函数是一类非常典型的函数类型。

函数的使用方法非常特别，在多数场景下函数类型的数据并不单独使用，而是与函数 Table.Tolist 和 Table.CombineColumns 一起使用。

7.10.1 Combiner.CombineTextByDelimiter 以分隔符方式合并字符

Combiner.CombineTextByDelimiter 函数的功能是将多个字符以固定分隔符的方式对数据进行合并，函数目前包含两个参数，函数的结果为函数类型。

```
Combiner.CombineTextByDelimiter（参数 1 as Text，参数 2 as Quotestyle） as Function
```

- 参数 1 为合并分隔符，数据类型为文本类型，值为合并连接的字符串。
- 参数 2 为合并样式选择，数据类型为枚举类型，值为合并样式。

函数类型在使用时需要注意的是参数的引入，这里需要引入的参数是一个列表类型数据，代码如下，图 7.147 所示为函数案例执行结果。

```
let
    源 = Combiner.CombineTextByDelimiter(",",QuoteStyle.None)
in
    源 ({" 张三 "," 李四 "," 王五 "})
```

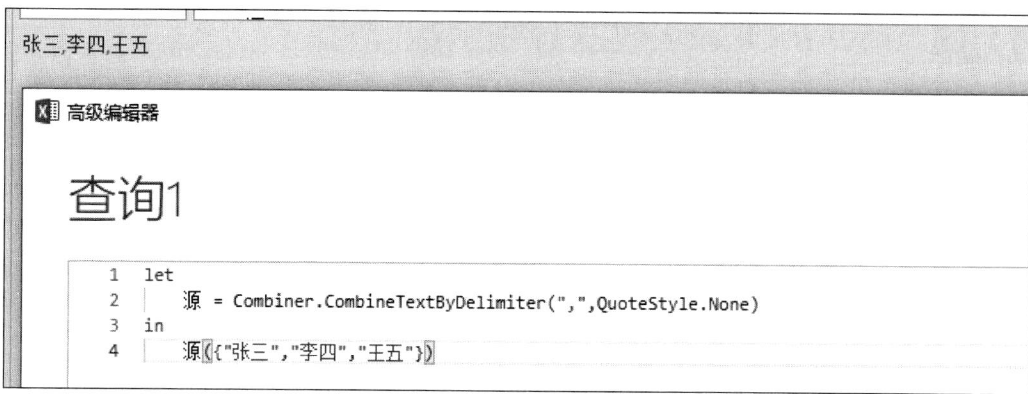

图 7.147　Combiner.CombineTextByDelimiter 函数执行结果

7.10.2　Combiner.CombineTextByEachDelimiter 按顺序分隔符合并文本

Combiner.CombineTextByEachDelimiter 函数的功能是将多个字符以列表的方式进行数据合并，函数目前包含两个参数，函数的结果为函数类型。

```
Combiner.CombineTextByEachDelimiter（参数 1 as List，参数 2 as Quotestyle） as Function
```

- 参数 1 为合并分隔符，数据类型为列表类型，值为合并连接的字符串。
- 参数 2 为合并样式选择，数据类型为枚举类型，值为合并样式。

该函数执行的过程与前面的函数不同的地方在于，Combiner.CombineTextByEachDelimiter 函数使用的是分隔符列表进行数据合并，图 7.148 所示为函数执行结果。

```
let
    源 = Combiner.CombineTextByEachDelimiter({",",".","-"},QuoteStyle.None)
in
    源 ({" 张三 "," 李四 "," 王五 "," 赵六 "})
```

张三,李四.王五-赵六

高级编辑器

查询1

```
let
    源 = Combiner.CombineTextByEachDelimiter({",",".","-"},QuoteStyle.None)
in
    源({"张三","李四","王五","赵六"})
```

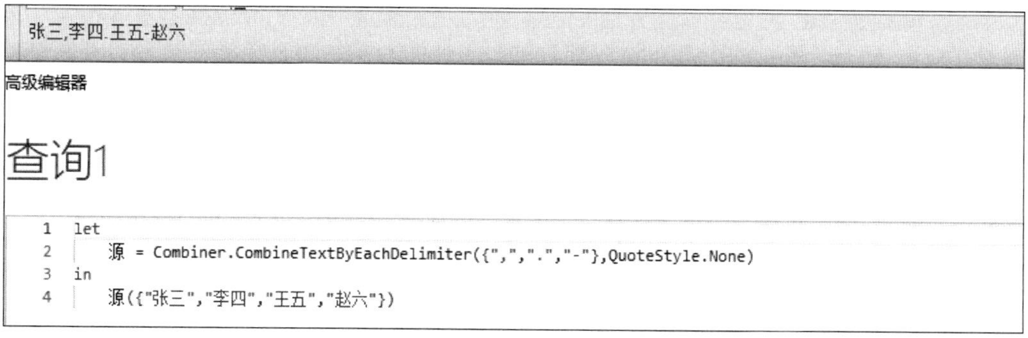

图 7.148　CombineTextByEachDelimiter 函数的执行结果

7.11 Power Query 数据分割函数

数据分割函数与数据合并函数一样，它返回的结果类型是函数类型，这类函数通常不是独立进行数据的引用，而是和数据其他的列表或表格函数一起使用，用来进行数据的分割定位。

在实际应用过程中，分割函数通常和 Table.SplitColumn 函数一起使用，进行数据表的分列操作。

这里提到的数据分割函数比较特殊，要和数据分列函数如何结合起来使用，接下来分享这些函数的具体使用场景和使用方法。

7.11.1 Splitter.SplitTextByDelimiter 按分隔符拆分数据

Splitter.SplitTextByDelimiter 函数的功能是使用分隔符分割数据，函数包含以下参数，函数的结果为函数类型。

```
Splitter.SplitTextByDelimiter（参数 1 as Text，参数 2 as QuoteStyle） as Function
```

- 参数 1 为分隔符，数据类型为文本类型，值为进行分割的分隔符。
- 参数 2 为分割方式，数据类型为枚举类型，值为分割类型。

Splitter.SplitTextByDelimiter 使用的是单一分隔符完成数据的拆分，图 7.149 所示为函数执行的数据分割结果。

```
let
    源 = Splitter.SplitTextByDelimiter(",",QuoteStyle.None)
in
    源 ({" 张三 , 李四 , 王五 , 赵六 "})
```

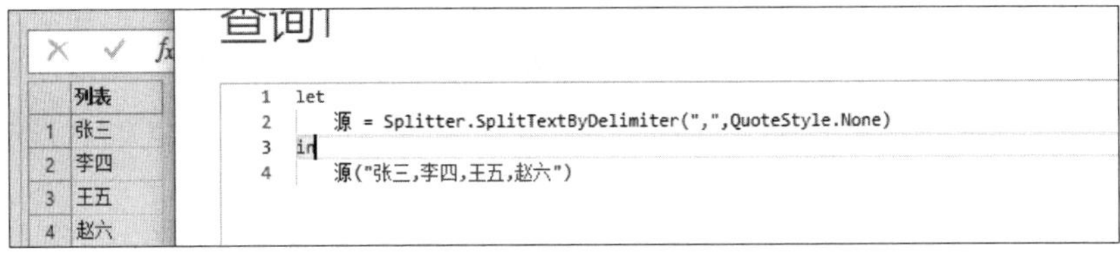

图 7.149　Splitter.SplitTextByDelimiter 函数的执行结果

7.11.2 Splitter.SplitTextByEachDelimiter 按分隔符列表拆分数据

Splitter.SplitTextByEachDelimiter 函数的功能是每出现分隔符就会拆分数据，函数包含以下参数，函数的结果为函数类型。

```
Splitter.SplitTextByEachDelimiter（参数 1 as List，参数 2 as Quotostyle.Type） as Function
```

- 参数 1 为分隔符，数据类型为列表类型，值为进行分割的分隔符。
- 参数 2 为分割方式，数据类型为枚举类型，值为分割类型。

Splitter.SplitTextByEachDelimiter 函数使用的是分隔符列表进行数据拆分，图 7.150 所示为函数执行结果。

```
let
    源 = Splitter.SplitTextByEachDelimiter({",",".","-","_"},QuoteStyle.None)
in
    源 (" 张三 , 李四 . 王五 - 赵六 ")
```

	列表
1	张三
2	李四
3	王五
4	赵六

```
let
    源 = Splitter.SplitTextByEachDelimiter({",",".","-","_"},QuoteStyle.None)
in
    源("张三,李四.王五-赵六")
```

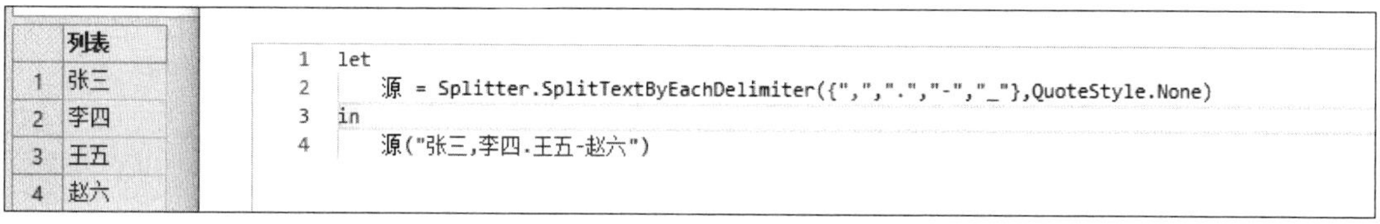

图 7.150　Splitter.SplitTextByEachDelimiter 函数的执行结果

7.11.3　Splitter.SplitTextByLengths 按照长度拆分数据

Splitter.SplitTextByLengths 函数的功能为基于长度进行数据分割定义，函数包含以下两个参数，函数的结果为函数类型。

```
Splitter.SplitTextByLengths（参数 1 as List，参数 2 as Bool） as Function
```

- 参数 1 为数值长度，数据类型为列表类型，值为数据分割的长度。
- 参数 2 为开始方式，数据为布尔类型，值为确定是否从开头或尾部进行数据分割。

函数使用的第二个参数定义的是从头开始还是从尾部开始对数据进行切分，第二个参数如果是 true，则表示从末尾开始进行分割；如果为 false，则表示从开头进行分割。这里我们使用了 false，也就是字符串从开头部分进行分割，代码如下。图 7.151 所示为函数执行的结果，获取的字段是通过列表定义了需要获取的字段长度。

```
let
    源 = Splitter.SplitTextByLengths({6,8,4},false)
in
    源 ("360203201102011238")
```

	列表
1	360203
2	20110201
3	1238

```
let
    源 = Splitter.SplitTextByLengths({6,8,4},false)
in
    源("360203201102011238")
```

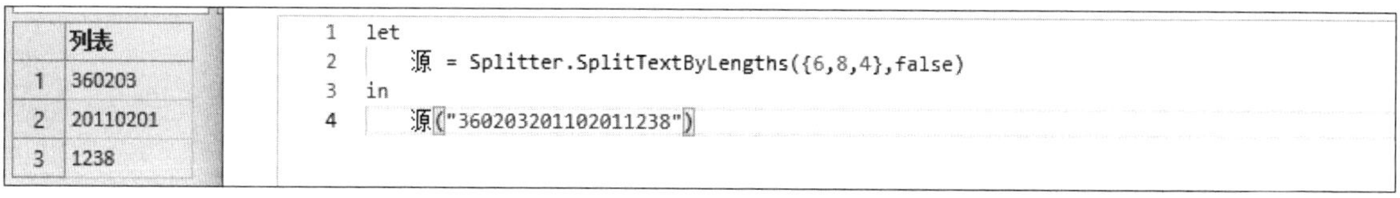

图 7.151　Splitter.SplitTextByLengths 函数的执行结果

7.11.4　Splitter.SplitTextByRepeatedLength 按字符长度重复拆分

Splitter.SplitTextByRepeatedLengths 函数的功能为按长度对字符串进行重复分割，函数包含以下参数，函数的结果为函数类型。

```
Splitter.SplitTextByRepeatedLength（参数 1 as Number，参数 2 as Bool） as Function
```

- 参数 1 为分割的长度，数据类型为数值类型，值为进行字符分割的长度。
- 参数 2 为开始方式，数据为布尔类型，值为确定是否从开头或尾部进行数据分割。

函数的第二个参数定义的是分割开始的位置，第二个参数如果是 true，则表示从字符串尾部开始进行分割；如果为 false，则表示从开头进行分割。这里我们使用了 false，也就是字符串从开头部分进行分割，图 7.152 所示为函数的执行结果，也就是数据从头开始每 4 个字符分割一次。

```
let
    源 = Splitter.SplitTextByRepeatedLengths(4,false)
in
    源 ("360203201102011238")
```

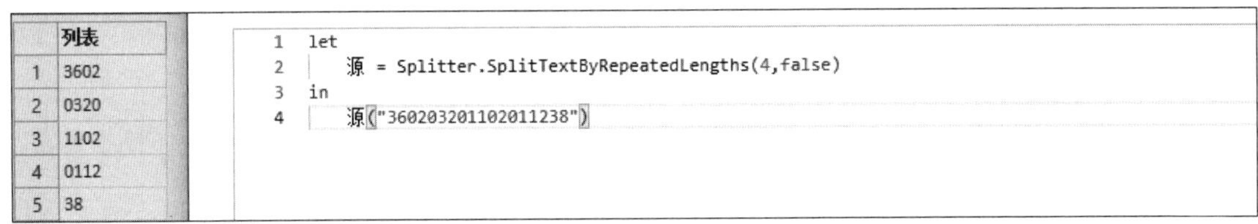

图 7.152　Splitter.SplitTextByRepeatedLengths 函数的执行结果

7.11.5　SplitTextByPositions 按位置拆分

Splitter.SplitTextByPositions 函数的功能是按位置对字符串进行拆分，函数包含以下参数，函数的结果为函数类型。

```
Splitter.SplitTextByPositions（参数 1 as List， 参数 2  as  Bool）as Function
```

- 参数 1 为分割字符位置，数据类型为列表类型，值为字符分割的具体位置。
- 参数 2 为开始方式，数据为布尔类型，值为确定是否从开头还是尾部进行数据分割。

函数第二个参数定义的是分割开始的位置，第二个函数如果是 true 则表示从数据末尾开始进行分割，如果为 false 则从开头进行分割。下面案例中我们使用了 false，也就是从开头对数据进行分割，图 7.153 所示为函数执行结果。

```
let
    源 = Splitter.SplitTextByPositions({0,6,14},false)
in
    源 ("360203201102011238")
```

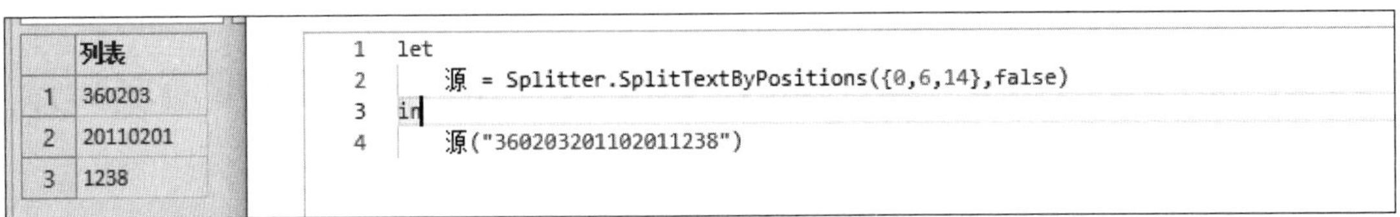

图 7.153　Splitter.SplitTextByPositions 函数的执行结果

7.12 Power Query 日期时间函数

Power Query 中还有日期时间函数，可以进行日期或时间的计算，下面将对常用的日期时间函数进行讲解。

7.12.1　Date.Day 获取日期部分

Date.Day 函数的功能是获取日期中的日的部分，函数有如下参数，函数执行结果为数值类型。

```
Date.Day（参数 1 as DateTime） as Number
```

参数 1 为日期，数据类型为日期类型，值为求取日期。

下面以一个非常简单的案例来分享下 Date.Day 的使用方法，函数执行结果如图 7.154 所示。

```
Date.Day(#date(2021,1,1))
```

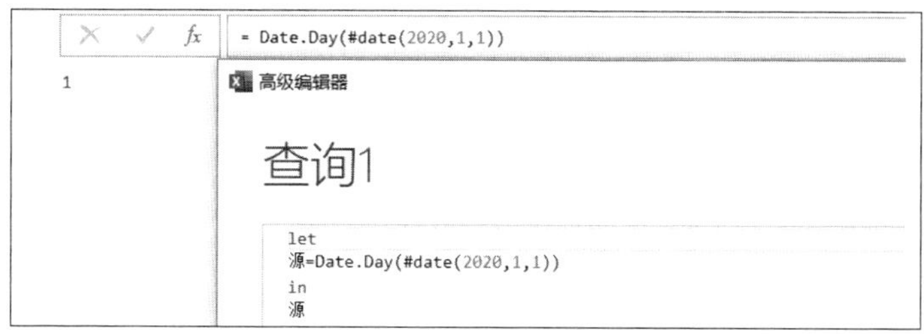

图 7.154　Date.Day 函数的执行结果

7.12.2　Date.DayOfWeek 求取日期位于一周中的第几天

Date.DayOfWeek 函数的功能是获取日期位于一周中的第几天，函数有如下参数，函数的结果为数值类型。

```
Date.DayOfWeek（参数 1 as DateTime，参数 2 as Day.Type） as Number
```

- 参数 1 为日期数据，数据类型为日期类型，值为要求取的日期。
- 参数 2 为星期开始定义，数据类型为数值类型，值为定义本周开始于星期几。

这里以一个非常简单的案例来分享下 Date.DayOfWeek 的使用方法，函数执行结果如图 7.155 所示。

```
Date.DayOfWeek(#date(2021,1,1) ,0)
```

```
5
let
    源 = Date.DayOfWeek(#date(2021,1,1),0)
in
    源
```

图 7.155　Date.DayOfWeek 函数执行结果

7.12.3 Date.DayOfYear 求取日期位于一年中的第几天

Date.DayOfYear 函数的功能是获取日期是一年中的第几天，函数有如下参数，函数的执行结果为数值类型。

```
Date.DayOfYear（参数 1 as DateTime） as Number
```

参数 1 为日期，数据类型为日期类型，值为要求取的日期。

这里以一个非常简单的案例来分享下 Date.DayOfYear 的使用方法，通过该函数求出当前日期为一年中的第一天，函数执行结果如图 7.156 所示。

```
Date.DayOfYear(#date(2021,1,1))
```

```
1
let
    源 = Date.DayOfYear(#date(2021,1,1))
in
    源
```

图 7.156　Date.DayOfYear 函数的执行结果

7.12.4 Date.DaysInMonth 求取日期所在月份的天数

Date.DaysInMonth 函数的功能是获取日期所在的月份的天数，函数有如下参数，函数的执行结果为数值类型。

```
Date.DaysInMonth（参数 1 as DateTime） as Number
```

参数 1 为日期，数据类型为日期类型，值为要求取的日期。

下面以一个非常简单的案例来分享下 Date.DaysInMonth 的使用方法，这里得出 1 月总共有 31 天，函数执行结果如图 7.157 所示。

```
Date.DaysInMonth(#date(2021,1,1))
```

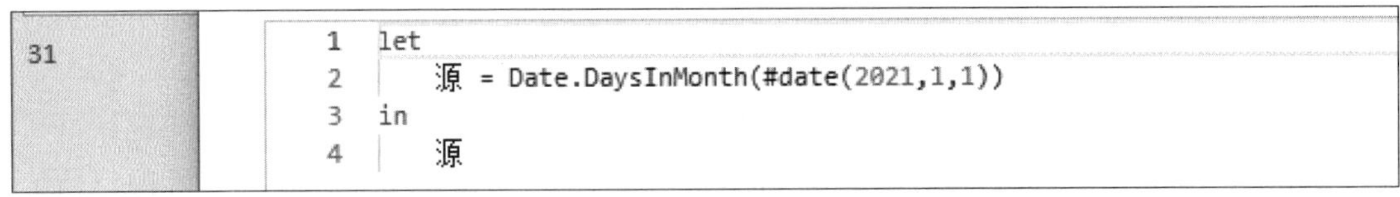
31
let
源 = Date.DaysInMonth(#date(2021,1,1))
in
源

图 7.157　Date.DaysInMonth 函数的执行结果

7.12.5 Date.FromText 将文本生成日期

Date.FromText 函数的功能是将文本字符转换为日期字符，函数有如下参数，函数的结果为日期类型。

```
Date.FromText（参数 1 as Text，参数 2 as Text） as Datetime
```

■ 参数 1 为日期文本，数据类型为文本类型，值为需要转换的日期。

■ 参数 2 为本地区域格式，数据格式为文本类型，值为日期的格式。

下面的代码为将文本类型转换成日期类型，图 7.158 所示为函数执行的结果。

```
源 = Date.FromText("2021-1-1")
```

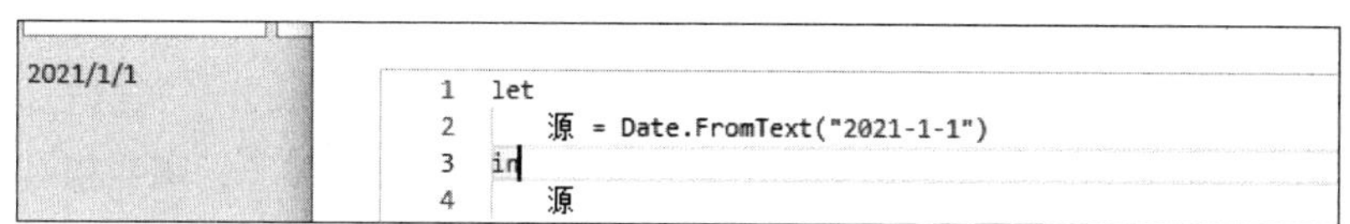

图 7.158　Date.FromText 函数的执行结果

7.12.6　Date.AddDays 日期的加减

Date.AddDays 函数提供了日期进行加减的功能，函数目前包含以下参数，函数的结果为日期时间类型。

```
Date.AddDays（参数 1 as Datetime，参数 2 as Number） as Datetime
```

■ 参数 1 为日期，数据类型为日期类型，值为进行加减操作的日期。

■ 参数 2 为数值，数据类型为数值类型，值为与日期进行加减操作的数值。

使用 Date.AddDays 函数进行日期计算是在进行数据分析和数据准备中经常进行的工作，结合日期和数值，我们可以非常方便地实现日期的加减，如以下代码，图 7.159 所示为函数的执行结果。

```
源 = Date.AddDays(#date(2021,1,1),5)
```

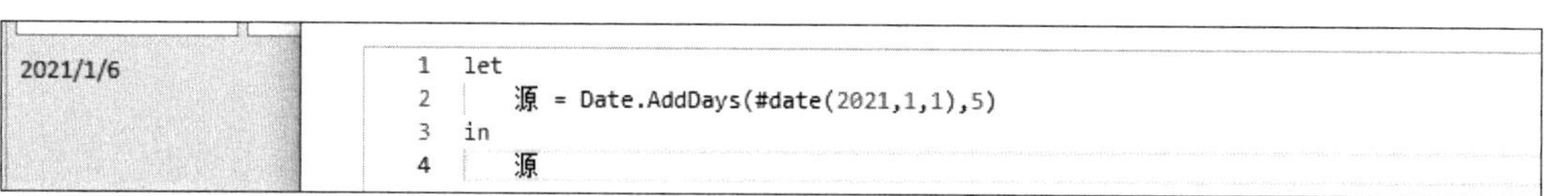

图 7.159　Date.AddDays 函数的执行结果

7.12.7　Date.AddMonths 月度加减运算

Date.AddMonths 函数提供了当前日期的月度加减运算，函数包含以下参数，函数执行结果为日期类型。

```
Date.AddMonths（参数 1 as Date，参数 2 as Number） as Date
```

■ 参数 1 为日期，数据类型为日期类型，值为需要进行月度加减的日期。

■ 参数 2 为数值，数据类型为数值类型，值为需要加减的数值。

下面案例是通过 Date.AddMonths 函数对日期进行月度加值计算，图 7.160 所示为函数执行结果。

```
源 = Date.AddMonths(#date(2021,1,1),5)
```

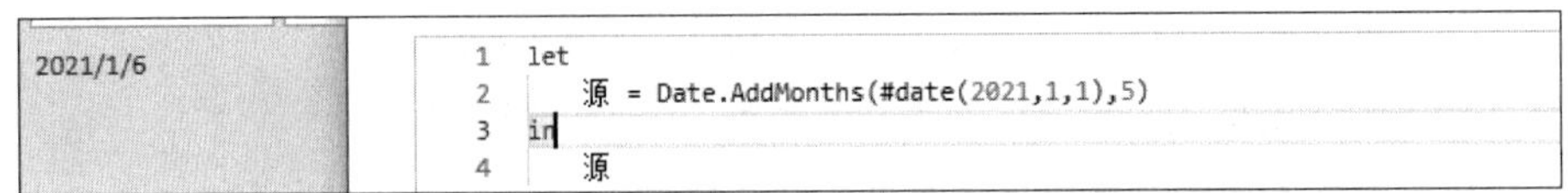

图 7.160　Date.AddMonths 函数执行结果

7.12.8　Date.AddYears 年度加减运算

Date.AddYears 函数提供了当前日期的年度加减运算，函数参数如下，函数执行的结果为日期类型。

```
Date.AddYears（参数 1 as Date，参数 2 as Number） as Date
```

- 参数 1 为日期数据，数据类型为日期类型，值为需要进行加减运算的日期。
- 参数 2 为加减数值，数据类型为数值类型，值为需要加减的数值。

如果希望求取去年今天的日期，可以通过 Date.AddYears 函数结合当前的日期求取，代码如下，图 7.161 所示为使用 Date.AddYears 函数的执行结果。

```
源 = Date.AddYears(#date(2021,1,1),-1)
```

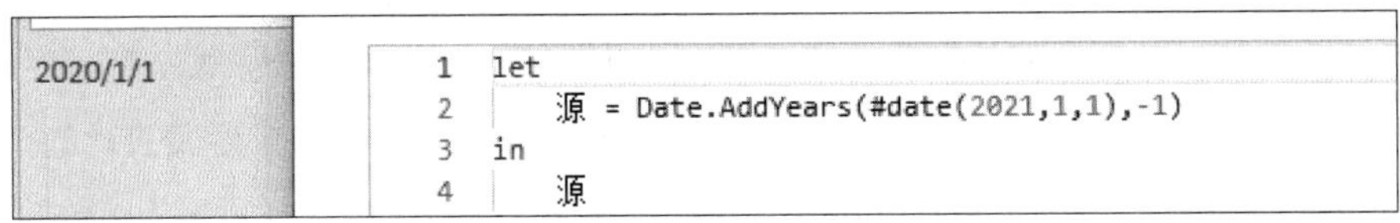

图 7.161　Date.AddYears 函数的执行结果

7.12.9　Date.ToText 将日期转换为文本

Date.ToText 函数的功能是将当前的日期数据按照固定的格式转换为文本类型数据，函数的参数如下，函数的结果是文本类型。

```
Date.ToText（参数 1 as Date，参数 2 as Text，参数 3 as Text） as Text
```

- 参数 1 为日期数据，数据类型为日期类型，值为需要转换为文本的日期 。
- 参数 2 为文本数据，数据类型为文本类型，值为要转换成的格式。
- 参数 3 为格式设定，数据类型为文本类型，定义日期数据符合本地的文化习惯。

这里我们以“2021-1-1”为标准日期进行格式的规范输出，输出的结果如图 7.162 所示。

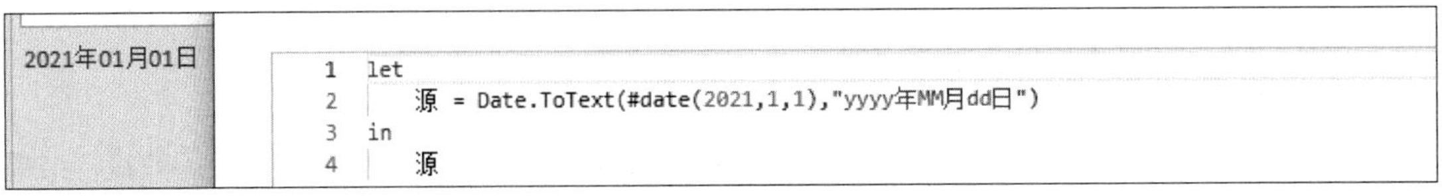

```
2021年01月01日

let
    源 = Date.ToText(#date(2021,1,1),"yyyy年MM月dd日")
in
    源
```

图 7.162　Date.ToText 函数执行结果

7.12.10　Date.ToRecord 将日期转换为记录

Date.ToRecord 函数提供了将日期转换为记录的功能，函数参数如下。函数的结果为记录类型。

```
Date.ToRecord（参数 1 as Date） as Record
```

参数 1 为日期数据，数据类型为日期类型，值为要转换为记录的日期。

下面我们将日期转换为记录类型数据，代码如下，图 7.163 所示为函数的执行结果。

```
源 = Date.ToRecord(#date(2021,1,1))
```

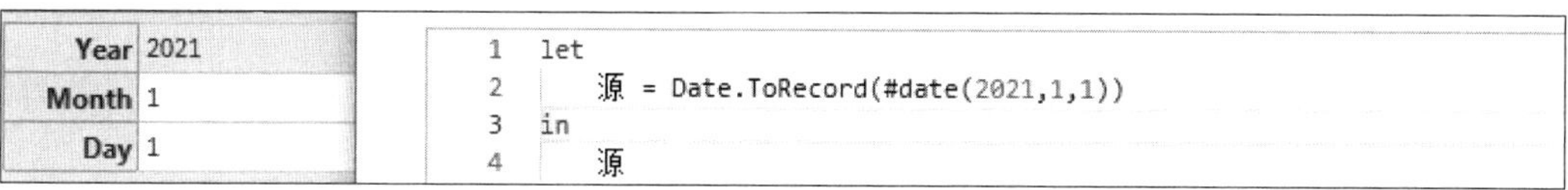

图 7.163　Date.ToRecord 函数的执行结果

7.12.11　DateTime.LocalNow 获取当前时间

DateTime.LocalNow 函数提供的功能是获取当前时间，时间精确到毫秒。这个函数相对比较特别，没有任何参数，直接执行就可以了。当需要当前时间的时候，直接执行该函数就能获取，如图 7.164 所示为函数的执行结果。

2021-10-20T12:15:29.8255507

```
let
    源 = DateTime.LocalNow()
in
    源
```

图 7.164　DateTime.LocalNow 函数的执行结果

7.13　本章总结

本章主要讲解各类不同的对象所使用的函数和方法，Power Query 中的函数使用不同于 Excel，Power Query 中的函数都是通过“对象 . 方法”进行函数的具体使用，而目前使用较为频繁的对象包含了文本、列表、记录和表，这几类函数占了所有使用函数中的 80%。希望通过这些函数的详细讲解，能够让大家对 Power Query 函数的理解和使用更上一层楼。

我们在本章分享了如下数据类型的函数使用。

- 文件访问函数。
- 数据库访问函数。
- Web 网页访问函数。

- 文本处理函数。
- 列表处理函数。
- 记录处理函数。
- 表处理函数。
- URL 处理函数。
- 数据合并函数。
- 数据分割函数。
- 日期时间函数。

第 8 章

Power Query 的自定义函数

学完前面章节内容，已经能透彻地理解前面谈到的数据清洗过程，接下来进入 Power Query 的下一阶段：自定义函数。实现自定义函数基本上是 Power Query 学习的最高级别，我们在本章中准备了几个简单的案例，既不会很难，又能让读者想认真深入地学习 Power Query。学完本章之后，将能在不同场景下通过自定义函数实现业务目标。

这么多函数
不够吗，为什么
还要自定义函数？

多种场景下可以组合
现有函数来实现步骤
定义的结果。

前面介绍的函数都是单一函数提供的功能，例如，我们需要将文本类型转换为日期类型，或者将文本类型转换为数值类型。但是在实际的应用场景中，我们使用这种函数的机会大概占了 80%，但是还有 20% 是需要组合当前的步骤和方法才能完成的操作，这些操作包含并且不仅限于如下的一些操作。

- 批量数据进行分列：需要将多个相同来源的数据进行统一的分列。
- 批量数据格式转换：需要将多个来源的数据进行统一的格式转换。
- 批量实现数据内容再提取：需要针对多个文件实现数据内容的再提取。
- 数据格式替换：针对多个文件和内容进行统一的数据格式转换。

在实际应用场景中我们会发现，使用单一的函数无法满足我们上面提到的要求，而构造的自定义函数则可以完美地解决这个问题，自定义函数将多个操作步骤组合在一起，当需要进行处理的时候直接引用。在常规的数据合并操作过程中，自定义函数也是很常见的，如图 8.1 所示就是数据合并操作过程中所生成的自定义函数，自定义函数可以被多个文件反复引用。

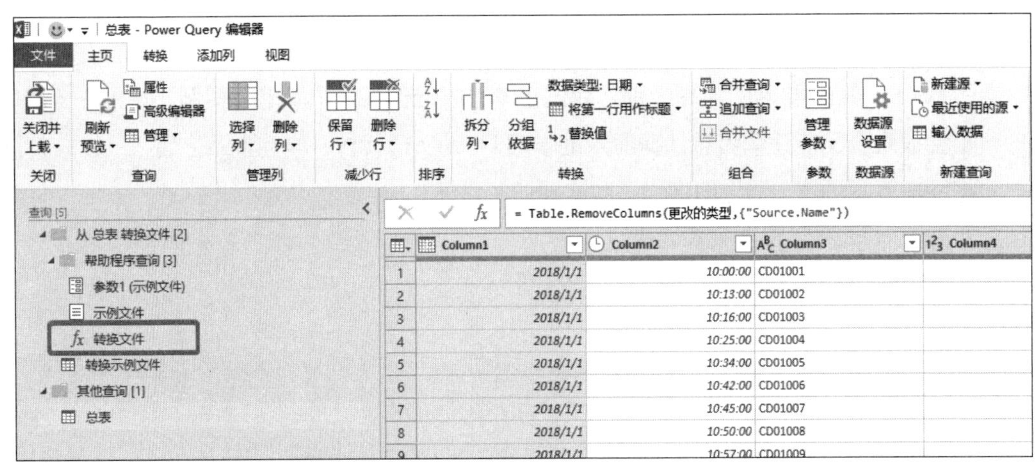

图 8.1　自定义函数案例

在 Power Query 所有的知识点中，自定义函数的学习位于 Power Query 学习曲线的最顶端。在学习自定义函数构建之前，我们必须深入地理解 Power Query 函数具体的参数和使用方法。为了让大家能够更好地理解 Power Query 自定义函数的构建和引用，我们将由浅入深地讲解如何实现自定义函数的构建、执行和应用，并以实际案例来分享如何利用自定义函数完成一些特殊任务，以更好地理解自定义函数的构建和应用。

8.1 从零开始构建自定义函数

自定义函数的应用场景可从是否有参数来划分，分为如下两种函数。

- 无参数自定义函数：指的是构造没有参数的函数，函数基于需要进行调用，调用后直接执行并显示结果。在各类应用场景中，无参数自定义函数相对比较少见。

- 有参数自定义函数：在大多数场景下，自定义函数都是有参数的，会根据参数执行生成相对应的数据后，再进一步处理。

8.1.1　无参数自定义函数构建

Power Query 的自定义函数的启用和编辑要在高级编辑器中进行。图 8.2 所示为 Power Query 的高级编辑器所处的位置。

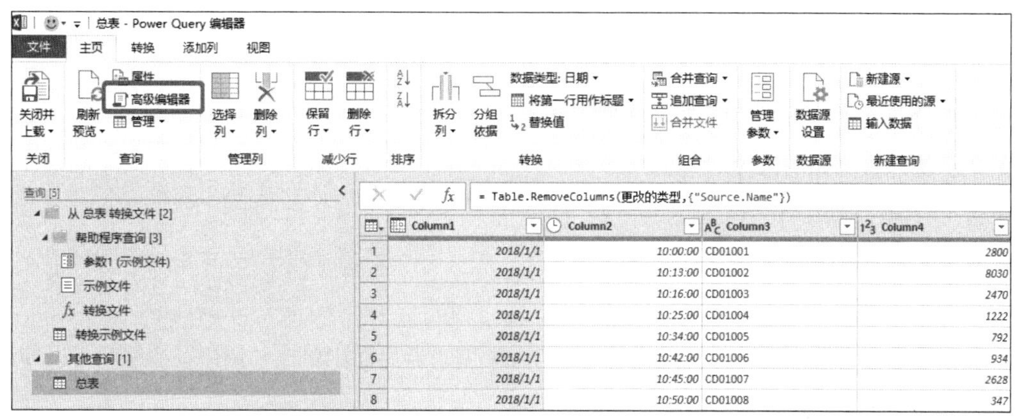

图 8.2　Power Query 高级编辑器所处的位置

自定义函数的学习和使用是比较复杂的过程，为了让大家熟悉自定义函数创建的整个流程，我们先创建一个空的数据源，在 Power Query 编辑器中单击“新建源”下拉按钮，在下拉列表中选择“其他源”→“空查询”命令，如图 8.3 所示。

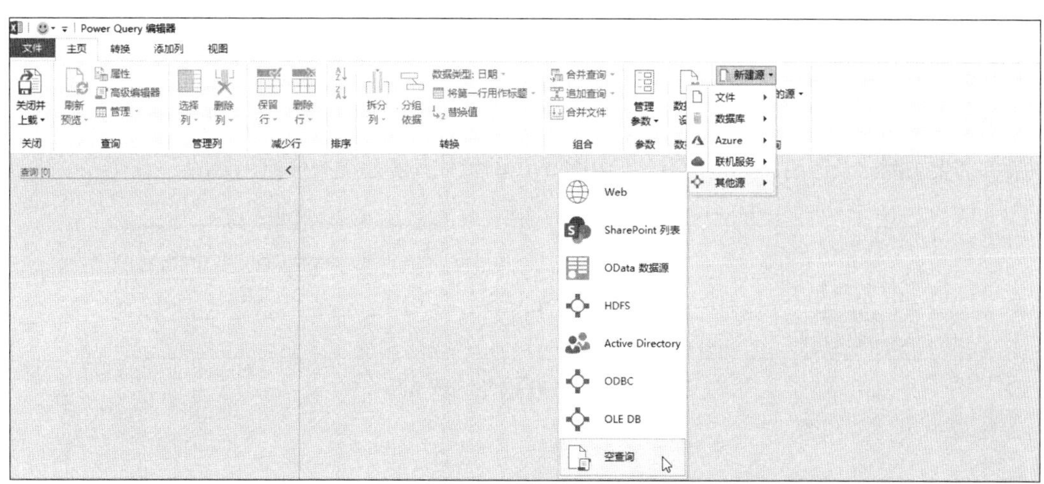

图 8.3　创建空数据源

Power Query 无参数自定义函数的引用不同于有参数自定义函数的引用，无参数的自定义函数在调用过程中，不需要输入任何参数就可以实现函数的使用，这里通过如下的代码来构建无参数自定义函数，这是一段非常短的无参数自定义函数，图 8.4 所示为自定义函数创建案例。

```
()=>
    let
        源 = " 数据 "
    in
        源
```

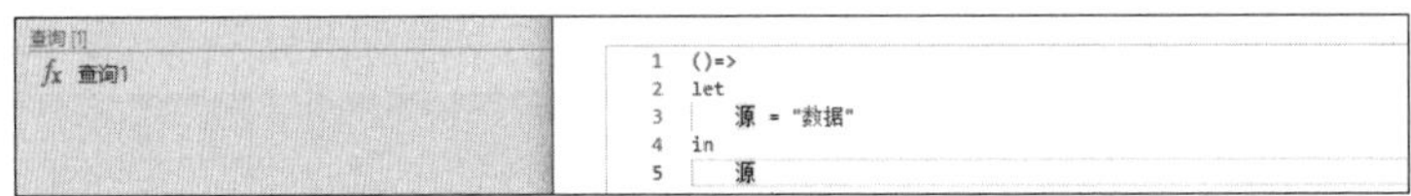

图 8.4 Power Query 创建自定义函数

无参数自定义函数语法遵循如下的规则定义。

- let：为函数开始的位置。
- in：为函数结束的位置。
- =>：指定当前操作步骤为函数操作。
- ()：匿名函数定义。

对于构建好的自定义函数，直接在 Power Query 编辑器界面中单击“调用”按钮就可以使用了，如图 8.5 所示。

图 8.5 调用函数执行

执行完函数的结果如图 8.6 所示，在实际的业务场景中，使用无参数的自定义函数非常有限，大部分的业务都是基于输入的参数进行自定义函数的调用。不管是有参数还是无参数的自定义函数，定义完成后都需要去测试及调用，一个没有被调用和测试的函数其实是没有任何用处的。

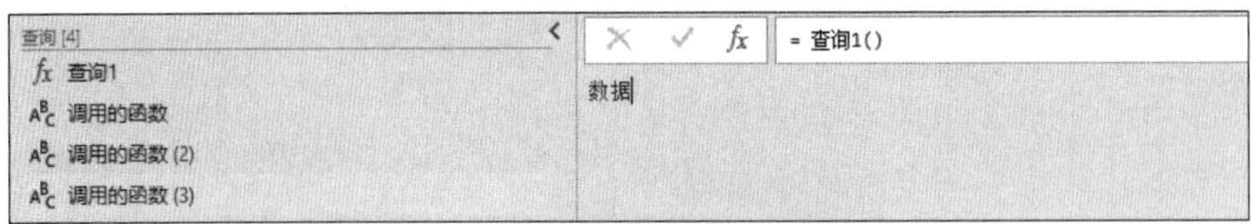

图 8.6 无参数自定义函数的执行

8.1.2 有参数自定义函数构建

有参数自定义函数的构建方法与无参数自定义函数的构建方法类似，只不过我们在进行函数定义过程中同时定义变量，在自定义函数主体中会有针对变量的处理过程。有参数的函数定义必须满足以下条件和规则。

- let：为函数开始的位置。
- in：为函数结束的位置。
- =>：指定当前操作步骤为函数操作。
- ()：在括号中定义参数。
- as：as 定义函数数据的类型。

下面我们以一个非常简单的案例分享有参数自定义函数的构建，这里定义了两个参数：x 和 y。函数的结果为两者的乘积，如图 8.7 所示。

```
(x as number,y as number)=>
    let
            源 =x*y
    in
            源
```

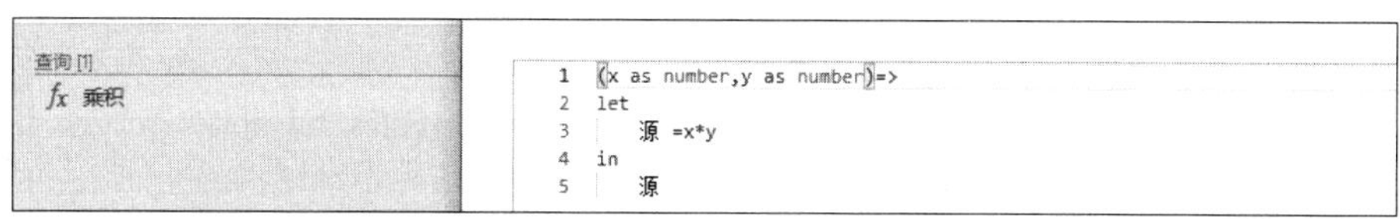

图 8.7　自定义有参函数

完成有参函数定义之后，就可以执行函数了，执行结果如图 8.8 所示。在业务场景中如何使用这些函数呢？可以参考 8.3 节进行有参函数的执行。

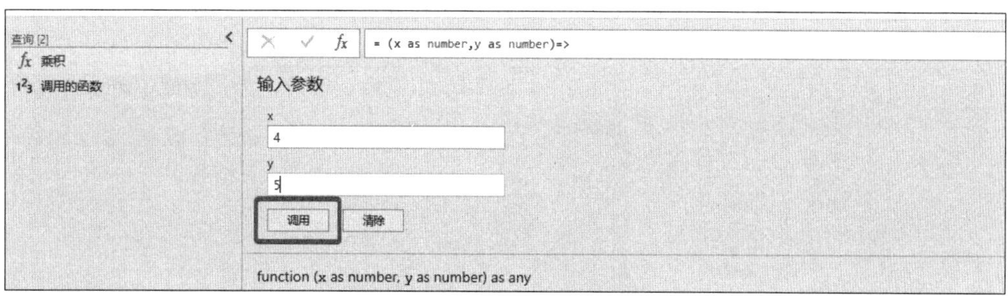

图 8.8　自定义有参函数的执行

8.2 基于数据结果建立函数

从零开始建立自定义函数的场景非常少，通常我们建立自定义函数的方式是基于当前的数据和函数结果生成自定义函数。不同于上面从零开始进行函数的创建，基于数据结果创建函数必须在现有场景下有相应的数据结果，也就是当前的数据已经在 Power Query 中存在相应的字段和值。我们以一个非常简单的数据乘积为具体案例，来分享整个函数建立的过程，Excel 中的表数据内容如图 8.9 所示。

A	B
数值A	数值B
3	4

图 8.9　Excel 中的数据

将 Excel 数据导入 Power Query 中，图 8.10 所示为导入后的数据。

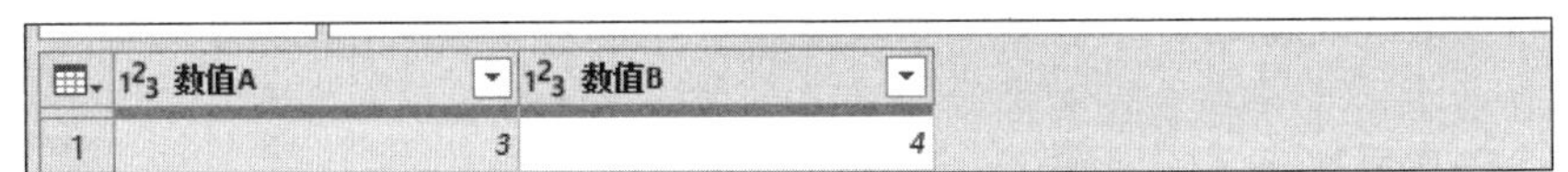

	数值A	数值B
1	3	4

图 8.10　导入 Power Query 后的数据

添加自定义列，属性为数值 A 和数值 B 的乘积，图 8.11 所示为添加列后的数据。

图 8.11　数据乘积结果

接下来我们根据当前的数据表结果进行函数创建，右击“查询”中的“表 1”，在弹出的快捷菜单中选择“创建函数”命令，如图 8.12 所示。

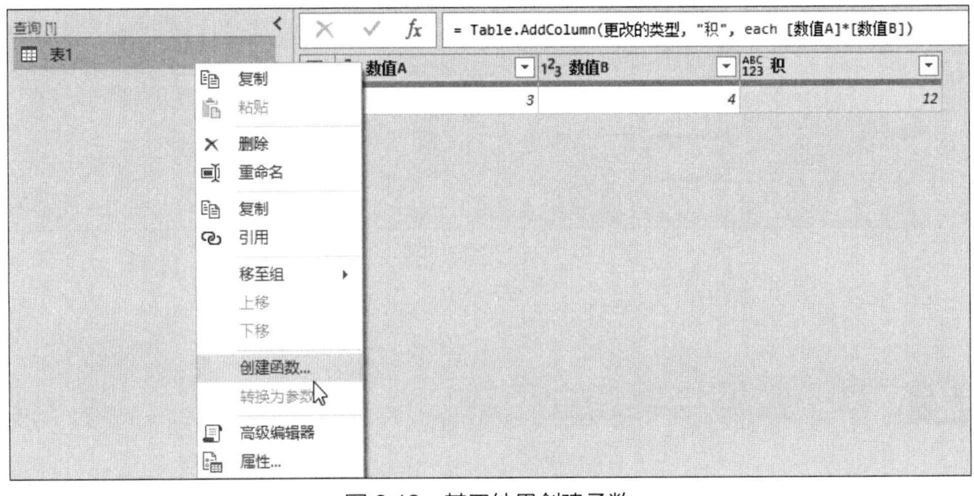

图 8.12　基于结果创建函数

对新创建的自定义函数进行命名，图 8.13 所示为命名对话框。

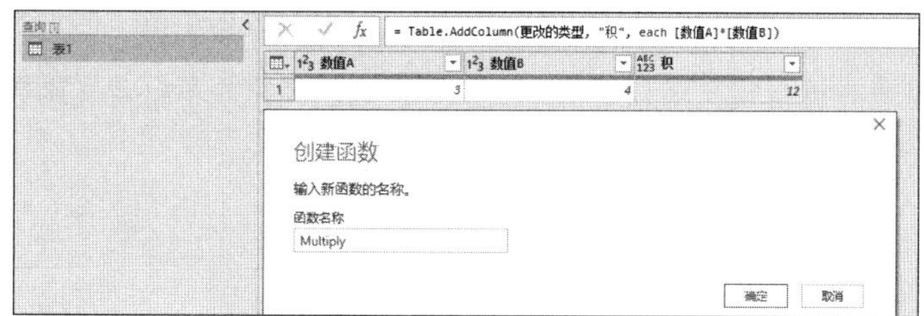

图 8.13　自定义函数命名对话框

在 Power Query 编辑器界面中单击“高级编辑器”按钮进行函数修改，如图 8.14 所示。

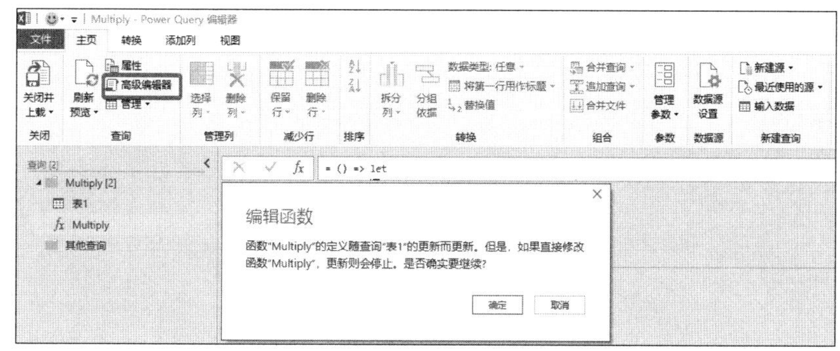

图 8.14　单击“高级编辑器”按钮进行函数修改

在打开的编辑器界面中为自定义函数添加相关参数，同时对进行乘积运算的参数数据进行修改，如图 8.15 所示，框中的内容为添加的参数。

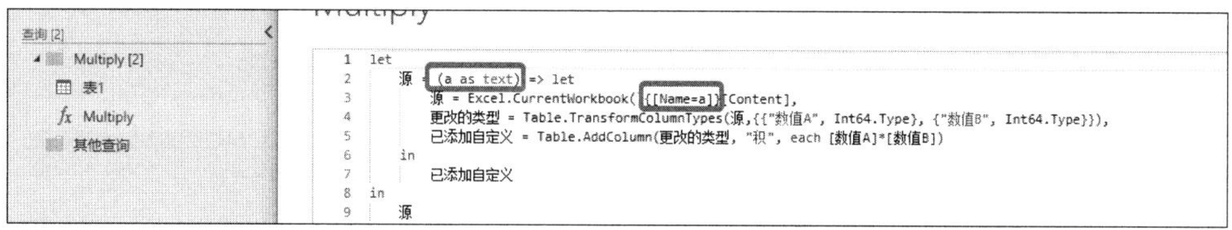

图 8.15　为函数添加参数

基于模板完成自定义函数的生成后，接下来就是测试自定义函数的运行结果与原来的设置是否一致，这里输入当前 Excel 数据来获取计算结果，图 8.16 所示为执行的结果。

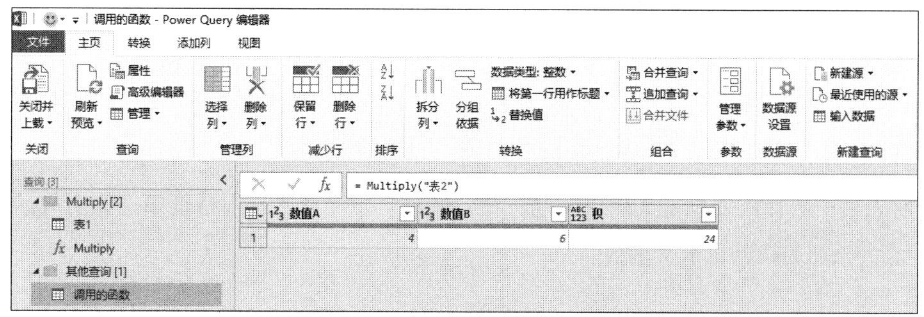

图 8.16　自定义函数执行结果

基于数据结果建立自定义函数比从零开始建立自定义函数更加简单，但是需要注意的是，不是所有的数据结果都可以进行自定义函数的创建。本节我们已经完成了自定义函数的创建，也完成了自定义函数的执行验证，下节讲解如何执行自定义函数。

8.3 执行并获取自定义函数结果

完成自定义函数的创建之后，就需要在实际的业务场景中引用这些自定义好的函数，那么究竟如何来引用自定义函数呢？在 Power Query 编辑器界面中的“添加列”选项卡下单击“调用自定义函数”按钮，在打开的“自定义函数”对话框中可以实现自定义函数的调用，如图 8.17 所示。

图 8.17　自定义函数列的添加

接下来以实际案例来分享下如何把自定义函数应用到需要进行乘积计算的表格，当前的表格数据如图 8.18 所示。

	数值A	数值B
1	2	3
2	3	4
3	4	5

图 8.18　引用自定义函数的表格

在当前表格中选择添加自定义函数的列，在“调用自定义函数”对话框中选择对应的数据列。图 8.19 所示为添加和执行自定义函数。

在执行完自定义函数之后，我们可以看到执行的结果如图 8.20 所示。

这是一个非常简单的自定义函数执行的案例，后面我们将会分享一些比这个自定义函数更为复杂的应用。通过这些实际的应用案例，读者可以真正了解自定义函数的定义，以及如何来执行自定义函数。

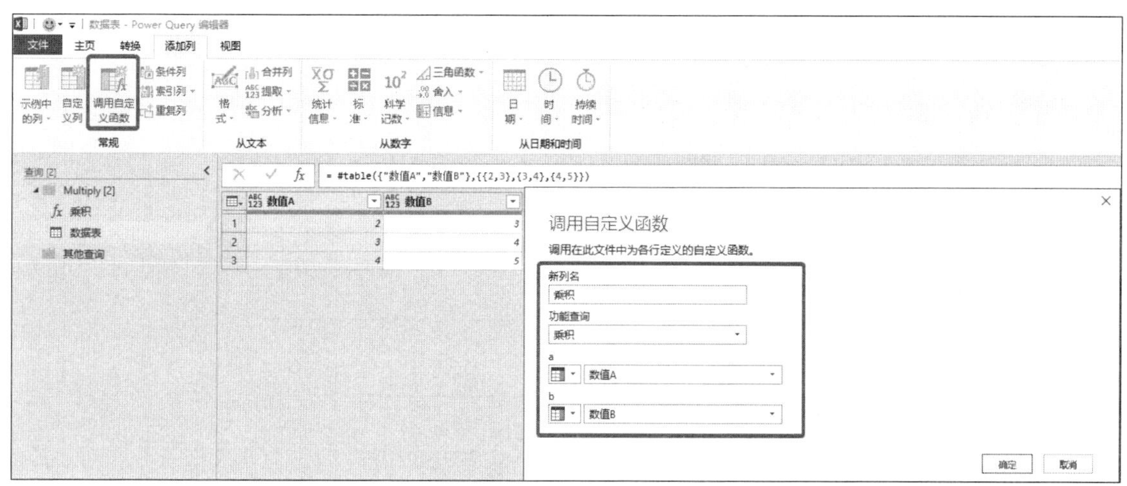

图 8.19　添加自定义函数列

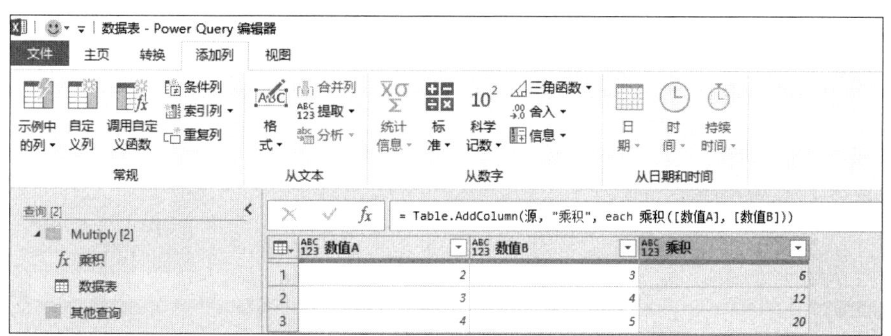

图 8.20　在表中执行自定义函数

8.4 自定义函数提取文件夹内所有请假数据

在进行数据处理的过程中，一定会有多个数据表进行数据合并的要求，Office 早期版本都是通过 VBA 脚本或宏来实现，这对于普通的数据分析人员来说会有一定的门槛。而在 Office 集成了 Power Query 组件之后，我们将不再需要使用 VBA 开发组件来实现数据的多文件读取。

首先我们来看下自定义函数的第一个案例：请假表单的批量获取。

小张是公司的 HR，每到月底都会统计当月的请假人员的信息，包含请假部门、请假人、请假时间、请假天数及请假类别信息，公司的请假表模板如图 8.21 所示。

图 8.21　公司的请假模板

如果我们有上百个甚至上千个这样的请假文件，应该如何操作来完成这些 Excel 请假文件内容的提取呢？图 8.22 所示为密密麻麻的请假文件。

图 8.22　请假文件信息

通常，我们会采用复制、粘贴实现请假信息的统计，这样的信息统计既耗时，还费力气，也很容易出错。而通过 Power Query 进行数据提取则避免了这个问题的产生，而且有个最大的优势：可重用。可以将所有的文件都放进来，数据被提取到了一个大的文件中，可以根据需要进行筛选。接下来分享通过 Power Query 来实现所有请假数据的提取，可以参考以下的步骤来完成基本函数的构建。我们需要先导入一个请假文件作为分析的模板，图 8.23 所示为 Power Query 导入“请假文件”文件夹中的一个 Excel 文件。

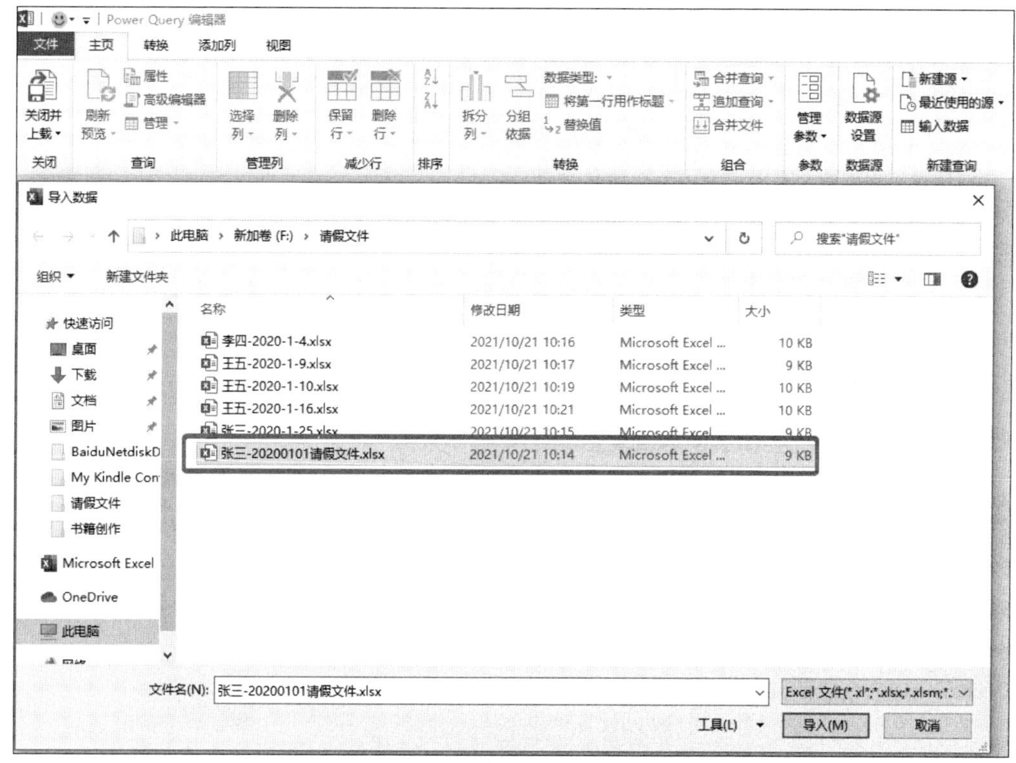

图 8.23　Power Query 导入数据

导入之后的数据如图 8.24 所示，这些数据其实不具有任何使用的条件。

= 源{[Item="Sheet1",Kind="Sheet"]}[Data]

	Column1	Column2	Column3	Column4
1	博铭信息请假单	null	null	null
2	请假部门	人事	请假人	张三
3	请假类别	事假	null	null
4	请假时间	2021/1/1	请假天数	3

图 8.24　导入后的数据内容

对于导入的数据，我们可以按照固定的格式进行数据提取，这里依据表格和记录的数据提取方式完成数据的提取，代码如下，最终的数据提取如图 8.25 所示。

```
let
    源 = Excel.Workbook(File.Contents("F:\ 请假文件 \ 请假 .xlsx"), null, true),
    Sheet1_Sheet = 源 {[Item="Sheet1",Kind="Sheet"]}[Data],
    提取数据 =#table({Sheet1_Sheet[Column1]{1},Sheet1_Sheet[Column3]{1},
    Sheet1_Sheet[Column1]{2},Sheet1_Sheet[Column1]{3},Sheet1_Sheet[Column3]{3}},{{Sheet1_Sheet
    [Column2]{1},Sheet1_Sheet[Column4]{1},Sheet1_Sheet[Column2]{2},Sheet1_Sheet[Column2]{3},Sheet1_
    Sheet[Column4]{3}}})
in
      提取数据
```

图 8.25　从表中提取数据

● Tips

这些数据是如何提取出来的呢？这里涉及记录和表数据的提取，如果希望提取某一列的数据，可以使用“[]”进行数据应用。如果希望提取某一行的数据呢？提取了列之后得到的就是一个列表，列表行使用“{}”进行定义。

完成了数据的提取之后，接下来我们基于提取的结果进行自定义函数的创建，右击“提取数据”，在弹出的快捷菜单中选择“创建函数”命令，如图 8.26 所示。

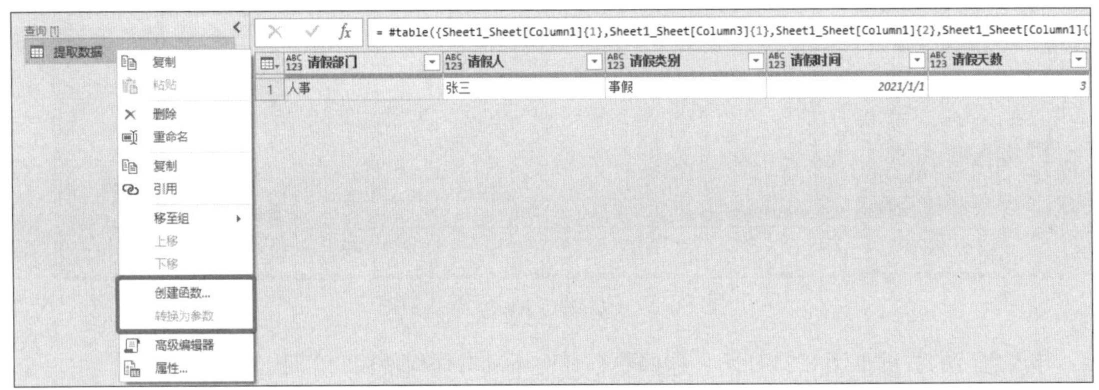

图 8.26　创建自定义函数菜单

在创建过程中将会弹出提示，如图 8.27 所示，这个信息可以忽略，因为基于现有数据进行创建的时候是没有参数的。

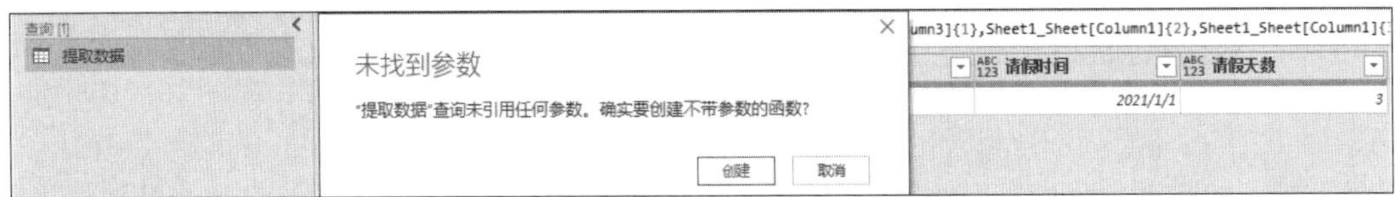

图 8.27　提示构建无参数的自定义函数

在提示对话框中单击“确定”按钮，在弹出的对话框中输入需要保存的自定义函数名称，如图 8.28 所示。

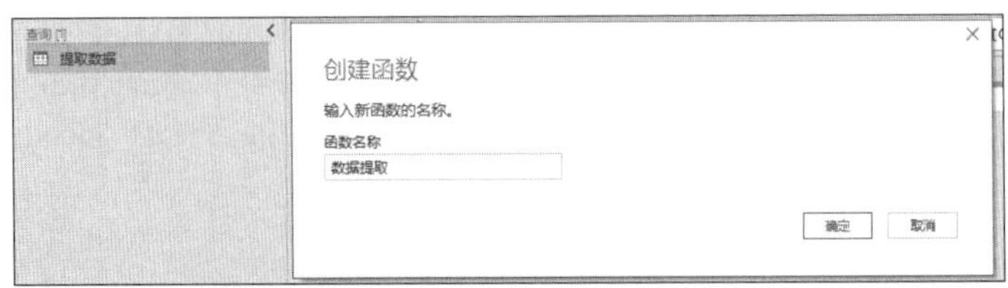

图 8.28　自定义函数命名

在 Power Query 编辑器中单击“高级编辑器”按钮，打开高级编辑器进行自定义函数的构建，如图 8.29 所示。

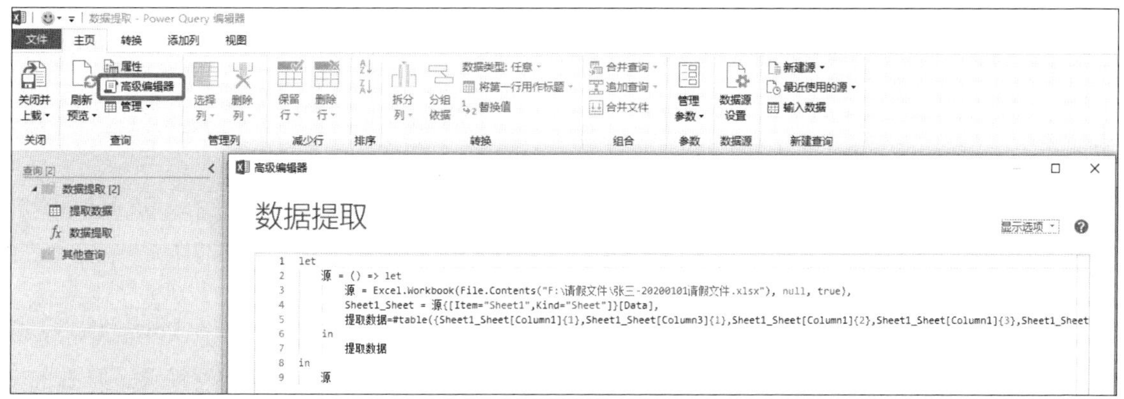

图 8.29　高级编辑器编辑框

这里我们需要将目前的函数进行修改，参数类型定义为 binary，同时在 Excel.workbook 中引用参数，代码如下，最终函数定义如图 8.30 所示。

```
let
    源 = (file as binary) =>
        let
            源 = Excel.Workbook(file, null, true), Sheet1_Sheet = 源 {[Item="Sheet1",
            Kind="Sheet"]}[Data],
            提取数据 =#table({Sheet1_Sheet[Column1]{1},Sheet1_Sheet[Column3]{1},
            Sheet1_Sheet[Column1]{2},Sheet1_Sheet[Column1]{3},Sheet1_Sheet[Column3]{3}},{{Sheet1_
            Sheet[Column2]{1},Sheet1_Sheet[Column4]{1},Sheet1_Sheet[Column2]{2},Sheet1_Sheet
            [Column2]{3},Sheet1_Sheet[Column4]{3}}})
        in
            提取数据
    in
        源
```

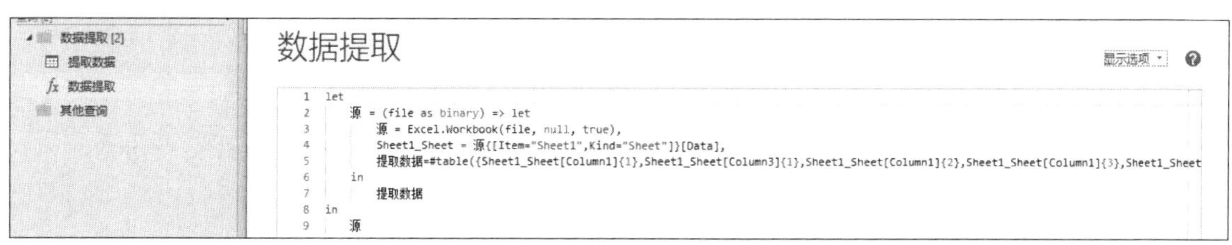

图 8.30　提取数据自定义函数

接下来又有一个问题，自定义函数定义完成之后我们如何去引用呢？接下来通过获取文件夹方式来获取文件夹数据，图 8.31 所示为导入后的数据，这里通过单击“转换数据”按钮来实现数据的导入。

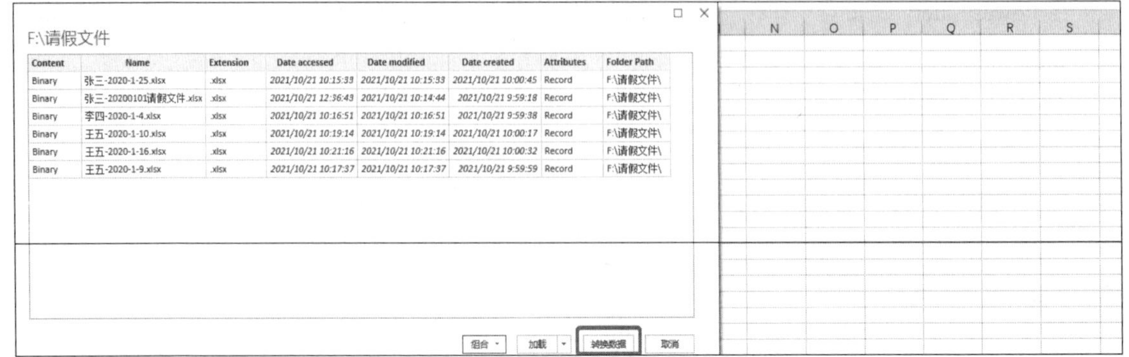

F:\请假文件

Content	Name	Extension	Date accessed	Date modified	Date created	Attributes	Folder Path
Binary	张三-2020-1-25.xlsx	.xlsx	2021/10/21 10:15:33	2021/10/21 10:15:33	2021/10/21 10:00:45	Record	F:\请假文件\
Binary	张三-20200101请假文件.xlsx	.xlsx	2021/10/21 12:36:43	2021/10/21 10:14:44	2021/10/21 9:59:18	Record	F:\请假文件\
Binary	李四-2020-1-4.xlsx	.xlsx	2021/10/21 10:16:51	2021/10/21 10:16:51	2021/10/21 9:59:38	Record	F:\请假文件\
Binary	王五-2020-1-10.xlsx	.xlsx	2021/10/21 10:19:14	2021/10/21 10:19:14	2021/10/21 10:00:17	Record	F:\请假文件\
Binary	王五-2020-1-16.xlsx	.xlsx	2021/10/21 10:21:16	2021/10/21 10:21:16	2021/10/21 10:00:32	Record	F:\请假文件\
Binary	王五-2020-1-9.xlsx	.xlsx	2021/10/21 10:17:37	2021/10/21 10:17:37	2021/10/21 9:59:59	Record	F:\请假文件\

组合 加载 转换数据 取消

图 8.31 文件夹导入后的数据

删除其他列，保留 Content 列，然后调用相应的自定义函数进行数据提取。在 Power Query 编辑器的“添加列”选项卡下单击“调用自定义函数”按钮，在弹出的对话框中进行设置，如图 8.32 所示。

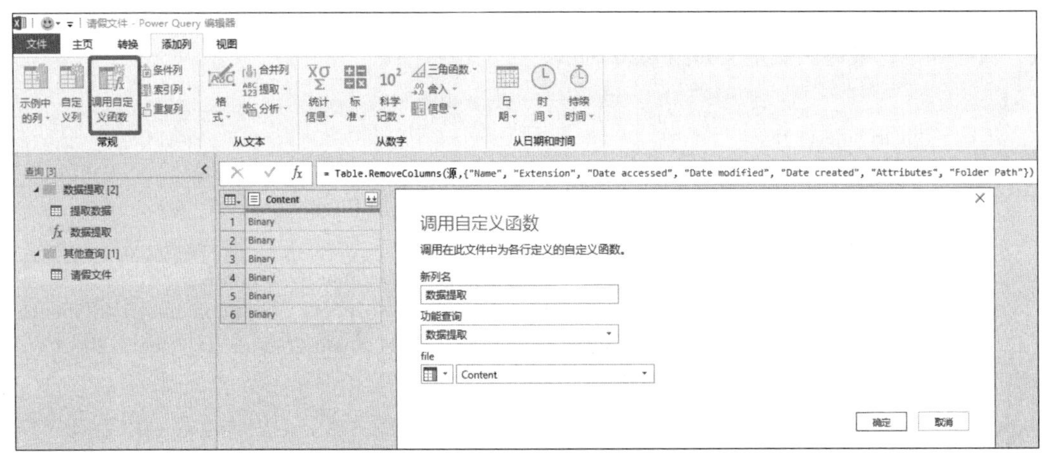

图 8.32 自定义函数调用

调用了自定义函数之后会生成 Table 类型的数据，单击“数据提取”列右边的按钮可将数据展开，如图 8.33 所示。

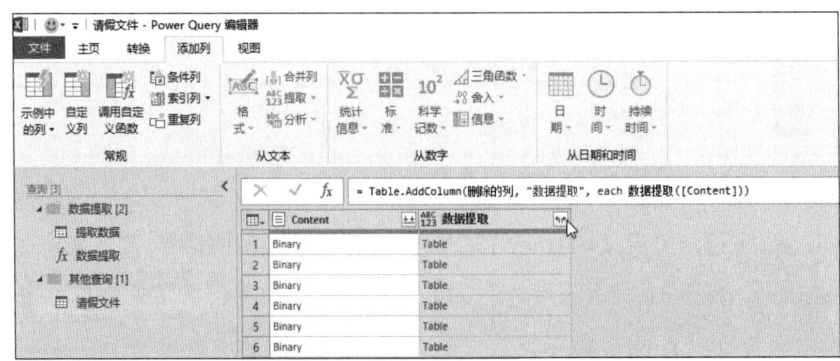

图 8.33 展开表数据操作

我们将得到当前表格中所有的数据，最终数据如图 8.34 所示。

= Table.RemoveColumns(#"展开的"数据提取"",{"Content"})

	请假部门	请假人	请假类别	请假时间	请假天数
1	人事部	张三	事假	2020/1/25	2
2	人事	张三	事假	2021/1/1	3
3	行政部	李四	产假	2020/1/15	30
4	IT部	王五	事假	2020/1/15	4
5	IT部	王五	事假	2020/1/25	5
6	IT部	王五	病假	2020/1/9	3

图 8.34　文件夹中的数据提取

在完成所有的数据获取之后，我们可以将数据加载到 Excel 的单元格中进行数据的再处理，最终结果如图 8.35 所示。

请假部门	请假人	请假类别	请假时间	请假天数
人事部	张三	事假	2020/1/25	2
人事	张三	事假	2021/1/1	3
行政部	李四	产假	2020/1/15	30
IT部	王五	事假	2020/1/15	4
IT部	王五	事假	2020/1/25	5
IT部	王五	病假	2020/1/9	3

图 8.35　提取后的最终数据

接下来我们尝试增加一个新的请假表文件，看在 Excel 中是否能够自动添加进来，如图 8.36 所示为添加相应的文件操作。

名称	修改日期	类型	大小
李四-2020-1-4.xlsx	2021/10/21 10:16	Microsoft Excel ...	10 KB
王五-2020-1-9.xlsx	2021/10/21 10:17	Microsoft Excel ...	9 KB
王五-2020-1-10.xlsx	2021/10/21 10:19	Microsoft Excel ...	10 KB
王五-2020-1-16.xlsx	2021/10/21 10:21	Microsoft Excel ...	10 KB
张三1月30号.xlsx	2021/10/21 13:15	Microsoft Excel ...	9 KB
张三-2020-1-25.xlsx	2021/10/21 10:15	Microsoft Excel ...	9 KB
张三-20200101请假文件.xlsx	2021/10/21 10:14	Microsoft Excel ...	9 KB

图 8.36　手动添加请假信息

完成数据的添加之后，在 Excel 中刷新文件，将得到如图 8.37 所示的最新请假结果。

请假部门	请假人	请假类别	请假时间	请假天数
人事部	张三	事假	2020/1/25	2
人事	张三	事假	2021/1/1	3
人事	张三	事假	2021/1/30	3
行政部	李四	产假	2020/1/15	30
IT部	王五	事假	2020/1/15	4
IT部	王五	事假	2020/1/25	5
IT部	王五	病假	2020/1/9	3

图 8.37　提取到的最新请假结果

在类似的应用场景中，批量的数据提取也是很常见的，通过 Power Query 自定义函数可以减少重复性操作，从而大大提高工作效率。

8.5 自定义函数获取基金即时净值

本节分享通过 Power Query 批量获取基金净值，这里我们通过获取 API 数据的方式进行净值获取，基金即时净值来源于当前非常有名的基金网站：东方财富网。这里先访问东方财富网的一个基金页面，如图 8.38 所示为中海可转债债券的即时净值界面。

图 8.38　基金即时净值页面

这里通过按“F12”键调出浏览器的开发工具，可以看出当前页面中的基金即时净值获取的 API 连接。将它复制到浏览器，得到如图 8.39 所示的结果。文件看起来很像 JSON 格式，其实数据并不是 JSON 格式，这里需要通过我们自定义的函数将这些数据提取出来。

```
jsonpgz({"fundcode":"000003","name":"中海可转债债券A","jzrq":"2021-10-20","dwjz":"0.8990","gsz":"0.9055","gszzl":"0.72","gztime":"2021-10-21 15:00"});
```


图 8.39　即时基金净值数据获取

在这里我们需要评估一下网页整体界面中信息之间的关联性。这里通过“F12”键了解到数据之间的关联性，如图 8.40 所示为即时基金净值所获取的 API 连接 URL 地址。

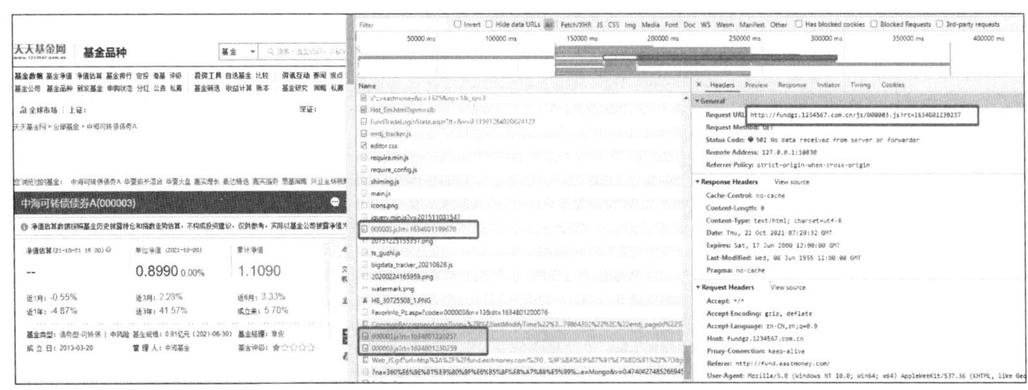

图 8.40　即时基金净值连接

获取了即时基金净值之后，我们如何将这些数据变成可以进行选择和操作的数据呢？这个依然需要通过 Power Query 来实现数据的清洗，接下来我们按照固定的步骤来实现数据的清洗。

我们先通过访问 Web 来进行数据的获取，这里选择 Power Query 的 Web 界面，图 8.41 所示为相关的操作。

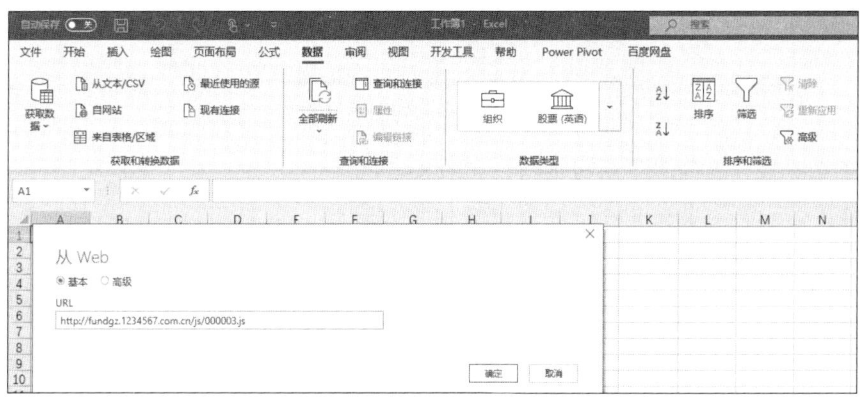

图 8.41　访问网站获取

这里解析的过程中不会对文件进行自动解析，也就意味着 Power Query 无法正常解析出文件，必须注意这里不是 XML 格式，也不是 JSON 格式，这里我们将文件解析成文本格式，右击文件，在弹出的快捷菜单中选择“文件”命令，如图 8.42 所示。

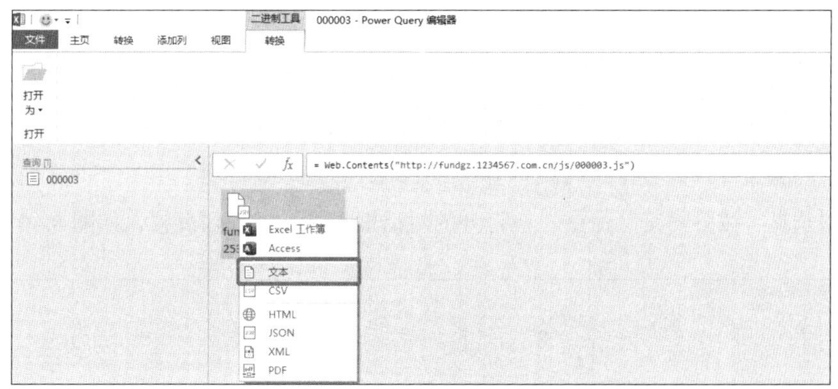

图 8.42　将文件解析为文本格式

完成批量文件的解析之后，获取到的最终数据如图 8.43 所示，我们需要针对这些数据再做进一步处理。

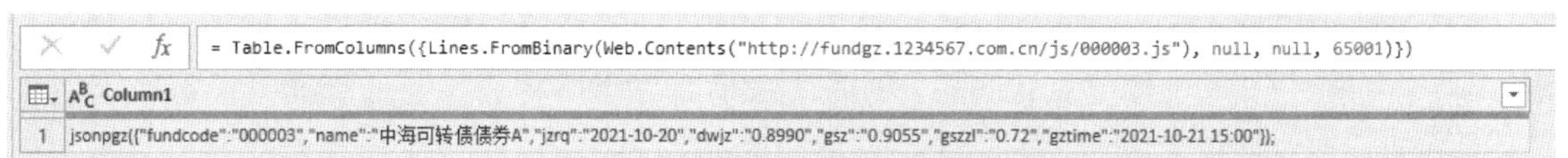

图 8.43　网站信息解析结果

这时我们需要将这些内容提取出来，这里先利用 Text.BetweenDelimiters 函数将“{}”里的数据提取出来，图 8.44 所示为为添加列自定义函数的执行方式。

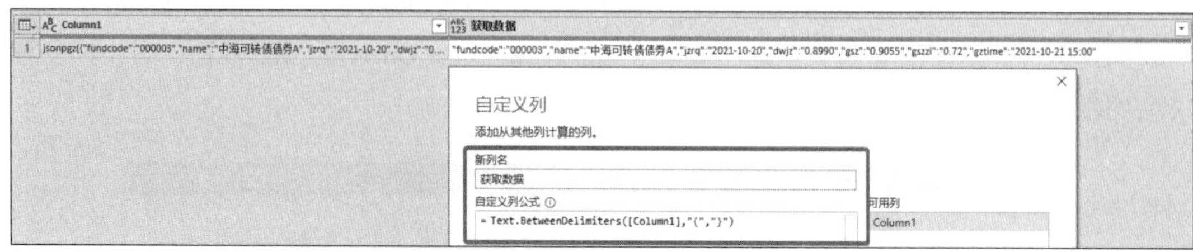

图 8.44　为添加列自定义函数

接下来将数据按分隔符“,”拆分成行，如图 8.45 所示。

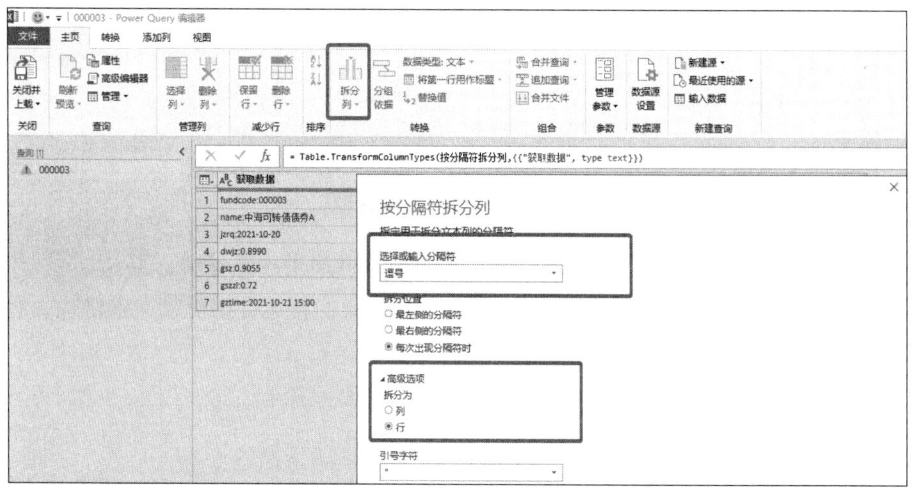

图 8.45　将数据拆分为行

接下来我们将文件当前数据进行列拆分，在 Power Query 编辑器中单击“拆分列”下拉按钮，在下拉列表中选择“按分隔符”命令，在打开的对话框中进行拆分列设置，如图 8.46 所示。

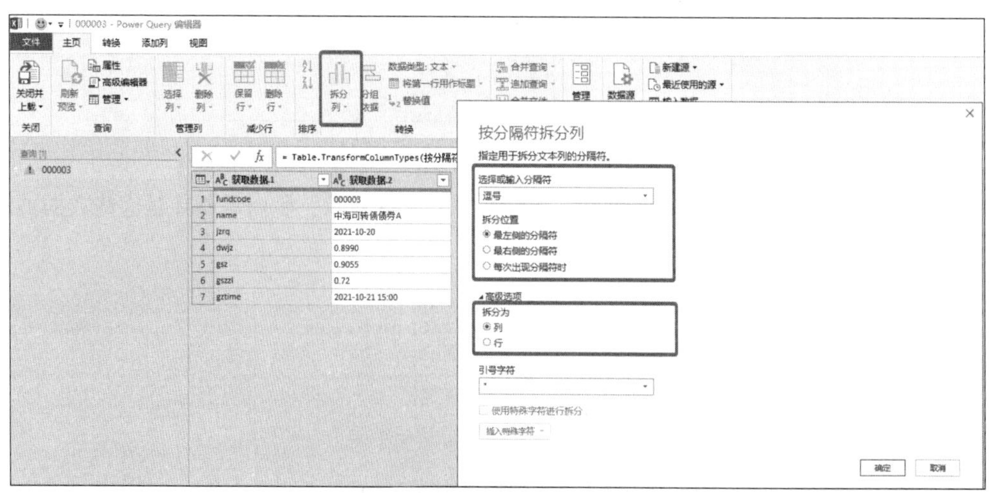

图 8.46　将数据拆分为列

将当前的数据进行行列转置，行列转置的结果如图 8.47 所示。

= Table.Transpose(更改的类型1)

	Column1	Column2	Column3	Column4	Column5	Column6	Column7
1	fundcode	name	jzrq	dwjz	gsz	gszzl	gztime
2	000003	中海可转债债券A	2021-10-20	0.8990	0.9055	0.72	2021-10-21 15:00

图 8.47　实现数据的行列转置

完成数据的格式设置和清洗，我们即可得到最终的数据，图 8.48 所示为清洗之后的数据。

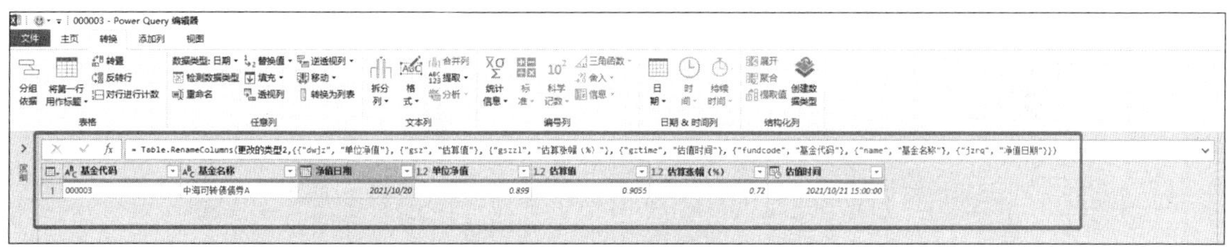

图 8.48　完成清洗后的数据

接下来将通过数据集进行函数创建，创建的过程如图 8.49 所示。

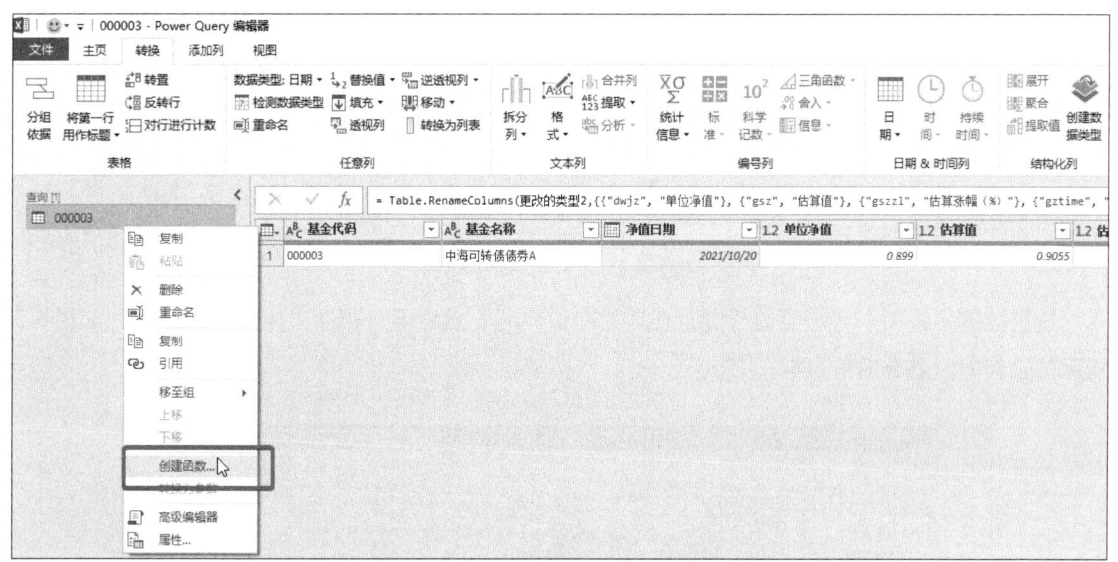

图 8.49　依据数据结果创建自定义函数

在创建的函数中添加参数并且修改相关的代码，如图 8.50 所示为相应的代码显示。

图 8.50　修改相应的代码完成函数功能

删除当前文件中的模板数据，保留需要调用的函数，最终如图 8.51 所示。

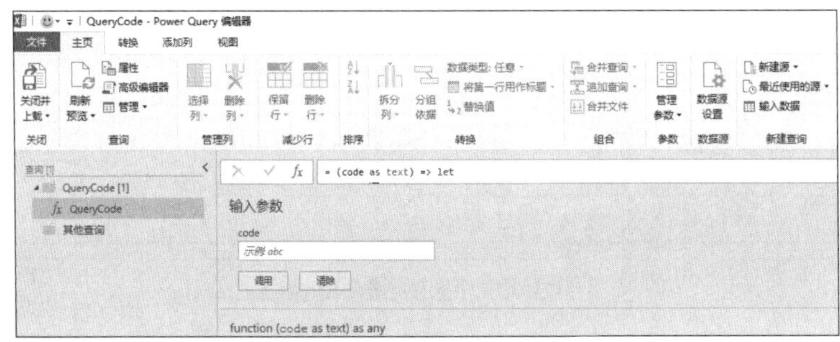

图 8.51　保存需要调用的函数

最终将函数的执行结果加载到 Excel 表格中，呈现出如图 8.52 所示的结果。

基金代码		基金代码	基金名称	净值日期	单位净值	估算值	估算涨幅（%）	估值时间
005669		005669	前海开源公用事业股票	2021/10/20	3.286	3.2488	-1.13	2021/10/21 15:00
000689		000689	前海开源新经济混合A	2021/10/20	3.2925	3.2561	-1.11	2021/10/21 15:00
002296		002296	长城行业轮动混合A	2021/10/20	2.8576	2.8255	-1.12	2021/10/21 15:00
009644		009644	东方阿尔法优势产业混合A	2021/10/20	2.4631	2.4374	-1.04	2021/10/21 15:00
009645		009645	东方阿尔法优势产业混合C	2021/10/20	2.4472	2.4217	-1.04	2021/10/21 15:00
000209		000209	信诚新兴产业混合A	2021/10/20	5.6912	5.6085	-1.45	2021/10/21 15:00
002704		002704	德邦锐兴债券A	2021/10/20	1.112	1.1123	0.02	2021/10/21 15:00

图 8.52　基金净值查询结果

这里尝试多添加一些需要进行实时查询的净值代码，然后通过刷新工作簿，可以得到如图 8.53 所示的最新即时基金净值数据。

图 8.53　通过添加基金代码获取更多的基金净值

这是一个非常典型的通过 Power Query 批量获取基金净值的案例，通过该案例，大家能够深入地理解 Power Query 通过构造 Web 访问数据的方法来获取需要的信息。

8.6 本章总结

自定义函数是 Power Query 学习曲线中难度最高的部分，通过本章基本理论的学习，能够对自定义函数的使用场景和构建方法都有很好的理解。本章通过案例演示了不同的 Power Query 自定义函数的场景，能够在不同的场景下通过自定义函数来实现我们的业务目标，并能达到融会贯通、举一反三的目的。

本章主要和大家分享了有关自定义函数的以下内容。

- 如何从零开始构建 Power Query 自定义函数。
- 如何基于结果创建自定义函数。
- 自定义函数的执行。
- 自定义函数应用的实用案例。

第 9 章 Power Query 与 Python

相信很多朋友会有疑问，Power Query 和 Python 也能相互应用吗？答案是可以的，不过目前微软不支持在 Excel 的 Power Query 中调用 Python，这里我们所有的内容都是在 Power BI 的 Power Query 中调用 Python。本章的最后也分享了 Power Query 和 Python 结合的应用案例，希望读者能够通过这个案例开拓自己的思维方式，深入地理解如何在 Power Query 中结合 Python 来实现自己的业务场景。

Power Query还能调用 Python？听起来很高大上！

很多时候Power Query和Python结合，能够实现复杂的业务处理。

9.1 Power Query 调用 Python 的前置条件

Power Query 支持 Python 和 Power Query 之间相互调用，但这里有几个前提条件必须满足。

1. Power BI 支持 Python 中间操作

Power BI 提供对 Python 的执行支持，但 Power BI 必须是 2020 年 1 月后的版本，图 9.1 所示为 Power BI 中的 Power Query 调用 Python 界面。

图 9.1 Power BI 中 Power Query 调用 Python 界面

2. Python 软件版本选择

在 Power BI 中对 Python 版本也是有一定要求的，目前 Power BI 支持的最低 Python 版本为 Python 3.7.7。Power BI 在线服务支持的视觉对象和包必须是正常发布到 PyPI.Org 生态网站的包，特殊的 Python 包和视觉对象在 Power BI Pro 在线版本不受到支持。使用 Power BI Desktop 版本可以支持任意版本 Python 的视觉对象或包。

3. Power Query 中使用的 Python 包

在 Power Query 中使用的 Python 包通常不包含图表包，Power Query 常用的数据处理包为 Numpy 和 Pandas。这两个包必须在 Python 完成安装后再进行安装，多数 Power Query 的数据统计和计算需要引用这两个包，具体安装方法会在后面进行详细的介绍。

9.2 Python 环境的安装与部署

在确认了 Power BI 版本之后，就可以开始安装 Python 解释执行环境，但目前最新的版本 3.10

版本经过测试后发现存在的兼容性问题，推荐安装 3.8 版本。通过访问官方网站可以获取版本 3.8 或版本 3.9 的安装程序包，图 9.2 所示为 Python 的官方网站。

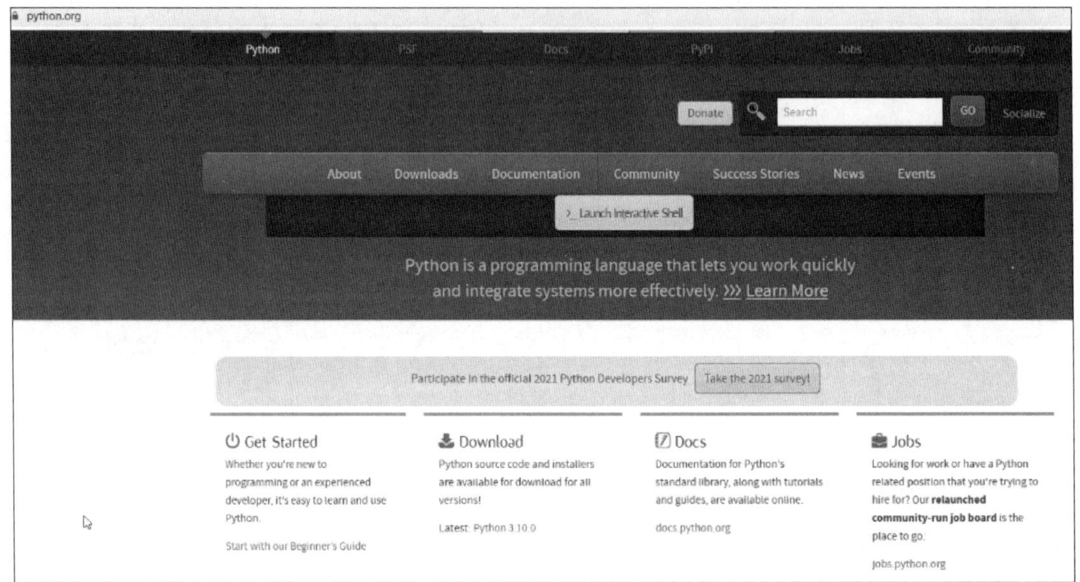

图 9.2　Python 官方网站

图 9.3 所示为当前可用的 Python 各个版本，这里选择 3.9.6 版本。

Release version	Release date		Click for more
Python 3.10.0	Oct. 4, 2021	Download	Release Notes
Python 3.7.12	Sept. 4, 2021	Download	Release Notes
Python 3.6.15	Sept. 4, 2021	Download	Release Notes
Python 3.9.7	Aug. 30, 2021	Download	Release Notes
Python 3.8.12	Aug. 30, 2021	Download	Release Notes
Python 3.9.6	June 28, 2021	Download	Release Notes
Python 3.8.11	June 28, 2021	Download	Release Notes
Python 3.7.11	June 28, 2021	Download	Release Notes

View older releases

图 9.3　Python 可选下载版本

在安装的过程中，可以选择将 Python 路径添加到 Path 参数中，如图 9.4 所示为安装选项的设置。

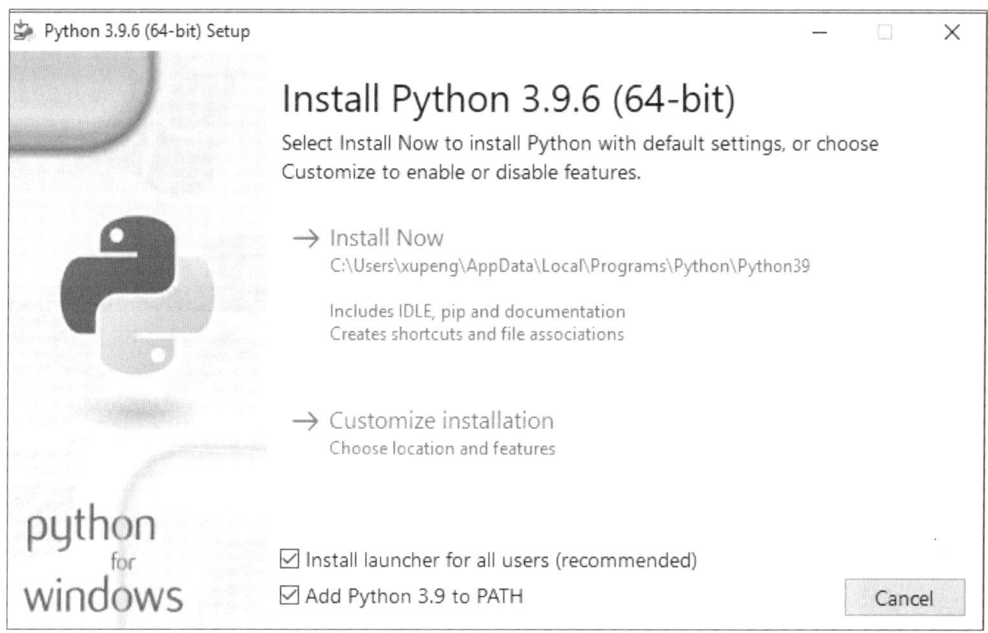

图 9.4　Python 安装

在完成 Python 安装之后需要安装 Power Query 中的常用库，这里使用 pip 命令进行相关库的安装，图 9.5 所示为相关库的安装操作。

- Numpy 库的安装命令如下：pip install numpy。
- Pandas 库的安装命令如下：pip install pandas。

```
Administrator: Windows PowerShell
Windows PowerShell
Copyright (C) Microsoft Corporation. All rights reserved.

PS C:\Users\xupeng> pip install numpy
Collecting numpy
  Downloading numpy-1.21.3-cp39-cp39-win_amd64.whl (14.0 MB)
     |████████████████████████████████| 14.0 MB 2.2 MB/s
Installing collected packages: numpy
Successfully installed numpy-1.21.3
WARNING: You are using pip version 21.1.3; however, version 21.3 is available.
You should consider upgrading via the 'c:\users\xupeng\appdata\local\programs\python\python39\python.exe -m pip install
--upgrade pip' command.
PS C:\Users\xupeng> pip install pandas
Collecting pandas
  Downloading pandas-1.3.4-cp39-cp39-win_amd64.whl (10.2 MB)
     |████████████████████████████████| 10.2 MB 2.2 MB/s
Collecting pytz>=2017.3
  Downloading pytz-2021.3-py2.py3-none-any.whl (503 kB)
     |████████████████████████████████| 503 kB 6.8 MB/s
Requirement already satisfied: numpy>=1.17.3 in c:\users\xupeng\appdata\local\programs\python\python39\lib\site-packages
 (from pandas) (1.21.3)
Collecting python-dateutil>=2.7.3
  Downloading python_dateutil-2.8.2-py2.py3-none-any.whl (247 kB)
     |████████████████████████████████| 247 kB ...
Collecting six>=1.5
  Downloading six-1.16.0-py2.py3-none-any.whl (11 kB)
Installing collected packages: six, pytz, python-dateutil, pandas
```

图 9.5　使用 Pip 命令安装第三方库操作

9.3 Power BI 启用 Python 支持

在 Power BI 启用 Python 的支持之前，我们需要完成 Python 支持的设置。这里可以在 Power BI 的文件选项中选择选项与设置，在选项的设置里面设置与 Python 的相关设定，在这里有两个选项需要设置，即 Python 的主目录和 Python 的 IDE 集成开发环境，如图 9.6 所示。

图 9.6　Power BI 的 Python 支持设置

9.3.1　Power Query 执行 Python 验证

完成 Python 支持的设置之后，就需要来验证是否能够实现 Python 代码的编写和执行了，默认情况下 Power Query 支持下面两种不同的场景下对 Python 的支持。

1. Power Query 以 Python 脚本作为数据源

先来看下如何利用 Python 脚本生成的数据作为标准数据源提供给 Power Query 进行数据的再处理，在获取数据的界面中选择 Python 脚本作为数据源，图 9.7 所示为利用 Python 脚本作为数据源的具体操作方法。

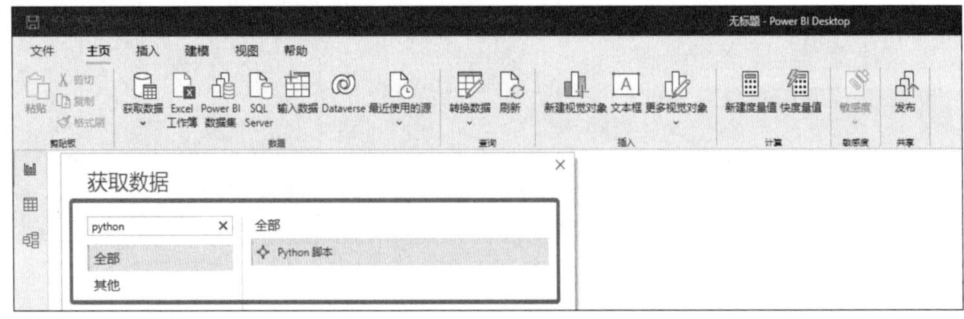

图 9.7　获取 Python 脚本生成数据

在“获取数据”对话框中选择“全部”，然后找到“Python 脚本”，选择后将弹出“Python 脚本”对话框。我们将编写好的 Python 代码复制到 Python 脚本的输入框中，单击“确定”按钮后开始执行，如图 9.8 所示。

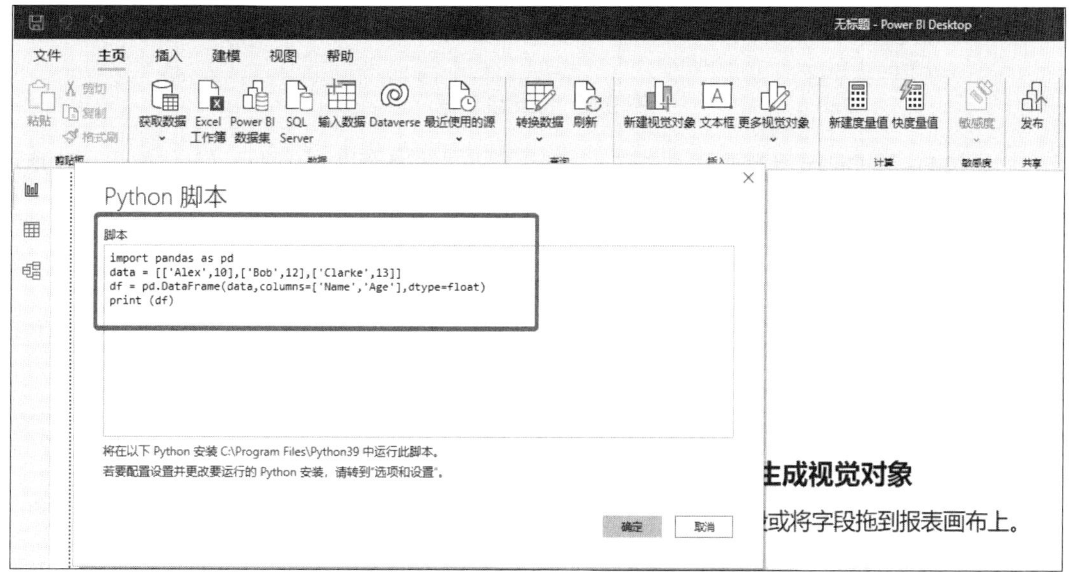

图 9.8　利用 Python 脚本生成数据

完成数据导入之后进入“导航器”对话框，选中刚才执行 Python 脚本的结果文件，单击“转换数据”按钮，如图 9.9 所示。然后进入 Power Query 编辑器界面完成后续的数据清洗操作。

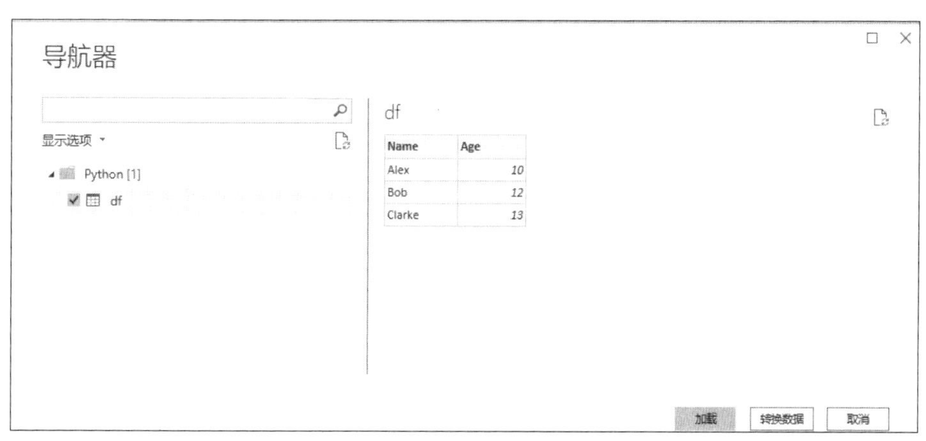

图 9.9　Python 生成相应的数据源

2. Power Query 使用 Python 进行中间步骤处理

这里以对缺失值的处理为例，来分享如何使用 Python 进行缺失值处理，这些数据是通过 Power Query 导入之后使用 Python 程序进行邻值填充，代码如下。Excel 中的数据如图 9.10 所示，这里有一部分人的年龄值为空值。

	A	B	C
1	工号	姓名	年龄
2	1001	张三	12
3	1002	李四	
4	1003	王五	14
5	1004	赵六	13
6	1005	田七	
7	1006	李铁	15

图 9.10　Excel 数据

我们通过 Power Query 将数据导入之后，数据为空的内容将会以 null 显示，具体如图 9.11 所示。

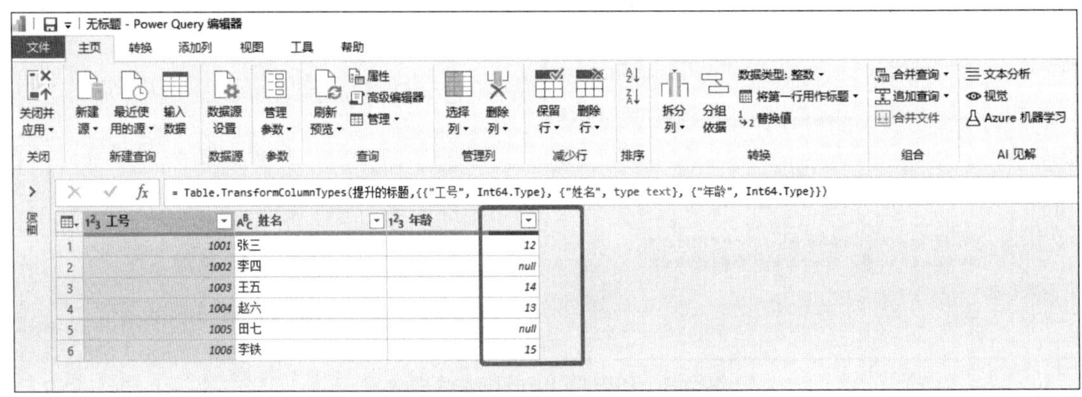

图 9.11　Power Query 导入后的数据

接下来我们将在执行的步骤中调用 Python 脚本来进行缺失值填充，单击“运行 Python 脚本”按钮将会生成一个 Python 执行的步骤，如图 9.12 所示。

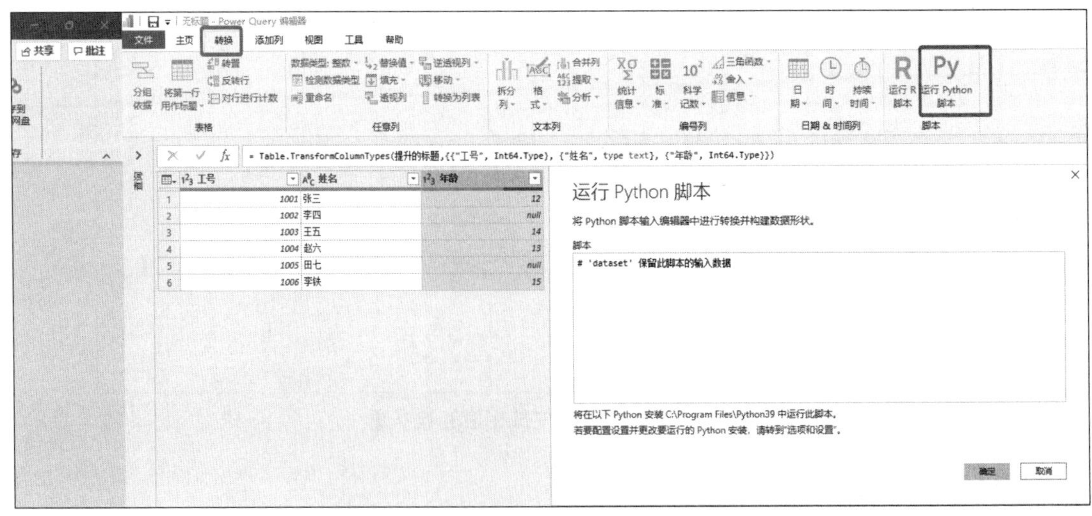

图 9.12　在当前环境中运行 Python 脚本

按照需要执行下面的 Python 脚本代码，脚本代码执行完毕之后生成表数据，如图 9.13 所示。

```
import pandas as pd
mandata=dataset.fillna(method="backfill",inplace=False)
dataset[" 年龄 "]=mandata[" 年龄 "]
```

图 9.13　Python 脚本执行结果

通过数据的提取后获得最终的数据结果如图 9.14 所示，通过这个案例可以看出 Python 在数据处理过程中的具体步骤。

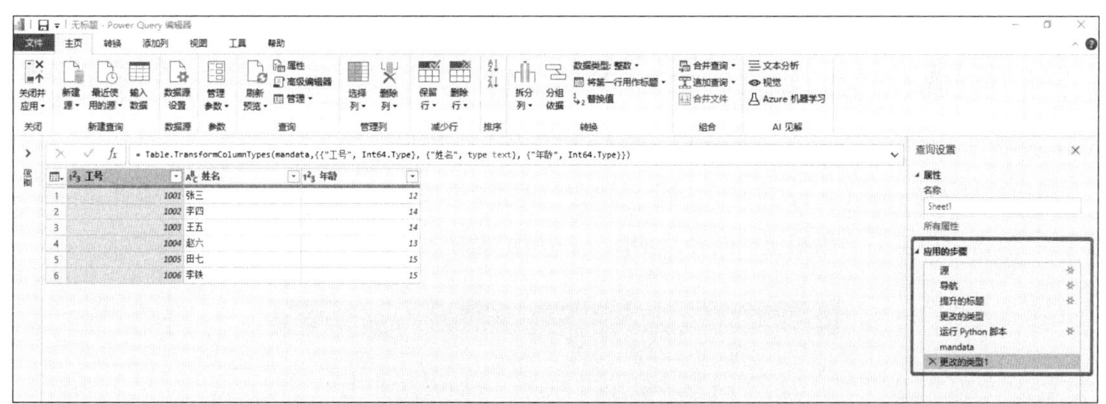

图 9.14　执行脚本后扩展表格数据结果

9.3.2　Power Query 结合 Python 生成中文词云

完成前面小节的基础内容的学习之后，相信有读者朋友一定会有疑问，究竟什么场景下才需要 Power Query 和 Python 结合起来使用呢？接下来将给大家分享 Power Query 结合 Python 进行中文的分词操作，这里以鲁迅的《少年闰土》为案例，图 9.15 所示为《少年闰土》的部分内容的部分截图。

深蓝的天空中挂着一轮金黄的圆月，下面是海边的沙地，都种着一望无际的碧绿的西瓜。其间有一个十一二岁的少年，项戴银圈，手捏一柄钢叉，向一匹猹用力地刺去。那猹却将身一扭，反从他的胯下逃走了。

这少年便是闰土。我认识他时，也不过十多岁，离现在将有三十年了；那时我的父亲还在世，家景也好，我正是一个少爷。那一年，我家是一件大祭祀的值年。这祭祀，说是三十多年才能轮到一回，所以很郑重。正月里供像，供品很多，祭器很讲究，拜的人也很多，祭器也很要防偷去。我家只有一个忙月（我们这里给人做工的分三种：整年给一定人家做工的叫长年；按日给人做工的叫短工；自己也种地，只在过年过节以及收租时候来给一定的人家做工的称忙月），忙不过来，他便对父亲说，可以叫他的儿子闰土来管祭器的。

我的父亲允许了；我也很高兴，因为我早听到闰土这名字，而且知道他和我仿佛年纪，闰月生的，五行缺土，所以他的父亲叫他闰土。他是能装弶捉小鸟雀的。

图 9.15 《少年闰土》节选

如果我们希望分析当前文章中文字的情感和内容，我们可以借助 Power BI 生成的词云来了解下在文章中提到的最多的内容。但是我们知道中文分词是非常困难的，而在 Python 有一个相对比较好的中文分词库 Jieba 库，接下来将分享如何结合 Power Query 和 Python 中文分词库进行词语分析。当前 Jieba 库还没有安装，需要先在 Python 中安装 Jieba 库，这里通过命令来安装 Jieba 库，图 9.16 所示为安装过程。

```
PS C:\WINDOWS\system32> pip install jieba -i https://pypi.tuna.tsinghua.edu.cn/simple
Looking in indexes: https://pypi.tuna.tsinghua.edu.cn/simple
Collecting jieba
  Downloading https://pypi.tuna.tsinghua.edu.cn/packages/c6/cb/18eeb235f833b726522d7ebed54f2278ce28ba9438e3135ab0278d979
2a2/jieba-0.42.1.tar.gz (19.2 MB)
     |████████████████████████████████| 19.2 MB 1.3 MB/s
Using legacy 'setup.py install' for jieba, since package 'wheel' is not installed.
Installing collected packages: jieba
    Running setup.py install for jieba ... done
Successfully installed jieba-0.42.1
WARNING: You are using pip version 21.2.4; however, version 21.3 is available.
You should consider upgrading via the 'c:\program files\python39\python.exe -m pip install --upgrade pip' command.
```

图 9.16　通过国内镜像安装 Jieba 库

将数据导入 Power Query 界面后，在“主页”选项卡中单击“获取数据”按钮，在弹出的对话框中设置 CSV/TXT 后引用相应的路径，如图 9.17 所示为导入的数据预览。

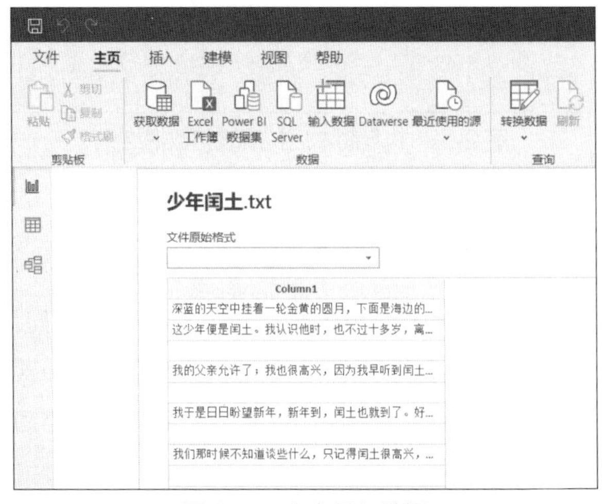

图 9.17　文章导入数据

Python 进行数据分词有个非常明确的要求，也就是所有的分词必须是一个没有空格的 RAW 类型的字符集，通过如下的 Power Query 代码实现如图 9.18 的最终结果。

```
源 = Table.FromColumns({Lines.FromBinary(File.Contents( “C:\ 少年闰土 .txt” ))}),
筛选的行 = Table.SelectRows( 源 , each [Column1] <> null and [Column1] <> “ ” ),
完整数据 =Text.Combine( 筛选的行 [Column1])
```

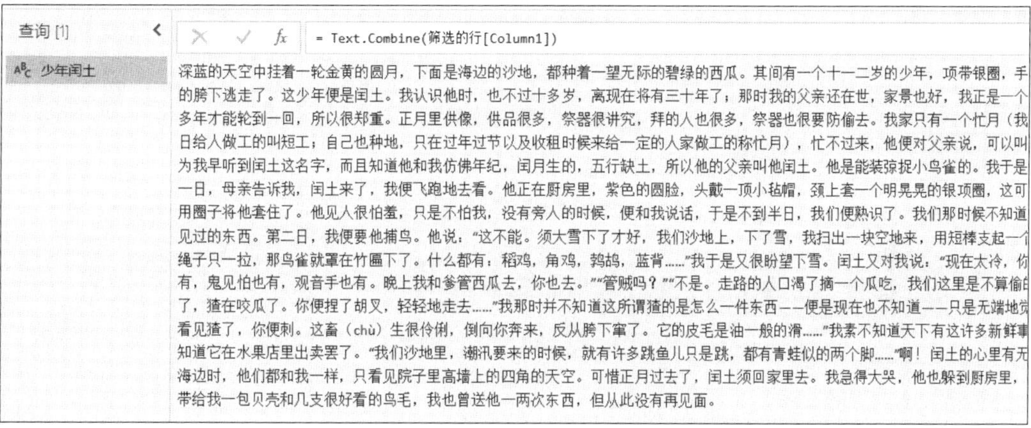

图 9.18　Power Query 完成数据整合

接下来我们通过执行如下的 Python 代码进行字符串切分，切分过程中将基于 Jieba 库生成相应的词组，操作如图 9.19 所示。

```
import pandas as pd
import jieba
df=pd.DataFrame(dataset)
string=df[ “Column1” ][0]
cutdata=jieba.lcut(string)
dataAll=pd.DataFrame(cutdata,columns=[ “Words” ])
```

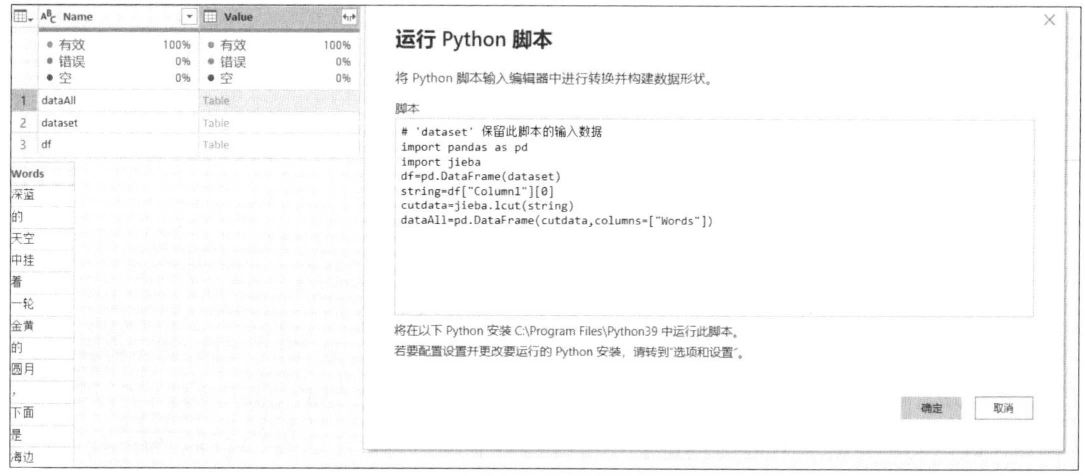

图 9.19　在操作步骤中 Python 脚本

完成进一步数据清洗后，基于得到的数据进行分组操作，在 Power Query 编辑器的“转换”选项卡中单击“分组依据”按钮，如图 9.20 所示。

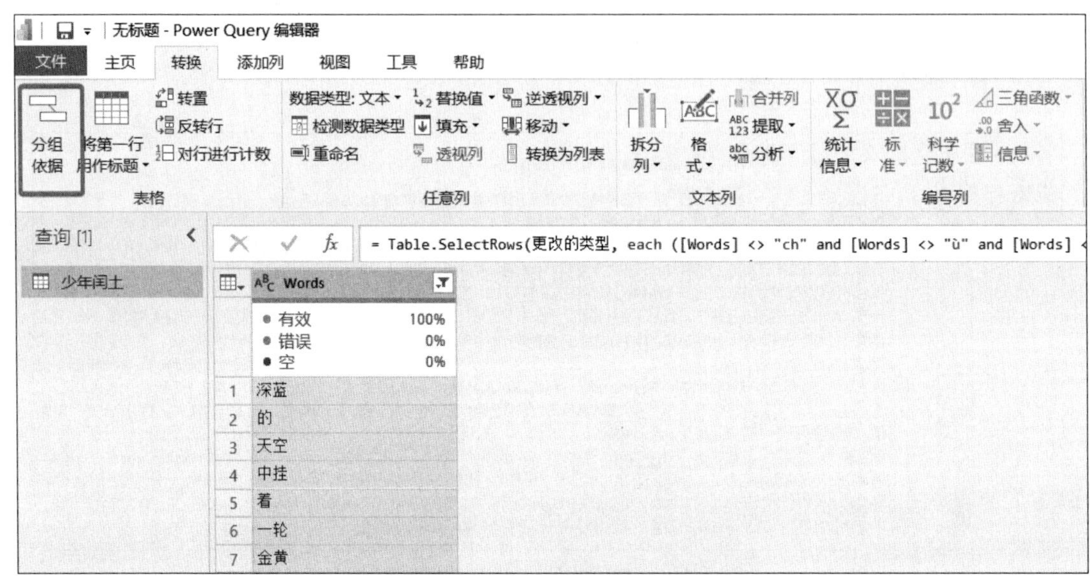

图 9.20　基于当前数据完成分组操作

完成数据分组后最终得到如图 9.21 的数据，这些数据将作为 Power BI 词云模块展示过程中的输入数据。

	Words	计数
	有效 100% 错误 0% 空 0%	有效 100% 错误 0% 空 0%
1	我	25
2	有	14
3	很	10
4	是	10
5	闰土	8
6	我们	8
7	去	7
8	到	7
9	便	7
10	这	7
11	在	7
12	父亲	7

图 9.21　Power Query 词组数据统计

经过分组统计后的最终数据通过 Power BI 的文字云组件展示，将得到如图 9.22 的内容。

当前词云的展现案例结合了 Power Query 和 Python 进行中文文字的切分，然后基于文字进行统计计算，最终使用 Power BI 的图形化组件进行内容展现。通过该案例，能够理解如何在 Power Query 中调用 Python。当然，在实际的数据分析和处理过程中我们也可以使用 Python 其他的数据分析库帮助进行数据总体分析。

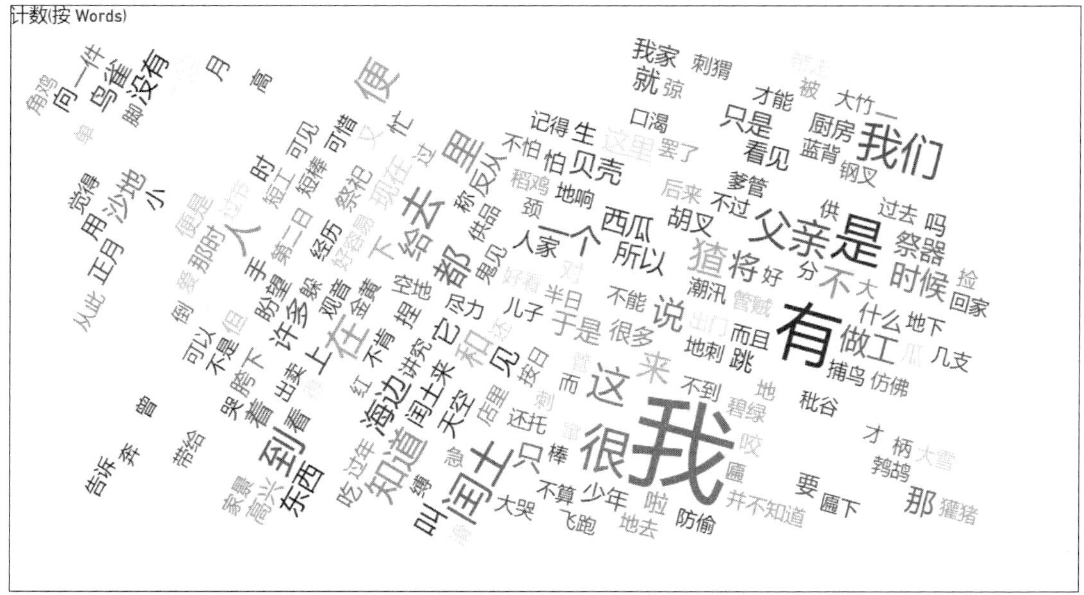

图 9.22　Power BI 中的文字云

9.4 本章总结

原本从概念上无法结合在一起的产品 Power Query 和 Python 通过 Power BI 完美地结合在了一起，通过本章的学习能够了解到如何在 Power Query 中调用 Python 的场景和方法。

通过本章，能够了解如下的有关 Power Query 和 Python 的内容。

- 在 Power Query 中调用 Python 的前置条件。
- Python 环境的安装与部署。
- 启用 Python 环境的支持。
- 在 Power Query 中验证 Python 的执行。

第 10 章

Power Query 数据综合应用案例

在学习完 Power Query 进行数据清洗和重构的内容之后，下面开始实战案例的讲解。在实战案例中，我们需要在各种不正确的数据中完成数据的导入、清洗、重构，导出的数据最终将作为建模依据。本章分享如何使用 Power Query 实现复杂情况下的数据处理过程，并通过一个 500 万条会员数据导入和清洗的案例，来实际地理解 Power Query 在数据清洗过程中强大的功能。

有具体的数据导入
和清洗案例吗？

本章将讲解一个
难易适中的案例。

在使用 Excel 进行数据分析时，很多人会问，Excel 不是只能存储 107 万条数据吗？怎么可以进行 500 万条数据清洗和处理呢？这里大家不要忘记 Excel 和 Power BI 的 Power 系列组件。在进行数据清洗过程中，如果数据超过 100 万条，使用 Excel 进行数据清洗和管理看似是一个不可能完成的任务，但是如果我们使用 Power 系列组件来完成超过 100 万条用户数据的清洗和管理，则完全不是问题。本案例将分享如何完成 500 万数据的清洗和处理工作，图 10.1 所示为部分 CSV 的数据格式。（注：本案例数据均为虚构数据。）

文件(F)　编辑(E)　格式(O)　查看(V)　帮助(H)

裴芬,0571-125321
曹阳,32010619890506042x
孙旸,310104198705232812
jingjing,420105197404030028
潘国鹏,370683198103193217
徐争鸣,420106196809074071
陈妍,210212811019104
吴晓龙,360430198005111111
王洵,320502198310210545
周建华,320602198511302041

图 10.1　部分数据

Excel 文件的存储限制让我们在存储的文件格式上不能选择 Excel，而只能选择 CSV 或 TXT，目前这两种文件格式提供的数据存储没有上限，避开了 Excel 数据存储的问题。在实际的数据导入之后进行数据分析时，就会发现数据根本无法使用，虽然本次导入的数据只有两列：姓名和身份证号码。但是如果直接使用的话会发现有如下问题。

- 数据长度问题：身份证信息的长度通常是 15 位或 18 位，其他的都是不正确的长度，数据无法使用。
- 无效字符问题：身份证号码前面 17 位中存在较多的错误字符，包含“*”“-”及字母问题，第 18 位数据除了数字 1 ～ 9 和字母 X、x 之外都是无效字符。
- 逻辑信息错误：用户的出生日期低于 1900 年和大于 2022 年，是错误的出生日期，但是这些信息不存在格式上的错误，只是不正确的信息。
- 文字类型错误：姓名字段中如果存在非中文字符，则无法进行正常分析，我们需要先将非中文字符的数据利用清洗方法进行删除。

这些问题看起来简单，但是实际上我们需要使用到前面所学到的知识来进行数据的清洗和重构，这里我们使用 Excel 的 Power Query 组件来进行数据的清洗，依次按照数据清洗和重构的步骤来完成数据清洗。

10.1 身份证信息的初步导入

在 Excel 中打开 Power Query 的界面，在“数据”选项卡下单击“从文本/CSV”按钮，在弹出的对话框中选择导入 CSV 的方式导入所有的 500 万条数据。需要注意的是，如果分隔符选择错误，则数据会很乱，也就不是我们希望看到的内容，图 10.2 所示为导入数据过程中的设置选项。

图 10.2　导入数据的选项设置

设置完导入的数据后，单击“转换数据”按钮进入 Power Query 编辑器界面，图 10.3 所示为完成导入后的数据内容。

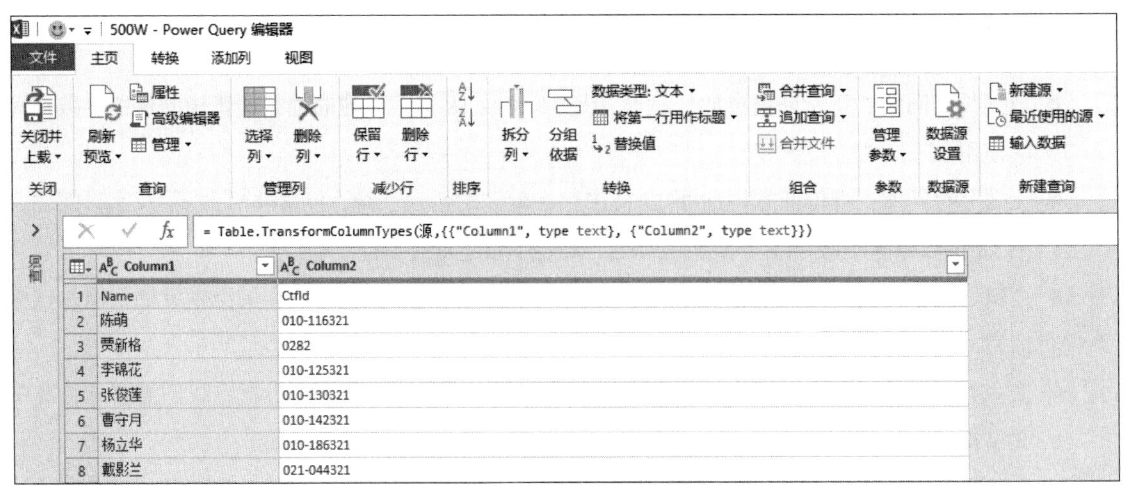

图 10.3　完成导入后的数据

导入数据后，可以发现第一行应该是标题列，但没有列名。所以，接下来要对这一行进行更名，在“转换”选项卡下单击“将第一行用作标题”按钮，并对第一行标题进行重命名。图 10.4 所示为操作完成后的结果。

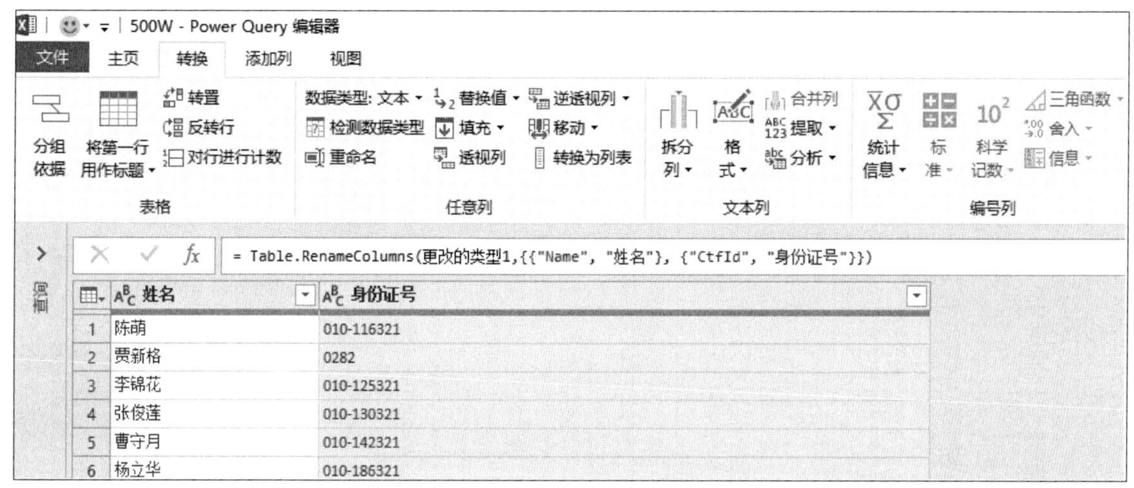

图 10.4　数据列设置

10.2 身份证号码数据初步清洗

在这一部分我们需要完成一些挑战性的任务，也就是数据的清洗。数据清洗听起来很简单，但有时候还是需要很多的知识一起配合才可以完成。接下来我们一起来了解下数据清洗的整个步骤。首先计算下身份证字段长度，在“添加列”选项卡下单击“提取”下拉按钮，在下拉列表中选择“长度”命令进行数据提取，操作方法如图 10.5 所示。

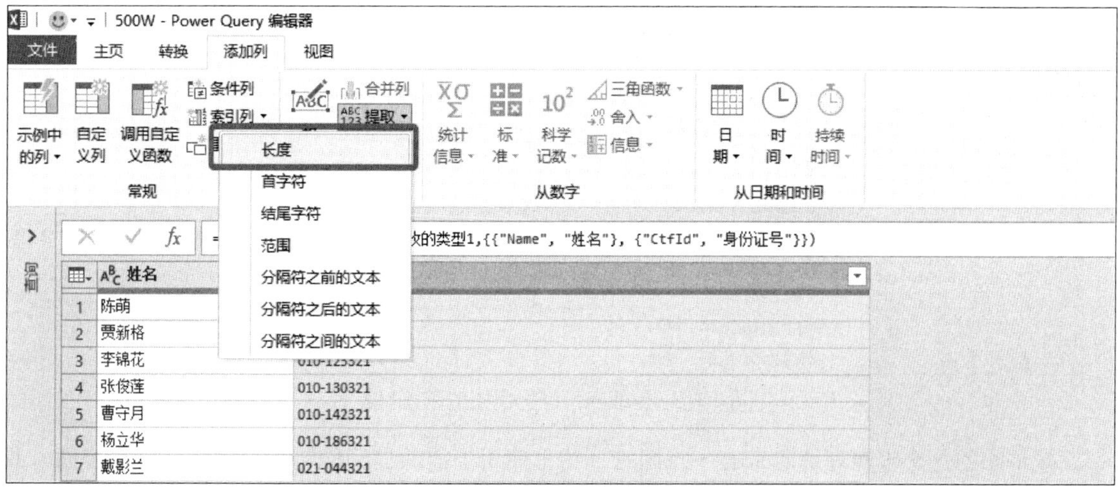

图 10.5　提取身份证长度

为了方便，我们这里剔除了 18 位之外的数据。单击“长度”列的下拉按钮，在弹出的面板中选中“18”复选框，如图 10.6 所示为筛选保留 18 位数据的方法。

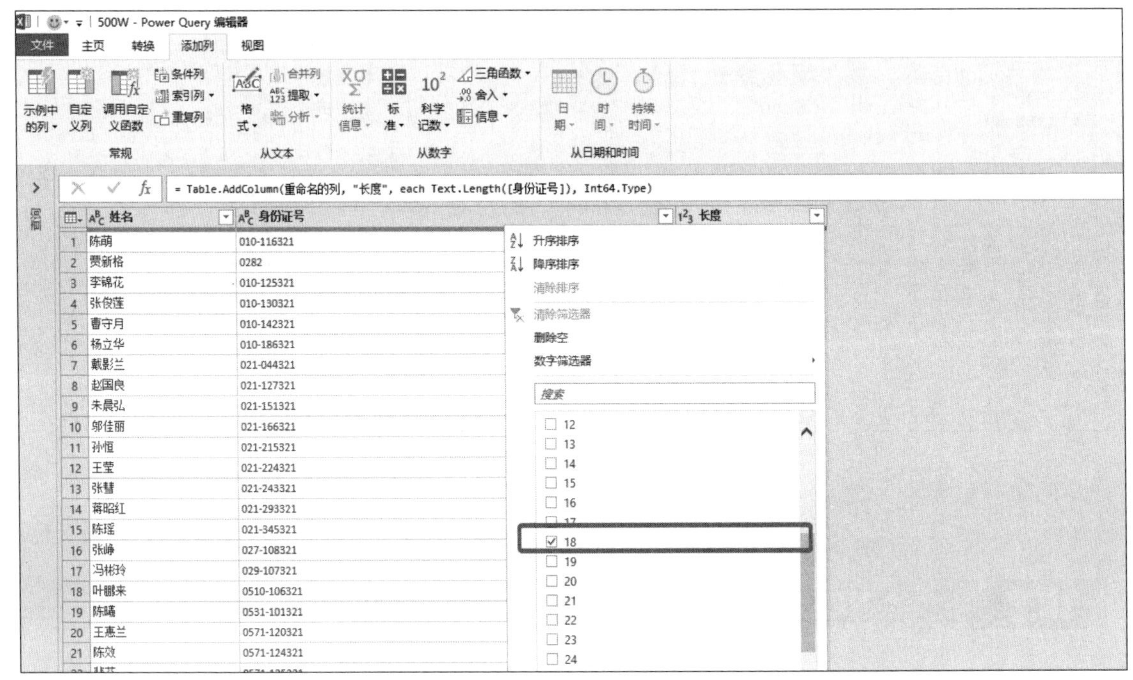

图 10.6　筛选 18 位的数据

接下来我们需要提取身份证号码前面 17 位的数据，提取 17 位数字的原因是需要判断这些数据是否是数值数据。在“添加列”选项卡中单击“提取”下拉按钮，在弹出的下拉列表中选择“首字符”命令，如图 10.7 所示。然后在弹出的对话框中设置提取的位数为 17。

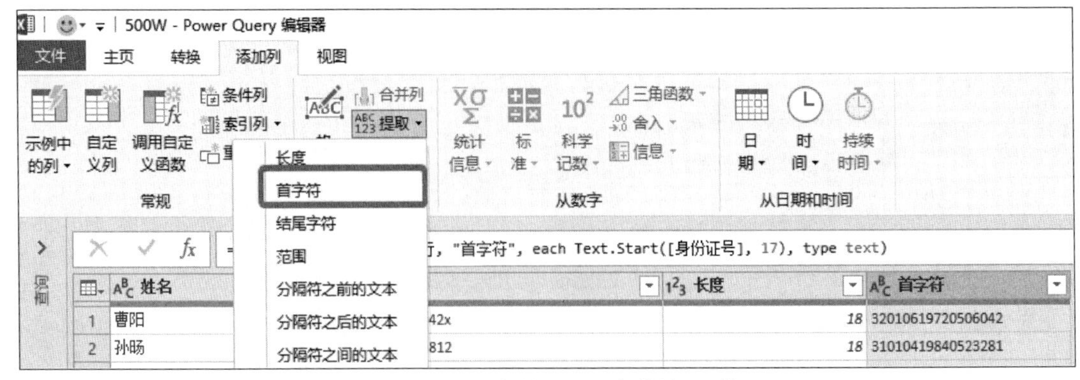

图 10.7　提取身份证号码中的前 17 位

接下来的这个步骤理解起来有一点困难，这里使用了前面提到的错误处理的方法和步骤，我们通过使用 Try..Otherwise 结合数值判断函数完成数据的赋值。如果确定为数值，则结果就是数值，如果转换后出错则结果为 0。在 Power Query 编辑器的“添加列”选项卡下单击“自定义列”按钮，在弹出的对话框中添加自定义列，步骤与方法如图 10.8 所示。

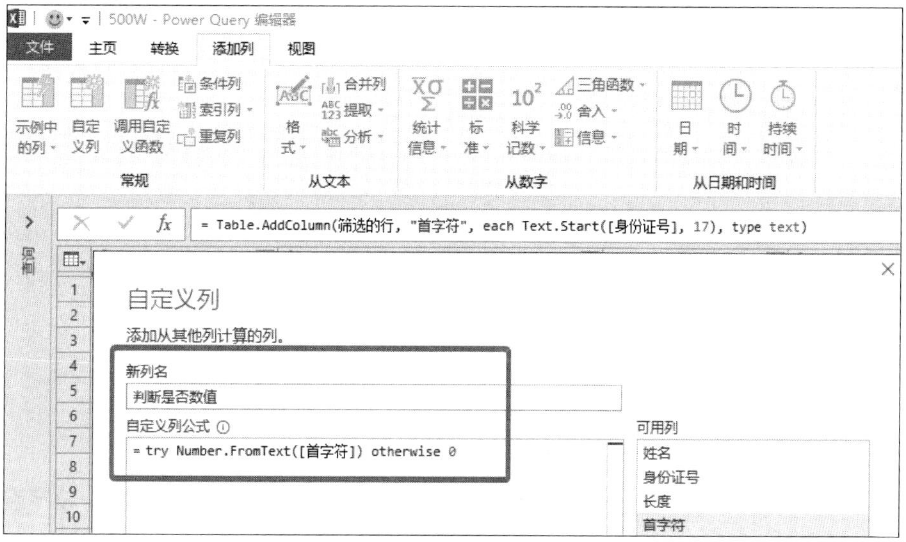

图 10.8　添加自定义列进行类型判断

在列中筛选不为 0 的值，也就是正常的数据，目的是去除前 17 位除数值类型之外的数据，图 10.9 所示为基于当前判断列进行数据筛选的操作。

图 10.9　筛选前面 17 位有效数据

接下来提取身份证号码的最后一位数据，我们知道身份证号码中的最后一位包含了数字 0 ~ 9 和字母“X”，除了这些字符之外的数据都是非法数据，图 10.10 所示为提取最后一位数据的结果。这里通过 Text.End 方法来获取数据的最后一位。

	姓名	身份证号	长度	首字符	判断是否数值	结尾字符
53	毕澜潇	371081198602090023	18	37108119860209002	3.71081E+16	3
54	董嵩林	370203198607140318	18	37020319860714031	3.70203E+16	8
55	宋晓辰	310107198404192512	18	31010719840419251	3.10107E+16	2
56	李文勇	442525197111170038	18	44252519711117003	4.42525E+16	8
57	刘鄉	410311198003132024	18	41031119800313202	4.10311E+16	4
58	stone66	321102197704140454	18	32110219770414045	3.21102E+16	4
59	赵江	220104198004072617	18	22010419800407261	2.20104E+16	7
60	赵逸明	210102198802045619	18	21010219880204561	2.10102E+16	9
61	张剑秋	310109198708314593	18	31010919870831459	3.10109E+16	3
62	张涛	110103198003030018	18	11010319800303001	1.10103E+16	8
63	黄茂林	320114196905160312	18	32011419690516031	3.20114E+16	2
64	徐明	330903198210081816	18	33090319821008181	3.30903E+16	6

图 10.10　提取最后一位数值

在“结尾字符”列中可以筛选有效的数据，通过单击如图 10.11 所示的最后一位字符，然后选中数字 0 ～ 9 和字母 x、X 之前的复选框，即可筛选出无效数据。

文件 主页 转换 添加列 视图
示例中的列 自定义列 调用自定义函数 条件列 索引列 重复列
常规
格式 合并列 提取 分析
从文本
统计信息 标准 科学记数 三角函数 舍入 信息
从数字
日期 时间 持续时间
从日期和时间

= Table.SelectRows(已插入结尾字符, each true)

	姓名	身份证号	长度	首字符
1	曹阳	32010619720506042x	18	32010619720506042
2	孙旸	310104198405232812	18	31010419840523281
3	jingjing	420105197404030028	18	42010519740403002
4	潘国鹏	370683198103193217	18	37068319810319321
5	徐争鸣	420106196809074071	18	42010619680907407
6	吴晓龙	360430198405111111	18	36043019840511111
7	王洵	320502197310210545	18	32050219731021054
8	周建华	320602196511302041	18	32060219651130204
9	王蓉蓉	610104198212296167	18	61010419821229616
10	于泳	510212197001300311	18	51021219700130031
11	袁满	510104197601230278	18	51010419760123027
12	朱为准	330302198403275618	18	33030219840327561
13	钟敏	310109198401104575	18	31010919840110457
14	徐海峰	32092219720416241x	18	32092219720416241
15	种亚男	110103197809221521	18	11010319780922152
16	付义平	362202198112230315	18	36220219811223031
17	鲁雅萍	310104198411216843	18	31010419841121684
18	陈爱武	452423198009072843	18	45242319800907284
19	梁湘	460100197408010628	18	46010019740801062
20	鲍晨飞	330402197906030939	18	33040219790603093
21	董明	362334197910255316	18	36233419791025531
22	尹崇博	210423198101010032	18	21042319810101003

判断是否数值　结尾字符

升序排序
降序排序
清除排序
清除筛选器
删除空
文本筛选器
搜索
(全选)
0
1
2
3
4
5
6
7
8
9
X
x
列表可能不完整。　加载更多

图 10.11　筛选不需要的数据

完成筛选之后，最终删除了除姓名和身份证号码之外的其他字段，这个步骤是为了筛选出当前数据中的初步合法数据，这里还有一些逻辑上出现错误的数据，需要进行二次筛选才能完成数据清洗。这部分我们将在后面的小节分享相应的操作，图 10.12 所示为删除不必要字段列的操作。

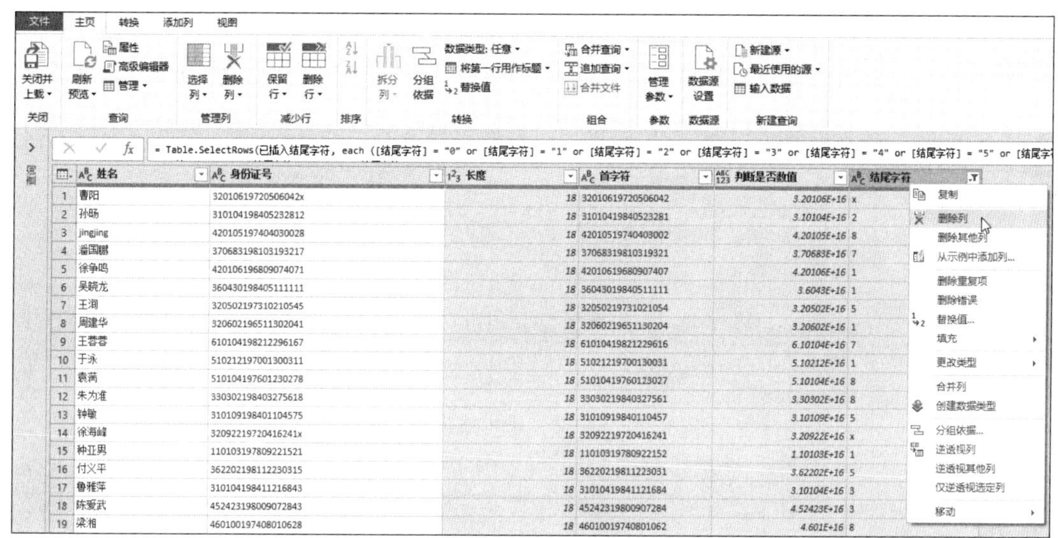

图 10.12　删除非必要字段

10.3 身份证数据二次清洗

完成身份证数据的基本筛选之后，我们已经对身份证信息相关列的数据进行了过滤。但是这些数据列还是会有一些问题，这些问题与格式没有关系，但是存在一些逻辑上的关系。例如，数据中出生年份是 9999 年，这样不符合逻辑的数据我们如何去进行清洗呢？这就需要我们对身份证信息进行第二步清洗，即完成逻辑错误的数据清洗，首先提取出“区域识别码”“出生日期”“出生年份”“出生月份”“出生日”等字段信息，如图 10.13 所示。

= Table.RenameColumns(已插入结尾字符1,{{"结尾字符", "出生日"}})

	姓名	身份证号	区域识别码	出生日期	出生年份	出生月份	出生日
1	曹阳	32010619720506042x	320106	19720506	1972	05	06
2	孙旸	310104198405232812	310104	19840523	1984	05	23
3	jingjing	420105197404030028	420105	19740403	1974	04	03
4	潘国鹏	370683198103193217	370683	19810319	1981	03	19
5	徐争鸣	420106196809074071	420106	19680907	1968	09	07
6	吴晓龙	360430198405111111	360430	19840511	1984	05	11
7	王润	320502197310210545	320502	19731021	1973	10	21

图 10.13　提取必要列

前面已经完整地计算出需要的年份、月份和日期，这里通过添加列的方式构造出“出生年月日”，参考下面的代码来实现图 10.14 呈现的出生年月日。

```
#date（出生年份，出生月份，出生日）
```

这里直接将“出生年份”列中的数据转换成数值类型一定不会出现错误，但是可能会出现逻辑错误。例如，出生日期中年份的数值范围需要位于 1930 ~ 2021，图 10.15 所示为年份数据筛选的步骤。

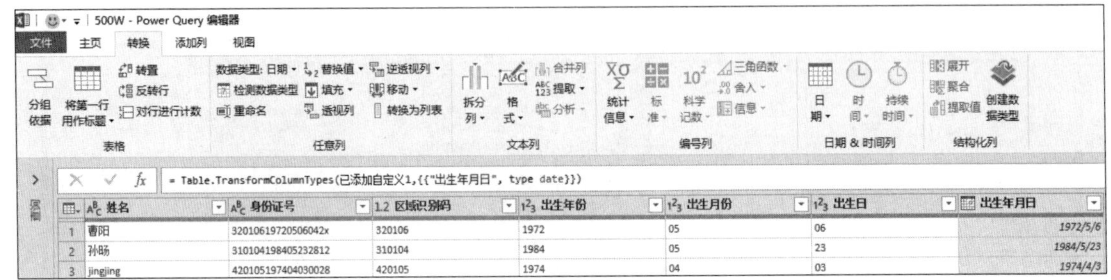

图 10.14　构造“出生年月日”列

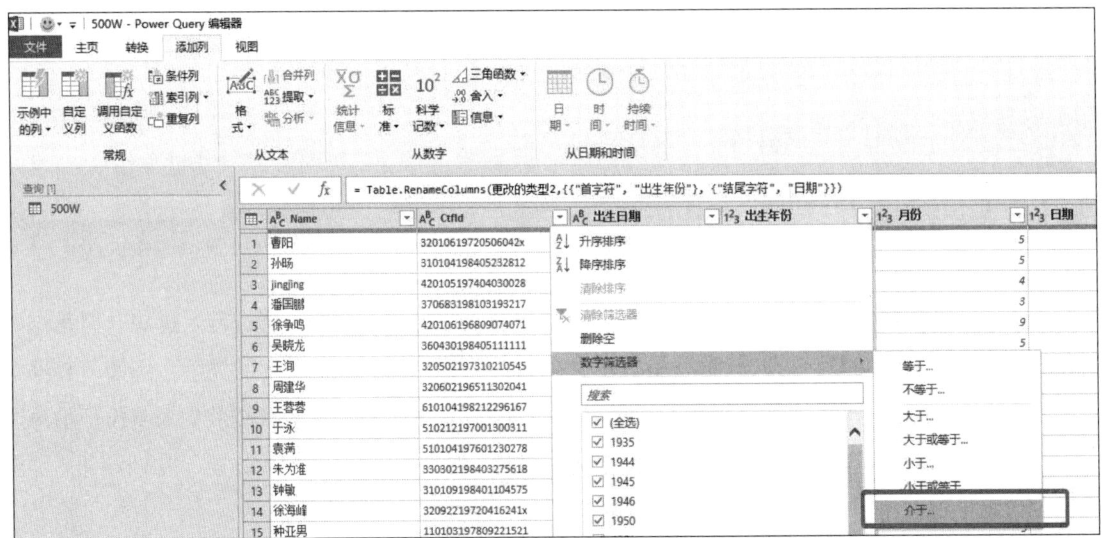

图 10.15　筛选年份数据的方法

在弹出的“筛选行”对话框中选择 1930 ~ 2022 之间的数据，具体数据如图 10.16 所示。

筛选行

将一个或多个筛选条件应用于此表中的行。

在“出生年份”中保留行

大于或等于 1930

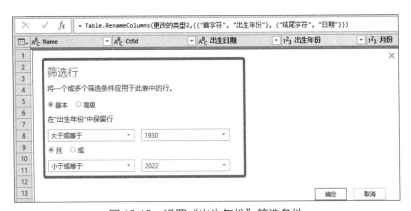

且

小于或等于 2022

图 10.16　设置“出生年份”筛选条件

接下来我们需要清洗完成月份的数据，正常月份数据需要为 1 ~ 12。其他的都是无效数据，我们必须在相应的数据中进行筛选，图 10.17 所示为相关的筛选条件。

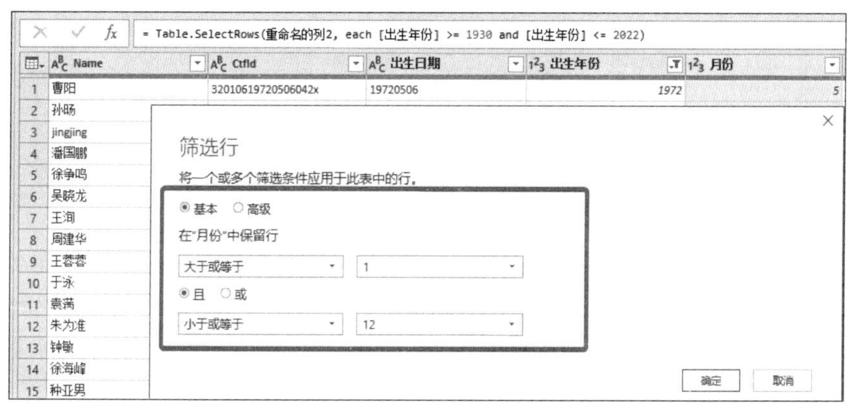

图 10.17 设置“月份”筛选条件

完成了“出生年份”列和“月份”列的筛选之后，就需要对“日期”列进行筛选，筛选的日期数值为 1 ~ 31，筛选设置如图 10.18 所示。当然这里还会存在一些特殊情况，比如大小月问题和 2 月问题，这里仅仅分享日期必须为 1 ~ 31 的时间范围，对 2 月及小月的设置与此类似，此处不再赘述。

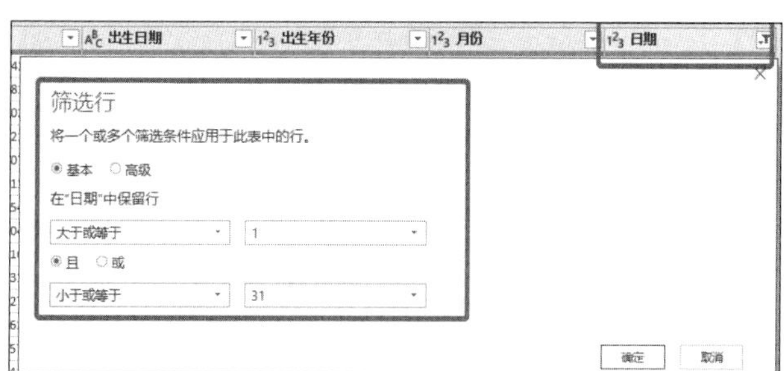

图 10.18 日期筛选范围

10.4 非中文姓名数据清洗

对于姓名中的非中文信息，如何清洗呢？可以通过添加函数列的方式来实现这个清洗功能，即除了中文字符之外的其他字符都会被替换为空。那么，怎么定义中文字符呢？可参考下面的代码来实现整体数据的筛选，图 10.19 所示为数据筛选后最终的结果。

```
数据替换 = Table.AddColumn( 清洗后数据 , " 替换数值 ", each Text.Select([ 姓名 ],{" 一 ".." 龟 "}))
```

71	丰晓伟	丰晓伟	130703197411160323	130703
72	刘光强	刘光强	44181119660621623x	441811
73	胡林	胡林	331022198406043150	331022
74	karen		320683198311126044	320683
75	刘奕星	刘奕星	430202197909094033	430202
76	王佳瑶	王佳瑶	310115198711273814	310115
77	倪圆佳	倪圆佳	500108198403292310	500108
78	高春	高春	370181198212293014	370181
79	张楠	张楠	220104198006081349	220104
80	侯喜丰	侯喜丰	142301198609041817	142301
81	bianyuan		210882198705030650	210882

图 10.19　如果不是中文则填为空

接下来我们针对“筛选非中文”列的数据进行删除空操作，在 Power Query 编辑器界面中选择“主页”选项卡，单击“删除行”下拉按钮，在弹出的下拉列表中选择“删除空行”命令，如图 10.20 所示。

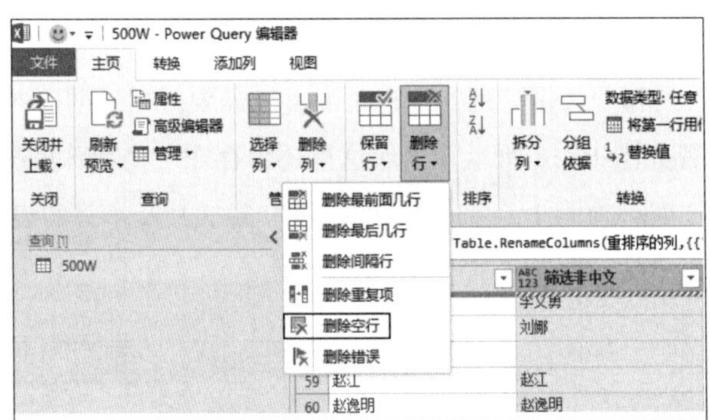

图 10.20　将列中的空数据删除

完成非中文字符的筛选之后，接下来就需要进行姓名的拆分了。常规来说，如果姓名是两个字或三个字，姓为第一个字，如果是 4 个字或以上，前面两个字为姓。除去姓之外就是名，清洗完成后的数据如图 10.21 所示。

图 10.21　完成所有计算之后的数据

完成了上面所有数据的操作之后，我们已经筛选出了具有物理错误和逻辑错误的值，然后根据需要提取用户的出生年月日，接下来就可以利用这些数据实现数据的再处理和相应的数据建模了。

10.5 本章总结

本章通过一个非常典型的案例讲解了如何进行数据的导入和清洗，通过这个案例能够提高读者对数据清洗和综合利用 Power Query 的能力。虽然这个案例比较简单，但能够让大家了解如何使用 Power Query 进行实际的数据处理。

附录　Power Query 简单案例处理

案例 1　实现商品与颜色笛卡尔积

“笛卡尔积”这个名词似乎有点难以理解，但在日常生活中的使用却很频繁的，特别是鞋服类的行业经常需要基于不同的尺寸或颜色进行笛卡尔积的乘法。例如，我们希望每个服装类型中都定义出不同的尺码，这里的衬衫有 S 码、L 码和 XL 码，裙子和裤子也有。这时就出现一个问题，如何为不同的类型生成不同的三个尺码呢？接下来分享如何实现这两个参数的笛卡尔积，图 1 所示为衣服类型和尺码两个表。

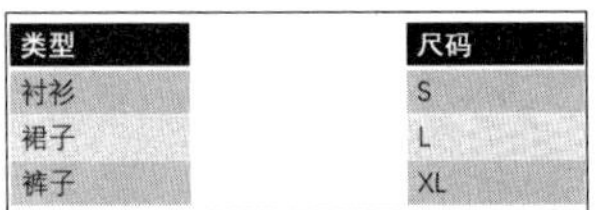

类型
衬衫
裙子
裤子

尺码
S
L
XL

图 1　衣服类型和尺码表

①如果希望衬衫、裙子和裤子都有相对应的尺码，使用 Power Query 实现起来非常简单。将两个表作为源数据导入 Power Query 中，图 2 所示为导入之后的表。

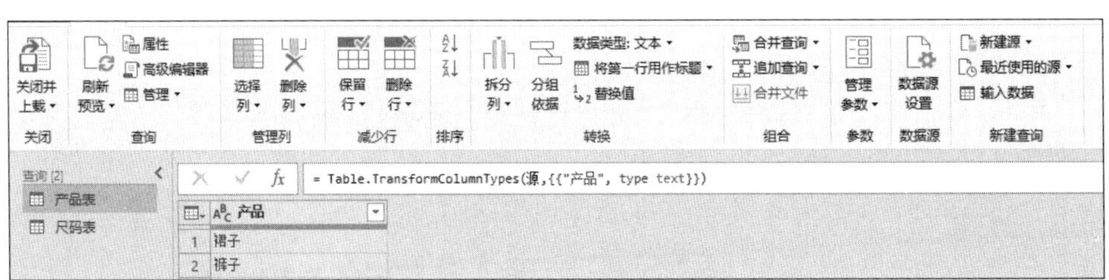

图 2　导入 Power Query 后的数据

②添加自定义列，在自定义列写入尺码表，如图 3 所示。

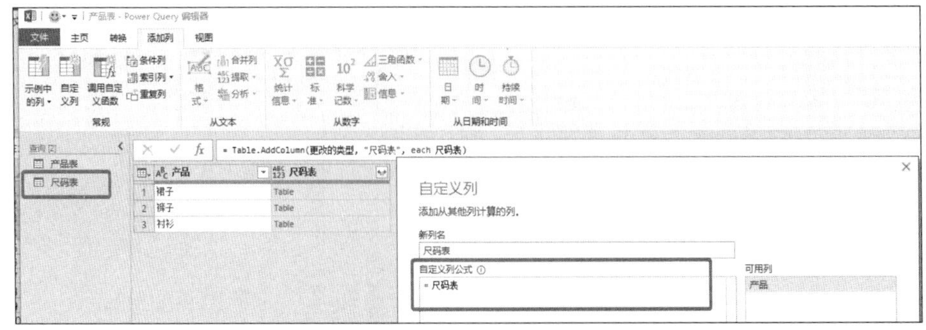

图 3　自定义列中填写表格名称

③完成数据添加之后，尺码表数据将被加载到产品的每一行，如图 4 所示。

= Table.AddColumn(更改的类型, "尺码表", each 尺码表)

	产品	尺码表
1	裙子	Table
2	裤子	Table
3	衬衫	Table

图 4　自定义列添加尺码表

④完成表的展开之后，最终的数据展现如图 5 所示，产品名称和尺码进行了相应的笛卡尔积运算。

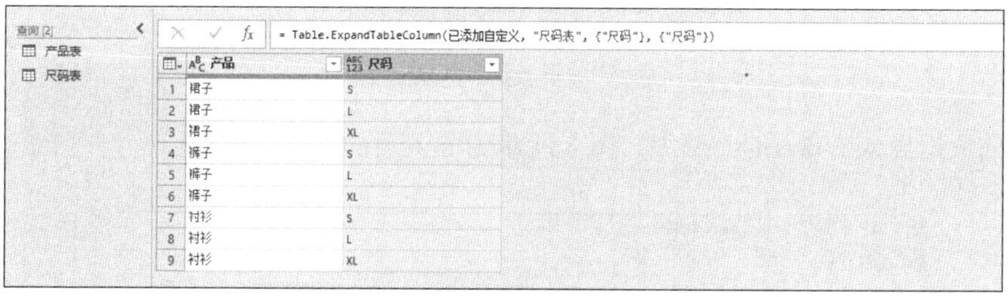

查询 [2]
产品表
尺码表

= Table.ExpandTableColumn(已添加自定义, "尺码表", {"尺码"}, {"尺码"})

	产品	尺码
1	裙子	S
2	裙子	L
3	裙子	XL
4	裤子	S
5	裤子	L
6	裤子	XL
7	衬衫	S
8	衬衫	L
9	衬衫	XL

图 5　产品和尺码进行笛卡尔积的结果

⑤也许有人会问，是否可以对多个表进行笛卡尔积运算？最好不要多个表格一起做笛卡尔积，那样将耗费非常多的系统资源。比较好的方式是先将两个表进行笛卡尔积运算，再将运算结果与第三个表进行笛卡尔积运算，图 6 所示为多个表的笛卡尔积结果。

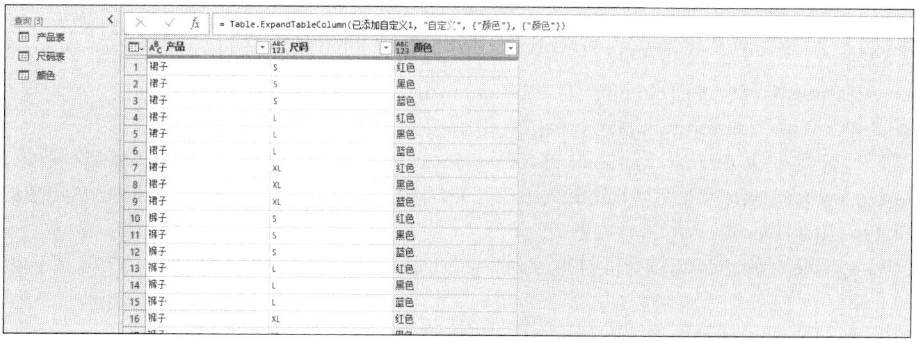

查询 [3]
产品表
尺码表
颜色

= Table.ExpandTableColumn(已添加自定义1, "自定义", {"颜色"}, {"颜色"})

	产品	尺码	颜色
1	裙子	S	红色
2	裙子	S	黑色
3	裙子	S	蓝色
4	裙子	L	红色
5	裙子	L	黑色
6	裙子	L	蓝色
7	裙子	XL	红色
8	裙子	XL	黑色
9	裙子	XL	蓝色
10	裤子	S	红色
11	裤子	S	黑色
12	裤子	S	蓝色
13	裤子	L	红色
14	裤子	L	黑色
15	裤子	L	蓝色
16	裤子	XL	红色

图 6　多个表进行笛卡尔积运算的结果

案例 2　提取文字与数值

对于下面数据中的中文和数字如何将其分开并同时统计一下水果的数量呢？在 Excel 的常规操作中很难实现，只能通过宏实现，那么，可以通过 Power Query 来实现吗？

香梨 30 苹果 40 葡萄 39 琵琶 48 车厘子 56 香蕉 29 火龙果 50

其实，这个问题可以通过 Power Query 实现，而且不用编程，如何实现呢?

①我们先来看下 Excel 中表格中填入的数据，图 7 所示为相应的数据。

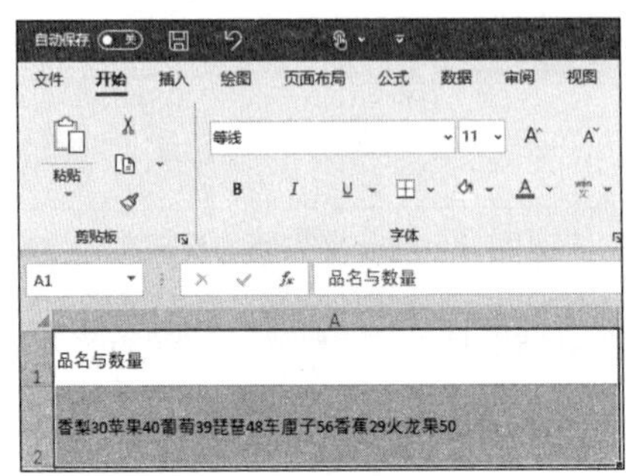

图 7　Excel 中的数据源

②将当前数据导入 Power Query 中，图 8 所示为导入后的数据内容。

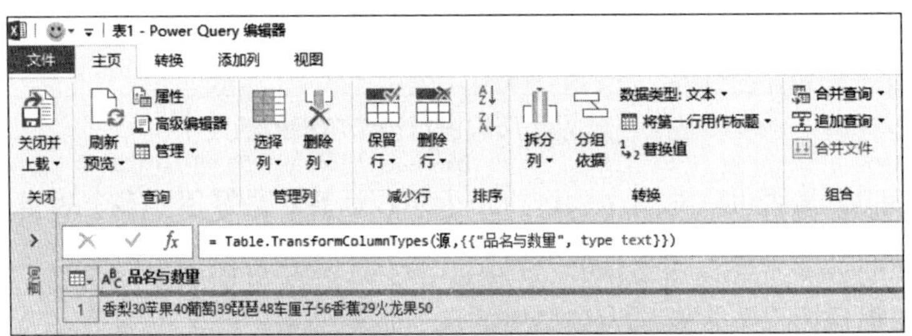

图 8　导入 Power Query 的数据

③按照如下代码提取文字数据，并将数据划分成行，同时删除空行，操作后结果如图 9 所示。

```
源 = Excel.CurrentWorkbook(){[Name=" 表 1"]}[Content],
更改的类型 = Table.TransformColumnTypes( 源 ,{{" 品名与数量 ", type text}}),
按分隔符拆分列 = Table.ExpandListColumn(Table.TransformColumns( 更改的类型 , {{" 品名与数量 ", Splitter.
SplitTextByAnyDelimiter({"0".."9"}, QuoteStyle.Csv), let itemType = (type nullable text) meta [Serialized.Text =
true] in type {itemType}}}), " 品名与数量 "),
筛选的行 = Table.SelectRows( 按分隔符拆分列 , each [ 品名与数量 ] <> null and [ 品名与数量 ] <> "")
```

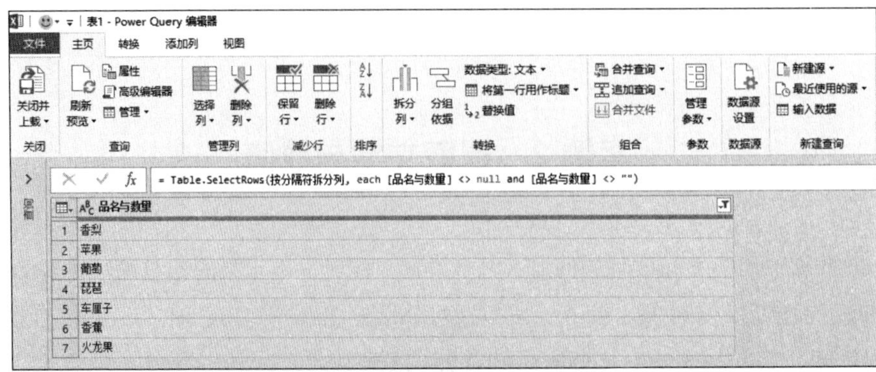

图 9　按照分隔符进行行划分

④在当前表数据中添加索引列，图 10 所示为添加后的结果。

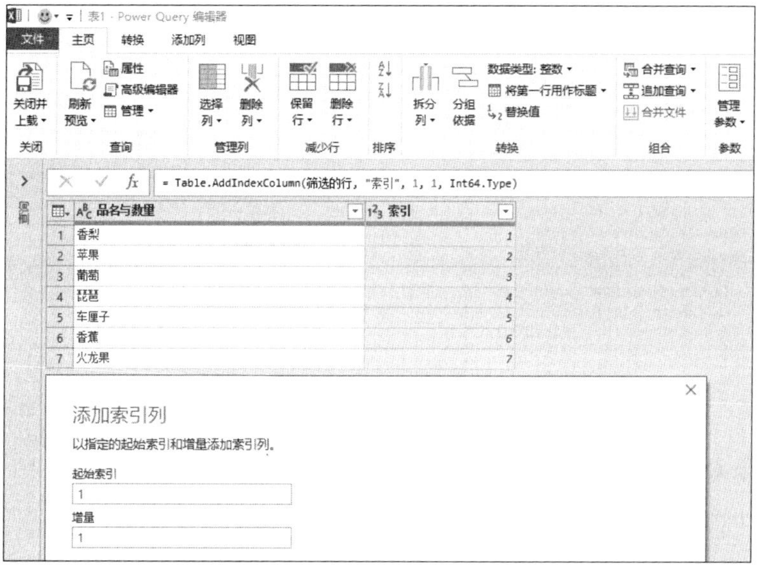

图 10　为当前数据列添加索引

⑤按照如下代码提取数据源中的数字，并将数值数据划分成行，然后为数值数据添加索引列，最终拆分结果如图 11 所示。

```
源 = Excel.CurrentWorkbook(){[Name=" 表 1"]}[Content],
更改的类型 = Table.TransformColumnTypes( 源 ,{{" 品名与数量 ", type text}}),
按分隔符拆分列 = Table.ExpandListColumn(Table.TransformColumns( 更改的类型 , {{" 品名与数量 ", Splitter.
SplitTextByAnyDelimiter({"0".."9"}, QuoteStyle.Csv), let itemType = (type nullable text) meta [Serialized.Text =
true] in type {itemType}}}), " 品名与数量 "),
筛选的行 = Table.SelectRows( 按分隔符拆分列 , each [ 品名与数量 ] <> null and [ 品名与数量 ] <> ""),
已添加索引 = Table.AddIndexColumn( 筛选的行 , " 索引 ", 1, 1, Int64.Type),
重命名的列 = Table.RenameColumns( 已添加索引 ,{{" 索引 ", " 行号 "}, {" 品名与数量 ", " 品名 "}}),
按中文拆分列 = Table.ExpandListColumn(Table.TransformColumns( 更改的类型 , {{" 品名与数量 ", Splitter.
SplitTextByAnyDelimiter({" 一 ".." 龟 "}, QuoteStyle.Csv), let itemType = (type nullable text) meta [Serialized.Text
= true] in type {itemType}}}), " 品名与数量 "),
筛选的行 1 = Table.SelectRows( 按中文拆分列 , each [ 品名与数量 ] <> null and [ 品名与数量 ] <> ""),
重命名的列 1 = Table.RenameColumns( 筛选的行 1,{{" 品名与数量 ", " 数量 "}}),
已添加索引 1 = Table.AddIndexColumn( 重命名的列 1, " 索引 ", 1, 1, Int64.Type)
```

	数量	索引
1	30	1
2	40	2
3	39	3
4	48	4
5	56	5
6	29	6
7	50	7

图 11　拆分后添加索引数据

⑥接下来将两个表进行连接，也许有人会有疑问，这是哪里来的两张表呢？这就是 Power Query 语言的奇特之处，其实这两个表隐藏在当前的 Power Query 中。图 12 所示为相应的数据。

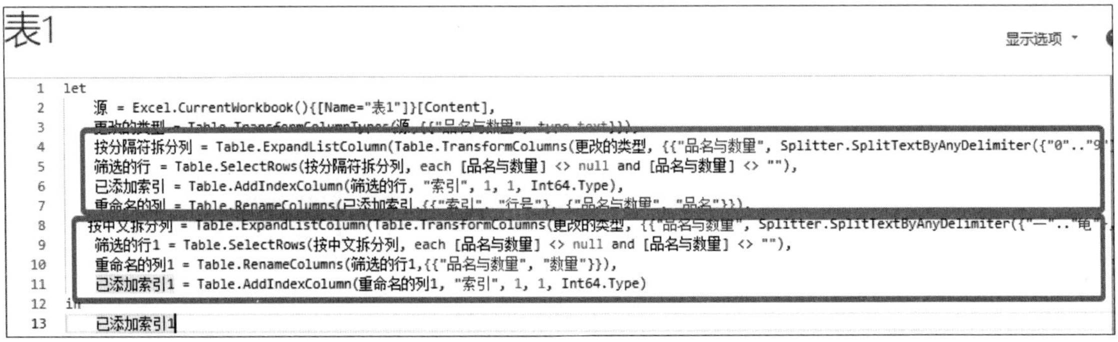

表1　　显示选项

```
let
    源 = Excel.CurrentWorkbook(){[Name="表1"]}[Content],
    更改的类型 = Table.TransformColumnTypes(源,{{"品名与数量", type text}}),
    按分隔符拆分列 = Table.ExpandListColumn(Table.TransformColumns(更改的类型, {{"品名与数量", Splitter.SplitTextByAnyDelimiter({"0".."9"
    筛选的行 = Table.SelectRows(按分隔符拆分列, each [品名与数量] <> null and [品名与数量] <> ""),
    已添加索引 = Table.AddIndexColumn(筛选的行, "索引", 1, 1, Int64.Type),
    重命名的列 = Table.RenameColumns(已添加索引,{{"索引", "行号"}, {"品名与数量", "品名"}}),
    按中文拆分列 = Table.ExpandListColumn(Table.TransformColumns(更改的类型, {{"品名与数量", Splitter.SplitTextByAnyDelimiter({"一".."龟"
    筛选的行1 = Table.SelectRows(按中文拆分列, each [品名与数量] <> null and [品名与数量] <> ""),
    重命名的列1 = Table.RenameColumns(筛选的行1,{{"品名与数量", "数量"}}),
    已添加索引1 = Table.AddIndexColumn(重命名的列1, "索引", 1, 1, Int64.Type)
in
    已添加索引1
```

图 12　Power Query 中的两张表

⑦通过 Power Query 的 Table.Join 命令来实现数据的合并，代码如下，图 13 所示为执行结果。

```
源 = Excel.CurrentWorkbook(){[Name=" 表 1"]}[Content],
更改的类型 = Table.TransformColumnTypes( 源 ,{{" 品名与数量 ", type text}}),
按分隔符拆分列 = Table.ExpandListColumn(Table.TransformColumns( 更改的类型 , {{" 品名与数量 ", Splitter.SplitTextByAnyDelimiter({"0".."9"}, QuoteStyle.Csv), let itemType = (type nullable text) meta [Serialized.Text = true] in type {itemType}}}), " 品名与数量 "),
筛选的行 = Table.SelectRows( 按分隔符拆分列 , each [ 品名与数量 ] <> null and [ 品名与数量 ] <> ""),
已添加索引 = Table.AddIndexColumn( 筛选的行 , " 索引 ", 1, 1, Int64.Type),
重命名的列 = Table.RenameColumns( 已添加索引 ,{{" 索引 ", " 行号 "}, {" 品名与数量 ", " 品名 "}}),
按中文拆分列 = Table.ExpandListColumn(Table.TransformColumns( 更改的类型 , {{" 品名与数量 ", Splitter.SplitTextByAnyDelimiter({" 一 ".." 龟 "}, QuoteStyle.Csv), let itemType = (type nullable text) meta [Serialized.Text = true] in type {itemType}}}), " 品名与数量 "),
筛选的行 1 = Table.SelectRows( 按中文拆分列 , each [ 品名与数量 ] <> null and [ 品名与数量 ] <> ""),
重命名的列 1 = Table.RenameColumns( 筛选的行 1,{{" 品名与数量 ", " 数量 "}}),
已添加索引 1 = Table.AddIndexColumn( 重命名的列 1, " 索引 ", 1, 1, Int64.Type),
重命名的列 2 = Table.RenameColumns( 已添加索引 1,{{" 索引 ", " 行号 "}}),
表合并 =Table.Join( 重命名的列 ," 行号 ", 重命名的列 2," 行号 ",JoinKind.Inner)
```

	品名	行号	数量
1	香梨	1	30
2	苹果	2	40
3	葡萄	3	39
4	琵琶	4	48
5	车厘子	5	56
6	香蕉	6	29
7	火龙果	7	50

图 13　完成合并后的数据表

⑧交换列的顺序之后，我们就完成了数据的整合，虽然看起来步骤会比较复杂，但是总体来说实现起来会比编写 VB 脚本简单，图 14 所示为执行完成后的最终结果。

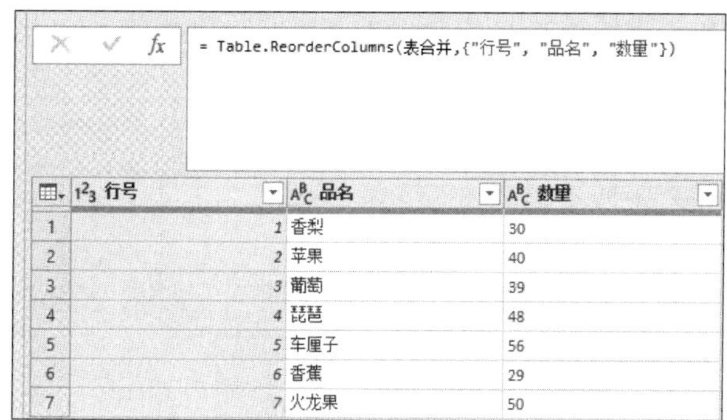

图 14 数据完成最终的提取后的结果

⑨设置完之后，我们进行自定义函数的重用验证，在下面添加的其他的水果和数量，同样也会顺利地将文字与数字解析出来，如图 15 所示。

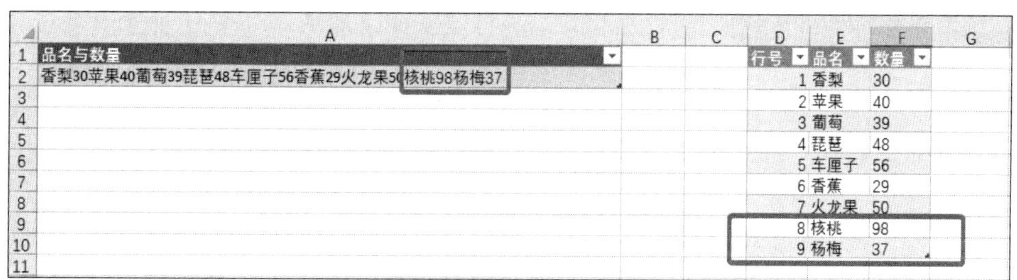

图 15 自定义函数的重用

案例 3　同时查询上级和下级

在工作中，我们通常需要了解当前公司内部人员的上下级情况。针对这个情况，如果用 Excel 的 VLOOKUP 系列函数进行查询会很复杂，而如果使用 Power Query 实现这个功能则非常简单。我们先来看下如图 16 所示的名单示例文件，文件一共有 5 列，约有 20 多行数据。然而，在实际的公司内部可能有几百人到上千人了，同样可以使用 Power Query 来查询相应数据。

工号	部门	职位	姓名	上级
1001	总裁办	总经理	张三	1001
1002	行政部	经理	张武	1001
1003	行政部	职员	张璐	1002
1004	行政部	职员	田器	1002
1005	IT部门	经理	覃东城	1001
1006	IT部门	职员	周琦	1005
1007	IT部门	职员	符征涛	1005
1008	IT部门	职员	刘钟科	1005
1009	财务部	经理	夏国华	1001
1010	财务部	职员	胡佐成	1009

图 16 人员示例文件

接下来构建一个查询姓名的 Excel 表界面，这里通过查询姓名可以得到工号。这个就是标准的

Excel 函数的使用了，这里使用的是如图 17 所示的 XLOOKUP 函数。

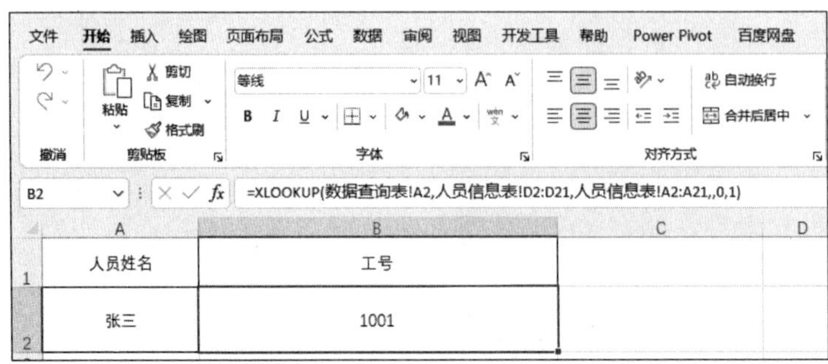

图 17　人员与工号查询界面

将查询工号表和人员信息表导入 Power Query 中，图 18 所示为导入数据之后的 Power Query 界面。

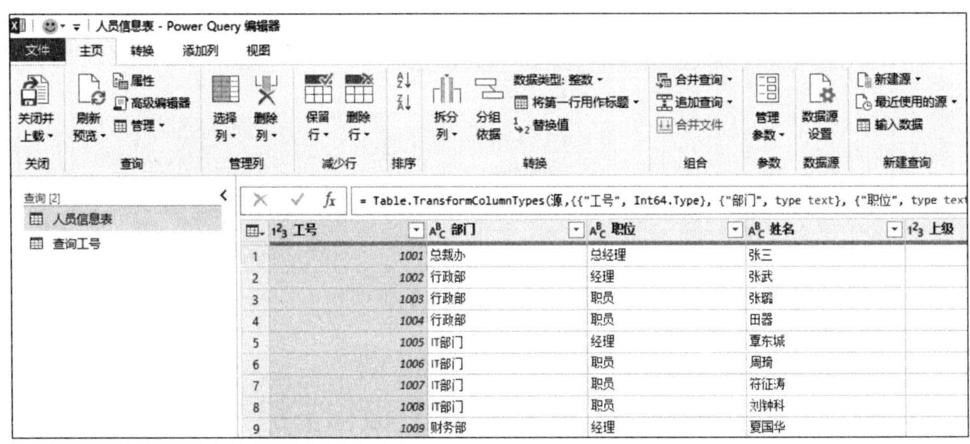

图 18　将数据导入 Power Query 界面

接下来筛选工号数据，这里显示的是当前查询用户的下级。我们直接选择“上级”列进行筛选即可得到下级用户的上级数据，最终数据显示如图 19 所示。

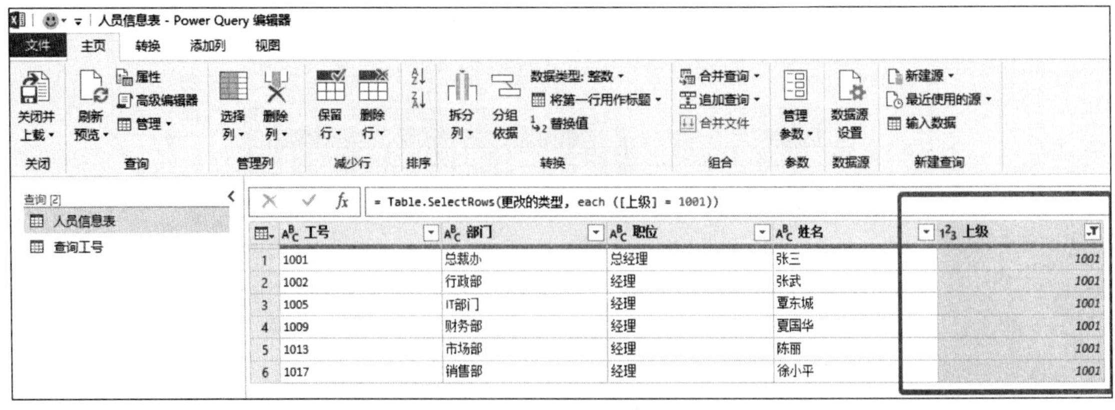

图 19　筛选上级数据

接下来基于这个操作的结果进行右击，将生成自定义函数，这里构建出查询下属的函数，如图 20 所示为修改后的函数。

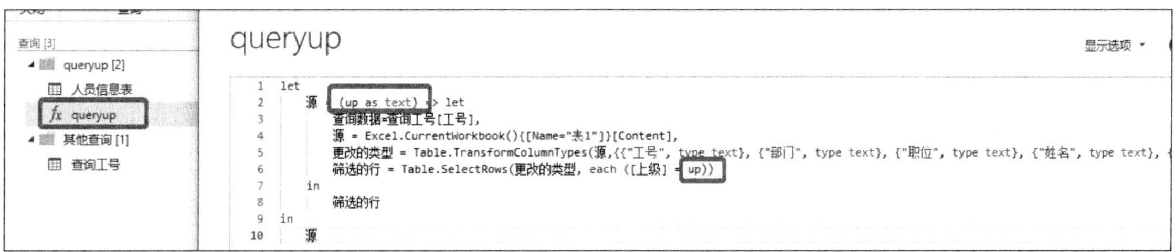

图 20　生成查询下属的自定义函数

那生成当前人员上级的方法是不是也是一样呢？如果希望获取姓名，则会比较复杂，如果只是获取工号则相对比较简单，这里分享如何查询上级的中文姓名。代码会复杂一点，但如果理解了这类查询，则其他的查询也就可以举一反三了，这里选择第 1 行添加“引用数据”列，并引用“查询工号”表的工号信息，如图 21 所示为最终查询结果。

图 21　引用相应表中的数据内容

最终展开数据查询的是当前员工的上级员工，姓名也包含在如图 22 所示的数据中。

图 22　获取上级姓名

接下来基于当前的数据结果生成自定义函数，同时需要将当前的函数进行一些修改，添加参数内容来进行函数引用，最终函数的方法定义如图 23 所示。

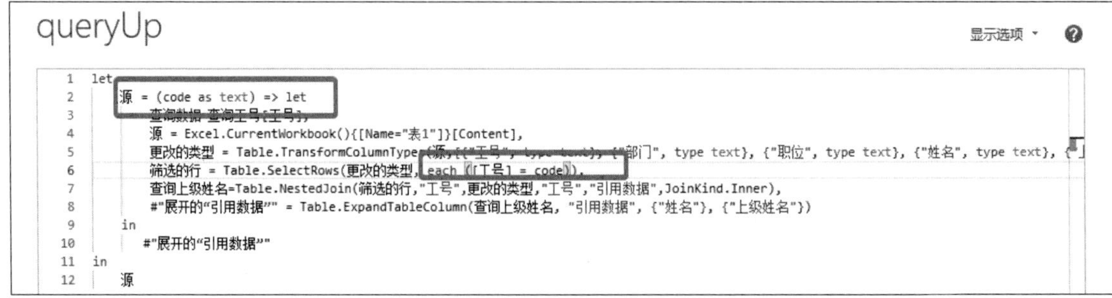

图 23　查询上级函数

重新复制表数据，删除不必要的表信息，最终留下如图 24 所示的函数和查询数据的表。

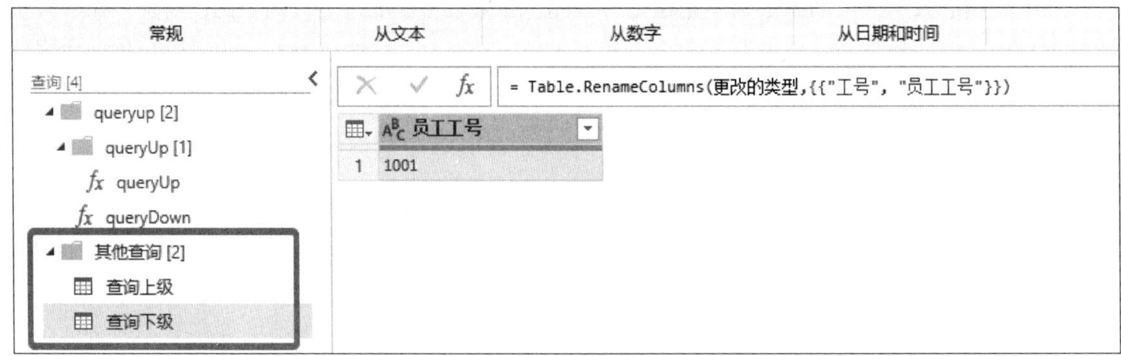

图 24　构建查询表

在表中选中如图 25 所示的列，然后在“添加列”选项卡下单击“添加自定义函数列”按钮实现自定义函数的调用，在不同的表中调用查询上下级函数。

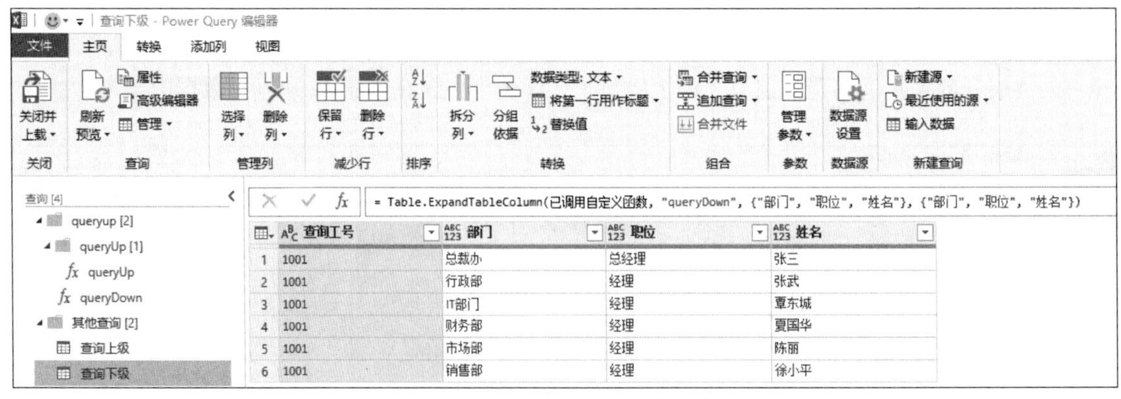

图 25　通过调用自定义函数获取上下级

在图 25 中单击“关闭并上载”按钮将弹出图 26 所示的对话框，这里的数据需要互动，可以将“查询上级”和“查询下级”得到的结果以加载列表的方式加载到 Excel 中。

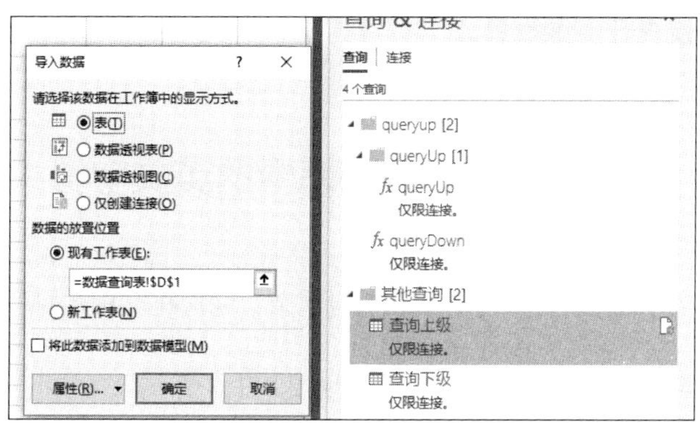

图 26　将查询结果加载到 Excel 中

查询出来的结果如图 27 所示，所有的数据内容均为查询出来的结果。

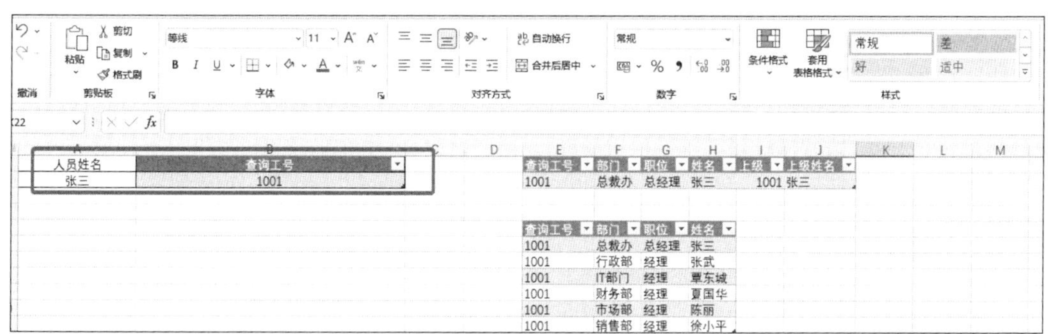

图 27　基于查询得到的上下级结果

接下来我们选择其他员工的姓名后，再单击“全部刷新”按钮就可以获得选择的员工上下级，图 28 所示为选择后的操作结果。

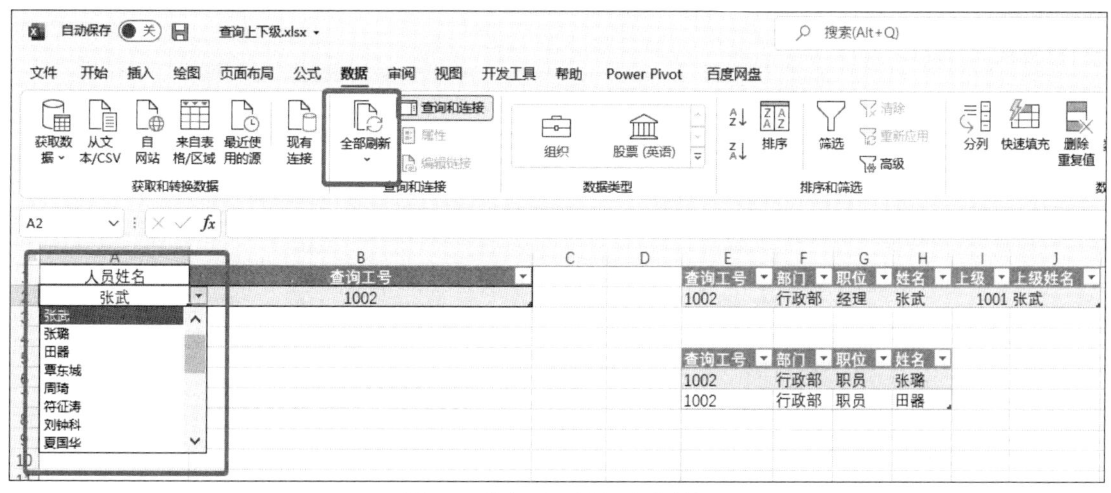

图 28　依据员工选择查询数据

这是 Power Query 自定义函数中一个非常典型的案例，案例虽然简单，但是可以帮助我们很好地理解自定义函数，并能提升工作效率。

案例 4　删除字符串中的英文字符

如图 29 所示，姓名列中总会有一些中文和拼音混杂，如何将其中的拼音删除呢？

	A
1	姓名
2	张三
3	zhangsan
4	李四
5	王五
6	wangwu
7	赵六
8	田七
9	tianqi
10	李跋

图 29　杂乱无章的数据

如果数据很多，若使用 Excel 把其中的拼音全部删除，这实现起来会比较困难。但是将这些数据与 Power Query 结合起来，这个需求就变得简单了。这里将数据导入 Power Query 中，在“数据”选项卡中单击“来自表格 / 区域”按钮，在弹出的“创建表”对话框中设置数据来源，具体的操作如图 30 所示。

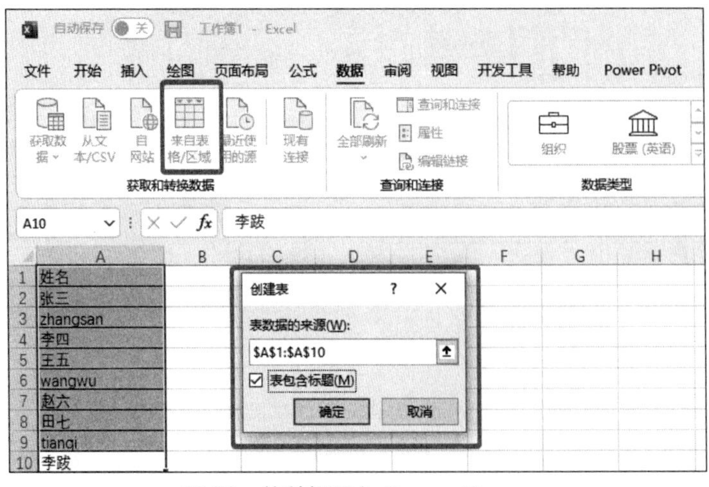

图 30　将数据导入 Power Query

在 Power Query 编辑器界面中的“添加列”选项卡下单击“自定义列”按钮，在弹出的“自定义列”对话框中添加如图 31 所示的删除英文字母的方法。操作将会删除所有英文字母，保留英文字母之外的所有数据。

```
Text.Remove([ 姓名 ],{"a".."z"})
```

图 31　删除拼音的相应操作

得到如图 32 所示的结果之后，可以发现两列中有一列已经没有了拼音字符。

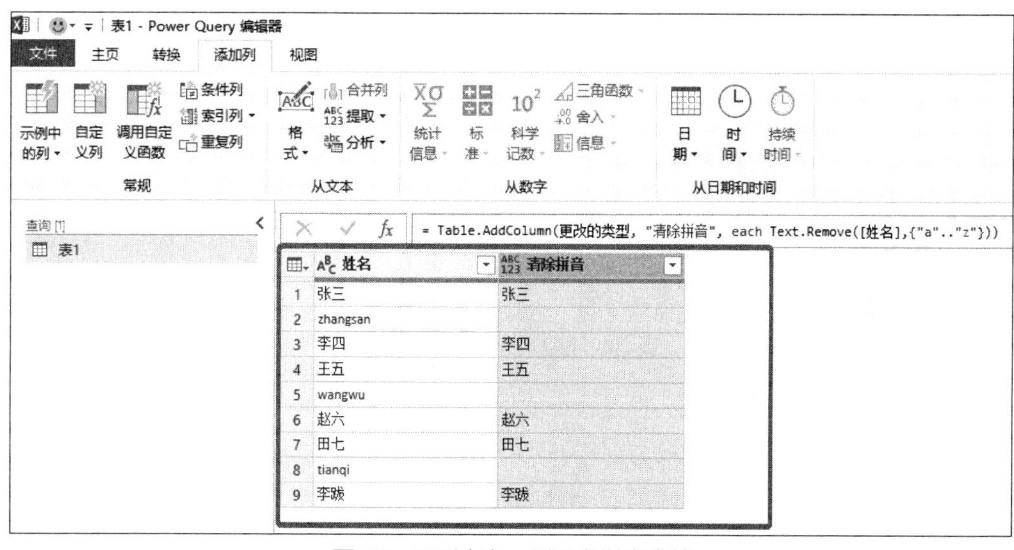

图 32　两列中有一列没有拼音字符

这时选择“清除拼音”列，单击右侧的下拉按钮，在弹出的面板中选择“删除空”，即可将当前表中当前列的空行进行删除，操作如图 33 所示。

图 33　删除空行数据

将筛选出的空数据删除完成之后，这里的数据就只剩下中文数据了，最终数据结果如图 34 所示。

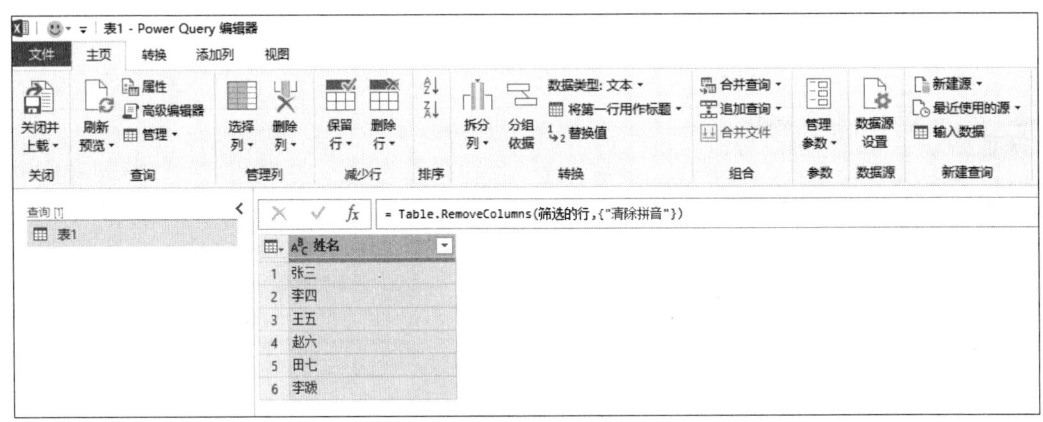

图 34　清除非中文字符数据

这是一个简单的数据筛选案例，通过这个案例我们可以在 Power Query 中实现原本在 Excel 中无法实现的功能。希望这些案例能够帮助读者拓宽思维，从而跳出传统的 Excel 应用思维来解决这些问题。